Elektrotechnik für Ingenieure 2

Elektrotechnik für Ingenieure 2

Wilfried Weißgerber

Elektrotechnik für Ingenieure 2

Wechselstromtechnik, Ortskurven,
Transformator, Mehrphasensysteme.
Ein Lehr- und Arbeitsbuch
für das Grundstudium

10., durchgesehene und korrigierte Auflage

Mit 420 Abbildungen, zahlreichen Beispielen
und 68 Übungsaufgaben mit Lösungen

Prof. Dr. Wilfried Weißgerber
Wedemark, Deutschland

ISBN 978-3-658-21822-5   ISBN 978-3-658-21823-2   (eBook)
https://doi.org/10.1007/978-3-658-21823-2

Die Deutsche Nationalbibliothek verzeichnet diese Publikation in der Deutschen Nationalbibliografie; detaillierte bibliografische Daten sind im Internet über http://dnb.d-nb.de abrufbar.

Springer Vieweg
© Springer Fachmedien Wiesbaden GmbH, ein Teil von Springer Nature 1991, 1993, 1996, 1999, 2006, 2007, 2009, 2013, 2015, 2018

Gedruckt auf säurefreiem und chlorfrei gebleichtem Papier

Springer Vieweg ist ein Imprint der eingetragenen Gesellschaft Springer Fachmedien Wiesbaden GmbH und ist ein Teil von Springer Nature
Die Anschrift der Gesellschaft ist: Abraham-Lincoln-Str. 46, 65189 Wiesbaden, Germany

Vorwort

Das fünfbändige Buch „Elektrotechnik für Ingenieure" (drei Lehrbücher, eine Formelsammlung und ein Klausurenrechnen) ist für Studenten des Grundstudiums der Ingenieurwissenschaften, insbesondere der Elektrotechnik, geschrieben. Bei der Darstellung der physikalischen Zusammenhänge, also der Elektrotechnik als Teil der Physik – sind die wesentlichen Erscheinungsformen dargestellt und erklärt und zwar aus der Sicht des die Elektrotechnik anwendenden Ingenieurs. Für ein vertiefendes Studium der Elektrizitätslehre dienen Lehrbücher der theoretischen Elektrotechnik und theoretischen Physik.

Die Herleitungen und Übungsbeispiele sind so ausführlich behandelt, dass es keine mathematischen Schwierigkeiten geben dürfte, diese zu verstehen. Teilgebiete aus der Mathematik werden dargestellt, sofern sie in den üblichen Mathematikvorlesungen des Grundstudiums ausgespart bleiben.

Die Wechselstromtechnik des Kapitels 4 setzt Kenntnisse über die Gleichstromtechnik und das Elektromagnetische Feld voraus, die im Band 1 behandelt sind. Durch die Abbildung der sinusförmigen Größen in komplexe Zeitfunktionen können die Netzberechnungsverfahren entsprechend angewendet werden, weil Differentialgleichungen durch die Abbildung algebraische Gleichungen werden. Die Zusammenhänge zwischen Sinusgrößen, komplexen Zeitfunktionen, komplexe Amplituden, komplexe Effektivwerte, rotierende Zeiger und ruhende Zeiger werden ausführlich erklärt. Damit können die verschiedenen Lösungsmethoden der Wechselstromtechnik gegenübergestellt und durch Beispiele erläutert werden. Bei der Behandlung von gemischten Schaltungen wird das Kreisdiagramm mit Zahlenbeispielen vorgestellt, die leicht rechnerisch nachvollzogen werden können. Resonanzerscheinungen in Reihen- und Parallelschwingkreisen und zahlreiche Wechselstromschaltungen werden ausführlich beschrieben. In der Wechselstromtechnik werden fünf verschiedene Leistungen unterschieden, deren Zusammenhänge mathematisch, in Diagrammen und durch Beispiele erläutert werden.

Bei den Ortskurven im Kapitel 5 steht die Konstruktion des „Kreises durch den Nullpunkt" im Mittelpunkt.

Um den Transformator im Kapitel 6 verstehen zu können, sind die Ausführungen im Band 1 zu studieren. Dort sind die Differentialgleichungen im Zeitbereich entwickelt, die dann hier in den Bildbereich überführt werden. Besonderes Augenmerk gilt den verschiedenen Ersatzschaltbildern von Transformatoren.

Im Kapitel 7 werden sowohl symmetrische als auch unsymmetrische Dreiphasensysteme behandelt und durch Rechenbeispiele erläutert. Ergänzt wird die Messung der Leistungen des Dreiphasensystems bei symmetrischer und unsymmetrischer Belastung.

Die 5. Auflage wurde um ein Verzeichnis der verwendeten Formelzeichen und Einheiten ergänzt. Die 6. Auflage wurde vollständig überarbeitet; dabei wurden Erläuterungen und in den Berechnungen Zwischenschritte ergänzt. In der 7. Auflage sind einige Korrekturen und Verbesserungen vorgenommen worden. Die 8. Auflage wurde nochmals durchgesehen.

In der 9. Auflage sind Vorbemerkungen zu den einzelnen Kapiteln hinzugefügt worden. Sie weisen auf die Besonderheiten des behandelten Stoffes hin und geben Hinweise, welche mathematischen Voraussetzungen notwendig sind, um die Inhalte zu verstehen. Außerdem geben sie Empfehlungen, welche mathematischen Kenntnisse in den folgenden Kapiteln erworben werden sollten. Es finden sich auch klausurrelevante Hinweise.

Die 10. Auflage wurde nochmals durchgesehen und korrigiert.

Für die mühevolle Durchsicht des Manuskripts und die vielen helfenden Anregungen in Diskussionen bedanke ich mich herzlich bei meinen Kollegen. Ebenso danken möchte ich den Mitarbeitern des Verlags und der Fa. Fromm MediaDesign für die gute Zusammenarbeit.

Wedemark, im April 2018   *Wilfried Weißgerber*

Inhaltsverzeichnis

Inhaltsübersicht

Band 1

Band 3

Formelsammlung

Kompakte Darstellung der zehn Kapitel der Bände 1 bis 3

Klausurenrechnen

40 Aufgabenblätter mit je vier Aufgaben, ausführlichen Lösungen und Bewertungen

Schreibweisen, Formelzeichen und Einheiten

Schreibweise physikalischer Größen und ihrer Abbildungen

u, i	Augenblicks- oder Momentanwert zeitabhängiger Größen: kleine lateinische Buchstaben
U, I	Gleichgrößen, Effektivwerte: große lateinische Buchstaben
$\hat{u}, \hat{i}$	Maximalwert
$\underline{u}, \underline{i}$	komplexe Zeitfunktion, dargestellt durch rotierende Zeiger
$\underline{\hat{u}}, \underline{\hat{i}}$	komplexe Amplitude
$\underline{U}, \underline{I}$	komplexer Effektivwert, dargestellt durch ruhende Zeiger
$\underline{Z}, \underline{Y}, \underline{z}$	komplexe Größen
$\underline{Z}^*, \underline{Y}^*, \underline{z}^*$	konjugiert komplexe Größen
$\vec{E}, \vec{D}, \vec{r}$	vektorielle Größen

Schreibweise von Zehnerpotenzen

$10^{-12} = p = $ Piko	$10^{-2} = c = $ Zenti	$10^3 = k = $ Kilo
$10^{-9} = n = $ Nano	$10^{-1} = d = $ Dezi	$10^6 = M = $ Mega
$10^{-6} = \mu = $ Mikro	$10^1 = da = $ Deka	$10^9 = G = $ Giga
$10^{-3} = m = $ Milli	$10^2 = h = $ Hekto	$10^{12} = T = $ Tera

Die in diesem Band verwendeten Formelzeichen physikalischer Größen

$\underline{a}$	Operator des m-Phasensystems
A	Fläche, Querschnittsfläche
$\underline{A}$	komplexe Größe
B	Blindleitwert (Suszeptanz) magnetische Induktion
$\underline{B}$	komplexe Größe
C	elektrische Kapazität Konstante
$\underline{C}$	komplexe Größe
d	Verlustfaktor
e	zeitlich veränderliche EMK
$\underline{E}$	komplexe Größe
f	Frequenz Formfaktor
$f(t)$	Zeitfunktion
$\underline{F}$	komplexe Größe
g	Gütefaktor
G	elektrischer Leitwert Wirkleitwert (Konduktanz)
$\underline{G}$	Ortskurve Gerade
H	magnetische Feldstärke oder magnetische Erregung
i	zeitlich veränderlicher Strom (Augenblicks- oder Momentanwert) laufender Index
$\hat{i}$	Amplitude, Maximalwert des sinusförmigen Stroms
$\underline{i}$	komplexe Zeitfunktion des Stroms
$\underline{\hat{i}}$	komplexe Amplitude des Stroms
I	Stromstärke (Gleichstrom, Effektivwert)
$\underline{I}$	komplexer Effektivwert des Stroms
j	imaginäre Einheit: $\sqrt{-1}$ imaginäre Achse
k	Knotenzahl Kopplungsfaktor laufender Index
K	Konstante
$\underline{K}$	Ortskurve Kreis
l	Länge Anzahl
L	Induktivität
$\underline{L}$	komplexe Größe

m Anzahl
M Gegeninduktivität
  Drehmoment
n Anzahl
$\underline{N}$ komplexe Größe
$\underline{O}$ allgemeine Ortskurvengleichung
p Augenblicksleistung
  Verhältniszahl
  Parameter
P Leistung
  (Gleichleistung, Wirkleistung)
$\underline{P}$ Ortskurve Parabel
q zeitlich veränderliche Ladung
Q Ladung, Elektrizitätsmenge
  Blindleistung
  Kreisgüte, Gütefaktor, Resonanz-
  schärfe
r Betrag einer komplexen Zahl
  reelle Achse
  Widerstandsverhältnis
R elektrischer Widerstand
  Wirkwiderstand (Resistanz)
$\underline{R}$ komplexe Größe
S Scheinleistung
$\underline{S}$ komplexe Leistung
  komplexe Größe
t Zeit
T Periodendauer
  (Dauer einer Schwingung)
u zeitlich veränderliche elektrische
  Spannung (Augenblicks- oder
  Momentanwert)
  Realteil einer komplexen Zahl
$\hat{u}$ Amplitude, Maximalwert der
  sinusförmigen Spannung
$\underline{u}$ komplexe Zeitfunktion der elektrischen Spannung
$\underline{\hat{u}}$ komplexe Amplitude der elektrischen
  Spannung
U elektrische Spannung
  (Gleichspannung, Effektivwert)
$\underline{U}$ komplexer Effektivwert der elektrischen Spannung
ü Übersetzungsverhältnis

v allgemeine zeitlich veränderliche
  Größe
  Imaginärteil einer komplexen Zahl
V Effektivwert einer allgemeinen
  Größe v
  normierte Verstimmung
w Windungszahl
  zeitlich veränderliche Energie
$\underline{w}$ komplexe Zahl
W Arbeit, Energie
x Verhältniszahl
  laufende Ordinate auf der
  Abzissenachse
  Realteil einer komplexen Zahl
X Blindwiderstand (Reaktanz)
y laufende Ordinate auf der Ordinaten-
  achse
  Imaginärteil einer komplexen Zahl
Y Scheinleitwert (Admittanz)
$\underline{Y}$ komplexer Leitwert bzw. komplexer
  Leitwertoperator
z Zweigzahl
  laufende Ordinate
$\underline{z}$ komplexe Zahl
Z Scheinwiderstand (Impedanz)
$\underline{Z}$ komplexer Widerstand bzw. komple-
  xer Widerstandsoperator
α Winkel
β Winkel
γ Winkel
δ Verlustwinkel
Δ Differenz, Abweichung
Δf Bandbreite
ε Fehlwinkel
η Wirkungsgrad
φ Phasenverschiebung
  Argument einer komplexen Zahl
φ_i Anfangsphasenwinkel des Stroms
φ_u Anfangsphasenwinkel der
  Spannung
Φ magnetischer Fluss
ν relative Verstimmung
σ Streufaktor
ω Kreisfrequenz

Einheiten des MKSA-Systems (m, kg, s, A)

Basiseinheit

der Länge l	das Meter, m
der Masse m	das Kilogramm, kg
der Zeit t	die Sekunde, s
der elektrischen Stromstärke I	das Ampere, A
der absoluten Temperatur T	das Kelvin, K
der Lichtstärke I	die Candela, cd
der Stoffmenge n	das Mol, mol

von den Basiseinheiten abgeleitete Einheit

der Kraft F	Newton,	$1N = 1kg \cdot m \cdot s^{-2} = 1V \cdot A \cdot s \cdot m^{-1}$
der Energie W	Joule,	$1J = 1kg \cdot m^2 \cdot s^{-2} = 1V \cdot A \cdot s$
der Leistung P	Watt,	$1W = 1kg \cdot m^2 \cdot s^{-3} = 1V \cdot A$
der Ladung Q gleich des Verschiebungsflusses Ψ	Coulomb,	$1C = 1A \cdot s$
der elektrischen Spannung U	Volt,	$1V = 1kg \cdot m^2 \cdot s^{-3} \cdot A^{-1} = 1W \cdot A^{-1}$
des elektrischen Widerstandes R	Ohm,	$1\Omega = 1kg \cdot m^2 \cdot s^{-3} \cdot A^{-2} = 1V \cdot A^{-1}$
des elektrischen Leitwertes G	Siemens,	$1S = 1kg^{-1} \cdot m^{-2} \cdot s^3 \cdot A^2 = 1V^{-1} \cdot A$
der Kapazität C	Farad,	$1F = 1kg^{-1} \cdot m^{-2} \cdot s^4 \cdot A^2 = 1C \cdot V^{-1}$
des magnetischen Flusses Φ	Weber,	$1Wb = 1kg \cdot m^2 \cdot s^{-2} \cdot A^{-1} = 1Vs$
der Induktivität L	Henry,	$1H = 1kg \cdot m^2 \cdot s^{-2} \cdot A^{-2} = 1Wb \cdot A^{-1}$
der magnetischen Induktion B	Tesla,	$1T = 1kg \cdot s^{-2} \cdot A^{-1} = 1Wb \cdot m^{-2}$
der Frequenz f	Hertz,	$1Hz = s^{-1}$

Die komplette Liste der verwendeten Formelzeichen und Schreibweisen befindet sich in der Formelsammlung vom selben Autor unter dem Titel „Elektrotechnik für Ingenieure – Formelsammlung".

Vorbemerkungen zum Kapitel 4

In der Wechselstromtechnik ist ein physikalisches Denken nicht erforderlich wie bei der Behandlung des Elektromagnetischen Feldes, sondern es kommt auf geschicktes Rechnen mit komplexen Größen an. Im Zeitbereich ist die Berechnung von Wechselstrom-Netzwerken äußerst schwierig oder gar nicht möglich, so dass kein Weg daran vorbei führt, sich mit der komplexen Rechnung auseinander zu setzen.

Ich empfehle dringend, sich zunächst mit der rechnerischen Transformation ins Komplexe (Abschnitt 4.2.2) und dann mit der grafischen Transformation ins Komplexe (Abschnitt 4.2.3) zu befassen. Das Wesentliche der Transformation ist nur, dass willkürlich und zweckdienlich die sinusförmige Zeitfunktion imaginär wird, also mit j multipliziert, und die cos-Zeitfunktion mit dem gleichen Argument der Sinusfunktion dazu addiert wird. Bei der Rücktransformation werden die cos-Zeitfunktion und der imaginäre Faktor j in der sinusförmigen Zeitfunktion weg gelassen. Durch die Transformation entsteht die komplexe Zeitfunktion mit der Amplitude der Zeitfunktion, dargestellt durch den rotierenden Zeiger. Bei t=0 und mit dem Effektivwert statt der Amplitude ergibt sich der komplexe Effektivwert von elektrischen Strömen und Spannungen, die in den transformierten Wechselstromschaltungen verwendet werden. Werden die komplexen Zeitfunktionen differenziert, bedeutet das eine Multiplikation mit jω, werden sie integriert, bedeutet das eine Division mit jω.

Es war mir ein Anliegen, dass diese Zusammenhänge genauestens dargestellt sind und dann auch verstanden werden können, denn sie sind Voraussetzung für alle Berechnungen der Wechselstrom-Netzwerke. Immer wieder behaupten Kollegen, dass es zu schwer sei, diese Zusammenhänge zu verstehen. Meine Erfahrungen waren ganz andere: Haben die Studierenden die Zusammenhänge verstanden und eine Schaltung mit komplexen Effektivwerten und komplexen Operatoren mit allen Verfahren der Gleichstromtechnik berechnet, dann war es für sie nicht schwierig, aus dieser komplexen Zauberwelt wieder heraus in den Zeitbereich zu kommen. Bei der Behandlung von Ausgleichsvorgängen in Wechselstrom-Netzwerken (Band 3 Kapitel 8) wurde immer wieder der grundsätzliche Fehler gemacht, die komplexen Lösungen mit den Exponentialfunktionen zu überlagern, weil die Transformation und Rücktransformation nicht erklärt wurden.

In dieser komplexen Zauberwelt, in der alles leichter zu rechnen ist, gelten alle Regeln und Netzwerk-Berechnungsverfahren, wie sie für die Gleichstromtechnik behandelt wurden: die Strom- und Spannungsteilerregel, der Maschensatz und die Knotenpunktregel und die fünf Netzberechnungsverfahren, aber nun mit komplexen Operatoren. Dadurch können Wechselstromwiderstände und Wechselstromleitwerte definiert, Reihen- und Parallel-Resonanzkreise berechnet und vielfältige Anwendungsbeispiele der Wechselstromtechnik behandelt werden. Die grafische Darstellung der komplexen Größen ergeben die Zeigerbilder.

Wie oben erwähnt, kommt es bei den Netzwerkberechnungen auf geschicktes Rechnen an, aber auch darauf, die Bruchrechnung richtig anzuwenden: 1/(a+jb) ist nicht 1/a +1/jb. Der zweite ärgerliche Fehler ist, dass viele Studierende einen Bruch mit komplexem Nenner zu schnell konjugiert komplex erweitern wollen. Das ist in den meisten Fällen eine Sackgasse. Ich empfehle daher, fleißig die entsprechenden Übungen und Klausuren (Elektrotechnik für Ingenieure – Klausurenrechnen, Abschnitt 3) zu rechnen und die Ergebnisse mit meinen Lösungen zu vergleichen, um noch geschickter vorzugehen.

Eine interessante Zugabe bei der Behandlung von gemischten Wechselstrom-Schaltungen ist das Kreisdiagramm ab Seite 53. Es wird vorzugsweise in der Hochfrequenz-Technik angewendet, um Anpassungsprobleme zu lösen.

Ausführlich werden der Reihen-Resonanzkreis und der Parallel-Resonanzkreis behandelt, wobei die Resonanzkurven nicht fehlen durften.

Die Leistung im Wechselstromkreis bietet vielfältige Aspekte: die Darstellung zeitlich veränderlicher Leistungen, das Problem bei der Definition einer komplexen Leistung und die Darstellung der Wirkleistungsfunktion im dreidimensionalen Raum.

Vorbemerkungen zum Kapitel 5

Ortskurven finden in vielen Bereichen der Elektrotechnik Anwendung, z. B. im Fach Regelungstechnik. Zunächst ist anhand der Ortskurvengleichung (siehe Seite 188) festzustellen, um welche Ortskurve es sich in einer Aufgabe handelt. Sollte keine Gleichung passen, sollte man versuchen, die Gleichung umzuformen; sie könnte mit den angegebenen Gleichungen übereinstimmen. Wenn es eine einfache Ortskurve ist, dann sollte die entsprechende Konstruktionsvorschrift verwendet werden. Ist das nicht der Fall, muss die Ortskurve Punkt für Punkt berechnet und gezeichnet werden.

Vorbemerkungen zum Kapitel 6

Für den Transformator mit Wechselstrom und Wechselspannungen ist die Vorarbeit im Kapitel 3 geleistet worden: Die Schaltungen mit sinusförmigen Größen werden in Schaltungen mit komplexen Operatoren und komplexen Effektivwerten überführt und die Zeigerbilder entsprechend gezeichnet. Zu beachten ist, dass bei der Konstruktion des Zeigerbildes immer mit der Belastung des Transformators angefangen wird.

Vorbemerkungen zum Kapitel 7

Bei der Behandlung der Mehrphasensysteme geht es immer um Dreiphasensysteme. Bemerkenswert ist, dass die Stern- und Dreieck-Schaltungen so gezeichnet sind, dass man die komplexen Effektivwerte der Spannungen im Schaltbild und im Zeigerbild in der gleichen Richtung liegen hat: Die Strangspannung 1 in Sternschaltung des Generators hat also bei allen Ausführungen den Anfangsphasenwinkel 0.

Für unsymmetrische verkettete Dreiphasensysteme sind für die verschiedenen Fälle von Unsymmetrien Rechenschritte angegeben, die bei den Berechnungen und Erstellung der Zeigerbilder befolgt werden sollen. Da die Berechnungen recht aufwändig sind, sind Rechenfehler kaum zu vermeiden. Deshalb sind die quantitativen Zeigerbilder eine zuverlässige Kontrolle der Rechenergebnisse.

4 Wechselstromtechnik

4.1 Wechselgrößen und sinusförmige Wechselgrößen

4.1.1 Wechselgrößen

Gleich- und Wechselgrößen

Kennzeichnend für die Gleichstromtechnik und das elektrische Strömungsfeld sind zeitlich konstante Größen: Strom, Spannung, Stromdichte und elektrische Feldstärke. Auch das mit dem elektrischen Feld verbundene magnetische Feld mit den entsprechenden magnetischen Größen ist zeitlich konstant.

Sind die Größen, die die elektromagnetischen Erscheinungen beschreiben, zeitlich veränderlich, dann handelt es sich um Wechselvorgänge. In der Wechselstromtechnik können sich Ströme, Spannungen, magnetische Flüsse, magnetische Induktionen, Verschiebungsflüsse, elektrische und magnetische Feldstärken, u.a. zeitlich ändern. Ströme und Spannungen werden im Gegensatz zu den Gleichgrößen mit kleinen Buchstaben i und u beschrieben, bei magnetischen Flüssen und magnetischen Induktionen verwendet man Großbuchstaben mit einem t in der Klammer: $\Phi(t)$, $B(t)$.

Bei allgemeiner Betrachtungsweise werden zeitlich veränderliche Größen mit v bezeichnet. Sie haben in jedem Zeitpunkt t einen *Augenblicks- oder Momentanwert* v(t).

Periodische Wechselgrößen

Nimmt eine Wechselgröße in bestimmten aufeinanderfolgenden Zeitabschnitten wieder denselben Augenblickswert an, dann nennt man sie *periodische Wechselgröße*. Prinzipiell hat das zeitliche Diagramm einer periodischen Wechselgröße das im Bild 4.1 dargestellte Aussehen.

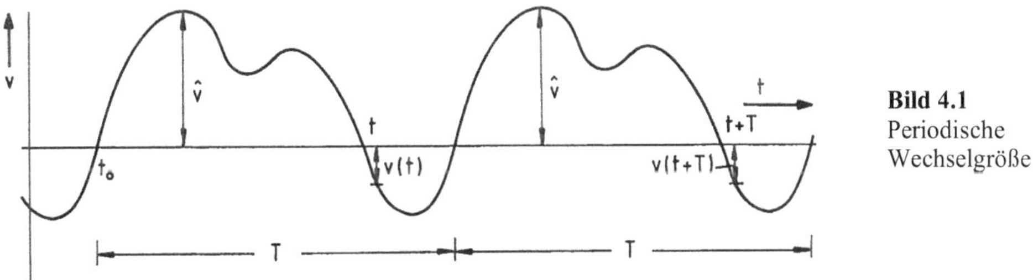

Bild 4.1
Periodische
Wechselgröße

Dabei bedeuten

T: Periodendauer oder kurz *Periode* des Wechselvorgangs, das ist die kürzeste Zeit zwischen zwei Wiederholungen des Vorgangs mit [T] = 1s

$f = 1/T$:   Frequenz des Wechselvorgangs, das ist die Anzahl der Wiederholungen pro Zeit, also der Kehrwert der Periodendauer mit $[f] = 1s^{-1} = 1\,Hz$ (Hertz)

t_0:   Nullzeit, das ist die Zeit vom Nullpunkt des Koordinatensystems zum ersten Nulldurchgang der Wechselgröße

$\hat{v} = V_m$: Maximal- oder Größtwert, das ist der höchste Wert, den die Wechselgröße v(t) annehmen kann.

© Springer Fachmedien Wiesbaden GmbH, ein Teil von Springer Nature 2018
W. Weißgerber, *Elektrotechnik für Ingenieure 2*,
https://doi.org/10.1007/978-3-658-21823-2_4

Periodische Wechselgrößen genügen also der Bedingung:

$$v(t) = v(t + k \cdot T) \qquad \text{mit} \quad k = 0, \pm 1, \pm 2, \ldots \tag{4.1}$$

In der Elektrotechnik wird der Begriff „Wechselgröße" enger gefasst als in der Physik, indem unter einer Wechselgröße eine physikalische Größe verstanden wird, die periodisch ist und deren arithmetischer Mittelwert Null ist:

$$\frac{1}{T} \int_0^T v(t) \cdot dt = 0. \tag{4.2}$$

Eindeutiger jedoch ist es, wenn die Wechselgröße näher bezeichnet wird, z.B. sinusförmige Wechselgröße oder nichtsinusförmige periodische Wechselgröße:

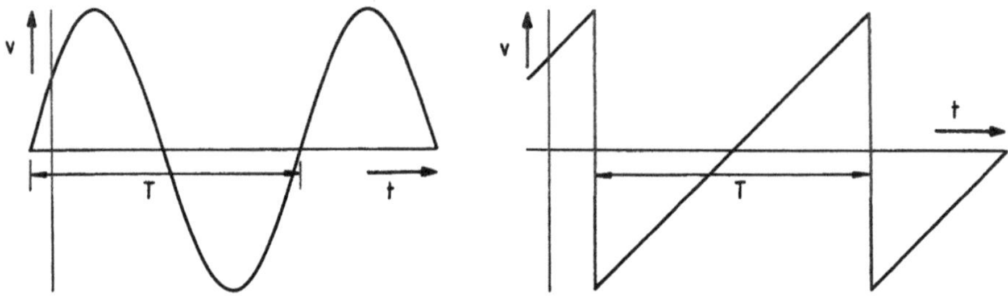

Bild 4.2 Sinusförmige und nichtsinusförmige periodische Wechselgröße

Mittelwerte

Zur Bedeutung des zahlenmäßigen Gesamtverhaltens einer Wechselgröße werden zeitliche Mittelwerte definiert:

Arithmetischer Mittelwert während einer Halbperiode und Gleichrichtwert:

$$V_a = \frac{2}{T} \int_0^{T/2} v(t) \cdot dt. \tag{4.3} \qquad\qquad |\overline{v}| = \frac{1}{T} \int_0^T |v(t)| \cdot dt. \tag{4.4}$$

Ist die Wechselgröße ein Strom, so entspricht der arithmetische Mittelwert der Halbperiode bzw. der Gleichrichtwert einem Gleichstrom, der dieselbe elektrolytische Wirkung hat wie der gleichgerichtete Wechselstrom.

Der Gleichrichtwert (elektrolytischer Mittelwert) ist der arithmetische Mittelwert der absoluten, also gleichgerichteten Augenblickswerte der Wechselgröße.

Quadratischer Mittelwert oder Effektivwert:

$$V = \sqrt{\frac{1}{T} \int_0^T [v(t)]^2 \cdot dt}. \tag{4.5}$$

Der Effektivwert eines Wechselstroms entspricht zahlenmäßig einem Gleichstrom, der dieselbe Wärmeenergie entwickelt und dieselbe Kraftwirkung auf andere stromdurchflossene Leiter zeigt wie der betreffendeWechselstrom.

Für die Beschreibung der Kurvenform periodischer Wechselgrößen werden definiert:

$$\text{Formfaktor} = \frac{\text{Effektivwert}}{\text{Gleichrichtwert}} \qquad \text{Scheitelfaktor} = \frac{\text{Maximalwert}}{\text{Effektivwert}}$$

4.1.2 Sinusförmige Wechselgrößen

Wechselgrößen, die sich zeitlich sinusförmig ändern, haben in der Elektrotechnik große Bedeutung. Von den vielfältigen Anwendungsbeispielen sollen zwei herausgegriffen werden:

Bei der Übertragung elektrischer Energie werden sinusförmige Ströme und Spannungen einer Frequenz verwendet, so dass der geringste gerätetechnische Aufwand erforderlich wird (siehe Kapitel 7: Mehrphasensysteme).

Jede beschränkte nichtsinusförmige periodische Wechselgröße lässt sich in eine bestimmte unendliche Reihe mit sinusförmigen Summengliedern überführen (siehe Band 3, Kapitel 9: Fourieranalyse).

Darstellung sinusförmiger Wechselgrößen:

Bei der Behandlung des Induktionsgesetzes wurden bereits sinusförmige Spannungen dargestellt: Durch das Drehen einer rechteckigen Spule mit einer konstanten Winkelgeschwindigkeit in einem homogenen zeitlich konstanten Magnetfeld entsteht in der Spule eine sinusförmige Spannung (Band 1, Abschnitt 3.4.6.1, Gl. (3.300)):

$$u_q = - w \cdot A \cdot \omega \cdot B \cdot \sin \omega t.$$

Grundsätzlich wird eine sinusförmige Wechselgröße

$$v\,(t) = \hat{v} \cdot \sin\,(\omega t + \varphi_v) \qquad\qquad (4.6)$$

durch drei Größen bestimmt:

> durch den Maximalwert oder die Amplitude $\hat{v}$,
> die Kreisfrequenz $\omega = 2\pi f = 2\pi/T$
> und den Anfangsphasenwinkel φ_v, der von dem willkürlichen Beginn der
> Zeitzählung bei $t = 0$ abhängt.

Eine sinusförmige Wechselgröße lässt sich sowohl in Abhängigkeit von der Zeit t als auch vom Winkel $\alpha = \omega t$ darstellen:

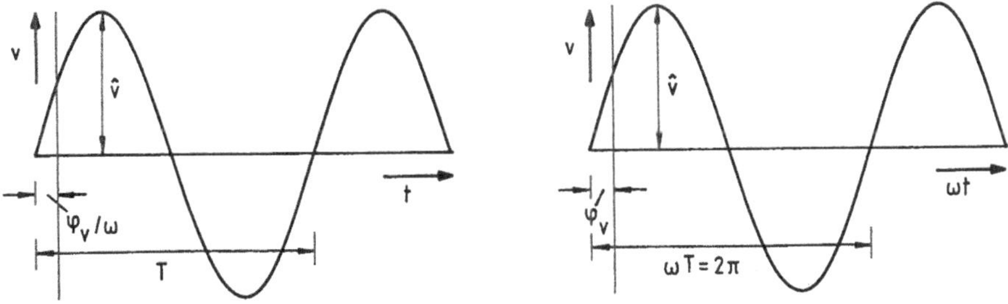

Bild 4.3 Sinusförmige Wechselgröße in Abhängigkeit von t und ωt

Bei der Darstellung der Sinusgröße in Abhängigkeit von ωt lautet die Bedingungsgleichung für die Periodizität entsprechend:

$$v(\omega t) = v(\omega t + k \cdot 2\pi) \quad \text{mit} \quad k = 0, \pm 1, \pm 2, \ldots \tag{4.7}$$

Mittelwerte sinusförmiger Wechselgrößen

Mit den Definitionsgleichungen für Mittelwerte (Gl. (4.3) bis (4.5)) lassen sich die Mittelwerte für sinusförmige Wechselgrößen $v(t) = \hat{v} \cdot \sin \omega t$ errechnen:

$$V_a = \frac{2}{T} \int\limits_0^{T/2} v(t) \cdot dt = \frac{2}{2\pi} \int\limits_0^{\pi} v(\omega t) \cdot d(\omega t) = \frac{\hat{v}}{\pi} \int\limits_0^{\pi} \sin \omega t \cdot d(\omega t)$$

$$V_a = \frac{\hat{v}}{\pi} \cdot \left[-\cos \omega t \right]_0^{\pi} = \frac{\hat{v}}{\pi} \cdot \left[-\cos \pi + \cos 0 \right]$$

$$V_a = \frac{2}{\pi} \hat{v} = 0{,}637 \cdot \hat{v} \tag{4.8}$$

$$|\overline{v}| = \frac{1}{T} \int\limits_0^T | v(t) | \cdot dt = \frac{1}{2\pi} \int\limits_0^{2\pi} | v(\omega t) | \cdot d(\omega t) = 2 \cdot \frac{1}{2\pi} \int\limits_0^{\pi} v(\omega t) \cdot d(\omega t)$$

$$|\overline{v}| = V_a \tag{4.9}$$

$$V = \sqrt{ \frac{1}{T} \int\limits_0^T \left[v(t) \right]^2 \cdot dt } = \sqrt{ \frac{1}{2\pi} \int\limits_0^{2\pi} \left[v(\omega t) \right]^2 \cdot d(\omega t) }$$

$$V = \sqrt{ \frac{1}{2\pi} \int\limits_0^{2\pi} \hat{v}^2 \cdot \sin^2 \omega t \cdot d(\omega t) } = \hat{v} \cdot \sqrt{ \frac{1}{2\pi} \int\limits_0^{2\pi} \sin^2 \omega t \cdot d(\omega t) }$$

$$\text{mit} \quad \sin^2 \omega t = \frac{1}{2} (1 - \cos 2\omega t)$$

$$V = \hat{v} \cdot \sqrt{ \frac{1}{2\pi} \cdot \frac{1}{2} \int\limits_0^{2\pi} (1 - \cos 2\omega t) \cdot d(\omega t) } = \hat{v} \cdot \sqrt{ \left(\frac{\omega t}{2\pi \cdot 2} - \frac{\sin 2\omega t}{2\pi \cdot 2 \cdot 2} \right)\Big|_0^{2\pi} }$$

$$V = \frac{\hat{v}}{\sqrt{2}} = 0{,}707 \cdot \hat{v} \tag{4.10}$$

Für sinusförmige Wechselgrößen haben Form- und Scheitelfaktor folgende Werte:

$$\text{Formfaktor} = \frac{V}{V_a} = \frac{\dfrac{\hat{v}}{\sqrt{2}}}{\dfrac{2}{\pi} \hat{v}} = \frac{\pi}{2\sqrt{2}} = 1{,}11$$

$$\text{Scheitelfaktor} = \frac{\hat{v}}{V} = \sqrt{2} = 1{,}414.$$

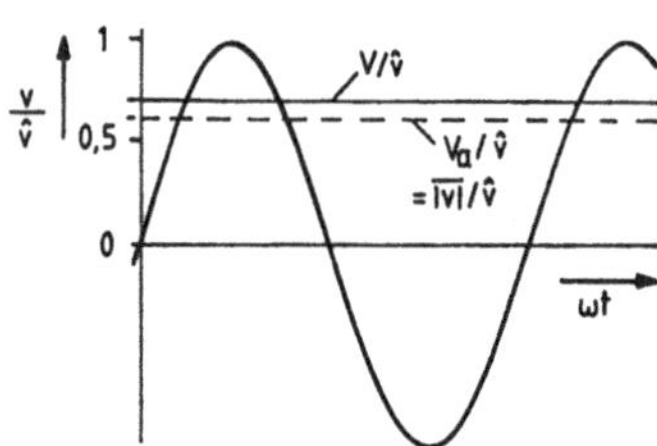

Bild 4.4 Darstellung der Mittelwerte

4.2 Berechnung von sinusförmigen Wechselgrößen mit Hilfe der komplexen Rechnung

4.2.1 Notwendigkeit der Berechnung im Komplexen

Problemstellung

Wechselstromnetze sind Netzwerke, in denen sinusförmige Quellspannungen oder Quellströme gleicher Frequenz auf ohmsche, induktive und kapazitive Widerstände wirken. Die sinusförmigen Ströme und Spannungen sind Zeitfunktionen, die verschiedene Richtungen annehmen können. Positive Richtungen werden für Ströme und Spannungen für Kapazitäten (Band 1: Abschnitt 3.3.4, Gl. (3.97) und (3.98)) und Induktivitäten (Band 1: Abschnitt 3.4.7, Gl. (3.327)) festgelegt und durch entsprechende Pfeile gekennzeichnet. Die Beschreibung der Vorgänge in Wechselstromnetzen ergeben Differentialgleichungen für unbekannte Ströme oder Spannungen, die gelöst werden müssen.

Beispiel: Reihenschaltung eines ohmschen Widerstandes und einer Induktivität

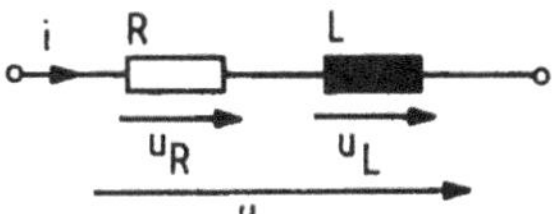

Bild 4.5
Reihenschaltung eines ohmschen Widerstandes und einer Induktivität

Nach Gl. (3.328) (Band 1) lautet die Differentialgleichung mit konstanten Koeffizienten:

$$u = u_R + u_L$$

$$\hat{u} \cdot \sin(\omega t + \varphi_u) = R \cdot i + L\frac{di}{dt}.$$

Die Berechnung von Strömen ist durch die Lösung der Differentialgleichung mit Hilfe des Lösungsansatzes $i = \hat{i} \cdot \sin(\omega t + \varphi_i)$ möglich, aber wegen trigonometrischer Umformungen sehr aufwendig, wie im Abschnitt 4.2.5 an einem Beispiel gezeigt wird.

Sind die Quellspannungen und Quellströme sinusförmig, dann sind alle Ströme und Spannungen an den passiven Schaltelementen (ohmscher Widerstand, Kapazität, Induktivität) sinusförmig. Die gleiche Frequenz der Quellspannungen und Quellströme bestimmen auch die gleiche Frequenz sämtlicher Ströme und Spannungen im Netzwerk. Die Zusammenhänge zwischen den Strömen und Spannungen in einem Zeitdiagramm zu entwickeln, ist ebenfalls aufwendig und ungenau, weil die Sinusverläufe punktweise durch Überlagerung der Augenblickswerte ermittelt werden müssen. Bei umfangreicheren Netzen ist die Darstellung der Ströme und Spannungen in einem Diagramm nicht mehr möglich, weil die Sinuskurven nicht mehr auseinander gehalten werden können.

Zum Beispiel: Reihenschaltung eines ohmschen Widerstandes und einer Induktivität

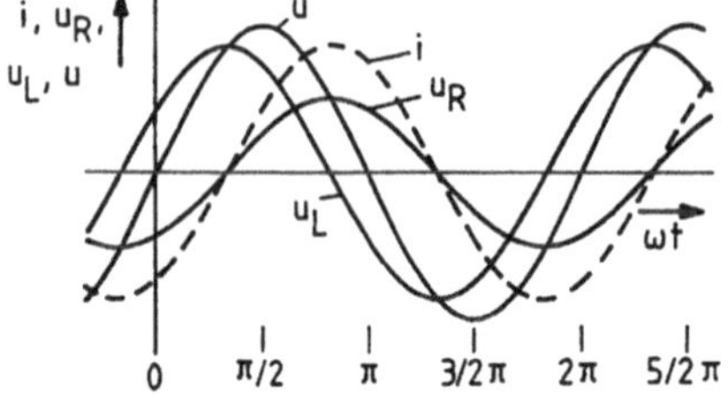

Bild 4.6
Sinusförmige Verläufe von Strom und
Spannungen der Reihenschaltung von
R und L

Die sinusförmigen Verläufe im Bild 4.6 werden in folgender Reihenfolge entwickelt:

1.　　$i = \hat{i} \cdot \sin(\omega t + \varphi_i)$

2.　　$u_R = R \cdot i = R \cdot \hat{i} \cdot \sin(\omega t + \varphi_i)$

3.　　$u_L = L\dfrac{di}{dt} = \omega \cdot L \cdot \hat{i} \cdot \cos(\omega t + \varphi_i)$

4.　　$u = u_R + u_L.$

Die rechnerische und grafische Behandlung von Wechselstromnetzen ist im Zeitbereich wohl möglich, aber wegen des großen Aufwandes praktisch nicht durchführbar.

Lösung des Problems: Prinzip des Berechnungsverfahrens

Werden sämtliche sinusförmigen Ströme und Spannungen eineindeutig (umkehrbar eindeutig) in entsprechende komplexe Zeitfunktionen abgebildet, dann können Wechselstromnetze im komplexen Bereich sowohl einfach berechnet als auch einfach grafisch behandelt werden. Beide Verfahren und die sich daraus ergebende „Symbolische Methode" werden im folgenden ausführlich dargestellt.

Die eineindeutige Abbildung ist möglich, weil bei vorgegebener Frequenz f oder Kreisfrequenz ω sowohl die Sinusgröße als auch die komplexe Größe nur noch durch zwei Größen bestimmt sind:

　　die Sinusgröße durch Amplitude und Anfangsphasenwinkel,

　　die komplexe Größe durch Betrag und Argument (Winkel).

Mathematische Voraussetzungen

Für die rechnerische und grafische Behandlung der abgebildeten Sinusgrößen ist es notwendig, die wichtigsten Zusammenhänge der „komplexen Rechnung" zu kennen, die hier nur zusammengefasst werden.

Darstellungsform einer komplexen Zahl:

Algebraische oder kartesische Form:

$$\underline{z} = x + j\,y \qquad \text{mit x, y als reelle Zahl}$$

$$\text{mit } j = \sqrt{-1} \text{ als imaginäre Einheit}$$

Trigonometrische oder goniometrische Form:

$$\underline{z} = r \cdot (\cos \varphi + j \cdot \sin \varphi)$$

$$\text{mit} \quad r = |\underline{z}| = \sqrt{x^2 + y^2} \qquad \text{und} \quad x = r \cdot \cos \varphi$$

$$\text{und} \quad \varphi = \text{arc}\underline{z} = \arctan(y/x) \qquad \text{und} \quad y = r \cdot \sin \varphi$$

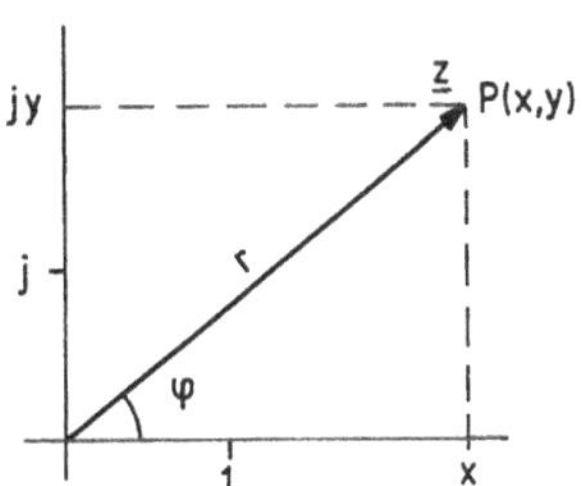

Bild 4.7
Darstellung der komplexen Zahl

Exponentialform:

$$\underline{z} = r \cdot e^{j\varphi} \quad \text{mit} \quad e^{j\varphi} = \cos \varphi + j \cdot \sin \varphi \qquad \text{(Eulersche Formel)}$$

konjugiert komplexe Zahl zur komplexen Zahl $\underline{z}$:

$$\underline{z}^* = x - j\,y = r \cdot (\cos \varphi - j \cdot \sin \varphi) = r \cdot e^{-j\varphi}$$

Komplexe Zahlen werden in der Gaußschen Zahlenebene durch Punkte P(x, y) oder Zeiger, das sind Pfeile vom Koordinatenursprung zu den Punkten P, dargestellt (Bild 4.7).

Operationen mit komplexen Zahlen $\underline{z}_1 = x_1 + j\,y_1 = r_1 \cdot e^{j\varphi_1}$ und $\underline{z}_2 = x_2 + j\,y_2 = r_2 \cdot e^{j\varphi_2}$:

Addition und Subtraktion:

$$\underline{z}_1 \pm \underline{z}_2 = (x_1 \pm x_2) + j \cdot (y_1 \pm y_2)$$

Multiplikation:

$$\underline{z}_1 \cdot \underline{z}_2 = r_1 \cdot r_2 \cdot e^{j(\varphi_1 + \varphi_2)} = r_1 \cdot r_2 \cdot [\cos(\varphi_1 + \varphi_2) + j \cdot \sin(\varphi_1 + \varphi_2)]$$

$$\underline{z}_1 \cdot \underline{z}_2 = (x_1 x_2 - y_1 y_2) + j\,(x_1 y_2 + x_2 y_1)$$

Division:

$$\frac{\underline{z}_1}{\underline{z}_2} = \frac{r_1}{r_2} e^{j(\varphi_1 - \varphi_2)} = \frac{r_1}{r_2}\left[\cos(\varphi_1 - \varphi_2) + j \cdot \sin(\varphi_1 - \varphi_2)\right]$$

$$\frac{\underline{z}_1}{\underline{z}_2} = \frac{x_1 + jy_1}{x_2 + jy_2} \cdot \frac{x_2 - jy_2}{x_2 - jy_2} = \frac{x_1 x_2 + y_1 y_2}{x_2^2 + y_2^2} + j\,\frac{x_2 y_1 - x_1 y_2}{x_2^2 + y_2^2}$$

Potenzieren:

$$\underline{z}^n = r^n \cdot e^{j\,n\,\varphi} = r^n \cdot [\cos(n\varphi) + j \cdot \sin(n\varphi)]$$

Radizieren:

$$x_k = \sqrt[n]{r} \cdot e^{j\frac{\varphi + k \cdot 360°}{n}} = \sqrt[n]{r} \cdot \left(\cos\frac{\varphi + k \cdot 360°}{n} + j \cdot \sin\frac{\varphi + k \cdot 360°}{n}\right)$$

$$\text{mit } k = 0, 1, 2, \dots, n - 1.$$

4.2.2 Die Darstellung sinusförmiger Wechselgrößen durch komplexe Zeitfunktionen, Lösung der Gleichung im Komplexen und Rückführung in die gesuchte Zeitfunktion (rechnerisches Verfahren)

Transformation ins Komplexe

Jede sinusförmige Wechselgröße $v(t)$ wird in eine entsprechende komplexe Zeitfunktion $\underline{v}(t)$ eineindeutig abgebildet:

<u>Zeitbereich (Originalbereich)</u>   <u>komplexer Bereich (Bildbereich)</u>

$v(t) = \hat{v} \cdot \sin(\omega t + \varphi_v)$ $\quad\rightarrow\quad$ $\underline{v}(t) = \hat{v} \cdot \cos(\omega t + \varphi_v)$

mit $\hat{v}$:   Amplitude $\qquad\qquad\qquad\qquad\; + j \cdot \hat{v} \cdot \sin(\omega t + \varphi_v)$

und φ_v: Anfangsphasenwinkel $\qquad\; \underline{v}(t) = \hat{v} \cdot e^{j(\omega t + \varphi_v)}$ $\qquad\qquad$ (4.11)

$$\underline{v}(t) = \hat{v} \cdot e^{j\varphi_v} \cdot e^{j\omega t}$$

$$\underline{v}(t) = \sqrt{2} \cdot V \cdot e^{j\varphi_v} \cdot e^{j\omega t}$$

$$\underline{v}(t) = \underline{\hat{v}} \cdot e^{j\omega t} = \sqrt{2} \cdot \underline{V} \cdot e^{j\omega t}$$

$$\text{mit } \underline{\hat{v}} = \hat{v} \cdot e^{j\varphi_v}$$

als komplexe Amplitude

($\hat{v}$: Amplitude,

φ_v: Anfangsphasenwinkel)

und $\quad \underline{V} = V \cdot e^{j\varphi_v}$ als komplexer

Effektivwert

(V: Effektivwert,

φ_v : Anfangsphasenwinkel)

Bei der Abbildung der sinusförmigen Zeitfunktion $v(t)$ in die komplexe Zeitfunktion $\underline{v}(t)$ wird also die Sinusfunktion mit der imaginären Einheit j multipliziert und die Kosinusfunktion mit dem gleichen Argument dazuaddiert. Wie im Folgenden zu sehen ist, bietet diese Abbildung viele Vorteile bei der Behandlung von Wechselstromnetzen. Die sinusförmige Wechselgröße $v(t)$ des Zeitbereiches ist also gleich dem Imaginärteil der komplexen Zeitfunktion $\underline{v}(t)$.

Selbstverständlich kann auch die Kosinusfunktion $v = \hat{v} \cdot \cos(\omega t + \varphi_v)$ in die komplexe Zeitfunktion $\underline{v}$ abgebildet werden, indem die imaginäre Sinusfunktion mit gleichem Argument dazuaddiert wird. Da diese Abbildung keine Vorteile gegenüber der hier dargestellten Abbildung bietet und um Verwechslungen zu vermeiden, wird diese Art der Abbildung nicht beschrieben.

Der komplexe Effektivwert $\underline{V}$ wird in vielen Literaturstellen in Frakturbuchstaben angegeben: $\mathfrak{V}$. Der Vorteil dieser Schreibweise ist, dass im Zeichen selbst sofort erkennbar ist, dass nicht nur der Betrag der komplexen Größe, sondern Betrag (Effektivwert V) und Argument (Anfangsphasenwinkel φ_v) der komplexen Größe erfasst sind. Entsprechendes gilt für komplexe Zeitfunktionen $\mathfrak{v}(t)$. Der Nachteil der Frakturbuchstaben besteht im Erlernen neuer Zeichen:

$$\mathfrak{v}(t) = \underline{v}(t) \qquad\qquad \text{komplexe Zeitfunktion bei allgemeiner Betrachtung}$$

$$\mathfrak{i}(t) = \underline{i}(t) \quad \text{und} \quad \mathfrak{u}(t) = \underline{u}(t) \qquad \text{komplexe Zeitfunktion von Strom und Spannung}$$

$$\mathfrak{V} = \underline{V} \qquad\qquad \text{komplexer Effektivwert bei allgemeiner Betrachtung}$$

$$\mathfrak{I} = \underline{I} \quad \text{und} \quad \mathfrak{U} = \underline{U} \qquad \text{komplexer Effektivwert von Strom und Spannung}$$

Die Schreibweise mit unterstrichenen lateinischen Buchstaben hat sich in der neueren Literatur durchgesetzt, weil sie leichter erlernbar ist. Der Nachteil ist, dass der Strich unter dem Buchstaben häufig vergessen wird, wodurch gravierende Fehler entstehen.

In Induktivitäten und Kapazitäten hängen Strom und Spannung differentiell bzw. über Integrale zusammen:

$$u = L\frac{di}{dt}, \quad i = \frac{1}{L}\int u \cdot dt \quad \text{und} \quad i = C\frac{du}{dt}, \quad u = \frac{1}{C}\int i \cdot dt$$

d. h. die Zeitfunktionen und die komplexen Zeitfunktionen müssen differenziert und integriert werden:

<u>Zeitbereich (Originalbereich)</u>   <u>komplexer Bereich (Bildbereich)</u>

$$\frac{d\,v(t)}{dt} = \frac{d[\hat{v} \cdot \sin(\omega t + \varphi_v)]}{dt} \qquad \rightarrow \qquad \frac{d\underline{v}(t)}{dt} = \frac{d[\hat{v} \cdot e^{j(\omega t + \varphi_v)}]}{dt}$$

$$\frac{d\,v(t)}{dt} = \omega \cdot \hat{v} \cdot \cos(\omega t + \varphi_v) \qquad\qquad \frac{d\underline{v}(t)}{dt} = j \cdot \omega \cdot \hat{v} \cdot e^{j(\omega t + \varphi_v)}$$

$$\frac{d\underline{v}(t)}{dt} = j \cdot \omega \cdot \underline{v}(t) \tag{4.12}$$

$$\frac{d^2 v(t)}{dt^2} = -\omega^2 \cdot \hat{v} \cdot \sin(\omega t + \varphi_v) \qquad \rightarrow \qquad \frac{d^2\underline{v}(t)}{dt^2} = -\omega^2 \cdot \underline{v}(t) \tag{4.13}$$

$$\int v(t) \cdot dt = -\frac{1}{\omega}\hat{v} \cdot \cos(\omega t + \varphi_v) \qquad \rightarrow \qquad \int \underline{v}(t) \cdot dt = \int \hat{v} \cdot e^{j(\omega t + \varphi_v)} \cdot dt$$

$$\int \underline{v}(t) \cdot dt = \frac{1}{j\omega}\underline{v}(t) \tag{4.14}$$

Die Differentiation der komplexen Zeitfunktion bedeutet eine Multiplikation mit $j\omega$, die Integration eine Division durch $j\omega$.

Transformation der Differentialgleichung ins Komplexe

Dadurch lassen sich die mit Hilfe des Maschensatzes und der Knotenpunktregel aufge-
stellten Differentialgleichungen in algebraische Gleichungen überführen.

Zum Beispiel: Reihenschaltung eines ohmschen Widerstandes und einer Induktivität
<u>Zeitbereich:</u> Differentialgleichung

$$\hat{u} \cdot \sin(\omega t + \varphi_u) = R \cdot i(t) + L \frac{d\,i(t)}{dt}$$

<u>Transformationen:</u>

$$u(t) = \hat{u} \cdot \sin(\omega t + \varphi_u) \qquad \rightarrow \underline{u}(t) = \hat{u} \cdot e^{j(\omega t + \varphi_u)}$$

$$i(t) = \hat{i} \cdot \sin(\omega t + \varphi_i) \qquad \rightarrow \underline{i}(t) = \hat{i} \cdot e^{j(\omega t + \varphi_i)}$$

$$\frac{di(t)}{dt} \qquad\qquad \rightarrow \frac{d\underline{i}(t)}{dt} = j\omega \cdot \underline{i}(t)$$

<u>komplexer Bereich:</u> algebraische Gleichung

$$\hat{u} \cdot e^{j(\omega t + \varphi_u)} = R \cdot \underline{i}(t) + j\omega L \cdot \underline{i}(t)$$

Lösung der algebraischen Gleichung

Die algebraischen Gleichungen können nun einfach nach der transformierten gesuchten
Größe aufgelöst werden.

Zum Beispiel: Reihenschaltung eines ohmschen Widerstandes und einer Induktivität

$$\hat{u} \cdot e^{j(\omega t + \varphi_u)} = \underline{i}(t) \cdot (R + j\omega L)$$

$$\underline{i}(t) = \frac{\hat{u} \cdot e^{j(\omega t + \varphi_u)}}{R + j\omega L}$$

Rücktransformation in den Zeitbereich

Um die Lösung im Zeitbereich, also die gesuchte sinusförmige Zeitfunktion, zu erhalten,
muss die Abbildung entsprechend rückgängig gemacht werden, d. h. die Lösung der algebraischen Gleichung muss rücktransformiert werden. Bei der Rücktransformation der
komplexen Zeitfunktion $\underline{v}(t)$ in die Zeitfunktion $v(t)$ muss der Kosinusanteil verschwinden
und der Sinusanteil reell werden. Die Rücktransformation bedeutet also das Errechnen des
Imaginärteils der komplexen Zeitfunktion:

$$v(t) = \text{Im}\{\underline{v}(t)\} \tag{4.15}$$

Die Rücktransformation ist allerdings erst dann möglich, wenn die Lösung der algebraischen Gleichung so umgeformt wurde, dass der Imaginärteil abgespalten werden kann. Diese Umformung erfolgt im allgemeinen nach folgenden Schritten:

1. Der komplexe Nenner in algebraischer Form wird in die Exponentialform umgeformt:

$$x + jy = r \cdot e^{j\varphi} \qquad \text{mit } r = \sqrt{x^2 + y^2}$$

$$\text{und } \varphi = \arctan\frac{y}{x}$$

2. Der $e^{j\varphi}$-Anteil des Nenners wird mit $e^{-j\varphi}$ in den Zähler gebracht und mit dem e-Anteil der abgebildeten Sinusgröße im Zähler zusammengefasst.

3. Der gesamte e-Anteil des Zählers wird nach der Eulerschen Formel

$$e^{j\varphi} = \cos\varphi + j \cdot \sin\varphi$$

in die trigonometrische Form überführt.

4. Die Rücktransformation der komplexen Zeitfunktion in die gesuchte sinusförmige Zeitfunktion kann nun vorgenommen werden, indem nur der Imaginärteil berücksichtigt wird.

Anschließend lassen sich mit der Lösung im Zeitbereich die restlichen unbekannten Ströme und Spannungen ermitteln.

zum Beispiel: Reihenschaltung eines ohmschen Widerstandes und einer Induktivität

$$\text{Zu 1. } \underline{i}(t) = \frac{\hat{u} \cdot e^{j(\omega t + \varphi_u)}}{\sqrt{R^2 + (\omega L)^2} \cdot e^{j \cdot \arctan(\omega L / R)}}$$

$$\text{Zu 2. } \underline{i}(t) = \frac{\hat{u}}{\sqrt{R^2 + (\omega L)^2}} \cdot e^{j(\omega t + \varphi_u - \arctan \omega L / R)}$$

$$\text{Zu 3 } \underline{i}(t) = \frac{\hat{u}}{\sqrt{R^2 + (\omega L)^2}} \cdot \cos\left(\omega t + \varphi_u - \arctan\frac{\omega L}{R}\right)$$

$$+ j \cdot \frac{\hat{u}}{\sqrt{R^2 + (\omega L)^2}} \cdot \sin\left(\omega t + \varphi_u - \arctan\frac{\omega L}{R}\right)$$

$$\text{Zu 4. } i(t) = \text{Im}\{\underline{i}(t)\} = \frac{\hat{u}}{\sqrt{R^2 + (\omega L)^2}} \cdot \sin\left(\omega t + \varphi_u - \arctan\frac{\omega L}{R}\right)$$

$$\text{mit } i(t) = \hat{i} \cdot \sin(\omega t + \varphi_i)$$

$$\text{ergeben sich die Stromamplitude: } \hat{i} = \frac{\hat{u}}{\sqrt{R^2 + (\omega L)^2}}$$

$$\text{und der Anfangswinkel des Stroms } \varphi_i = \varphi_u - \arctan\frac{\omega L}{R}$$

Die beiden Spannungen u_R und u_L können nun mit dem Strom i(t) berechnet werden:

$$u_R(t) = R \cdot i(t) = \frac{R \cdot \hat{u}}{\sqrt{R^2 + (\omega L)^2}} \cdot \sin\left(\omega t + \varphi_u - \arctan\frac{\omega L}{R}\right)$$

$$u_L(t) = L\frac{di(t)}{dt} = \frac{\omega L \cdot \hat{u}}{\sqrt{R^2 + (\omega L)^2}} \cdot \cos\left(\omega t + \varphi_u - \arctan\frac{\omega L}{R}\right)$$

$$u_L(t) = \frac{\omega L \cdot \hat{u}}{\sqrt{R^2 + (\omega L)^2}} \cdot \sin\left(\omega t + \varphi_u - \arctan\frac{\omega L}{R} + \frac{\pi}{2}\right)$$

Zusammenfassung

Prinzipiell erfolgt die Berechnung eines Wechselstrom-Netzwerkes mit Hilfe der komplexen Rechnung nach folgendem Schema:

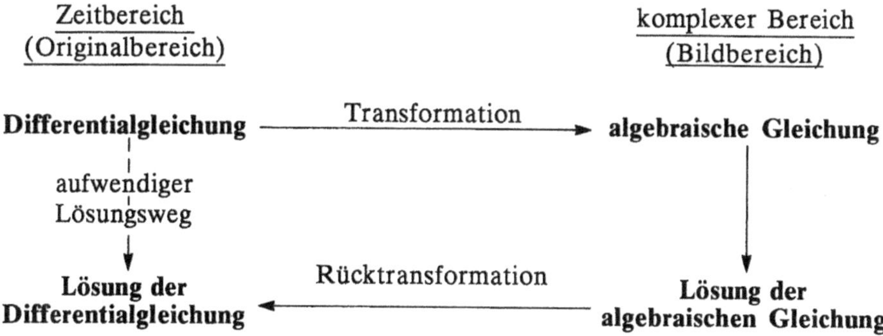

4.2.3 Die Darstellung sinusförmiger Wechselgrößen durch Zeiger und die Ermittlung der gesuchten Zeitfunktion mit Hilfe des Zeigerbildes (grafisches Verfahren)

Transformation in Zeiger

Die im vorigen Abschnitt rechnerisch behandelte Abbildung der sinusförmigen Wechselgröße in die komplexe Zeitfunktion bedeutet grafisch eine Abbildung der Sinusfunktion in einen um den Koordinatenursprung der Gaußschen Zahlenebene rotierenden Zeiger, der sich im mathematisch positiven Sinn mit der Winkelgeschwindigkeit ω dreht:

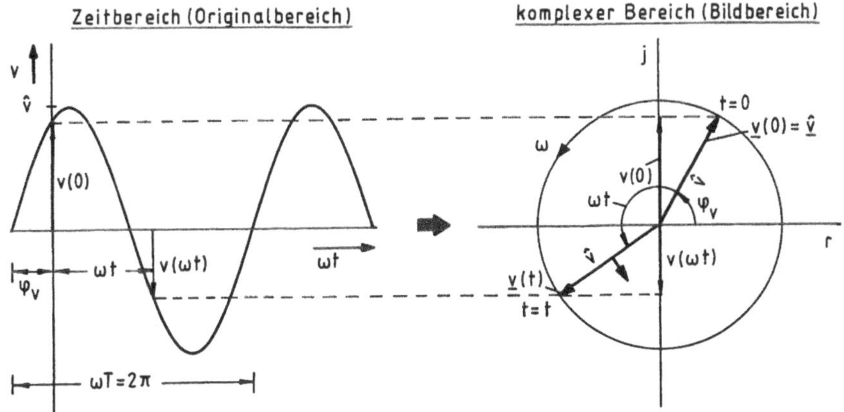

Bild 4.8 Transformation einer sinusförmigen Zeitfunktion in einen rotierenden Zeiger

<u>Zeitbereich (Originalbereich)</u>

$v(t) = \hat{v} \cdot \sin(\omega t + \varphi_v)$

dargestellt: $v(\omega t)$

$\qquad \rightarrow$

<u>komplexer Bereich (Bildbereich)</u>

$\underline{v}(t) = \hat{v} \cdot e^{j(\omega t + \varphi_v)}$

$\underline{v}(t) = \underline{\hat{v}} \cdot e^{j\omega t} = \sqrt{2} \cdot \underline{V} \cdot e^{j\omega t}$

mit $\underline{\hat{v}} = \hat{v} \cdot e^{j\varphi_v}$ als komplexe Amplitude

und $\underline{V} = V \cdot e^{j\varphi_v}$ als komplexer Effektivwert

Die Projektion des rotierenden Zeigers $\underline{v}(t)$ auf die imaginäre Achse ist der Augenblickswert $v(t)$ der sinusförmigen Wechselgröße. Zwischen dem rotierenden Zeiger und der Sinusgröße besteht somit eine eineindeutige Beziehung – genauso wie zwischen der komplexen Zeitfunktion und der Sinusfunktion.

Die Zeitfunktion v im Zeitbereich ist nicht in Abhängigkeit von t, sondern in Abhängigkeit von ωt dargestellt, damit die zugeordneten Winkel besser ersichtlich sind: der Anfangswinkel φ_v, der beliebig gewählte „Drehwinkel" ωt von $t = 0$ bis zur beliebigen Zeit t und der Gesamtwinkel $\omega t + \varphi_v$ und $\omega T = 2\pi$.

In dieser Weise können beliebig viele sinusförmige Wechselgrößen gleicher Frequenz in der komplexen Ebene durch Zeiger dargestellt werden.

Überlagerung zweier sinusförmiger Wechselgrößen bzw. zweier Zeiger

Wie bereits eingangs ausgeführt, sind sämtliche in einem Wechselstromnetz vorhandenen Ströme und Spannungen sinusförmig, d. h. auch die Summe zweier sinusförmiger Wechselgrößen mit unterschiedlicher Amplitude und mit unterschiedlichen Anfangsphasenwinkeln muss eine sinusförmige Wechselgröße ergeben, die eine resultierende Amplitude und einen resultierenden Anfangsphasenwinkel besitzt. Dieses Ergebnis muss sich auch im komplexen Bereich bestätigen, indem zwei Zeiger addiert einen resultierenden Zeiger ergeben.

Trigonometrische Addition im Zeitbereich:

$$v_r = v_1 + v_2$$

$$\text{mit } v_r = \hat{v}_r \cdot \sin(\omega t + \varphi_{vr})$$

$$v_1 = \hat{v}_1 \cdot \sin(\omega t + \varphi_{v1}) \quad \text{und} \quad v_2 = \hat{v}_2 \cdot \sin(\omega t + \varphi_{v2})$$

$$v_r = \hat{v}_r \cdot \sin(\omega t + \varphi_{vr}) = \hat{v}_1 \cdot \sin(\omega t + \varphi_{v1}) + \hat{v}_2 \cdot \sin(\omega t + \varphi_{v2}) \qquad (4.16)$$

$$\text{mit } \sin(\alpha + \beta) = \sin\alpha \cdot \cos\beta + \cos\alpha \cdot \sin\beta$$

$$v_r = \hat{v}_r \cdot \sin\omega t \cdot \cos\varphi_{vr} + \hat{v}_r \cdot \cos\omega t \cdot \sin\varphi_{vr}$$

$$v_r = \hat{v}_1 \cdot \sin\omega t \cdot \cos\varphi_{v1} + \hat{v}_1 \cdot \cos\omega t \cdot \sin\varphi_{v1}$$

$$+ \hat{v}_2 \cdot \sin\omega t \cdot \cos\varphi_{v2} + \hat{v}_2 \cdot \cos\omega t \cdot \sin\varphi_{v2}$$

oder

$$v_r = \hat{v}_r \cdot \cos\varphi_{vr} \cdot \sin\omega t + \hat{v}_r \cdot \sin\varphi_{vr} \cdot \cos\omega t$$

$$v_r = (\hat{v}_1 \cdot \cos\varphi_{v1} + \hat{v}_2 \cdot \cos\varphi_{v2}) \cdot \sin\omega t + (\hat{v}_1 \cdot \sin\varphi_{v1} + \hat{v}_2 \cdot \sin\varphi_{v2}) \cdot \cos\omega t$$

Damit ergeben sich zwei Gleichungen

$$\hat{v}_r \cdot \cos\varphi_{vr} = \hat{v}_1 \cdot \cos\varphi_{v1} + \hat{v}_2 \cdot \cos\varphi_{v2}$$

$$\hat{v}_r \cdot \sin\varphi_{vr} = \hat{v}_1 \cdot \sin\varphi_{v1} + \hat{v}_2 \cdot \sin\varphi_{v2}$$

mit den zwei Unbekannten $\hat{v}_r$ und φ_{vr}, die sich durch Quadrieren und Addieren bzw. Dividieren errechnen lassen:

$$\hat{v}_r^{\,2} \cdot \cos^2\varphi_{vr} + \hat{v}_r^{\,2} \cdot \sin^2\varphi_{vr} = \hat{v}_r^{\,2}$$

$$= (\hat{v}_1 \cdot \cos\varphi_{v1} + \hat{v}_2 \cdot \cos\varphi_{v2})^2 + (\hat{v}_1 \cdot \sin\varphi_{v1} + \hat{v}_2 \cdot \sin\varphi_{v2})^2$$

$$= \hat{v}_1^{\,2} \cdot \cos^2\varphi_{v1} + \hat{v}_2^{\,2} \cdot \cos^2\varphi_{v2} + 2 \cdot \hat{v}_1 \cdot \hat{v}_2 \cdot \cos\varphi_{v1} \cdot \cos\varphi_{v2}$$

$$+ \hat{v}_1^{\,2} \cdot \sin^2\varphi_{v1} + \hat{v}_2^{\,2} \cdot \sin^2\varphi_{v2} + 2 \cdot \hat{v}_1 \cdot \hat{v}_2 \cdot \sin\varphi_{v1} \cdot \sin\varphi_{v2}$$

$$\text{mit } \sin^2\varphi_{v1} + \cos^2\varphi_{v1} = 1, \quad \sin^2\varphi_{v2} + \cos^2\varphi_{v2} = 1$$

$$\text{und } \cos\varphi_{v2} \cdot \cos\varphi_{v1} + \sin\varphi_{v2} \cdot \sin\varphi_{v1} = \cos(\varphi_{v2} - \varphi_{v1})$$

ergibt sich schließlich

$$\hat{v}_r^{\,2} = \hat{v}_1^{\,2} + \hat{v}_2^{\,2} + 2 \cdot \hat{v}_1 \cdot \hat{v}_2 \cdot \cos(\varphi_{v2} - \varphi_{v1})$$

und damit die Formel für die Amplitude der resultierenden Wechselgröße:

$$\hat{v}_r = \sqrt{\hat{v}_1{}^2 + \hat{v}_2{}^2 + 2 \cdot \hat{v}_1 \cdot \hat{v}_2 \cdot \cos \varphi_v} \tag{4.17}$$

$$\text{mit} \quad \varphi_v = \varphi_{v2} - \varphi_{v1}.$$

Mit

$$\frac{\hat{v}_r \cdot \sin \varphi_{vr}}{\hat{v}_r \cdot \cos \varphi_{vr}} = \tan \varphi_{vr} = \frac{\hat{v}_1 \cdot \sin \varphi_{v1} + \hat{v}_2 \cdot \sin \varphi_{v2}}{\hat{v}_1 \cdot \cos \varphi_{v1} + \hat{v}_2 \cdot \cos \varphi_{v2}}$$

lässt sich der Anfangsphasenwinkel der resultierenden Wechselgröße angeben:

$$\varphi_{vr} = \arctan \frac{\hat{v}_1 \cdot \sin \varphi_{v1} + \hat{v}_2 \cdot \sin \varphi_{v2}}{\hat{v}_1 \cdot \cos \varphi_{v1} + \hat{v}_2 \cdot \cos \varphi_{v2}} \tag{4.18}$$

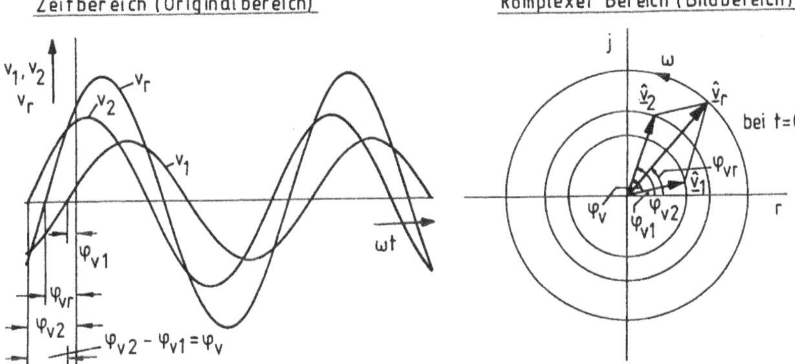

Bild 4.9 Überlagerung von zwei Sinusgrößen im Zeitbereich und von zwei abgebildeten Sinusgrößen im komplexen Bereich

Geometrische Addition im komplexen Bereich:

Das Zeigerbild im komplexen Bereich (im Bild 4.9 rechts) wird im Bild 4.10 dreifach vergrößert, damit die geometrischen Zusammenhänge besser abgelesen werden können. Mit Hilfe des Kosinussatzes

$$a^2 = b^2 + c^2 - 2 \cdot b \cdot c \cdot \cos \alpha$$

lässt sich im Dreieck $0 - C - E$ die Länge des resultierenden Zeigers $\underline{\hat{v}}_r$ aus den Längen der gegebenen Zeiger $\underline{\hat{v}}_1$ und $\underline{\hat{v}}_2$ errechnen:

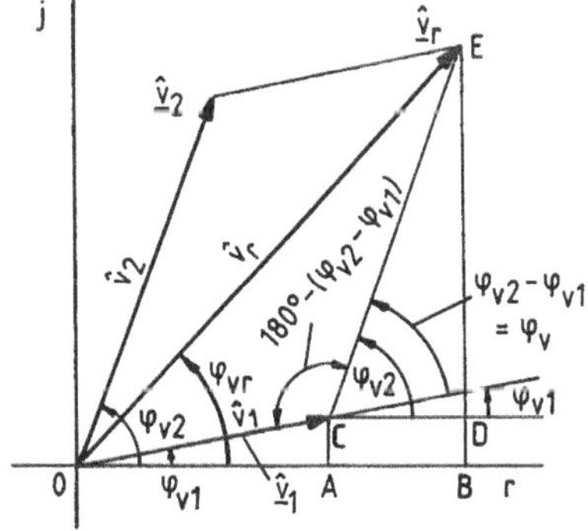

Bild 4.10 Überlagerung von Zeigern

$$\hat{v}_r{}^2 = \hat{v}_1{}^2 + \hat{v}_2{}^2 - 2 \cdot \hat{v}_1 \cdot \hat{v}_2 \cdot \cos\left[180° - (\varphi_{v2} - \varphi_{v1})\right]$$

Mit $\quad \cos(180° - \alpha) = -\cos\alpha$

ergibt sich dasselbe Ergebnis wie bei der trigonometrischen Überlagerung im Zeitbereich:

$$\hat{v}_r = \sqrt{\hat{v}_1^2 + \hat{v}_2^2 + 2 \cdot \hat{v}_1 \cdot \hat{v}_2 \cdot \cos(\varphi_{v2} - \varphi_{v1})} \; .$$

Das Argument des resultierenden Zeigers $\underline{\hat{v}}_r$ lässt sich aus den folgenden Streckenverhältnissen berechnen:

$$\tan\varphi_{vr} = \frac{\overline{EB}}{\overline{OB}} = \frac{\overline{CA} + \overline{ED}}{\overline{OA} + \overline{CD}} = \frac{\hat{v}_1 \cdot \sin\varphi_{v1} + \hat{v}_2 \cdot \sin\varphi_{v2}}{\hat{v}_1 \cdot \cos\varphi_{v1} + \hat{v}_2 \cdot \cos\varphi_{v2}}$$

$$\varphi_{vr} = \arctan\frac{\hat{v}_1 \cdot \sin\varphi_{v1} + \hat{v}_2 \cdot \sin\varphi_{v2}}{\hat{v}_1 \cdot \cos\varphi_{v1} + \hat{v}_2 \cdot \cos\varphi_{v2}} \; .$$

Sowohl die trigonometrische Addition im Zeitbereich als auch die geometrische Addition im komplexen Bereich führen zum selben Ergebnis:

Die Summe von zwei sinusförmigen Wechselgrößen gleicher Frequenz ist eine resultierende sinusförmige Wechselgröße derselben Frequenz.

Überlagerung von n sinusförmigen Wechselgrößen

Die Überlagerung von mehr als zwei sinusförmigen Wechselgrößen lässt sich auf die Überlagerung von zwei sinusförmigen Wechselgrößen zurückführen und ergibt selbstverständlich eine resultierende sinusförmige Wechselgröße derselben Frequenz, deren Amplitude und Anfangsphasenwinkel nach folgenden Formeln berechnet werden können:

$$\hat{v}_r \cdot \sin(\omega t + \varphi_{vr}) = \sum_{i=1}^{n} \hat{v}_i \cdot \sin(\omega t + \varphi_{vi}) \tag{4.19}$$

$$\text{mit } \hat{v}_r = \sqrt{\sum_{\substack{j=1 \\ k=1}}^{n} \hat{v}_j \cdot \hat{v}_k \cdot \cos(\varphi_{vj} - \varphi_{vk})} \tag{4.20}$$

$$\text{und } \varphi_{vr} = \arctan\frac{\displaystyle\sum_{i=1}^{n} \hat{v}_i \cdot \sin\varphi_{vi}}{\displaystyle\sum_{i=1}^{n} \hat{v}_i \cdot \cos\varphi_{vi}} \tag{4.21}$$

z. B. für n = 2

$$\hat{v}_r = \sqrt{\hat{v}_1 \cdot \hat{v}_1 + \hat{v}_1 \cdot \hat{v}_2 \cdot \cos(\varphi_{v1} - \varphi_{v2}) + \hat{v}_2 \cdot \hat{v}_1 \cdot \cos(\varphi_{v2} - \varphi_{v1}) + \hat{v}_2 \cdot \hat{v}_2}$$

mit $\cos(-\alpha) = \cos\alpha$ ist $\cos(\varphi_{v1} - \varphi_{v2}) = \cos(\varphi_{v2} - \varphi_{v1})$

$$\hat{v}_r = \sqrt{\hat{v}_1^2 + \hat{v}_2^2 + 2 \cdot \hat{v}_1 \cdot \hat{v}_2 \cdot \cos(\varphi_{v2} - \varphi_{v1})}$$

z. B. für n = 3:

$$\hat{v}_r{}^2 = \hat{v}_1 \cdot \hat{v}_1 \cdot \cos(\varphi_{v1} - \varphi_{v1}) + \hat{v}_1 \cdot \hat{v}_2 \cdot \cos(\varphi_{v1} - \varphi_{v2}) + \hat{v}_1 \cdot \hat{v}_3 \cdot \cos(\varphi_{v1} - \varphi_{v3})$$

$$+ \hat{v}_2 \cdot \hat{v}_1 \cdot \cos(\varphi_{v2} - \varphi_{v1}) + \hat{v}_2 \cdot \hat{v}_2 \cdot \cos(\varphi_{v2} - \varphi_{v2}) + \hat{v}_2 \cdot \hat{v}_3 \cdot \cos(\varphi_{v2} - \varphi_{v3})$$

$$+ \hat{v}_3 \cdot \hat{v}_1 \cdot \cos(\varphi_{v3} - \varphi_{v1}) + \hat{v}_3 \cdot \hat{v}_2 \cdot \cos(\varphi_{v3} - \varphi_{v2}) + \hat{v}_3 \cdot \hat{v}_3 \cdot \cos(\varphi_{v3} - \varphi_{v3})$$

$$\hat{v}_r = \sqrt{\hat{v}_1{}^2 + \hat{v}_2{}^2 + \hat{v}_3{}^2 + 2\hat{v}_1\hat{v}_2 \cos(\varphi_{v2} - \varphi_{v1}) + 2\hat{v}_1\hat{v}_3 \cos(\varphi_{v3} - \varphi_{v1}) + 2\hat{v}_2\hat{v}_3 \cos(\varphi_{v3} - \varphi_{v2})}$$

$$(4.22)$$

Vereinfachte Zeigerbilder

In der Praxis werden die abgebildeten Sinusgrößen grundsätzlich zum Zeitpunkt t = 0, also als „ruhende Zeiger" gezeichnet.

Weil Effektivwerte in weiteren Berechnungen, z.B. Leistungsberechnungen, benötigt werden, berücksichtigt man in Zeigerbildern nicht die komplexen Amplituden, sondern die komplexen Effektivwerte. Das bedeutet gegenüber den komplexen Amplituden eine Maßstabsänderung mit $\sqrt{2}$.

Die reellen und imaginären Achsen werden bei vereinfachten Zeigerbildern weggelassen, weil für die Beurteilung der sinusförmigen Wechselgrößen einer Schaltung nur die Effektivwerte und die gegenseitige Phasenverschiebung wichtig sind. Die Anfangsphasenwinkel hängen von der willkürlichen Festlegung des Zeitpunktes t = 0 ab, d. h. auch die Lage des Achsenkreuzes der komplexen Ebene zu den Zeigern bedeutet die Festlegung des gleichen Zeitpunktes t = 0.

Ein Zeigerbild wird grundsätzlich von innen nach außen entwickelt, so dass immer nur die Zeiger von einem oder zwei Schaltelementen, also von einfachen Zweipolen, gezeichnet werden. Sind ein Strom oder eine Spannung in einem Zweig innerhalb der Schaltung nicht gegeben, sondern die Gesamtspannung oder der Gesamtstrom, dann wird trotzdem von diesen Größen ausgegangen, indem ein Zahlenwert vorgegeben wird; nachträglich lässt sich dieser dann proportional korrigieren. Die weiteren Zeiger ergeben sich dann durch Multiplikation oder Division mit einfachen Operatoren. Resultierende Zeiger werden dann durch geometrische Addition ermittelt, so dass sich schließlich die Gesamtspannung und der Gesamtstrom der Schaltung ergeben.

Im vereinfachten Zeigerbild können also mit einfachen geometrischen Beziehungen die Effektivwerte und Phasenverschiebungen ermittelt und abgelesen werden, so dass sie bei der Behandlung der verschiedensten Wechselstromschaltungen unverzichtbar sind.

Um qualitative und quantitative Zeigerbilder bei vorgegebenen Schaltungen entwickeln zu können, ist es allerdings notwendig, die Operatoren und komplexen Widerstände und komplexen Leitwerte kennen zu lernen, die im folgenden behandelt werden.

Sollen umgekehrt die Zeitfunktionen aus den vereinfachten Zeigerbildern ermittelt werden, so müssen zunächst die Effektivwertlängen auf Amplitudenlängen übertragen und dann eine Zeitlinie für t = 0 festgelegt werden, die der positiven imaginären Achse entspricht und im mathematisch negativen Sinn mit der Winkelgeschwindigkeit ω rotiert. Die Projektion der Zeiger auf diese Achse ergibt die jeweiligen Augenblickswerte.

Wie man an praktischen Beispielen sieht, ist es nicht notwendig, die Augenblickswerte auf diese Weise zu bestimmen. Aus dem Zeigerbild können die Effektivwerte der interessierenden Ströme und Spannungen und die Phasenverschiebungen abgelesen werden und die Sinusverläufe in einem Zeitdiagramm dargestellt werden. Nachträglich lässt sich der Zeitpunkt t = 0 durch Eintragen der Ordinate festlegen und die Augenblickswerte für beliebige Zeitpunkte ablesen.

zum Beispiel: Reihenschaltung eines ohmschen Widerstandes und einer Induktivität.

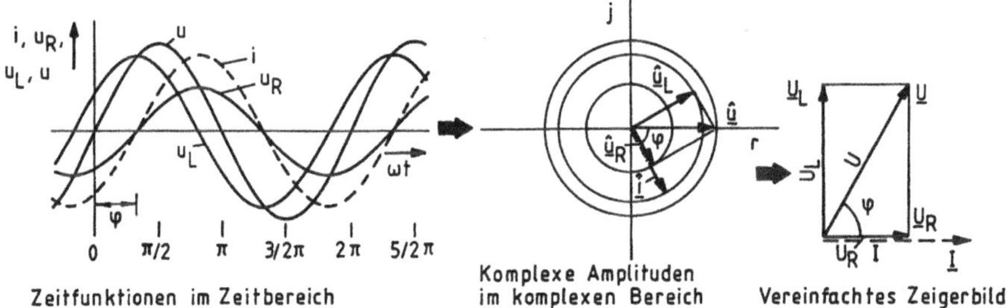

Bild 4.11 Beispiel für den Übergang von Sinusgrößen zum Zeigerbild

Mit Hilfe des vereinfachten Zeigerbildes kann der Effektivwert I bzw. die Amplitude $\hat{i}$ des sinusförmigen Stroms berechnet werden:

Für das „Spannungsdreieck" gilt

$$U^2 = U_R{}^2 + U_L{}^2 \quad \text{mit } U_R = R \cdot I \text{ und } U_L = \omega L \cdot I$$
$$U^2 = R^2 \cdot I^2 + \omega^2 \cdot L^2 \cdot I^2$$
$$U^2 = (R^2 + \omega^2 \cdot L^2) \cdot I^2,$$

woraus sich der Strom errechnen lässt:

$$I = \frac{U}{\sqrt{R^2 + \omega^2 L^2}} \quad \text{bzw.} \quad \hat{i} = \frac{\hat{u}}{\sqrt{R^2 + \omega^2 L^2}}.$$

Die Phasenverschiebung φ zwischen Strom i und Spannung u kann ebenfalls aus dem „Spannungsdreieck" ermittelt werden:

$$\tan\varphi = \frac{U_L}{U_R} = \frac{\omega L \cdot I}{R \cdot I} = \frac{\omega L}{R}$$

$$\varphi = \arctan\frac{\omega L}{R}.$$

Mit der Definition für die Phasenverschiebung

$$\varphi = \varphi_u - \varphi_i$$

bestätigt sich das Ergebnis, das durch die Lösung der algebraischen Gleichung erhalten wurde:

$$\varphi_i = \varphi_u - \varphi = \varphi_u - \arctan\frac{\omega L}{R}.$$

Damit sind die beiden Größen $\hat{i}$ und φ_i des sinusförmigen Stroms i(t) bei vorgegebener Frequenz ermittelt:

$$i(t) = \frac{\hat{u}}{\sqrt{R^2 + (\omega L)^2}} \cdot \sin\left(\omega t + \varphi_u - \arctan\frac{\omega L}{R}\right).$$

4.2.4 Das Rechnen mit komplexen Effektivwerten in Schaltungen mit komplexen Operatoren bzw. komplexen Widerständen und komplexen Leitwerten (Symbolische Methode)

Komplexe Operatoren

Werden die sinusförmigen Wechselgrößen in den drei Arten von Wechselstromwiderständen (ohmsche, induktive und kapazitive Widerstände) in entsprechende komplexe Zeitfunktionen abgebildet, dann entstehen reelle und imaginäre Operatoren, mit deren Hilfe komplexe Zeitfunktionen (rotierende Zeiger), komplexe Amplituden und komplexe Effektivwerte (ruhende Zeiger bei t = 0) ineinander überführt werden können:

		ohmscher Widerstand	induktiver Widerstand	kapazitiver Widerstand
Zeitbereich (Originalbereich)		$u = R \cdot i$ $i = \dfrac{u}{R} = G \cdot u$	$u = L\dfrac{di}{dt}$ $u = M\dfrac{di}{dt}$ $i = \dfrac{1}{L}\int u \cdot dt$ $i = \dfrac{1}{M}\int u \cdot dt$	$u = \dfrac{1}{C}\int i \cdot dt$ $i = C\dfrac{du}{dt}$
komplexer Bereich (Bildbereich)	komplexe Zeitfunktionen	$\underline{u} = R \cdot \underline{i}$ $\underline{i} = \dfrac{\underline{u}}{R} = G \cdot \underline{u}$	$\underline{u} = j\omega L \cdot \underline{i}$ $\underline{u} = j\omega M \cdot \underline{i}$ $\underline{i} = \dfrac{\underline{u}}{j\omega L}$ $\underline{i} = \dfrac{\underline{u}}{j\omega M}$	$\underline{u} = \dfrac{\underline{i}}{j\omega C}$ $\underline{i} = j\omega C \cdot \underline{u}$
	komplexe Amplituden	$\underline{\hat{u}} = R \cdot \underline{\hat{i}}$ $\underline{\hat{i}} = \dfrac{\underline{\hat{u}}}{R} = G \cdot \underline{\hat{u}}$	$\underline{\hat{u}} = j\omega L \cdot \underline{\hat{i}}$ $\underline{\hat{u}} = j\omega M \cdot \underline{\hat{i}}$ $\underline{\hat{i}} = \dfrac{\underline{\hat{u}}}{j\omega L}$ $\underline{\hat{i}} = \dfrac{\underline{\hat{u}}}{j\omega M}$	$\underline{\hat{u}} = \dfrac{\underline{\hat{i}}}{j\omega C}$ $\underline{\hat{i}} = j\omega C \cdot \underline{\hat{u}}$
	komplexe Effektivwerte	$\underline{U} = R \cdot \underline{I}$ $\underline{I} = \dfrac{\underline{U}}{R} = G \cdot \underline{U}$	$\underline{U} = j\omega L \cdot \underline{I}$ $\underline{U} = j\omega M \cdot \underline{I}$ $\underline{I} = \dfrac{\underline{U}}{j\omega L}$ $\underline{I} = \dfrac{\underline{U}}{j\omega M}$	$\underline{U} = \dfrac{\underline{I}}{j\omega C}$ $\underline{I} = j\omega C \cdot \underline{U}$

Von den komplexen Zeitfunktionen kommt man auf komplexe Amplituden, indem beide Seiten der Gleichungen durch $e^{j\omega t}$ dividiert werden. Diese Gleichungen durch $\sqrt{2}$ dividiert, ergeben die Gleichungen für die komplexen Effektivwerte.

Für ohmsche Widerstände sind die Operatoren reell:

Widerstand R   Leitwert G

für induktive Widerstände sind die Operatoren positiv und negativ imaginär:

Widerstand $j\omega L$ bzw. $j\omega M$ Leitwert $\dfrac{1}{j\omega L} = -j\dfrac{1}{\omega L}$ bzw. $\dfrac{1}{j\omega M} = -j\dfrac{1}{\omega M}$

für kapazitive Widerstände sind die Operatoren negativ und positiv imaginär:

Widerstand $\dfrac{1}{j\omega C} = -j\dfrac{1}{\omega C}$ Leitwert $j\omega C$

Maschensatz und Knotenpunktsatz der Wechselstromtechnik

Mit den Beziehungen zwischen den Strömen und Spannungen im Zeitbereich entstehen Differentialgleichungen aufgrund des Maschensatzes und des Knotenpunktsatzes für zeitlich veränderliche Spannungen und Ströme:

Die Summe der Augenblickswerte der Spannungen (Quellspannungen und Spannungsabfälle an den Wechselstromwiderständen) in einer Masche ist Null. Wird mit Quellspannungen gerechnet, wird jede Masche nur einmal durchlaufen:

$$\sum_{i=1}^{l} u_i(t) = 0 \qquad (4.23)$$

In einem Knotenpunkt eines verzweigten Wechselstromkreises ist die Summe aller vorzeichenbehafteten Augenblickswerte der Ströme gleich Null:

$$\sum_{i=1}^{l} i_i(t) = 0 \qquad (4.25)$$

Die Summe der Augenblickswerte der EMK einer Masche ist gleich der Summe der Augenblickswerte der Spannungsabfälle an den Wechselstromwiderständen. Wird mit EMK gerechnet, dann muss jede Masche zweimal durchlaufen werden (für e_i und für u_i):

$$\sum_{i=1}^{n} e_i(t) = \sum_{i=1}^{m} u_i(t) \qquad (4.24)$$

Die Summe der Augenblickswerte der zum Knotenpunkt hinfließenden Ströme ist gleich der Summe der Augenblickswerte der vom Knotenpunkt wegfließenden Ströme:

$$\sum_{i=1}^{n} i_i(t) = \sum_{i=1}^{m} i_i(t) \qquad (4.26)$$

Werden sämtliche sinusförmigen Spannungen und Ströme auf die beschriebene Weise in komplexe Zeitfunktionen abgebildet, ergeben sich aus den Differentialgleichungen algebraische Gleichungen; das sind die Maschengleichungen und Knotenpunktgleichungen in komplexer Form:

$$\sum_{i=1}^{l} u_i(t) = 0 \rightarrow \sum_{i=1}^{l} \underline{u}_i(t) = 0 \quad (4.27) \quad \text{und} \quad \sum_{i=1}^{l} i_i(t) = 0 \rightarrow \sum_{i=1}^{l} \underline{i}_i(t) = 0 \qquad (4.28)$$

$$\text{Mit} \quad \underline{u}_i(t) = \hat{u}_i \cdot e^{j(\omega t + \varphi_{ui})} \qquad\qquad \text{und} \quad \underline{i}_i(t) = \hat{i}_i \cdot e^{j(\omega t + \varphi_{ii})}$$

$$\underline{u}_i(t) = \sqrt{2} \cdot U_i \cdot e^{j\varphi_{ui}} \cdot e^{j\omega t} \qquad\qquad \underline{i}_i(t) = \sqrt{2} \cdot I_i \cdot e^{j\varphi_{ii}} \cdot e^{j\omega t}$$

$$\underline{u}_i(t) = \sqrt{2} \cdot \underline{U}_i \cdot e^{j\omega t} \qquad\qquad \underline{i}_i(t) = \sqrt{2} \cdot \underline{I}_i \cdot e^{j\omega t}$$

lauten die Maschen- und Knotenpunktgleichungen in komplexen Effektivwerten:

$$\sum_{i=1}^{l} \underline{U}_i = 0 \qquad\qquad (4.29) \qquad\qquad \sum_{i=1}^{l} \underline{I}_i = 0 \qquad\qquad (4.30)$$

Symbolische Methode

Weil zwischen den komplexen Effektivwerten der Ströme und Spannungen in Wechselstromwiderständen lineare Beziehungen über reelle und imaginäre Operatoren bestehen und weil die Maschen- und Knotenpunktgleichungen in komplexen Effektivwerten gelten, kann ein Wechselstrom-Netzwerk mit den gleichen Verfahren behandelt werden, wie sie für die Berechnung von Gleichstrom-Netzwerken angewendet wurden. Dazu muss das Wechselstrom-Schaltbild entsprechend umgeformt werden:

Alle sinusförmigen Zeitfunktionen werden in entsprechende komplexe Effektivwerte überführt.

Ohmsche Widerstände R bleiben im Schaltbild unverändert, da der Operator zwischen den komplexen Effektivwerten von Strom und Spannung R ist.

Induktivitäten L und Gegeninduktivitäten M werden wie induktive Widerstände mit den imaginären Operatoren $j\omega L$ und $j\omega M$ behandelt. Die Operatoren ersetzen im Schaltbild L und M.

Kapazitäten C werden als kapazitive Widerstände mit dem Operator $1/j\omega C$ berücksichtigt, weil der komplexe Effektivwert des Stroms durch Multiplikation mit dem Operator $1/j\omega C$ in den komplexen Effektivwert der Spannung überführt wird. Anstelle von C wird im Schaltbild $1/j\omega C$ geschrieben.

Nachdem die Operatoren im Schaltbild eingetragen sind, werden die Netzberechnungshilfen (Spannungs- und Stromteilerregel im Band 1, Gl. 2.34 und Gl. 2.35 bzw. Gl. 2.58 und Gl. 2.59 und im Band 2, S. 37 und S. 45) und die Netzberechnungsverfahren im Band 1, Abschnitt 2.3 angewendet, wodurch sich die algebraischen Gleichungen in komplexen Effektivwerten ergeben, die dann gelöst werden.

Die Lösungen in komplexen Effektivwerten müssen in Lösungen in komplexen Zeitfunktionen überführt werden, indem sie mit $\sqrt{2} \cdot e^{j\omega t}$ multipliziert werden. Die Rücktransformation der komplexen Zeitfunktion in die sinusförmige Zeitfunktion ist bereits im Abschnitt 4.2.2 beschrieben worden.

zum Beispiel: Reihenschaltung eines ohmschen Widerstandes und einer Induktivität

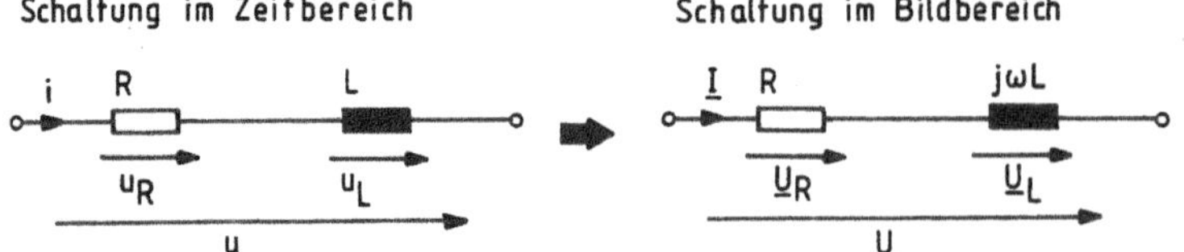

Bild 4.12 Beispiel für den Übergang einer Wechselstromschaltung in eine Schaltung mit komplexen Effektivwerten und komplexen Operatoren

Maschensatz in komplexen Effektivwerten:

$$\underline{U} = \underline{U}_R + \underline{U}_L = R \cdot \underline{I} + j\omega L \cdot \underline{I}$$

algebraische Gleichung:

$$\underline{U} = (R + j\omega L) \cdot \underline{I}$$

Lösung der algebraischen Gleichung in komplexen Effektivwerten:

$$\underline{I} = \frac{\underline{U}}{R + j\omega L}$$

Lösung der algebraischen Gleichung in komplexen Zeitfunktionen:

$$\underline{i}(t) = \frac{\underline{u}}{R + j\omega L} = \frac{\hat{u} \cdot e^{j(\omega t + \varphi_u)}}{R + j\omega L}$$

Rücktransformation siehe Abschnitt 4.2.2.

4.2.5 Lösungsmethoden für die Berechnung von Wechselstromnetzen

Übersicht

Wie in den vorhergehenden Abschnitten beschrieben, gibt es vier Lösungsverfahren für die Berechnung von Wechselstrom-Netzwerken:

Verfahren 1: **Lösung der Differentialgleichung im Zeitbereich**
(im Abschnitt 4.2.1 erwähnt)

Verfahren 2: **Lösung der Differentialgleichung mit Hilfe von komplexen Zeitfunktionen**
(dargestellt im Abschnitt 4.2.2)

Verfahren 3: **Lösungsmethode mit Operatoren - Symbolische Methode**
(dargestellt im Abschnitt 4.2.4)

Verfahren 4: **Grafische Lösung mit Hilfe von Zeigerbildern**
(dargestellt im Abschnitt 4.2.3)

Die folgende Übersicht zeigt, wie die Verfahren ineinander greifen:

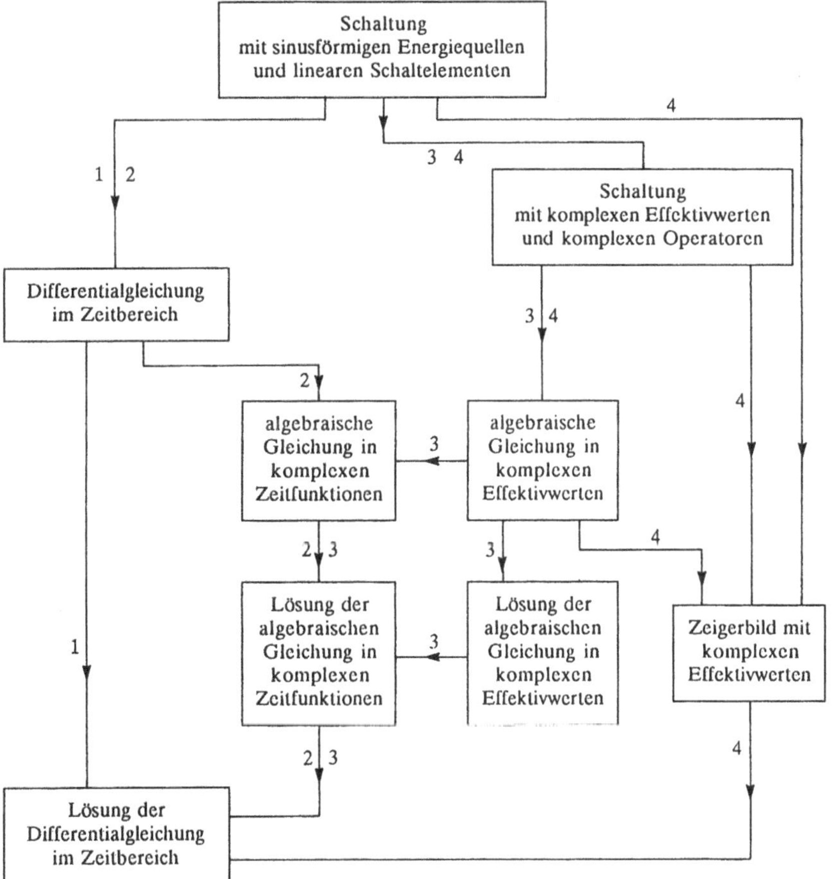

Im Abschnitt 4.4 werden die vier Verfahren hinsichtlich ihrer praktischen Anwendbarkeit untersucht und Beispiele von Netzwerken durchgerechnet.

Beispiel:

Anhand eines Schaltungsbeispiels sollen die vier Berechnungsverfahren für Wechselstrom-Netzwerke erläutert werden, um die Vor- und Nachteile beurteilen und die Zusammenhänge zwischen den Verfahren besser verstehen zu können.

Schaltung
mit sinusförmiger Energiequelle
und linearen Schaltelementen

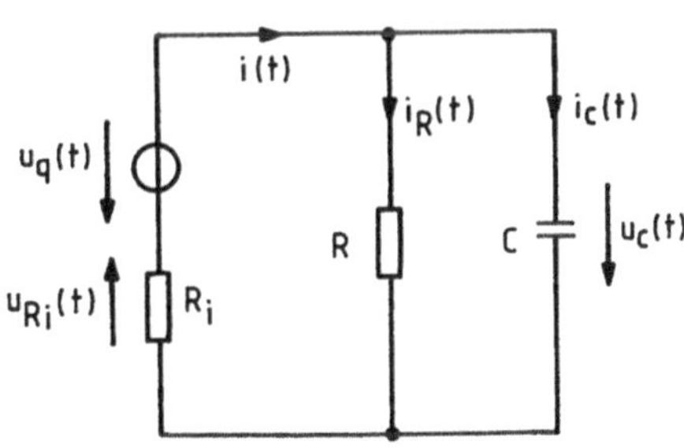

gegeben: R_i, R, C und

$$u_q(t) = \hat{u}_q \cdot \sin(\omega t + \varphi_u)$$

gesucht: $u_C(t)$, $i_C(t)$

$i_R(t)$ und $i(t)$

Bild 4.13 Beispiel eines Wechselstromnetzes

Verfahren 1 und 2

Differentialgleichung
im Zeitbereich

$u_{Ri} + u_C = u_q$ (Maschensatz für Augenblickswerte)

$R_i \cdot i + u_C = u_q$

$i = i_R + i_C$ (Knotenpunktsatz für Augenblickswerte)

$$i = \frac{u_C}{R} + C\frac{du_C}{dt}$$

$$R_i \cdot \left(\frac{u_C}{R} + C\frac{du_C}{dt} \right) + u_C = u_q$$

$$\frac{R_i}{R}u_C + R_i \cdot C \cdot \frac{du_C}{dt} + u_C = u_q$$

$$R_i \cdot C \cdot \frac{du_C}{dt} + \left(\frac{R_i}{R} + 1 \right) \cdot u_C = \hat{u}_q \cdot \sin(\omega t + \varphi_u)$$

Verfahren 1

Lösung der
Differentialgleichung
im Zeitbereich

Die Kondensatorspannung u_C kann nur einen sinusförmigen Verlauf haben, weil die Quellspannung u_q sinusförmig ist. Der Lösungsansatz lautet deshalb

$$u_C = \hat{u}_C \cdot \sin(\omega t + \varphi_{uc})$$

Nachdem der Ansatz differenziert ist

$$\frac{du_C}{dt} = \hat{u}_C \cdot \omega \cdot \cos(\omega t + \varphi_{uc}) = \omega \cdot \hat{u}_C \cdot \sin\left(\omega t + \frac{\pi}{2} + \varphi_{uc} \right),$$

wird er und die Ableitung in die Differentialgleichung eingesetzt:

$$R_i \cdot C \cdot \omega \cdot \hat{u}_C \cdot \sin\left(\omega t + \frac{\pi}{2} + \varphi_{uc} \right) + \left(\frac{R_i}{R} + 1 \right) \cdot \hat{u}_C \cdot \sin(\omega t + \varphi_{uc}) = \hat{u}_q \cdot \sin(\omega t + \varphi_u)$$

$$\hat{u}_C \cdot \left[\omega R_i C \cdot \sin\left(\omega t + \frac{\pi}{2} + \varphi_{uc} \right) + \left(\frac{R_i}{R} + 1 \right) \cdot \sin(\omega t + \varphi_{uc}) \right] = \hat{u}_q \cdot \sin(\omega t + \varphi_u)$$

$$\hat{u}_C \cdot [\hat{v}_1 \cdot \sin(\omega t + \varphi_{v1}) + \hat{v}_2 \cdot \sin(\omega t + \varphi_{v2})] = \hat{u}_q \cdot \sin(\omega t + \varphi_u)$$

Der Klammerausdruck der linken Seite ist eine Überlagerung von zwei sinusförmigen Wechselgrößen v_1 und v_2 mit unterschiedlichen Amplituden und unterschiedlichen Anfangsphasenwinkeln, die nach den Gl. (4.16), (4.17) und (4.18) zu einer resultierenden sinusförmigen Wechselgröße v_r zusammengefasst werden:

$$\hat{u}_C \cdot [\hat{v}_1 \cdot \sin(\omega t + \varphi_{v1}) + \hat{v}_2 \cdot \sin(\omega t + \varphi_{v2})] = \hat{u}_C \cdot \hat{v}_r \cdot \sin(\omega t + \varphi_{vr})$$

mit

$$\hat{v}_r = \sqrt{(\omega R_i C)^2 + \left(\frac{R_i}{R} + 1\right)^2 + 2 \cdot (\omega R_i C) \cdot \left(\frac{R_i}{R} + 1\right) \cdot \cos\left(\varphi_{uc} - \frac{\pi}{2} - \varphi_{uc}\right)}$$

$$\hat{v}_r = \sqrt{(\omega R_i C)^2 + \left(\frac{R_i}{R} + 1\right)^2} \qquad \text{mit} \quad \cos(-\pi/2) = 0$$

und

$$\varphi_{vr} = \arctan \frac{\omega R_i C \cdot \sin\left(\dfrac{\pi}{2} + \varphi_{uc}\right) + \left(\dfrac{R_i}{R} + 1\right) \cdot \sin \varphi_{uc}}{\omega R_i C \cdot \cos\left(\dfrac{\pi}{2} + \varphi_{uc}\right) + \left(\dfrac{R_i}{R} + 1\right) \cdot \cos \varphi_{uc}}$$

$$\text{mit} \quad \sin\left(\varphi_{uc} + \frac{\pi}{2}\right) = \cos \varphi_{uc} \quad \text{und} \quad \cos\left(\varphi_{uc} + \frac{\pi}{2}\right) = -\sin \varphi_{uc}$$

$$\varphi_{vr} = \arctan \frac{\omega R_i C \cdot \cos \varphi_{uc} + \left(\dfrac{R_i}{R} + 1\right) \cdot \sin \varphi_{uc}}{-\omega R_i C \cdot \sin \varphi_{uc} + \left(\dfrac{R_i}{R} + 1\right) \cdot \cos \varphi_{uc}}$$

$$\text{mit} \quad \frac{1}{\left(\dfrac{R_i}{R} + 1\right) \cdot \cos \varphi_{uc}} \quad \text{erweitert}$$

$$\varphi_{vr} = \arctan \frac{\dfrac{\omega R_i C}{\dfrac{R_i}{R} + 1} + \tan \varphi_{uc}}{-\dfrac{\omega R_i C}{\dfrac{R_i}{R} + 1} \cdot \tan \varphi_{uc} + 1}$$

$$\text{mit} \quad \arctan \frac{x + y}{-xy + 1} = \arctan x + \arctan y$$

$$\varphi_{vr} = \arctan \frac{\omega R_i C}{\dfrac{R_i}{R} + 1} + \arctan(\tan \varphi_{uc}) = \arctan \frac{\omega R_i C}{\dfrac{R_i}{R} + 1} + \varphi_{uc}$$

$$\hat{u}_C \cdot \left[\sqrt{(\omega R_i C)^2 + \left(\frac{R_i}{R} + 1\right)^2} \cdot \sin\left(\omega t + \varphi_{uc} + \arctan \frac{\omega R_i C}{\dfrac{R_i}{R} + 1}\right) \right] = \hat{u}_q \cdot \sin(\omega t + \varphi_u)$$

d. h.

$$\hat{u}_C = \frac{\hat{u}_q}{\sqrt{(\omega R_i C)^2 + \left(\dfrac{R_i}{R} + 1\right)^2}} \quad \text{und} \quad \varphi_{uc} = \varphi_u - \arctan \frac{\omega R_i C}{\dfrac{R_i}{R} + 1}$$

$$u_C(t) = \frac{\hat{u}_q}{\sqrt{(\omega R_i C)^2 + \left(\dfrac{R_i}{R} + 1\right)^2}} \cdot \sin\left(\omega t + \varphi_u - \arctan\frac{\omega R_i C}{\dfrac{R_i}{R} + 1}\right)$$

$$i_C = C\frac{du_C}{dt}, \quad i_R = \frac{u_C}{R}, \quad i = i_C + i_R$$

Verfahren 2

algebraische Gleichung in komplexen Zeitfunktionen

$$j\omega R_i C \cdot \underline{u}_C + \left(\frac{R_i}{R} + 1\right) \cdot \underline{u}_C = \left[\left(\frac{R_i}{R} + 1\right) + j\omega R_i C\right] \cdot \underline{u}_C = \underline{u}_q$$

Lösung der algebraischen Gleichung in komplexen Zeitfunktionen

$$\underline{u}_C = \frac{\underline{u}_q}{\left(\dfrac{R_i}{R} + 1\right) + j\omega R_i C} = \frac{\hat{u}_q \cdot e^{j(\omega t + \varphi_u)}}{\sqrt{\left(\dfrac{R_i}{R} + 1\right)^2 + (\omega R_i C)^2} \cdot e^{j\varphi}}$$

$$\text{mit } \varphi = \arctan\frac{\omega R_i C}{\dfrac{R_i}{R} + 1}$$

$$\underline{u}_C = \frac{\hat{u}_q}{\sqrt{\left(\dfrac{R_i}{R} + 1\right)^2 + (\omega R_i C)^2}} \cdot e^{j(\omega t + \varphi_u - \varphi)}$$

Lösung der Differentialgleichung im Zeitbereich

$$u_C = \frac{\hat{u}_q}{\sqrt{\left(\dfrac{R_i}{R} + 1\right)^2 + (\omega R_i C)^2}} \cdot \sin(\omega t + \varphi_u - \varphi)$$

$$\text{mit } \varphi = \arctan\frac{\omega R_i C}{\dfrac{R_i}{R} + 1}$$

Verfahren 3 und 4

Schaltung mit komplexen Effektivwerten und komplexen Operatoren

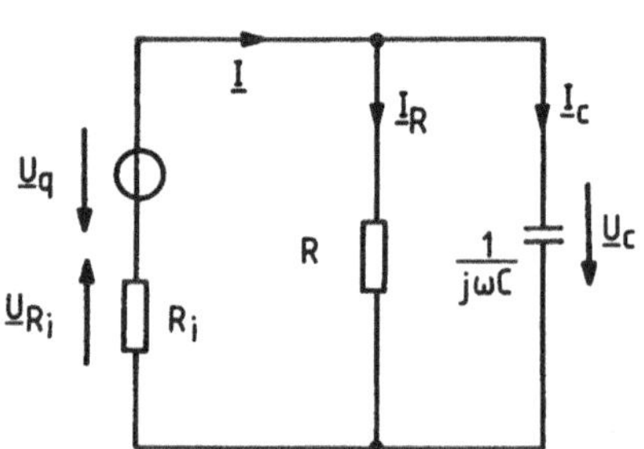

Bild 4.14 Beispiel für die symbolische Methode

<table>
<tr><td>

algebraische Gleichung in komplexen Effektivwerten

</td><td>

Mit der Spannungsteilerregel ist

</td></tr>
</table>

$$\frac{\underline{U}_C}{\underline{U}_q} = \frac{\dfrac{R \cdot \dfrac{1}{j\omega C}}{R + \dfrac{1}{j\omega C}}}{R_i + \dfrac{R \cdot \dfrac{1}{j\omega C}}{R + \dfrac{1}{j\omega C}}} = \frac{R \cdot \dfrac{1}{j\omega C}}{R_i \left(R + \dfrac{1}{j\omega C} \right) + R \cdot \dfrac{1}{j\omega C}}$$

$$\frac{\underline{U}_C}{\underline{U}_q} = \frac{R}{j\omega C R_i R + R_i + R} = \frac{1}{\left(\dfrac{R_i}{R} + 1 \right) + j\omega R_i C}$$

Diese Gleichung kann mit $\sqrt{2} \cdot e^{j\omega t}$ zur algebraischen Gleichung in komplexen Zeitfunktionen erweitert werden, die dann gelöst und auf die beschriebene Weise rücktransformiert werden kann.

<table>
<tr><td>

Lösung der algebraischen Gleichung in komplexen Effektivwerten

</td><td>

$$\underline{U}_C = \frac{\underline{U}_q}{\left(\dfrac{R_i}{R} + 1 \right) + j\omega R_i C}$$

</td></tr>
</table>

<table>
<tr><td>

Lösung der algebraischen Gleichung in komplexen Zeitfunktionen

</td><td>

$$\underline{u}_C = \frac{\underline{u}_q}{\left(\dfrac{R_i}{R} + 1 \right) + j\omega R_i C}$$

</td></tr>
</table>

Die Umformung und Rücktransformation geschieht auf die beschriebene Weise.

<table>
<tr><td>

Verfahren 4

Zeigerbild mit komplexen Effektivwerten

</td><td>

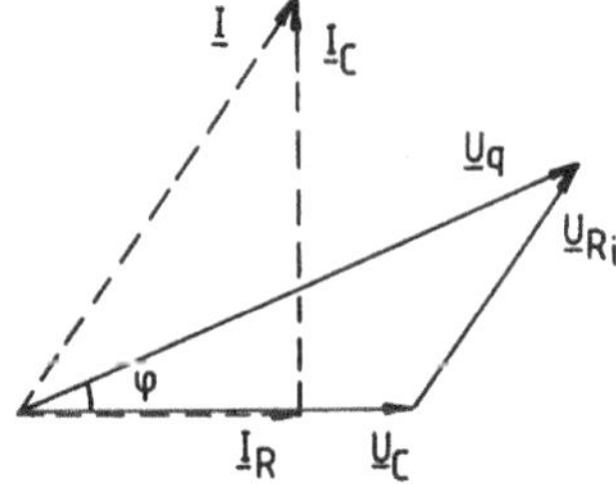

Bild 4.15 Beispiel für die Zeigerdarstellung

</td><td>

Reihenfolge der Darstellung:

$\underline{U}_C$

$\underline{I}_R = \dfrac{\underline{U}_C}{R}$

$\underline{I}_C = j\omega C \cdot \underline{U}_C$

$\underline{I} = \underline{I}_R + \underline{I}_C$

$\underline{U}_{R_i} = R_i \cdot \underline{I}$

$\underline{U}_q = \underline{U}_C + \underline{U}_{R_i}$

</td></tr>
</table>

Das Zeigerbild stellt den Maschensatz und den Knotenpunktsatz in komplexen Effektivwerten dar, also die algebraischen Gleichungen in komplexen Effektivwerten.

Zunächst wird $\underline{U}_C$ mit der Länge U_C angenommen. Dann werden die Längen $I_R = U_C/R$ und $I_C = \omega C \cdot U_C$ errechnet. I kann aus dem Zeigerbild abgelesen oder mit $I^2 = I_R{}^2 + I_C{}^2$ errechnet werden. Mit R_i lässt sich $U_{R_i} = R_i \cdot I$ ermitteln, und U_q ergibt sich durch geometrische Addition der Zeiger. Der Effektivwert U_q wird dem gegebenen Spannungswert angepasst, wodurch sich für alle Ströme und Spannungen, auch für U_C, die Werte korrigieren lassen.

4.3 Wechselstromwiderstände und Wechselstromleitwerte

Bei der Behandlung der Symbolischen Methode im Abschnitt 4.2.4 sind die Begriffe „ohmscher Widerstand", „induktiver Widerstand" und „kapazitiver Widerstand" vorgekommen, ohne dass geklärt wurde, ob es bei Wechselvorgängen Widerstände in der Art von Gleichstromwiderständen gibt. In diesem Abschnitt sollen Strom- und Spannungsverläufe bei ohmschen Widerständen, Induktivitäten und Kapazitäten untersucht werden und die Frage beantwortet werden, ob der Quotient aus Spannung und Strom einen entsprechenden Widerstand ergibt. Die Untersuchungen werden im Zeitbereich und im komplexen Bereich vorgenommen.

Ohmscher Widerstand im Zeitbereich

Fließt ein sinusförmiger Wechselstrom i(t) durch einen ohmschen Widerstand R, dann besteht in jedem Augenblick zwischen dem Augenblickswert des Stroms i(t) und dem Augenblickswert der Spannung u(t) am ohmschen Widerstand Proportionalität:

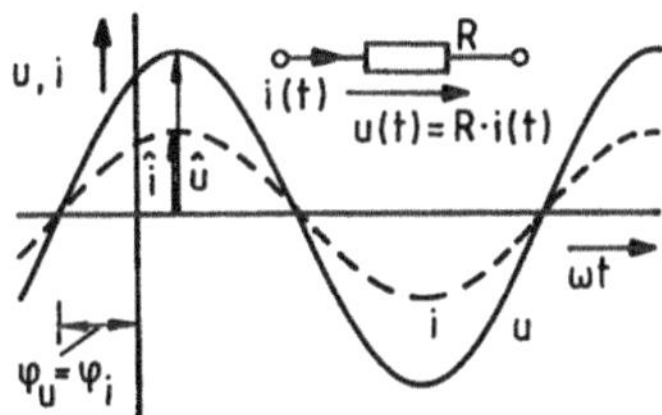

$$i(t) = \hat{i} \cdot \sin(\omega t + \varphi_i)$$

$$u(t) = R \cdot i(t)$$

$$u(t) = R \cdot \hat{i} \cdot \sin(\omega t + \varphi_i)$$

$$u(t) = \hat{u} \cdot \sin(\omega t + \varphi_u)$$

d. h. $\hat{u} = R \cdot \hat{i}$ bzw. $U = R \cdot I$

und $\varphi_u = \varphi_i$

Bild 4.16 Verläufe von Spannung und Strom des ohmschen Widerstandes

Der ohmsche Widerstand R ist gleich dem Quotienten aus den Amplituden- und Effektivwerten von Spannung und Strom, und zwischen Strom und Spannung besteht keine Phasenverschiebung, denn Strom und Spannung haben den gleichen Anfangsphasenwinkel:

$$R = \frac{\hat{u}}{\hat{i}} = \frac{U}{I} \qquad (4.31) \qquad\qquad \varphi = \varphi_u - \varphi_i = 0 \qquad (4.32)$$

Ohmscher Widerstand im komplexen Bereich

Werden die sinusförmigen Zeitfunktionen in komplexe Zeitfunktionen abgebildet, ergeben sich dieselben Zusammenhänge wie im Zeitbereich:

$$\underline{i}(t) = \hat{i} \cdot e^{j(\omega t + \varphi_i)} \qquad\qquad \underline{u}(t) = R \cdot \underline{i}(t) = R \cdot \hat{i} \cdot e^{j(\omega t + \varphi_i)} = \hat{u} \cdot e^{j(\omega t + \varphi_u)}$$

d. h. $\hat{u} = R \cdot \hat{i}$ bzw. $U = R \cdot I$ und $\varphi_u = \varphi_i$

Der Operator zwischen den komplexen Amplituden und komplexen Effektivwerten von Strom und Spannung ist gleich dem ohmschen Widerstand R, ist also reell. Im Zeigerbild liegen Stromzeiger $\underline{I}$ und Spannungszeiger $\underline{U}$ in gleicher Richtung:

$$\underline{\hat{i}} = \hat{i} \cdot e^{j\varphi_i} \qquad\qquad \underline{I} = I \cdot e^{j\varphi_i}$$

$$\underline{\hat{u}} = \hat{u} \cdot e^{j\varphi_u} \qquad\qquad \underline{U} = U \cdot e^{j\varphi_u}$$

$$\underline{\hat{u}} = R \cdot \underline{\hat{i}} \qquad\qquad \underline{U} = R \cdot \underline{I}$$

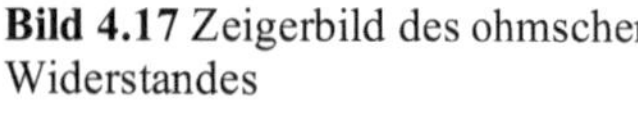

Bild 4.17 Zeigerbild des ohmschen Widerstandes

Induktiver Widerstand im Zeitbereich

Fließt ein sinusförmiger Wechselstrom i(t) durch eine Induktivität, so wird in ihr eine sinusförmige Spannung u(t) induziert:

$$i\,(t) = \hat{i} \cdot \sin(\omega t + \varphi_i)$$

$$u(t) = L \cdot \frac{di(t)}{dt}$$

$$u(t) = \omega L \cdot \hat{i} \cdot \cos(\omega t + \varphi_i)$$

$$u(t) = \omega L \cdot \hat{i} \cdot \sin\left(\omega t + \varphi_i + \frac{\pi}{2}\right)$$

$$u(t) = \hat{u} \cdot \sin(\omega t + \varphi_u)$$

d.h. $\hat{u} = \omega \cdot L \cdot \hat{i}$ bzw. $U = \omega L \cdot I$

und $\varphi_u = \varphi_i + \dfrac{\pi}{2}$

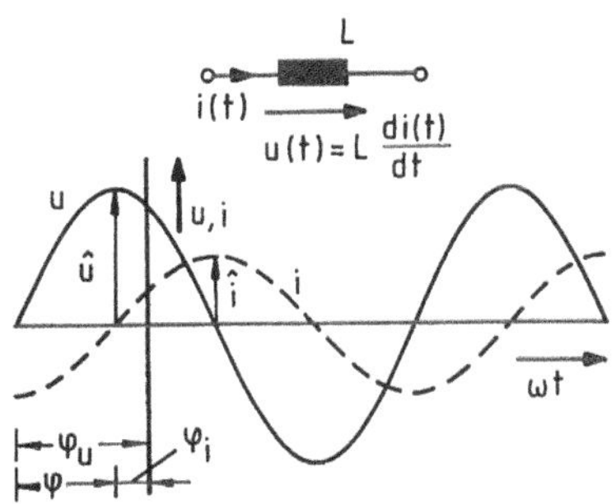

Bild 4.18 Verläufe von Spannung und Strom des induktiven Widerstandes

Der induktive Widerstand X_L als Quotient der Amplituden- und Effektivwerte von Spannung und Strom ist gleich dem Produkt ωL, also frequenzabhängig, und die Spannung an der Induktivität L eilt dem Strom um $\pi/2$, also um eine Viertelperiode, voraus:

$$X_L = \omega L = \frac{\hat{u}}{\hat{i}} = \frac{U}{I} \qquad (4.33) \qquad \varphi = \varphi_u - \varphi_i = \frac{\pi}{2} \qquad (4.34)$$

Induktiver Widerstand im komplexen Bereich

Für die komplexen Zeitfunktionen ergeben sich dieselben Beziehungen zwischen den Amplituden- und Effektivwerten und Anfangsphasenwinkeln wie für die sinusförmigen Zeitfunktionen:

$$\underline{i}(t) = \hat{i} \cdot e^{j(\omega t + \varphi_i)} \qquad \underline{u}(t) = L \cdot \frac{d\,\underline{i}(t)}{dt} = j\omega L \cdot \hat{i} \cdot e^{j(\omega t + \varphi_i)} \;\; \text{mit}\;\; j = e^{j\pi/2}$$

$$\underline{u}(t) = \omega L \cdot \hat{i} \cdot e^{j(\omega t + \varphi_i + \pi/2)} = \hat{u} \cdot e^{j(\omega t + \varphi_u)}$$

d.h. $\hat{u} = \omega L \cdot \hat{i}$ bzw. $U = \omega L \cdot I$ und $\varphi_u = \varphi_i + \dfrac{\pi}{2}$

Der Operator zwischen den komplexen Amplituden und komplexen Effektivwerten von Strom und Spannung ist $j\omega L$, also imaginär.

Im Zeigerbild eilt der Spannungszeiger $\underline{U}$ dem Stromzeiger $\underline{I}$ um 90° voraus:

$$\hat{\underline{i}} = \hat{i} \cdot e^{j\varphi_i} \qquad \underline{I} = I \cdot e^{j\varphi_i}$$

$$\hat{\underline{u}} = \hat{u} \cdot e^{j\varphi_u} \qquad \underline{U} = U \cdot e^{j\varphi_u}$$

$$\hat{\underline{u}} = j\omega L \cdot \hat{\underline{i}} \qquad \underline{U} = j\omega L \cdot \underline{I}$$

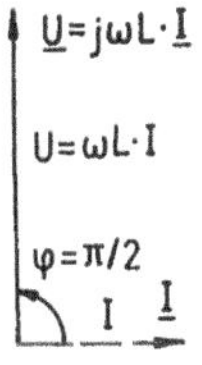

Bild 4.19
Zeigerbild des induktiven Widerstandes

Kapazitiver Widerstand im Zeitbereich

Der sinusförmige Strom i(t) durch die Zuleitungen zu einem Kondensator mit der Kapazität C ist gleich dem Verschiebungsstrom und hängt von der zeitlichen Änderung der am Kondensator anliegenden Spannung u(t) ab:

$$u(t) = \hat{u} \cdot \sin(\omega t + \varphi_u)$$

$$i(t) = C \cdot \frac{du(t)}{dt}$$

$$i(t) = \omega \cdot C \cdot \hat{u} \cdot \cos(\omega t + \varphi_u)$$

$$i(t) = \omega \cdot C \cdot \hat{u} \cdot \sin\left(\omega t + \varphi_u + \frac{\pi}{2}\right)$$

$$i(t) = \hat{i} \cdot \sin(\omega t + \varphi_i)$$

d.h. $\hat{i} = \omega \cdot C \cdot \hat{u}$ bzw. $I = \omega C \cdot U$

und $\varphi_i = \varphi_u + \dfrac{\pi}{2}$

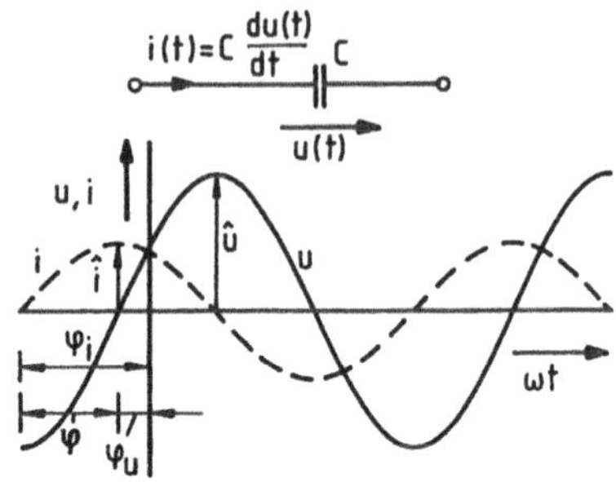

Bild 4.20 Verläufe von Spannung und Strom des kapazitiven Widerstandes

Der kapazitive Widerstand $-X_C$ als Quotient der Amplituden- und Effektivwerte von Spannung und Strom ist gleich dem Kehrwert des Produkts ωC, also frequenzabhängig, und der Strom durch die Kapazität C eilt der Spannung um $\pi/2$, also um eine Viertelperiode, voraus:

$$-X_C = \frac{1}{\omega C} = \frac{\hat{u}}{\hat{i}} = \frac{U}{I} \qquad (4.35) \qquad\qquad \varphi = \varphi_u - \varphi_i = -\frac{\pi}{2} \qquad (4.36)$$

Kapazitiver Widerstand im komplexen Bereich

Für die komplexen Zeitfunktionen ergeben sich dieselben Beziehungen zwischen den Amplituden- und Effektivwerten und den Anfangsphasenwinkeln wie für die sinusförmigen Zeitfunktionen:

$$\underline{u}(t) = \hat{u} \cdot e^{j(\omega t + \varphi_u)} \qquad \underline{i}(t) = C \cdot \frac{d\,\underline{u}(t)}{dt} = j\omega C \cdot \hat{u} \cdot e^{j(\omega t + \varphi_u)} \quad \text{mit}\ \ j = e^{j\pi/2}$$

$$\underline{i}(t) = \omega C \cdot \hat{u} \cdot e^{j(\omega t + \varphi_u + \pi/2)} = \hat{i} \cdot e^{j(\omega t + \varphi_i)}$$

d.h. $\hat{i} = \omega C \cdot \hat{u}$ bzw. $I = \omega C \cdot U$ und $\varphi_i = \varphi_u + \dfrac{\pi}{2}$

Der Operator zwischen den komplexen Amplituden und komplexen Effektivwerten von Spannung und Strom ist $j\omega C$, also imaginär.

Im Zeigerbild eilt der Stromzeiger $\underline{I}$ dem Spannungszeiger $\underline{U}$ um 90° voraus.

$$\hat{\underline{u}} = \hat{u} \cdot e^{j\varphi_u} \qquad\qquad \underline{U} = U \cdot e^{j\varphi_u}$$

$$\hat{\underline{i}} = \hat{i} \cdot e^{j\varphi_i} \qquad\qquad \underline{I} = I \cdot e^{j\varphi_i}$$

$$\hat{\underline{i}} = j\omega C \cdot \hat{\underline{u}} \qquad\qquad \underline{I} = j\omega C \cdot \underline{U}$$

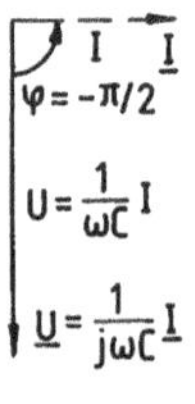

Bild 4.21 Zeigerbild des kapazitiven Widerstandes

Ohmsches Gesetz der Wechselstromtechnik – der komplexe Widerstand

Wird also an einen ohmschen Widerstand, eine Induktivität oder eine Kapazität eine sinusförmige Spannung angelegt, dann hat der sich ergebende sinusförmige Strom die gleiche Frequenz ω wie die Spannung, eine andere Amplitude $\hat{\imath}$ und eine Phasenverschiebung φ gegenüber der Spannung. Der Zusammenhang zwischen der sinusförmigen Spannung und dem sinusförmigen Strom in einem ohmschen, induktiven oder kapazitiven Widerstand wird also durch zwei Größen eindeutig bestimmt:

1. Quotient der Amplituden- oder Effektivwerte von Spannung und Strom, der *Scheinwiderstand* oder die *Impedanz* (impedance):

$$Z = \frac{\hat{u}}{\hat{\imath}} = \frac{U}{I} \qquad (4.37)$$

2. Phasenverschiebung zwischen der Spannung und dem Strom:

$$\varphi = \varphi_u - \varphi_i. \qquad (4.38)$$

Anzustreben ist, diese beiden Größen in einem Wechselstromwiderstand zusammenzufassen. Der Quotient der Zeitfunktionen

$$\frac{u}{i} = \frac{\hat{u} \cdot \sin(\omega t + \varphi_u)}{\hat{\imath} \cdot \sin(\omega t + \varphi_i)}$$

bedeutet aber keine sinnvolle Definition eines Wechselstromwiderstandes, weil die Zeit t enthalten bleibt, der Wechselstromwiderstand aber nicht zeitabhängig ist. Im komplexen Bereich allerdings ergibt die Division der komplexen Zeitfunktion der Spannung $\underline{u}$ durch die komplexe Zeitfunktion des Stroms $\underline{i}$ eine Größe, die sowohl den Scheinwiderstand Z als auch die Phasenverschiebung φ enthält: Der Betrag des *komplexen Widerstandes* ist gleich dem Scheinwiderstand, das Argument des komplexen Widerstandes ist gleich der Phasenverschiebung:

$$\underline{Z} = \frac{\underline{u}(t)}{\underline{i}(t)} = \frac{\hat{u} \cdot e^{j(\omega t + \varphi_u)}}{\hat{\imath} \cdot e^{j(\omega t + \varphi_i)}} = \frac{\hat{u} \cdot e^{j\varphi_u} \cdot e^{j\omega t}}{\hat{\imath} \cdot e^{j\varphi_i} \cdot e^{j\omega t}}$$

$$\underline{Z} = \frac{\underline{u}(t)}{\underline{i}(t)} = \frac{\hat{u}}{\hat{\imath}} = \frac{U}{I} \qquad (4.39)$$

$$\underline{Z} = \frac{\hat{u}}{\hat{\imath}} e^{j(\varphi_u - \varphi_i)} = \frac{U}{I} e^{j(\varphi_u - \varphi_i)} = Z \cdot e^{j\varphi} \qquad (4.40)$$

$$\text{mit } |\underline{Z}| = Z = \frac{\hat{u}}{\hat{\imath}} = \frac{U}{I} \quad \text{und} \quad \varphi = \varphi_u - \varphi_i$$

Die Gleichung $\underline{U} = \underline{Z} \cdot \underline{I}$ wird „Ohmsches Gesetz in komplexer Form" oder „Ohmsches Gesetz der Wechselstromtechnik" genannt, weil es dem Ohmschen Gesetz der Gleichstromtechnik ähnelt. Während der Gleichstromwiderstand R der tatsächlich wirkende Widerstand im Gleichstromfeld ist, stellt der komplexe Widerstand $\underline{Z}$ lediglich die Proportionalitätsgröße zwischen den abgebildeten Zeitfunktionen von Spannung und Strom dar, nicht aber den wirksamen Widerstand zwischen den sinusförmigen Zeitfunktionen selbst.

Die Exponentialform des komplexen Widerstandes $\underline{Z}$ lässt sich nach der Eulerschen Formel in die trigonometrische und algebraische Form überführen:

$$\underline{Z} = Z \cdot e^{j\varphi}$$

$$\underline{Z} = Z \cdot \cos\varphi + j \cdot Z \cdot \sin\varphi \tag{4.41}$$

$$\underline{Z} = R + j \cdot X, \tag{4.42}$$

wobei der Realteil *Wirkwiderstand* oder *Resistanz* (resistance) und der Imaginärteil *Blindwiderstand* oder *Reaktanz* (reactance) genannt wird.

$$R = \mathrm{Re}\{\underline{Z}\} = Z \cdot \cos\varphi \tag{4.43} \qquad \text{mit } Z = \sqrt{R^2 + X^2} \tag{4.44}$$

$$X = \mathrm{Im}\{\underline{Z}\} = Z \cdot \sin\varphi \tag{4.45} \qquad \text{und } \varphi = \arctan\frac{X}{R} \tag{4.46}$$

Komplexer Widerstand des ohmschen, induktiven und kapazitiven Widerstandes

Mit

$$\underline{Z} = \frac{\underline{U}}{\underline{I}} = \frac{U}{I}e^{j(\varphi_u - \varphi_i)} = Z \cdot e^{j\varphi}$$

ergibt sich für den ohmschen Widerstand:	für den induktiven Widerstand:	für den kapazitiven Widerstand:
$Z = \dfrac{U}{I} = R \qquad \varphi = 0$	$Z = \dfrac{U}{I} = \omega L \qquad \varphi = \dfrac{\pi}{2}$	$Z = \dfrac{U}{I} = \dfrac{1}{\omega C} \qquad \varphi = -\dfrac{\pi}{2}$
$\underline{Z} = R \cdot e^{j0} = R$	$\underline{Z} = \omega L \cdot e^{j\pi/2} = j\omega L$	$\underline{Z} = \dfrac{1}{\omega C}e^{-j\pi/2} = \dfrac{1}{j\omega C}$
$\underline{Z} = R$	$\underline{Z} = j\omega L = jX_L$	$\underline{Z} = -j\dfrac{1}{\omega C} = jX_C$

Komplexer Widerstand der Reihenschaltung von Wechselstromwiderständen

Sind m_R ohmsche Widerstände, m_L Induktivitäten und m_C Kapazitäten in Reihe geschaltet, dann ist der sinusförmige Strom i(t) an jeder Stelle gleich, und die sinusförmige Gesamtspannung u(t) ist in jedem Augenblick gleich der Summe von m sinusförmigen Teilspannungen:

$$u(t) = \sum_{i=1}^{m} u_i(t) = \sum_{i=1}^{m_R} u_{Ri}(t) + \sum_{i=1}^{m_L} u_{Li}(t) + \sum_{i=1}^{m_C} u_{Ci}(t)$$

mit $m_R + m_L + m_C = m$

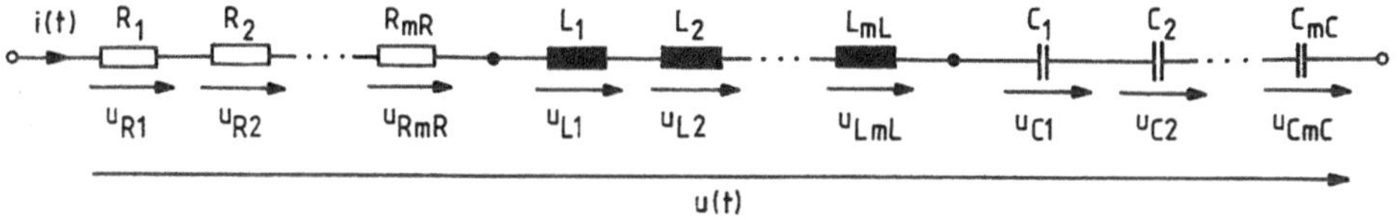

Bild 4.22 Reihenschaltung von Wechselstromwiderständen

Mit

$$u_{Ri}(t) = R_i \cdot i(t) \qquad u_{Li}(t) = L_i \frac{di(t)}{dt} \qquad u_{Ci}(t) = \frac{1}{C_i} \int i(t) \cdot dt$$

ergibt sich für die Gesamtspannung

$$u(t) = \sum_{i=1}^{m_R} R_i \cdot i(t) + \sum_{i=1}^{m_L} L_i \frac{di(t)}{dt} + \sum_{i=1}^{m_C} \frac{1}{C_i} \int i(t) \cdot dt.$$

Damit lassen sich die m_R ohmschen Widerstände, m_L Induktivitäten und m_C Kapazitäten der Reihenschaltung zu Ersatzgrößen R_r, L_r und C_r zusammenfassen:

$$u(t) = R_r \cdot i(t) + L_r \cdot \frac{di(t)}{dt} + \frac{1}{C_r} \int i \cdot dt$$

mit

$$R_r = \sum_{i=1}^{m_R} R_i \qquad L_r = \sum_{i=1}^{m_L} L_i \qquad \frac{1}{C_r} = \sum_{i=1}^{m_C} \frac{1}{C_i}$$

Der Index r bedeutet, dass eine Reihenschaltung vorliegt.

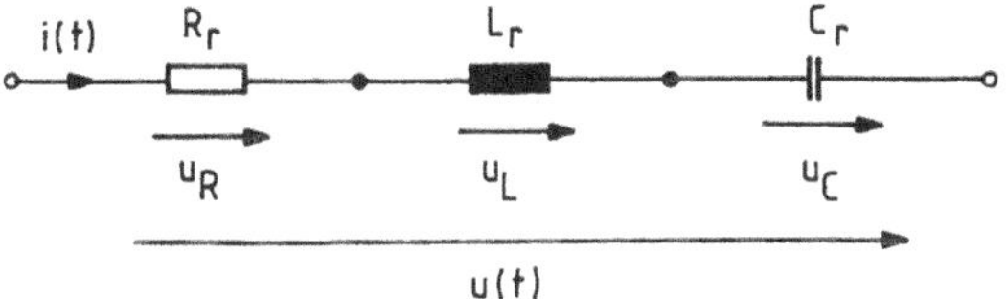

Bild 4.23
Ersatzgrößen der Reihenschaltung von Wechselstromwiderständen

Im komplexen Bereich können die komplexen Widerstände der ohmschen Widerstände, Induktivitäten und Kapazitäten zu komplexen Ersatzwiderständen und zu einem komplexen Widerstand der gesamten Reihenschaltung $\underline{Z}_r$ zusammengefasst werden, wie aus dem Maschensatz für komplexe Zeitfunktionen und komplexe Effektivwerte herzuleiten ist:

Nach Gl. (4.27) ist

$$\underline{u}(t) = \sum_{i=1}^{m} \underline{u}_i(t) = \sum_{i=1}^{m_R} \underline{u}_{Ri}(t) + \sum_{i=1}^{m_L} \underline{u}_{Li}(t) + \sum_{i=1}^{m_C} \underline{u}_{Ci}(t).$$

Mit

$$\underline{u}_{Ri}(t) = R_i \cdot \underline{i}(t) \qquad \underline{u}_{Li}(t) = j\omega L_i \cdot \underline{i}(t) \qquad \underline{u}_{Ci}(t) = \frac{1}{j\omega C_i} \cdot \underline{i}(t)$$

ergibt sich

$$\underline{u}(t) = \sum_{i=1}^{m_R} R_i \cdot \underline{i}(t) + \sum_{i=1}^{m_L} j\omega L_i \cdot \underline{i}(t) + \sum_{i=1}^{m_C} \frac{1}{j\omega C_i} \cdot \underline{i}(t)$$

$$\underline{u}(t) = \left(\sum_{i=1}^{m_R} R_i + \sum_{i=1}^{m_L} j\omega L_i + \sum_{i=1}^{m_C} \frac{1}{j\omega C_i} \right) \cdot \underline{i}(t)$$

$$\underline{u}(t) = \left(R_r + j\omega L_r + \frac{1}{j\omega C_r} \right) \cdot \underline{i}(t) = \underline{Z}_r \cdot \underline{i}(t)$$

Wird die Reihenschaltung der Wechselstromwiderstände in die Schaltung mit komplexen Effektivwerten und komplexen Operatoren überführt, ergibt sich die Spannungsgleichung in komplexen Effektivwerten.

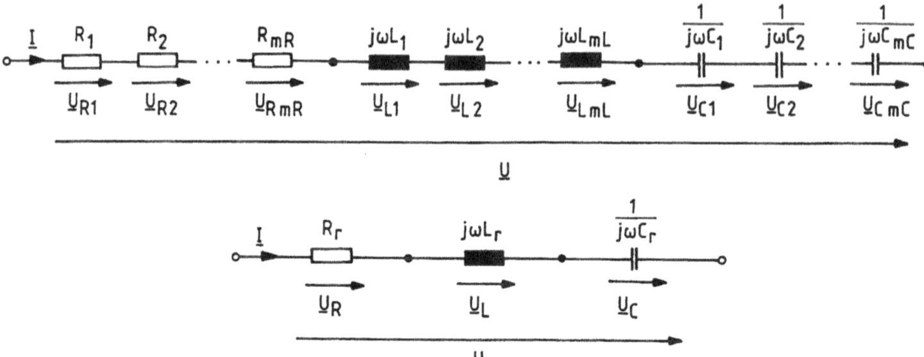

Bild 4.24 Reihenschaltung von Wechselstromwiderständen im Bildbereich und ihre Überführung in die Ersatzschaltung

Nach Gl. (4.29) ist

$$\underline{U} = \sum_{i=1}^{m} \underline{U}_i = \sum_{i=1}^{m_R} \underline{U}_{Ri} + \sum_{i=1}^{m_L} \underline{U}_{Li} + \sum_{i=1}^{m_C} \underline{U}_{Ci}.$$

Mit

$$\underline{U}_{Ri} = R_i \cdot \underline{I} \qquad \underline{U}_{Li} = j\omega L \cdot \underline{I} \qquad \underline{U}_{Ci} = \frac{1}{j\omega C_i} \cdot \underline{I}$$

ergibt sich für den komplexen Effektivwert der Gesamtspannung

$$\underline{U} = \sum_{i=1}^{m_R} R_i \cdot \underline{I} + \sum_{i=1}^{m_L} j\omega L_i \cdot \underline{I} + \sum_{i=1}^{m_C} \frac{1}{j\omega C_i} \cdot \underline{I}$$

$$\underline{U} = \left(\sum_{i=1}^{m_R} R_i + \sum_{i=1}^{m_L} j\omega L_i + \sum_{i=1}^{m_C} \frac{1}{j\omega C_i} \right) \cdot \underline{I}.$$

Damit lassen sich die m_R ohmschen Widerstände, m_L Induktivitäten und m_C Kapazitäten der Reihenschaltung genauso wie im Zeitbereich zu Ersatzgrößen R_r, L_r und C_r zusammenfassen:

$$R_r = \sum_{i=1}^{m_R} R_i \qquad j\omega L_r = \sum_{i=1}^{m_L} j\omega L_i \qquad \frac{1}{j\omega C_r} = \sum_{i=1}^{m_C} \frac{1}{j\omega C_i}$$

$$\text{bzw. } L_r = \sum_{i=1}^{m_L} L_i \qquad \text{bzw. } \frac{1}{C_r} = \sum_{i=1}^{m_C} \frac{1}{C_i} \tag{4.47}$$

Die Spannungsgleichung in komplexen Effektivwerten lautet dann:

$$\underline{U} = \left(R_r + j\omega L_r + \frac{1}{j\omega C_r} \right) \cdot \underline{I} = \left[R_r + j \cdot \left(\omega L_r - \frac{1}{\omega C_r} \right) \right] \cdot \underline{I}$$

$$\underline{U} = [R_r + j \cdot (X_L + X_C)] \cdot \underline{I} = [R_r + j \cdot X_r] \cdot \underline{I} = \underline{Z}_r \cdot \underline{I}$$

$$\text{mit } \underline{Z}_r = R_r + j \cdot X_r = R_r + j \cdot (X_L + X_C) = R_r + j \cdot \left(\omega L_r - \frac{1}{\omega C_r} \right) \tag{4.48}$$

$$\text{und } X_r = X_L + X_C \qquad X_L = \omega L_r \qquad X_C = -\frac{1}{\omega C_r} \tag{4.49}$$

Die ohmschen Anteile eines komplexen Widerstandes $\underline{Z}_r$ finden sich also grundsätzlich im Realteil, die induktiven Anteile im positiven Imaginärteil und die kapazitiven Anteile im negativen Imaginärteil.

Der komplexe Effektivwert der Gesamtspannung $\underline{U}$ teilt sich also in drei Teilspannungen auf:

$$\underline{U} = \underline{U}_R + \underline{U}_L + \underline{U}_C = R_r \cdot \underline{I} + j\omega L_r \cdot \underline{I} + \frac{1}{j\omega C_r} \cdot \underline{I},$$

wobei die reelle Spannung $\underline{U}_R$ auch „Wirkspannung" $\underline{U}_w$ genannt wird. Die beiden imaginären Spannungen $\underline{U}_L$ und $\underline{U}_C$, die wegen der entgegengesetzten Vorzeichen gegeneinander gerichtet sind, werden zur Spannung $\underline{U}_X$ bzw. „Blindspannung" $\underline{U}_b$ zusammengefasst:

$$\underline{U} = \underline{U}_R + \underline{U}_X \tag{4.50}$$

$$\text{mit } \underline{U}_R = R_r \cdot \underline{I} \quad \text{und} \quad \underline{U}_X = \underline{U}_L + \underline{U}_C = j (X_L + X_C) \cdot \underline{I} = jX_r \cdot \underline{I}$$

Wird in

$$\underline{Z}_r = Z_r \cdot e^{j\varphi_r} = Z_r \cdot e^{j\varphi}$$

$$\underline{Z}_r = Z_r \cdot \cos \varphi_r + j \cdot Z_r \cdot \sin \varphi_r = Z_r \cdot \cos \varphi + j \cdot Z_r \cdot \sin \varphi \qquad \text{(vgl. Gl. 4.41)}$$

$Z_r = U/I$ berücksichtigt

$$\underline{Z}_r = \frac{U}{I} \cdot \cos \varphi_r + j \cdot \frac{U}{I} \cdot \sin \varphi_r = \frac{U}{I} \cdot \cos \varphi + j \cdot \frac{U}{I} \cdot \sin \varphi$$

und mit I multipliziert, dann ergibt sich die Spannungsgleichung

$$\underline{Z}_r \cdot \underline{I} = \underline{U} = U \cdot \cos \varphi_r + j \cdot U \cdot \sin \varphi_r = U \cdot \cos \varphi + j \cdot U \cdot \sin \varphi,$$

die dem Zeigerbild im Bild 4.25 mit $\varphi_i = 0$ entspricht. Mit Gl. (4.50) verglichen, ist

$$U_R = U \cdot \cos \varphi \tag{4.51} \qquad\qquad U_X = U \cdot \sin \varphi \tag{4.52}$$

$$\text{mit } U = \sqrt{U_R{}^2 + U_X{}^2}. \tag{4.53}$$

Der Ersatzwiderstand der Reihenschaltung von Wechselstromwiderständen hängt von der Größe des ohmschen Widerstandes R_r, der Induktivität L_r, der Kapazität C_r und der Kreisfrequenz ω ab. Fließt durch die Reihenschaltung ein sinusförmiger Strom i, dann ist die Gesamtspannung u bezogen auf den Strom i entweder bis $\pi/2$ voreilend, in Phase oder bis $-\pi/2$ nacheilend.

Der komplexe Widerstand $\underline{Z}_r$ ist also entweder ein induktiver, ohmscher oder kapazitiver Widerstand, und die Ersatzschaltung besteht entweder aus der Reihenschaltung eines ohmschen Widerstandes R_r und einer Induktivität L_r, nur aus einem ohmschen Widerstand R_r oder aus der Reihenschaltung eines ohmschen Widerstandes R_r und einer Kapazität C_r:

Induktiver komplexer Widerstand: $\qquad \underline{Z}_r = R_r + jX_r \qquad$ mit $X_r > 0$

1. Die Reihenschaltung besteht nur aus ohmschen Widerständen R_i und Induktivitäten L_i, die zu den Ersatzgrößen R_r und L_r zusammengefasst werden.

2. Die Reihenschaltung enthält ohmsche Widerstände R_i, Induktivitäten L_i, und Kapazitäten C_i, die zu den Ersatzgrößen R_r, L_r und C_r zusammengefasst werden.
   Sie verhält sich wie ein induktiver Wechselstromwiderstand, wenn $X_r > 0$ ist,
   d. h. wenn $\omega L_r > 1/\omega C_r$.

Ohmscher komplexer Widerstand: $\qquad \underline{Z}_r = R_r \qquad\qquad$ mit $X_r = 0$

1. Die Reihenschaltung besteht nur aus ohmschen Widerständen R_i, die zu der Ersatzgröße R_r zusammengefasst werden.

2. Die Reihenschaltung enthält ohmsche Widerstände R_i, Induktivitäten L_i, und Kapazitäten C_i, die zu den Ersatzgrößen R_r, L_r und C_r zusammengefasst werden.
   Sie verhält sich wie ein ohmscher Widerstand, wenn $X_r = 0$ ist,
   d. h. wenn $\omega L_r = 1/\omega C_r$.

Kapazitiver komplexer Widerstand: $\qquad \underline{Z}_r = R_r + jX_r \qquad$ mit $X_r < 0$

1. Die Reihenschaltung besteht nur aus ohmschen Widerständen R_i und Kapazitäten C_i, die zu den Ersatzgrößen R_r und C_r zusammengefasst werden.

2. Die Reihenschaltung enthält ohmsche Widerstände R_i, Induktivitäten L_i, und Kapazitäten C_i, die zu den Ersatzgrößen R_r, L_r und C_r zusammengefasst werden.
   Sie verhält sich wie ein kapazitiver Wechselstromwiderstand, wenn $X_r < 0$ ist,
   d. h. wenn $\omega L_r < 1/\omega C_r$.

Im Zeigerbild bilden die komplexen Effektivwerte der Spannungen ein „Spannungsdreieck" und die entsprechenden komplexen Widerstände ein „Widerstandsdreieck", wenn der Imaginärteil X_r positiv oder negativ ist:

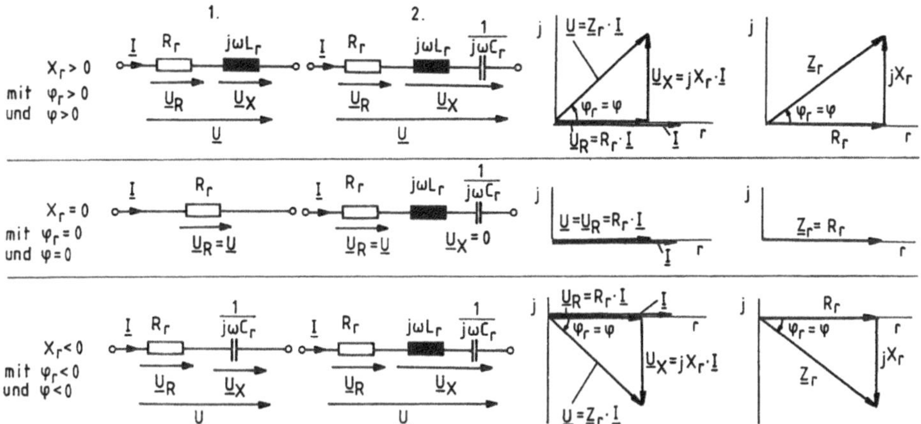

Bild 4.25 Zeigerbilder der Ströme und Spannungen und komplexen Widerstände von Wechselstromwiderständen

Spannungsteilerregel

Für zwei in Reihe geschaltete Wechselstromwiderstände gilt die Spannungsteilerregel analog wie in der Gleichstromtechnik nur im komplexen Bereich:

Die komplexen Zeitfunktionen oder die komplexen Effektivwerte der Spannungen über zwei vom gleichen sinusförmigen Strom durchflossenen Widerstände verhalten sich wie die zugehörigen komplexen Widerstände.

$$\frac{\underline{U}_1}{\underline{U}_2} = \frac{\underline{Z}_1}{\underline{Z}_2}$$

$$\frac{\underline{U}_1}{\underline{U}} = \frac{\underline{Z}_1}{\underline{Z}_1 + \underline{Z}_2} \qquad \frac{\underline{U}_2}{\underline{U}} = \frac{\underline{Z}_2}{\underline{Z}_1 + \underline{Z}_2}$$

Im Zeitbereich kann eine entsprechende Regel nicht gelten, weil Ströme und Spannungen bei Induktivitäten und Kapazitäten differentiell zusammenhängen.

Beispiel 1:

Reihenschaltung eines ohmschen Widerstandes und einer Induktivität

Zeitbereich: **komplexer Bereich:**

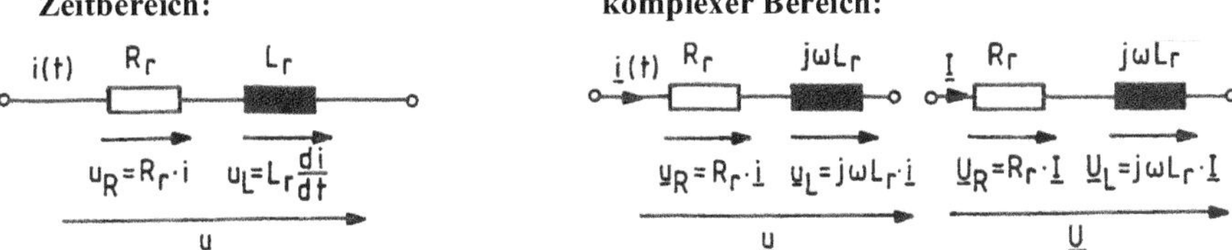

Bild 4.26 Spannungsteilerregel für die Reihenschaltung eines ohmschen Widerstandes und einer Induktivität

$$\frac{u_L}{u} = \frac{L_r \dfrac{di}{dt}}{R_r \cdot i + L_r \dfrac{di}{dt}} \qquad\qquad \frac{\underline{u}_L}{\underline{u}} = \frac{\underline{U}_L}{\underline{U}} = \frac{j\omega L_r}{R_r + j\omega L_r}$$

Beispiel 2:

Für die skizzierte RC-Schaltung ist das Spannungsverhältnis $\underline{U}_2/\underline{U}_1$ in Abhängigkeit von R, C und ω zu ermitteln. Die Hilfsspannung $\underline{U}_h$ soll die Lösung erleichtern.

Lösung:

$$\frac{\underline{U}_2}{\underline{U}_h} = \frac{R}{R + \dfrac{1}{j\omega C}}$$

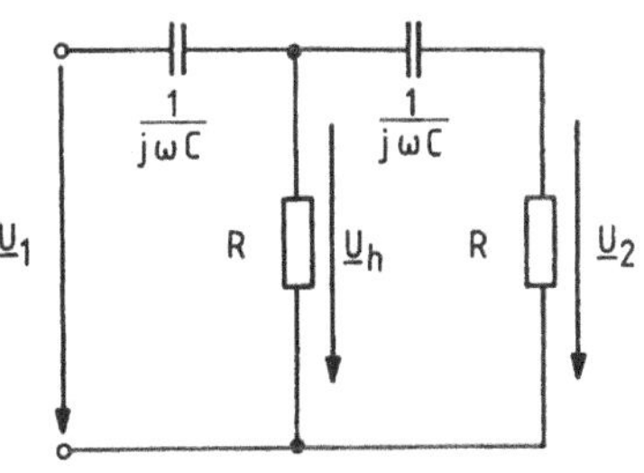

Bild 4.27 RC-Schaltung als Beispiel für die Spannungsteilerregel

$$\frac{\underline{U}_h}{\underline{U}_1} = \frac{\dfrac{\left(R + \dfrac{1}{j\omega C}\right)\cdot R}{R + \dfrac{1}{j\omega C} + R}}{\dfrac{\left(R + \dfrac{1}{j\omega C}\right)\cdot R}{R + \dfrac{1}{j\omega C} + R} + \dfrac{1}{j\omega C}} = \frac{\left(R + \dfrac{1}{j\omega C}\right)\cdot R}{\left(R + \dfrac{1}{j\omega C}\right)\cdot R + \dfrac{2R + \dfrac{1}{j\omega C}}{j\omega C}}$$

$$\frac{\underline{U}_2}{\underline{U}_1} = \frac{\underline{U}_2}{\underline{U}_h}\cdot\frac{\underline{U}_h}{\underline{U}_1} = \frac{R^2}{R^2 + \dfrac{R}{j\omega C} + \dfrac{2R}{j\omega C} - \dfrac{1}{\omega^2 C^2}} = \frac{1}{\left(1 - \dfrac{1}{\omega^2 R^2 C^2}\right) - j\dfrac{3}{\omega RC}}$$

Beispiel 3:

Für die skizzierte Schaltung mit komplexen Operatoren und komplexen Effektivwerten soll das Spannungsverhältnis $\underline{U}_C/\underline{U}$ in Abhängigkeit von ω, R, R_{Lr}, L_r, und C_r (mit $R_{Cr} = 0$) ermittelt werden.

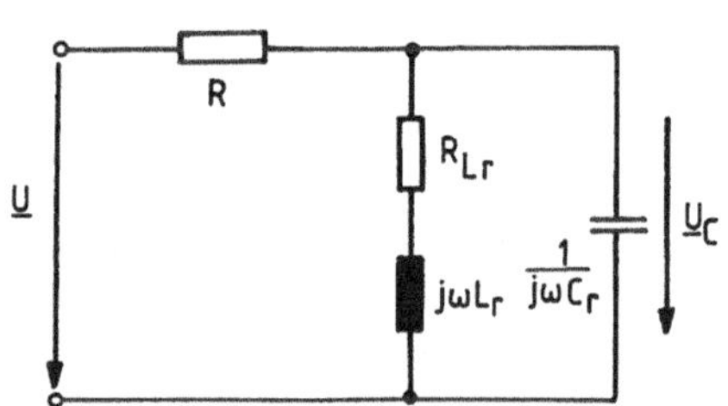

Bild 4.28 Beispiel für die Spannungsteilerregel

Lösung:

$$\frac{\underline{U}_C}{\underline{U}} = \frac{\dfrac{(R_{Lr} + j\omega L_r)\cdot\dfrac{1}{j\omega C_r}}{R_{Lr} + j\omega L_r + \dfrac{1}{j\omega C_r}}}{R + \dfrac{(R_{Lr} + j\omega L_r)\cdot\dfrac{1}{j\omega C_r}}{R_{Lr} + j\omega L_r + \dfrac{1}{j\omega C_r}}} = \frac{1}{R\cdot\dfrac{R_{Lr} + j\omega L_r + \dfrac{1}{j\omega C_r}}{(R_{Lr} + j\omega L_r)\cdot\dfrac{1}{j\omega C_r}} + 1}$$

$$\frac{\underline{U}_C}{\underline{U}} = \frac{1}{\dfrac{R(R_{Lr} + j\omega L_r)}{(R_{Lr} + j\omega L_r)\cdot\dfrac{1}{j\omega C_r}} + \dfrac{R\cdot\dfrac{1}{j\omega C_r}}{(R_{Lr} + j\omega L_r)\cdot\dfrac{1}{j\omega C_r}} + 1}$$

$$\frac{\underline{U}_C}{\underline{U}} = \frac{1}{j\omega R C_r + \dfrac{R}{R_{Lr} + j\omega L_r} + 1} = \frac{1}{j\omega R C_r + \dfrac{R}{R_{Lr} + j\omega L_r}\cdot\dfrac{R_{Lr} - j\omega L_r}{R_{Lr} - j\omega L_r} + 1}$$

$$\frac{\underline{U}_C}{\underline{U}} = \frac{1}{\left(1 + \dfrac{R\cdot R_{Lr}}{R_{Lr}^2 + \omega^2 L_r^2}\right) + j\omega\cdot\left(R C_r - \dfrac{R\cdot L_r}{R_{Lr}^2 + \omega^2 L_r^2}\right)}$$

Der komplexe Leitwert

Wird also an einen Wechselstromwiderstand eine sinusförmige Spannung u angelegt, dann fließt ein sinusförmiger Strom i mit der gleichen Frequenz ω.

Das Amplituden- oder Effektivwertverhältnis wird durch den Scheinwiderstand $Z = \hat{u}/\hat{i} = U/I$ und die Differenz der Anfangsphasenwinkel durch die Phasenverschiebung $\varphi = \varphi_u - \varphi_i$ erfasst.

Selbstverständlich kann auch die Amplitude oder Effektivwert des Stroms auf die Amplitude oder den Effektivwert der Spannung bezogen werden, d. h. der Kehrwert des Scheinwiderstandes erfasst das Amplituden- oder Effektivwertverhältnis:

Der Quotient der Amplituden- oder Effektivwerte von Strom und Spannung, der *Scheinleitwert* oder die *Admittanz* (admittance) wird mit Y bezeichnet:

$$Y = \frac{\hat{i}}{\hat{u}} = \frac{I}{U} \tag{4.54}$$

Beide Größen – der Scheinleitwert und die Phasenverschiebung – sollen in einem Wechselstromleitwert zusammengefasst werden.

Im Zeitbereich ist es nicht möglich, einen sinnvollen Wechselstromleitwert zu definieren, weil im Quotient i/u die Zeit t erhalten bleibt.

Im komplexen Bereich allerdings ergibt die Division der komplexen Zeitfunktion des Stroms $\underline{i}$ durch die komplexe Zeitfunktion der Spannung $\underline{u}$ eine Größe, die sowohl den Scheinleitwert Y als auch die Phasenverschiebung φ enthält. Der Betrag des *komplexen Leitwerts* ist gleich dem Scheinleitwert, das Argument des komplexen Leitwerts ist gleich der negativen Phasenverschiebung. Der komplexe Leitwert ist also der Kehrwert des komplexen Widerstands:

$$\underline{Y} = \frac{1}{\underline{Z}} = \frac{\underline{i}(t)}{\underline{u}(t)} = \frac{\hat{i} \cdot e^{j(\omega t + \varphi_i)}}{\hat{u} \cdot e^{j(\omega t + \varphi_u)}} = \frac{\hat{i} \cdot e^{j\varphi_i} \cdot e^{j\omega t}}{\hat{u} \cdot e^{j\varphi_u} \cdot e^{j\omega t}}$$

$$\underline{Y} = \frac{1}{\underline{Z}} = \frac{\underline{i}(t)}{\underline{u}(t)} = \frac{\hat{i}}{\hat{u}} = \frac{\underline{I}}{\underline{U}} \tag{4.55}$$

$$\underline{Y} = \frac{\hat{i}}{\hat{u}} \cdot e^{-j(\varphi_u - \varphi_i)} = \frac{I}{U} e^{-j(\varphi_u - \varphi_i)} \tag{4.56}$$

$$\underline{Y} = Y \cdot e^{-j\varphi} = \frac{1}{Z \cdot e^{j\varphi}} = \frac{1}{\underline{Z}} \tag{4.57}$$

$$\text{mit} \quad \left|\underline{Y}\right| = Y = \frac{\hat{i}}{\hat{u}} = \frac{I}{U} = \frac{1}{Z} = \frac{1}{\left|\underline{Z}\right|} \qquad \text{und} \quad \varphi = \varphi_u - \varphi_i$$

Die Gleichung $\underline{I} = \underline{Y} \cdot \underline{U}$ ist wegen $\underline{Y} = 1/\underline{Z}$ nur eine andere Schreibweise des Ohmschen Gesetzes in komplexer Form. Der komplexe Leitwert ist entsprechend der Proportionalitätsfaktor zwischen den abgebildeten Zeitfunktionen von Strom und Spannung, nicht aber zwischen den Zeitfunktionen selbst.

Die Exponentialform des komplexen Leitwerts lässt sich analog in die trigonometrische und algebraische Form umwandeln:

$$\underline{Y} = Y \cdot e^{-j\varphi}$$

$$\underline{Y} = Y \cdot \cos \varphi - j \cdot Y \cdot \sin \varphi \tag{4.58}$$

$$\underline{Y} = G + j \cdot B, \tag{4.59}$$

wobei der Realteil *Wirkleitwert* oder *Konduktanz* (conductance) und der Imaginärteil *Blindleitwert* oder *Suszeptanz* (susceptance) genannt wird:

$$G = \text{Re}\{\underline{Y}\} \quad = Y \cdot \cos \varphi \tag{4.60}$$

$$B = \text{Im}\{\underline{Y}\} \quad = -\,Y \cdot \sin \varphi \tag{4.61}$$

$$\text{mit} \quad Y = \sqrt{G^2 + B^2} \quad \text{und } \varphi = -\arctan \frac{B}{G}.$$

Komplexer Leitwert des ohmschen, kapazitiven und induktiven Widerstandes

Mit

$$\underline{Y} = \frac{I}{\underline{U}} = \frac{I}{U} \cdot e^{-j(\varphi_u - \varphi_i)} = Y \cdot e^{-j\varphi}$$

ergibt sich für den ohmschen Widerstand:

$$Y = \frac{I}{U} = G = \frac{1}{R} \qquad \varphi = 0$$

$$\underline{Y} = G \cdot e^{j0} = G$$

$$\underline{Y} = G$$

für den kapazitiven Widerstand:

$$Y = \frac{I}{U} = \omega C \qquad \varphi = -\frac{\pi}{2}$$

$$\underline{Y} = \omega C \cdot e^{-j(-\pi/2)} = j\omega C$$

$$\underline{Y} = j\omega C = j\,B_C$$

für den induktiven Widerstand:

$$Y = \frac{I}{U} = \frac{1}{\omega L} \qquad \varphi = \frac{\pi}{2}$$

$$\underline{Y} = \frac{1}{\omega L} \cdot e^{-j\pi/2} = \frac{1}{j\omega L}$$

$$\underline{Y} = -j\frac{1}{\omega L} = j\,B_L$$

Komplexer Leitwert der Parallelschaltung von Wechselstromwiderständen

Sind m_R Widerstände, m_C Kapazitäten und m_L Induktivitäten parallel geschaltet, dann ist die anliegende sinusförmige Spannung u(t) überall gleich, und der sinusförmige Gesamtstrom i(t) ist in jedem Augenblick gleich der Summe von m sinusförmigen Teilströmen:

$$i(t) = \sum_{i=1}^{m} i_i(t) = \sum_{i=1}^{m_R} i_{Ri}(t) + \sum_{i=1}^{m_C} i_{Ci}(t) + \sum_{i=1}^{m_L} i_{Li}(t)$$

$$\text{mit } m_R + m_C + m_L = m$$

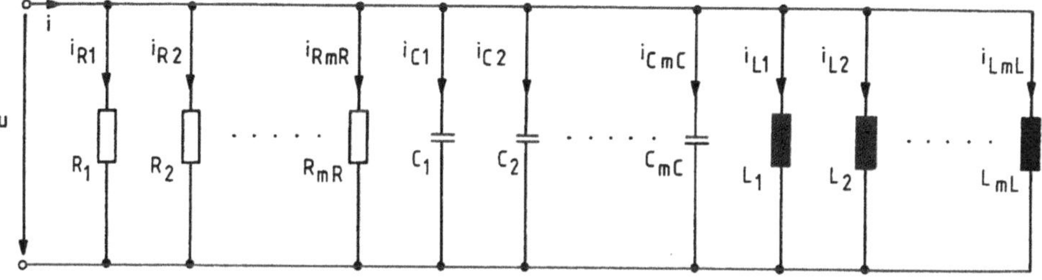

Bild 4.29 Parallelschaltung von Wechselstromwiderständen

Mit

$$i_{Ri}(t) = \frac{u(t)}{R_i} \qquad\qquad i_{Ci}(t) = C_i\,\frac{du(t)}{dt} \qquad\qquad i_{Li}(t) = \frac{1}{L_i}\int u(t)\cdot dt$$

ergibt sich für den Gesamtstrom

$$i(t) = \sum_{i=1}^{m_R} \frac{u(t)}{R_i} + \sum_{i=1}^{m_C} C_i\,\frac{du(t)}{dt} + \sum_{i=1}^{m_L} \frac{1}{L_i}\int u(t)\cdot dt$$

Damit lassen sich die m_R ohmschen Widerstände, m_C Kapazitäten und m_L Induktivitäten der Parallelschaltung zu Ersatzgrößen R_p, C_p und L_p zusammenfassen:

$$i(t) = \frac{u(t)}{R_p} + C_p\cdot\frac{du(t)}{dt} + \frac{1}{L_p}\int u(t)\cdot dt$$

$$\text{mit} \qquad \frac{1}{R_p} = \sum_{i=1}^{m_R}\frac{1}{R_i} \qquad C_p = \sum_{i=1}^{m_C} C_i \qquad \frac{1}{L_p} = \sum_{i=1}^{m_L}\frac{1}{L_i}$$

Der Index p bedeutet, dass eine Parallelschaltung vorliegt.

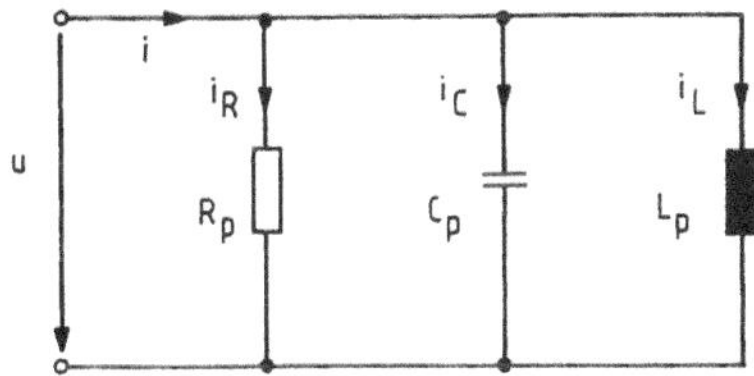

Bild 4.30
Ersatzgrößen der Parallelschaltung von
Wechselstromwiderständen

Im komplexen Bereich können die komplexen Leitwerte der ohmschen Widerstände, Kapazitäten und Induktivitäten zu komplexen Ersatzleitwerten und zu einem komplexen Leitwert der gesamten Parallelschaltung $\underline{Y}_p$ zusammengefasst werden, wie aus der Knotenpunktregel für komplexe Zeitfunktionen und komplexe Effektivwerte herzuleiten ist: Nach Gl. (4.28) ist

$$\underline{i}(t) = \sum_{i=1}^{m} \underline{i}_i(t) = \sum_{i=1}^{m_R} \underline{i}_{Ri}(t) + \sum_{i=1}^{m_C} \underline{i}_{Ci}(t) + \sum_{i=1}^{m_L} \underline{i}_{Li}(t)$$

Mit

$$\underline{i}_{Ri}(t) = \frac{1}{R_i}\underline{u}(t) \qquad\qquad \underline{i}_{Ci}(t) = j\omega C_i\cdot\underline{u}(t) \qquad\qquad \underline{i}_{Li}(t) = \frac{1}{j\omega L}\cdot\underline{u}(t)$$

ergibt sich

$$\underline{i}(t) = \sum_{i=1}^{m_R} \frac{1}{R_i}\underline{u}(t) + \sum_{i=1}^{m_C} j\omega C_i\underline{u}(t) + \sum_{i=1}^{m_L} \frac{1}{j\omega L_i}\underline{u}(t)$$

$$\underline{i}(t) = \left(\sum_{i=1}^{m_R} \frac{1}{R_i} + \sum_{i=1}^{m_C} j\omega C_i + \sum_{i=1}^{m_L} \frac{1}{j\omega L_i} \right)\cdot\underline{u}(t)$$

$$\underline{i}(t) = \left(\frac{1}{R_p} + j\omega C_p + \frac{1}{j\omega L_p} \right)\cdot\underline{u}(t) = \underline{Y}_p\cdot\underline{u}(t)$$

Wird die Parallelschaltung der Wechselstromwiderstände in die Schaltung mit komplexen Effektivwerten und komplexen Operatoren überführt, ergibt sich die Stromgleichung in komplexen Effektivwerten.

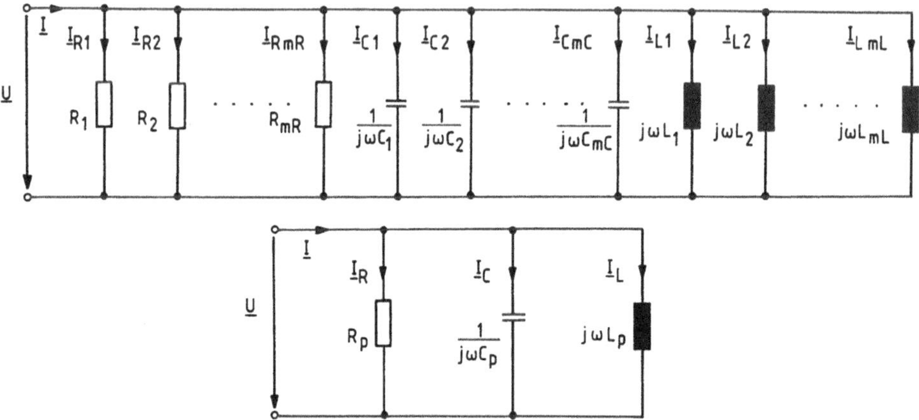

Bild 4.31 Parallelschaltung von Wechselstromwiderständen im Bildbereich und ihre Überführung in die Ersatzschaltung

Nach Gl. 4.30 ist

$$\underline{I} = \sum_{i=1}^{m} \underline{I}_i = \sum_{i=1}^{m_R} \underline{I}_{Ri} + \sum_{i=1}^{m_C} \underline{I}_{Ci} + \sum_{i=1}^{m_L} \underline{I}_{Li}.$$

Mit

$$\underline{I}_{Ri} = \frac{1}{R_i}\underline{U} \qquad \underline{I}_{Ci} = j\omega C_i \cdot \underline{U} \qquad \underline{I}_{Li} = \frac{1}{j\omega L_i}\underline{U}$$

ergibt sich für den komplexen Effektivwert des Gesamtstroms

$$\underline{I} = \sum_{i=1}^{m_R} \frac{1}{R_i}\underline{U} + \sum_{i=1}^{m_C} j\omega C_i\underline{U} + \sum_{i=1}^{m_L} \frac{1}{j\omega L_i}\underline{U}$$

$$\underline{I} = \left(\sum_{i=1}^{m_R} \frac{1}{R_i} + \sum_{i=1}^{m_C} j\omega C_i + \sum_{i=1}^{m_L} \frac{1}{j\omega L_i} \right) \cdot \underline{U}.$$

Damit lassen sich die m_R ohmschen Widerstände, m_C Kapazitäten und m_L Induktivitäten der Parallelschaltung genauso wie im Zeitbereich zu Ersatzgrößen R_p, C_p und L_p zusammenfassen:

$$\frac{1}{R_p} = \sum_{i=1}^{m_R} \frac{1}{R_i} \qquad j\omega C_p = \sum_{i=1}^{m_C} j\omega C_i \qquad \frac{1}{j\omega L_p} = \sum_{i=1}^{m_L} \frac{1}{j\omega L_i}$$

$$\text{bzw. } C_p = \sum_{i=1}^{m_C} C_i \qquad\qquad \text{bzw. } \frac{1}{L_p} = \sum_{i=1}^{m_L} \frac{1}{L_i} \qquad (4.62)$$

Die Stromgleichung in komplexen Effektivwerten lautet dann:

$$\underline{I} = \left(\frac{1}{R_p} + j\omega C_p + \frac{1}{j\omega L_p} \right) \cdot \underline{U} = \left[\frac{1}{R_p} + j \cdot \left(\omega C_p - \frac{1}{\omega L_p} \right) \right] \cdot \underline{U}$$

$$\underline{I} = \left[\frac{1}{R_p} + j \cdot (B_C + B_L) \right] \cdot \underline{U} = [G_p + j \cdot B_p] \cdot \underline{U} = \underline{Y}_p \cdot \underline{U}$$

$$\text{mit} \quad \underline{Y}_p = \frac{1}{R_p} + j \cdot B_p = \frac{1}{R_p} + j \cdot (B_C + B_L) = \frac{1}{R_p} + j \cdot \left(\omega C_p - \frac{1}{\omega L_p} \right) \tag{4.63}$$

$$\text{und} \quad B_p = B_C + B_L \qquad B_C = \omega C_p \qquad B_L = -\frac{1}{\omega L_p} \qquad G_p = \frac{1}{R_p}. \tag{4.64}$$

Die ohmschen Anteile eines komplexen Leitwertes $\underline{Y}_p$ finden sich also grundsätzlich im Realteil, die kapazitiven Anteile im positiven Imaginärteil und die induktiven Anteile im negativen Imaginärteil.

Der komplexe Effektivwert des Gesamtstroms $\underline{I}$ teilt sich also in drei Teilströme auf:

$$\underline{I} = \underline{I}_R + \underline{I}_C + \underline{I}_L = \frac{1}{R_p} \underline{U} + j\omega C_p \cdot \underline{U} + \frac{1}{j\omega L_p} \cdot \underline{U},$$

wobei der reelle Strom $\underline{I}_R$ auch „Wirkstrom" I_W genannt wird. Die beiden imaginären Ströme $\underline{I}_C$ und $\underline{I}_L$, die wegen der entgegengesetzten Vorzeichen gegeneinander gerichtet sind, werden zum Strom $\underline{I}_B$ bzw. „Blindstrom" I_b zusammengefasst:

$$\underline{I} = \underline{I}_R + \underline{I}_B \tag{4.65}$$

$$\text{mit} \quad \underline{I}_R = \frac{1}{R_p} \underline{U} = G_p \cdot \underline{U} \quad \text{und} \quad \underline{I}_B = \underline{I}_C + \underline{I}_L = j(B_C + B_L) \cdot \underline{U} = jB_p \cdot \underline{U}$$

Wird in

$$\underline{Y}_p = Y_p \cdot e^{j\varphi_p} = Y_p \cdot e^{-j\varphi}$$

$$\underline{Y}_p = Y_p \cdot \cos\varphi_p + j \cdot Y_p \cdot \sin\varphi_p = Y_p \cdot \cos\varphi - j \cdot Y_p \cdot \sin\varphi \qquad \text{(vgl. Gl.4.58)}$$

$Y_p = I/U$ eingesetzt

$$\underline{Y}_p = \frac{I}{U} \cdot \cos\varphi_p + j \cdot \frac{I}{U} \cdot \sin\varphi_p = \frac{I}{U} \cos\varphi - j \cdot \frac{I}{U} \cdot \sin\varphi$$

und mit U multipliziert, dann ergibt sich die Stromgleichung

$$\underline{Y}_p \cdot U = \underline{I} = I \cdot \cos\varphi_p + j \cdot I \cdot \sin\varphi_p = I \cdot \cos\varphi + j \cdot I \cdot \sin(-\varphi),$$

die dem Zeigerbild im Bild 4.32 mit $\varphi_u = 0$ entspricht. Mit Gl. (4.65) verglichen, ist

$$I_R = I \cdot \cos\varphi \tag{4.66} \qquad \text{und} \qquad I_B = I \cdot \sin(-\varphi) = -I \cdot \sin\varphi \tag{4.67}$$

$$\text{mit} \quad I = \sqrt{I_R^2 + I_B^2}. \tag{4.68}$$

Der Ersatzleitwert der Parallelschaltung von Wechselstromwiderständen hängt von der Größe des ohmschen Widerstandes R_p, der Kapazität C_p, der Induktivität L_p und der Kreisfrequenz ω ab. Liegt an der Parallelschaltung eine sinusförmige Spannung u, dann ist der Gesamtstrom i bezogen auf die Spannung u entweder bis $\pi/2$ voreilend, in Phase oder bis $-\pi/2$ nacheilend.

Der komplexe Leitwert $\underline{Y}_p$ ist also entweder ein kapazitiver, ohmscher oder induktiver Leitwert, und die Ersatzschaltung besteht entweder aus der Parallelschaltung eines ohmschen Widerstandes R_p und einer Kapazität C_p, nur aus einem ohmschen Widerstand R_p oder aus der Parallelschaltung eines ohmschen Widerstandes R_p und einer Induktivität L_p:

Kapazitiver komplexer Leitwert: $\underline{Y}_p = 1/R_p + j\,B_p = G_p + j\,B_p$ mit $B_p > 0$

1. Die Parallelschaltung besteht nur aus ohmschen Widerständen R_i und Kapazitäten C_i, die zu den Ersatzgrößen R_p und C_p zusammengefasst werden.
2. Die Parallelschaltung enthält ohmsche Widerstände R_i, Kapazitäten C_i und Induktivitäten L_i, die zu den Ersatzgrößen R_p, C_p und L_p zusammengefasst werden.
   Sie verhält sich wie ein kapazitiver Wechselstromleitwert, wenn $B_p > 0$ ist,
   d. h. wenn $\omega C_p > 1/\omega L_p$.

Ohmscher komplexer Leitwert: $\underline{Y}_p = 1/R_p = G_p$ mit $B_p = 0$

1. Die Parallelschaltung besteht nur aus ohmschen Widerständen R_i, die zu der Ersatzgröße R_p zusammengefasst werden.
2. Die Parallelschaltung enthält ohmsche Widerstände R_i, Kapazitäten C_i und Induktivitäten L_i, die zu den Ersatzgrößen R_p, C_p und L_p zusammengefasst werden.
   Sie verhält sich wie ein ohmscher Leitwert, wenn $B_p = 0$ ist,
   d. h. wenn $\omega C_p = 1/\omega L_p$.

Induktiver komplexer Leitwert: $\underline{Y}_p = 1/R_p + j\,B_p = G_p + j\,B_p$ mit $B_p < 0$

1. Die Parallelschaltung besteht nur aus ohmschen Widerständen R_i und Induktivitäten L_i, die zu den Ersatzgrößen R_p und L_p zusammengefasst werden.
2. Die Parallelschaltung enthält ohmsche Widerstände R_i, Kapazitäten C_i und Induktivitäten L_i, die zu den Ersatzgrößen R_p, C_p und L_p zusammengefasst werden.
   Sie verhält sich wie ein induktiver Wechselstromleitwert, wenn $B_p < 0$ ist,
   d. h. wenn $\omega C_p < 1/\omega L_p$.

Im Zeigerbild bilden die komplexen Effektivwerte der Ströme ein „Stromdreieck" und die entsprechenden komplexen Leitwerte ein „Leitwertdreieck", wenn der Imaginärteil B_p positiv oder negativ ist:

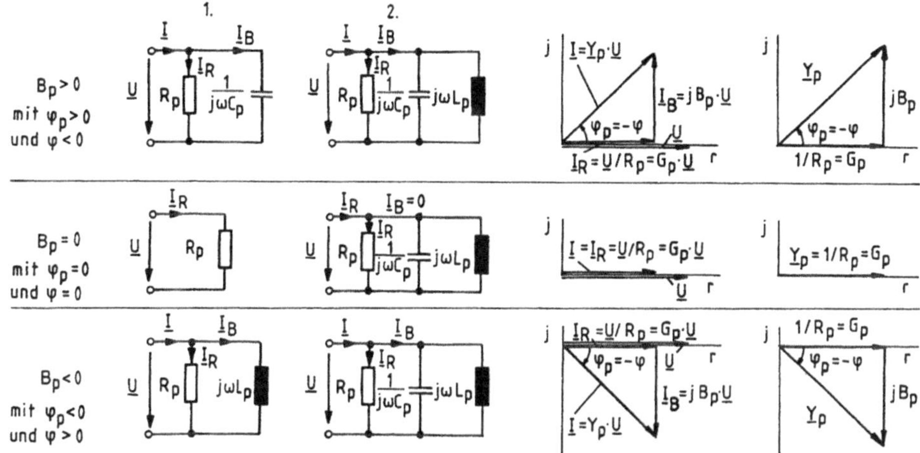

Bild 4.32 Zeigerbilder der Spannungen und Ströme und komplexen Leitwerte von Wechselstromleitwerten

Stromteilerregel

Für zwei parallel geschaltete Wechselstromwiderstände gilt die Stromteilerregel analog wie in der Gleichstromtechnik nur im komplexen Bereich:

Die komplexen Zeitfunktionen oder die komplexen Effektivwerte der Ströme durch zwei parallel geschaltete Wechselstromwiderstände, an denen die gleiche sinusförmige Spannung anliegt, verhalten sich wie die zugehörigen komplexen Leitwerte und sind umgekehrt proportional zu den komplexen Widerständen.

Die komplexe Zeitfunktion oder der komplexe Effektivwert des Teilstroms verhält sich zur komplexen Zeitfunktion oder zum komplexen Effektivwert des Gesamtstroms wie der komplexe Widerstand, der nicht vom Teilstrom durchflossen ist, zum komplexen Ringwiderstand.

$$\frac{\underline{I}_1}{\underline{I}_2} = \frac{\underline{Y}_1}{\underline{Y}_2} = \frac{\underline{Z}_2}{\underline{Z}_1}$$

$$\frac{\underline{I}_1}{\underline{I}} = \frac{\underline{Z}_2}{\underline{Z}_1 + \underline{Z}_2} \qquad \frac{\underline{I}_2}{\underline{I}} = \frac{\underline{Z}_1}{\underline{Z}_1 + \underline{Z}_2}$$

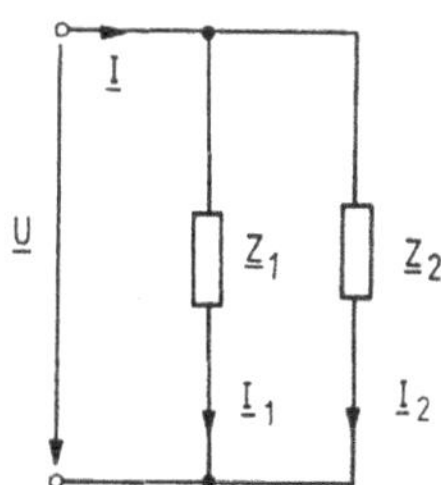

Beispiel 1:

Parallelschaltung eines ohmschen Widerstandes und einer Kapazität

    Zeitbereich: **komplexer Bereich:**

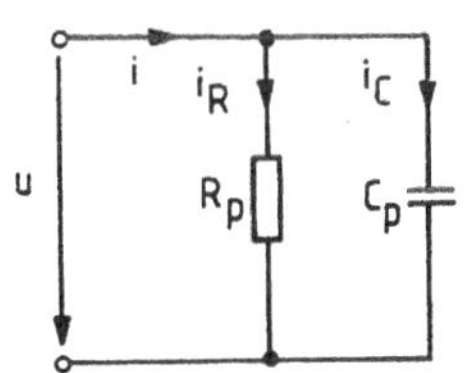
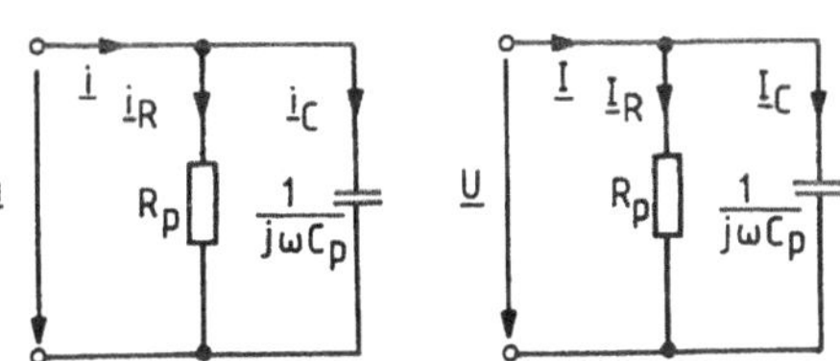

Bild 4.33 Stromteilerregel für die Parallelschaltung eines ohmschen Widerstandes und einer Kapazität

$$\frac{i_C}{i} = \frac{C_p \dfrac{du}{dt}}{\dfrac{u}{R_p} + C_p \dfrac{du}{dt}} \qquad\qquad \frac{\underline{i}_C}{\underline{i}} = \frac{\underline{I}_C}{\underline{I}} = \frac{R_p}{R_p + 1/j\omega C_p} = \frac{j\omega C_p}{1/R_p + j\omega C_p}$$

Beispiel 2:

Für die skizzierte Schaltung ist der Strom $\underline{I}_L$ in Abhängigkeit von $\underline{U}$, ω, R_{Lp}, L_p und R zu ermitteln.

Lösung:

$$\frac{\underline{I}_L}{\underline{I}} = \frac{R_{Lp}}{R_{Lp} + j\omega L_p}$$

$$\text{mit} \quad \underline{I} = \frac{\underline{U}}{R + \dfrac{R_{Lp} \cdot j\omega L_p}{R_{Lp} + j\omega L_p}}$$

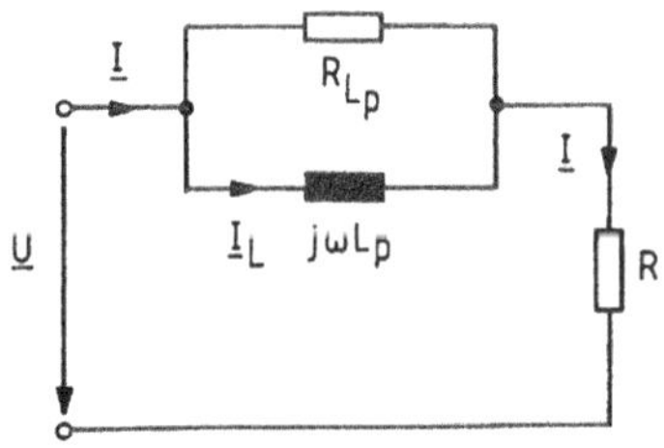

Bild 4.34 Beispiel für die Stromteilerregel

$$\underline{I}_L = \frac{\underline{U} \cdot R_{Lp}}{R(R_{Lp} + j\omega L_p) + R_{Lp} \cdot j\omega L_p} = \frac{\underline{U}}{R + j\omega L_p\left(\dfrac{R}{R_{Lp}} + 1\right)}$$

Beispiel 3:

1. Für die skizzierte Schaltung ist der Strom $\underline{I}_C$ in Abhängigkeit von $\underline{U}$, ω, R_{Lr}, L_r, R_{Cp} und C_p zu ermitteln.
2. Anschließend sollen der Strom $\underline{I}_R$ und die Spannung $\underline{U}_C$ bestimmt werden.

Lösung:

Zu 1.

$$\frac{\underline{I}_C}{\underline{I}} = \frac{R_{Cp}}{R_{Cp} + \dfrac{1}{j\omega C_p}}$$

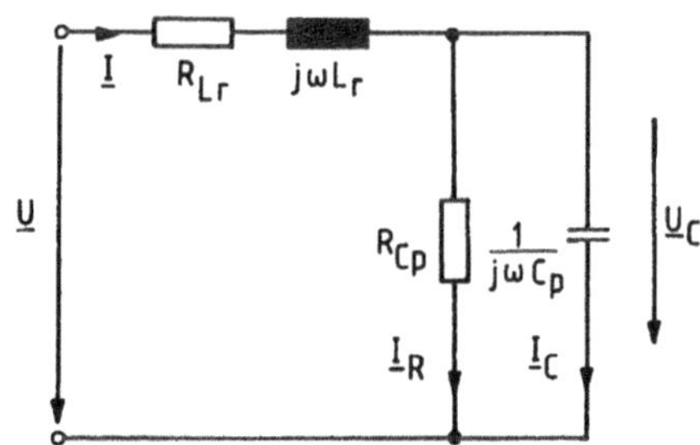

Bild 4.35 Beispiel für die Stromteilerregel

$$\text{mit} \quad \underline{I} = \frac{\underline{U}}{R_{Lr} + j\omega L_r + \dfrac{R_{Cp} \cdot \dfrac{1}{j\omega C_p}}{R_{Cp} + \dfrac{1}{j\omega C_p}}} = \frac{R_{Cp} \cdot \underline{U}}{\left(R_{Cp} + \dfrac{1}{j\omega C_p}\right)(R_{Lr} + j\omega L_r) + R_{Cp} \dfrac{1}{j\omega C_p}}$$

$$\underline{I}_C = \frac{\underline{U}}{R_{Lr} + \dfrac{1}{j\omega C_p}\dfrac{R_{Lr}}{R_{Cp}} + j\omega L_r + \dfrac{j\omega L_r}{j\omega C_p \cdot R_{Cp}} + \dfrac{1}{j\omega C_p}}$$

$$\underline{I}_C = \frac{\underline{U}}{\left(R_{Lr} + \dfrac{1}{R_{Cp}}\dfrac{L_r}{C_p}\right) + j \cdot \left[\omega L_r - \dfrac{1}{\omega C_p}\left(\dfrac{R_{Lr}}{R_{Cp}} + 1\right)\right]}$$

Zu 2.

$$\frac{\underline{I}_R}{\underline{I}_C} = \frac{1 / R_{Cp}}{j\omega C_p}$$

$$\underline{I}_R = \frac{1}{j\omega R_{Cp} C_p} \cdot \frac{\underline{U}}{R_{Lr} + \dfrac{1}{j\omega C_p}\dfrac{R_{Lr}}{R_{Cp}} + j\omega L_r + \dfrac{L_r}{C_p R_{Cp}} + \dfrac{1}{j\omega C_p}}$$

$$\underline{I}_R = \frac{\underline{U}}{j\omega R_{Cp} R_{Lr} C_p + R_{Lr} - \omega^2 R_{Cp} L_r C_p + j\omega L_r + R_{Cp}}$$

$$\underline{I}_R = \frac{\underline{U}}{(R_{Lr} + R_{Cp} - \omega^2 R_{Cp} L_r C_p) + j\omega(L_r + R_{Cp} R_{Lr} C_p)}$$

$$\underline{U}_C = R_{Cp} \cdot \underline{I}_R = \frac{\underline{U}}{\left(\dfrac{R_{Lr}}{R_{Cp}} + 1 - \omega^2 L_r C_p\right) + j\omega\left(\dfrac{L_r}{R_{Cp}} + R_{Lr} C_p\right)}$$

Komplexer Widerstand und komplexer Leitwert von gemischten Schaltungen

Gemischte Schaltungen enthalten Reihen- und Parallelschaltungen von Wechselstromwiderständen. Wie beschrieben, werden zunächst für die Reihenschaltungen die komplexen Widerstände und für die Parallelschaltungen die komplexen Leitwerte addiert.

Parallel geschaltete Reihenschaltungen – äquivalente Schaltungen

Sind Reihenschaltungen parallel geschaltet, dann müssen die komplexen Widerstände der Reihenschaltungen in komplexe Leitwerte überführt werden, d. h. die Reihenschaltungen gehen in äquivalente Parallelschaltungen über. Anschließend lassen sich die komplexen Leitwerte addieren.

Um die ohmschen Widerstände der Reihen- und Parallelschaltungen mit Induktivitäten und Kapazitäten unterscheiden zu können, werden Doppelindizierungen vorgenommen.

Beispiel: Parallelschaltung von zwei Reihenschaltungen (Parallel-Resonanzkreise)

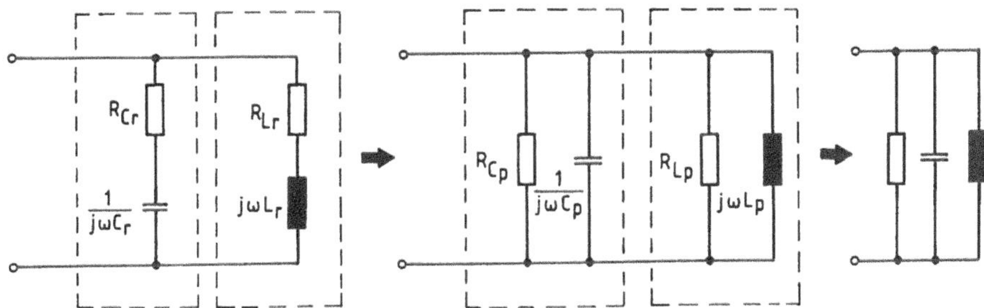

Bild 4.36 Parallelschaltung von zwei Reihenschaltungen

$$\underline{Z}_{Cr} = R_{Cr} - j\frac{1}{\omega C_r}$$

$$\underline{Y}_{Cp} = \frac{1}{\underline{Z}_{Cr}} = \frac{1}{R_{Cr} - j\dfrac{1}{\omega C_r}} \cdot \frac{R_{Cr} + j\dfrac{1}{\omega C_r}}{R_{Cr} + j\dfrac{1}{\omega C_r}}$$

$$\underline{Y}_{Cp} = \frac{R_{Cr}}{R_{Cr}^{2} + \dfrac{1}{\omega^2 C_r^{2}}} + j \cdot \frac{\dfrac{1}{\omega C_r}}{R_{Cr}^{2} + \dfrac{1}{\omega^2 C_r^{2}}} = \frac{1}{R_{Cp}} + j\omega C_p \tag{4.69}$$

$$\text{mit} \quad R_{Cp} = \frac{R_{Cr}^{2} + \dfrac{1}{\omega^2 C_r^{2}}}{R_{Cr}}$$

$$\text{und} \quad C_p = \frac{\dfrac{1}{\omega^2 C_r}}{R_{Cr}^{2} + \dfrac{1}{\omega^2 C_r^{2}}}$$

$$\underline{Z}_{Lr} = R_{Lr} + j\omega L_r$$

$$\underline{Y}_{Lp} = \frac{1}{\underline{Z}_{Lr}} = \frac{1}{R_{Lr} + j\omega L_r} \cdot \frac{R_{Lr} - j\omega L_r}{R_{Lr} - j\omega L_r}$$

$$\underline{Y}_{Lp} = \frac{R_{Lr}}{R_{Lr}^2 + \omega^2 L_r^2} - j \cdot \frac{\omega L_r}{R_{Lr}^2 + \omega^2 L_r^2} = \frac{1}{R_{Lp}} - j \cdot \frac{1}{\omega L_p} \tag{4.70}$$

$$\text{mit } R_{Lp} = \frac{R_{Lr}^2 + \omega^2 L_r^2}{R_{Lr}}$$

$$\text{und } L_p = \frac{R_{Lr}^2 + \omega^2 L_r^2}{\omega^2 L_r}$$

$$\underline{Y}_p = \underline{Y}_{Cp} + \underline{Y}_{Lp} = \left(\frac{1}{R_{Cp}} + \frac{1}{R_{Lp}} \right) + j \cdot \left(\omega C_p - \frac{1}{\omega L_p} \right)$$

$$\underline{Y}_p = \left(\frac{R_{Cr}}{R_{Cr}^2 + \dfrac{1}{\omega^2 C_r^2}} + \frac{R_{Lr}}{R_{Lr}^2 + \omega^2 L_r^2} \right) + j \cdot \left(\frac{\dfrac{1}{\omega C_r}}{R_{Cr}^2 + \dfrac{1}{\omega^2 C_r^2}} - \frac{\omega L_r}{R_{Lr}^2 + \omega^2 L_r^2} \right) \tag{4.71}$$

Der komplexe Leitwert einer Reihenschaltung von Wechselstromwiderständen wird also durch den Kehrwert des komplexen Widerstandes und durch konjugiert komplexes Erweitern ermittelt:

$$\underline{Y}_p = \frac{1}{\underline{Z}_r} = G_p + jB_p = \frac{1}{R_r + jX_r} \cdot \frac{R_r - jX_r}{R_r - jX_r} = \frac{R_r}{R_r^2 + X_r^2} + j \cdot \frac{-X_r}{R_r^2 + X_r^2} \tag{4.72}$$

$$\text{mit } G_p = \frac{R_r}{R_r^2 + X_r^2} = \frac{R_r}{Z_r^2} = R_r \cdot Y_r^2$$

$$\text{und } B_p = -\frac{X_r}{R_r^2 + X_r^2} = -\frac{X_r}{Z_r^2} = -X_r \cdot Y_r^2$$

Beispiel:

Überführung der Reihenschaltung eines ohmschen Widerstandes R_r, einer Induktivität L_r und einer Kapazität C_r in eine äquivalente Parallelschaltung eines ohmschen Widerstandes R_p, einer Induktivität L_p und einer Kapazität C_p:

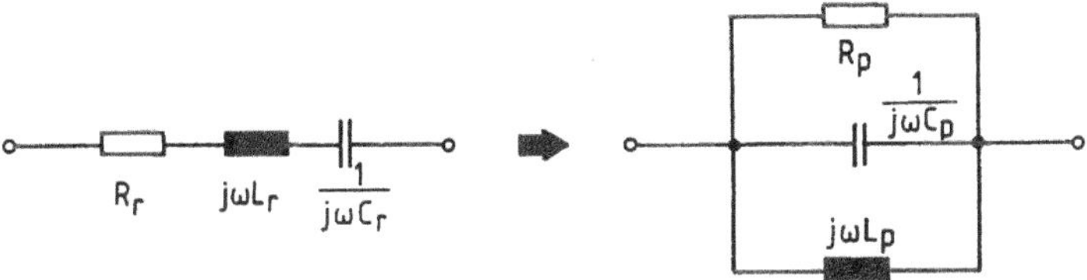

Bild 4.37 Überführung einer RLC-Reihenschaltung
in eine äquivalente RCL-Parallelschaltung

Da die Schaltelemente der Parallelschaltung R_p, L_p und C_p gesucht sind, muss vom komplexen Leitwert ausgegangen werden:

$$\underline{Y}_p = \frac{1}{\underline{Z}_r} = \frac{1}{R_r + j\cdot\left(\omega L_r - \dfrac{1}{\omega C_r}\right)} \cdot \frac{R_r - j\cdot\left(\omega L_r - \dfrac{1}{\omega C_r}\right)}{R_r - j\cdot\left(\omega L_r - \dfrac{1}{\omega C_r}\right)}$$

$$\underline{Y}_p = \frac{R_r}{R_r{}^2 + \left(\omega L_r - \dfrac{1}{\omega C_r}\right)^2} + j\cdot\frac{\dfrac{1}{\omega C_r} - \omega L_r}{R_r{}^2 + \left(\omega L_r - \dfrac{1}{\omega C_r}\right)^2}$$

$$\underline{Y}_p = \frac{1}{R_p} + j\cdot\left(\omega C_p - \frac{1}{\omega L_p}\right)$$

$$\text{mit}\qquad R_p = \frac{R_r{}^2 + \left(\omega L_r - \dfrac{1}{\omega C_r}\right)^2}{R_r}, \tag{4.73}$$

$$C_p = \frac{\dfrac{1}{\omega^2 C_r}}{R_r{}^2 + \left(\omega L_r - \dfrac{1}{\omega C_r}\right)^2} \tag{4.74}$$

$$L_p = \frac{R_r{}^2 + \left(\omega L_r - \dfrac{1}{\omega C_r}\right)^2}{\omega^2 L_r} \tag{4.75}$$

In Reihe geschaltete Parallelschaltungen – äquivalente Schaltungen

Sind Parallelschaltungen in Reihe geschaltet, dann müssen umgekehrt die komplexen Leitwerte der Parallelschaltungen in komplexe Widerstände überführt werden, d. h. die Parallelschaltungen gehen in äquivalente Reihenschaltungen über. Anschließend lassen sich die komplexen Widerstände addieren.

Um die ohmschen Widerstände der Parallel- und Reihenschaltungen mit Induktivitäten und Kapazitäten unterscheiden zu können, werden Doppelindizierungen vorgenommen.

Beispiel: Reihenschaltung von zwei Parallelschaltungen

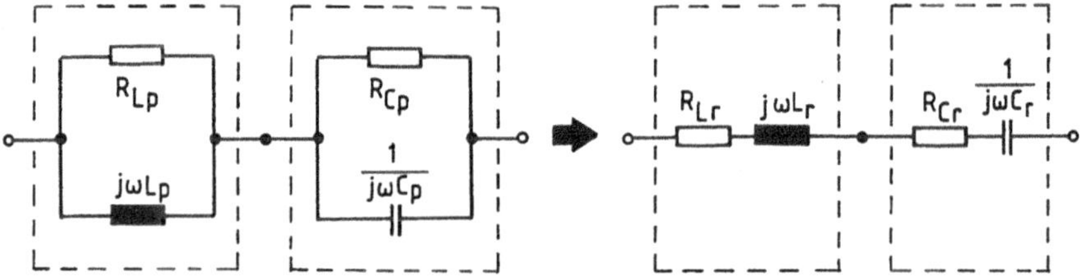

Bild 4.38 Reihenschaltung von zwei Parallelschaltungen

$$\underline{Y}_{Lp} = \frac{1}{R_{Lp}} - j\frac{1}{\omega L_p}$$

$$\underline{Z}_{Lr} = \frac{1}{\underline{Y}_{Lp}} = \frac{1}{\frac{1}{R_{Lp}} - j\frac{1}{\omega L_p}} \cdot \frac{\frac{1}{R_{Lp}} + \frac{1}{\omega L_p}}{\frac{1}{R_{Lp}} + j\frac{1}{\omega L_p}}$$

$$\underline{Z}_{Lr} = \frac{\frac{1}{R_{Lp}}}{\frac{1}{R_{Lp}^2} + \frac{1}{\omega^2 L_p^2}} + j \cdot \frac{\frac{1}{\omega L_p}}{\frac{1}{R_{Lp}^2} + \frac{1}{\omega^2 L_p^2}} = R_{Lr} + j\omega L_r \qquad (4.76)$$

$$\text{mit } R_{Lr} = \frac{\frac{1}{R_{Lp}}}{\frac{1}{R_{Lp}^2} + \frac{1}{\omega^2 L_p^2}}$$

$$\text{und } L_r = \frac{\frac{1}{\omega^2 L_p}}{\frac{1}{R_{Lp}^2} + \frac{1}{\omega^2 L_p^2}}$$

$$\underline{Y}_{Cp} = \frac{1}{R_{Cp}} + j\omega C_p$$

$$\underline{Z}_{Cr} = \frac{1}{\underline{Y}_{Cp}} = \frac{1}{\dfrac{1}{R_{Cp}} + j\omega C_p} \cdot \frac{\dfrac{1}{R_{Cp}} - j\omega C_p}{\dfrac{1}{R_{Cp}} - j\omega C_p}$$

$$\underline{Z}_{Cr} = \frac{\dfrac{1}{R_{Cp}}}{\dfrac{1}{R_{Cp}^2} + \omega^2 C_p^2} - j \cdot \frac{\omega C_p}{\dfrac{1}{R_{Cp}^2} + \omega^2 C_p^2} = R_{Cr} - j\frac{1}{\omega C_r} \qquad (4.77)$$

$$\text{mit} \quad R_{Cr} = \frac{\dfrac{1}{R_{Cp}}}{\dfrac{1}{R_{Cp}^2} + \omega^2 C_p^2}$$

$$\text{und} \quad C_r = \frac{\dfrac{1}{R_{Cp}^2} + \omega^2 C_p^2}{\omega^2 C_p}$$

$$\underline{Z}_r = \underline{Z}_{Lr} + \underline{Z}_{Cr} = (R_{Lr} + R_{Cr}) + j \cdot \left(\omega L_r - \frac{1}{\omega C_r} \right)$$

$$\underline{Z}_r = \left(\frac{\dfrac{1}{R_{Lp}}}{\dfrac{1}{R_{Lp}^2} + \dfrac{1}{\omega^2 L_p^2}} + \frac{\dfrac{1}{R_{Cp}}}{\dfrac{1}{R_{Cp}^2} + \omega^2 C_p^2} \right) + j \cdot \left(\frac{\dfrac{1}{\omega L_p}}{\dfrac{1}{R_{Lp}^2} + \dfrac{1}{\omega^2 L_p^2}} - \frac{\omega C_p}{\dfrac{1}{R_{Cp}^2} + \omega^2 C_p^2} \right) \qquad (4.78)$$

Der komplexe Widerstand einer Parallelschaltung von Wechselstromwiderständen wird
also durch den Kehrwert des komplexen Leitwerts und durch konjugiert komplexes Erweitern ermittelt:

$$\underline{Z}_r = \frac{1}{\underline{Y}_p} = R_r + jX_r = \frac{1}{G_p + jB_p} \cdot \frac{G_p - jB_p}{G_p - jB_p} = \frac{G_p}{G_p^2 + B_p^2} - j \cdot \frac{B_p}{G_p^2 + B_p^2} \qquad (4.79)$$

$$\text{mit} \quad R_r = \frac{G_p}{G_p^2 + B_p^2} = \frac{G_p}{Y_p^2} = G_p \cdot Z_p^2$$

$$\text{und} \quad X_r = \frac{-B_p}{G_p^2 + B_p^2} = \frac{-B_p}{Y_p^2} = -B_p \cdot Z_p^2$$

Beispiel:

Überführung der Parallelschaltung eines ohmschen Widerstandes R_p, einer Kapazität C_p und einer Induktivität L_p in eine äquivalente Reihenschaltung eines ohmschen Widerstandes R_r, einer Induktivität L_r und einer Kapazität C_r:

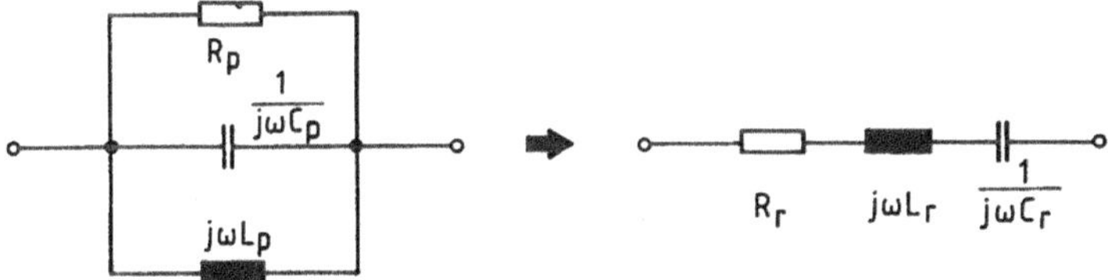

Bild 4.39 Überführung einer RCL-Parallelschaltung
in eine äquivalente RLC-Reihenschaltung

$$\underline{Z}_r = \frac{1}{\underline{Y}_p} = \frac{1}{\dfrac{1}{R_p} + j \cdot \left(\omega C_p - \dfrac{1}{\omega L_p} \right)} \cdot \frac{\dfrac{1}{R_p} - j \cdot \left(\omega C_p - \dfrac{1}{\omega L_p} \right)}{\dfrac{1}{R_p} - j \cdot \left(\omega C_p - \dfrac{1}{\omega L_p} \right)}$$

$$\underline{Z}_r = \frac{\dfrac{1}{R_p}}{\dfrac{1}{R_p^{\,2}} + \left(\omega C_p - \dfrac{1}{\omega L_p} \right)^2} + j \cdot \frac{\dfrac{1}{\omega L_p} - \omega C_p}{\dfrac{1}{R_p^{\,2}} + \left(\omega C_p - \dfrac{1}{\omega L_p} \right)^2}$$

$$\underline{Z}_r = R_r + j \cdot \left(\omega L_r - \frac{1}{\omega C_r} \right)$$

$$\text{mit} \quad R_r = \frac{\dfrac{1}{R_p}}{\dfrac{1}{R_p^{\,2}} + \left(\omega C_p - \dfrac{1}{\omega L_p} \right)^2} \tag{4.80}$$

$$L_r = \frac{\dfrac{1}{\omega^2 L_p}}{\dfrac{1}{R_p^{\,2}} + \left(\omega C_p - \dfrac{1}{\omega L_p} \right)^2} \tag{4.81}$$

$$C_r = \frac{\dfrac{1}{R_p^{\,2}} + \left(\omega C_p - \dfrac{1}{\omega L_p} \right)^2}{\omega^2 C_p} \tag{4.82}$$

Beispiel einer gemischten Schaltung:

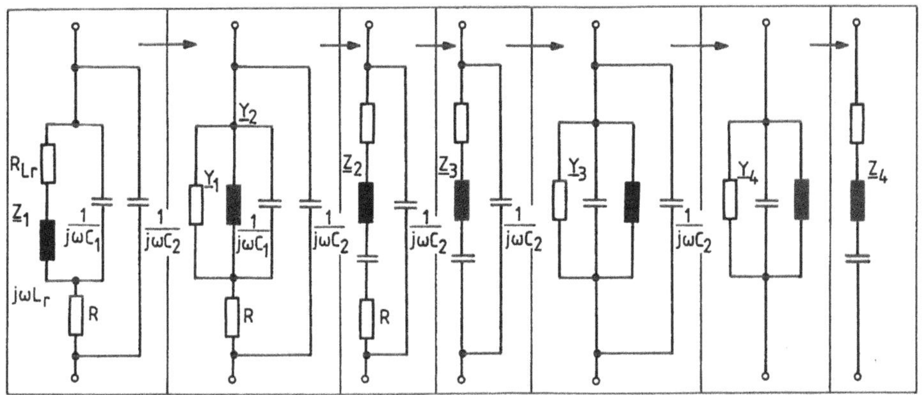

Bild 4.40 Transformation einer gemischten Schaltung in eine Reihenschaltung

Die Berechnung des komplexen Widerstands der im Bild 4.40 dargestellten Schaltung erfordert vier Transformationen einer Reihenschaltung in die äquivalente Parallelschaltung oder umgekehrt, bei der jeweils konjugiert komplex erweitert werden muss. Deshalb ist die Berechnung des komplexen Widerstands sehr aufwändig.

Eine einfachere Behandlung gemischter Wechselstromschaltungen ist mit Hilfe des *Kreisdiagramms* möglich, das im folgenden behandelt werden soll.

Komplexe Widerstände und Leitwerte im Kreisdiagramm

Wegen des stets positiven Realteils werden komplexe Widerstände und komplexe Leitwerte nur in der rechten Hälfte der Gaußschen Zahlenebene dargestellt.

Die Widerstände $\underline{Z}$ und Leitwerte $\underline{Y}$ werden auf einen ohmschen Widerstand R_0 bzw. Leitwert G_0 bezogen, so dass dann komplexe Zahlen $\underline{z}$ in der rechten Hälfte der z-Ebene den Widerständen und Leitwerten entsprechen:

Mit

$$\underline{Z} = R + jX$$

bzw.

$$\underline{Y} = G + jB$$

sind

$$\underline{Z}' = \frac{\underline{Z}}{R_0} = \frac{R}{R_0} + j\frac{X}{R_0} \tag{4.83}$$

bzw.

$$\underline{Y}' = \frac{\underline{Y}}{G_0} = \frac{G}{G_0} + j\frac{B}{G_0} \tag{4.84}$$

komplexe Zahlen $\underline{z} = x + jy$.

Mit Hilfe der analytischen Funktion

$$\underline{w} = u + jv = f(\underline{z}) = \frac{\underline{z} - 1}{\underline{z} + 1} \tag{4.85}$$

werden die komplexen Zahlen $\underline{z} = x + jy$ in komplexe Zahlen $\underline{w} = u + jv$ abgebildet. Zur Darstellung dieser Funktion sind zwei Gaußsche Zahlenebenen notwendig, in denen Punktmengen $P(x,y)$ in der z-Ebene auf Punktmengen $Q(u,v)$ in der w-Ebene abgebildet werden.

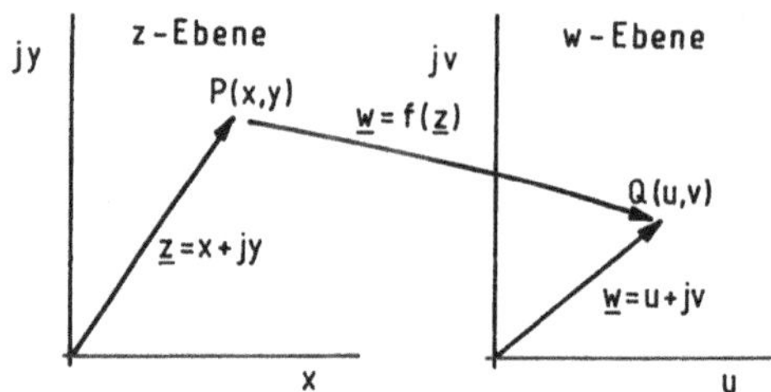

Bild 4.41 Abbildung von Punkten der z-Ebene auf Punkte der w-Ebene

Eine Funktion $\underline{w} = f(\underline{z})$ heißt analytisch, wenn sie in allen ihren Punkten differenzierbar ist, d. h. wenn die Cauchy-Riemannschen Differentialgleichungen erfüllt sind:

$$\frac{\partial u}{\partial x} = \frac{\partial v}{\partial y} \quad \text{und} \quad \frac{\partial u}{\partial y} = -\frac{\partial v}{\partial x};$$

die Abbildung ist dann maßstabs- und winkeltreu. Deshalb heißt die Abbildung von komplexen Zahlen $\underline{z}$ auf komplexe Zahlen $\underline{w}$ mit analytischen Funktionen $\underline{w} = f(\underline{z})$ *konforme Abbildung*.

Zunächst soll die Frage beantwortet werden, weshalb die Behandlung von Wechselstromschaltungen im abgebildeten Bereich einfacher wird. Wie beschrieben, ist bei gemischten Schaltungen die Kehrwertbildung von komplexen Widerständen und komplexen Leitwerten notwendig.

In der z-Ebene, in der die bezogenen komplexen Widerstände und bezogenen komplexen Leitwerte durch Punkte oder Zeiger dargestellt werden, bedeutet die Kehrwertbildung die Inversion von Zeigern:

$$\underline{z} = r \cdot e^{j\varphi} \qquad \underline{z}_i = \frac{1}{\underline{z}} = \frac{1}{r} \cdot e^{-j\varphi}.$$

Wenn Real- und Imaginärteil des Kehrwerts gesucht sind, erfordert die Berechnung des Kehrwerts das konjugiert komplexe Erweitern:

$$\underline{z}_i = \frac{1}{\underline{z}} = \frac{1}{x + jy} = \frac{1}{x + jy} \cdot \frac{x - jy}{x - jy} = \frac{x}{x^2 + y^2} + j \cdot \frac{-y}{x^2 + y^2}.$$

In der w-Ebene bedeutet die Inversion einer komplexen Zahl $\underline{z}$ lediglich eine Negation der abgebildeten komplexen Zahl $\underline{w}$:

$$\underline{z} \qquad\qquad \underline{w} = f(\underline{z}) = \frac{\underline{z} - 1}{\underline{z} + 1}$$

$$\underline{z}_i = \frac{1}{\underline{z}} \qquad\qquad \underline{w}_i = f(\underline{z}_i) = \frac{\underline{z}_i - 1}{\underline{z}_i + 1} = \frac{\dfrac{1}{\underline{z}} - 1}{\dfrac{1}{\underline{z}} + 1} = \frac{1 - \underline{z}}{1 + \underline{z}} = -\frac{\underline{z} - 1}{\underline{z} + 1} = -\underline{w}. \tag{4.86}$$

Wird also mit dieser Funktion f eine komplexe Zahl $\underline{z}$ in eine komplexe Zahl $\underline{w}$ abgebildet, dann ergibt sich das Bild $\underline{w}_i$ des in der z-Ebene invertierten Zeigers $\underline{z}_i = 1/\underline{z}$, indem der Zeiger $\underline{w}$ einfach um 180° gedreht wird, ohne dass sich seine Länge ändert. Der Übergang von einem komplexen Widerstand zu einem komplexen Leitwert oder umgekehrt ist deshalb in der w-Ebene viel einfacher möglich als in der z-Ebene.

Wie im folgenden beschrieben, werden mit Hilfe dieser analytischen Funktion die Punkte P(x,y) der rechten z-Ebene, die bei komplexen Widerständen und komplexen Leitwerten nur vorkommen, auf Punkte Q(u, v) einer Kreisfläche abgebildet.

Dafür werden zunächst die Funktionen u(x, y) und v(x, y) hergeleitet:

Mit

$$\underline{w} = \frac{\underline{z} - 1}{\underline{z} + 1} \qquad \text{ist}$$

$$u + jv = \frac{(x + j \cdot y) - 1}{(x + j \cdot y) + 1} = \frac{(x - 1) + j \cdot y}{(x + 1) + j \cdot y} \cdot \frac{(x + 1) - j \cdot y}{(x + 1) - j \cdot y}$$

$$u + jv = \frac{(x^2 - 1 + y^2) + j \cdot y \cdot [(x + 1) - (x - 1)]}{(x + 1)^2 + y^2}$$

ergibt sich

$$u = \frac{x^2 + y^2 - 1}{(x + 1)^2 + y^2} \qquad\qquad (4.87)$$

und

$$v = \frac{2y}{(x + 1)^2 + y^2} \qquad\qquad (4.88)$$

Mit Hilfe der Quotientenregel der Differentialrechnung lässt sich damit nachweisen, dass die Abbildungsfunktion analytisch und die Abbildung konform ist:

$$\frac{\partial u}{\partial x} = \frac{2x[(x+1)^2 + y^2] - (2x+2)(x^2 + y^2 - 1)}{[(x+1)^2 + y^2]^2} = \frac{\partial v}{\partial y} = \frac{2[(x+1)^2 + y^2] - 2y \cdot 2y}{[(x+1)^2 + y^2]^2}$$

$$2x^3 + 4x^2 + 2x + 2xy^2 - 2x^3 - 2xy^2 + 2x - 2x^2 - 2y^2 + 2 - 2x^2 + 4x + 2 + 2y^2 - 4y^2$$

$$\frac{\partial u}{\partial y} = \frac{2y[(x+1)^2 + y^2] - 2y(x^2 + y^2 - 1)}{[(x+1)^2 + y^2]^2} = -\frac{\partial v}{\partial x} = -\frac{0 - (2x+2) \cdot 2y}{[(x+1)^2 + y^2]^2}$$

$$2xy^2 + 4yx + 2y + 2y^3 - 2yx^2 - 2y^3 + 2y = 4xy + 4y$$

Wird zu einem komplexen Widerstand ein ohmscher Widerstand in Reihe bzw. zu einem komplexen Leitwert ein ohmscher Widerstand parallel geschaltet, dann vergrößert sich der Realteil x des bezogenen komplexen Widerstandes bzw. des bezogenen komplexen Leitwerts.

Wird zu einem komplexen Widerstand ein induktiver (kapazitiver) Widerstand in Reihe bzw. zu einem komplexen Leitwert ein kapazitiver (induktiver) Widerstand parallel geschaltet, dann vergrößert (verkleinert) sich der Imaginärteil y des bezogenen komplexen Widerstandes bzw. des bezogenen komplexen Leitwerts.

Deshalb ist es notwendig zu wissen, wie die abgebildeten x- und y-Achse und ihre Parallelen in der w-Ebene aussehen.

Abbildung der positiven x-Achse:

Mit $y = 0$ ist

$$u = \frac{x^2 - 1}{(x+1)^2} = \frac{x-1}{x+1} \qquad (4.89)$$

und $v = 0$.

Beispiele:

z-Ebene	w-Ebene
$P_3\,(0,0)$	$Q_3\,(-1,0)$
$P_4\,(1,0)$	$Q_4\,(0,0)$
$P_\infty\,(\infty,0)$	$Q_\infty\,(1,0)$

(siehe Bild 4.42)

Abbildung der y-Achse:

Mit $x = 0$ ist

$$u = \frac{y^2 - 1}{y^2 + 1} \quad \text{und} \quad v = \frac{2y}{y^2 + 1} \qquad (4.90)$$

und

$$u^2 + v^2 = \frac{y^4 - 2y^2 + 1 + 4y^2}{(y^2+1)^2} = \frac{y^4 + 2y^2 + 1}{(y^2+1)^2} = \frac{(y^2+1)^2}{(y^2+1)^2}$$

$$u^2 + v^2 = 1,$$

Beispiele:

z-Ebene	w-Ebene
$P_1\,(0,1)$	$Q_1\,(0,1)$
$P_5\,(0,-1)$	$Q_5\,(0,-1)$

(siehe Bild 4.42)

Das ist ein Kreis mit dem Radius $r = 1$ und mit dem Mittelpunkt im Koordinatenursprung der w-Ebene, also im Punkt $Q_4\,(0,0)$.

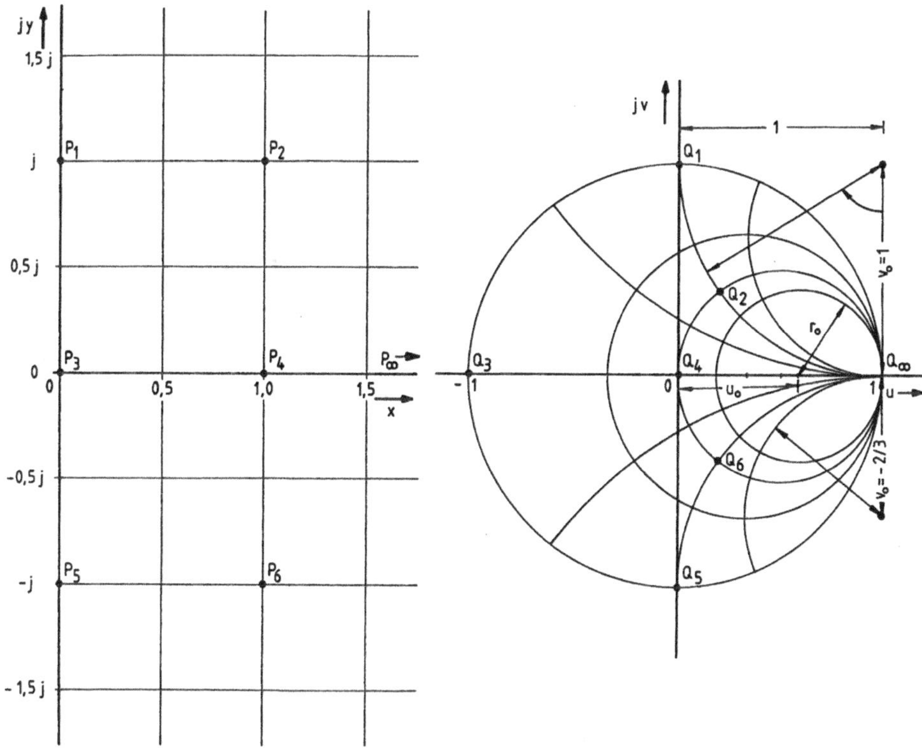

Bild 4.42 Konforme Abbildung der rechten z-Halbebene in die w-Ebene

Abbildung der Parallelen der positiven x-Achse:

$y = c_y$: Um y konstant setzen zu können, muss y in Abhängigkeit von u und v ermittelt werden:

$$\underline{w} = u + jv = \frac{\underline{z} - 1}{\underline{z} + 1}$$

$$(u + jv) \cdot \underline{z} + u + jv = \underline{z} - 1$$

$$(u + jv) \cdot \underline{z} - \underline{z} = -(u + jv) - 1$$

$$\underline{z} = -\frac{(u+1) + jv}{(u-1) + jv}$$

$$\underline{z} = -\frac{(u+1) + jv}{(u-1) + jv} \cdot \frac{(u-1) - jv}{(u-1) - jv}$$

$$\underline{z} = -\frac{u^2 - 1 + v^2 + j \cdot v \cdot [(u-1) - (u+1)]}{(u-1)^2 + v^2}$$

$$\underline{z} = x + jy = -\frac{u^2 + v^2 - 1}{(u-1)^2 + v^2} + j \cdot \frac{2v}{(u-1)^2 + v^2}$$

$$\text{d. h.} \quad y = \frac{2v}{(u-1)^2 + v^2} = c_y \quad \text{und} \quad (u-1)^2 + v^2 = \frac{2v}{c_y}. \tag{4.91}$$

Mit der quadratischen Ergänzung $1/c_y^2$ folgt

$$(u-1)^2 + v^2 - \frac{2v}{c_y} + \frac{1}{c_y^2} = \frac{1}{c_y^2},$$

und es ergibt sich die Gleichung von Kreisen in allgemeiner Lage mit den Radien $1/c_y$ und der Mittelpunktsverschiebung $(1, 1/c_y)$:

$$(u-1)^2 + (v - 1/c_y)^2 = 1/c_y^2. \tag{4.92}$$

Der reelle Anteil der Mittelpunktsverschiebung ist für alle Kreise gleich 1, der imaginäre Anteil der Mittelpunktverschiebung ist genauso groß wie der Radius der jeweiligen Kreise $v_0 = 1/c_y$. Allen Kreisen ist der Punkt Q_∞ (1,0) gemeinsam (siehe Bild 4.42)

Beispiele:

$y = c_y$	Kreisgleichung
$\pm 1/2$	$(u-1)^2 + (v \mp 2)^2 = 2^2$
± 1	$(u-1)^2 + (v \mp 1)^2 = 1^2$
$\pm 3/2$	$(u-1)^2 + (v \mp 2/3)^2 = (2/3)^2$

Abbildung der Parallelen zur y-Achse:

$x = c_x$: Um x konstant setzen zu können, muss x in Abhängigkeit von u und v ermittelt werden. Das Ergebnis für x ist bei der Abbildung der Parallelen zur positiven x-Achse errechnet:

$$x = -\frac{u^2 + v^2 - 1}{(u-1)^2 + v^2} = c_x$$

$$-u^2 - v^2 + 1 = c_x \cdot u^2 - c_x \cdot 2u + c_x + c_x \cdot v^2$$

$$u^2(c_x + 1) - 2uc_x + v^2(c_x + 1) + c_x - 1 = 0$$

$$u^2 - 2u\frac{c_x}{c_x + 1} + v^2 + \frac{c_x - 1}{c_x + 1} = 0.$$

Mit der quadratischen Ergänzung $[c_x/(c_x + 1)]^2$ ergibt sich ebenfalls die Gleichung von Kreisen, deren Mitttelpunkte auf der reellen Achse um u_0 verschoben liegen:

$$u^2 - 2u\frac{c_x}{c_x + 1} + \left(\frac{c_x}{c_x + 1}\right)^2 + v^2 = -\frac{c_x - 1}{c_x + 1} + \left(\frac{c_x}{c_x + 1}\right)^2$$

$$\left(u - \frac{c_x}{c_x + 1}\right)^2 + v^2 = \frac{-(c_x - 1)(c_x + 1) + c_x^2}{(c_x + 1)^2} = \frac{-c_x^2 + 1 + c_x^2}{(c_x + 1)^2}$$

$$\left(u - \frac{c_x}{c_x + 1}\right)^2 + v^2 = \frac{1}{(c_x + 1)^2} = r_0^2 \tag{4.93}$$

Die Addition von u_0 und r_0 ergibt 1:

$$\frac{c_x}{c_x + 1} + \frac{1}{c_x + 1} = 1, \tag{4.94}$$

d. h. jeder Kreis geht durch den Punkt Q_∞ (1,0) (siehe Bild 4.42).

Beispiele:

$x = c_x$	Kreisgleichung
1/2	$\left(u - \dfrac{1/2}{1/2 + 1}\right)^2 + v^2 = \left(\dfrac{1}{1/2 + 1}\right)^2$ $(u - 1/3)^2 + v^2 = (2/3)^2$
1	$(u - 1/2)^2 + v^2 = (1/2)^2$
3/2	$\left(u - \dfrac{3/2}{3/2 + 1}\right)^2 + v^2 = \left(\dfrac{1}{3/2 + 1}\right)^2$ $(u - 3/5)^2 + v^2 = (2/5)^2$

Um das Arbeiten im Kreisdiagramm zu erleichtern, werden die Koordinatenachsen u und jv weggelassen und an die abgebildeten Achsen die $\underline{z}$-Koordinaten eingetragen, wie im Bild 4.43 zu sehen ist. Denn aus der w-Ebene sollen der Realteil und der Imaginärteil der $\underline{z}$-Größe abgelesen werden können.

Auf dem reellen u-Achsenabschnitt von u = − 1 bis u = + 1, der die Abbildung der positiven x-Achse mit y = 0 ist, werden folgende x-Werte eingetragen:

x	O P_3	0,1	0,2	0,3	0,5	0,7	1,0 P_4	1,5	2	3	∞ P_∞
u	− 1 Q_3	− 0,82	− 2/3	− 0,54	− 1/3	− 0,176	0 Q_4	0,2	2/3	0,5	1 Q_∞

Weitere u-Werte lassen sich mit der Formel Gl. (4.89) berechnen:

$$u = \frac{x-1}{x+1}$$

Auf dem Kreisumfang des Einskreises, der die Abbildung der imaginären y-Achse mit x = 0 ist, werden folgende y-Werte eingetragen:

y	0 P_3	± 0,2	± 0,3	± 0,4	± 0,5	± 0,6	± 0,7	± 0,8	± 0,9	± 1 P_1 P_5	± 1,2	± 1,5	± 2	± 3	∞
u	− 1 Q_3	− 0,92	− 0,83	− 0,72	− 0,6	− 0,47	− 0,34	− 0,22	− 0,10	0 Q_1 Q_5	0,18	0,38	0,6	0,8	1
v	0	± 0,38	± 0,55	± 0,69	± 0,8	± 0,88	± 0,94	± 0,98	± 0,99	± 1	± 0,98	± 0,92	± 0,8	± 0,6	0

Weitere u- und v-Werte lassen sich mit den Formeln Gl. (4.90) berechnen:

$$u = \frac{y^2 - 1}{y^2 + 1} \quad \text{und} \quad v = \frac{2y}{y^2 + 1}$$

Auf dem u-Abschnitt werden also reelle bezogene Widerstände und Leitwerte $\underline{Z}' = R/R_0$ bzw. $\underline{Y}' = G/G_0$ durch Punkte eingetragen.

Die imaginären bezogenen Widerstände und Leitwerte $\underline{Z}' = jX/R_0$ bzw. $\underline{Y}' = jB/G_0$ werden auf dem Einskreis berücksichtigt.

Bezogene komplexe Widerstände und Leitwerte

$$\underline{Z}' = \frac{\underline{Z}}{R_0} = \frac{R}{R_0} + j\frac{X}{R_0} \quad \text{und} \quad \underline{Y}' = \frac{\underline{Y}}{G_0} = \frac{G}{G_0} + j\frac{B}{G_0}$$

entsprechen im Kreisdiagramm den Kreuzungspunkten des Realteils und Imaginärteils. Wie in der z-Ebene sind im Kreisdiagramm der w-Ebene die komplexen Zahlen $\underline{w}$ mit positivem Imaginärteilen oberhalb der reellen Achse und die mit negativem Imaginärteil unterhalb der reellen Achse zu finden.

Punkte von komplexen Zahlen, deren Realteil und Imaginärteil größer als 3 sind, können nur noch ungenau im Kreisdiagramm eingezeichnet werden. Deshalb müssen der Bezugswiderstand R_0 bzw. der Bezugsleitwert G_0 so gewählt werden, dass sich die bezogenen komplexen Widerstände und Leitwerte in der Mitte des Kreisdiagramms befinden. Werden mehrere komplexe Widerstände und Leitwerte einer gemischten Schaltung in einem Kreisdiagramm berücksichtigt, dann kann nur ein Bezugswiderstand $R_0 = 1/G_0$ gewählt werden.

Soll aus dem abgelesenen bezogenen Widerstand $\underline{Z}'$ der zugehörige komplexe Widerstand $\underline{Z}$ oder aus dem bezogenen Leitwert $\underline{Y}'$ der komplexe Leitwert $\underline{Y}$ ermittelt werden, dann ist der bezogene komplexe Zahlenwert mit R_0 bzw. G_0 zu multiplizieren:

$$\underline{Z} = R_0 \cdot \underline{Z}' = R_0 \cdot \frac{R}{R_0} + j \cdot R_0 \cdot \frac{X}{R_0} \tag{4.95}$$

oder

$$\underline{Y} = G_0 \cdot \underline{Y}' = G_0 \cdot \frac{G}{G_0} + j \cdot G_0 \cdot \frac{B}{G_0} \tag{4.96}$$

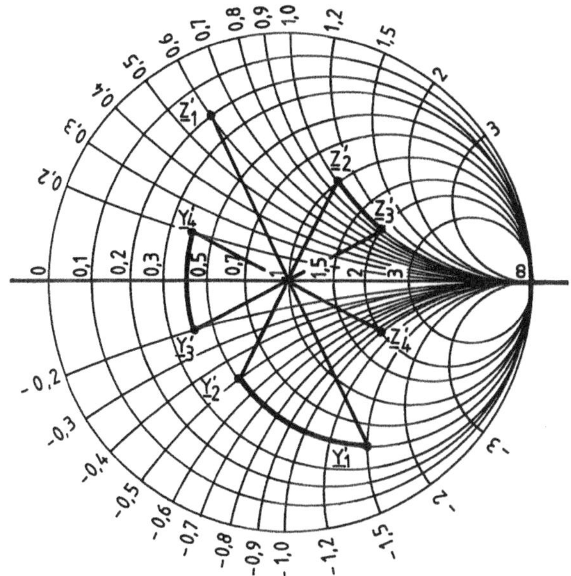

Bild 4.43 Behandlung einer gemischten Schaltung im Kreisdiagramm

Beispiel:

Das im Bild 4.40 gezeichnete Schaltbild soll mit Hilfe des Kreisdiagramms in eine äquivalente Reihenschaltung überführt werden. Gegeben sind:

$$R_{Lr} = 20\Omega \qquad C_1 = 31{,}8nF \qquad R = 100\Omega \qquad L_r = 191\mu H \qquad C_2 = 12{,}7nF \qquad f = 50kHz$$

Lösung: (siehe Bild 4.43)

1. Ermittlung von $\underline{Z}_1$ und Eintragung in das Kreisdiagramm:

$$\underline{Z}_1 = R_{Lr} + jX_L = R_{Lr} + j\omega L_r$$

$$\underline{Z}_1 = 20\Omega + j \cdot 2\pi \cdot 50 \cdot 10^3 s^{-1} \cdot 191 \cdot 10^{-6}H$$

$$\underline{Z}_1 = 20\Omega + j\,60\Omega$$

mit $R_0 = 100\Omega$ gewählt, ergibt sich

$$\underline{Z}_1' = \frac{R_{Lr}}{R_0} + j\frac{X_L}{R_0} = 0{,}2 + j \cdot 0{,}6$$

der bezogene Widerstand $\underline{Z}_1'$ wird in der oberen Hälfte des Kreisdiagramms eingetragen (Bild 4.43).

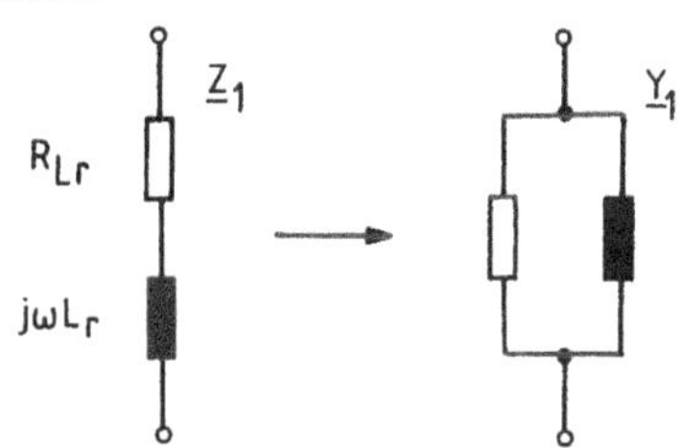

Bild 4.44 Transformation der Reihenschaltung R_{Lr}/L_r in die äquivalente Parallelschaltung

2. Ermittlung von $\underline{Y}_1'$ durch Inversion:

Die Länge von $\underline{Z}_1'$ wird wegen $\underline{w}_i = -\,\underline{w}$ über den Punkt 1 hinaus abgetragen und ergibt den bezogenen Leitwert $\underline{Y}_1'$ der äquivalenten Parallelschaltung (Bild 4.43):

$$\underline{Y}_1' = 0{,}5 - j \cdot 1{,}5$$

Kontrollrechnung:

$$\underline{Y}_1' = \frac{1}{0{,}2 + j \cdot 0{,}6} \cdot \frac{0{,}2 - j \cdot 0{,}6}{0{,}2 - j \cdot 0{,}6} = \frac{0{,}2}{0{,}2^2 + 0{,}6^2} - j \cdot \frac{0{,}6}{0{,}2^2 + 0{,}6^2} = 0{,}5 - j \cdot 1{,}5.$$

3. Ermittlung von $\underline{Y}_2'$ durch Berücksichtigung der Parallelschaltung von C_1:

Die Parallelschaltung des Kondensators C_1 bedeutet eine Erhöhung des Imaginärteils des komplexen Leitwerts $\underline{Y}_1$ und des bezogenen komplexen Leitwerts $\underline{Y}_1'$ um

$$\frac{j\,B_{C1}}{G_0} = \frac{j\omega C_1}{G_0} = j\omega C_1 R_0 = j \cdot 2\pi \cdot 50 \cdot 10^3 s^{-1} \cdot 31{,}8 \cdot 10^{-9}F \cdot 100\Omega = j \cdot 1$$

$$\underline{Y}_2' = \underline{Y}_1' + j \cdot 1 = 0{,}5 + j \cdot (-1{,}5 + 1) = 0{,}5 - j \cdot 0.5.$$

Im Kreisdiagramm bedeutet die Vergrößerung des Imaginärteils ein Verschieben des Punktes $\underline{Y}_1'$ in $\underline{Y}_2'$ auf dem Kreis mit konstantem Realteil 0,5, weil die Abbildung der Parallelen zur y-Achse auf der u-Achse verschobene Kreise sind.

4. Ermittlung von $\underline{Z}_2'$ durch Inversion:

Da zu der Parallelschaltung der Widerstand R in Reihe geschaltet ist, muss der Widerstand der Parallelschaltung durch Inversion ermittelt werden (Bild 4.45). Das Kreisdiagramm (Bild 4.43) ergibt $\underline{Z}_2' = 1 + j \cdot 1$.

Kontrollrechnung:

$$\underline{Z}_2' = \frac{1}{0{,}5 - j \cdot 0{,}5} \cdot \frac{0{,}5 + j \cdot 0{,}5}{0{,}5 + j \cdot 0{,}5}$$

$$\underline{Z}_2' = \frac{0{,}5}{0{,}5^2 + 0{,}5^2} + j \cdot \frac{0{,}5}{0{,}5^2 + 0{,}5^2} = 1 + j \cdot 1$$

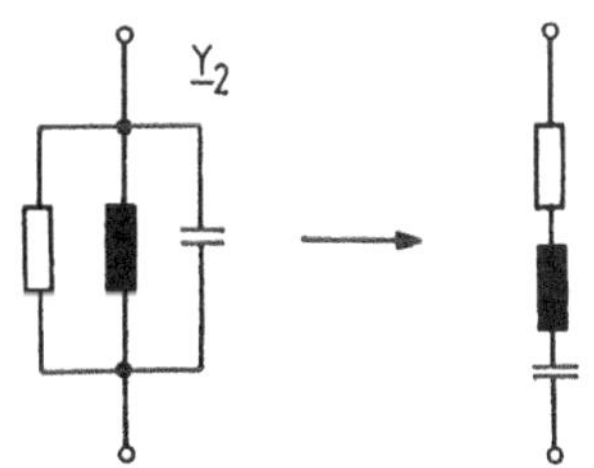

Bild 4.45 Transformation der RLC-Parallelschaltung in die äquivalente Reihenschaltung

5. Ermittlung von $\underline{Z}'_3$ durch Berücksichtigung der Reihenschaltung von R:

Die Reihenschaltung des ohmschen Widerstandes R bedeutet eine Erhöhung des Realteils des komplexen Widerstandes $\underline{Z}_2$ und des bezogenen komplexen Widerstandes $\underline{Z}'_2$ um $R/R_0 = 100\Omega/100\Omega = 1$,

$$\underline{Z}'_3 = \underline{Z}'_2 + 1 = (1 + 1) + j \cdot 1 = 2 + j \cdot 1.$$

Im Kreisdiagramm (Bild 4.43) bedeutet die Vergrößerung des Realteils ein Verschieben des Punktes $\underline{Z}'_2$ in den Punkt $\underline{Z}'_3$ auf dem Kreis mit konstantem Imaginärteil 1,0, weil die Abbildung der Parallelen zur positiven x-Achse Kreise sind, die in u- und v-Richtung verschoben sind.

6. Ermittlung von $\underline{Y}'_3$ durch Inversion:

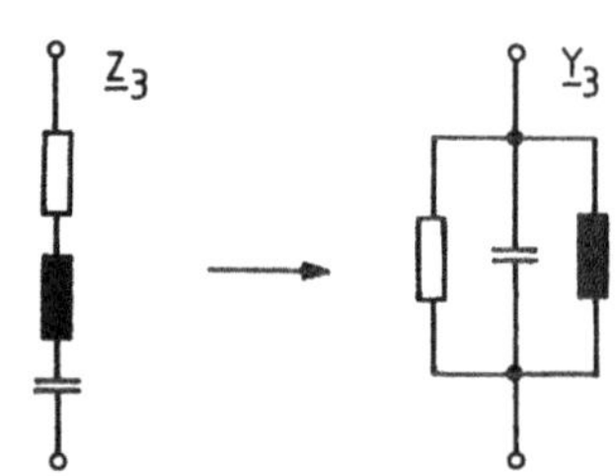

Bild 4.46
Transformation der RLC-Reihenschaltung
in die äquivalente Parallelschaltung

Da zu der Reihenschaltung die Kapazität C_2 parallel geschaltet ist, muss der Leitwert der Reihenschaltung durch Inversion ermittelt werden. Das Kreisdiagramm (Bild 4.43) ergibt $\underline{Y}'_3 = 0,4 - j \cdot 0,2$.

Kontrollrechnung:

$$\underline{Y}'_3 = \frac{1}{2 + j \cdot 1} \cdot \frac{2 - j \cdot 1}{2 - j \cdot 1} = \frac{2}{5} - j \cdot \frac{1}{5} = 0,4 - j \cdot 0,2.$$

7. Ermittlung von $\underline{Y}'_4$ durch Berücksichtigung der Parallelschaltung von C_2:

Die Parallelschaltung des Kondensators C_2 bedeutet eine Erhöhung des Imaginärteils des komplexen Leitwerts $\underline{Y}_3$ und des bezogenen komplexen Leitwers $\underline{Y}'_3$ um

$$\frac{jB_{C2}}{G_0} = \frac{j\omega C_2}{G_0} = j\omega C_2 R_0 = j \cdot 2\pi \cdot 50 \cdot 10^3 s^{-1} \cdot 12,7 \cdot 10^{-9} F \cdot 100\Omega = j \cdot 0,4$$

$$\underline{Y}'_4 = \underline{Y}'_3 + j \cdot 0,4 = 0,4 + j \cdot (- 0,2 + 0,4) = 0,4 + j \cdot 0,2.$$

Im Kreisdiagramm (Bild 4.43) bedeutet die Vergrößerung des Imaginärteils ein Verschieben des Punktes $\underline{Y}'_3$ in den Punkt $\underline{Y}'_4$ auf dem Kreis mit konstantem Realteil 0,4; die Parallelschaltung einer Induktivität würde eine Verminderung des Imaginärteils bewirken.

8. Ermittlung von $\underline{Z}'_4$ durch Inversion:

Für die gegebene Schaltung im Bild 4.40 ist die äquivalente Reihenschaltung gesucht. Deshalb ist der komplexe Widerstand durch Inversion zu ermitteln. Das Kreisdiagramm (Bild 4.43) ergibt $\underline{Z}'_4 = 2 - j \cdot 1$.

Kontrollrechnung:

$$\underline{Z}'_4 = \frac{1}{0,4 + j \cdot 0,2} \cdot \frac{0,4 - j \cdot 0,2}{0,4 - j \cdot 0,2} = \frac{0,4}{0,4^2 + 0,2^2} - j \cdot \frac{0,2}{0,4^2 + 0,2^2} = 2 - j \cdot 1.$$

9. Berechnung der Ersatzschaltung:

Da der Imaginärteil des bezogenen komplexen Widerstandes $\underline{Z}'_4$ negativ ist, besteht die Ersatzschaltung für die gegebenen Größen aus der Reihenschaltung eines ohmschen Widerstandes R_{ers} und einer Kapazität C_{ers}. Mit dem Bezugswiderstand $R_0 = 100\Omega$ werden die Ersatzelemente berechnet:

$$\underline{Z}_4 = R_0 \cdot \underline{Z}'_4 = 100\Omega \cdot (2 - j) = 200\Omega - j \cdot 100 \ \Omega = R_{ers} - j \ (1/\omega C_{ers})$$

d. h. $R_{ers} = 200\Omega$ und $C_{ers} = 1/(\omega \cdot 100\Omega) = 31,8nF$.

Duale Schaltungen

Zwischen zwei Wechselstromwiderständen oder zwei Wechselstromschaltungen besteht Dualität, wenn der komplexe Widerstand $\underline{Z}_1$ des einen Wechselstromwiderstandes oder der Wechselstromschaltung proportional dem komplexen Leitwert $\underline{Y}_2$ des anderen Wechselstromwiderstandes oder der anderen Wechselstromschaltung ist:

$$\underline{Z}_1 = R_0^2 \cdot \underline{Y}_2 \quad \text{oder} \quad \underline{Y}_2 = \frac{1}{R_0^2} \cdot \underline{Z}_1. \tag{4.97}$$

Mit

$$\underline{Y}_2 = \frac{1}{\underline{Z}_2} \quad \text{ist} \quad \underline{Z}_1 \cdot \underline{Z}_2 = R_0^2. \tag{4.98}$$

Die Proportionalitätsgröße R_0^2 heißt *Dualitätsinvariante* und hat die Dimension des Quadrats eines Widerstandes. Duale Schaltungen haben gleiche Zeigerbilder, wie für die bereits behandelten dualen Schaltungen in den Bildern 4.25 und 4.32 zu sehen ist.

Beispiele:

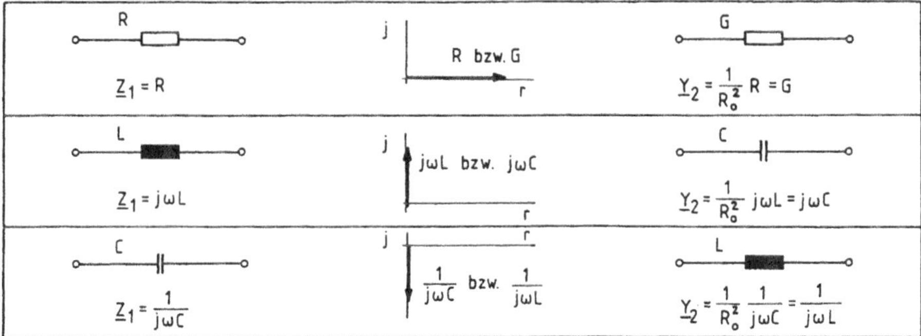

Bild 4.47 Duale Wechselstromwiderstände

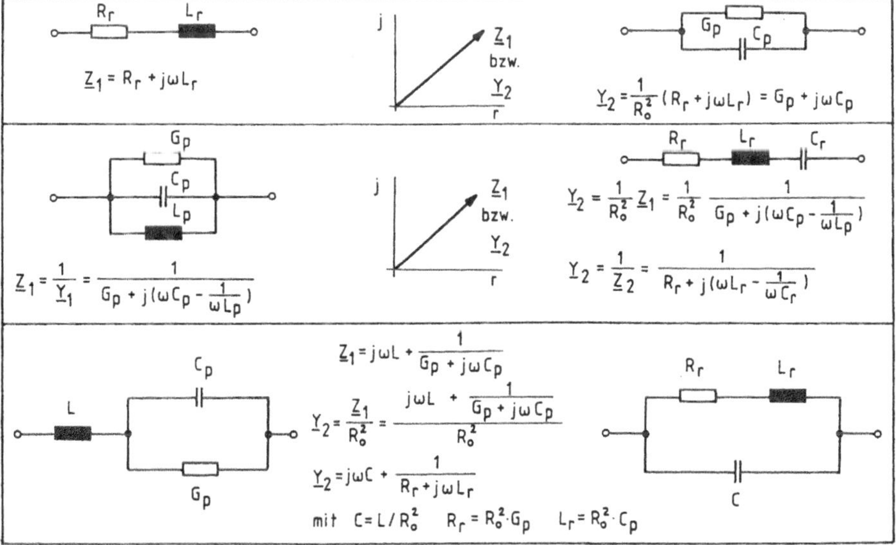

Bild 4.48 Duale Wechselstromschaltungen

4.4 Praktische Berechnung von Wechselstromnetzen

Anwendung der Rechenmethoden für Wechselstromnetze

Nachdem im Abschnitt 4.2 vier Verfahren für die Berechnung von Wechselstromnetzwerken behandelt wurden und im Abschnitt 4.3 die damit zusammenhängenden Begriffe „Wechselstromwiderstände" und „Wechselstromleitwerte" von Netzwerkteilen erklärt wurden, soll nun die Frage beantwortet werden, welches der Verfahren unter welchen Voraussetzungen angewendet wird. Wie in der Übersicht anfangs des Abschnitts 4.2.5 dargestellt und durch ein Beispiel erläutert, stehen die vier Berechnungsverfahren im engen Zusammenhang zueinander.

Das Verfahren 1, die Lösung der Differentialgleichung im Zeitbereich, ist wohl prinzipiell einfach, aber rechnerisch zu aufwändig und findet deshalb in der Praxis keine Anwendung.

Die Lösung der Differentialgleichung mit Hilfe von komplexen Zeitfunktionen, also das Verfahren 2, wird dann bevorzugt, wenn die Differentialgleichung aus anderen Gründen aufgestellt werden muss; z. B. bei der Behandlung von Ausgleichsvorgängen mit Wechselspannungserregung, bei der die Lösung der zugehörigen homogenen Differentialgleichung zum flüchtigen Anteil des Ausgleichsvorgangs führt (siehe Band 3, Abschnitt 8.2.3).

Die meist gewählten Verfahren für die Behandlung von Wechselstromnetzen sind das Verfahren 3 „die Lösungsmethode mit Widerstandsoperatoren" und das Verfahren 4 „die grafische Lösung mit Hilfe von Zeigerbildern". Beide Verfahren gehen von der Schaltung mit komplexen Operatoren und komplexen Effektivwerten aus. Die Rechenhilfen (Spannungsteilerregel und Stromteilerregel) und die fünf Netzberechnungsverfahren der Gleichstromtechnik (siehe Band 1, Abschnitt 2.3) führen ohne Differentialgleichungen zu Lösungen im Bildbereich, die dann auf die beschriebene Weise rücktransformiert werden können (siehe Abschnitte 4.2.4 und 4.2.2). Die Zeigerdarstellung ist die grafische Beschreibung des Rechenverfahrens.

Im folgenden sollen einige praktische Beispiele von Wechselstromnetzen behandelt werden, die nicht nur die Netzberechnungsverfahren, sondern auch *äquivalente Schaltungen*, *Stern-Dreieck-Transformationen* und das *Kreisdiagramm* betreffen.

Beispiel 1:

Ein Zweistrahl-Oszilloskop zeichnet den Strom- und Spannungsverlauf eines passiven Zweipols auf, der im Bild 4.49 dargestellt ist.

1. Zunächst sind die Effektivwerte von Strom und Spannung, die Frequenz und die Phasenverschiebung aus dem Oszillogramm abzulesen.

2. Dann ist der passive Zweipol durch zwei Ersatzschaltbilder darzustellen, deren Ersatzschaltelemente mit Hilfe der komplexen Rechnung zu ermitteln sind.

3. Schließlich ist das Ergebnis mit Hilfe der Formeln für Widerstandstransformationen zu kontrollieren.

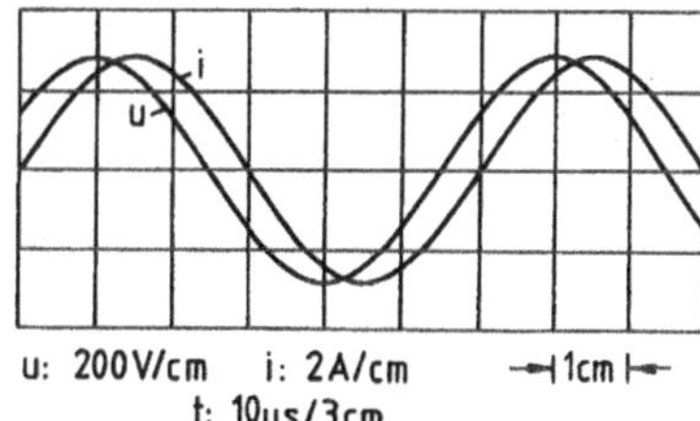

Bild 4.49 Oszillogramm zum Beispiel 1

Lösung:

Zu 1.

Amplitude und Effektivwert hängen über $\sqrt{2} = 1{,}414$ zusammen, d. h. die Effektivwerte betragen mit den gegebenen Maßstäben: $U = 200V$ und $I = 2A$. Wenn 3cm der Zeit von 10μs entsprechen, beträgt die Periodendauer mit 6cm $T = 20$μs. Die Frequenz errechnet sich aus dem Kehrwert:

$$f = 1/T = 1/20\mu s = 50kHz.$$

Die Spannung u eilt dem Strom i um einen halben Zentimeter vor. Die Länge von 6cm entspricht $\omega T = 2\pi$, und 0,5cm entsprechen $\pi/6$, d. s. $+30°$. Der passive Zweipol wirkt wie ein induktiver Wechselstromwiderstand.

Zu 2.

Die Ersatzschaltungen für den passiven Zweipol sind die Reihenschaltung eines ohmschen Widerstandes R_r und einer Induktivität L_r und die Parallelschaltung eines ohmschen Widerstandes R_p und einer Induktivität L_p.

Die Ersatzschaltelemente der Reihenschaltung werden mit Hilfe des komplexen Widerstandes ermittelt:

Mit Gl. (4.41) und (4.42)

$$\underline{Z} = Z \cdot \cos\varphi + j \cdot Z \cdot \sin\varphi = R_r + j\omega L_r$$

$$\text{und } Z = \frac{U}{I}$$

ergeben sich

$$R_r = \frac{U}{I}\cos\varphi = \frac{200\,V}{2\,A}\cos 30° = 86{,}6\,\Omega$$

und aus

$$\omega L_r = \frac{U}{I}\sin\varphi = \frac{200\,V}{2\,A}\sin 30° = 50\,\Omega$$

$$L_r = \frac{50\,\Omega}{2\pi f} = \frac{50\,V/A}{2\pi \cdot 50 \cdot 10^3\,s^{-1}} = 159\,\mu H.$$

Die Ersatzschaltelemente der Parallelschaltung werden entsprechend mit dem komplexen Leitwert ermittelt:

Mit Gl. (4.58) und (4.59)

$$\underline{Y} = Y \cdot \cos\varphi - j \cdot Y \cdot \sin\varphi = \frac{1}{R_p} - j \cdot \frac{1}{\omega L_p}$$

$$\text{und mit } Y = \frac{1}{Z} = \frac{I}{U}$$

ergeben sich aus

$$\frac{1}{R_p} = \frac{I}{U} \cdot \cos\varphi$$

$$R_p = \frac{U}{I \cdot \cos\varphi} = \frac{200\,V}{2\,A \cdot \cos 30°} = 115{,}5\,\Omega$$

und aus

$$\frac{1}{\omega L_p} = \frac{I}{U} \cdot \sin\varphi$$

$$L_p = \frac{U}{\omega \cdot I \cdot \sin\varphi} = \frac{200\,V}{2\pi \cdot 50 \cdot 10^3 s^{-1} \cdot 2\,A \cdot \sin 30°} = 637\,\mu H$$

Zu 3.

Nach Gl. (4.70) lassen sich die Ergebnisse kontrollieren:

$$R_p = \frac{R_r^2 + \omega^2 L_r^2}{R_r} = \frac{(86{,}6\,\Omega)^2 + (2\pi \cdot 50 \cdot 10^3 s^{-1} \cdot 159 \cdot 10^{-6} H)^2}{86{,}6\,\Omega} = 115{,}5\,\Omega$$

$$L_p = \frac{R_r^2 + \omega^2 L_r^2}{\omega^2 L_r} = \frac{(86{,}6\,\Omega)^2 + (2\pi \cdot 50 \cdot 10^3 s^{-1} \cdot 159 \cdot 10^{-6} H)^2}{(2\pi \cdot 50 \cdot 10^3 s^{-1})^2 \cdot 159 \cdot 10^{-6} H} = 637\,\mu H$$

Beispiel 2:

An der gezeichneten Schaltung liegt die sinusförmige Spannung

$$u_1 = \hat{u}_1 \cdot \sin(\omega t + \varphi_{u1})$$

an. Die Ausgangsspannung u_2 ist zu berechnen, indem die Verfahren 2 und 3 (siehe Abschnitt 4.2.5) angewendet werden.

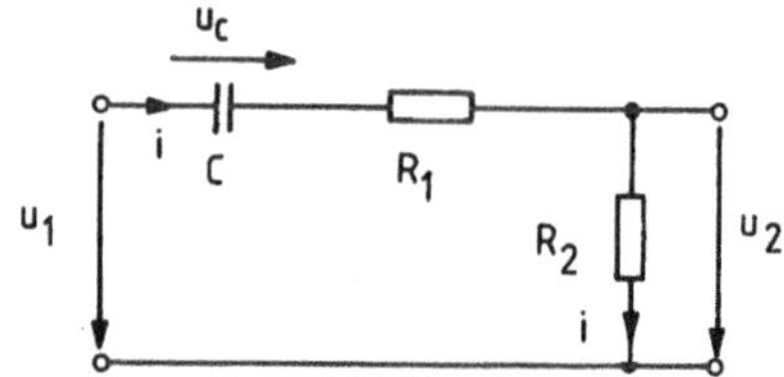

Bild 4.50 Schaltbild zum Beispiel 2

1. Zunächst ist die Differentialgleichung für die Kondensatorspannung $u_C(t)$ zu entwickeln.
2. Dann ist die Differentialgleichung in die Bildgleichung (algebraische Gleichung) zu transformieren und diese zu lösen.
3. Anschließend ist die Lösung der Bildgleichung (algebraische Gleichung) mit Hilfe der Schaltung mit komplexen Operatoren und komplexen Effektivwerten zu kontrollieren.
4. Die Zeitfunktion $u_C(t)$ ist dann durch Rücktransformation der Lösung der Bildgleichung zu ermitteln.
5. Schließlich ist die Ausgangsspannung $u_2(t)$ zu berechnen.

Lösung:

Zu 1. $u_1 = u_C + i \cdot (R_1 + R_2)$ mit $i = C \cdot \dfrac{du_C}{dt}$

$$u_1 = u_C + (R_1 + R_2) \cdot C \cdot \frac{du_C}{dt} \qquad \text{(Differentialgleichung)}$$

Zu 2. $\underline{u}_1 = \underline{u}_C + (R_1 + R_2) \cdot C \cdot j\omega \cdot \underline{u}_C \qquad$ (Bildgleichung in komplexen Zeitfunktionen)

$$\underline{u}_C = \frac{\underline{u}_1}{1 + j\omega(R_1 + R_2)C} \qquad \text{(Lösung der Bildgleichung in komplexen Zeitfunktionen)}$$

Zu 3.

Nach der Spannungsteilerregel in komplexen Effektivwerten ist

$$\frac{\underline{U}_C}{\underline{U}_1} = \frac{\dfrac{1}{j\omega C}}{R_1 + R_2 + \dfrac{1}{j\omega C}}$$

und

$$\underline{U}_C = \frac{\underline{U}_1}{1 + j\omega(R_1 + R_2)C}$$

(Lösung der Bildgleichung in komplexen Effektivwerten)

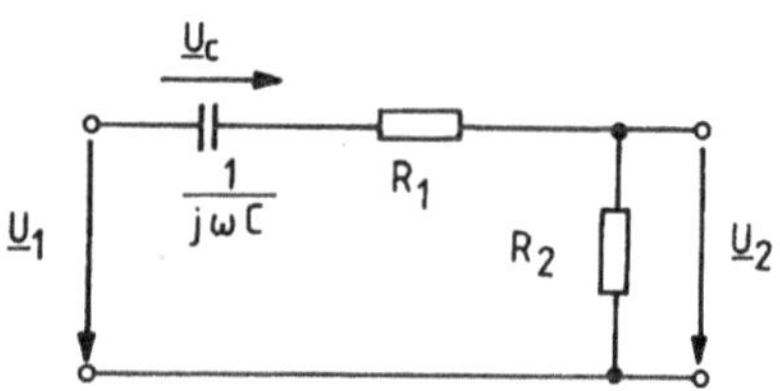

Bild 4.51 Schaltung im Bildbereich zum Beispiel 2

Zu 4. $\underline{u}_C(t) = \dfrac{\hat{u}_1 \cdot e^{j(\omega t + \varphi_{u1})}}{\sqrt{1 + \omega^2(R_1 + R_2)^2 C^2} \cdot e^{j \cdot \arctan \omega(R_1 + R_2)C}}$

$\underline{u}_C(t) = \dfrac{\hat{u}_1}{\sqrt{1 + \omega^2(R_1 + R_2)^2 C^2}} \cdot e^{j[\omega t + \varphi_{u1} - \arctan \omega(R_1 + R_2)C]}$

Rücktransformation:

$$u_C(t) = \dfrac{\hat{u}_1}{\sqrt{1 + \omega^2(R_1 + R_2)^2 C^2}} \cdot \sin[\omega t + \varphi_{u1} - \arctan \omega(R_1 + R_2)C]$$

Zu 5. $u_2(t) = R_2 \cdot i(t) = R_2 \cdot C \cdot \dfrac{du_C}{dt} \quad \text{mit } i(t) = C \cdot \dfrac{du_C}{dt}$

$$\underline{u}_2(t) = \dfrac{\omega \cdot R_2 \cdot C \cdot \hat{u}_1}{\sqrt{1 + \omega^2(R_1 + R_2)^2 C^2}} \cdot \cos[\omega t + \varphi_{u1} - \arctan \omega(R_1 + R_2)C]$$

$$\underline{u}_2(t) = \dfrac{\hat{u}_1}{\sqrt{\dfrac{1}{\omega^2 R_2^2 C^2} + \dfrac{\omega^2(R_1 + R_2)^2 C^2}{\omega^2 R_2^2 C^2}}} \cdot \sin\left[\omega t + \varphi_{u1} - \arctan \omega(R_1 + R_2)C + \pi/2\right]$$

$$\underline{u}_2(t) = \dfrac{\hat{u}_1}{\sqrt{\left(1 + \dfrac{R_1}{R_2}\right)^2 + \dfrac{1}{\omega^2 R_2^2 C^2}}} \cdot \sin\left[\omega t + \varphi_{u1} - \arctan \omega(R_1 + R_2)C + \pi/2\right]$$

Beispiel 3:

1. Für die gezeichnete Schaltung ist die Differentialgleichung für u_C aufzustellen.
2. Die Differentialgleichung ist ins Komplexe abzubilden, und die Bildgleichung ist zu lösen.
3. Die Bildgleichung ist mit Hilfe der Symbolischen Methode zu kontrollieren.
4. Durch Rücktransformation der Bildgleichung ist die Zeitfunktion u_C zu ermitteln.

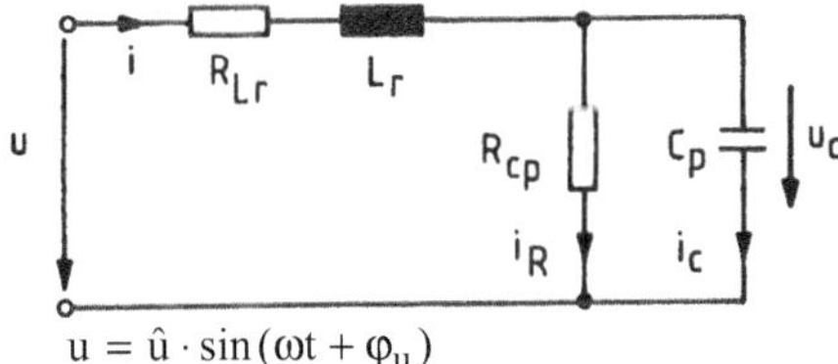

$u = \hat{u} \cdot \sin(\omega t + \varphi_u)$

Bild 4.52
Schaltung zum Beispiel 3

Lösung:

Zu 1. $u = R_{Lr} \cdot i + L_r \cdot \dfrac{di}{dt} + u_C$

mit $i = i_C + i_R = C_p \cdot \dfrac{du_C}{dt} + \dfrac{u_C}{R_{Cp}}$

und $\dfrac{di}{dt} = C_p \cdot \dfrac{d^2 u_C}{dt^2} + \dfrac{1}{R_{Cp}} \cdot \dfrac{du_C}{dt}$

ergibt sich

$$u = R_{Lr}C_p \cdot \frac{du_C}{dt} + \frac{R_{Lr}}{R_{Cp}} \cdot u_C + L_rC_p \cdot \frac{d^2u_C}{dt^2} + \frac{L_r}{R_{Cp}} \cdot \frac{du_C}{dt} + u_C$$

$$L_rC_p \cdot \frac{d^2u_C}{dt^2} + \left(R_{Lr}C_p + \frac{L_r}{R_{Cp}} \right) \cdot \frac{du_C}{dt} + \left(\frac{R_{Lr}}{R_{Cp}} + 1 \right) \cdot u_C = u$$

Zu 2.

$$L_rC_p \cdot \frac{d^2\underline{u}_C}{dt^2} + \left(R_{Lr}C_p + \frac{L_r}{R_{Cp}} \right) \cdot \frac{d\underline{u}_C}{dt} + \left(\frac{R_{Lr}}{R_{Cp}} + 1 \right) \cdot \underline{u}_C = \underline{u}$$

$$-\omega^2 L_rC_p \cdot \underline{u}_C + \left(R_{Lr}C_p + \frac{L_r}{R_{Cp}} \right) \cdot j\omega \cdot \underline{u}_C + \left(\frac{R_{Lr}}{R_{Cp}} + 1 \right) \cdot \underline{u}_C = \underline{u}$$

$$\underline{u}_C = \frac{\underline{u}}{\left(\dfrac{R_{Lr}}{R_{Cp}} + 1 - \omega^2 L_rC_p \right) + j\omega \cdot \left(R_{Lr}C_p + \dfrac{L_r}{R_{Cp}} \right)}$$

Zu 3.

Nach der Spannungsteilerregel in komplexen Effektivwerten ergibt sich

$$\frac{\underline{U}_C}{\underline{U}} = \frac{\dfrac{R_{Cp} \cdot \dfrac{1}{j\omega C_p}}{R_{Cp} + \dfrac{1}{j\omega C_p}}}{R_{Lr} + j\omega L_r + \dfrac{R_{Cp} \cdot \dfrac{1}{j\omega C_p}}{R_{Cp} + \dfrac{1}{j\omega C_p}}}$$

$$\underline{U}_C = \frac{R_{Cp} \cdot \dfrac{1}{j\omega C_p}}{(R_{Lr} + j\omega L_r) \cdot \left(R_{Cp} + \dfrac{1}{j\omega C_p} \right) + R_{Cp} \cdot \dfrac{1}{j\omega C_p}} \cdot \underline{U}$$

$$\underline{U}_C = \frac{1}{(R_{Lr} + j\omega L_r) \cdot \left(j\omega C_p + \dfrac{1}{R_{Cp}} \right) + 1} \cdot \underline{U}$$

$$\underline{U}_C = \frac{1}{R_{Lr}j\omega C_p - \omega^2 L_rC_p + \dfrac{R_{Lr}}{R_{Cp}} + j\omega \dfrac{L_r}{R_{Cp}} + 1} \cdot \underline{U}$$

$$\underline{U}_C = \frac{\underline{U}}{\left(\dfrac{R_{Lr}}{R_{Cp}} + 1 - \omega^2 L_rC_p \right) + j\omega \cdot \left(R_{Lr}C_p + \dfrac{L_r}{R_{Cp}} \right)}$$

(vgl. Beispiel 3 *Stromteilerregel*)

Zu 4.

$$u_C = \frac{\hat{u} \cdot e^{j(\omega t + \varphi_u)}}{\sqrt{\left(\dfrac{R_{Lr}}{R_{Cp}} + 1 - \omega^2 L_r C_p\right)^2 + \omega^2 \cdot \left(R_{Lr} C_p + \dfrac{L_r}{R_{Cp}}\right)^2} \cdot e^{j\varphi}}$$

$$\text{mit} \quad \varphi = \arctan \frac{\omega \cdot \left(R_{Lr} C_p + \dfrac{L_r}{R_{Cp}}\right)}{\dfrac{R_{Lr}}{R_{Cp}} + 1 - \omega^2 L_r C_p}$$

$$u_C = \frac{\hat{u} \cdot \sin(\omega t + \varphi_u - \varphi)}{\sqrt{\left(\dfrac{R_{Lr}}{R_{Cp}} + 1 - \omega^2 L_r C_p\right)^2 + \omega^2 \cdot \left(R_{Lr} C_p + \dfrac{L_r}{R_{Cp}}\right)^2}}$$

Beispiel 4:

Für den gezeichneten symmetrischen Vierpol soll das Übertragungsverhalten für sinusförmige Wechselgrößen beschrieben werden.

1. Zunächst ist das Spannungsübersetzungsverhältnis

$$\frac{\underline{U}_2}{\underline{U}_1}$$

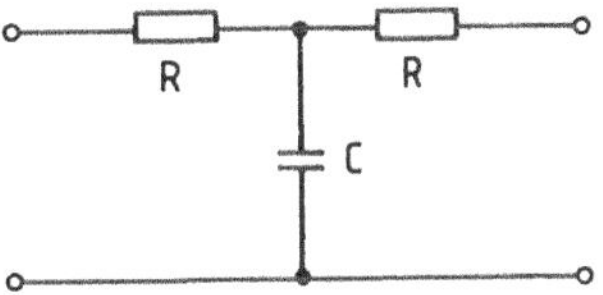

Bild 4.53 Schaltbild für Beispiel 4

bei Leerlauf am Ausgang in Form eines algebraischen Operators zu ermitteln.

2. Dann ist das Stromübersetzungsverhältnis

$$\frac{\underline{I}_2}{\underline{I}_1}$$

bei Kurzschluss am Ausgang zu ermitteln, ebenfalls in Form eines komplexen Operators.

3. Anschließend ist die Kreisfrequenz ω zu berechnen, bei der der Betrag von $\underline{U}_2/\underline{U}_1$ und der Betrag von $\underline{I}_2/\underline{I}_1$ gleich $1/\sqrt{2} = 0{,}707$ betragen.

Lösung:

Zu 1.

Bei Leerlauf am Ausgang ist der Ausgangsstrom i_2 Null, so dass R und C in Reihe liegen. Im Bildbereich ergibt sich aus der Spannungsteilerregel für komplexe Effektivwerte:

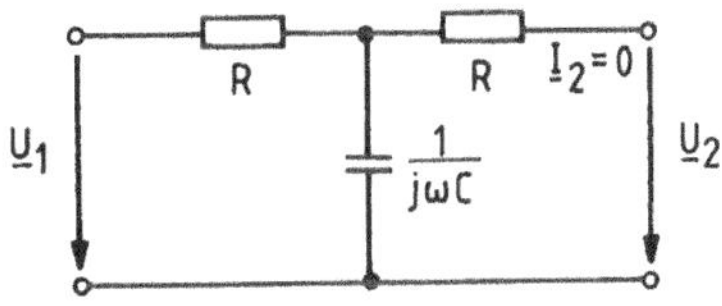

Bild 4.54 Leerlauf am Ausgang in der Schaltung des Beispiels 4

$$\frac{\underline{U}_2}{\underline{U}_1} = \frac{\dfrac{1}{j\omega C}}{R + \dfrac{1}{j\omega C}} = \frac{1}{1 + j\omega RC}$$

Zu 2.

Bei Kurzschluss am Ausgang kann im Bildbereich die Stromteilerregel angewendet werden, weil R und C parallel geschaltet sind:

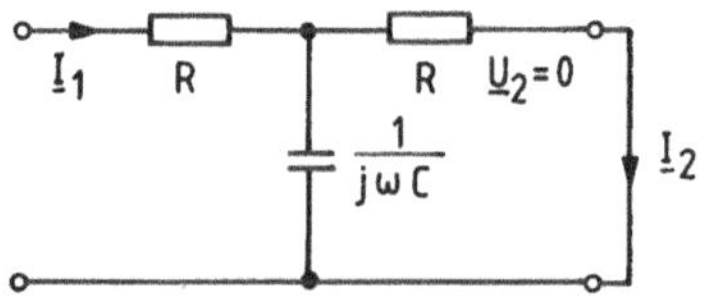

Bild 4.55 Kurzschluss am Ausgang in der Schaltung des Beispiels 4

$$\frac{\underline{I}_2}{\underline{I}_1} = \frac{\dfrac{1}{j\omega C}}{R + \dfrac{1}{j\omega C}} = \frac{1}{1 + j\omega RC}$$

Die Operatoren zwischen den komplexen Effektivwerten der Spannungen und der Ströme sind gleich.

Zu 3.
$$\left|\frac{\underline{U}_2}{\underline{U}_1}\right| = \left|\frac{\underline{I}_2}{\underline{I}_1}\right| = \frac{1}{\sqrt{1 + (\omega RC)^2}} = \frac{1}{\sqrt{2}}$$

$$\text{d. h.}\quad 1 + (\omega RC)^2 = 2, \quad \omega RC = 1 \quad \text{und} \quad \omega = \frac{1}{RC}.$$

Beispiel 5:

Mit der gezeichneten RC-Schaltung nach Wien lassen sich beliebige Phasenverschiebungen zwischen den sinusförmigen Spannungen u_2 und u_1 erzielen.

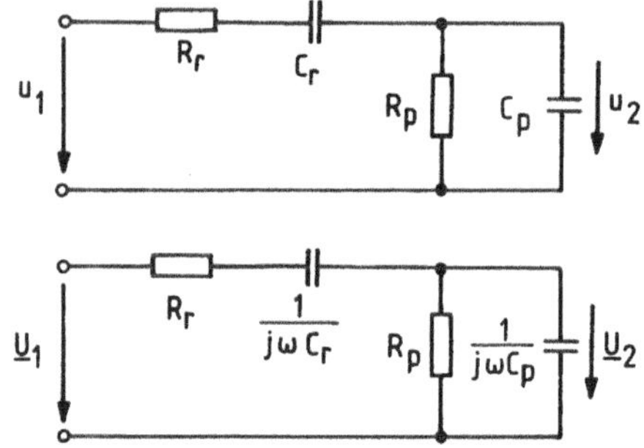

Bild 4.56
Schaltung zum Beispiel 5 im Zeitbereich und Bildbereich

1. Mit Hilfe der Schaltung mit komplexen Operatoren und komplexen Effektivwerten ist das Spannungsverhältnis $\underline{U}_2/\underline{U}_1$ in Abhängigkeit von R_r, R_p C_r und C_p in Form eines komplexen Operators in algebraischer Form zu entwickeln.

   Das Spannungsverhältnis ist anschließend in Betrag und Phase anzugeben.

2. Bei welcher Kreisfrequenz ω ist der Betrag maximal und welche Phasenverschiebung tritt dann zwischen den beiden Spannungen auf?

3. Auf welchen Wert sinkt bei dieser Frequenz die Amplitude der Ausgangsspannung bezogen auf die Amplitude der Eingangsspannung, wenn die ohmschen Widerstände und die Kapazitäten gleich sind?

Lösung:

Zu 1.

$$\frac{\underline{U}_2}{\underline{U}_1} = \frac{\dfrac{1}{\dfrac{1}{R_p} + j\omega C_p}}{\dfrac{1}{\dfrac{1}{R_p} + j\omega C_p} + R_r + \dfrac{1}{j\omega C_r}}$$

$$\frac{\underline{U}_2}{\underline{U}_1} = \frac{1}{1 + \left(R_r + \dfrac{1}{j\omega C_r} \right) \cdot \left(\dfrac{1}{R_p} + j\omega C_p \right)}$$

$$\frac{\underline{U}_2}{\underline{U}_1} = \frac{1}{\left(1 + \dfrac{R_r}{R_p} + \dfrac{C_p}{C_r} \right) + j \cdot \left(\omega R_r C_p - \dfrac{1}{\omega R_p C_r} \right)} = \left| \frac{\underline{U}_2}{\underline{U}_1} \right| \cdot e^{j\varphi}$$

mit dem Betrag

$$\left| \frac{\underline{U}_2}{\underline{U}_1} \right| = \frac{1}{\sqrt{\left(1 + \dfrac{R_r}{R_p} + \dfrac{C_p}{C_r} \right)^2 + \left(\omega R_r C_p - \dfrac{1}{\omega R_p C_r} \right)^2}}$$

und mit dem Phasenwinkel

$$\varphi = -\arctan \frac{\omega R_r C_p - \dfrac{1}{\omega R_p C_r}}{1 + \dfrac{R_r}{R_p} + \dfrac{C_p}{C_r}}.$$

Zu 2.

Der Betrag ist maximal, wenn der Nenner des Betrags am kleinsten ist. Da im Imaginärteil eine Differenz auftritt, kann dieser Anteil bei einer bestimmten Kreisfrequenz ω_0 Null werden:

$$\omega_0 R_r C_p - \frac{1}{\omega_0 R_p C_r} = 0$$

$$\omega_0 = \frac{1}{\sqrt{R_r R_p C_r C_p}}.$$

Die Phasenverschiebung φ ist dann Null, weil der Operator zwischen $\underline{U}_2$ und $\underline{U}_1$ reel ist, wie auch die Formel für φ bestätigt: der Zähler ist Null und der Nenner ist ungleich Null.

Zu 3.

Mit $R_r = R_p$ und $C_p = C_r$ wird bei $\omega = \omega_0$ der Betrag

$$\left| \frac{\underline{U}_2}{\underline{U}_1} \right| = \frac{1}{3}.$$

Die Amplitude bzw. der Effektivwert der Ausgangsspannung $u_2(t)$ beträgt dann nur ein Drittel der Amplitude bzw. des Effektivwertes der Eingangsspannung $u_1(t)$.

Beispiel 6:

Für das Beispiel der Netzberechnung mit Hilfe der Kirchhoffschen Sätze mit gekoppelten Induktivitäten (siehe Band 1, Abschnitt 3.4.7.2, Bild 3.204) und einer sinusförmigen Quellspannung $u_q(t)$ soll das geordnete Gleichungssystem mit komplexen Operatoren und komplexen Effektivwerten aufgestellt werden.

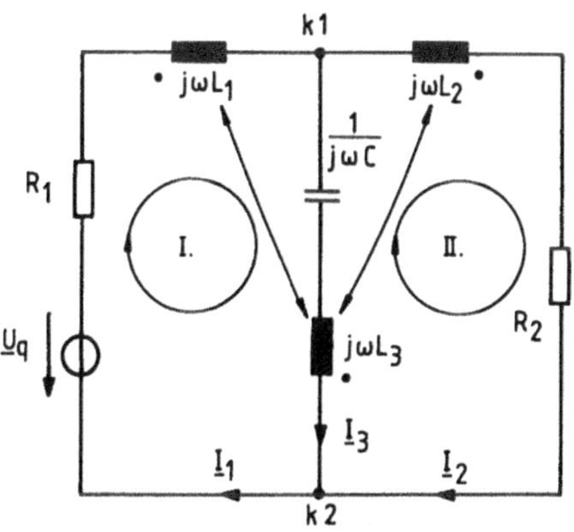

Bild 4.57
Schaltung mit komplexen Operatoren und komplexen Effektivwerten einer Netzberechnung mit gekoppelten Spulen des Beispiels 6

Lösung:

$k - 1 = 1$ Knotenpunktgleichung:

k1: $\quad \underline{I}_1 = \underline{I}_2 + \underline{I}_3$

Masche I:

$$\underline{U}_q = (R_1 + j\omega L_1) \cdot \underline{I}_1 - j\omega M_{31} \cdot \underline{I}_3 + \left(\frac{1}{j\omega C} + j\omega L_3\right) \cdot \underline{I}_3 - j\omega M_{13} \cdot \underline{I}_1 + j\omega M_{23} \cdot \underline{I}_2$$

Masche II:

$$0 = (R_2 + j\omega L_2) \cdot \underline{I}_2 - j\omega M_{32} \cdot \underline{I}_3 - \left(\frac{1}{j\omega C} + j\omega L_3\right) \cdot \underline{I}_3 - j\omega M_{23} \cdot \underline{I}_2 + j\omega M_{13} \cdot \underline{I}_1$$

geordnetes Gleichungssystem:

$$0 = \qquad\qquad (-1) \cdot \underline{I}_1 \qquad\qquad\qquad +\underline{I}_2 \qquad\qquad\qquad\qquad +\underline{I}_3$$

$$\underline{U}_q = (R_1 + j\omega L_1 - j\omega M_{13}) \cdot \underline{I}_1 \qquad +j\omega M_{23} \cdot \underline{I}_2 + \left(j\omega L_3 - j\omega M_{31} + \frac{1}{j\omega C}\right) \cdot \underline{I}_3$$

$$0 = \qquad\qquad j\omega M_{13} \cdot \underline{I}_1 + (R_2 + j\omega L_2 - j\omega M_{23}) \cdot \underline{I}_2 + \left(j\omega M_{32} - j\omega L_3 - \frac{1}{j\omega C}\right) \cdot \underline{I}_3$$

geordnetes Gleichungssystem in Matrizenschreibweise:

$$\begin{pmatrix} 0 \\ \underline{U}_q \\ 0 \end{pmatrix} = \begin{pmatrix} -1 & 1 & 1 \\ R_1 + j\omega(L_1 - M_{13}) & j\omega M_{23} & j \cdot \left[\omega(L_3 - M_{31}) - \dfrac{1}{\omega C}\right] \\ j\omega M_{13} & R_2 + j\omega(L_2 - M_{23}) & j \cdot \left[\omega(M_{32} - L_3) + \dfrac{1}{\omega C}\right] \end{pmatrix} \begin{pmatrix} \underline{I}_1 \\ \underline{I}_2 \\ \underline{I}_3 \end{pmatrix}$$

Beispiel 7:

1. Für die Reihenschaltung einer verlustbehafteten Spule und eines verlustbehafteten Kondensators (Beispiel 3) ist der Strom $\underline{I}_R$ durch den Widerstand R_{Cp} mit Hilfe der Zweipoltheorie zu ermitteln. Die Schaltung mit komplexen Operatoren und komplexen Effektivwerten ist dabei sowohl in die Spannungsquellen-Ersatzschaltung als auch in die Stromquellen-Ersatzschaltung zu überfuhren.

   Die Richtigkeit des Ergebnisses ist mit Hilfe des Beispiels 3 zu kontrollieren.

2. Bei welcher Kreisfrequenz haben die Spannung u und der Strom i_R eine Phasenverschiebung von 90°?

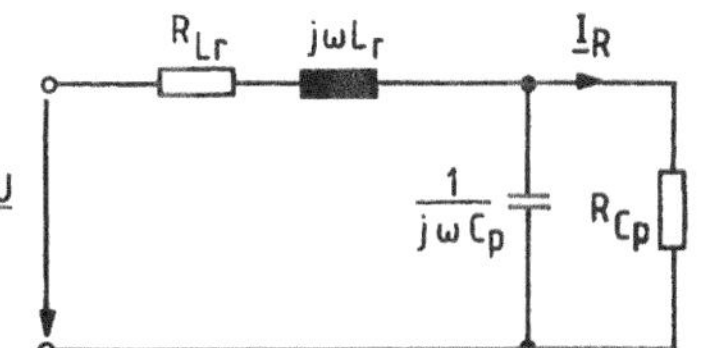

Bild 4.58 Schaltung im Bildbereich einer Netzberechnung mit Hilfe der Zweipoltheorie des Beispiels 7

Lösung:

Zu 1.

Der Lösungsweg der Zweipoltheorie (Band 1, Abschnitt 2.3.3) lautet:

1. Aufteilung des Netzwerkes in einen aktiven und einen passiven Zweipol: der gesuchte Strom $\underline{I}_R$ wird zum Klemmenstrom des entstehenden Grundstromkreises (siehe Bild 4.59).

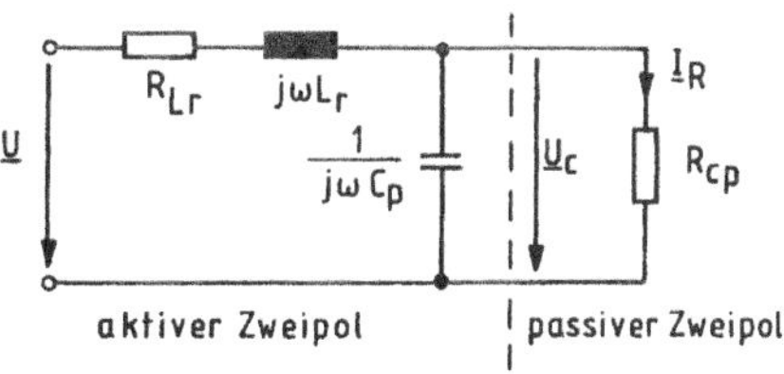

Bild 4.59 Aufteilung der Schaltung im Bildbereich des Beispiels 7 in einen aktiven und einen passiven Zweipol

2. Berechnung der Ersatzschaltung des aktiven Zweipols:

Grundstromkreis

mit Ersatzspannungsquelle $\underline{U}_{qers} = \underline{U}_l$:	mit Ersatzstromquelle $\underline{I}_{qers} = \underline{I}_k$:

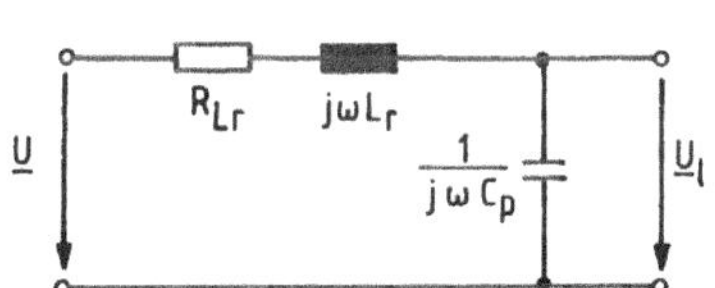

Bild 4.60 Ermittlung von $\underline{U}_l$ **Bild 4.61** Ermittlung von $\underline{I}_k$

$$\frac{\underline{U}_l}{\underline{U}} = \frac{\dfrac{1}{j\omega C_p}}{R_{Lr} + j\omega L_r + \dfrac{1}{j\omega C_p}}$$

$$\underline{U}_l = \frac{\underline{U}}{(1 - \omega^2 L_r C_p) + j\omega R_{Lr} C_p} \qquad \underline{I}_k = \frac{\underline{U}}{R_{Lr} + j\omega L_r}$$

$$\underline{Z}_{iers} = \frac{1}{j\omega C_p + \dfrac{1}{R_{Lr} + j\omega L_r}} = \frac{R_{Lr} + j\omega L_r}{(1 - \omega^2 L_r C_p) + j\omega R_{Lr} C_p}$$

3. Berechnung der Ersatzschaltung des passiven Zweipols $\underline{Z}_{aers}$:

$$\underline{Z}_{aers} = R_{Cp}$$

4. Ermittlung des gesuchten Stroms oder der gesuchten Spannung mit Hilfe der Ersatzschaltung (Grundstromkreis)

Grundstromkreis mit Ersatzspannungsquelle:

$$\underline{I}_R = \frac{\underline{U}_{qers}}{\underline{Z}_{iers} + \underline{Z}_{aers}}$$

$$\underline{I}_R = \frac{\underline{U}}{[(1 - \omega^2 L_r C_p) + j\omega R_{Lr} C_p] \cdot \left[\dfrac{R_{Lr} + j\omega L_r}{(1 - \omega^2 L_r C_p) + j\omega R_{Lr} C_p} + R_{Cp} \right]}$$

$$\underline{I}_R = \frac{\underline{U}}{(R_{Lr} + j\omega L_r) + R_{Cp}(1 - \omega^2 L_r C_p) + j\omega R_{Lr} R_{Cp} C_p}$$

$$\underline{I}_R = \frac{\underline{U}}{\left[R_{Lr} + R_{Cp}(1 - \omega^2 L_r C_p) \right] + j \cdot \left[\omega(L_r + R_{Lr} R_{Cp} C_p) \right]}$$

Grundstromkreis mit Ersatzstromquelle:

$$\underline{I}_R = \frac{\underline{Z}_{iers} \cdot \underline{I}_{qers}}{\underline{Z}_{iers} + \underline{Z}_{aers}}$$

$$\underline{I}_R = \frac{(R_{Lr} + j\omega L_r) \cdot \dfrac{\underline{U}}{R_{Lr} + j\omega L_r}}{[(1 - \omega^2 L_r C_p) + j\omega R_{Lr} C_p] \cdot \left[\dfrac{R_{Lr} + j\omega L_r}{(1 - \omega^2 L_r C_p) + j\omega R_{Lr} C_p} + R_{Cp} \right]}$$

$$\underline{I}_R = \frac{\underline{U}}{(R_{Lr} + j\omega L_r) + R_{Cp}(1 - \omega^2 L_r C_p) + j\omega R_{Lr} R_{Cp} C_p}$$

$$\underline{I}_R = \frac{\underline{U}}{\left[R_{Lr} + R_{Cp}(1 - \omega^2 L_r C_p) \right] + j \cdot \left[\omega(L_r + R_{Lr} R_{Cp} C_p) \right]}$$

Kontrolle (Beispiel 3):

$$\underline{U}_C = R_{Cp} \cdot \underline{I}_R = \frac{\underline{I}_R}{\dfrac{1}{R_{Cp}}} = \frac{\underline{U}}{\left(\dfrac{R_{Lr}}{R_{Cp}} + 1 - \omega^2 L_r C_p \right) + j\omega \cdot \left(R_{Lr} C_p + \dfrac{L_r}{R_{Cp}} \right)}$$

Zu 2.

Zwischen der Spannung u und dem Strom i_R besteht eine Phasenverschiebung von 90°, wenn der Operator zwischen den entsprechenden komplexen Effektivwerten $\underline{U}$ und $\underline{I}_R$ imaginär ist, d. h. wenn der Realteil Null wird. Da der Realteil eine Differenz ist, kann bei einer Kreisfrequenz ω_0 die Phasenverschiebung von 90° erreicht werden:

$$R_{Lr} + R_{Cp}(1 - \omega_0^2 L_r C_p) = 0$$

$$R_{Lr} + R_{Cp} = \omega_0^2 L_r C_p R_{Cp}$$

$$\omega_0 = \sqrt{\frac{R_{Lr} + R_{Cp}}{L_r C_p R_{Cp}}} = \frac{1}{\sqrt{L_r C_p}} \sqrt{1 + \frac{R_{Lr}}{R_{Cp}}}$$

Beispiel 8:

Mit Hilfe der Ersatzschaltung einer Eisenkernspule mit Berücksichtigung der Streuung und Wirbelstromverlusten sollen die Zusammenhänge zwischen den Strömen und Spannungen beschrieben werden.

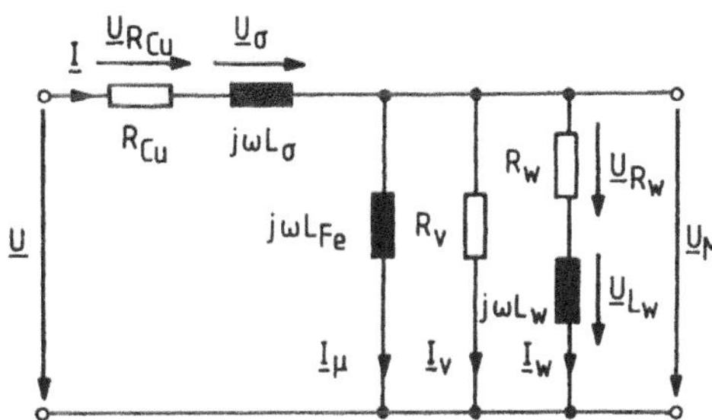

Bild 4.62
Schaltung des Beispiels 8

1. Zunächst ist qualitativ das Zeigerbild für sämtliche Ströme und Spannungen zu entwickeln, wobei die Reihenfolge der Zeigerdarstellung mit entsprechenden Gleichungen anzugeben ist, damit das Zeigerbild nachvollziehbar ist.

2. Dann sind durch ein quantitatives Zeigerbild die Effektivwerte des Gesamtstroms I und der Gesamtspannung U und die Phasenverschiebung φ zwischen i und u mit folgenden Größen zu ermitteln:

$I_w = 0{,}08A$ $R_w = 1250\Omega$ $R_v = 2440\Omega$ $R_{Cu} = 156\Omega$

$f = 500Hz$ $L_w = 0{,}278H$ $L_{Fe} = 0{,}144H$ $L_\sigma = 0{,}029H$

Empfohlener Maßstab für das Zeigerbild: 100mA $\hat{=}$ 1cm, 100V $\hat{=}$ 2,5cm.

3. Schließlich ist aus den ermittelten Ergebnissen der Ersatzzweipol in Reihenschaltung zu berechnen, der der Gesamtschaltung entspricht.

Lösung:

Zu1.

Qualitatives Zeigerbild:

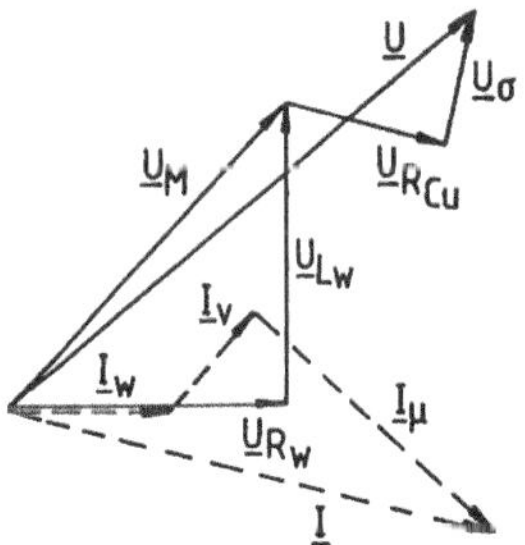

Bild 4.63 Qualitatives Zeigerbild
einer Eisenkernspule mit Streuung
und Wirbelstromverlusten

Reihenfolge der Darstellung:

$\underline{I}_w$

$\underline{U}_{Rw} = R_w \cdot \underline{I}_w$

$\underline{U}_{Lw} = j\omega L_w \cdot \underline{I}_w$

$\underline{U}_M = \underline{U}_{Rw} + \underline{U}_{Lw}$

$\underline{I}_v = \dfrac{\underline{U}_M}{R_v}$

$\underline{I}_\mu = \dfrac{\underline{U}_M}{j\omega L_{Fe}}$

$\underline{I} = \underline{I}_w + \underline{I}_v + \underline{I}_\mu$

$\underline{U}_{RCu} = R_{Cu} \cdot \underline{I}$

$\underline{U}_\sigma = j\omega L_\sigma \cdot \underline{I}$

$\underline{U} = \underline{U}_M + \underline{U}_{RCu} + \underline{U}_\sigma$

Zu 2.

Berechnung der Effektivwerte:

$$I_w = 0{,}080A \triangleq 0{,}8cm,$$

$$U_{Rw} = R_w \cdot I_w = 1250\Omega \cdot 0{,}080A = 100V \triangleq 2{,}5cm,$$

$$U_{Lw} = \omega L_w\, I_w = 2\pi \cdot 500s^{-1} \cdot 0{,}278H \cdot 0{,}08A = 70V \triangleq 1{,}75cm,$$

$$U_M = \sqrt{U_{Rw}^2 + U_{Lw}^2} = 122V \triangleq 3{,}05cm,$$

$$I_v = U_M/R_v = 122V/2440\Omega = 0{,}050A \triangleq 0{,}5cm,$$

$$I_\mu = U_M/\omega L_{Fe} = 122V/(2\pi \cdot 500s^{-1} \cdot 0{,}144H) = 0{,}270A \triangleq 2{,}7cm,$$

die grafische Addition von $\underline{I}_w$, $\underline{I}_v$ und $\underline{I}_\mu$ ergibt $I = 0{,}340A \triangleq 3{,}4cm,$

$$U_{RCu} = R_{Cu} \cdot I = 156\Omega \cdot 0{,}340A = 53V \triangleq 1{,}33cm,$$

$$U_\sigma = \omega L_\sigma \cdot I = 2\pi \cdot 500s^{-1} \cdot 0{,}029H \cdot 0{,}340A = 31V \triangleq 0{,}78cm,$$

die grafische Addition von $\underline{U}_M$, $\underline{U}_{RCu}$ und $\underline{U}_\sigma$ ergibt $U = 172V \triangleq 4{,}3cm,$
der Winkel φ zwischen I und U beträgt $\varphi = 57{,}5°$.

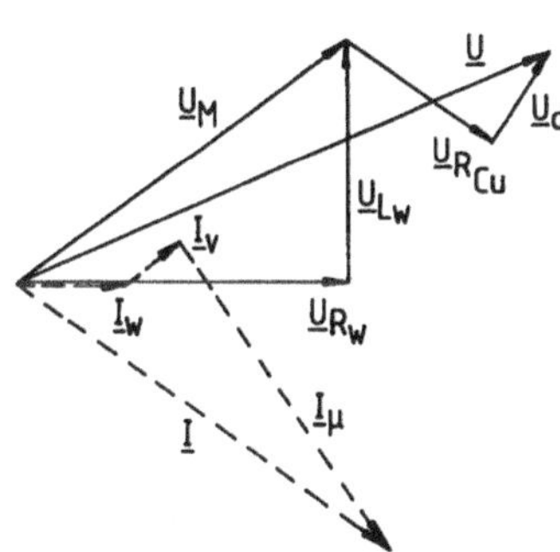

Bild 4.64
Quantitatives Zeigerbild einer Eisenspule mit
Streuung und Wirbelstromverlusten

Zu 3.

Der Gesamtschaltung kann ein induktiver komplexer Widerstand zugeordnet werden, weil die
Spannung u dem Strom i um 57,5° voreilt. Deshalb besteht die Ersatzschaltung als Reihenschaltung aus einem ohmschen Widerstand und einer Induktivität:

$$\underline{U} = \underline{U}_R + \underline{U}_x = R_r \cdot \underline{I} + j\omega L_r \cdot \underline{I}$$

$$\text{und } U_R = U \cdot \cos\varphi = R_r \cdot I$$

$$\text{und } R_r = \frac{U \cdot \cos\varphi}{I} = \frac{172V \cdot \cos 57{,}5°}{0{,}340A}$$

$$\text{und } R_r = 272\Omega,$$

$$\text{mit } U_x = U \cdot \sin\varphi = \omega L_r \cdot I$$

$$\text{und } L_r = \frac{U \cdot \sin\varphi}{\omega I} = \frac{172V \cdot \sin 57{,}5°}{2\pi \cdot 500s^{-1} \cdot 0{,}340A}$$

$$\text{und } L_r = 0{,}136H$$

Anmerkung zu 3:

Die Parallelschaltung eines ohmschen Widerstandes und einer Induktivität könnte ebenfalls
als Ersatzschaltung angegeben werden, denn die Parallelschaltung ist einer Reihenschaltung
äquivalent, wenn der komplexe Widerstand und der komplexe Leitwert beider Schaltungen
gleich sind.

Beispiel 9:

Jeder ohmsche Widerstand R_r enthält einen störenden Induktivitätsanteil L_r, der durch einen parallel geschalteten Kondensator C_p zum Teil kompensiert werden kann. R_p wird dann nahezu frequenzunabhängig, wenn der Blindanteil des komplexen Leitwerts Null wird.

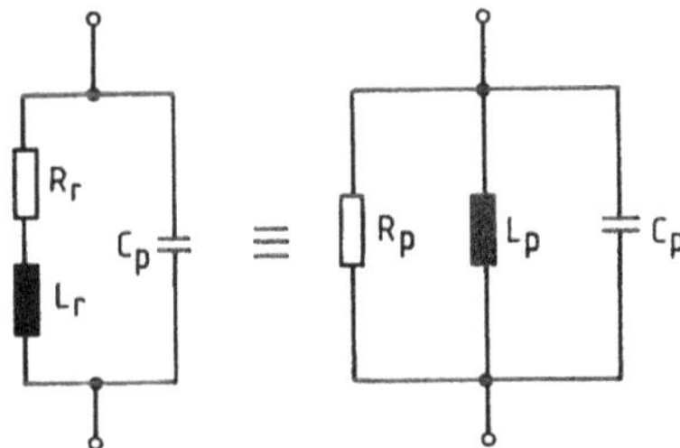

Bild 4.65
Äquivalente Schaltungen des Beispiels 9

1. Zunächst ist die Formel für den Wirkanteil R_p anzugeben, wenn R_r und L_r gegeben sind und ω variabel ist.

2. Dann ist die Kreisfrequenz ω zu ermitteln, bei der der Wirkanteil R_p nur um 1 % größer ist als der Nennwiderstand R_r.

3. Ein ohmscher Widerstand $R_r = 1\,\text{k}\Omega$ enthält einen Induktivitätsanteil $L_r = 40\,\mu\text{H}$. Zu berechnen ist die Kreisfrequenz ω, bei der ebenfalls eine Widerstandsabweichung von 1 % besteht.

4. Schließlich ist die Kapazität C_p für den ohmschen Widerstand $R_r = 1\,\text{k}\Omega$ mit $L_r = 40\,\mu\text{H}$ und der berechneten Frequenz ω zu bestimmen, die den Blindanteil des Leitwerts Null werden lässt.

Lösung:

Zu 1.   Nach Gl. (4.70) ist $R_p = \dfrac{R_r{}^2 + \omega^2 \cdot L_r{}^2}{R_r}$

Zu 2. $R_p = R_r \cdot 1{,}01 = R_r \cdot [1 + 0{,}01]$

$$R_p = R_r + \frac{\omega^2\, L_r{}^2}{R_r} = R_r \cdot \left[1 + \left(\frac{\omega L_r}{R_r}\right)^2\right]$$

d. h. $\left(\dfrac{\omega L_r}{R_r}\right)^2 = \omega^2 \dfrac{L_r{}^2}{R_r{}^2} = 0{,}01$

und $\omega = \sqrt{0{,}01} \cdot \dfrac{R_r}{L_r} = 0{,}1 \cdot \dfrac{R_r}{L_r}$

Zu 3. $\omega = 0{,}1 \cdot \dfrac{1000\,\Omega}{40 \cdot 10^{-6}\,\text{Vs}/\text{A}} = 2{,}5 \cdot 10^6\,\text{s}^{-1}$

Zu 4.

Mit $j \cdot \left(\omega C_p - \dfrac{1}{\omega L_p}\right) = 0$ ist $\omega C_p = \dfrac{1}{\omega L_p}$, so dass sich C_p mit Gl. (4.70) $L_p = \dfrac{R_r{}^2 + \omega^2 L_r{}^2}{\omega^2 L_r}$

berechnen lässt:

$$C_p = \frac{1}{\omega^2 L_p} = \frac{L_r}{R_r{}^2 + \omega^2 L_r{}^2} = \frac{L_r}{R_r{}^2 + 0{,}01 \cdot R_r{}^2} = \frac{L_r}{1{,}01 \cdot R_r{}^2} = \frac{40\,\mu\text{H}}{1{,}01 \cdot (1\text{k}\Omega)^2} = 39{,}6\,\text{pF}$$

mit $\omega^2 L_r{}^2 = 0{,}01 \cdot R_r{}^2$

Beispiel 10:

Mit Hilfe der Illiovici-Wechselstrombrücke, die im Abschnitt 4.6.3 behandelt wird, lassen sich Spulen (verlustbehaftete Induktivitäten) messtechnisch erfassen.

Wird die Wechselstrombrücke in eine Schaltung mit komplexen Operatoren und komplexen Effektivwerten transformiert, dann kann die Brücke durch eine Dreieck-Stern-Transformation oder eine Stern-Dreieck-Transformation in eine Brücke mit den komplexen Widerständen $\underline{Z}_1$, $\underline{Z}_2$, $\underline{Z}_3$ und $\underline{Z}_4$ überführt werden.

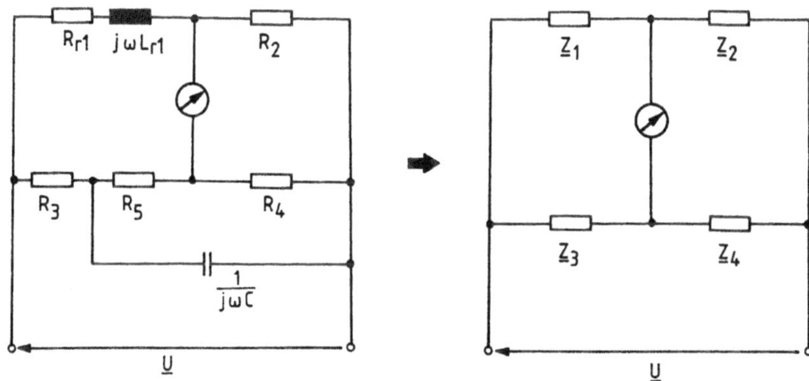

Bild 4.66 Transformation der Illiovici-Brücke im Beispiel 10

Für diese Wechselstrombrücke gilt die analoge Abgleichbedingung wie bei der Wheatstone-Gleichstrombrücke für Gleichstromwiderstände (siehe Band 1, Abschnitt 2.2.7, Gl. 2.108) entsprechend für komplexe Widerstände, wie im Abschnitt 4.6.3 erläutert wird:

$$\frac{R_1}{R_2} = \frac{R_3}{R_4} \qquad\qquad \frac{\underline{Z}_1}{\underline{Z}_2} = \frac{\underline{Z}_3}{\underline{Z}_4} \qquad\qquad (4.99)$$

1. Zunächst sind in Analogie zur Gleichstromtechnik, die Transformationsgleichungen für die Dreieck-Stern-Umwandlung und die Stern-Dreieck-Umwandlung anzugeben.

2. Dann ist die Illiovici-Brücke in die Brücke mit $\underline{Z}_1$ bis $\underline{Z}_4$ durch Dreieck-Stern-Transformation und durch Stern-Dreieck-Transformation zu überführen.

3. Schließlich sind die Gleichungen für den ohmschen Anteil R_{r1} und den induktiven Anteil L_{r1} der Spule zu bestimmen.

Lösung:

Zu 1.

Die Umwandlung einer Dreieckschaltung in eine Sternschaltung und umgekehrt für die Gleichstromtechnik (siehe Band 1, Abschnitt 2.2.10) setzt voraus, dass die Spannungen zwischen zwei Eckpunkten der Sternschaltung und der Dreieckschaltung jeweils gleich sein sollen. Der Gleichstromwiderstand zwischen zwei Punkten der Sternschaltung muss dann gleich dem Gleichstromwiderstand zwischen zwei entsprechenden Punkten der Dreieckschaltung sein.

Für die Wechselstromtechnik gilt entsprechendes für komplexe Widerstände, also nur für Schaltungen mit komplexen Operatoren und komplexen Effektivwerten.

Dreieck-Stern-Transformation:

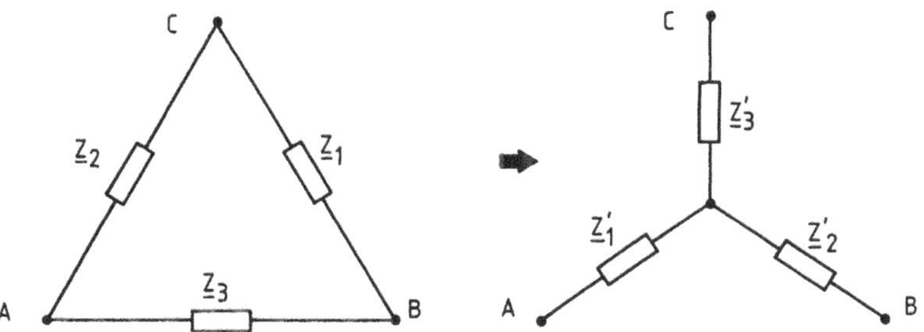

Bild 4.67 Transformation einer Dreieckschaltung in eine Sternschaltung

In Analogie zu den Gleichungen (2.147) bis (2.149) ergibt sich für die komplexen Widerstände der Sternschaltung:

$$\underline{Z}_1' = \frac{\underline{Z}_2 \cdot \underline{Z}_3}{\underline{Z}_1 + \underline{Z}_2 + \underline{Z}_3} \tag{4.100}$$

$$\underline{Z}_2' = \frac{\underline{Z}_3 \cdot \underline{Z}_1}{\underline{Z}_1 + \underline{Z}_2 + \underline{Z}_3} \tag{4.101}$$

$$\underline{Z}_3' = \frac{\underline{Z}_1 \cdot \underline{Z}_2}{\underline{Z}_1 + \underline{Z}_2 + \underline{Z}_3} \tag{4.102}$$

Merkregel:

$$\text{Sternwiderstand} = \frac{\text{Produkt der beiden Dreieckwiderstände}}{\text{Summe aller Dreieckwiderstände}}$$

Stern-Dreieck-Transformation:

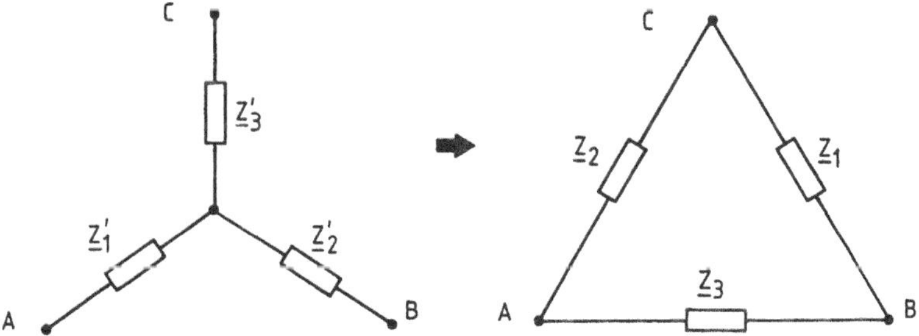

Bild 4.68 Transformation einer Sternschaltung in eine Dreieckschaltung

In Analogie zu den Gleichungen (2.153) bis (2.155) ergibt sich für die komplexen Widerstände der Dreieckschaltung:

$$\underline{Z}_1 = \underline{Z}_2' + \underline{Z}_3' + \frac{\underline{Z}_2' \cdot \underline{Z}_3'}{\underline{Z}_1'} = \frac{\underline{Z}_1' \cdot \underline{Z}_2' + \underline{Z}_2' \cdot \underline{Z}_3' + \underline{Z}_1' \cdot \underline{Z}_3'}{\underline{Z}_1'} \tag{4.103}$$

$$\underline{Z}_2 = \underline{Z}_1' + \underline{Z}_3' + \frac{\underline{Z}_1' \cdot \underline{Z}_3'}{\underline{Z}_2'} = \frac{\underline{Z}_1' \cdot \underline{Z}_2' + \underline{Z}_2' \cdot \underline{Z}_3' + \underline{Z}_1' \cdot \underline{Z}_3'}{\underline{Z}_2'} \tag{4.104}$$

$$\underline{Z}_3 = \underline{Z}_1' + \underline{Z}_2' + \frac{\underline{Z}_1' \cdot \underline{Z}_2'}{\underline{Z}_3'} = \frac{\underline{Z}_1' \cdot \underline{Z}_2' + \underline{Z}_2' \cdot \underline{Z}_3' + \underline{Z}_1' \cdot \underline{Z}_3'}{\underline{Z}_3'} \tag{4.105}$$

Zu 2.

Dreieck-Stern-Transformation in der Illiovici-Brücke:

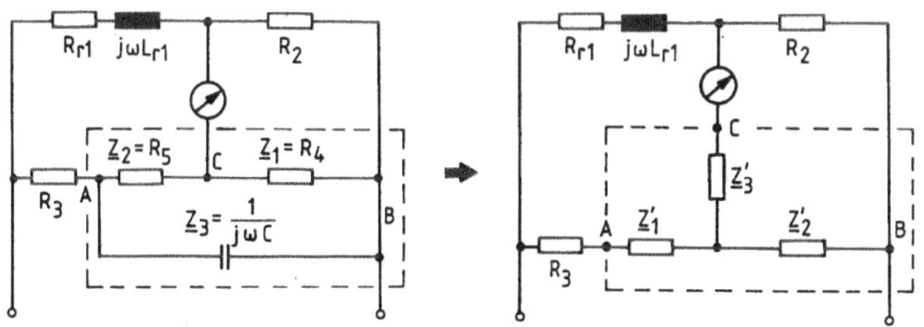

Bild 4.69 Umwandlung der Illiovici-Brücke durch Dreieck-Stern-Transformation

$$\underline{Z}_1' = \frac{\underline{Z}_2 \cdot \underline{Z}_3}{\underline{Z}_1 + \underline{Z}_2 + \underline{Z}_3} = \frac{R_5 \cdot \dfrac{1}{j\omega C}}{R_4 + R_5 + \dfrac{1}{j\omega C}} \quad \text{ergibt} \quad \underline{Z}_3 = R_3 + \underline{Z}_1'$$

$$\underline{Z}_2' = \frac{\underline{Z}_3 \cdot \underline{Z}_1}{\underline{Z}_1 + \underline{Z}_2 + \underline{Z}_3} = \frac{\dfrac{1}{j\omega C} \cdot R_4}{R_4 + R_5 + \dfrac{1}{j\omega C}} \quad \text{ergibt} \quad \underline{Z}_4 = \underline{Z}_2'$$

$$\underline{Z}_3' = \frac{\underline{Z}_1 \cdot \underline{Z}_2}{\underline{Z}_1 + \underline{Z}_2 + \underline{Z}_3} = \frac{R_4 \cdot R_5}{R_4 + R_5 + \dfrac{1}{j\omega C}}$$

$\underline{Z}_3'$ liegt im Diagonalzweig der Brücke, der bei Abgleich der Brücke stromlos ist.

Stern-Dreieck-Transformation in der Illiovici-Brücke:

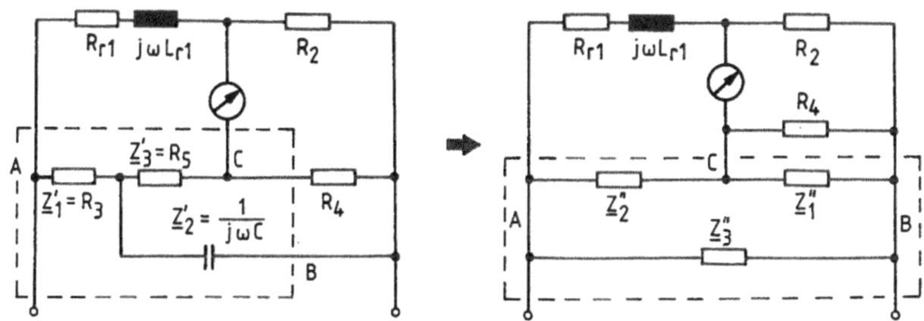

Bild 4.70 Umwandlung der Illiovici-Brücke durch Stern-Dreieck-Transformation

$$\underline{Z}_1'' = \underline{Z}_2' + \underline{Z}_3' + \frac{\underline{Z}_2' \cdot \underline{Z}_3'}{\underline{Z}_1'} = \frac{1}{j\omega C} + R_5 + \frac{\dfrac{1}{j\omega C} \cdot R_5}{R_3} \quad \text{ergibt} \quad \underline{Z}_4 = R_4 \parallel \underline{Z}_1''$$

$$\underline{Z}_2'' = \underline{Z}_1' + \underline{Z}_3' + \frac{\underline{Z}_1' \cdot \underline{Z}_3'}{\underline{Z}_2'} = R_3 + R_5 + \frac{R_3 \cdot R_5}{\dfrac{1}{j\omega C}} \quad \text{ergibt} \quad \underline{Z}_3 = \underline{Z}_2''$$

$$\underline{Z}_3'' = \underline{Z}_1' + \underline{Z}_2' + \frac{\underline{Z}_1' \cdot \underline{Z}_2'}{\underline{Z}_3'} = R_3 + \frac{1}{j\omega C} + \frac{R_3 \cdot \dfrac{1}{j\omega C}}{R_5}$$

$\underline{Z}_3''$ beeinflusst die Brücke nicht, denn $\underline{Z}_3''$ ist parallel zur Brücke geschaltet

Zu 3.

Die Abgleichbedingung für die transformierte Brücke wird nach $\underline{Z}_1$ aufgelöst, weil R_{r1} und L_{r1} gesucht sind und getrennt im Realteil und Imaginärteil von $\underline{Z}_1$ zu finden sind:

$$\underline{Z}_1 = R_{r1} + j\omega L_{r1} = \underline{Z}_2 \cdot \frac{\underline{Z}_3}{\underline{Z}_4}$$

Dreieck-Stern-Transformation:

Mit $\underline{Z}_3 = R_3 + \underline{Z}_1'$ und $\underline{Z}_4 = \underline{Z}_2'$

$$\text{ist } R_{r1} + j\omega L_{r1} = R_2 \cdot \frac{R_3 + \dfrac{R_5 \cdot \dfrac{1}{j\omega C}}{R_4 + R_5 + \dfrac{1}{j\omega C}}}{\dfrac{\dfrac{1}{j\omega C} \cdot R_4}{R_4 + R_5 + \dfrac{1}{j\omega C}}}$$

$$R_{r1} + j\omega L_{r1} = R_2 \cdot \frac{R_3\left(R_4 + R_5 + \dfrac{1}{j\omega C}\right) + R_5 \cdot \dfrac{1}{j\omega C}}{\dfrac{1}{j\omega C} \cdot R_4}$$

$$R_{r1} + j\omega L_{r1} = \frac{R_2}{R_4}[(R_3 + R_5) + j\omega C R_3 (R_4 + R_5)]$$

$$\text{d. h. } R_{r1} = \frac{R_2}{R_4}(R_3 + R_5) \quad \text{und} \quad L_{r1} = C R_2 R_3 \left(1 + \frac{R_5}{R_4}\right)$$

Stern-Dreieck-Transformation:

Mit $\underline{Z}_3 - \underline{Z}_2''$ und $\dfrac{1}{\underline{Z}_4} - \dfrac{1}{R_4} + \dfrac{1}{\underline{Z}_1''}$

$$\text{ist } R_{r1} + j\omega L_{r1} = R_2 \cdot \underline{Z}_2'' \cdot \left(\frac{1}{R_4} + \frac{1}{\underline{Z}_1''}\right) = \frac{R_2}{R_4}\underline{Z}_2'' + R_2\frac{\underline{Z}_2''}{\underline{Z}_1''}$$

$$R_{r1} + j\omega L_{r1} = \frac{R_2}{R_4}(R_3 + R_5 + j\omega C R_3 R_5) + R_2 \frac{R_3 + R_5 + j\omega C R_3 R_5}{\dfrac{1}{j\omega C} + R_5 + \dfrac{\dfrac{1}{j\omega C} \cdot R_5}{R_3}}$$

$$R_{r1} + j\omega L_{r1} = \frac{R_2}{R_4}(R_3 + R_5 + j\omega C R_3 R_5) + R_2 \frac{R_3 + R_5 + j\omega C R_3 R_5}{\dfrac{1}{j\omega C} + R_5 + \dfrac{1}{j\omega C} \cdot \dfrac{R_5}{R_3}}$$

$$R_{r1} + j\omega L_{r1} = \frac{R_2}{R_4}(R_3 + R_5 + j\omega C R_3 R_5) + j\omega C R_2 R_3 \frac{R_3 + R_5 + j\omega C R_3 R_5}{R_3 + R_5 + j\omega C R_3 R_5}$$

$$R_{r1} + j\omega L_{r1} = \frac{R_2}{R_5}(R_3 + R_5) + j\omega C\left(\frac{R_2}{R_4}R_3 R_5 + R_2 R_3\right)$$

$$\text{d. h. } R_{r1} = \frac{R_2}{R_4}(R_3 + R_5) \quad \text{und} \quad L_{r1} = C R_2 R_3\left(1 + \frac{R_5}{R_4}\right)$$

Beispiel 11:

Bei einer Frequenz f = 200MHz ist die Ersatzschaltung einer Antenne die Reihenschaltung des ohmschen Widerstandes $R_1 = 120\Omega$ und der Kapazität $C_1 = 2,21\text{pF}$. Der damit gegebene komplexe Widerstand $\underline{Z}_1$ soll durch Parallelschalten einer Induktivität L_p und Reihenschalten einer Kapazität C_r in einen reellen Widerstand $\underline{Z}_3 = R_3 = 240\Omega$ transformiert werden. Mit dieser Widerstandstransformation wird die Antenne an den ohmschen Wellenwiderstand der Leitung angepasst.

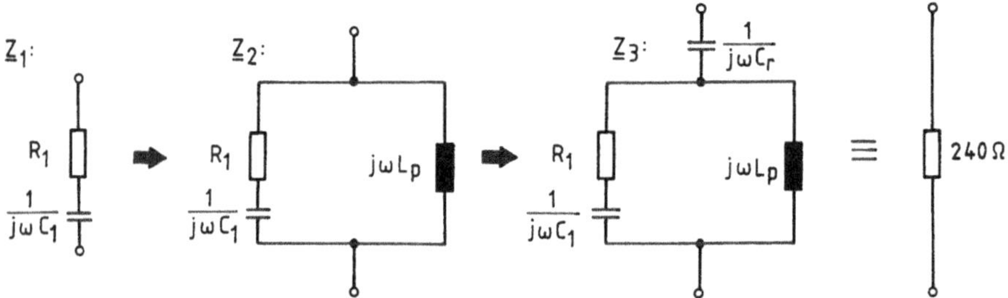

Bild 4.71 Widerstandstransformation einer Antenne im Beispiel 11

1. Mit Hilfe des Kreisdiagramms sind die Induktivität L_p und die Kapazität C_r zu ermitteln, wobei ein Bezugswiderstand $R_0 = 1/G_0 = 600\Omega$ zu wählen ist.

   Das Ergebnis ist anschließend durch die Widerstandsberechnung der Schaltung zu kontrollieren.

2. Auf dieselbe Weise soll nun versucht werden, die Reihenschaltung des ohmschen Widerstandes $R_1 = 240\Omega$ und der Kapazität $C_1 = 6,62\text{pF}$ bei f = 200MHz in den ohmschen Widerstand $\underline{Z}_3 = 360\Omega$ durch Zuschaltung von L_p und C_r zu transformieren. Falls das nicht möglich ist, soll die Zuschaltung vertauscht werden: zuerst wird eine Induktivität L_r in Reihe und dann eine Kapazität C_p parallel geschaltet.

   Das Ergebnis ist anschließend durch die Widerstandsberechnung der Schaltung zu kontrollieren.

Lösung:

Zu 1.

$$\underline{Z}_1 = R_1 - j\frac{1}{\omega C_1} = 120\Omega - j \cdot \frac{1}{2\pi \cdot 200 \cdot 10^6\,\text{s}^{-1} \cdot 2,21 \cdot 10^{-12}\,\text{F}}$$

$$\underline{Z}_1 = 120\Omega - j \cdot 360\Omega$$

und mit

$$R_0 = 600\Omega$$

ist der im Kreisdiagramm darstellbare bezogene komplexe Widerstand

$$\underline{Z}_1' = \frac{\underline{Z}_1}{R_0} = \frac{120\Omega}{600\Omega} - j \cdot \frac{360\Omega}{600\Omega}$$

$$\underline{Z}_1' = R_1' + j \cdot X_1' = 0,2 - j \cdot 0,6$$

und der angestrebte bezogene komplexe Widerstand

$$\underline{Z}_3' = \frac{\underline{Z}_3}{R_0} = \frac{240\Omega}{600\Omega}$$

$$\underline{Z}_3' = R_3' + j \cdot X_3' = 0,4 \quad \text{mit} \quad X_3' = 0$$

Der bezogene komplexe Widerstand $\underline{Z}_1'$ soll durch Parallelschalten einer Induktivät L_p in den bezogenen komplexen Widerstand $\underline{Z}_2'$ so transformiert werden, dass der Realteil von $\underline{Z}_2'$ mit dem reellen bezogenen Widerstand $\underline{Z}_3'$ übereinstimmt.

Wie behandelt, erfordert die Parallelschaltung zunächst eine Inversion von $\underline{Z}_1'$ in den bezogenen komplexen Leitwert

$$\underline{Y}_1' = G_1' + j \cdot B_1' = 0,5 + j \cdot 1,5$$

und dann ein Zusammenfassen der Blindleitwerte. Die Parallelschaltung der unbekannten Induktivtät L_p bedeutet, dass der Realteil von $\underline{Y}_1'$ konstant bleibt und der bezogene komplexe Leitwert $\underline{Y}_2'$ auf dem Kreis liegen muss, der durch 0,5 geht.

Werden Punkte dieses Kreises invertiert, dann entsteht ein Kreis, der durch $\underline{Z}_1'$ und den Punkt 0 verläuft. Werden zu einem komplexen Widerstand Induktivitäten parallel geschaltet, dann wird dieser Kreis im Gegenuhrzeigersinn durchlaufen; werden Kapazitäten parallel geschaltet, dann wird er im Uhrzeigersinn durchlaufen.

Auf diesem Kreis muss der bezogene komplexe Widerstand $\underline{Z}_2'$ liegen, für den der Realteil noch festgelegt werden kann. Dieser ergibt sich im Schnittpunkt dieses Kreises durch $\underline{Z}_1'$ und 0 und dem Kreis mit dem geforderten Realteil von $\underline{Z}_3' = R_3'$, im Beispiel durch $\underline{Z}_3' = 0,4$ festgelegt:

$$\underline{Z}_2' = R_2' + j \cdot X_2' = 0,4 + j \cdot 0,8$$

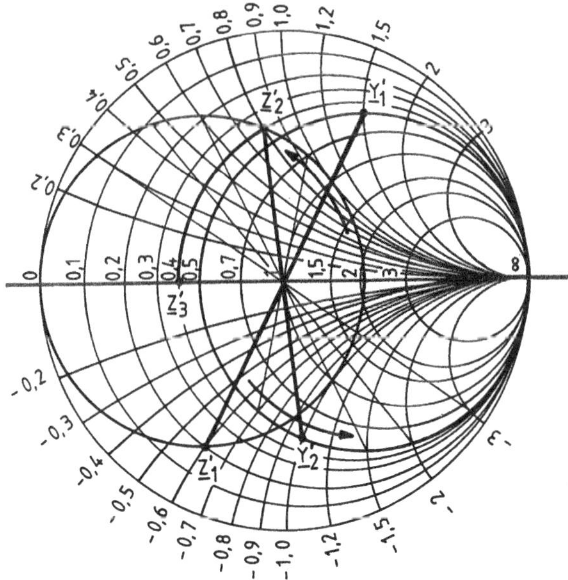

Bild 4.72 Ermittlung von L_p und C_r für die Transformation eines komplexen Widerstandes in einen reellen Widerstand

Der bezogene komplexe Widerstand $\underline{Z}'_2$ ist dann in $\underline{Y}'_2$ zu invertieren

$$\underline{Y}'_2 = G'_2 + j \cdot B'_2 = 0,5 - j \cdot 1,0$$

damit die Induktivität Lp berechnet werden kann:

$$B'_p = B'_2 - B'_1 = -1,0 - 1,5 = -2,5$$

$$B_p = G_0 \cdot B'_p = \frac{B'_p}{R_0} = -\frac{1}{\omega L_p}$$

$$L_p = -\frac{1}{\omega B_p} = -\frac{R_0}{\omega B'_p} = \frac{600\,\Omega}{2\pi \cdot 200 \cdot 10^6 s^{-1} \cdot 2,5} = 191\,nH$$

Schließlich ist aus $\underline{Z}'_2$ und $\underline{Z}'_3$ die in Reihe zu schaltende Kapazität C_r zu berechnen:

$$X'_r = X'_3 - X'_2 = -0,8 \quad mit \quad X'_3 = 0$$

$$X_r = R_0 \cdot X'_r = -\frac{1}{\omega C_r}$$

$$C_r = -\frac{1}{\omega X_r} = -\frac{1}{\omega R_0 \cdot X'_r} = \frac{1}{2\pi \cdot 200 \cdot 10^6 s^{-1} \cdot 600\,\Omega \cdot 0,8} = 1,66\,pF$$

Auf die gleiche Weise ließen sich zu einem induktiven komplexen Widerstand $\underline{Z}'_1$ eine Kapazität C_p parallel und eine Induktivität L_r in Reihe schalten, um einen reellen Widerstand zu erhalten.

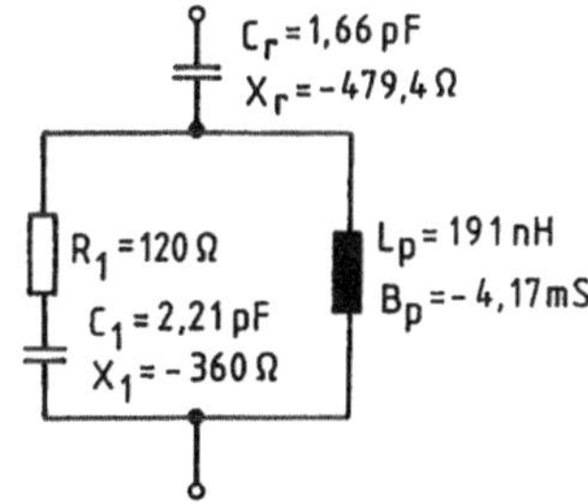

Bild 4.73 Transformierte Schaltung im Beispiel 11, Teil 1

Kontrollrechnung:

$$\underline{Z}_1 = R_1 + j \cdot X_1 = 120\,\Omega - j \cdot 360\,\Omega$$

$$\underline{Y}_1 = \frac{1}{\underline{Z}_1}$$

$$\underline{Y}_1 = \frac{1}{120\,\Omega - j \cdot 360\,\Omega} \cdot \frac{120\,\Omega + j \cdot 360\,\Omega}{120\,\Omega + j \cdot 360\,\Omega}$$

$$\underline{Y}_1 = 0,833\,mS + j \cdot 2,5\,mS$$

$$\underline{Y}_2 = \underline{Y}_1 + j \cdot B_p = G_1 + j \cdot (B_1 + B_p)$$

$$\underline{Y}_2 = 0,833\,mS + j \cdot (2,5 - 4,17)\,mS = 0,833\,mS - j \cdot 1,67\,mS = G_2 + j \cdot B_2$$

$$\underline{Z}_2 = \frac{1}{\underline{Y}_2} = \frac{1}{0,833\,mS - j \cdot 1,67\,mS} \cdot \frac{0,833\,mS + j \cdot 1,67\,mS}{0,833\,mS + j \cdot 1,67\,mS}$$

$$\underline{Z}_2 = R_2 + j \cdot X_2 = 240\,\Omega + j \cdot 479,4\,\Omega$$

$$\underline{Z}_3 = \underline{Z}_2 + j \cdot X_r = R_2 + j \cdot (X_2 + X_r) = 240\,\Omega + j \cdot (479,4\,\Omega - 479,4\,\Omega)$$

$$\underline{Z}_3 = 240\,\Omega$$

Zu 2.

$$\underline{Z}_1 = R_1 - j\frac{1}{\omega C_1} = 240\,\Omega - j\cdot\frac{1}{2\pi\cdot 200\cdot 10^6\,\mathrm{s}^{-1}\cdot 6{,}62\cdot 10^{-12}\,\mathrm{F}}$$

$$\underline{Z}_1 = 240\,\Omega - j\cdot 120\,\Omega$$

und mit $R_0 = 600\,\Omega$ ist der im Kreisdiagramm darstellbare bezogene komplexe Widerstand

$$\underline{Z}_1' = \frac{\underline{Z}_1}{R_0} = \frac{240\,\Omega}{600\,\Omega} - j\cdot\frac{120\,\Omega}{600\,\Omega}$$

$$\underline{Z}_1' = R_1' + j\cdot X_1' = 0{,}4 - j\cdot 0{,}2$$

und der angestrebte bezogene komplexe Widerstand

$$\underline{Z}_3' = \frac{\underline{Z}_3}{R_0} = \frac{360\,\Omega}{600\,\Omega}$$

$$\underline{Z}_3' = R_3' + j\cdot X_3' = 0{,}6 \quad \text{mit} \quad X_3' = 0$$

Der Kreis durch $\underline{Z}_1'$ und 0 und der Kreis mit dem Realteil 0,6 haben keinen Schnittpunkt für $\underline{Z}_2'$. Mit parallel geschalteter Induktivität und in Reihe geschalteter Kapazität in dieser Zuschaltung ist der angestrebte Widerstand nicht zu erreichen.

Wird aber die Zuschaltung von Blindwiderständen umgekehrt, also zuerst eine Induktivität L_r in Reihe und dann eine Kapazität C_p parallel geschaltet, dann ist die Transformation in den reellen Widerstand möglich, wie im folgenden gezeigt wird.

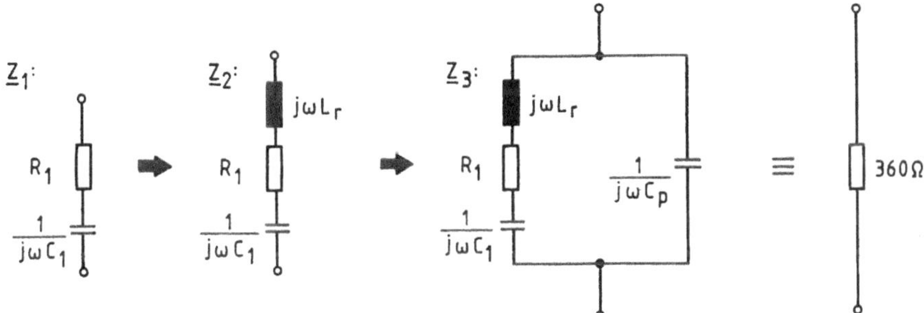

Bild 4.74 Geänderte Widerstandstransformation im Beispiel 11, Teil 2

Sollte also eine Widerstandstransformation nicht durchführbar sein, weil sich kein Schnittpunkt der beiden Kreise ergibt, dann muss die Zuschaltung in umgekehrter Reihenfolge geschehen. Welche der beiden in Frage kommenden Schaltungen zum Ergebnis führt, muss ausprobiert werden.

Der bezogene komplexe Widerstand $\underline{Z}_1'$ soll durch Reihenschalten einer Induktivität L_r in den bezogenen komplexen Widerstand $\underline{Z}_2'$ so transformiert werden, dass der Realteil von $\underline{Z}_2'$ mit dem reellen bezogenen Widerstand $\underline{Z}_3'$ übereinstimmt.

Wie behandelt, bedeutet die Reihenschaltung einer Induktivität L_r eine Erhöhung des Blindanteils, d. h. der bezogene komplexe Widerstand $\underline{Z}_2'$ muss auf dem Kreis liegen, der durch 0,4 geht.

Werden die Punkte dieses Kreises invertiert, dann entsteht ein Kreis, der durch $\underline{Y}_1'$ und den Punkt 0 verläuft. Um den Kreis zeichnen zu können, muss $\underline{Z}_1'$ in $\underline{Y}_1'$ invertiert werden:

$$\underline{Y}_1' = G_1' + j \cdot B_1' = 2 + j \cdot 1$$

Werden zu einem komplexen Widerstand Induktivitäten in Reihe geschaltet, dann wird dieser Kreis im Uhrzeigersinn durchlaufen; werden Kapazitäten in Reihe geschaltet, dann wird er im Gegenuhrzeigersinn durchlaufen.

Auf diesem Kreis muss der bezogene Leitwert $\underline{Y}_2'$ liegen, für den der Realteil noch festgelegt werden kann. Dieser ergibt sich im Schnittpunkt dieses Kreises durch $\underline{Y}_1'$ und 0 und dem Kreis mit dem geforderten Realteil von $\underline{Y}_3' = 1/\underline{Z}_3' = 1/R_3' = G_3'$, im Beispiel durch $\underline{Y}_3' = 1/\underline{Z}_3' = 1/0,6 = 1,67$ festgelegt:

$$\underline{Y}_2' = G_2' + j \cdot B_2' = 1,67 - j \cdot 1,2$$

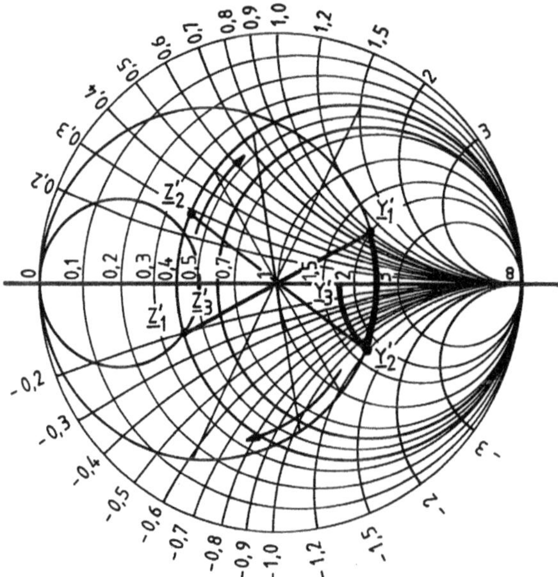

Bild 4.75 Ermittlung von L_r und C_p für die Transformation eines komplexen Widerstandes in einen reellen Widerstand

Der bezogene komplexe Leitwert $\underline{Y}_2'$ ist dann in $\underline{Z}_2'$ zu invertieren

$$\underline{Z}_2' = R_2' + j \cdot X_2' = 0,4 + j \cdot 0,28$$

damit die Induktivität L_r berechnet werden kann:

$$X_r' = X_2' - X_1' = 0,28 + 0,2 = 0,48$$

$$X_r = R_0 \cdot X_r' = \omega L_r$$

$$L_r = \frac{R_0 \cdot X_r'}{\omega} = \frac{600\,\Omega \cdot 0,48}{2\pi \cdot 200 \cdot 10^6 s^{-1}} = 229\,nH$$

Schließlich ist aus $\underline{Y}_2'$ und $\underline{Y}_3'$ die parallel zu schaltende Kapazität C_p zu berechnen:

$$B_p' = B_3' - B_2' = 1,2 \quad \text{mit} \quad B_3' = 0$$

$$B_p = G_0 \cdot B_p' = \frac{B_p'}{R_0} = \omega C_p$$

$$C_p = \frac{B_p'}{\omega R_0} = \frac{1,2}{2\pi \cdot 200 \cdot 10^6 s^{-1} \cdot 600\,\Omega} = 1,59\,pF$$

Auf die gleiche Weise ließen sich zu einem induktiven komplexen Widerstand $\underline{Z}_1'$ eine Kapazität C_r in Reihe und eine Induktivität L_p parallel schalten, um einen reellen Widerstand zu erhalten.

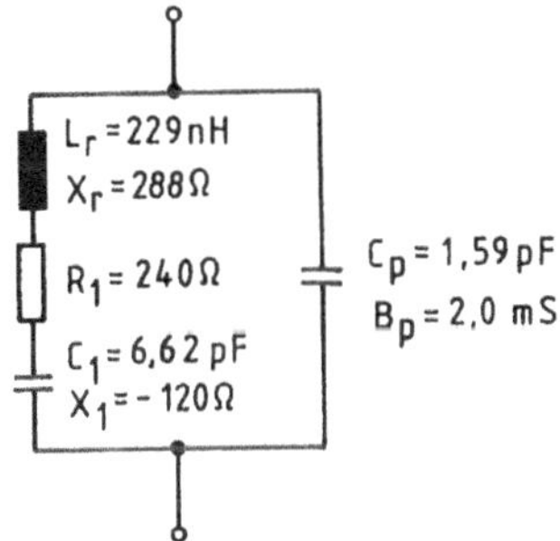

Bild 4.76
Transformierte Schaltung im Beispiel 11, Teil 2

Kontrollrechnung:

$$\underline{Z}_1 = R_1 + j \cdot X_1 = 240\,\Omega - j \cdot 120\,\Omega$$

$$\underline{Z}_2 = \underline{Z}_1 + j \cdot X_r = R_1 + j \cdot (X_1 + X_r)$$

$$\underline{Z}_2 = 240\,\Omega + j \cdot (-120 + 288)\,\Omega$$

$$\underline{Z}_2 = 240\,\Omega + j \cdot 168\,\Omega$$

$$\underline{Y}_2 = 1/\underline{Z}_2$$

$$\underline{Y}_2 = \frac{1}{240\,\Omega + j \cdot 168\,\Omega} \cdot \frac{240\,\Omega - j \cdot 168\,\Omega}{240\,\Omega - j \cdot 168\,\Omega}$$

$$\underline{Y}_2 = 2,8\,mS - j \cdot 2,0\,mS = G_2 + j \cdot B_2$$

$$\underline{Y}_3 = \underline{Y}_2 + j \cdot B_p = G_2 + j \cdot (B_2 + B_p) = 2,8\,mS + j \cdot (-2,0 + +2,0)\,mS$$

$$\underline{Y}_3 = 2,8\,mS$$

$$\text{und} \quad \underline{Z}_3 = 1/\underline{Y}_3 = 1/2,8\,mS = 360\,\Omega$$

Zusammenfassung der Widerstandstransformation:

Mit der Zuschaltung von zwei Blindwiderständen lässt sich jeder komplexe Widerstand $\underline{Z}_1$ in einen anderen komplexen Widerstand $\underline{Z}_3$ überführen. Bei Anpassungsproblemen ist der gewünschte Widerstand $\underline{Z}_3$ meist reell. Dabei wird zuerst ein Blindwiderstand parallel und dann ein Blindwiderstand in Reihe geschaltet oder umgekehrt zuerst ein Blindwiderstand in Reihe und dann ein Blindwiderstand parallel geschaltet. Welche der beiden möglichen Schaltungen zum gewünschten komplexen Widerstand $\underline{Z}_3$ führt, muss im Kreisdiagramm ausprobiert werden.

$\underline{Z}_1 \parallel jX_p = \underline{Z}_2$ **und** $\underline{Z}_2 + jX_r = \underline{Z}_3$ **oder** $\qquad$ $\underline{Z}_1 + jX_r = \underline{Z}_2$ **und** $\underline{Z}_2 \parallel jX_p = \underline{Z}_3$

1. Berechnung von $\underline{Z}_1'$ und $\underline{Z}_3'$ mit R_0:

$$\underline{Z}_1' = \frac{R_1}{R_0} + j\frac{X_1}{R_0} \qquad \underline{Z}_3' = \frac{R_3}{R_0} + j\frac{X_3}{R_0}$$

und Eintragen in das Kreisdiagramm.

2. Transformation von $\underline{Z}_1'$ in $\underline{Z}_2'$ durch das Parallelschalten eines Blindwiderstandes X_p zu $\underline{Z}_1$ (Kapazität C_p oder Induktivität L_p), wodurch die Forderung nach dem Wirkanteil R_3 von $\underline{Z}_3$ erfüllt wird:

Zeichnen des Kreises, der durch $\underline{Z}_1'$ und 0 geht.

Ermittlung von $\underline{Z}_2'$ im Schnittpunkt des gezeichneten Kreises und des Kreises mit dem geforderten Wirkwiderstand R_3'.

3. Transformation von $\underline{Z}_2'$ in $\underline{Z}_3'$ durch das Reihenschalten eines Blindwiderstandes X_r zu $\underline{Z}_2$ (Induktivität L_r oder Kapazität C_r), wodurch die Forderung nach dem Blindanteil X_3 von $\underline{Z}_3$ erfüllt wird.

4. Ermittlung von B_p aus $\underline{Z}_1'$ und $\underline{Z}_2'$:
   Inversion von $\underline{Z}_1'$ in $\underline{Y}_1'$ und $\underline{Z}_2'$ in $\underline{Y}_2'$
   Ablesen von B_2' und B_1' und
   Ermitteln von $B_p = G_0 (B_2' - B_1')$
   Berechnen von C_p oder L_p:

$$C_p = B_p/\omega \quad \text{oder} \quad L_p = -1/\omega B_p$$

5. Ermittlung von X_r aus $\underline{Z}_2'$ und $\underline{Z}_3'$:
   Ablesen von X_3' und X_2' und
   Ermitteln von $X_r = R_0 (X_3' - X_2')$
   Berechnen von L_r oder C_r:

$$L_r = X_r/\omega \quad \text{oder} \quad C_r = -1/\omega X_r$$

---

1. Berechnung von $\underline{Z}_1'$ und $\underline{Z}_3'$ mit R_0:

$$\underline{Z}_1' = \frac{R_1}{R_0} + j\frac{X_1}{R_0} \qquad \underline{Z}_3' = \frac{R_3}{R_0} + j\frac{X_3}{R_0}$$

Eintragen in das Kreisdiagramm und Inversion von $\underline{Z}_1'$ in $\underline{Y}_1'$ und $\underline{Z}_3'$ in $\underline{Y}_3'$

2. Transformation von $\underline{Y}_1'$ in $\underline{Y}_2'$ durch das Reihenschalten eines Blindleitwertes B_r zu $\underline{Y}_1$ (Induktivität L_r oder Kapazität C_r), wodurch die Forderung nach dem Wirkanteil G_3 von $\underline{Y}_3$ erfüllt wird:

Zeichnen des Kreises, der durch $\underline{Y}_1'$ und 0 geht.

Ermittlung von $\underline{Y}_2'$ im Schnittpunkt des gezeichneten Kreises und des Kreises mit dem geforderten Wirkleitwert G_3'.

3. Transformation von $\underline{Y}_2'$ in $\underline{Y}_3'$ durch das Parallelschalten eines Blindleitwertes B_p zu $\underline{Y}_2$ (Kapazität C_p oder Induktivität L_p), wodurch die Forderung nach dem Blindanteil B_3 von $\underline{Y}_3$ erfüllt wird.

4. Ermittlung von X_r aus $\underline{Z}_1'$ und $\underline{Z}_2'$:
   Inversion von $\underline{Y}_2'$ in $\underline{Z}_2'$
   Ablesen von X_2' und X_1' und
   Ermitteln von $X_r = R_0 (X_2' - X_1')$
   Berechnen von L_r oder C_r:

$$L_r = X_r/\omega \quad \text{oder} \quad C_r = -1/\omega X_r$$

5. Ermittlung von B_p aus $\underline{Y}_2'$ und $\underline{Y}_3'$:
   Ablesen von B_3' und B_2' und
   Ermitteln von B_p und $G_0 (B_3' - B_2')$
   Berechnen von C_p, oder L_p:

$$C_p = B_p/\omega \quad \text{oder} \quad L_p = -1/\omega B_p$$

Übungsaufgaben zu den Abschnitten 4.1 bis 4.4

4.1 Eine Spule mit einer Windungszahl $w = 1000$ und einer Querschnittfläche von $100\,cm^2$ befindet sich in einem homogenen Magnetfeld, das sich sinusförmig mit der Frequenz $f = 50\,Hz$ verändert. Der Maximalwert der magnetischen Induktion beträgt $\hat{B} = 5 \cdot 10^{-9}\,Vs/cm^2$.
1. Leiten Sie die Formel für die in der Spule induzierte Spannung her und berechnen Sie die Spannungsamplitude.
2. Auf welchen Wert verändert sich die Spannungsamplitude, wenn die Frequenz von $50\,Hz$ auf $5\,kHz$ vergrößert wird?

4.2 Mit einem Einweg-Gleichrichter wird mit einem Drehspulspannungsmesser eine Spannung von $40\,V$ gemessen. Berechnen Sie die Amplitude der gleichgerichteten Sinusspannung.

4.3 Zwei Spannungsquellen liefern sinusförmige Spannungen mit den Effektivwerten $U_{q1} = 100\,V$ und $U_{q2} = 120\,V$, die eine Phasenverschiebung von $60°$ zueinander haben. Die Spannung u_{q1} hat den Anfangsphasenwinkel $0°$.
1. Berechnen Sie den Effektivwert und den Anfangsphasenwinkel der resultierenden Spannung, wenn die beiden Spannungsquellen in Reihe geschaltet sind.
2. Auf welchen Wert ändert sich der Spannungseffektivwert, wenn die zweite Spannungsquelle umgedreht wird, also mit der ersten Quelle eine Gegenreihenschaltung darstellt?
3. Kontrollieren Sie das Ergebnis mit Hilfe von Zeigerbildern.

4.4 Nacheinander werden an verschiedene Spulen, für die die ohmschen Verluste vernachlässigt werden sollen, sinusförmige Wechselspannungen mit dem Effektivwert $1000\,V$ und den Frequenzen $f = 20, 30, 40, 50, 60, 70, 80, 90$ und $100\,Hz$ angelegt.
1. Berechnen Sie die Induktivitäten der einzelnen Spulen, wenn der Strom durch die Spulen konstant $2\,A$ gehalten wird.
2. Stellen Sie die Abhängigkeit der Induktivitäten L von den Frequenzen f dar.

4.5 Eine Wechselstromleitung der Länge von $1\,km$ besteht aus zwei parallel liegenden Drähten mit gleichem Durchmesser von $2r = 2\,mm$ und einem Abstand $a = 0,1\,m$.
1. Berechnen Sie die Kapazität der Doppelleitung.
2. Wird an die Leitung eine sinusförmige Spannung $U = 1000\,V$, $f = 50\,Hz$ bei offenem Leitungsende angelegt, dann fließt ein sinusförmiger Strom. Berechnen Sie den kapazitiven Widerstand $-X_C$ und den Effektivwert des Stroms I.

4.6 Ein Zweistrahl-Oszilloskop zeichnet den Strom- und Spannungsverlauf eines passiven Zweipols auf, der im Bild 4.77 dargestellt ist.
1. Lesen Sie aus dem Oszillogramm die Effektivwerte von Strom und Spannung, die Frequenz und die Phasenverschiebung ab.
2. Stellen Sie den passiven Zweipol durch Ersatzschaltbilder dar und zwar durch zwei in Reihe und zwei parallel geschaltete Schaltelemente.

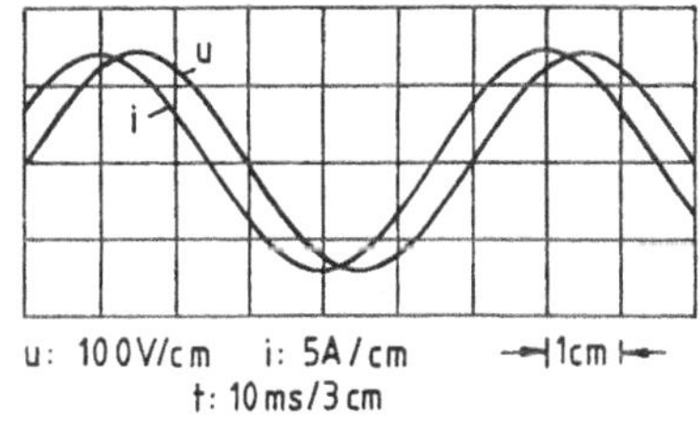

Bild 4.77 Übungsaufgabe 4.6

3. Berechnen Sie die Ersatzschaltelemente mit Hilfe der komplexen Rechnung.
4. Kontrollieren Sie das Ergebnis mit Hilfe der Formeln für Widerstandstransformationen.

4.7 An einer verlustbehafteten Kapazität (Reihenschaltung von R_r und C_r) liegt eine sinusförmige Wechselspannung an: $u = \hat{u} \cdot \sin(\omega t + \varphi_u)$.
1. Stellen Sie für diesen Vorgang die Differentialgleichung für u_C auf und lösen Sie diese mit dem Ansatz $u_C = \hat{u}_C \cdot \sin(\omega t + \varphi_{uc})$ (Verfahren 1).
2. Kontrollieren Sie das Ergebnis durch Transformation der Differentialgleichung und Rücktransformation (Verfahren 2).

4.8   An der gezeichneten Schaltung liegt eine sinusförmige Wechselspannung an:
       $u = \hat{u} \cdot \sin(\omega t + \varphi_u)$.

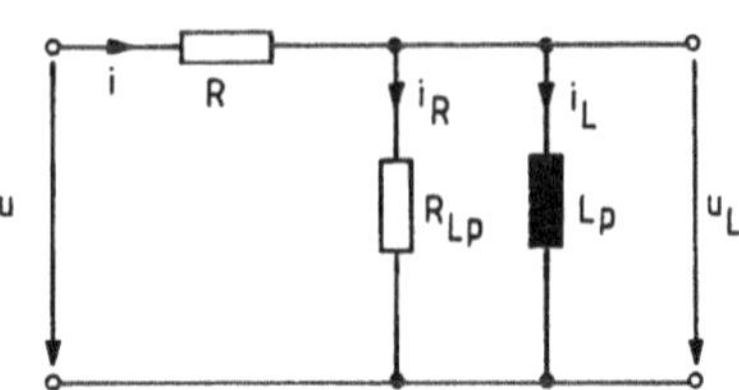

Bild 4.78
Übungsaufgabe 4.8

1. Stellen Sie die Differentialgleichung für i_L auf.
2. Bilden Sie die Differentialgleichung ins Komplexe ab und lösen Sie die Bildgleichung.
3. Kontrollieren Sie die Lösung der Bildgleichung mit Hilfe der Schaltung mit komplexen Effektivwerten und komplexen Operatoren.
4. Ermitteln Sie die Zeitfunktion $i_L(t)$ durch Rücktransformation der Lösung der Bildgleichung.
5. Berechnen Sie schließlich $u_L(t)$.

4.9   Berechnen Sie den sinusförmig veränderlichen Wechselstrom durch den ohmschen Widerstand R_{Cp} mit Hilfe der Spannungs- und Stromteilerregel und durch Anwendung der Kirchhoffschen Sätze, nachdem Sie die Schaltung mit Zeitfunktionen in die Schaltung mit komplexen Effektivwerten und komplexen Operatoren transformiert haben. Vergleichen Sie das Ergebnis mit dem 3. Beispiel der *Stromteilerregel* (Bild 4.35).

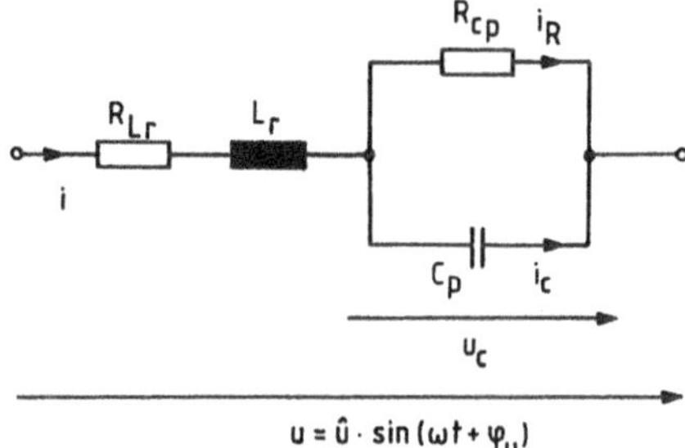

Bild 4.79
Übungsaufgabe 4.9

4.10   1. Für die Schaltung im Bild 4.80 ist der Strom $\underline{I}_L$ in Abhängigkeit von $\underline{U}_1$, ω, R_{Lp}, L_p, R_{Cr} und C_r zu ermitteln.
       2. Berechnen Sie anschließend den Strom $\underline{I}_R$ und die Spannung $\underline{U}_2$.

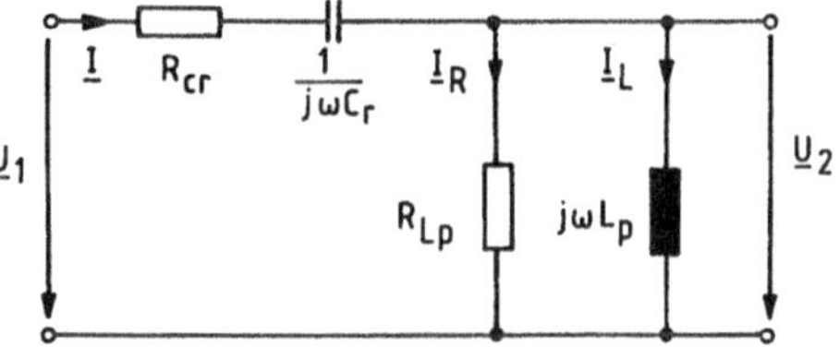

Bild 4.80
Übungsaufgaben 4.10 und 4.11

4.11   1. Für die Schaltung im Bild 4.80 ist das Spannungsverhältnis

$$\underline{V}_{uf} = \frac{\underline{U}_2}{\underline{U}_1}$$

in Form eines komplexen Operators in algebraischer Form zu ermitteln, wodurch das Ergebnis der Aufgabe 4.10 kontrolliert wird.
       2. Geben Sie den Betrag $|\underline{V}_{uf}|$ an. Bei welcher Kreisfrequenz ω ist der Betrag maximal?
       3. Ermitteln Sie V_{uf} und $|\underline{V}_{uf}|$, wenn der Kondensator ideal angenommen wird. Bei welcher Kreisfrequenz ω ist dann $|\underline{V}_{uf}|$ maximal und wie lautet dann die Formel für $\underline{V}_{uf}$?

4.12 Durch die gezeichnete Phasendrehbrücke kann die Phasenverschiebung zwischen der anliegenden Spannung

$$u_1 = \hat{u}_1 \cdot \sin \omega t$$

und der Brückenspannung

$$u_2 = \hat{u}_2 \cdot \sin (\omega t + \varphi)$$

durch R_1 und C geändert werden.

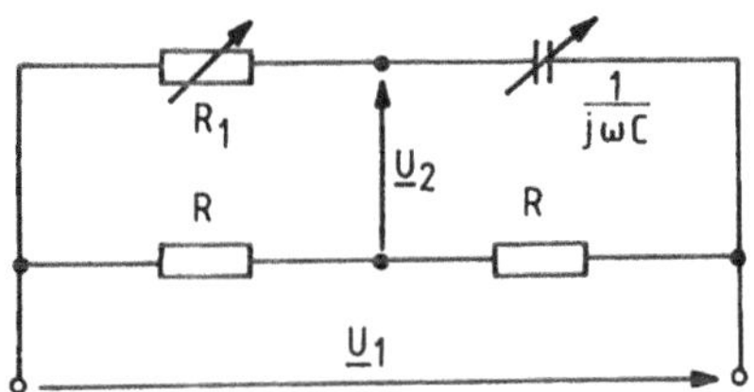

Bild 4.81
Übungsaufgabe 4.12

1. Leiten Sie mit Hilfe der komplexen Rechnung die Beziehung für die Phasenverschiebung φ in Abhängigkeit von R_1, C und ω her, indem Sie zunächst das Spannungsverhältnis $\underline{U}_2/\underline{U}_1$ entwickeln und dann φ angeben. Verwenden Sie dabei die Beziehung

$$e^{j \cdot 2 \cdot \arctan z} = \frac{1 + j \cdot z}{1 - j \cdot z}$$

2. Geben Sie das Amplitudenverhältnis der beiden Spannungen an.
3. Ermitteln Sie die Phasenverschiebung φ, wenn $1/\omega C = R_1$ ist. Bestätigen Sie das Ergebnis mit Hilfe eines Zeigerbildes.

4.13 In der im Bild 4.82 dargestellten Schaltung sind die Quellspannungen um 90° phasenverschoben:

$$u_{q1} = \hat{u}_q \cdot \sin \omega t$$
$$u_{q2} = \hat{u}_q \cdot \cos \omega t$$

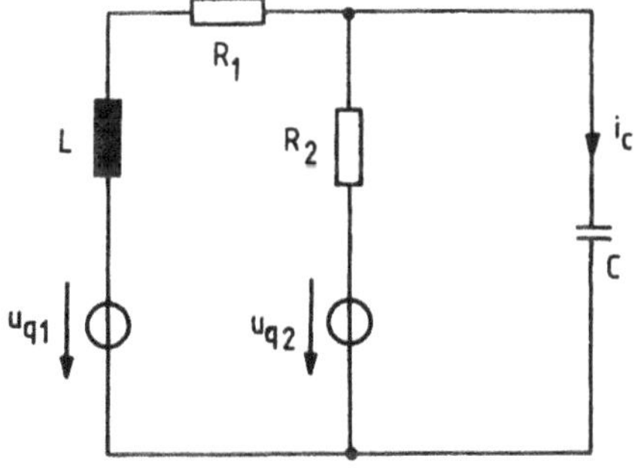

Bild 4.82
Übungsaufgabe 4.13

1. Transformieren Sie die Schaltung in den Bildbereich und berechnen Sie mit Hilfe des Überlagerungssatzes in komplexer Form den Strom $\underline{I}_C$ und dann den sinusförmigen Strom i_C durch die Kapazität C.
2. Bestätigen Sie das Ergebnis, indem Sie das Maschenstromverfahren anwenden.
3. Wie ist der Strom i_C zu berechnen, wenn die Amplitude und die Anfangsphasenwinkel der Quellspannungen unterschiedlich sind?

4.14 1. Mit Hilfe der Zweipoltheorie ist der Strom $\underline{I}_3$ durch den Diagonalzweig der Brückenschaltung zu berechnen, die im Bild 4.83 dargestellt ist.

2. Kontrollieren Sie das Ergebnis durch Anwendung der Zweigstromanalyse (Netzberechnungsverfahren mit Hilfe der Kirchhoffschen Sätze).

3. Geben Sie die Bedingung für die Schaltelemente an, damit der Strom i_3 gegenüber der anliegenden Spannung u um 90° phasenverschoben ist.

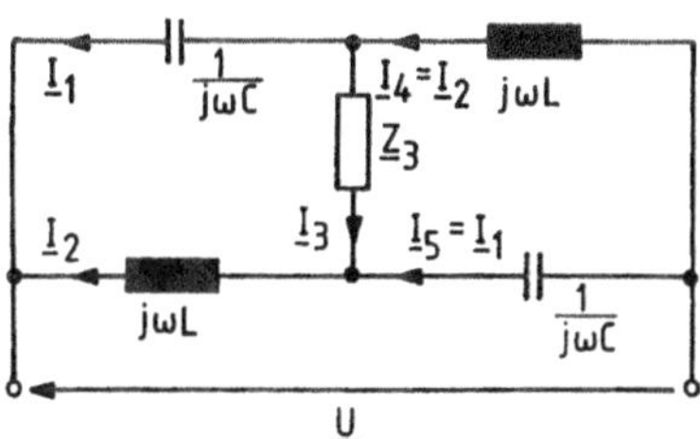

Bild 4.83
Übungsaufgabe 4.14

4.15 Entwickeln Sie qualitativ das Zeigerbild der im Bild 4.84 dargestellten Schaltung. Geben Sie die Reihenfolge der gezeichneten Zeiger und die Gleichungen an, aus denen sich die weiteren Zeiger ergeben. Die anliegende Spannung ist

$$u = \hat{u} \cdot \sin(\omega t + \varphi_u)$$

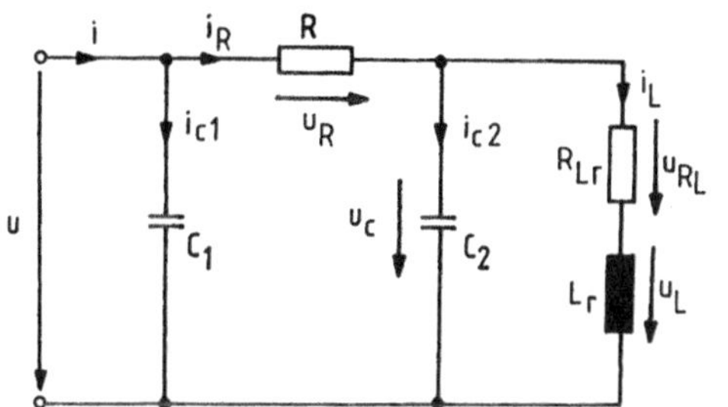

Bild 4.84
Übungsaufgabe 4.15

4.16 1. Entwickeln Sie qualitativ das Zeigerbild einer Eisenspule mit Eisenkern, deren Ersatzschaltung im Bild 4.85 dargestellt ist. Der Strom I_μ ist gegeben. Die Ersatzschaltelemente erfassen die Kupferverluste durch R_{Cu}, die Eisenverluste durch R_{Fe} und die Streuung durch die Streuinduktivität L_σ. Geben Sie die Reihenfolge der gezeichneten Zeiger an.

2. Mit $R_{Cu} = 120\,\Omega$, $L_\sigma = 0{,}5\,H$, $R_{Fe} = 708\,\Omega$ und $L = 1{,}5\,H$ ist anschließend ein quantitatives Zeigerbild zu entwickeln, wenn der Strom $I_\mu = 300\,mA$ bei $f = 50\,Hz$ beträgt. Empfohlener Maßstab: $100\,V \;\hat{=}\; 2{,}5\,cm$, $0{,}1\,A \;\hat{=}\; 1\,cm$.

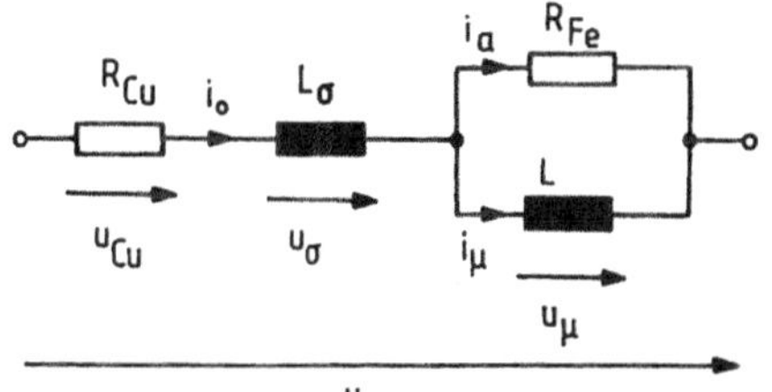

Bild 4.85
Übungsaufgabe 4.16

4.17 Reaktanz-Vierpole sind Wechselstromschaltungen, die zwei Eingangsklemmen und zwei Ausgangsklemmen besitzen und nur Reaktanzen (Blindwiderstände) enthalten. Vierpole werden im Band 3, Kapitel 10 behandelt. Die beiden im Bild 4.86 gezeichneten Vierpole, die als Symmetrierglieder für Kabelverbindungen verwendet werden können, sollen äquivalent sein. Aus dem gegebenen π-Vierpol (Collins-Filter), der der Dreieckschaltung entspricht, sollen die Bauelemente L_1, L_2 und C des T-Vierpols, der eine Sternschaltung darstellt, errechnet werden.

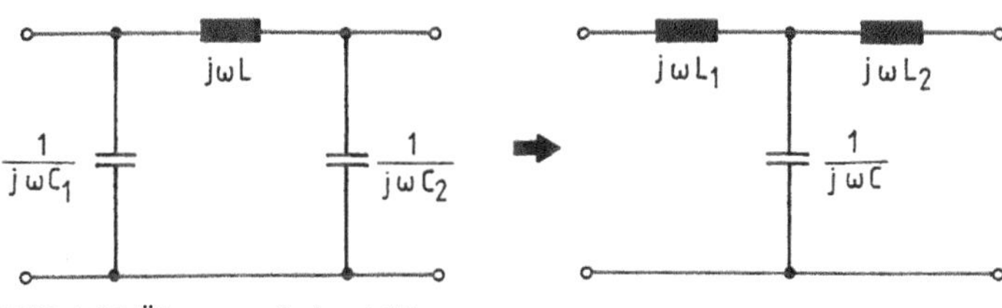

Bild 4.86 Übungsaufgabe 4.17

4.18 Mit der im Bild 4.87 gezeichneten Anderson-Wechselstrombrücke lassen sich genauso wie mit der Illiovici-Brücke (Bild 4.66) Spulen (verlustbehaftete Induktivitäten) messtechnisch ermitteln.

    1.   Wandeln Sie zunächst die Anderson-Brücke in die Brücke mit $\underline{Z}_1$ bis $\underline{Z}_4$ durch Dreieck-Stern-Transformation und durch Stern-Dreieck-Transformation um.

    2.   Dann sind die Gleichungen für den ohmschen Anteil R_{r1} und den induktiven Anteil L_{r1} der Spule zu bestimmen.

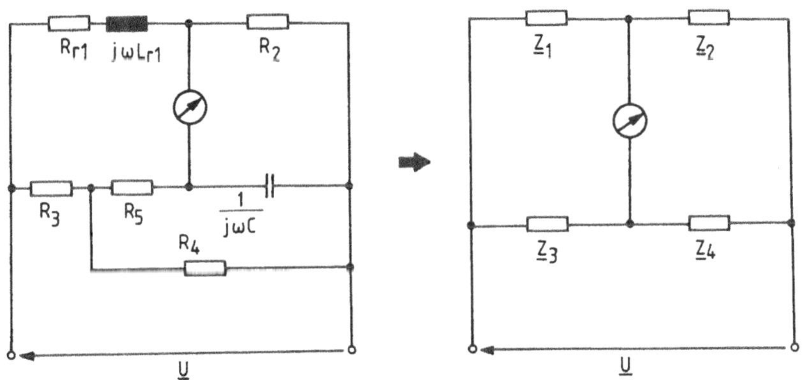

Bild 4.87 Übungsaufgabe 4.18

4.19 Für das Beispiel 11 (S. 82 ff, Bild 4.71) lässt sich die Widerstandstransformation von $\underline{Z}_1 = 120\,\Omega - j \cdot 360\,\Omega$ in $\underline{Z}_3 = 240\,\Omega$ auch durch zwei Induktivitäten L_p und L_r erreichen.

    1.   Ermitteln Sie mit Hilfe des Kreisdiagramms im Bild 4.72 die Induktivitäten.

    2.   Bestätigen Sie das Ergebnis durch eine Kontrollrechnung.

4.5 Die Reihenschaltung und Parallelschaltung von ohmschen Widerständen, Induktivitäten und Kapazitäten

Die Ausführungen über Wechselstromwiderstände und deren Reihen- und Parallelschaltungen im Abschnitt 4.3 sollen erweitert werden.

4.5.1 Die Reihenschaltung von Wechselstromwiderständen – die Reihen- oder Spannungsresonanz

Berechnung des Stromverlaufs bei gegebener anliegender Sinusspannung

Für das im Bild 4.88 gezeichnete Schaltbild eines *Reihenschwingkreises* gilt die Differentialgleichung

$$u = u_R + u_L + u_C \quad \text{mit} \quad u = \hat{u} \cdot \sin(\omega t + \varphi_u)$$

$$u = R_r \cdot i + L_r \cdot \frac{di}{dt} + \frac{1}{C_r} \cdot \int i \cdot dt, \qquad (4.106)$$

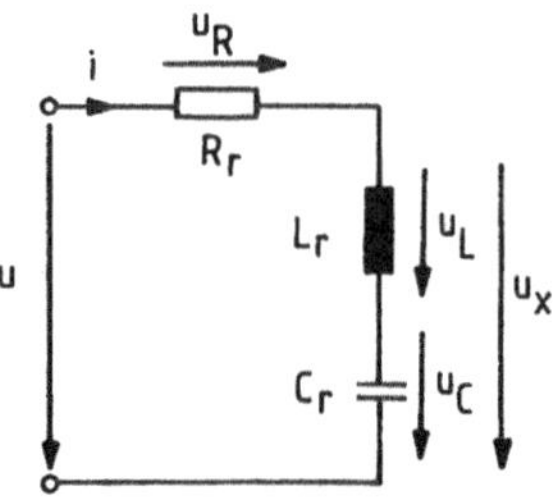

die in die algebraische Gleichung abgebildet

$$\underline{u} = \underline{u}_R + \underline{u}_L + \underline{u}_C$$

$$\underline{u} = R_r \cdot \underline{i} + j\omega L_r \cdot \underline{i} + \frac{1}{j\omega C_r} \cdot \underline{i} \qquad (4.107)$$

Bild 4.88 Reihenschwingkreis

und gelöst werden kann:

$$\underline{i} = \frac{\underline{u}}{R_r + j \cdot \left(\omega L_r - \dfrac{1}{\omega C_r}\right)} = \frac{\hat{u} \cdot e^{j(\omega t + \varphi_u)}}{\sqrt{R_r{}^2 + \left(\omega L_r - \dfrac{1}{\omega C_r}\right)^2} \cdot e^{j \cdot \arctan(\omega L_r - 1/\omega C_r)/R_r}}$$

$$\underline{i} = \frac{\hat{u}}{Z_r} \cdot e^{j(\omega t + \varphi_u - \varphi_r)} \qquad (4.108)$$

mit

$$\varphi_r = \arctan \frac{\omega L_r - \dfrac{1}{\omega C_r}}{R_r} \quad \text{und} \quad Z_r = \sqrt{R_r{}^2 + \left(\omega L_r - \dfrac{1}{\omega C_r}\right)^2}$$

Die Rücktransformation von $\underline{i}$ führt zur Lösung im Zeitbereich:

$$i = \frac{\hat{u}}{Z_r} \cdot \sin(\omega t + \varphi_u - \varphi_r)$$

$$i = \frac{\hat{u}}{\sqrt{R_r{}^2 + \left(\omega L_r - \dfrac{1}{\omega C_r}\right)^2}} \cdot \sin\left(\omega t + \varphi_u - \arctan \frac{\omega L_r - \dfrac{1}{\omega C_r}}{R_r}\right) \qquad (4.109)$$

Aus der Stromgleichung lassen sich die Spannungen berechnen:

$$u_R = R_r \cdot i = \frac{R_r \cdot \hat{u}}{Z_r} \cdot \sin\left(\omega t + \varphi_u - \varphi_r\right) \tag{4.110}$$

$$u_L = L_r \frac{di}{dt} = \frac{\omega L_r \cdot \hat{u}}{Z_r} \cdot \cos(\omega t + \varphi_u - \varphi_r) = \frac{\omega L_r \cdot \hat{u}}{Z_r} \cdot \sin\left(\omega t + \varphi_u - \varphi_r + \frac{\pi}{2}\right) \tag{4.111}$$

$$u_C = \frac{1}{C_r} \int i \cdot dt = \frac{-\hat{u}}{\omega C_r \cdot Z_r} \cdot \cos(\omega t + \varphi_u - \varphi_r) = \frac{\hat{u}}{\omega C_r \cdot Z_r} \cdot \sin\left(\omega t + \varphi_u - \varphi_r - \frac{\pi}{2}\right)$$

$$\tag{4.112}$$

Der Strom i kann gegenüber der Spannung u nacheilend, voreilend und mit der Spannung u in Phase sein, wie durch entsprechende Zeigerbilder veranschaulicht werden kann. Aus der Schaltung im Bildbereich, das ist die Schaltung mit komplexen Operatoren und komplexen Effektivwerten (Bild 4.89) lassen sich die algebraischen Gleichungen für die Zeigerbilder ablesen:

$$\underline{U} = \underline{U}_R + \underline{U}_L + \underline{U}_C = \underline{U}_R + \underline{U}_X$$

$$\underline{U} = R_r \cdot \underline{I} + j\omega L_r \cdot \underline{I} + \frac{1}{j\omega C_r} \cdot \underline{I}$$

$$\underline{U} = \left(R_r + j\omega L_r + \frac{1}{j\omega C_r} \right) \cdot \underline{I}$$

$$\underline{U} = \left[R_r + j \cdot \left(\omega L_r - \frac{1}{\omega C_r} \right) \right] \cdot \underline{I}$$

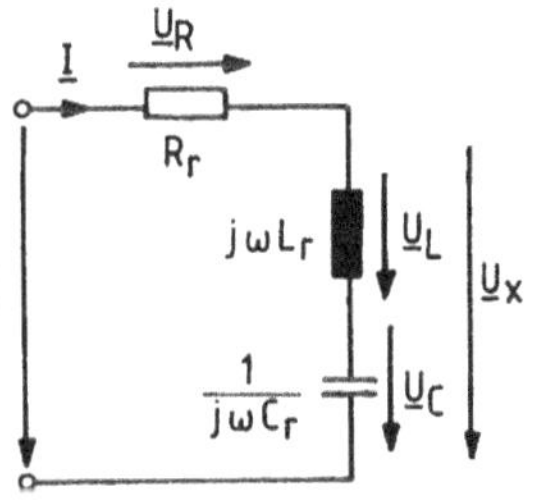

Bild 4.89 Schaltbild des Reihenschwingkreises im Bildbereich

$$\underline{I} = \frac{\underline{U}}{R_r + j \cdot \left(\omega L_r - \frac{1}{\omega C_r} \right)} = \frac{\underline{U}}{R_r + j \cdot (X_L + X_C)} = \frac{\underline{U}}{R_r + j \cdot X_r} = \frac{\underline{U}}{\underline{Z}_r} = \frac{\underline{U}}{Z_r \cdot e^{j\varphi_r}}$$

$$\text{mit} \quad Z_r = \left| \underline{Z}_r \right| = \sqrt{R_r{}^2 + X_r{}^2} = \sqrt{R_r{}^2 + (X_L + X_C)^2}$$

$$Z_r = \sqrt{R_r{}^2 + \left(\omega L_r - \frac{1}{\omega C_r} \right)^2}$$

$$\text{und} \quad \varphi_r = \arc \underline{Z}_r = \arctan \frac{X_r}{R_r} = \arctan \frac{X_L + X_C}{R_r}$$

$$\varphi_r = \arctan \frac{\omega L_r - \dfrac{1}{\omega C_r}}{R_r}$$

Ist $X_r = X_L + X_C > 0$, dann ist der komplexe Widerstand $\underline{Z}_r$ induktiv und die induktive Spannung U_L ist größer als die kapazitive Spannung U_C.

Ist $X_r = X_L + X_C < 0$, dann ist der komplexe Widerstand $\underline{Z}_r$ kapazitiv und die kapazitive Spannung U_C ist größer als die induktive Spannung U_L.

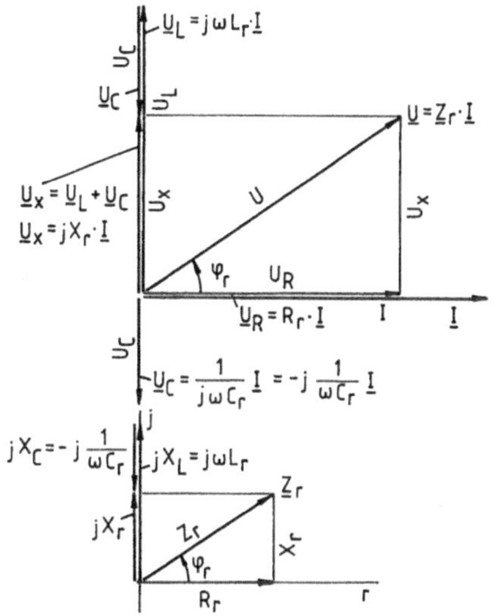

Bild 4.90 Zeigerbild des Reihenschwingkreises mit $X_r > 0$

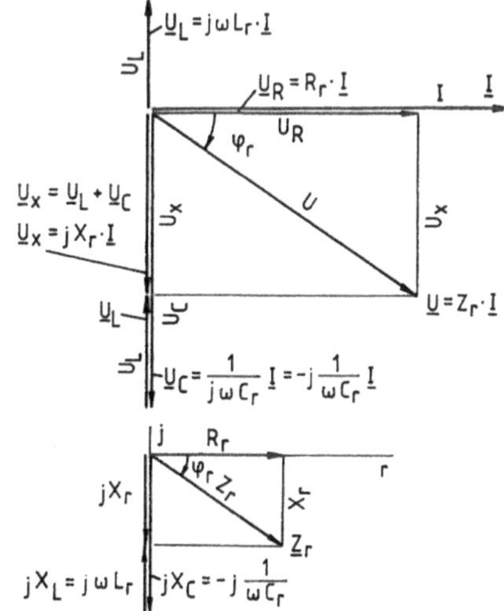

Bild 4.91 Zeigerbild des Reihenschwingkreises mit $X_r < 0$

Für das *Spannungsdreieck*, das aus den Spannungen $\underline{U}_R$, $\underline{U}_X$ und $\underline{U}$ gebildet wird, gelten folgende Beziehungen:

$$U^2 = U_R{}^2 + U_X{}^2 = U_R{}^2 + (U_L - U_C)^2 = R_r{}^2 \cdot I^2 + \left(\omega L_r - \frac{1}{\omega C_r}\right)^2 \cdot I^2$$

$$I = \frac{U}{\sqrt{R_r{}^2 + \left(\omega L_r - \dfrac{1}{\omega C_r}\right)^2}}$$

$$\tan \varphi_r = \frac{U_X}{U_R} = \frac{U_L - U_C}{U_R} = \frac{\left(\omega L_r - \dfrac{1}{\omega C_r}\right) \cdot I}{R_r \cdot I} = \frac{\left(\omega L_r - \dfrac{1}{\omega C_r}\right)}{R_r}$$

$$\varphi_r = \varphi_u - \varphi_i = \arctan \frac{\left(\omega L_r - \dfrac{1}{\omega C_r}\right)}{R_r} \quad \text{und} \quad \varphi_i = \varphi_u - \varphi_r$$

Reihenresonanz, Spannungsresonanz

Ist der Blindanteil $X_r = X_L + X_C = 0$, dann ist der komplexe Widerstand gleich dem ohmschen Widerstand:

$$\underline{Z}_r = Z_r = R_r$$

$$\text{mit } X_r = X_L + X_C = \omega L_r - \frac{1}{\omega C_r} = 0$$

Eingangsspannung u und Eingangsstrom i sind dann in *Resonanz*, d. h. sie haben keine Phasenverschiebung:

$$\varphi_r = \arctan \frac{X_r}{R_r} = \arctan \frac{\omega L_r - \dfrac{1}{\omega C_r}}{R_r} = 0.$$

Die Resonanzbedingung lautet also

$$\omega L_r = \frac{1}{\omega C_r} . \tag{4.113}$$

Sind induktiver Widerstand $X_L = \omega L_r$ und kapazitiver Widerstand $-X_C = 1/\omega C_r$ im Resonanzfall gleich, dann kompensieren sich auch die Blindspannungen, wie aus dem Zeigerbild ersichtlich ist:

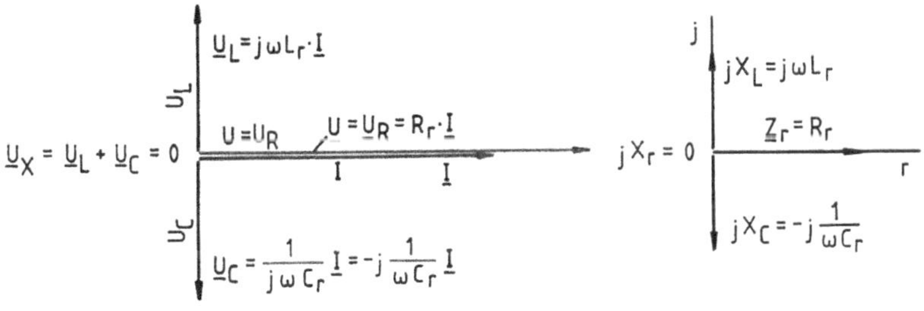

Bild 4.92 Zeigerbild des Reihenschwingkreises bei $X_r = 0$

Resonanzfrequenz

Bei entsprechender Wahl von L_r, C_r und ω kann der Zustand der Resonanz in der Reihenschaltung laut Resonanzbedingung erfüllt werden.

Sind L_r und C_r gegeben, dann tritt die Resonanz nur bei einer Resonanzkreisfrequenz ω_0 auf:

$$\omega_0 = \frac{1}{\sqrt{L_r C_r}} \tag{4.114}$$

Induktiver und kapazitiver Widerstand bei Resonanz

Im Resonanzfall sind also induktiver Widerstand und kapazitiver Widerstand gleich und ergeben bei vorgegebener Induktivität L_r und Kapazität C_r:

$$X_L = \omega_0 \cdot L_r = \frac{L_r}{\sqrt{L_r C_r}} = \sqrt{\frac{L_r{}^2}{L_r C_r}} = \sqrt{\frac{L_r}{C_r}}$$

$$= -X_C = \frac{1}{\omega_0 C_r} = \frac{\sqrt{L_r C_r}}{C_r} = \sqrt{\frac{L_r C_r}{C_r{}^2}} = \sqrt{\frac{L_r}{C_r}}$$

Der induktive Widerstand, der bei Resonanz gleich dem kapazitiven Widerstand ist, wird *Kennwiderstand des Resonanzkreises* genannt und hat die Dimension eines Widerstandes:

$$X_L = -X_C = X_{kr} = \sqrt{\frac{L_r}{C_r}} \qquad \text{mit} \qquad [X_{kr}] = 1\,\Omega. \tag{4.115}$$

Der Zustand der Resonanz bedeutet für einen passiven Zweipol mit Induktivität, Kapazität und kleinem ohmschen Widerstand, dass sich trotz der Blindwiderstände hohe Ströme und an den Blindwiderständen hohe Spannungen einstellen können, die ein Mehrfaches der anliegenden Spannung betragen. Da sich die Spannungen an den Blindwiderständen kompensieren, wird der Strom nur noch durch den ohmschen Widerstand begrenzt, und die anliegende Sinusspannung ist gleich der Spannung am ohmschen Widerstand.

Frequenzabhängigkeit der Blindwiderstände

Sind Induktivität L_r und Kapazität C_r eines Resonanzkreises konstant und wird die Kreisfrequenz ω verändert, dann überwiegt bei niedrigeren Frequenzen als die Resonanzfrequenz ω_0 der kapazitive Widerstand und bei höheren Frequenzen als ω_0 der induktive Widerstand. Für die Darstellung der Frequenzabhängigkeit der Blindwiderstände X_L, X_C und $X_r = X_L + X_C$ wird die Kreisfrequenz ω auf die Resonanzkreisfrequenz ω_0 bezogen:

$$\omega = x \cdot \omega_0 \quad \text{mit} \quad 0 \le x < \infty.$$

In Abhängigkeit von $x = \omega/\omega_0$ hat der induktive Widerstand einen linearen und der kapazitive Widerstand einen hyperbolischen Verlauf:

$$X_L = \omega L_r = x \cdot \omega_0 \cdot L_r = X_{kr} \cdot x$$

$$X_C = -\frac{1}{\omega C_r} = -\frac{1}{x \cdot \omega_0 \cdot C_r} = -X_{kr} \cdot \frac{1}{x}$$

Die Frequenzabhängigkeit des Blindwiderstandes X_r lässt sich durch punktweises Überlagern der X_L-Kurve mit der X_C-Kurve darstellen.

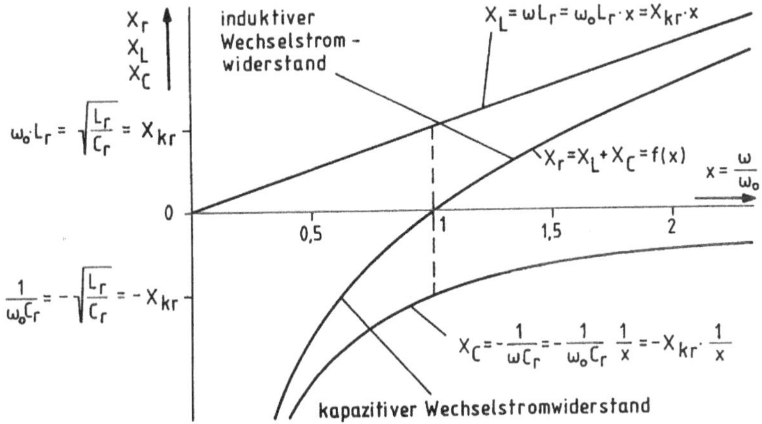

Bild 4.93 Frequenzabhängigkeit der Blindwiderstände

Analytisch kann X_r in Abhängigkeit von der *relativen Verstimmung* v_r beschrieben werden:

$$X_r = X_L + X_C = \omega L_r - \frac{1}{\omega C_r} = \frac{\omega}{\omega_0}\cdot\omega_0 L_r - \frac{\omega_0}{\omega}\cdot\frac{1}{\omega_0 C_r}$$

$$X_r = X_{kr}\cdot\left(\frac{\omega}{\omega_0} - \frac{\omega_0}{\omega}\right) = X_{kr}\cdot\left(\frac{f}{f_0} - \frac{f_0}{f}\right)$$

$$X_r = X_{kr}\cdot\left(x - \frac{1}{x}\right) = X_{kr}\cdot v_r \tag{4.116}$$

$$\text{mit}\quad v_r = x - \frac{1}{x} = \frac{\omega}{\omega_0} - \frac{\omega_0}{\omega} = \frac{f}{f_0} - \frac{f_0}{f}$$

Ist $\omega > \omega_0$ bzw. $f > f_0$, dann ist $v_r > 0$,

z. B. $\omega = 2\omega_0 \quad v_r = 1\tfrac{1}{2} = 1{,}50$

$\omega = 3\omega_0 \quad v_r = 2\tfrac{2}{3} = 2{,}67$

$\omega = 4\omega_0 \quad v_r = 3\tfrac{3}{4} = 3{,}75$

$\omega = 5\omega_0 \quad v_r = 4\tfrac{4}{5} = 4{,}80$

Ist $\omega < \omega_0$ bzw. $f < f_0$, dann ist $v_r < 0$,

z. B. $\omega = \tfrac{1}{2}\omega_0 \quad v_r = -1\tfrac{1}{2} = -1{,}50$

$\omega = \tfrac{1}{3}\omega_0 \quad v_r = -2\tfrac{2}{3} = -2{,}67$

$\omega = \tfrac{1}{4}\omega_0 \quad v_r = -3\tfrac{3}{4} = -3{,}75$

$\omega = \tfrac{1}{5}\omega_0 \quad v_r = -4\tfrac{4}{5} = -4{,}80$

Wird der komplexe Widerstand $\underline{Z}_r$ auf den Widerstand $\underline{Z}_r = R_r$ bei Resonanzfrequenz $\omega = \omega_0$ bezogen, dann können die *Kreisgüte* und die *normierte Verstimmung des Reihenresonanzkreises* definiert werden:

$$\frac{\underline{Z}_r}{R_r} = \frac{R_r + j \cdot X_r}{R_r} = 1 + j \cdot \frac{X_r}{R_r} = 1 + j \cdot \frac{X_{kr}}{R_r} \cdot v_r$$

$$\frac{\underline{Z}_r}{R_r} = 1 + j \cdot Q_r \cdot v_r = 1 + j \cdot V_r \tag{4.117}$$

$$\text{mit} \quad Q_r = \frac{X_{kr}}{R_r} = \frac{\sqrt{\dfrac{L_r}{C_r}}}{R_r} \qquad \text{als Kreisgüte, Gütefaktor oder Resonanz-} \atop \text{schärfe des Kreises} \tag{4.118}$$

$$\text{und} \quad V_r = Q_r \cdot v_r = Q_r \cdot \left(x - \frac{1}{x} \right) = Q_r \cdot \left(\frac{f}{f_0} - \frac{f_0}{f} \right) \qquad \text{als normierte} \atop \text{Verstimmung} \tag{4.119}$$

Bandbreite

Wird bei einem Resonanzkreis mit gegebenen R_r, L_r und C_r, also bei bekannter Güte Q_r, für die anliegende Spannung $u = \hat{u} \cdot \sin(2\pi \cdot f \cdot t + \varphi_u)$

einmal die Frequenz f von f_0 ausgehend auf f_{g2} erhöht, so dass der Blindwiderstand X_r genauso groß ist wie der ohmsche Widerstand R_r und die normierte Verstimmung +1 ist:

$$X_r = R_r \quad \text{und} \quad V_{r2} = +1$$

und wird

zum anderen die Frequenz f von f_0 ausgehend auf f_{g1} erniedrigt, so dass der negative Blindwiderstand $-X_r$ genauso groß ist wie der ohmsche Widerstand R_r und die normierte Verstimmung -1 ist:

$$-X_r = R_r \quad \text{und} \quad V_{r1} = -1,$$

dann handelt es sich um die so genannte 45°-Verstimmung, mit der die *Bandbreite* definiert wird.

Die Bandbreite eines Reihen-Resonanzkreises ist gleich der Differenz der Grenzfrequenzen f_{g2} und f_{g1}:

$$\Delta f = f_{g2} - f_{g1}. \tag{4.120}$$

Soll die Frequenzabhängigkeit des bezogenen komplexen Widerstandes in der Gaußschen Zahlenebene durch Zeiger dargestellt werden, dann müsste eine dichte Schar von Zeigern gezeichnet werden, deren Spitzen auf der Parallelen zur imaginären Achse liegen; durch Variation der Kreisfrequenz ändert sich nur der Imaginärteil. Die Spur der Zeigerspitzen heißt *Ortskurve*, die im Kapitel 5 behandelt wird.

Im Bild 4.94 sind drei spezielle Zeiger für den bezogenen komplexen Widerstand eingezeichnet: für die Resonanzfrequenz f_0 und für die beiden Grenzfrequenzen f_{g1} und f_{g2}. Der Begriff „45°-Verstimmung" ist damit erklärt: die Frequenz f der anliegenden Spannung ist, ausgehend von der Resonanzfrequenz f_0, so lange erhöht bzw. erniedrigt worden, bis die beiden Zeiger mit der reellen Achse jeweils einen Winkel von 45° bilden.

Mit

$$V_{r2} = Q_r \cdot v_{g2} = +1$$

und

$$V_{r1} = Q_r \cdot v_{g1} = -1$$

ergibt sich für die beiden bezogenen komplexen Widerstände

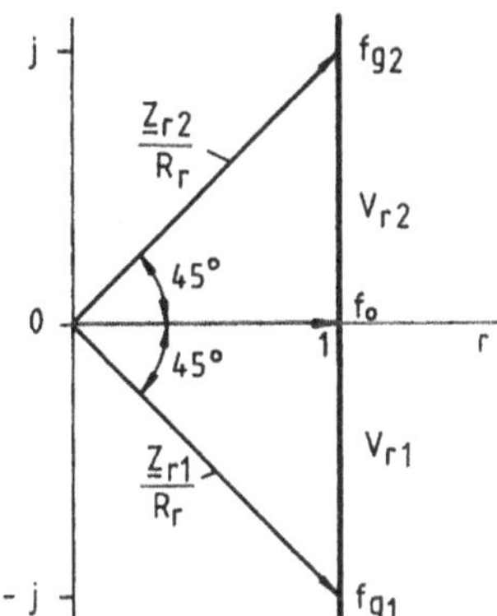

Bild 4.94 Bezogener komplexer Widerstand bei 45°-Verstimmung

$$\frac{Z_{r2}}{R_r} = 1 + j \cdot Q_r \cdot v_{g2} = 1 + j \cdot 1$$

$$\frac{Z_{r1}}{R_r} = 1 + j \cdot Q_r \cdot v_{g1} = 1 - j \cdot 1$$

$$\text{mit} \quad \frac{|Z_{r1}|}{R_r} = \frac{|Z_{r2}|}{R_r} = \sqrt{2}\,,$$

d. h. $V_{r2} = -V_{r1}, \qquad Q_r \cdot v_{g2} = -Q_r \cdot v_{g1}$

und $v_{g2} = -v_{g1}$ $\hfill$ (4.121)

$$\frac{f_{g2}}{f_0} - \frac{f_0}{f_{g2}} = -\left(\frac{f_{g1}}{f_0} - \frac{f_0}{f_{g1}} \right) = -\frac{f_{g1}}{f_0} + \frac{f_0}{f_{g1}}$$

$$\frac{f_{g1}}{f_0} + \frac{f_{g2}}{f_0} = \frac{f_0}{f_{g2}} + \frac{f_0}{f_{g1}} = f_0 \cdot \left(\frac{1}{f_{g2}} + \frac{1}{f_{g1}} \right)$$

$$\frac{f_{g1} + f_{g2}}{f_0} = f_0 \cdot \frac{f_{g1} + f_{g2}}{f_{g1} \cdot f_{g2}}$$

$$\frac{1}{f_0{}^2} = \frac{1}{f_{g1} \cdot f_{g2}} \quad \text{bzw.} \quad f_0{}^2 = f_{g1} \cdot f_{g2} \hfill (4.122)$$

$$\text{oder} \quad \frac{f_0}{f_{g1}} = \frac{f_{g2}}{f_0} \quad \text{und} \quad \frac{f_0}{f_{g2}} = \frac{f_{g1}}{f_0} \hfill (4.123)$$

Damit lassen sich die relativen Verstimmungen v_{r1} und v_{r2} durch die Kreisgüte Q_r angeben:

$$v_{g1} = \frac{f_{g1}}{f_0} - \frac{f_0}{f_{g1}} = \frac{f_{g1}}{f_0} - \frac{f_{g2}}{f_0} = -\frac{\Delta f}{f_0} = -\frac{1}{Q_r}$$

$$v_{g2} = \frac{f_{g2}}{f_0} - \frac{f_0}{f_{g2}} = \frac{f_{g2}}{f_0} - \frac{f_{g1}}{f_0} = \frac{\Delta f}{f_0} = \frac{1}{Q_r}$$

Die Kreisgüte Q_r und die Bandbreite Δf sind also umgekehrt proportional:

$$Q_r = \frac{1}{\left|v_{rg}\right|} = \frac{f_0}{\Delta f} = \frac{\omega_0}{\Delta\omega} \qquad (4.124)$$

Je größer die Kreisgüte Q_r ist, umso kleiner ist die Bandbreite Δf.

Da die Kreisgüte Q_r wesentlich die Abhängigkeit des Stroms von der Frequenz beeinflusst, wird bei den *Strom-Resonanzkurven* der Zusammenhang zwischen der Güte und der Bandbreite deutlich.

Frequenzabhängigkeit des Stroms und der Spannungen

Bei Resonanz ist die anliegende Spannung u gleich dem Spannungsabfall über dem ohmschen Widerstand R_r, und die Effektivwerte sind gleich:

$$U = U_R = R_r \cdot I \ .$$

Außerdem sind bei Resonanz die Effektivwerte der Spannungen über der Induktivität und der Kapazität gleich:

$$U_L = \omega_0 L_r \cdot I = X_{kr} \cdot I \qquad\qquad U_C = \frac{1}{\omega_0 C_r} \cdot I = X_{kr} \cdot I$$

Damit ist

$$\frac{U_L}{U} = \frac{U_C}{U} = \frac{X_{kr}}{R_r} = Q_r \qquad (4.125)$$

Für eine beliebige Kreisfrequenz $\omega = x \cdot \omega_0$ wird der Strom $\underline{I}$ durch den komplexen Widerstand $\underline{Z}_r$ begrenzt, d. h. der Effektivwert des Stroms I wird durch die Impedanz Z_r bestimmt:

$$I = \frac{U}{Z_r} = \frac{U}{\sqrt{R_r{}^2 + X_r{}^2}} = \frac{U}{\sqrt{R_r{}^2 + \left(\omega L_r - \dfrac{1}{\omega C_r}\right)^2}}$$

$$I = \frac{U}{\sqrt{R_r{}^2 + \left(x \cdot \omega_0 L_r - \dfrac{1}{x \cdot \omega_0 C_r}\right)^2}} = \frac{U}{\sqrt{R_r{}^2 + X_{kr}{}^2 \cdot \left(x - \dfrac{1}{x}\right)^2}}$$

$$I = \frac{U}{\sqrt{R_r{}^2 + X_{kr}{}^2 \cdot v_r{}^2}} = \frac{U}{X_{kr} \cdot \sqrt{\dfrac{1}{Q_r{}^2} + v_r{}^2}}$$

$$I = \frac{U}{R_r \cdot \sqrt{1 + Q_r{}^2 \cdot \left(x - \dfrac{1}{x}\right)^2}} = \frac{U}{R_r \cdot \sqrt{1 + Q_r{}^2 \cdot v_r{}^2}} \qquad (4.126)$$

Der Strom hat sein Maximum bei Resonanz, also bei $x = 1$ und beträgt $I_{max} = \dfrac{U}{R_r}$.

Der Effektivwert der Spannung an der Induktivät beträgt

$$U_L = \omega L_r \cdot I = x \cdot \omega_0 L_r \cdot I = x \cdot X_{kr} \cdot I$$

$$U_L = \frac{x \cdot U}{\sqrt{\dfrac{1}{Q_r^2} + \left(x - \dfrac{1}{x}\right)^2}} = \frac{x \cdot U}{\sqrt{\dfrac{1}{Q_r^2} + v_r^2}} \tag{4.127}$$

und der Effektivwert der Spannung am Kondensator

$$U_C = \frac{1}{\omega C_r} \cdot I = \frac{I}{x \cdot \omega_0 C_r} = \frac{X_{kr} \cdot I}{x}$$

$$U_C = \frac{U}{x \cdot \sqrt{\dfrac{1}{Q_r^2} + \left(x - \dfrac{1}{x}\right)^2}} = \frac{U}{x \cdot \sqrt{\dfrac{1}{Q_r^2} + v_r^2}} \tag{4.128}$$

Die Maxima der induktiven und der kapazitiven Spannung liegen symmetrisch zu $x = 1$ und lassen sich durch Differentiation und Nullsetzen der 1. Ableitung errechnen:

$$U_L = \frac{U}{\sqrt{\dfrac{1}{x^2 Q_r^2} + \left(1 - \dfrac{1}{x^2}\right)^2}}$$

$$\frac{U_L}{U} = \left[\frac{1}{x^2 Q_r^2} + \left(1 - \frac{1}{x^2}\right)^2\right]^{-\frac{1}{2}}$$

$$\frac{d\left(\dfrac{U_L}{U}\right)}{dx} = -\frac{-\dfrac{2}{x^3 Q_r^2} + 2 \cdot \left(1 - \dfrac{1}{x^2}\right) \cdot \left(+\dfrac{2}{x^3}\right)}{2 \cdot \left[\dfrac{1}{x^2 Q_r^2} + \left(1 - \dfrac{1}{x^2}\right)^2\right]^{3/2}} = 0$$

$$\frac{1}{Q_r^2} - 2 + \frac{2}{x^2} = 0$$

$$x = x_L = \frac{\omega_{U_{L\,max}}}{\omega_0} = \frac{1}{\sqrt{1 - \dfrac{1}{2Q_r^2}}} > 1 \tag{4.129}$$

$$U_C = \frac{U}{\sqrt{\dfrac{x^2}{Q_r^2} + (x^2 - 1)^2}}$$

$$\frac{U_C}{U} = \left[\frac{x^2}{Q_r^2} + (x^2 - 1)^2\right]^{-\frac{1}{2}}$$

$$\frac{d\left(\dfrac{U_C}{U}\right)}{dx} = -\frac{\dfrac{2x}{Q_r^2} + 2 \cdot (x^2 - 1) \cdot 2x}{2 \cdot \left[\dfrac{x^2}{Q_r^2} + (x^2 - 1)^2\right]^{3/2}} = 0$$

$$\frac{1}{Q_r^2} + 2x^2 - 2 = 0$$

$$x = x_C = \frac{\omega_{U_{C\,max}}}{\omega_0} = \sqrt{1 - \frac{1}{2Q_r^2}} < 1 \tag{4.130}$$

wobei $x_L \cdot x_C = 1$ ist.

Der Maximalwert der induktiven Spannung ist gleich dem Maximalwert der kapazitiven Spannung, wie durch Einsetzen von x_L und x_C nachgewiesen werden kann:

$$\frac{U_{L\,max}}{U} = \frac{U_{C\,max}}{U} = \frac{1}{\sqrt{1 - \dfrac{\dfrac{1}{2Q_r^2}}{Q_r^2} + \dfrac{1}{4Q_r^4}}} = \frac{1}{\sqrt{\dfrac{1}{Q_r^2} - \dfrac{1}{2Q_r^4} + \dfrac{1}{4Q_r^4}}}$$

$$\frac{U_{L\,max}}{U} = \frac{U_{C\,max}}{U} = \frac{1}{\sqrt{\dfrac{1}{Q_r^2}\cdot\left(1 - \dfrac{1}{4Q_r^2}\right)}} = \frac{Q_r}{\sqrt{1 - \dfrac{1}{4Q_r^2}}}$$

Frequenzabhängigkeit der Phasenverschiebung

$$\varphi_r = \arctan\frac{\omega L_r - \dfrac{1}{\omega C_r}}{R_r} = \arctan\frac{x\cdot\omega_0 L_r - \dfrac{1}{x\cdot\omega_0 C_r}}{R_r}$$

$$\varphi_r = \arctan\frac{X_{kr}}{R_r}\left(x - \frac{1}{x}\right) = \arctan Q_r\left(x - \frac{1}{x}\right) \qquad (4.131)$$

Bei $x = 1$ ist $\varphi_r = 0$,

bei $x = 0$ ist $\varphi_r = \arctan(-\infty) = -\pi/2$ und

bei $x = \infty$ ist $\varphi_r = \arctan(\infty) = \pi/2$.

Für eine Güte $Q_r = 2$ haben die Resonanzkurven $I(x)$, $U_L(x)$, $U_C(x)$ und $\varphi_r(x)$ die im Bild 4.95 gezeichneten Verläufe.

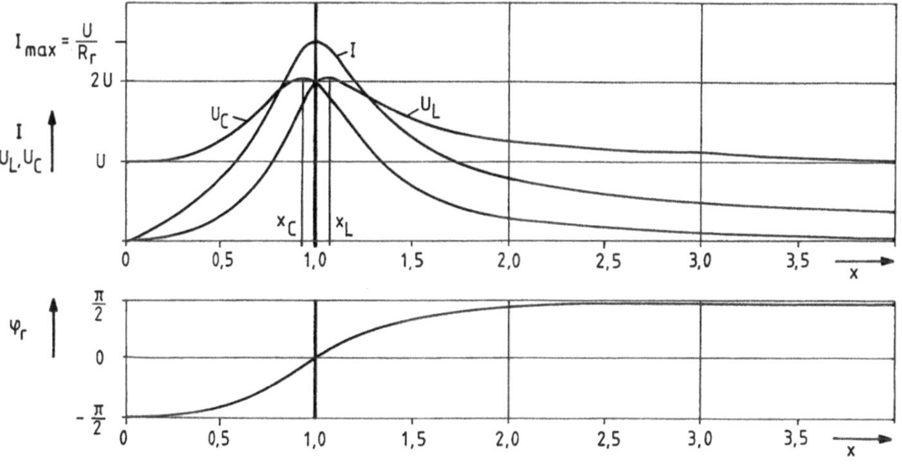

Bild 4.95 Resonanzkurven für $Q_r = 2$ mit linearem Maßstab

Wird für den Bereich $0 \leq x \leq 1$ ein linearer Maßstab und für $1 \leq x \leq \infty$ ein reziproker Maßstab gewählt, dann entstehen *symmetrische Resonanzkurven*, die im Bild 4.96 für die gleiche Güte $Q_r = 2$ dargestellt sind.

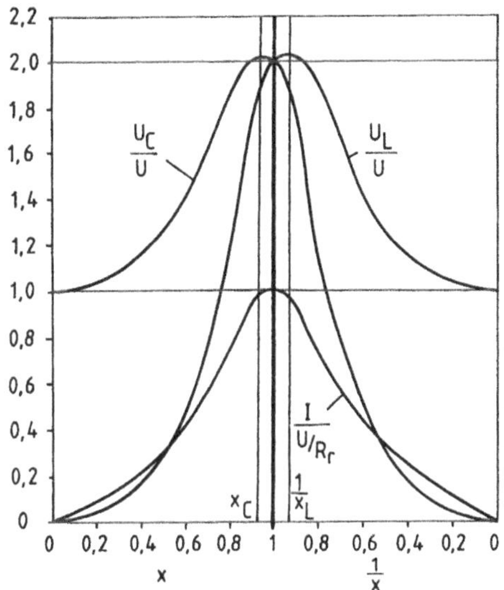

Bild 4.96
Symmetrische Resonanzkurven mit
$Q_r = 2$

Mit größer werdendem Gütefaktor Q_r rücken die Maxima näher aneinander und nehmen höhere Werte an.

Mit der Stromkurve in Abhängigkeit von $x = \omega/\omega_0$ nach Gl. (4.126)

$$\frac{I}{U/R_r} = \frac{1}{\sqrt{1 + Q_r^2 \cdot \left(x - \dfrac{1}{x}\right)^2}} = \frac{1}{\sqrt{1 + Q_r^2 \cdot v_r^2}} = \frac{1}{\sqrt{1 + V_r^2}} \qquad (4.132)$$

wird die Abhängigkeit der Bandbreite Δf von der Güte Q_r deutlich: Bei 45°-Verstimmung ist $V_r = \pm 1$ und

$$\frac{I}{U/R_r} = \frac{1}{\sqrt{2}} = 0,707.$$

Dieser Wert wird mit den messtechnisch ermittelten Stromkurven zum Schnitt gebracht, wodurch sich jeweils die Δx-Werte ablesen lassen:

$$\Delta x = \frac{\Delta \omega}{\omega_0} = \frac{\omega_{g2} - \omega_{g1}}{\omega_0} = \frac{\omega_{g2}}{\omega_0} - \frac{\omega_{g1}}{\omega_0} = x_{g2} - x_{g1}$$

mit $\Delta \omega = 2\pi \cdot \Delta f$.

Die Güte kann dann nach Gl. (4.124) berechnet werden:

$$Q_r = \frac{f_0}{\Delta f} = \frac{\omega_0}{\Delta \omega} = \frac{1}{\Delta x}.$$

Beispiel:

In einer Versuchsschaltung (Schaltung im Bild 4.97) lässt sich mittels eines RC-Generators die Frequenz f im Bereich von 30Hz bis 300kHz einer sinusförmigen Spannung variieren, die einen Reihenschwingkreis mit zwei Festwiderständen (1kΩ, 10kΩ), einer Induktivitätsdekade (0,1H ... 1H) und einer Kapazitätsdekade (1nF ... 1µF) einspeist. Für die Strom- und Spannungsmessung wird ein Zweistrahloszilloskop verwendet. Die in der Tabelle angegebenen Werte ergeben die im Bild 4.98 gezeichneten Stromkurven, die mit Hilfe der Versuchsschaltung bestätigt werden können.

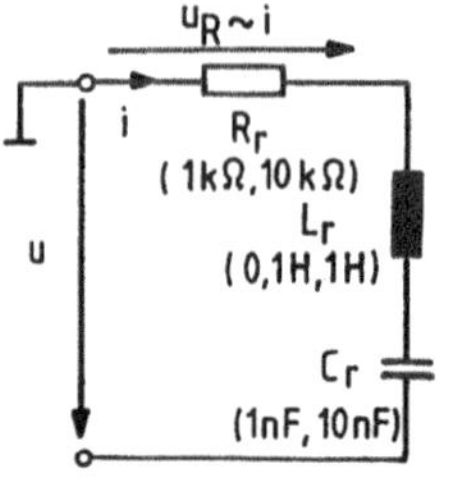

Bild 4.97 Schaltbild eines Reihenschwingkreises

R_r	L_r	C_r	f_0	Q_r
kΩ	H	nF	kHz	1
10	0,1	1	15,9	1
1	0,1	10	5,0	3,16
1	0,1	1	15,9	10
1	1	1	5,0	31,6

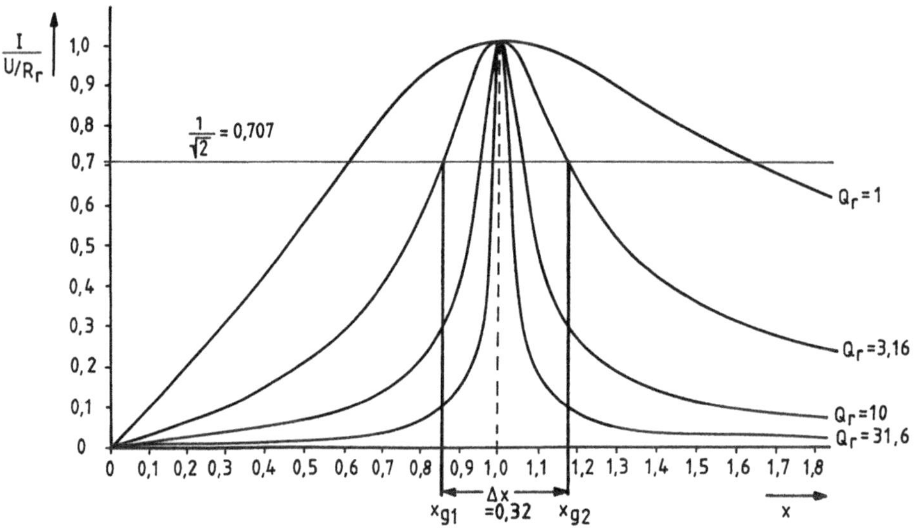

Bild 4.98 Stromkurven eines Reihenschwingkreises

Die Bandbreite Δf ist also ein Maß für die Fähigkeit eines Reihenschwingkreises, die Resonanzkurve von den Resonanzkurven anderer Resonanzkreise mit naheliegenden Resonanzfrequenzen zu trennen, das ist die *Selektionseigenschaft* eines Kreises.

4.5.2 Die Parallelschaltung von Wechselstromwiderständen – die Parallel- oder Stromresonanz

Parallelschaltung von idealen Induktivitäten, Kapazitäten und ohmschen Widerständen

Da es zu jeder Reihenschaltung von Wechselstromwiderständen im Bildbereich eine äquivalente Parallelschaltung gibt, können die ohmschen Spulenverluste und die ohmschen Verluste eines Kondensators durch Reihenschaltung oder Parallelschaltung erfasst werden.

Sind Spule und Kondensator in Reihe geschaltet, wie im vorigen Abschnitt behandelt, dann wird als Ersatzschaltung die Reihenschaltung von idealer Induktivität und ohmschen Widerstand und idealer Kapazität und ohmschen Widerstand verwendet, und die ohmschen Anteile können im Widerstand R_r berücksichtigt werden.

Für die Parallelschaltung von Spule und Kondensator muss die Parallelschaltung von idealer Induktivität und ohmschen Widerstand und die Parallelschaltung von idealer Kapazität und ohmschen Widerstand gewählt werden, um die Parallelschaltung von idealen Bauelementen zu erhalten. Die ohmschen Anteile werden im parallel geschalteten Widerstand R_p zusammengefasst.

Zunächst wird also die Parallelschaltung von idealer Induktivität, idealer Kapazität und idealem ohmschen Widerstand behandelt, die der Reihenschaltung von entsprechenden Schaltelementen äquivalent ist (siehe Bilder 4.37 und 4.39).

Dann werden die Ersatzschaltungen einer Spule und eines Kondensators als Reihenschaltungen parallel geschaltet, in äquivalente Parallelschaltungen überführt und wie die Parallelschaltung idealer Bauelemente behandelt.

Schließlich wird der *Praktische Parallelresonanzkreis* behandelt, bei dem die ohmschen Verluste des Kondensators vernachlässigt sind.

Für das im Bild 4.99 gezeichnete Schaltbild eines *Parallelschwingkreises* gilt die Differentialgleichung

$$i = i_R + i_C + i_L \quad \text{mit} \quad i = \hat{i} \cdot \sin(\omega t + \varphi_i) \quad (4.133)$$

$$i = \frac{1}{R_p} \cdot u + C_p \cdot \frac{du}{dt} + \frac{1}{L_p} \cdot \int u \cdot dt, \quad (4.134)$$

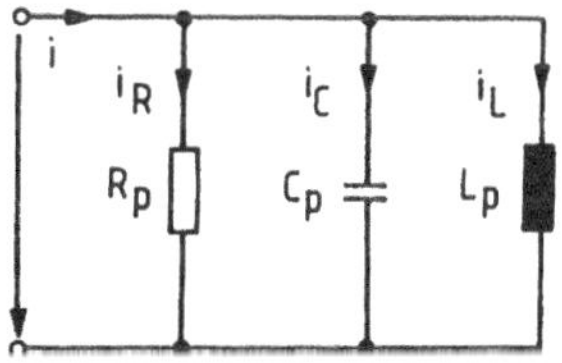

die in die algebraische Gleichung abgebildet

Bild 4.99 Parallelschwingkreis

$$\underline{i} = \underline{i}_R + \underline{i}_C + \underline{i}_L = \frac{1}{R_p} \cdot \underline{u} + j\omega C_p \cdot \underline{u} + \frac{1}{j\omega L_p} \cdot \underline{u}$$

und gelöst werden kann:

$$\underline{u} = \frac{i}{\dfrac{1}{R_p} + j \cdot \left(\omega C_p - \dfrac{1}{\omega L_p}\right)} = \frac{\hat{i} \cdot e^{j(\omega t + \varphi_i)}}{\sqrt{\dfrac{1}{R_p{}^2} + \left(\omega C_p - \dfrac{1}{\omega L_p}\right)^2} \cdot e^{j \cdot \arctan R_p \cdot (\omega C_p - 1/\omega L_p)}}$$

$$(4.135)$$

Die Rücktransformation von $\underline{u}$ führt zur Lösung im Zeitbereich:

$$u = \frac{\hat{i}}{\sqrt{\dfrac{1}{R_p{}^2} + \left(\omega C_p - \dfrac{1}{\omega L_p}\right)^2}} \cdot \sin\left[\omega t + \varphi_i - \arctan R_p\left(\omega C_p - \frac{1}{\omega L_p}\right)\right] \qquad (4.136)$$

Die Spannung u kann gegenüber dem Strom i nacheilend, voreilend und mit dem Strom i in Phase sein, wie durch entsprechende Zeigerbilder veranschaulicht werden kann.

Mit der Schaltung im Bildbereich (Bild 4.100) entstehen die Gleichungen für die Zeigerbilder:

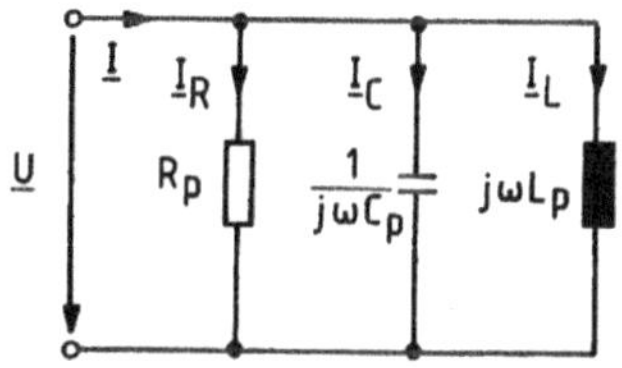

$$\underline{I} = \underline{I}_R + \underline{I}_C + \underline{I}_L = \underline{I}_R + \underline{I}_B$$

$$\underline{I} = \frac{1}{R_p} \cdot \underline{U} + j\omega C_p \cdot \underline{U} + \frac{1}{j\omega L_p} \cdot \underline{U}$$

$$\underline{I} = \left(\frac{1}{R_p} + j\omega C_p + \frac{1}{j\omega L_p}\right) \cdot \underline{U}$$

$$\underline{I} = \left[\frac{1}{R_p} + j \cdot \left(\omega C_p - \frac{1}{\omega L_p}\right)\right] \cdot \underline{U}$$

$$\underline{I} = \left[G_p + j \cdot \left(\omega C_p - \frac{1}{\omega L_p}\right)\right] \cdot \underline{U}$$

Bild 4.100 Schaltbild des Parallelschwingkreises im Bildbereich

$$\underline{U} = \frac{\underline{I}}{G_p + j \cdot \left(\omega C_p - \dfrac{1}{\omega L_p}\right)} = \frac{\underline{I}}{G_p + j \cdot (B_C + B_L)} = \frac{\underline{I}}{G_p + j \cdot B_p} = \frac{\underline{I}}{\underline{Y}_p} = \frac{\underline{I}}{Y_p \cdot e^{j\,\varphi_p}}$$

$$\text{mit} \quad Y_p = \left|\underline{Y}_p\right| = \sqrt{G_p{}^2 + B_p{}^2} = \sqrt{G_p{}^2 + (B_C + B_L)^2}$$

$$Y_p = \sqrt{G_p{}^2 + \left(\omega C_p - \frac{1}{\omega L_p}\right)^2}$$

$$\text{und} \quad \varphi_p = \arg \underline{Y}_p = \arctan \frac{B_p}{G_p} = \arctan \frac{B_C + B_L}{G_p}$$

$$\varphi_p = \arctan \frac{\omega C_p - \dfrac{1}{\omega L_p}}{G_p}$$

Ist $B_p = B_C + B_L > 0$, dann ist der komplexe Leitwert $\underline{Y}_p$ kapazitiv und der kapazitive Strom I_C ist größer als der induktive Strom I_L.

Ist $B_p = B_C + B_L < 0$, dann ist der komplexe Leitwert $\underline{Y}_p$ induktiv und der induktive Strom I_L ist größer als der kapazitive Strom I_C.

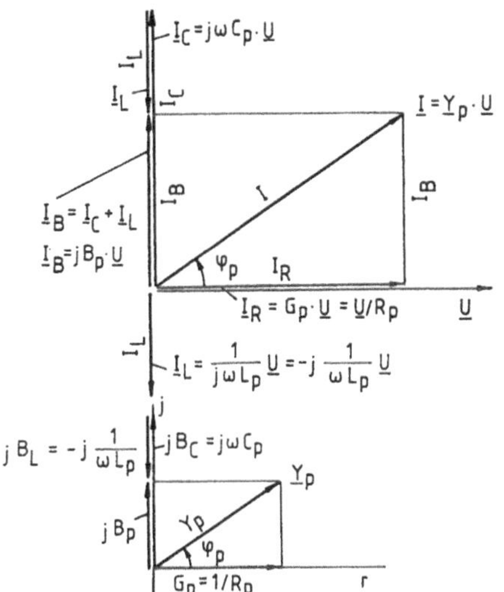

Bild 4.101 Zeigerbild des Parallelschwingkreises mit $B_p > 0$

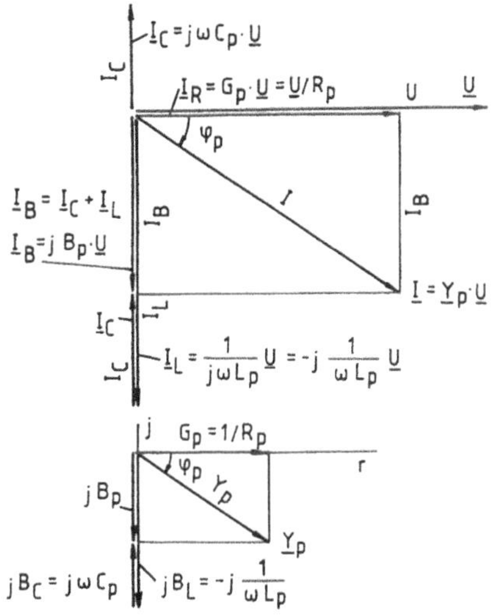

Bild 4.102 Zeigerbild des Parallelschwingkreises mit $B_p < 0$

Für das Stromdreieck, das aus den Strömen $\underline{I}_R$, $\underline{I}_B$ und $\underline{I}$ gebildet wird, gelten folgende Beziehungen:

$$I^2 = I_R{}^2 + I_B{}^2 = I_R{}^2 + (I_C - I_L)^2 = G_p{}^2 \cdot U^2 + \left(\omega C_p - \frac{1}{\omega L_p}\right)^2 \cdot U^2$$

$$U = \frac{I}{\sqrt{G_p{}^2 + \left(\omega C_p - \dfrac{1}{\omega L_p}\right)^2}}$$

$$\tan \varphi_p = \frac{I_B}{I_R} = \frac{I_C - I_L}{I_R} = \frac{\left(\omega C_p - \dfrac{1}{\omega L_p}\right)\cdot U}{G_p \cdot U} = \frac{\left(\omega C_p - \dfrac{1}{\omega L_p}\right)}{G_p} \tag{4.137}$$

$$\varphi_p = \varphi_i - \varphi_u = \arctan \frac{\omega C_p - \dfrac{1}{\omega L_p}}{G_p}$$

$$\text{und} \quad \varphi_r = \varphi_u - \varphi_i = -\varphi_p, \qquad \varphi_u = \varphi_i - \varphi_p = \varphi_i + \varphi_r.$$

Parallelresonanz, Stromresonanz

Ist der Blindanteil $B_p = B_C + B_L = 0$, dann ist der komplexe Leitwert gleich dem ohmschen Leitwert:

$$\underline{Y}_p = Y_p = G_p = \frac{1}{R_p} \qquad \text{mit } B_p = B_C + B_L = \omega C_p - \frac{1}{\omega L_p} = 0 \,.$$

Eingangsstrom i und Eingangsspannung u sind dann in Resonanz, d. h. sie haben keine Phasenverschiebung:

$$\varphi_p = \arctan \frac{B_p}{G_p} = \arctan \frac{\omega C_p - \dfrac{1}{\omega L_p}}{G_p} = 0 \,.$$

Die Resonanzbedingung lautet also

$$\omega C_p = \frac{1}{\omega L_p} \,. \tag{4.138}$$

Sind kapazitiver Leitwert $B_C = \omega C_p$ und induktiver Leitwert $- B_L = 1/\omega L_p$ im Resonanzfall gleich, dann kompensieren sich auch die Blindströme, wie aus dem Zeigerbild ersichtlich ist:

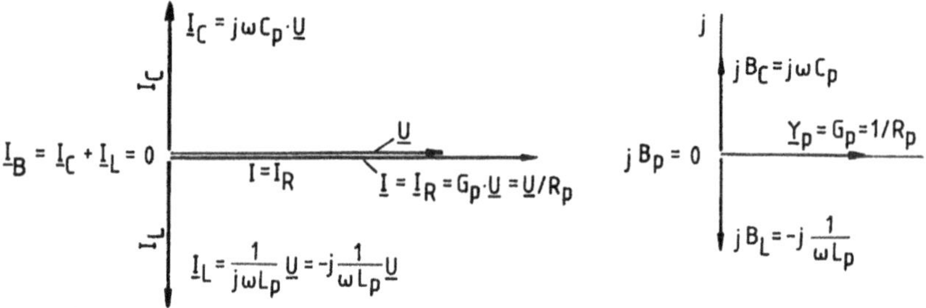

Bild 4.103 Zeigerbild des Parallelschwingkreises bei $B_p = 0$

Resonanzfrequenz

Bei entsprechender Wahl von C_p, L_p und ω kann der Zustand der Resonanz in der Parallelschaltung laut Resonanzbedingung erfüllt werden.

Sind C_p und L_p gegeben, dann tritt die Resonanz nur bei einer Resonanzkreisfrequenz ω_0 auf:

$$\omega_0 = \frac{1}{\sqrt{C_p L_p}} \,.$$

Kapazitiver und induktiver Leitwert bei Resonanz

Im Resonanzfall sind also kapazitiver Leitwert und induktiver Leitwert gleich und ergeben bei vorgegebener Kapazität C_p und Induktivität L_p:

$$B_C = \omega_0 \cdot C_p = \frac{C_p}{\sqrt{C_p L_p}} = \sqrt{\frac{C_p^2}{C_p L_p}} = \sqrt{\frac{C_p}{L_p}}$$

$$= -B_L = \frac{1}{\omega_0 \cdot L_p} = \frac{\sqrt{C_p L_p}}{L_p} = \sqrt{\frac{C_p L_p}{L_p^2}} = \sqrt{\frac{C_p}{L_p}} \;.$$

Der kapazitive Leitwert, der bei Resonanz gleich dem induktiven Leitwert ist, wird *Kennleitwert des Resonanzkreises* genannt und hat die Dimension eines Leitwertes:

$$B_C = -B_L = B_{kp} = \sqrt{\frac{C_p}{L_p}} \qquad \text{mit} \quad [B_{kp}] = 1\,\Omega^{-1} = 1\,\text{S}. \qquad (4.139)$$

Der Zustand der Resonanz im Parallel-Resonanzkreis bedeutet, dass der Gesamtstrom gleich dem Strom durch den ohmschen Widerstand R_p ist; die Blindströme kompensieren sich und können ein Mehrfaches des Gesamtstroms betragen. Bei konstanter Spannung u ist der Strom i bei Resonanz minimal, weil der Leitwert außerhalb der Resonanz größer wird und damit der Strom größer ist. Wird die Einströmung konstant gehalten, entstehen bei Resonanz in Abhängigkeit von der Güte Q_p die höchsten Spannungswerte U.

Frequenzabhängigkeit der Blindleitwerte

Sind Kapazität C_p und Induktivität L_p eines Resonanzkreises konstant und wird die Kreisfrequenz ω verändert, dann überwiegt bei niedrigeren Frequenzen als die Resonanzfrequenz ω_0 der induktive Leitwert und bei höheren Frequenzen als ω_0 der kapazitive Leitwert. Für die Darstellung der Frequenzabhängigkeit der Blindleitwerte B_C, B_L und $B_p = B_C + B_L$ wird die Kreisfrequenz ω auf die Resonanzkreisfrequenz ω_0 bezogen:

$$\omega = x \cdot \omega_0 \qquad \text{mit} \quad 0 \le x < \infty.$$

In Abhängigkeit von $x = \omega/\omega_0$ hat der kapazitive Leitwert einen linearen und der induktive Leitwert einen hyperbolischen Verlauf:

$$B_C = \omega C_p = x \cdot \omega_0 \cdot C_p = B_{kp} \cdot x$$

$$B_L = -\frac{1}{\omega L_p} = -\frac{1}{x \cdot \omega_0 \cdot L_p} = -B_{kp} \cdot \frac{1}{x}$$

Die Frequenzabhängigkeit des Blindleitwertes B_p lässt sich durch punktweises Überlagern der B_C-Kurve mit der B_L-Kurve darstellen.

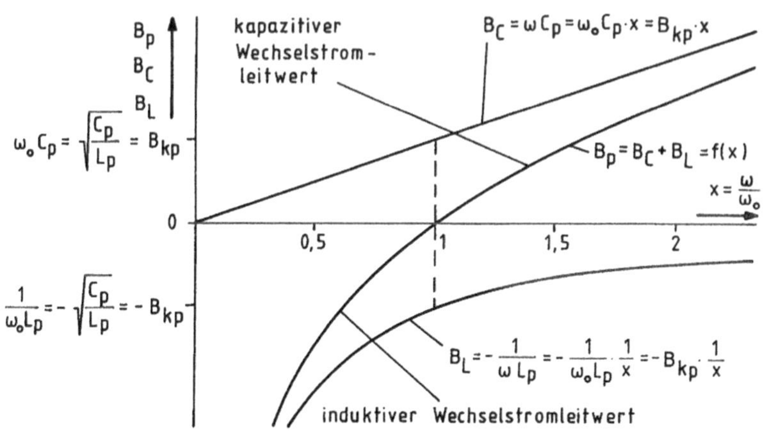

Bild 4.104 Frequenzabhängigkeit der Blindleitwerte

Analytisch kann B_p in Abhängigkeit von der *relativen Verstimmung* v_p beschrieben werden:

$$B_p = B_C + B_L = \omega C_p - \frac{1}{\omega L_p} = \frac{\omega}{\omega_0} \cdot \omega_0 C_p - \frac{\omega_0}{\omega} \cdot \frac{1}{\omega_0 L_p}$$

$$B_p = B_{kp} \cdot \left(\frac{\omega}{\omega_0} - \frac{\omega_0}{\omega} \right) = B_{kp} \cdot \left(\frac{f}{f_0} - \frac{f_0}{f} \right)$$

$$B_p = B_{kp} \cdot \left(x - \frac{1}{x} \right) = B_{kp} \cdot v_p \qquad\qquad (4.140)$$

$$\text{mit} \quad v_p = x - \frac{1}{x} = \frac{\omega}{\omega_0} - \frac{\omega_0}{\omega} = \frac{f}{f_0} - \frac{f_0}{f}$$

Ist $\omega > \omega_0$ bzw. $f > f_0$,   Ist $\omega < \omega_0$ bzw. $f < f_0$,
dann ist $v_p > 0$,   dann ist $v_p < 0$,

z. B. $\omega = 2\omega_0$ $v_p = 1\frac{1}{2} = 1,50$ z. B. $\omega = \frac{1}{2}\omega_0$ $v_p = -1\frac{1}{2} = -1,50$

$\omega = 3\omega_0$ $v_p = 2\frac{2}{3} = 2,67$ $\omega = \frac{1}{3}\omega_0$ $v_p = -2\frac{2}{3} = -2,67$

$\omega = 4\omega_0$ $v_p = 3\frac{3}{4} = 3,75$ $\omega = \frac{1}{4}\omega_0$ $v_p = -3\frac{3}{4} = -3,75$

$\omega = 5\omega_0$ $v_p = 4\frac{4}{5} = 4,80$ $\omega = \frac{1}{5}\omega_0$ $v_p = -4\frac{4}{5} = -4,80$

Wird der komplexe Leitwert $\underline{Y}_p$ auf den Leitwert $\underline{Y}_p = G_p = 1/R_p$ bei Resonanzfrequenz $\omega = \omega_0$ bezogen, dann können entsprechend die *Kreisgüte* und die *normierte Verstimmung des Parallelresonanzkreises* definiert werden:

$$\frac{\underline{Y}_p}{G_p} = \frac{G_p + j \cdot B_p}{G_p} = 1 + j \cdot \frac{B_p}{G_p} = 1 + j \cdot \frac{B_{kp}}{G_p} \cdot v_p$$

$$\frac{\underline{Y}_p}{G_p} = 1 + j \cdot Q_p \cdot v_p = 1 + j \cdot V_p \tag{4.141}$$

$$\text{mit} \quad Q_p = \frac{B_{kp}}{G_p} = \frac{\sqrt{\dfrac{C_p}{L_p}}}{G_p} \qquad \text{als Kreisgüte, Gütefaktor oder Resonanzschärfe des Kreises} \tag{4.142}$$

$$\text{und} \quad V_p = Q_p \cdot v_p = Q_p \cdot \left(x - \frac{1}{x} \right) = Q_p \cdot \left(\frac{f}{f_0} - \frac{f_0}{f} \right) \qquad \begin{array}{l}\text{als normierte} \\ \text{Verstimmung}\end{array} \tag{4.143}$$

Bandbreite

Genauso wie beim Reihenschwingkreis wird die Bandbreite durch die 45°-Verstimmung definiert:

Wird bei einem Parallelschwingkreis mit gegebenen R_p, C_p und L_p, also bei bekannter Güte Q_p, für die anliegende Spannung $u = \hat{u} \cdot \sin(2\,\pi \cdot f \cdot t + \varphi_u)$

einmal die Frequenz f von f_0 ausgehend auf f_{g2} erhöht, so dass der Blindleitwert B_p genauso groß ist wie der ohmsche Leitwert G_p und die normierte Verstimmung +1 ist:

$$B_p = G_p \quad \text{und} \quad V_{p2} = +1,$$

und wird

zum anderen die Frequenz f von f_0 ausgehend auf f_{g1} erniedrigt, so dass der negative Blindleitwert $-B_p$ genauso groß ist wie der ohmsche Leitwert G_p und die normierte Verstimmung -1 ist:

$$-B_p = G_p \quad \text{und} \quad V_{p1} = -1,$$

dann handelt es sich um die so genannte 45°-Verstimmung, mit der die *Bandbreite* entsprechend definiert wird.

Die Bandbreite eines Parallel-Resonanzkreises ist gleich der Differenz der Grenzfrequenzen f_{g2} und f_{g1}:

$$\Delta f = f_{g2} - f_{g1}. \tag{4.144}$$

Die Frequenzabhängigkeit des bezogenen komplexen Leitwerts in der Gaußschen Zahlenebene dargestellt, ergibt genauso wie beim Reihenschwingkreis eine Ortskurve, die parallel zur imaginären Achse im Abstand 1 vom Nullpunkt verläuft.

Im Bild 4.105 sind drei spezielle Zeiger für den bezogenen komplexen Leitwert einge-zeichnet: für die Resonanzfrequenz f_0 und für die beiden Grenzfrequenzen f_{g1} und f_{g2}. Der Begriff „45°-Verstimmung" wird damit auch hier deutlich: die Frequenz f der anliegenden Spannung ist, ausgehend von der Resonanzfrequenz f_0, so lange erhöht bzw. erniedrigt worden, bis die beiden Zeiger mit der reellen Achse jeweils einen Winkel von 45° bilden.

Mit

$$V_{p2} = Q_p \cdot v_{g2} = +1$$

und

$$V_{p1} = Q_p \cdot v_{g1} = -1$$

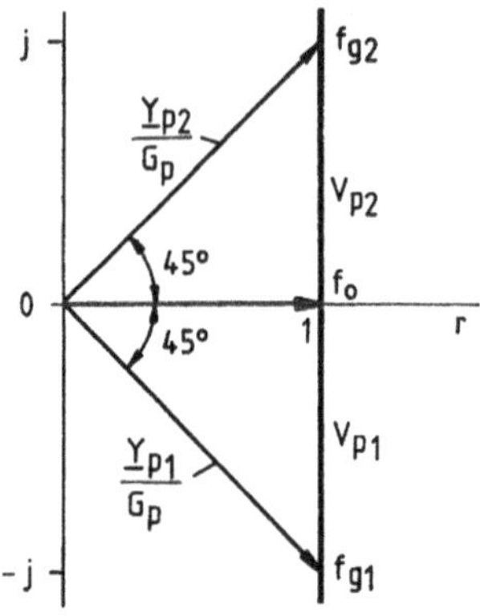

Bild 4.105 Bezogener komplexer Leitwert bei 45°-Verstimmung

ergibt sich für die beiden bezogenen komplexen Leitwerte

$$\frac{\underline{Y}_{p2}}{G_p} = 1 + j \cdot Q_p \cdot v_{g2} = 1 + j \cdot 1$$

$$\frac{\underline{Y}_{p1}}{G_p} = 1 + j \cdot Q_p \cdot v_{g1} = 1 - j \cdot 1$$

$$\text{mit} \quad \frac{\left|\underline{Y}_{p1}\right|}{G_p} = \frac{\left|\underline{Y}_{p2}\right|}{G_p} = \sqrt{2},$$

d. h. $V_{p2} = -V_{p1}, \qquad Q_p \cdot v_{g2} = -Q_p \cdot v_{g1}$

und $v_{g2} = -v_{g1}.$ $\hspace{4cm}$ (4.145)

Der Zusammenhang zwischen der Güte Q_p und der Bandbreite Δf ist der gleiche wie beim Reihenresonanzkreis, denn die Herleitung ist die gleiche wie von der Gl. (4.121) bis (4.124):

$$Q_p = \frac{1}{\left|v_{pg}\right|} = \frac{f_0}{\Delta f} = \frac{\omega_0}{\Delta \omega}. \hspace{3cm} (4.146)$$

Je größer die Kreisgüte Q_p ist, umso kleiner ist die Bandbreite Δf.

Frequenzabhängigkeit der Spannung und der Ströme

Wird der Strom I konstant gehalten, dann ändern sich die Spannung U und die Ströme I_C und I_L. Die Formeln für den Parallelschwingkreis sind analog zu den Formeln des Reihenschwingkreises:

$$U = \frac{I}{\sqrt{G_p{}^2 + B_{kp}{}^2 \cdot \left(x - \frac{1}{x}\right)^2}} = \frac{I}{\sqrt{G_p{}^2 + B_{kp}{}^2 \cdot v_p{}^2}} \qquad (4.147)$$

$$I_C = \frac{x \cdot I}{\sqrt{\frac{1}{Q_p{}^2} + \left(x - \frac{1}{x}\right)^2}} = \frac{x \cdot I}{\sqrt{\frac{1}{Q_p{}^2} + v_p{}^2}} \qquad (4.148)$$

$$I_L = \frac{I}{x \cdot \sqrt{\frac{1}{Q_p{}^2} + \left(x - \frac{1}{x}\right)^2}} = \frac{I}{x \cdot \sqrt{\frac{1}{Q_p{}^2} + v_p{}^2}} \qquad (4.149)$$

Die Resonanzkurven für U, I_C und I_L des Parallelschwingkreises entsprechen den Resonanzkurven für I, U_L und U_C des Reihenschwingkreises (Bilder 4.95, 4.96 und 4.98).

Parallelschaltung verlustbehafteter Blindwiderstände

Werden für Spulen und Kondensatoren in Parallelschwingkreisen Reihenschaltungen von idealisierten Bauelementen L_r und R_{Lr} bzw. C_r und R_{Cr} gewählt, dann kann der Parallelschwingkreis in die äquivalente Parallelschaltung von idealisierten Bauelementen überführt werden, die gerade behandelt wurde.

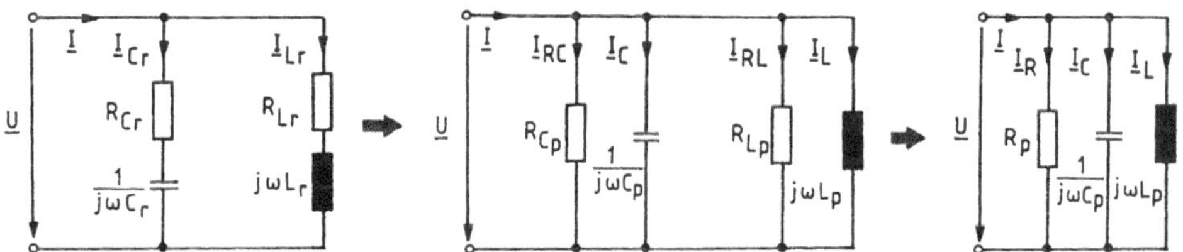

Bild 4.106 Parallelschwingkreis mit parallel geschalteten Reihenschaltungen

Um die Resonanzbedingung angeben zu können, muss der Leitwertoperator zwischen dem Strom $\underline{I}$ und der Spannung $\underline{U}$ reell sein:

$$\underline{I} = \underline{I}_{Cr} + \underline{I}_{Lr} = (\underline{Y}_{Cp} + \underline{Y}_{Lp}) \cdot \underline{U} = \underline{Y}_p \cdot \underline{U}$$

$$\text{mit} \quad \underline{Y}_{Cp} = G_{Cp} + j \cdot B_{Cp} = \frac{1}{R_{Cp}} + j\omega C_p$$

$$\text{und} \quad \underline{Y}_{Lp} = G_{Lp} + j \cdot B_{Lp} = \frac{1}{R_{Lp}} - j\frac{1}{\omega L_p}$$

$$\underline{I} = [(G_{Cp} + G_{Lp}) + j \cdot (B_{Cp} + B_{Lp})] \cdot \underline{U}$$

$$\underline{I} = \left[\left(\frac{1}{R_{Cp}} + \frac{1}{R_{Lp}} \right) + j \cdot \left(\omega C_p - \frac{1}{\omega L_p} \right) \right] \cdot \underline{U}$$

$$\underline{I} = \underline{I}_{RC} + \underline{I}_{RL} + \underline{I}_C + \underline{I}_L$$

mit Gl. (4.71)

$$\underline{I} = \left[\left(\frac{R_{Cr}}{R_{Cr}^2 + \dfrac{1}{\omega^2 C_r^2}} + \frac{R_{Lr}}{R_{Lr}^2 + \omega^2 L_r^2} \right) + j \cdot \left(\frac{\dfrac{1}{\omega C_r}}{R_{Cr}^2 + \dfrac{1}{\omega^2 C_r^2}} - \frac{\omega L_r}{R_{Lr}^2 + \omega^2 L_r^2} \right) \right] \cdot \underline{U}$$

$$\tag{4.150}$$

$$\underline{I} = \underline{I}_{RC} + \underline{I}_{RL} + \underline{I}_C + \underline{I}_L = \underline{I}_R + \underline{I}_C + \underline{I}_L$$

$$\text{mit} \quad \underline{I}_R = \underline{I}_{RC} + \underline{I}_{RL}$$

Die *Parallelresonanz* oder *Stromresonanz* ist erfüllt, wenn sich die Blindkomponenten der Zweigleitwerte $\underline{Y}_{Cp}$ und $\underline{Y}_{Lp}$ und die Blindströme $\underline{I}_C$ und $\underline{I}_L$ kompensieren:

$$B_p = B_{Cp} + B_{Lp} = 0$$

oder $\quad -B_{Lp} = B_{Cp}$

$$\frac{\omega L_r}{R_{Lr}^2 + \omega^2 L_r^2} = \frac{\dfrac{1}{\omega C_r}}{R_{Cr}^2 + \dfrac{1}{\omega^2 C_r^2}} \cdot \tag{4.151}$$

Sind R_{Cr}, C_r, R_{Lr} und L_r gegeben, dann ist der Parallelkreis nur dann in Resonanz, wenn die Kreisfrequenz $\omega = \omega_0$ reell ist:

$$\omega_0^2 L_r C_r \cdot \left(R_{Cr}^2 + \frac{1}{\omega_0^2 C_r^2} \right) = R_{Lr}^2 + \omega_0^2 L_r^2$$

$$\omega_0^2 L_r C_r R_{Cr}^2 + \frac{L_r}{C_r} = R_{Lr}^2 + \omega_0^2 L_r^2$$

$$\omega_0^2 L_r C_r \cdot \left(R_{Cr}^2 - \frac{L_r}{C_r} \right) = R_{Lr}^2 - \frac{L_r}{C_r}$$

$$\omega_0 = \frac{1}{\sqrt{L_r C_r}} \cdot \sqrt{\frac{R_{Lr}^2 - \dfrac{L_r}{C_r}}{R_{Cr}^2 - \dfrac{L_r}{C_r}}} \tag{4.152}$$

Interpretation der Bedingungsgleichung für die Resonanz-Kreisfrequenz:

1. $R_{Lr} \neq R_{Cr}$:

   Resonanz ist möglich,   wenn $R_{Lr}^2 > L_r/C_r$ und $R_{Cr}^2 > L_r/C_r$

   oder $R_{Lr}^2 < L_r/C_r$ und $R_{Cr}^2 < L_r/C_r$.

   Ein negativer Wert unter der Wurzel ergibt keine reelle Resonanzkreisfrequenz ω_0, d. h. eine Resonanz zwischen Strom i und Spannung u ist nur möglich, wenn jeweils beide Bedingungen erfüllt sind.

2. $R_{Lr} = R_{Cr} \neq \sqrt{L_r / C_r}$:

   Der Parallel-Resonanzkreis befindet sich bei der Resonanzkreisfrequenz ω_0 in Resonanz, die der Resonanzfrequenz des Reihenschwingkreises entspricht:

$$\omega_0 = \frac{1}{\sqrt{L_r C_r}} \qquad\qquad (4.153)$$

$$\text{wegen } \frac{\sqrt{R_{Lr}^2 - L_r / C_r}}{\sqrt{R_{Cr}^2 - L_r / C_r}} = 1.$$

3. $R_{Lr} = R_{Cr} = \sqrt{L_r / C_r} = R$:

   Mit dieser Bedingung ergibt die Formel für ω_0 einen unbestimmten Ausdruck 0/0. Die Resonanzbedingung Gl. (4.151)

$$\frac{\omega L_r}{R_{Lr}^2 + \omega^2 L_r^2} = \frac{\dfrac{1}{\omega C_r}}{R_{Cr}^2 + \dfrac{1}{\omega^2 C_r^2}}$$

$$\text{bzw. } \omega^2 L_r C_r R^2 + \frac{L_r}{C_r} = R^2 + \omega^2 L_r^2$$

ist mit $R^2 = L_r/C_r$ für alle Frequenzen erfüllt, weil für ω keine Einschränkung erfolgen muss:

$$\omega^2 L_r C_r \cdot \frac{L_r}{C_r} + \frac{L_r}{C_r} = R^2 + \omega^2 L_r^2 \, .$$

Diesen Zustand des Parallel-Resonanzkreises nennt man *ewige Resonanz*, weil für jede Frequenz der Strom i und die Spannung u in Resonanz sind; die Parallelschaltung verhält sich wie der ohmsche Widerstand R:

$$\underline{Z} = \frac{\underline{Z}_{Lr} \cdot \underline{Z}_{Cr}}{\underline{Z}_{Lr} + \underline{Z}_{Cr}} = \frac{(R + j\omega L_r) \cdot \left(R - j\dfrac{1}{\omega C_r}\right)}{2R + j \cdot \left(\omega L_r - \dfrac{1}{\omega C_r}\right)} = \frac{R^2 + \dfrac{L_r}{C_r} + j \cdot R \cdot \left(\omega L_r - \dfrac{1}{\omega C_r}\right)}{2R + j \cdot \left(\omega L_r - \dfrac{1}{\omega C_r}\right)}$$

$$\text{mit } \frac{L_r}{C_r} = R^2 \text{ ist}$$

$$\underline{Z} = \frac{2R^2 + j \cdot R \cdot \left(\omega L_r - \dfrac{1}{\omega C_r}\right)}{2R + j \cdot \left(\omega L_r - \dfrac{1}{\omega C_r}\right)} = \frac{R \cdot \left[2R + j \cdot \left(\omega_{Lr} - \dfrac{1}{\omega C_r}\right)\right]}{2R + j \cdot \left(\omega L_r - \dfrac{1}{\omega C_r}\right)} = R = \sqrt{\frac{L_r}{C_r}} \ . (4.154)$$

Das Zeigerbild für die Ströme und die anliegende Spannung bei ewiger Resonanz ergibt sich mit folgenden Gleichungen:

$$\underline{I} = \underline{I}_{Cr} + \underline{I}_{Lr} = \frac{\underline{U}}{R}$$

$$\text{mit} \quad \underline{I}_{Cr} = \underline{Y}_{Cp} \cdot \underline{U} = (G_{Cp} + jB_{Cp}) \cdot \underline{U}$$

$$\text{und} \quad \underline{I}_{Lr} = \underline{Y}_{Lp} \cdot \underline{U} = (G_{Lp} + jB_{Lp}) \cdot \underline{U}$$

Die Winkelbeziehungen lassen sich mit Hilfe der Umrechnungsformeln für die Transformation der Reihenschaltung in die Parallelschaltung Gl. (4.69) und (4.70) angeben:

$$\tan \varphi_C = \frac{B_{Cp}}{G_{Cp}} = \frac{\dfrac{\dfrac{1}{\omega C_r}}{Z_{Cr}^2}}{\dfrac{R_{Cr}}{Z_{Cr}^2}} = \frac{\dfrac{1}{\omega C_r}}{R_{Cr}} = \frac{\dfrac{1}{\omega C_r}}{R}$$

$$\tan \varphi_L = \frac{B_{Lp}}{G_{Lp}} = \frac{-\dfrac{\omega L_r}{Z_{Lr}^2}}{\dfrac{R_{Lr}}{Z_{Lr}^2}} = -\frac{\omega L_r}{R_{Lr}} = -\frac{\omega L_r}{R}$$

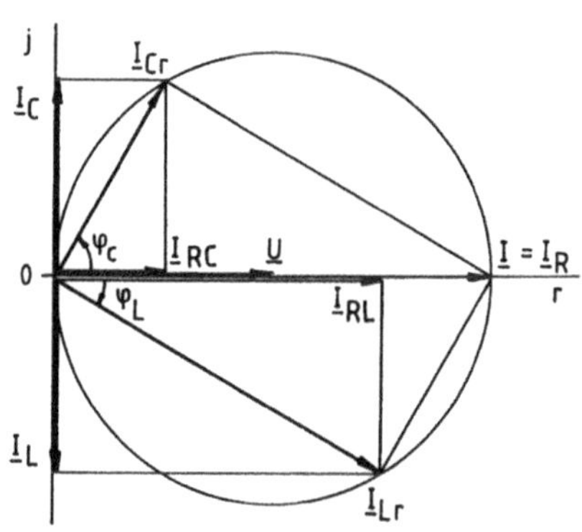

Bild 4.107 Zeigerbild des Parallelresonanzkreises bei ewiger Resonanz

$$\tan (\varphi_C - \varphi_L) = \frac{\tan \varphi_C - \tan \varphi_L}{1 + \tan \varphi_C \cdot \tan \varphi_L} = \frac{\dfrac{\dfrac{1}{\omega C_r}}{R} + \dfrac{\omega L_r}{R}}{1 - \dfrac{\dfrac{1}{\omega C_r}}{R} \cdot \dfrac{\omega L_r}{R}}$$

$$\tan (\varphi_C - \varphi_L) = \frac{\left(\dfrac{1}{\omega C_r} + \omega L_r\right) \cdot R}{R^2 - \dfrac{L_r}{C_r}}$$

$$\tan (\varphi_C - \varphi_L) = \frac{\left(\dfrac{1}{\omega C_r} + \omega L_r\right) \cdot R}{\dfrac{L_r}{C_r} - \dfrac{L_r}{C_r}}$$

$$\tan(\varphi_C - \varphi_L) = \infty$$

$$\varphi_C - \varphi_L = \varphi_C + (-\varphi_L) = \frac{\pi}{2}$$

Beispiel:

Mit dem RC-Generator, den Festwiderständen, der Induktivitäs- und der Kapazitätsdekade der Versuchsschaltung des Reihenresonanzkreises (Abschnitt 4.5.1) lässt sich der Parallel-Resonanzkreis mit $R_{Lr} = R_{Cr} = 1k\Omega$, $L_r = 0,1H$ und $C_{r1} = 1nF$ ($f_0 = 15,9kHz$) bzw. $C_{r2} = 0,1\mu F$ (ewige Resonanz) aufbauen und das Resonanzverhalten untersuchen.

4. $R_{Cr} = 0$: (Spezialfall von 1.)

In *Praktischen Parallel-Resonanzkreisen* ist der Verlustwiderstand des Kondensators R_{Cr} vernachlässisgbar klein gegenüber $\sqrt{L_r / C_r}$.

Die Formel für die Resonanzkreisfrequenz (siehe Gl. 4.152) kann dann umgeschrieben werden in

$$\omega_0 = \frac{1}{\sqrt{L_r C_r}} \cdot \sqrt{\frac{R_{Lr}^2 - \frac{L_r}{C_r}}{-\frac{L_r}{C_r}}} = \frac{1}{\sqrt{L_r C_r}} \cdot \sqrt{1 - \frac{R_{Lr}^2 \cdot C_r}{L_r}}$$

$$\omega_0 = \sqrt{\frac{1}{L_r C_r} - \left(\frac{R_{Lr}}{L_r}\right)^2} \tag{4.155}$$

Den komplexen Leitwert des Praktischen Parallel-Resonanzkreises zu errechnen bedeutet, die Transformation der Reihenschaltung $R_{Lr} - L_r$ in die äquivalente Parallelschaltung nach Gl. (4.70) vorzunehmen und den Leitwert des Kondensators zu berücksichtigen:

$$\underline{Y}_p = \frac{R_{Lr}}{R_{Lr}^2 + \omega^2 L_r^2} + j \cdot \left(\omega C_r - \frac{\omega L_r}{R_{Lr}^2 + \omega^2 L_r^2}\right) = \frac{1}{R_{Lp}} + j \cdot \left(\omega C_p - \frac{1}{\omega L_p}\right) \tag{4.156}$$

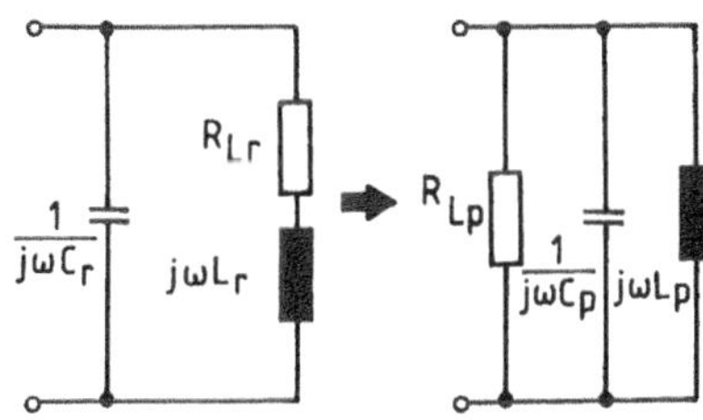

Bild 4.108
Transformation des Praktischen Parallel-Resonanzkreises

Um die Güte des Praktischen Parallel-Resonanzkreises berechnen zu können, muss ebenfalls die äquivalente Parallelschaltung idealer Bauelemente herangezogen werden:

Mit Gl. (4.142)

$$Q_p = \frac{B_{kp}}{G_p} = R_{Lp} \cdot \omega_0 C_p$$

$$\text{mit} \quad G_p = \frac{1}{R_p} = \frac{1}{R_{Lp}}$$

$$\text{und} \quad B_{kp} = \omega_0 C_p$$

und

$$R_{Lp} = \frac{R_{Lr}^2 + \omega_0^2 L_r^2}{R_{Lr}} = \frac{R_{Lr}^2 + \left(\dfrac{1}{L_r C_r} - \dfrac{R_{Lr}^2}{L_r^2}\right) \cdot L_r^2}{R_{Lr}} = \frac{L_r}{R_{Lr} C_r} = \frac{L_r}{R_{Lr} C_p}$$

ergibt sich für die Güte des Praktischen Parallel-Resonanzkreises:

$$Q_p = \frac{L_r}{R_{Lr} C_p} \cdot \sqrt{\frac{1}{L_r C_r} - \left(\frac{R_{Lr}}{L_r}\right)^2} \cdot C_p = \sqrt{\frac{L_r^2}{R_{Lr}^2} \cdot \frac{1}{L_r C_r} - \frac{L_r^2}{R_{Lr}^2} \cdot \frac{R_{Lr}^2}{L_r^2}}$$

$$Q_p = \sqrt{\frac{L_r}{R_{Lr}^2 C_r} - 1} \,. \tag{4.157}$$

Der komplexe Widerstand des Praktischen Parallel-Resonanzkreises kann aus der Formel für zwei parallel geschaltete Widerstände und anschließendem Erweitern bestimmt werden:

$$\underline{Z} = \frac{(R_{Lr} + j\omega L_r) \cdot \dfrac{1}{j\omega C_r}}{R_{Lr} + j\omega L_r + \dfrac{1}{j\omega C_r}} = \frac{R_{Lr} + j\omega L_r}{(1 - \omega^2 L_r C_r) + j\omega R_{Lr} C_r} \cdot \frac{(1 - \omega^2 L_r C_r) - j\omega R_{Lr} C_r}{(1 - \omega^2 L_r C_r) - j\omega R_{Lr} C_r}$$

$$\underline{Z} = \frac{R_{Lr} - R_{Lr}\omega^2 L_r C_r + j\omega L_r(1 - \omega^2 L_r C_r) - j\omega R_{Lr}^2 C_r + \omega^2 L_r R_{Lr} C_r}{(1 - \omega^2 L_r C_r)^2 + (\omega R_{Lr} C_r)^2}$$

$$\underline{Z} = \frac{R_{Lr}}{(1 - \omega^2 L_r C_r)^2 + (\omega R_{Lr} C_r)^2} + j\omega \cdot \frac{L_r(1 - \omega^2 L_r Cr) - R_{Lr}^2 C_r}{(1 - \omega^2 L_r C_r)^2 + (\omega R_{Lr} C_r)^2} \tag{4.158}$$

Übungsaufgaben zum Abschnitt 4.5

4.20 Behandeln Sie rechnerisch den skizzierten Resonanzkreis, an dem eine sinusförmige Spannung variabler Frequenz anliegt.

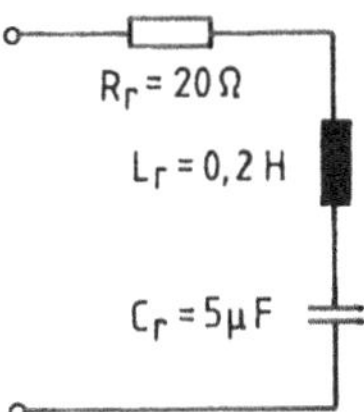

Bild 4.109
Übungsaufgabe 4.20

1. Berechnen Sie die Resonanzkreisfrequenz, den Kennwiderstand und die Kreisgüte.
2. Errechnen Sie für $\omega = 250, 500, 750, 900, 1000, 1111, 1333, 2000$ und $4000\,s^{-1}$ die Resonanzkurve

$$\frac{I}{U/R} = f(x) \quad \text{mit} \quad x = \frac{\omega}{\omega_0}$$

und stellen Sie sie grafisch dar.

3. Ermitteln Sie aus der Resonanzkurve die Bandbreite Δf und die Grenzfrequenzen f_{g1} und f_{g2}.

4.21 Für die Übertragung eines Signals mit der Bandbreite $\Delta f = 5\,kHz$ und einer Güte $Q_r = 100$ steht eine hochfrequente Trägerschwingung zur Verfügung, die durch einen Schwingkreis erzeugt wird.

1. Bei welcher Frequenz ist die Übertragung des Signals vorgesehen?
2. Ermitteln Sie die Schaltelemente des Schwingkreises in Reihenschaltung, wenn der Kennwiderstand $500\,\Omega$ beträgt.

4.22 Die Ersatzschaltungen einer Spule und eines Kondensators sind Reihenschaltungen mit $R_{Cr} = 10\,\Omega$, $C_r = 2\,\mu F$ und $R_{Lr} = 100\,\Omega$, $L_r = 0,1\,H$, die parallel geschaltet sind.

1. Untersuchen Sie, ob eine Resonanz zwischen der anliegenden Spannung u und dem sinusförmigen Strom i möglich ist. Falls Resonanz erreicht werden kann, berechnen Sie die Resonanzfrequenz f_0 und die dann wirksame Impedanz Z_0 des Parallelresonanzkreises.
2. Um wie viel Prozent ändert sich die Resonanzfrequenz, wenn der Verlustwiderstand R_{Cr} des Kondensators vernachlässigt wird?

4.23 1. Für den praktischen Parallel-Resonanzkreis mit vorgeschaltetem Widerstand sind die Ströme $\underline{I}_{Lr}$ und $\underline{I}_C$ in Abhängigkeit von $\underline{U}$, R, L_r, R_{Lr}, C_r und ω zu ermitteln.

2. Anschließend ist die Spannung $\underline{U}_C$ zu bestimmen und das Ergebnis mit dem Beispiel 3 der Spannungsteilerregel (Abschnitt 4.3, Bild 4.28) zu vergleichen.

3. Bei welcher Kreisfrequenz ω sind die Spannung u_C und u in Phase und bei welcher Kreisfrequenz ist der Strom i_C gegenüber der Spannung u um 90° phasenverschoben?

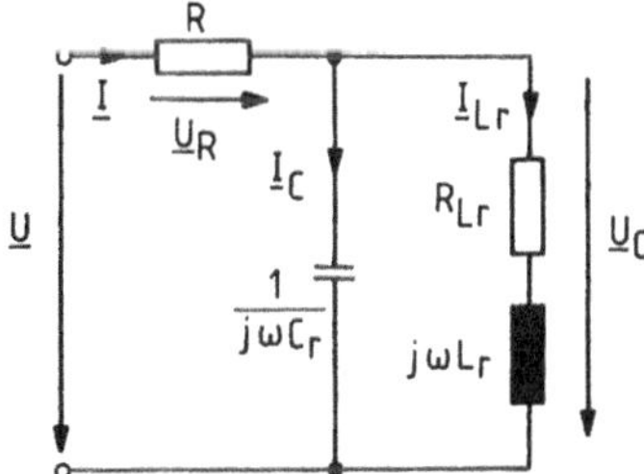

Bild 4.110
Übungsaufgabe 4.23

4.24 1. Für den praktischen Parallel-Resonanzkreis mit $R_{Lr} = 100\Omega$, $L_r = 0{,}1H$ und $C_r = 2\mu F$ sind drei quantitative Zeigerbilder bei $\omega = 1000s^{-1}$, $\omega = 2000s^{-1}$ und $\omega = 3000s^{-1}$ zu entwickeln, wobei der Strom $\underline{I}_{Lr}$ jeweils 10mA betragen soll. Geben Sie für die drei Fälle die Effektivwerte von $\underline{U}$ und $\underline{I}$ und die Phasenverschiebung φ an und errechnen Sie jeweils den komplexen Leitwert.

2. Kontrollieren Sie rechnerisch die Ergebnisse für die komplexen Leitwerte.

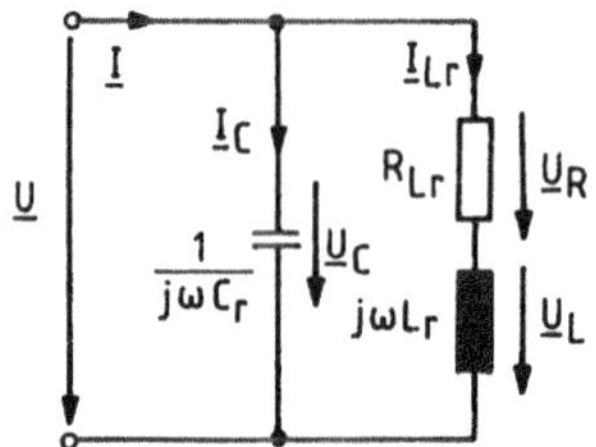

Bild 4.111
Übungsaufgabe 4.24

4.25 Für den gleichen Parallel-Resonanzkreis mit $R_{Lr} = 100\Omega$, $L_r = 0{,}1H$ und $C_r = 2\mu F$ ist die Resonanzkurve zu ermitteln, indem der Resonanzkreis in einen Parallelresonanzkreis mit idealen Bauelementen überführt wird (Bild 4.112).

1. Berechnen Sie zunächst die Resonanzkreisfrequenz und die Ersatzgrößen R_{Lp}, L_p und C_p und die Güte Q_p.

2. Leiten Sie die Formel für die frequenzabhängige Spannung bezogen auf die Maximalspannung I/G_p

$$\frac{U}{I/G_p} = f(x) \quad \text{mit} \quad x = \frac{\omega}{\omega_0}$$

in Analogie zum Reihen-Resonanzkreis her.

3. Berechnen Sie für $\omega = 500s^{-1}$, $1000s^{-1}$, $1500s^{-1}$, $2000s^{-1}$, $2666s^{-1}$, $4000s^{-1}$ und $8000s^{-1}$ die Resonanzkurven und stellen Sie sie dar.

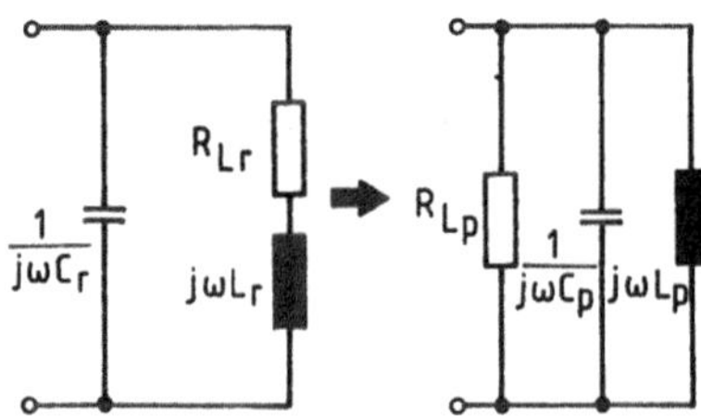

Bild 4.112
Übungsaufgabe 4.25

4.6 Spezielle Schaltungen der Wechselstromtechnik

4.6.1 Schaltungen für eine Phasenverschiebung von 90° zwischen Strom und Spannung

Hummelschaltung

In einer stromdurchflossenen Spule ist die Phasenverschiebung zwischen dem Strom und der anliegenden sinusförmigen Spannung wegen der ohmschen Verluste kleiner als 90°. Wird als Ersatzschaltung der Spule die Reihenschaltung des ohmschen und induktiven Widerstandes gewählt, dann teilt sich die sinusförmige Spannung u_1 in die ohmsche Spannung u_{R1} und die induktive Spannung u_{L1} auf.

Wird die Schaltung in den Bildbereich transformiert, dann beschreiben die entsprechenden komplexen Effektivwerte im Zeigerbild die Zusammenhänge zwischen Strom und Spannungen (Bild 4.113):

$$\underline{U}_1 = \underline{U}_{R1} + \underline{U}_{L1}$$

$$\underline{U}_1 = R_{r1} \cdot \underline{I}_1 + j\omega L_{r1} \cdot \underline{I}_1$$

$$\underline{U}_1 = (R_{r1} + j\omega L_{r1}) \cdot \underline{I}_1$$

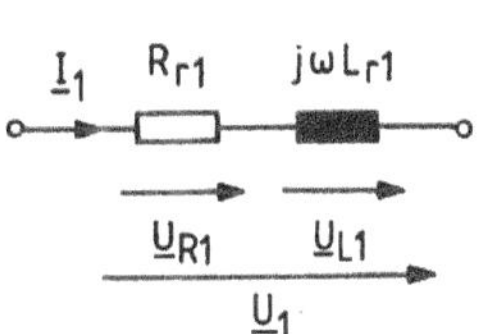
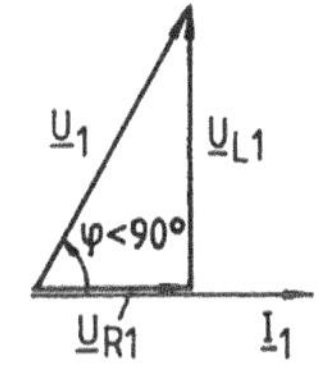

Bild 4.113
Schaltung und Zeigerbild einer Spule

Zur Messung der *Blindleistung*, die im Abschnitt 4.7 behandelt wird, ist es allerdings notwendig, dass zwischen dem Strom und der Spannung eine Phasenverschiebung von exakt 90° besteht. Mit der Hummelschaltung (Bild 4.114) kann diese Bedingung erfüllt werden, wie im folgenden nachgewiesen werden soll.

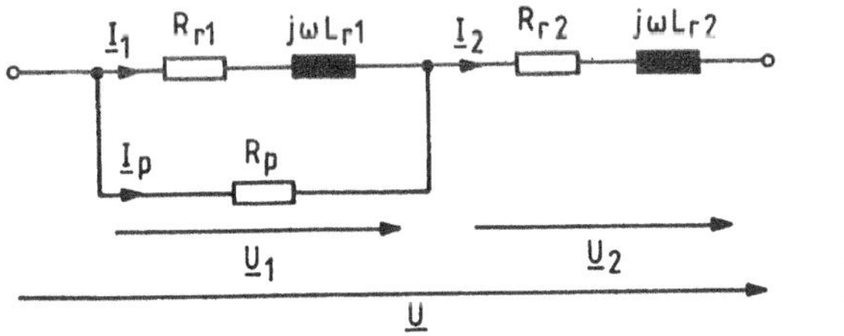

Bild 4.114
Hummelschaltung

An die Spule wird ein bestimmter ohmscher Widerstand R_p parallel und eine Spule mit bekanntem R_{r2} und L_{r2} in Reihe geschaltet. Die Phasenverschiebung von 90° soll zwischen der Spannung u und dem Spulenstrom i_1 eingestellt werden können. Für die komplexen Effektivwerte $\underline{U}$ und $\underline{I}_1$ ist damit der Operator herzuleiten, mit dem diese ineinander überführt werden können. Anschließend ist dessen Realteil Null zu setzen, denn wenn der Operator imaginär ist, sind auch die Zeitfunktionen um 90° phasenverschoben:

Mit Hilfe der Stromteilerregel ergibt sich

$$\frac{\underline{I}_1}{\underline{I}_2} = \frac{R_p}{R_p + R_{r1} + j\omega L_{r1}} \quad \text{mit} \quad \underline{I}_2 = \frac{\underline{U}}{\dfrac{R_p(R_{r1} + j\omega L_{r1})}{R_p + R_{r1} + j\omega L_{r1}} + R_{r2} + j\omega L_{r2}}$$

$$\underline{I}_1 = \frac{R_p \cdot \underline{U}}{R_p(R_{r1} + j\omega L_{r1}) + (R_p + R_{r1} + j\omega L_{r1})(R_{r2} + j\omega L_{r2})}$$

$$\underline{I}_1 = \frac{\underline{U}}{\left(R_{r1} + R_{r2} + \dfrac{R_{r1} \cdot R_{r2}}{R_p} - \dfrac{\omega^2 \cdot L_{r1}L_{r2}}{R_p}\right) + j\omega \cdot \left(L_{r1} + L_{r2} + \dfrac{L_{r2} \cdot R_{r1}}{R_p} + \dfrac{L_{r1}R_{r2}}{R_p}\right)}$$

$$R_{r1} + R_{r2} + \frac{R_{r1} \cdot R_{r2}}{R_p} - \frac{\omega^2 \cdot L_{r1}L_{r2}}{R_p} = 0 \qquad (4.159)$$

$$R_p(R_{r1} + R_{r2}) + R_{r1} \cdot R_{r2} - \omega^2 \cdot L_{r1} \cdot L_{r2} = 0$$

Sind die ohmschen Widerstände und die Induktivitäten der beiden Spulen und die Kreisfrequenz der sinusförmigen Spannung bekannt, dann ergibt sich der parallel geschaltete Widerstand aus folgender Gleichung:

$$R_p = \frac{\omega^2 \cdot L_{r1} \cdot L_{r2} - R_{r1} \cdot R_{r2}}{R_{r1} + R_{r2}} \qquad (4.160)$$

Beispiel:

1. Für die Hummelschaltung ist der erforderliche Widerstand R_p zu errechnen, der eine Phasenverschiebung von 90° zwischen dem Strom i_1 und der Spannung u ermöglicht, wenn $R_{r1} = 200\Omega$, $L_{r1} = 400\text{mH}$, $R_{r2} = 100\Omega$, $L_{r2} = 200\text{mH}$ und die Frequenz der anliegenden Spannung f = 200Hz betragen.
2. Das Ergebnis soll durch ein quantitatives Zeigerbild kontrolliert werden, indem für den Spulenstrom $\underline{I}_1 = 20\text{mA}$ angenommen wird.

Lösung:
Zu 1.

$$R_p = \frac{(2\pi \cdot 200\text{s}^{-1})^2 \cdot 0,4\text{H} \cdot 0,2\text{H} - 200\Omega \cdot 100\Omega}{200\Omega + 100\Omega}$$

$$R_p = 354,4\Omega$$

Zu 2. Reihenfolge der Zeigerdarstellung:

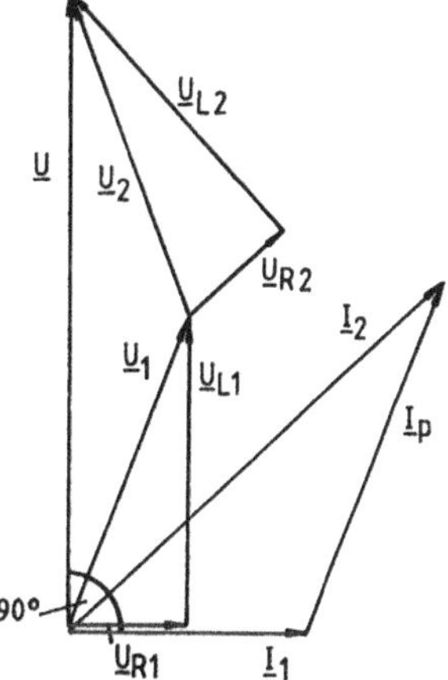

$\underline{I}_1$	$I_1 = 20\text{mA}$
$\underline{U}_{R1} = R_{r1} \cdot \underline{I}_1$	$U_{R1} = 4\text{V}$
$\underline{U}_{L1} = j\omega L_{r1} \cdot \underline{I}_1$	$U_{L1} = 10,05\text{V}$
$\underline{U}_1 = \underline{U}_{R1} + \underline{U}_{L1}$	$U_1 = 10,82\text{V}$
$\underline{I}_p = \dfrac{\underline{U}_1}{R_p}$	$I_p = 30,53\text{mA}$
$\underline{I}_2 = \underline{I}_1 + \underline{I}_p$	$I_2 = 42\text{mA}$
$\underline{U}_{R2} = R_{r2} \cdot \underline{I}_2$	$U_{R2} = 4,2\text{V}$
$\underline{U}_{L2} = j\omega L_{r2} \cdot \underline{I}_2$	$U_{L2} = 10,56\text{V}$
$\underline{U}_2 = \underline{U}_{R2} + \underline{U}_{L2}$	$U_2 = 11,4\text{V}$
$\underline{U} = \underline{U}_1 + \underline{U}_2$	$U = 20,7\text{V}$

Bild 4.115 Quantitatives Zeigerbild der Hummelschaltung

Im quantitativen Zeigerbild der Hummelschaltung im Bild 4.115 schließen der Zeiger des Spulenstroms $\underline{I}_1$ und der Zeiger der Gesamtspannung $\underline{U}$ einen Winkel von 90° ein.

Polekschaltung

Wird in der Hummelschaltung der ohmsche Parallelwiderstand R_p durch einen Kondensator mit vernachlässigbaren Verlusten ersetzt, dann kann zwischen dem Spulenstrom i_1 und der anliegenden Spannung u ebenso eine Phasenverschiebung von 90° erreicht werden. Die erforderliche Kapazität lässt sich mit folgender Formel berechnen:

$$C_p = \frac{R_{r1} + R_{r2}}{\omega^2 (L_{r1} \cdot R_{r2} + L_{r2} \cdot R_{r1})}$$

(4.161)

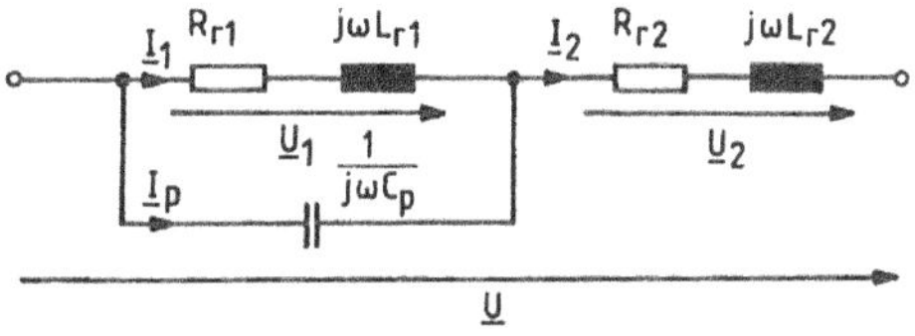

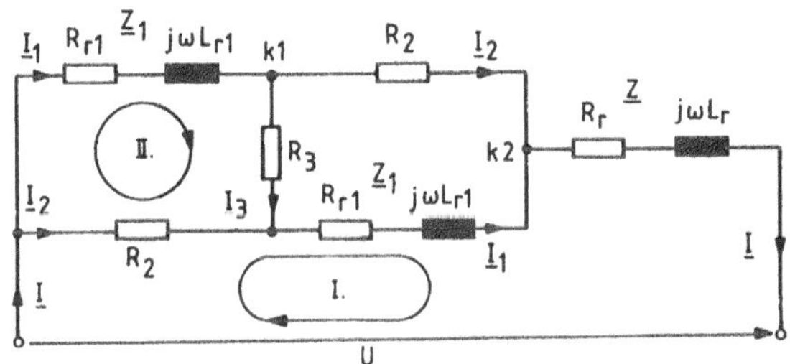

Bild 4.116 Polekschaltung

Brückenschaltung für eine 90°-Phasenverschiebung

Um eine Phasenverschiebung von exakt 90° zwischen einem sinusförmigen Strom und einer sinusförmigen Spannung zu erhalten, werden zwei gleiche Spulen und zwei gleiche ohmsche Widerstände in einer Brücke mit ohmschem Diagonalzweig zusammengeschaltet, die in Reihe mit einer anderen Spule liegt. Für die Spulen sollen jeweils Reihenschaltungen verwendet werden.

Bild 4.117
Brückenschaltung für eine
90°-Phasenverschiebung

Zwischen dem Spulenstrom i_1 und der anliegenden Spannung u soll die geforderte Phasenverschiebung bestehen. Deshalb ist der Operator zwischen $\underline{I}_1$ und $\underline{U}$ zu errechnen und dessen Realteil Null zu setzen. Aus Symmetriegründen der Schaltung können die jeweils gleichen Ströme $\underline{I}_1$ und $\underline{I}_2$ zweimal eingetragen werden, so dass das Gleichungssystem nach dem Kirchhoffschen Netzberechnungsverfahren reduziert werden kann:

Knotenpunktgleichungen:

$$\text{k1:} \quad \underline{I}_1 = \underline{I}_2 + \underline{I}_3 \qquad \text{oder} \quad \underline{I}_3 = \underline{I}_1 - \underline{I}_2$$

$$\text{k2:} \quad \underline{I} = \underline{I}_1 + \underline{I}_2$$

Maschengleichung für die Masche I:

$$\underline{U} = R_2 \cdot \underline{I}_2 + \underline{Z}_1 \cdot \underline{I}_1 + \underline{Z} \cdot \underline{I}$$

$$\underline{U} = R_2 \cdot \underline{I}_2 + \underline{Z}_1 \cdot \underline{I}_1 + \underline{Z} \cdot (\underline{I}_1 + \underline{I}_2)$$

$$\underline{U} = (\underline{Z}_1 + \underline{Z}) \cdot \underline{I}_1 + (R_2 + \underline{Z}) \cdot \underline{I}_2$$

Maschengleichung für die Masche II:

$$\underline{Z}_1 \cdot \underline{I}_1 \cdot R_3 \cdot \underline{I}_3 - R_2 \cdot \underline{I}_2 = 0$$

$$\underline{Z}_1 \cdot \underline{I}_1 + R_3 \cdot (\underline{I}_1 - \underline{I}_2) - R_2 \cdot \underline{I}_2 = 0$$

$$(\underline{Z}_1 + R_3) \cdot \underline{I}_1 - (R_2 + R_3) \cdot \underline{I}_2 = 0$$

$$\underline{I}_2 = \frac{\underline{Z}_1 + R_3}{R_2 + R_3} \cdot \underline{I}_1$$

Die Gleichung für $\underline{I}_2$ in die Maschengleichung für die Masche I eingesetzt, ergibt den Widerstandsoperator zwischen $\underline{I}_1$ und $\underline{U}$:

$$\underline{U} = (\underline{Z}_1 + \underline{Z}) \cdot \underline{I}_1 + (R_2 + \underline{Z}) \cdot \frac{\underline{Z}_1 + R_3}{R_2 + R_3} \cdot \underline{I}_1 = \left[\underline{Z}_1 + \underline{Z} + \frac{(R_2 + \underline{Z}) \cdot (\underline{Z}_1 + R_3)}{R_2 + R_3} \right] \cdot \underline{I}_1$$

und mit $\underline{Z}_1 = R_{r1} + j\omega L_{r1}$ und $\underline{Z} = R_r + j\omega L_r$ ist

$$\underline{U} = \left[R_{r1} + j\omega L_{r1} + R_r + j\omega L_r + \frac{(R_2 + R_r + j\omega L_r) \cdot (R_{r1} + j\omega L_{r1} + R_3)}{R_2 + R_3} \right] \cdot \underline{I}_1$$

$$(4.162)$$

Zwischen i_1 und u besteht die Phasenverschiebung von 90°, wenn der Realteil des Widerstandsoperators Null ist:

$$R_{r1} + R_r + \frac{(R_2 + R_r) \cdot (R_{r1} + R_3) - \omega^2 L_r L_{r1}}{R_2 + R_3} = 0 \qquad (4.163)$$

4.6.2 Schaltung zur automatischen Konstanthaltung des Wechselstroms – die Boucherot-Schaltung

Prinzip

In der im Bild 4.118 gezeichneten Spannungsteilerschaltung kann der Zweigstrom i_3 unabhängig vom Belastungs-Wechselstromwiderstand werden, wenn die beiden Wechselstromwiderstände des Spannungsteilers eine verlustlose Spule und ein verlustloser Kondensator sind, die sich in Resonanz befinden. Da es verlustlose Spulen und Kondensatoren nicht gibt, kann die Boucherot-Schaltung nur angenähert einen von der Belastung unabhängigen Strom garantieren. Bei Anwendung der Schaltung ist deshalb ein Vergleich des erreichbaren und des geforderten Toleranzbereiches notwendig.

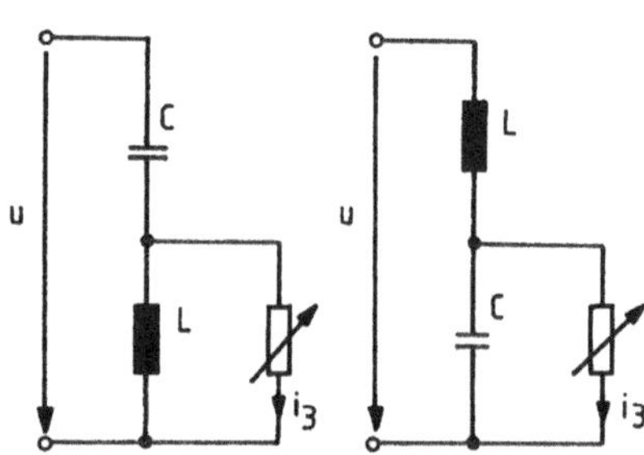

Bild 4.118
Prinzip der Boucherotschaltung

Nachweis mit Hilfe der Schaltung im Bildbereich

Mit Hilfe der Stromteilerregel lässt sich der Belastungsstrom $\underline{I}_3$ durch den Belastungswiderstand $\underline{Z}_3$ ermitteln.

$$\frac{\underline{I}_3}{\underline{I}_1} = \frac{\underline{Z}_2}{\underline{Z}_2 + \underline{Z}_3} \quad \text{mit} \quad \underline{I}_1 = \frac{\underline{U}}{\underline{Z}_1 + \dfrac{\underline{Z}_2\underline{Z}_3}{\underline{Z}_2 + \underline{Z}_3}}$$

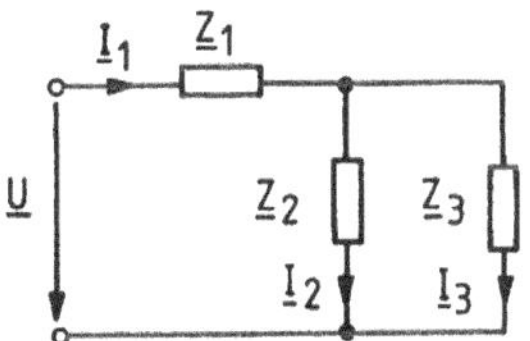

Bild 4.119 Boucherotschaltung im Bildbereich

$$\underline{I}_3 = \frac{\underline{Z}_2}{\underline{Z}_2 + \underline{Z}_3} \cdot \frac{\underline{U}}{\underline{Z}_1 + \dfrac{\underline{Z}_2\underline{Z}_3}{\underline{Z}_2 + \underline{Z}_3}}$$

$$\underline{I}_3 = \frac{\underline{Z}_2 \cdot \underline{U}}{\underline{Z}_1\underline{Z}_2 + \underline{Z}_1\underline{Z}_3 + \underline{Z}_2\underline{Z}_3} = \frac{\underline{Z}_2 \cdot \underline{U}}{\underline{Z}_1\underline{Z}_2 + \underline{Z}_3 \cdot (\underline{Z}_1 + \underline{Z}_2)}. \tag{4.164}$$

Soll $\underline{I}_3$ unabhängig vom komplexen Widerstand $\underline{Z}_3$ sein, dann muss $\underline{Z}_3 \cdot (\underline{Z}_1 + \underline{Z}_2)$ Null sein, d. h. $\underline{Z}_1 + \underline{Z}_2 = 0$. Werden die Spule und der Kondensator als Reihenschaltungen mit $\underline{Z}_1 = R_1 + jX_1$ und $\underline{Z}_2 = R_2 + jX_2$ aufgefasst, dann kann die Bedingung nur erfüllt werden, wenn die Summe der ohmschen Widerstände Null sind und die Blindwiderstände sich aufheben:

$$R_1 + R_2 \overset{!}{=} 0 \quad \text{und} \quad X_1 + X_2 \overset{!}{=} 0 \tag{4.165}$$

Die Bedingung für die ohmschen Widerstände lässt sich natürlich nicht erfüllen, weil sich vor allem die Spulenverluste nicht vernachlässigen lassen. Der Strom i_3 lässt sich deshalb nur in gewissen Grenzen konstant halten.

Für die Boucherot-Schaltung gibt es also zwei Möglichkeiten der Realisierung: entweder ist $\underline{Z}_1$ ein kapazitiver Widerstand und $\underline{Z}_2$ ein induktiver Widerstand oder umgekehrt $\underline{Z}_1$ ist ein induktiver Widerstand und $\underline{Z}_2$ ein kapazitiver Widerstand, die in Resonanz sind:

$$\underline{Z}_1 + \underline{Z}_2 = \frac{1}{j\omega C} + j\omega L \qquad\qquad \text{bzw.} \quad \underline{Z}_1 + \underline{Z}_2 = j\omega L + \frac{1}{j\omega C}$$

$$\underline{Z}_1 + \underline{Z}_2 = j \cdot \left(-\frac{1}{\omega C} + \omega L \right) = 0 \qquad\qquad \underline{Z}_1 + \underline{Z}_2 = j \cdot \left(\omega L - \frac{1}{\omega C} \right) = 0$$

$$\text{mit} \; \frac{1}{\omega C} = \omega L \qquad\qquad\qquad\qquad \text{mit} \; \omega L = \frac{1}{\omega C}$$

Der Belastungsstrom i_3 ist dann der anliegenden Spannung u um 90° voreilend bzw. um 90° nacheilend, weil der Operator zwischen $\underline{I}_3$ und $\underline{U}$ positiv imaginär bzw. negativ imaginär ist:

$$\underline{I}_3 = \frac{\underline{Z}_2 \cdot \underline{U}}{\underline{Z}_1\underline{Z}_2 + \underline{Z}_3 \cdot (\underline{Z}_1 + \underline{Z}_2)} = \frac{\underline{Z}_2 \cdot \underline{U}}{\underline{Z}_1\underline{Z}_2} = \frac{\underline{U}}{\underline{Z}_1} = \underline{Y}_1 \cdot \underline{U}$$

$$\underline{I}_3 = j\omega C \cdot \underline{U} = j \cdot \frac{C}{\sqrt{LC}} \cdot \underline{U} \quad \text{bzw.} \quad \underline{I}_3 = \frac{1}{j\omega L} \cdot \underline{U} = -j \cdot \frac{\sqrt{LC}}{L} \cdot \underline{U}$$

$$\underline{I}_3 = j \cdot \sqrt{\frac{C}{L}} \cdot \underline{U} \qquad\qquad\qquad\qquad \underline{I}_3 = -j \cdot \sqrt{\frac{C}{L}} \cdot \underline{U}$$

4.6.3 Wechselstrom-Messbrückenschaltungen

Anwendung von Wechselstrom-Messbrücken

Wechselstrom-Messbrücken werden zur Bestimmung von unbekannten Scheinwiderstän-den, Induktivitäten und Gegeninduktivitäten, Kapazitäten, Verlustwinkeln von Spulen und Kondensatoren und Spannungs- und Stromfrequenzen verwendet.

Grundsätzlicher Aufbau und Abgleichbedingung

Die Wechselstrombrücke, dargestellt im Bildbereich mit komplexen Effektivwerten und komplexen Operatoren, heißt „abgeglichen", wenn der Diagonalzweig CD stromlos ist, d. h. wenn $i_A = 0$ bzw. $\underline{I}_A = 0$ und die Spannung $u_{CD} = 0$ bzw. $\underline{U}_{CD} = 0$ sind.

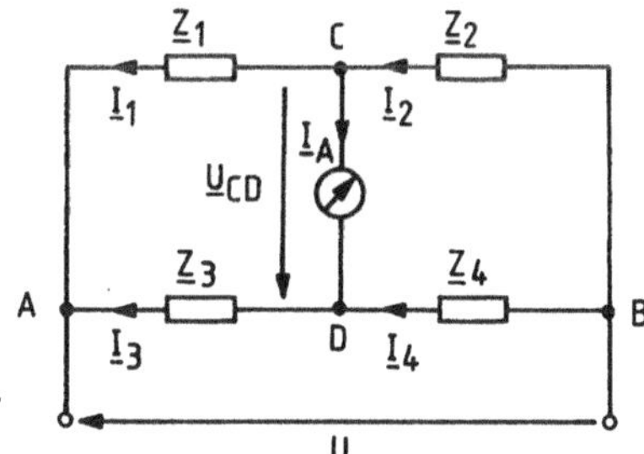

Bild 4.120
Grundsätzlicher Aufbau der Wechsel-strombrücke im Bildbereich

Da die Punkte C und D dann gleiches Potential haben, sind auch die Spannungen über den Widerständen $\underline{Z}_1$ und $\underline{Z}_3$ bzw. $\underline{Z}_2$ und $\underline{Z}_4$ gleich:

$$\underline{U}_{CA} = \underline{U}_{DA} \qquad\qquad \underline{U}_{BC} = \underline{U}_{BD}$$

$$\underline{Z}_1 \cdot \underline{I}_1 = \underline{Z}_3 \cdot \underline{I}_3 \qquad\qquad \underline{Z}_2 \cdot \underline{I}_2 = \underline{Z}_4 \cdot \underline{I}_4$$

Werden beide Gleichungen dividiert

$$\frac{\underline{Z}_1 \cdot \underline{I}_1}{\underline{Z}_2 \cdot \underline{I}_2} = \frac{\underline{Z}_3 \cdot \underline{I}_3}{\underline{Z}_4 \cdot \underline{I}_4}$$

und berücksichtigt, dass $\underline{I}_1 = \underline{I}_2$ und $\underline{I}_3 = \underline{I}_4$, dann vereinfacht sich der Quotient beider Gleichungen:

$$\frac{\underline{Z}_1}{\underline{Z}_2} = \frac{\underline{Z}_3}{\underline{Z}_4} \, . \tag{4.166}$$

Ist die Wechselstrombrücke abgeglichen, dann stehen die komplexen Widerstände in einem bestimmten Verhältnis zueinander. Sind drei komplexe Widerstände bekannt, dann lässt sich ein vierter unbekannter komplexer Widerstand bestimmen.

Die Abgleichbedingung der Wechselstrombrücke erinnert an die Abgleichbedingung der Gleichstrombrücke nach Wheatstone (siehe Band 1, Abschnitt 2.2.7, Gl.2.108):

$$\frac{R_1}{R_2} = \frac{R_3}{R_4} \, .$$

Werden die komplexen Widerstände in Betrag und Phase dargestellt, dann sind die Quotienten der entsprechenden Scheinwiderstände und die Differenzen der Phasenwinkel gleich:

$$\frac{Z_1 \cdot e^{j\varphi_1}}{Z_2 \cdot e^{j\varphi_2}} = \frac{Z_3 \cdot e^{j\varphi_3}}{Z_4 \cdot e^{j\varphi_4}} \quad \text{oder} \quad \frac{Z_1}{Z_2} e^{j(\varphi_1 - \varphi_2)} = \frac{Z_3}{Z_4} e^{j(\varphi_3 - \varphi_4)}$$

oder

$$\frac{Z_1}{Z_2} = \frac{Z_3}{Z_4} \quad \text{und} \quad \varphi_1 - \varphi_2 = \varphi_3 - \varphi_4 . \tag{4.167}$$

Die Wechselstrombrücke muss „nach Betrag und Phase abgeglichen" werden.

Vergleich von Wechselstromwiderständen gleicher Art

Soll ein unbekannter Kondensator mit einem bekannten Normalkondensator oder eine unbekannte Spule mit einer bekannten Normalspule verglichen werden, dann sind diese in der Wechselstrombrücke jeweils nebeneinander anzuordnen. Die beiden restlichen nebeneinander liegenden Wechselstromwiderstände sind ohmsche Widerstände:

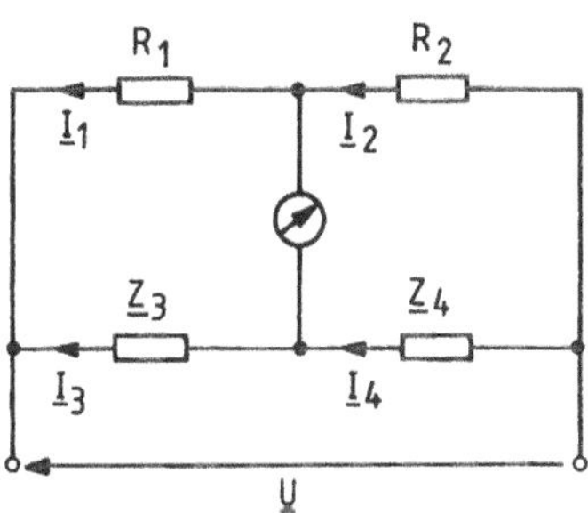

Bild 4.121
Vergleich von Wechselstromwiderständen gleicher Art

Die Abgleichbedingung lautet dann allgemein

$$\frac{R_1}{R_2} = \frac{Z_3}{Z_4} \quad \text{und} \quad \varphi_3 = \varphi_4 \tag{4.168}$$

$$\text{mit} \quad \varphi_1 = 0 \quad \text{und} \quad \varphi_2 = 0$$

Beispiel 1: Vergleich zweier idealer Kondensatoren: „Kapazitäts-Messbrücke"

Mit

$$\underline{Z}_1 = R_1 \qquad \underline{Z}_2 = R_2$$

$$\underline{Z}_3 = \frac{1}{j\omega C_3} \qquad \underline{Z}_4 = \frac{1}{j\omega C_4}$$

lautet die Abgleichbedingung:

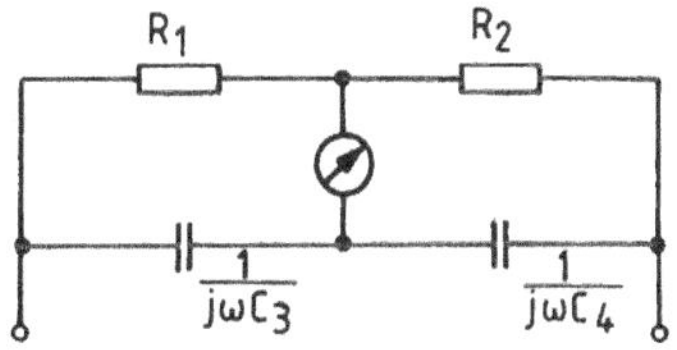

Bild 4.122 Kapazitäts-Messbrücke

$$\frac{R_1}{R_2} = \frac{j\omega C_4}{j\omega C_3} = \frac{C_4}{C_3} \tag{4.169}$$

Ist die Kapazität $C_3 = C_x$ unbekannt und die ohmschen Widerstände R_1 und R_2 und die Kapazität C_4 sind bekannt, dann wird nach Erreichen des Abgleichs mit einem Strommesser oder einem Oszilloskop C_x berechnet:

$$C_x = C_3 = C_4 \frac{R_2}{R_1} \tag{4.170}$$

Beispiel 2: Vergleich zweier verlustbehafteter Kondensatoren:

Wird für verlustbehaftete Kondensatoren jeweils die Reihenschaltung als Ersatzschaltung gewählt, dann betragen die komplexen Widerstände der Messbrücke:

$$\underline{Z}_1 = R_1 \qquad\qquad \underline{Z}_2 = R_2$$

$$\underline{Z}_3 = R_{r3} + \frac{1}{j\omega C_{r3}} \qquad \underline{Z}_4 = R_{r4} + \frac{1}{j\omega C_{r4}}$$

Die Abgleichbedingung lautet dann

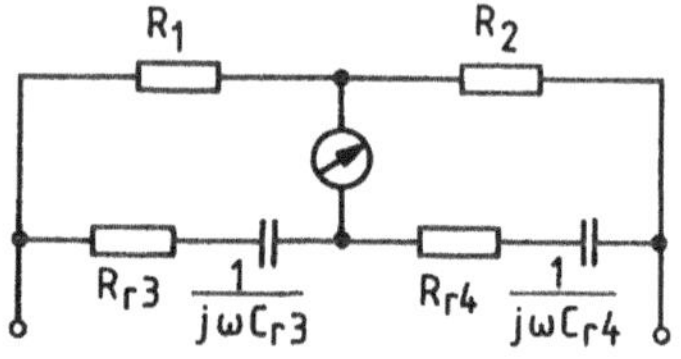

$$\frac{R_1}{R_2} = \frac{R_{r3} + \dfrac{1}{j\omega C_{r3}}}{R_{r4} + \dfrac{1}{j\omega C_{r4}}} \tag{4.171}$$

Bild 4.123 Wechselstrombrücke mit verlustbehafteten Kondensatoren

Ist der verlustbehaftete Kondensator $\underline{Z}_3$ unbekannt und sind die übrigen Elemente der Brückenschaltung durch den Abgleich ermittelt, dann empfiehlt es sich, die Abgleichbedingung nach $\underline{Z}_3$ aufzulösen, weil die gesuchten Größen R_{r3} und C_{r3} im Real- und Imaginärteil getrennt auftreten:

$$\underline{Z}_3 = \frac{R_1}{R_2}\underline{Z}_4 = \frac{R_1}{R_2}R_{r4} + \frac{R_1}{R_2}\frac{1}{j\omega C_{r4}} = R_{r3} + \frac{1}{j\omega C_{r3}}$$

d.h. $\quad R_{r3} = R_{rx} = \dfrac{R_1}{R_2}R_{r4} \quad$ und $\quad C_{r3} = C_{rx} = \dfrac{R_2}{R_1}C_{r4} \tag{4.172}$

Sind die ohmschen Widerstände R_1 und R_2 gleich, dann ist $R_{r3} = R_{r4}$ und $C_{r3} = C_{r4}$.

Beispiel 3: Vergleich zweier Spulen

Die Ersatzschaltungen zweier Spulen, deren ohmschen Verluste nicht zu vernachlässigen sind, sollen Reihenschaltungen sein. Die komplexen Widerstände betragen dann:

$$\underline{Z}_1 = R_1 \qquad\qquad \underline{Z}_2 = R_2$$

$$\underline{Z}_3 = R_{r3} + j\omega L_{r3} \qquad \underline{Z}_4 = R_{r4} + j\omega L_{r4}$$

Die Abgleichbedingung lautet dann

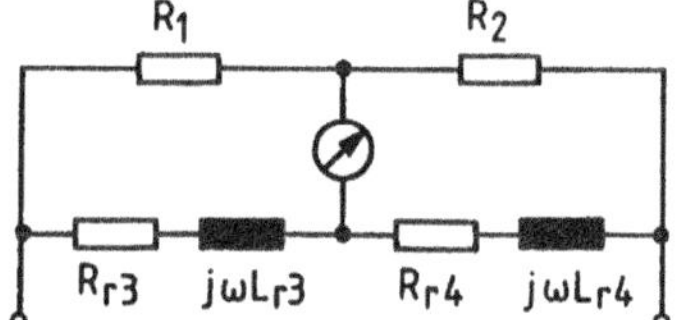

$$\frac{R_1}{R_2} = \frac{R_{r3} + j\omega L_{r3}}{R_{r4} + j\omega L_{r4}}$$

Bild 4.124 Vergleich zweier Spulen

oder $\quad R_1 R_{r4} + j\omega R_1 L_{r4} = R_2 R_{r3} + j\omega R_2 L_{r3} \tag{4.173}$

Durch Vergleich des Realanteils und des Imaginäranteils beider Seiten der Gleichung ergibt sich

$$R_1 R_{r4} = R_2 R_{r3} \quad \text{und} \quad R_1 L_{r4} = R_2 L_{r3}$$

oder $\quad \dfrac{R_1}{R_2} = \dfrac{R_{r3}}{R_{r4}} \quad$ und $\quad \dfrac{R_1}{R_2} = \dfrac{L_{r3}}{L_{r4}}. \tag{4.174}$

In der Messtechnik werden Spulen nicht mit Spulen, sondern mit Kondensatoren verglichen, weil Normalkapazitäten genauer als Normalinduktivitäten herstellbar sind.

Vergleich von Wechselstromwiderständen verschiedener Art

Soll eine unbekannte Spule mit einem bekannten Normalkondensator oder ein unbekannter Kondensator mit einer bekannten Normalspule verglichen werden, dann sind diese in der Wechselstrombrücke jeweils gegenüber anzuordnen. Die beiden restlichen gegenüber liegenden Wechselstromwiderstände sind ohmsche Widerstände:

Bild 4.125
Vergleich von Wechselstromwiderständen verschiedener Art

Die Abgleichbedingung lautet dann allgemein

$$\frac{R_1}{Z_2} = \frac{Z_3}{R_4} \qquad \text{und} \qquad -\varphi_2 = \varphi_3 \tag{4.175}$$

$$\text{mit} \quad \varphi_1 = 0 \qquad \text{und} \qquad \varphi_4 = 0$$

Beispiel: Vergleich eines verlustbehafteten Kondensators mit einer Spule: „Maxwell-Wien-Brücke"

Für den verlustbehafteten Kondensator wird die Parallelschaltung und für die Spule die Reihenschaltung verwendet. Die komplexen Widerstände betragen dann:

$$\underline{Z}_1 = R_1 \qquad\qquad \underline{Z}_2 = \frac{1}{\dfrac{1}{R_{p2}} + j\omega C_{p2}}$$

$$\underline{Z}_3 = R_{r3} + j\omega L_{r3} \qquad \underline{Z}_4 = R_4$$

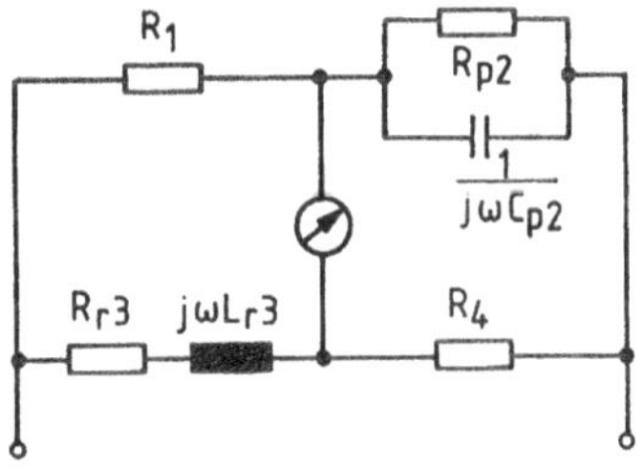

Die Abgleichbedingung lautet dann mit

$$R_1 \cdot \frac{1}{\underline{Z}_2} = \frac{1}{R_4} \cdot \underline{Z}_3$$

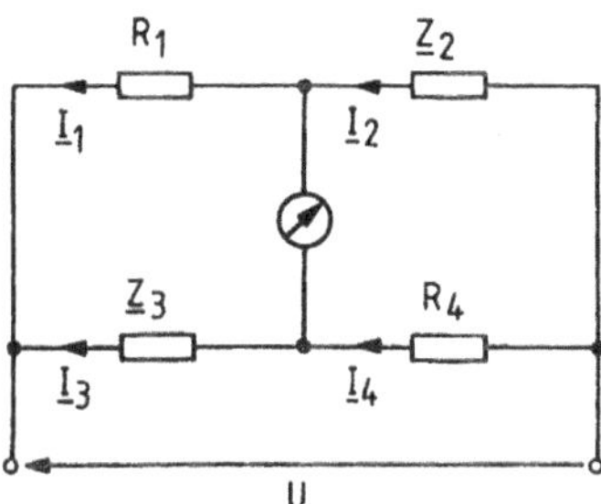

Bild 4.126 Maxwell-Wien-Brücke

$$R_1 \cdot \left(\frac{1}{R_{p2}} + j\omega C_{p2} \right) = \frac{1}{R_4} \cdot (R_{r3} + j\omega L_{r3})$$

$$\frac{R_1}{R_{p2}} + j\omega R_1 C_{p2} = \frac{R_{r3}}{R_4} + j\omega \cdot \frac{L_{r3}}{R_4} \tag{4.176}$$

Durch Vergleich des Realanteils und des Imaginäranteils beider Seiten der Gleichung ergibt sich:

$$\frac{R_1}{R_{p2}} = \frac{R_{r3}}{R_4} \quad \text{und} \quad R_1 C_{p2} = \frac{L_{r3}}{R_4}. \tag{4.177}$$

Wie erwähnt, werden Spulen mit Kondensatoren verglichen, weil Normalkapazitäten genauer herstellbar sind: die Maxwell-Wien-Brücke ermöglicht die messtechnische Ermittlung von Spulendaten R_{r3} und L_{r3} mit Hilfe der restlichen Brückenelemente:
Der Abgleich der Brücke erfolgt zunächst mit Gleichstrom, bis die Gleichstrom-Abgleichbedingung erfüllt ist. Für Gleichstrom bedeutet die Induktivität L_{r3} kurzgeschlossen und der Kondensator C_{p2} eine Unterbrechung.

Der anschließende Wechselstrom-Abgleich bei beliebiger Frequenz wird mit einem Oszilloskop kontrolliert: die Widerstände R_{p2} und R_4 müssen gleichzeitig variiert werden, damit die Gleichstrom-Abgleichbedingung erfüllt bleibt. Für die veränderliche Kapazität C_{p2} stehen Normkondensatoren mit geringen Verlusten zur Verfügung.

Schließlich werden die unbekannten Spulen-Ersatzelemente mit den ermittelten Brückenelementen errechnet:

$$\underline{Z}_3 = R_{r3} + j\omega L_{r3} = \frac{R_1}{R_{p2}} R_4 + j\omega R_1 R_4 C_{p2}$$

$$\text{d. h.} \quad R_{r3} = R_{rx} = \frac{R_1}{R_{p2}} R_4 \quad \text{und} \quad L_{r3} = L_{rx} = R_1 R_4 C_{p2} \tag{4.178}$$

Zahlenbeispiel:

Eine Spule mit unbekannten Daten ist mit veränderlichen ohmschen Widerständen R_1, R_4, R_{p2} und der veränderlichen Kapazität C_{p2} zur Maxwell-Wien-Brücke zusammengeschaltet und ergibt bei Abgleich mit Gleich- und Wechselspannung

$$R_1 = 144\,\Omega \qquad R_4 = 50\,\Omega \qquad R_{p2} = 600\,\Omega \qquad C_{p2} = 5{,}6\,\mu F.$$

Die Spulendaten betragen dann

$$R_{r3} = R_{rx} = \frac{144\,\Omega}{600\,\Omega} \cdot 50\,\Omega = 12\,\Omega \qquad L_{r3} = L_{rx} = 144\,\Omega \cdot 50\,\Omega \cdot 5{,}6 \cdot 10^{-6}\,F = 40\,mH$$

Andersonbrücke und Illiovicibrücke

Die Daten von Spulen lassen sich nicht nur mit Hilfe der Maxwell-Wien-Brücke, sondern auch mit der Illiovicibrücke und der Andersonbrücke messtechnisch erfassen. Wegen der Kapazität C in der Illiovicibrücke und wegen des ohmschen Widerstands R_4 in der Andersonbrücke kann die allgemeine Abgleichbedingung für Wechselstrombrücken nicht einfach verwandt werden.

Deshalb wurden im Abschnitt 4.4 im Beispiel 10 für die Illiovicibrücke und in der Übungsaufgabe 4.18 für die Andersonbrücke (Lösung im Anhang) Dreieck-Stern-Transformationen und Stern-Dreieck-Transformationen vorgenommen, damit die allgemeine Abgleichbedingung verwendet werden kann.

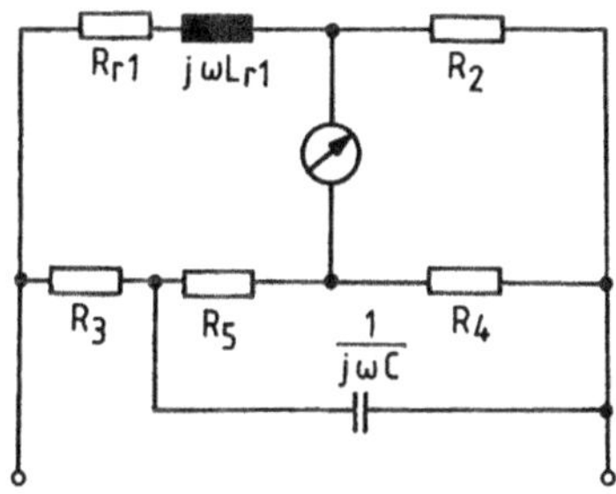

Bild 4.127 Illiovicibrücke

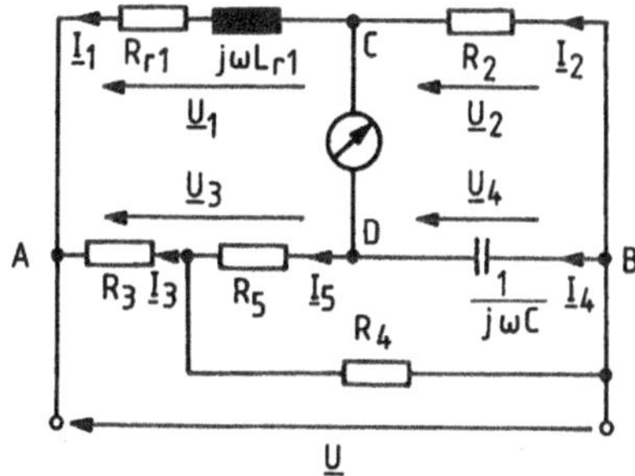

Bild 4.128 Andersonbrücke

Die Abgleichbedingungen für die beiden Brücken können aber auch mit Hilfe der Stromteilerregel hergeleitet werden, indem von der Gleichheit von Spannungen bei Abgleich ausgegangen wird, genauso wie bei der Herleitung der allgemeinen Abgleichbedingung zu Beginn dieses Abschnitts. Die Herleitung soll hier nur für die Andersonbrücke erfolgen:

Da die Punkte C und D gleiches Potential haben, sind auch die entsprechenden Spannungen gleich:

$$\underline{U}_{CA} = \underline{U}_{DA} \qquad\qquad \underline{U}_{BC} = \underline{U}_{BD}$$

$$\underline{U}_1 = \underline{U}_3 \qquad\qquad \underline{U}_2 = \underline{U}_4$$

$$(R_{r1} + j\omega L_{r1}) \cdot \underline{I}_1 = R_3 \cdot \underline{I}_3 + R_5 \cdot \underline{I}_5 \qquad R_2 \cdot \underline{I}_2 = \frac{1}{j\omega C} \cdot \underline{I}_4$$

Werden beide Gleichungen dividiert

$$\frac{(R_{r1} + j\omega L_{r1}) \cdot \underline{I}_1}{R_2 \cdot \underline{I}_2} = \frac{R_3 \underline{I}_3 + R_5 \cdot \underline{I}_5}{\frac{1}{j\omega C} \cdot \underline{I}_4} \tag{4.179}$$

und berücksichtigt, dass $\underline{I}_1 = \underline{I}_2$ und $\underline{I}_4 = \underline{I}_5$, dann vereinfacht sich der Quotient beider Gleichungen:

$$\frac{R_{r1} + j\omega L_{r1}}{R_2} = j\omega R_3 C \cdot \frac{\underline{I}_3}{\underline{I}_5} + j\omega R_5 C.$$

Mit der Stromteilerregel ergibt sich für das Verhältnis der Ströme

$$\frac{\underline{I}_5}{\underline{I}_3} = \frac{R_4}{R_4 + R_5 + \frac{1}{j\omega C}},$$

eingesetzt in die obige Gleichung:

$$\frac{R_{r1} + j\omega L_{r1}}{R_2} = j\omega R_3 C \cdot \frac{R_4 + R_5 + \frac{1}{j\omega C}}{R_4} + j\omega R_5 C$$

$$\frac{R_{r1}}{R_2} + j\omega \cdot \frac{L_{r1}}{R_2} = j\omega R_3 C \cdot \left(1 + \frac{R_5}{R_4} + \frac{1}{j\omega R_4 C} \right) + j\omega R_5 C$$

$$\frac{R_{r1}}{R_2} + j\omega \cdot \frac{L_{r1}}{R_2} = j\omega R_3 C + j\omega R_3 C \cdot \frac{R_5}{R_4} + \frac{R_3}{R_4} + j\omega R_5 C$$

Durch Vergleich des Realanteils und des Imaginäranteils beider Seiten der Gleichung folgt die Abgleichbedingung der Andersonbrücke:

$$\frac{R_{r1}}{R_2} = \frac{R_3}{R_4} \quad \text{und} \quad \frac{L_{r1}}{R_2} = C \cdot \left(R_3 + \frac{R_3 R_5}{R_4} + R_5 \right) \tag{4.180}$$

Die Gleichungen für die Spulendaten lauten

$$R_{r1} = \frac{R_2}{R_4} \cdot R_3 \quad \text{und} \quad L_{r1} = CR_2 R_3 \cdot \left(1 + \frac{R_5}{R_4} + \frac{R_5}{R_3} \right). \tag{4.181}$$

Für die Illiovicibrücke lassen sich die Gleichungen für die Spulendaten völlig analog herleiten und ergeben:

$$R_{r1} = \frac{R_2}{R_4}(R_3 + R_5) \quad \text{und} \quad L_{r1} = CR_2 R_3 \cdot \left(1 + \frac{R_5}{R_4} \right) \tag{4.182}$$

Schering-Messbrücke

Um Verluste von Hochspannungskabeln in Abhängigkeit von der Spannung erfassen zu können, werden Kabelproben hergestellt (Ersatzschaltung: Reihenschaltung von R_{r2} und C_{r2}) und in der Schering-Messbrücke mit einem Normalkondensator (mit Pressgas gefüllter Zylinderkondensator, C_4) und mit variierbaren Normwiderständen (R_1 und R_{p3}) und mit variierbaren Normkondensatoren (C_{p3}) verglichen.

Mit

$$\underline{Z}_1 = R_1 \qquad\qquad \underline{Z}_2 = R_{r2} + \frac{1}{j\omega C_{r2}}$$

$$\underline{Z}_3 = \frac{1}{\dfrac{1}{R_{p3}} + j\omega C_{p3}} \qquad \underline{Z}_4 = \frac{1}{j\omega C_4}$$

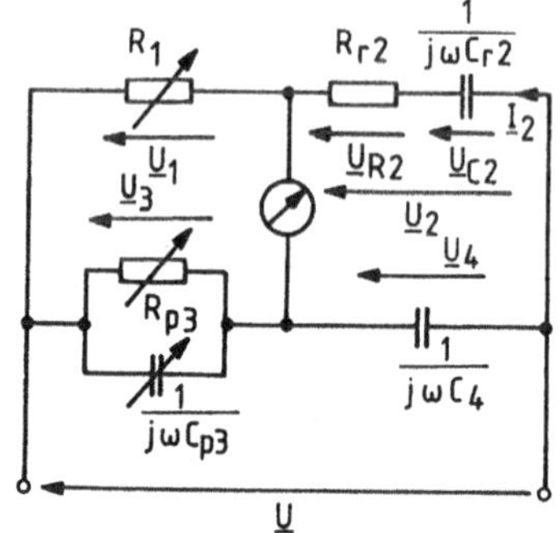

Bild 4.129 Schering-Messbrücke

ergibt sich für den unbekannten Wechselstromwiderstand

$$\underline{Z}_2 = \underline{Z}_1 \cdot \underline{Z}_4 \cdot \frac{1}{\underline{Z}_3} = \frac{R_1}{j\omega C_4} \cdot \left(\frac{1}{R_{p3}} + j\omega C_{p3} \right) = R_{r2} + \frac{1}{j\omega C_{r2}}$$

$$R_{r2} + \frac{1}{j\omega C_{r2}} = \frac{1}{j\omega C_4} \cdot \frac{R_1}{R_{p3}} + R_1 \cdot \frac{C_{p3}}{C_4}$$

und damit

$$R_{r2} = R_1 \cdot \frac{C_{p3}}{C_4} \quad \text{und} \quad C_{r2} = C_4 \cdot \frac{R_{p3}}{R_1}. \tag{4.183}$$

Der Verlustwinkel δ_r ist der Ergänzungswinkel des Phasenverschiebungswinkel φ_r zu 90° und damit ein Maß für die Verluste (Isolationsfähigkeit) von Hochspannungskabeln. In Zeigerbildern lässt sich der Zusammenhang zwischen Verlustwinkel, Verschiebungswinkel und Widerständen ablesen:

Für den Tangens des Verlustwinkels ergibt sich

$$\tan \delta_r = \frac{R_{r2}}{\dfrac{1}{\omega C_{r2}}} = \omega \cdot R_{r2} \cdot C_{r2} \tag{4.184}$$

und mit der Abgleichbedingung

$$\tan \delta_r = \omega \cdot \left(R_1 \cdot \frac{C_{p3}}{C_4} \right) \cdot \left(C_4 \cdot \frac{R_{p3}}{R_1} \right)$$

$$\tan \delta_r = \omega \cdot R_{p3} \cdot C_{p3} \tag{4.185}$$

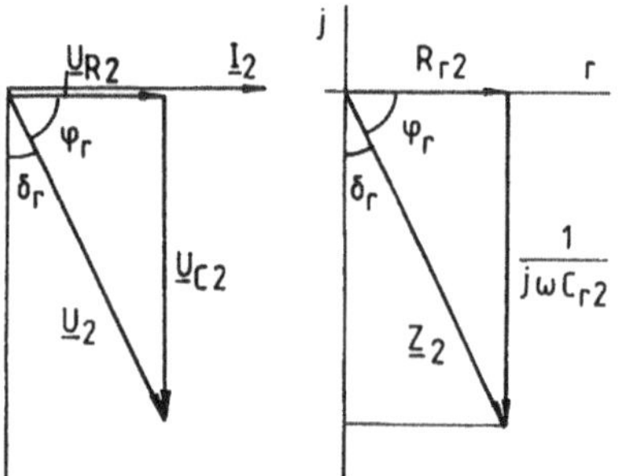

Bild 4.130 Zeigerbilder der Schering-Messbrücke

Die Ersatzschaltung der Kabelprobe kann auch als äquivalente Parallelschaltung angenommen werden. Bei Abgleich der Brücke ist der $\tan\delta_p = \omega R_{p3}C_{p3}$ gleich, wenn die gleiche Kabelprobe untersucht wird.

Frequenz-Messbrücken

Um Spannungs- oder Stromfrequenzen mittels Messbrücken ermitteln zu können, muss die Abgleichbedingung frequenzabhängig sein. Sie kann aus der allgemeinen Abgleichbedingung (Gl. 4.166) hergeleitet werden. Für die im Bild 4.131 dargestellte *Frequenz-Messbrücke nach Wien* betragen die komplexen Widerstände:

$$\underline{Z}_1 = R_1 \qquad\qquad \underline{Z}_2 = R_2$$

$$\underline{Z}_3 = R_{r3} + \frac{1}{j\omega C_{r3}} \qquad \underline{Z}_4 = \frac{1}{\dfrac{1}{R_{p4}} + j\omega C_{p4}}$$

Die Abgleichbedingung lautet dann

$$\frac{\underline{Z}_1}{\underline{Z}_2} = \frac{\underline{Z}_3}{\underline{Z}_4}$$

$$\frac{R_1}{R_2} = \left(R_{r3} + \frac{1}{j\omega C_{r3}} \right) \cdot \left(\frac{1}{R_{p4}} + j\omega C_{p4} \right)$$

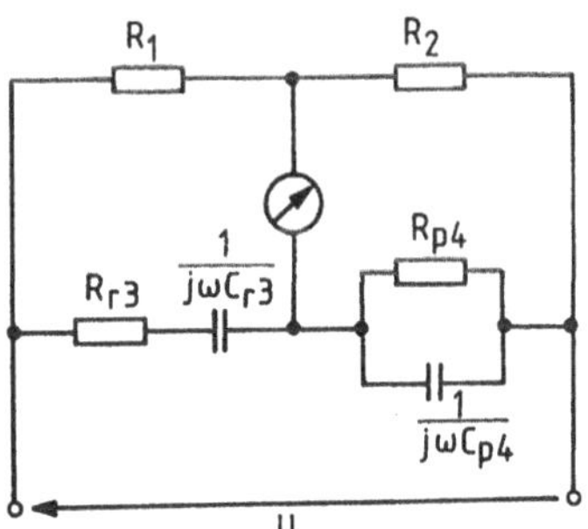

Bild 4.131 Frequenz-Messbrücke nach Wien

$$\frac{R_1}{R_2} = \frac{R_{r3}}{R_{p4}} + \frac{C_{p4}}{C_{r3}} + j\omega R_{r3}C_{p4} + \frac{1}{j\omega R_{p4}C_{r3}}$$

d. h. $\quad \dfrac{R_1}{R_2} = \dfrac{R_{r3}}{R_{p4}} + \dfrac{C_{p4}}{C_{r3}} \quad$ und $\quad \omega R_{r3}C_{p4} = \dfrac{1}{\omega R_{p4}C_{r3}}$

$$\text{bzw.} \quad \omega = \frac{1}{\sqrt{R_{r3}C_{r3}R_{p4}C_{p4}}} \tag{4.186}$$

Die Wien-Brücke lässt sich mit

$$R_1 = 2 \cdot R_2, \qquad\qquad C_{r3} = C_{p4} = C \qquad \text{und} \qquad R_{r3} = R_{p4} = R$$

in die *Wien-Robinson-Brücke* überführen. Dadurch wird die Gleichung für die zu messende Kreisfrequenz ω einfacher:

$$\omega = \frac{1}{R \cdot C}. \tag{4.187}$$

Der Messbereich der Frequenz-Messbrücken umfasst Frequenzen f von 30Hz bis 100kHz.

Übungsaufgaben zum Abschnitt 4.6

4.26   1. Entwickeln Sie für die Polekschaltung (Bild 4.116) den Widerstandsoperator zwischen den komplexen Effektivwerten $\underline{I}_1$ und $\underline{U}$.

2. Bestätigen Sie die Formel für die parallel geschaltete Kapazität C_p (Gl. 4.161), bei der zwischen dem Strom i_1 und der Spannung u eine Phasenverschiebung von 90° besteht.

3. Bei welcher Kreisfrequenz ω sind der Strom i_1 und die Spannung u in Phase und bei welcher Kreisfrequenz ω sind sie um 180° phasenverschoben? Ermitteln Sie für beide Fälle die Ersatzwiderstände der Schaltung.

4.27   1. Für die Polekschaltung (Bild 4.116) ist die erforderliche Kapazität C_p zu errechnen, die eine Phasenverschiebung von 90° zwischen dem Strom i_1 und der Spannung u ermöglicht, wenn

$$R_{r1} = 200\Omega, \ L_{r1} = 400\text{mH}, \ R_{r2} = 100\Omega, \ L_{r2} = 200\text{mH}$$

und die Frequenz der anliegenden Spannung f = 200Hz betragen.

2. Das Ergebnis soll durch ein quantitatives Zeigerbild kontrolliert werden, indem für den Strom $\underline{I}_1$ = 20mA angenommen werden.

3. Für die berechnete Parallelkapazität C_p können aber auch Phasenverschiebungen von 0° und 180° zwischen dem Strom i_1 und der Spannung u bei verschiedenen Kreisfrequenzen ω auftreten. Ermitteln Sie die Kreisfrequenzen und die Ersatzwiderstände.

Kontrollieren Sie das Ergebnis für die Phasenverschiebung von 180° mit Hilfe eines quantitativen Zeigerbildes, indem Sie wieder von $\underline{I}_1$ = 20mA ausgehen.

4.28   Mit Hilfe der dargestellten Wechselstrom-Messbrücke können ohmsche Widerstände und Induktivitäten von verlustbehafteten Spulen messtechnisch ermittelt werden.

1. Entwickeln Sie aus der allgemeinen Abgleichbedingung für Wechselstrombrücken die Formeln für R_{r3} und L_{r3}. Ist der Abgleich frequenzabhängig?

2. Vergleichen Sie das Ergebnis mit dem der Maxwell-Wien-Brücke.

3. Vereinfachen Sie die Formeln für R_{r3} und L_{r3} mit $\omega \cdot R_{r2} \cdot C_{r2} = 1$.

Ist dann der Abgleich frequenzabhängig?

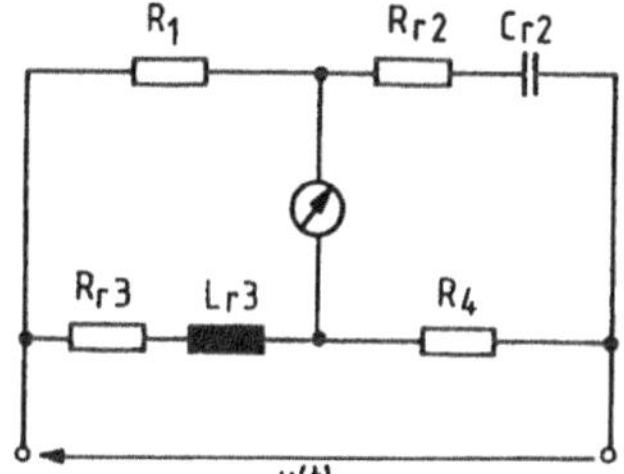

Bild 4.132
Übungsaufgabe 4.28

4.29   Drei Wechselstrombrücken mit ohmschen Widerständen und Kapazitäten sollen verglichen werden.

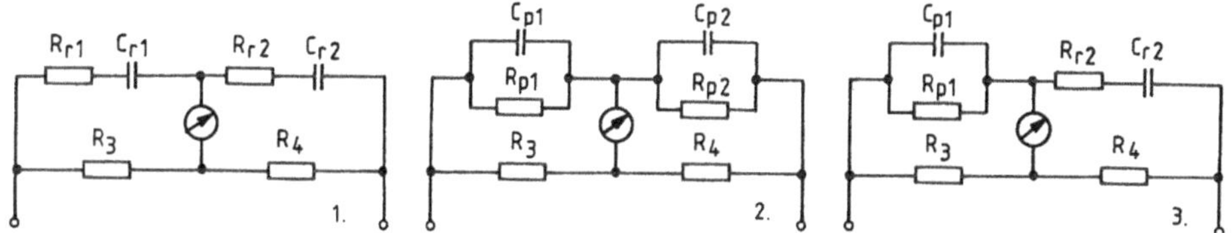

Bild 4.133 Übungsaufgabe 4.29

Leiten Sie die Abgleichbedingungen der drei Brücken her. Sind die Abgleichbedingungen frequenzabhängig oder nicht? Wozu werden die drei Wechselstrombrücken gebraucht?

4.30   Mit Hilfe der Illiovici-Brücke (siehe Bild 4.127) können verlustbehaftete Spulen messtechnisch erfasst werden.

1. Leiten Sie die Abgleichbedingung mit Hilfe der Stromteilerregel her und entwickeln Sie daraus die Formeln für R_{r1} und L_{r1}, wenn die restlichen Brückenelemente gegeben sind.

2. Ist der Abgleich frequenzabhängig?

4.31   Mit Hilfe der im Bild 4.134 dargestellten Wechselstrombrücke können Gegeninduktivitäten M messtechnisch ermittelt werden.

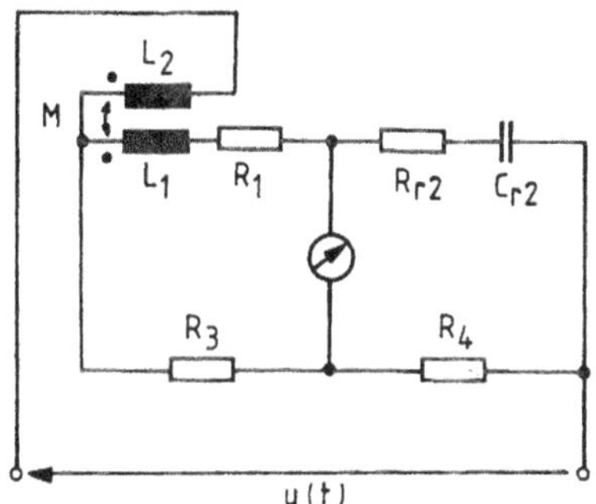

Bild 4.134
Übungsaufgabe 4.31

1. Leiten Sie die Abgleichbedingung für die Brücke her.

2. Die Abgleichbedingung bedeutet eine Transformation der Brücke in eine Wechselstrombrücke mit den vier komplexen Widerständen, die anzugeben sind.

4.32   Das Ersatzschaltbild des unbekannten verlustbehafteten Kondensators in der Schering-Messbrücke soll eine Parallelschaltung von R_{p2} und C_{p2} sein.

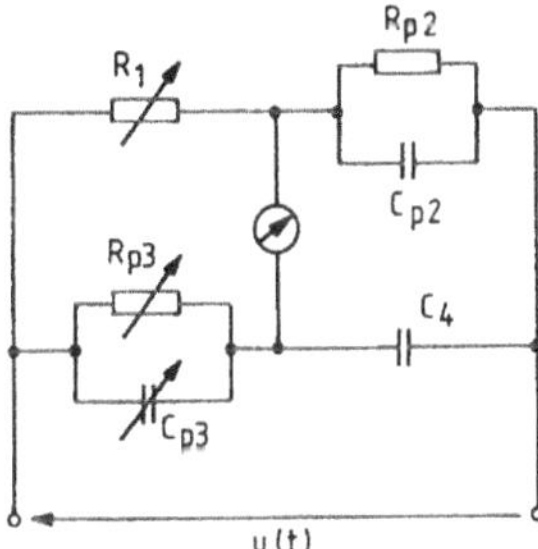

Bild 4.135
Übungsaufgabe 4.32

1. Ermitteln Sie aus der allgemeinen Abgleichbedingung für Wechselstrombrücken die Formeln für R_{p2} und C_{p2}.

2. Für den Verlustwinkel $\delta_p = \pi/2 - \varphi_p$ ist dann der $\tan \delta_p$ in Abhängigkeit von den bekannten Brückenelementen zu bestimmen. Nehmen Sie das Zeigerbild des verlustbehafteten Kondensators (Parallelschaltung) und das Leitwertdreieck zu Hilfe.

3. Kontrollieren Sie das Ergebnis für $\tan \delta_p$, indem Sie die Parallelschaltung in die äquivalente Reihenschaltung umwandeln und die Formel für $\tan \delta_r$ verwenden.

4.7 Die Leistung im Wechselstromkreis

4.7.1 Augenblicksleistung, Wirkleistung, Blindleistung, Scheinleistung und komplexe Leistung

Gleichstromleistung – Wechselstromleistung

In einem Gleichstromkreis ist die Leistung zeitlich konstant, weil die Spannung und der Strom zeitlich konstant sind:

$$P = U \cdot I.$$

In Wechselstromkreisen sind die Spannung und der Strom sinusförmig veränderliche Größen, so dass auch das Produkt – die Augenblicksleistung – zeitlich veränderlich sein muss:

$$p = u \cdot i. \tag{4.188}$$

Um die Wechselstromleistung mit der Gleichstromleistung vergleichen zu können, wird der arithmetische Mittelwert der Augenblicksleistung gebildet:

$$P = \frac{1}{T} \int_0^T p(t) \cdot dt = \frac{1}{2\pi} \int_0^{2\pi} p(\omega t) \cdot d(\omega t) . \tag{4.189}$$

Im Folgenden soll beschrieben werden, wie die Wechselstromleistung im ohmschen, induktiven und kapazitiven Widerstand und schließlich im beliebigen Wechselstromwiderstand erfasst werden kann.

Leistung im ohmschen Widerstand

Spannung u und Strom i sind im ohmschen Widerstand R in Phase, die Phasenverschiebung φ ist Null:

$$\varphi = \varphi_u - \varphi_i = 0$$

Werden die Anfangsphasenwinkel $\varphi_u = \varphi_i = 0$ gewählt, dann ergibt sich

$$\text{mit} \quad u = \hat{u} \cdot \sin \omega t \quad \text{und} \quad i = \hat{i} \cdot \sin \omega t$$

für die Augenblicksleistung

$$p = u \cdot i = \hat{u} \cdot \hat{i} \cdot \sin^2 \omega t = \frac{\hat{u} \cdot \hat{i}}{2} \cdot (1 - \cos 2\omega t)$$

weil

$$\sin^2 \omega t = \frac{1}{2} \cdot (1 - \cos 2\omega t).$$

Mit

$$\frac{\hat{u}}{\sqrt{2}} = U \quad \text{und} \quad \frac{\hat{i}}{\sqrt{2}} = I$$

ergibt sich für die Augenblicksleistung im ohmschen Widerstand R

$$p = u \cdot i = U \cdot I \cdot (1 - \cos 2\omega t). \tag{4.190}$$

Da die Kosinusfunktion die Werte zwischen -1 und $+1$ annehmen kann, schwankt der Augenblickswert der Leistung im ohmschen Widerstand mit der doppelten Kreisfrequenz 2ω zwischen den Werten 0 und $2{\cdot}U{\cdot}I$ (siehe Bild 4.136).

Der arithmetische Mittelwert lässt sich durch Integration der Augenblicksleistung über die Periode berechnen:

$$P = \frac{1}{2\pi} \int\limits_{0}^{2\pi} p(\omega t)\cdot d(\omega t)$$

$$P = \frac{U\cdot I}{2\pi} \cdot \int\limits_{0}^{2\pi} (1-\cos 2\omega t)\cdot d(\omega t)$$

$$P = \frac{U\cdot I}{2\pi} \cdot \left[\int\limits_{0}^{2\pi} d(\omega t) - \int\limits_{0}^{2\pi} \cos 2\omega t \cdot d(\omega t) \right]$$

$$P = \frac{U\cdot I}{2\pi} \cdot \left[\omega t \Big|_{0}^{2\pi} - \frac{\sin 2\omega t}{2}\Big|_{0}^{2\pi} \right]$$

$$P = \frac{U\cdot I}{2\pi} \cdot 2\pi$$

$$P = U\cdot I \tag{4.191}$$

Mit

$$U = R\cdot I \qquad \text{und} \qquad I = \frac{U}{R}$$

ist der Mittelwert der Augenblicksleistung auch

$$P = R\cdot I^2 = \frac{U^2}{R}. \tag{4.192}$$

Der arithmetische Mittelwert P wird *Wirkleistung* genannt, weil er hinsichtlich der Jouleschen Wärme im Widerstand der gleichen Wirkung entspricht wie die Gleichstromleistung P. Deshalb wird die Wirkleistung mit dem gleichen Buchstaben P gekennzeichnet.

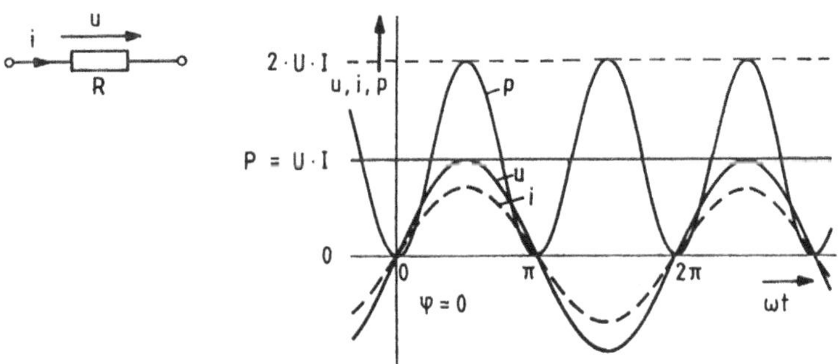

Bild 4.136 Spannung, Strom und Augenblicksleistung im ohmschen Widerstand

Leistung und magnetische Energie im induktiven Widerstand

Im induktiven Wechselstromwiderstand eilt die Spannung u dem Strom i um $\pi/2$ voraus. Wird der Anfangsphasenwinkel des Stroms Null gewählt, dann ergibt sich mit

$$i = \hat{i} \cdot \sin \omega t \qquad \text{und} \qquad u = \hat{u} \cdot \sin(\omega t + \pi/2)$$

$$\text{mit } \varphi_i = 0 \qquad\qquad\qquad \text{mit } \varphi_u = \frac{\pi}{2}$$

für die Augenblicksleistung

$$p = u \cdot i = \hat{u} \cdot \hat{i} \cdot \sin \omega t \cdot \sin(\omega t + \pi/2)$$

mit

$$\sin(\omega t + \pi/2) = \cos \omega t \qquad \text{und} \qquad \sin \omega t \cdot \cos \omega t = \frac{1}{2} \sin 2\omega t$$

$$p = \frac{\hat{u} \cdot \hat{i}}{2} \cdot \sin 2\omega t$$

und mit

$$\frac{\hat{u}}{\sqrt{2}} = U \qquad \text{und} \qquad \frac{\hat{i}}{\sqrt{2}} = I$$

$$p = U \cdot I \cdot \sin 2\omega t. \tag{4.193}$$

Der Augenblickswert der Leistung im induktiven Wechselstromwiderstand ändert sich sinusförmig mit der doppelten Kreisfrequenz 2ω zwischen den Werten $- U \cdot I$ und $+ U \cdot I$ (siehe Bild 4.137).

Da

$$U = \omega L \cdot I,$$

ist

$$p = \omega L \cdot I^2 \cdot \sin 2\omega t. \tag{4.194}$$

Der arithmetische Mittelwert der Augenblicksleistung in der Induktivität L über die Periode ist Null:

$$P = \frac{1}{2\pi} \cdot \int_0^{2\pi} p(\omega t) \cdot d(\omega t)$$

$$P = \frac{U \cdot I}{2\pi} \cdot \int_0^{2\pi} \sin 2\,\omega t \cdot d(\omega t)$$

$$P = \frac{U \cdot I}{2\pi} \cdot \left[-\frac{\cos 2\omega t}{2} \right]_0^{2\pi} = \frac{U \cdot I}{2\pi} \cdot \left[-\frac{\cos 4\pi}{2} + \frac{1}{2} \right] = \frac{U \cdot I}{2\pi} \cdot \left[-\frac{1}{2} + \frac{1}{2} \right]$$

$$P = 0 \tag{4.195}$$

Der arithmetische Mittelwert der Augenblicksleistung in einem induktiven Wechselstromwiderstand ohne ohmsche Anteile ist Null. In einer von einem sinusförmigen Strom durchflossenen Induktivität entsteht keine Joulesche Wärme, weil die Energie nur aufgenommen und abgegeben wird, nicht aber in Wärme umgesetzt wird. Die Wirkleistung P ist deshalb Null.

Der Augenblickswert der magnetischen Energie ist dem Quadrat des Stroms i proportional (siehe Band 1: Abschnitt 3.4.8.1, Gl. 3.383):

$$w_m = \frac{L \cdot i^2}{2}$$

$$w_m = \frac{L}{2} \cdot \hat{i}^2 \cdot \sin^2 \omega t$$

und mit

$$\sin^2 \omega t = \frac{1}{2} \cdot (1 - \cos 2\omega t)$$

$$w_m = \frac{L \cdot \hat{i}^2}{2} \cdot \frac{1}{2} \cdot (1 - \cos 2\,\omega t)$$

und

$$\frac{\hat{i}}{\sqrt{2}} = I \quad \text{bzw.} \quad \frac{\hat{i}^2}{2} = I^2$$

ergibt sich

$$w_m = \frac{L \cdot I^2}{2} \cdot (1 - \cos 2\omega t). \tag{4.196}$$

Die magnetische Energie ändert sich mit der doppelten Kreisfrequenz 2ω zwischen den Werten 0 und $L \cdot I^2$, weil die Kosinusfunktion zwischen -1 und $+1$ pendelt.

Bei gleicher Richtung von Strom i und Spannung u wächst die gespeicherte magnetische Energie in der Induktivität, bei entgegengesetzter Richtung von Strom i und Spannung u wird die gespeicherte magnetische Energie kleiner, d. h. sie wird der Wechselstromquelle zurückgeführt (siehe Bild 4.137).

Die Leistung p und die magnetische Energie w_m hängen differentiell voneinander ab:

$$p = \frac{d\,w_m}{dt} = \frac{L \cdot I^2}{2} \cdot \frac{d}{dt}(1 - \cos 2\omega t)$$

$$p = \omega L \cdot I^2 \cdot \sin 2\omega t \qquad \text{(vgl.Gl. 4.194)}$$

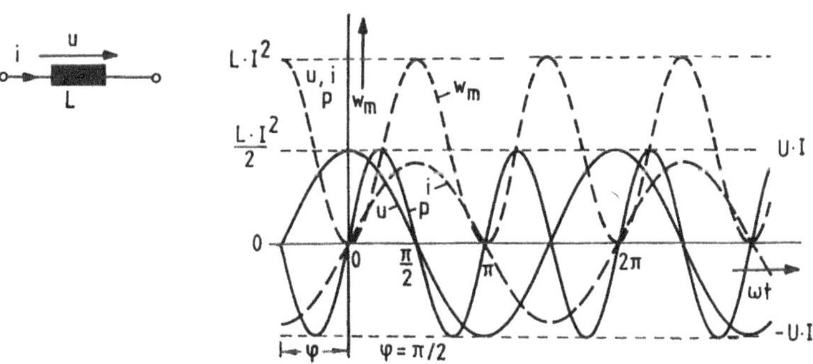

Bild 4.137 Strom, Spannung, Augenblicksleistung und magnetische Energie im induktiven Wechselstromwiderstand ohne ohmschen Anteil

Leistung und elektrische Energie im kapazitiven Widerstand

Im kapazitiven Wechselstromwiderstand eilt der Strom i der Spannung u um $\pi/2$ voraus. Wird der Anfangsphasenwinkel der Spannung Null gewählt, dann ergibt sich mit

$$u = \hat{u} \cdot \sin \omega t \qquad\qquad \text{und} \qquad\qquad i = \hat{i} \cdot \sin(\omega t + \pi/2)$$

$$\text{mit } \varphi_u = 0 \qquad\qquad\qquad\qquad\qquad \text{mit } \varphi_i = \pi/2$$

für die Augenblicksleistung

$$p = u \cdot i = \hat{u} \cdot \hat{i} \cdot \sin \omega t \cdot \sin(\omega t + \pi/2)$$

mit

$$\sin(\omega t + \pi/2) = \cos \omega t \qquad \text{und} \qquad \sin \omega t \cdot \cos \omega t = \frac{1}{2} \sin 2\omega t$$

$$p = \frac{\hat{u} \cdot \hat{i}}{2} \cdot \sin 2\omega t$$

und mit

$$\frac{\hat{u}}{\sqrt{2}} = U \quad \text{und} \quad \frac{\hat{i}}{\sqrt{2}} = I$$

$$p = U \cdot I \cdot \sin 2\omega t. \tag{4.197}$$

Der Augenblickswert der Leistung im kapazitiven Wechselstromwiderstand ändert sich sinusförmig mit der doppelten Kreisfrequenz 2ω zwischen den Werten $- U \cdot I$ und $+ U \cdot I$ (siehe Bild 4.138).

Da

$$I = \omega C \cdot U,$$

ist

$$p = \omega C \cdot U^2 \cdot \sin 2\omega t. \tag{4.198}$$

Der arithmetische Mittelwert der Augenblicksleistung in der Kapazität C über die Periode ist genauso wie in der Induktivität Null:

$$P = \frac{1}{2\pi} \cdot \int_0^{2\pi} p(\omega t) \cdot d(\omega t)$$

$$P = \frac{U \cdot I}{2\pi} \cdot \int_0^{2\pi} \sin 2\omega t \cdot d(\omega t)$$

$$P = 0 \tag{4.199}$$

Der arithmetische Mittelwert der Augenblicksleistung in einem kapazitiven Wechselstromwiderstand ohne ohmsche Anteile ist Null. In einer von einem sinusförmigen Strom durchflossenen Kapazität entsteht keine Joulesche Wärme, weil die Energie nur aufgenommen und abgegeben wird, nicht aber in Wärme umgesetzt wird. Die Wirkleistung P ist deshalb Null.

Der Augenblickswert der elektrischen Energie ist dem Quadrat der Spannung u proportional (siehe Band 1: Abschnitt 3.3.5, Gl. 3.109):

$$w_e = \frac{C \cdot u^2}{2}$$

$$w_e = \frac{C}{2} \cdot \hat{u}^2 \cdot \sin^2 \omega t$$

und mit

$$\sin^2 \omega t = \frac{1}{2} \cdot (1 - \cos^2 \omega t)$$

$$w_e = \frac{C \cdot \hat{u}^2}{2} \cdot \frac{1}{2} \cdot (1 - \cos 2\omega t)$$

und

$$\frac{\hat{u}}{\sqrt{2}} = U \qquad \text{bzw.} \qquad \frac{\hat{u}^2}{2} = U^2$$

ergibt sich

$$w_e = \frac{C \cdot U^2}{2} \cdot (1 - \cos 2\omega t). \tag{4.200}$$

Die elektrische Energie ändert sich mit der doppelten Kreisfrequenz 2ω zwischen den Werten 0 und $C \cdot U^2$, weil die Kosinusfunktion zwischen -1 und $+1$ pendelt. Bei gleicher Richtung von Strom i und Spannung u wächst die gespeicherte elektrische Energie in der Kapazität, bei entgegengesetzter Richtung von Strom i und Spannung u wird die gespeicherte elektrische Energie kleiner, d. h. sie wird der Wechselstromquelle zurückgeführt (siehe Bild 4.138).

Die Leistung p und die elektrische Energie w_e hängen differentiell voneinander ab:

$$p = \frac{d w_e}{dt} = \frac{C \cdot U^2}{2} \cdot \frac{d}{dt}(1 - \cos 2\omega t)$$

$$p = \omega C \cdot U^2 \cdot \sin 2\omega t \qquad \text{(vgl. Gl.4.198)}$$

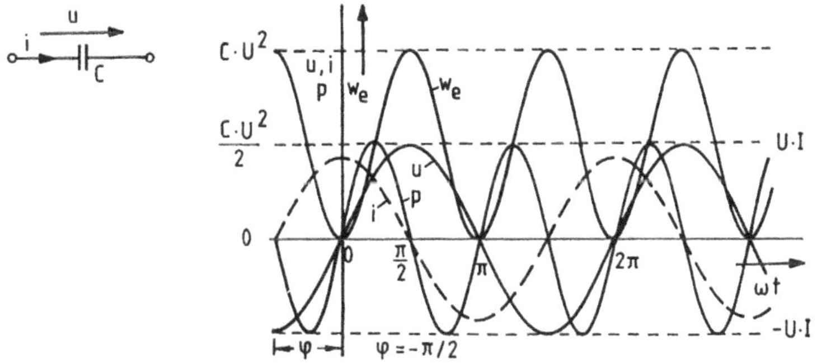

Bild 4.138 Strom, Spannung, Augenblicksleistung und elektrische Energie im kapazitiven Wechselstromwiderstand ohne ohmschen Anteil

Augenblicksleistung eines beliebigen Wechselstromwiderstandes
Wirkleistung, Blindleistung, Scheinleistung

Bei einem beliebigen Wechselstromwiderstand besteht zwischen dem Strom i und der Spannung u eine Phasenverschiebung φ mit $-\pi/2 < \varphi < \pi/2$. Wird der Anfangsphasenwinkel der Spannung Null gewählt, dann ergibt sich mit

$$u = \hat{u} \cdot \sin \omega t \qquad \text{und} \qquad i = \hat{i} \cdot \sin(\omega t - \varphi)$$

$$\text{mit } \varphi_u = 0 \qquad\qquad \text{mit } \varphi_i = \varphi_u - \varphi = -\varphi$$

für die Augenblicksleistung

$$p = u \cdot i = \hat{u} \cdot \hat{i} \cdot \sin \omega t \cdot \sin(\omega t - \varphi)$$

$$\text{mit } \sin \alpha \cdot \sin \beta = \frac{1}{2} \cdot [\cos(\alpha - \beta) - \cos(\alpha + \beta)]$$

$$\text{und } \alpha = \omega t \quad \text{und} \quad \beta = \omega t - \varphi$$

$$p = \frac{\hat{u} \cdot \hat{i}}{2} \cdot [\cos(\omega t - \omega t + \varphi) - \cos(\omega t + \omega t - \varphi)]$$

$$\text{und mit } \frac{\hat{u}}{\sqrt{2}} = U \quad \text{und} \quad \frac{\hat{i}}{\sqrt{2}} = I$$

$$p = U \cdot I \cdot \cos \varphi - U \cdot I \cdot \cos(2\omega t - \varphi) \tag{4.201}$$

Die Wirkleistung P ist gleich dem arithmetischen Mittelwert der Augenblicksleistung:

$$P = \frac{1}{2\pi} \cdot \int_0^{2\pi} p(\omega t) \cdot d(\omega t)$$

$$P = \frac{1}{2\pi} \cdot U \cdot I \cdot \cos\varphi \cdot \int_0^{2\pi} d(\omega t) - \frac{1}{2\pi} \cdot U \cdot I \cdot \int_0^{2\pi} \cos(2\omega t - \varphi) \cdot d(\omega t)$$

$$P = \frac{U \cdot I}{2\pi} \cdot \cos \varphi \cdot \Big[\omega t\Big]_0^{2\pi} - \frac{U \cdot I}{2\pi} \cdot \left[\frac{\sin(2\omega t - \varphi)}{2}\right]_0^{2\pi}$$

$$P = \frac{U \cdot I}{2\pi} \cdot \cos \varphi \cdot 2\pi - \frac{U \cdot I}{2\pi} \cdot \left[\frac{\sin(4\pi - \varphi) - \sin(-\varphi)}{2}\right]$$

$$\text{mit } \sin(4\pi - \varphi) = -\sin \varphi \quad \text{und} \quad \sin(-\varphi) = -\sin \varphi$$

$$P = U \cdot I \cdot \cos \varphi \tag{4.202}$$

Die Augenblicksleistung p im beliebigen Wechselstromwiderstand schwankt um den Mittelwert $P = U \cdot I \cdot \cos \varphi$ mit der doppelten Kreisfrequenz 2ω mit der Amplitude $U \cdot I$ (siehe Bilder 4.139 und 4.140).

Im Bild 4.139 sind in einem Diagramm die Verläufe des Stroms, der Spannung und der Augenblicksleistung für einen verlustbehafteten induktiven Wechselstromwiderstand dargestellt, wobei der Anfangsphasenwinkel der Spannung Null und die Phasenverschiebung $\varphi = \pi/3$ bzw. 60° sind:

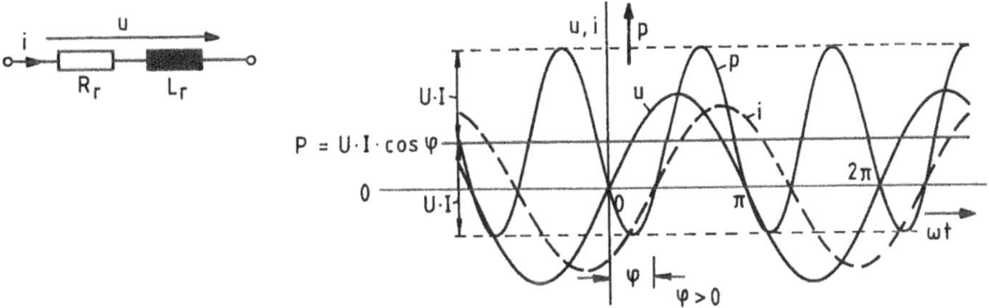

Bild 4.139 Strom, Spannung und Augenblicksleistung im verlustbehafteten induktiven Wechselstromwiderstand

Für einen verlustbehafteten kapazitiven Wechselstromwiderstand ist die Phasenverschiebung φ negativ. Im Bild 4.140 sind die Verläufe des Stroms, der Spannung und der Augenblicksleistung für eine Phasenverschiebung $\varphi = -\pi/3$ bzw. $-60°$ dargestellt. Der Anfangsphasenwinkel der Spannung ist unverändert Null:

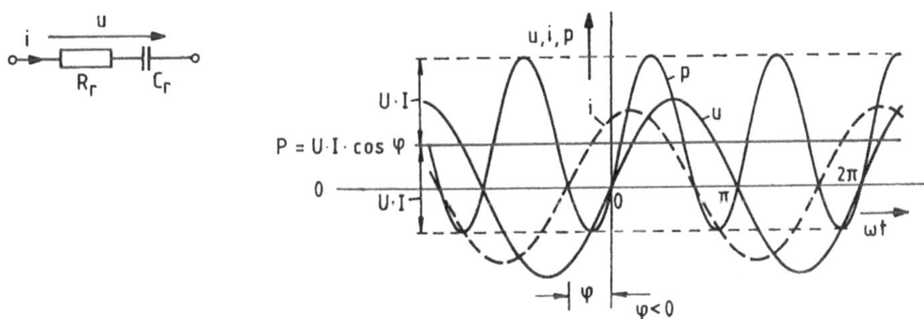

Bild 4.140 Strom, Spannung und Augenblicksleistung im verlustbehafteten kapazitiven Wechselstromwiderstand

Die Augenblicksleistung p pendelt also mit der doppelten Kreisfrequenz 2ω mit der Amplitude $U \cdot I$ um den Mittelwert $P = U \cdot I \cdot \cos \varphi$.

Bei verlustlosen induktiven und kapazitiven Wechselstromwiderständen pendelt sie mit $\varphi = \pi/2$ bzw. $\varphi = -\pi/2$ und $P = 0$ um die ωt-Achse (siehe Bilder 4.137 und 4.138).

Mit steigenden ohmschen Anteilen wird die Wirkleistung P größer, um den die Augenblicksleistung p pendelt (siehe Bilder 4.139 und 4.140).

Bei ohmschen Wechselstromwiderständen erreicht die Wirkleistung P mit $\varphi = 0$ das Maximum, und die Augenblicksleistung p pendelt auf der ωt-Achse um $P = U \cdot I$ (siehe Bild 4.136).

Der Maximalwert der Wirkleistung bei $\varphi = 0$ und $\cos \varphi = 1$, also bei ohmschen Wechselstromwiderständen, wird *Scheinleistung* S genannt:

$$S = U \cdot I \tag{4.203}$$

Die Abweichung der Wirkleistung P bei beliebigen Wechselstromwiderständen von der Scheinleistung S bei ohmschen Widerständen wird durch den *Leistungsfaktor* $\cos\varphi$ erfasst:

$$\cos\varphi = \frac{P}{S}\,. \tag{4.204}$$

Die Augenblicksleistung p kann auch als Überlagerung von zwei sinusförmigen Anteilen aufgefasst werden, wodurch durch die Einführung einer *Blindleistung* ein Maß für die gespeicherte Leistung gefunden wird. Dabei wird die Gl. (4.201) folgendermaßen umgeschrieben:

$$p = U \cdot I \cdot \cos\varphi - U \cdot I \cdot \cos(2\omega t - \varphi)$$

$$p = P - S \cdot \cos(2\omega t - \varphi)$$

$$\text{mit} \quad \cos(\alpha - \beta) = \cos\alpha \cdot \cos\beta + \sin\alpha \cdot \sin\beta$$

$$\text{und} \quad \alpha = 2\omega t \quad \text{und} \quad \beta = \varphi$$

ergibt sich

$$p = P - S \cdot \cos 2\omega t \cdot \cos\varphi - S \cdot \sin 2\omega t \cdot \sin\varphi$$

$$p = P - S \cdot \cos\varphi \cdot \cos 2\omega t - S \cdot \sin\varphi \cdot \sin 2\omega t$$

$$p = P - P \cdot \cos 2\omega t - Q \cdot \sin 2\omega t$$

$$p = P \cdot (1 - \cos 2\omega t) - Q \cdot \sin 2\omega t \tag{4.205}$$

$$\text{wobei} \quad Q = S \cdot \sin\varphi \tag{4.206}$$

Blindleistung genannt wird. Für induktive Wechselstromwiderstände ist sie wegen der positiven Phasenverschiebung ($\varphi > 0$) positiv, für kapazitive Wechselstromwiderstände ist sie wegen der negativen Phasenverschiebung ($\varphi < 0$) negativ. Nach Gl. (4.205) besteht damit die Augenblicksleistung p aus zwei sinusförmigen Anteilen (Bild 4.141):

$$P \cdot (1 - \cos 2\omega t)$$

ist die Augenblicksleistung für ohmsche Widerstände (Gl.4.190) mit $P = U \cdot I$ und $\cos\varphi = 1$ und entspricht damit bei beliebigen Wechselstromwiderständen der Leistung, die im ohmschen Anteil in Wärme umgesetzt wird.

$$-Q \cdot \sin 2\omega t$$

ist die zwischen Wechselstromquelle und induktiven bzw. kapazitiven Widerstand pendelnde Leistung. Der Mittelwert der zeitlichen Blindleistung $-Q \cdot \sin 2\omega t$ ist Null. Deshalb ist die Blindleistung Q im Sinne der Wirkleistung P kein Mittelwert, sondern eine angenommene Leistung. Sie belastet die Energiequelle im Mittel nicht, weil keine Energieumformung vor sich geht. Eine strommäßige Belastung von der Wechselstromquelle zum Speicherelement ist allerdings vorhanden, die auf den Leitungen ohmsche Leistungsverluste mitsichbringt.

Leistungseinheiten

Zur Unterscheidung der drei Leistungsarten werden die Einheiten nach DIN 40110 festgelegt:

Scheinleistung	S	in	VA	(Voltampere)
Wirkleistung	P	in	W	(Watt)
Blindleistung	Q	in	Var	(Voltampere reaktiv, d. h. über die Leitungen zur Energiequelle „rückwirkend")

Beispiel:

Für einen verlustbehafteten induktiven Wechselstromwiderstand soll die Augenblicksleistung p nach Gl. (4.205) als Überlagerung des Wirkanteils $P \cdot (1 - \cos 2\omega t)$ und des Blindanteils $(- Q \cdot \sin 2\omega t)$ dargestellt werden, wenn die Scheinleistung $S = U \cdot I = 2\,kVA$ und die Phasenverschiebung $\varphi = \pi/3$ bzw. $60°$ betragen.

Lösung:

Im Bild 4.139 ist der Verlauf der Augenblicksleistung p eines verlustbehafteten induktiven Wechselstromwiderstands mit $S = U \cdot I = 2\,kVA$ und $\varphi = \pi/3$ dargestellt. Nach Gl. (4.202) ist die Wirkleistung

$$P = U \cdot I \cdot \cos\varphi = S \cdot \cos\varphi = 2\,kVA \cdot \cos(\pi/3) = 2\,kVA \cdot 0,5 = 1\,kW$$

und nach Gl. (4.206) die Blindleistung

$$Q = U \cdot I \cdot \sin\varphi = S \cdot \sin\varphi = 2\,kVA \cdot \sin(\pi/3) = 2\,kVA \cdot \frac{1}{2}\sqrt{3} = 1,73\,kVar.$$

Nach Gl. (4.205) ergibt sich dann für die Augenblicksleistung p

$$p = P \cdot (1 - \cos 2\omega t) - Q \cdot \sin 2\omega t = 1\,kVA \cdot (1 - \cos 2\omega t) - 1,73\,kVA \cdot \sin 2\omega t$$

in Abhängigkeit von ωt von 0 bis π:

ωt	1	0	$\pi/6$	$\pi/3$	$\pi/2$	$2\pi/3$	$5\pi/6$	π
$P\,(1 - \cos 2\omega t)$	kVA	0	0,5	1,5	2,0	1,5	0,5	0
$- Q \cdot \sin 2\omega t$	kVA	0	$-1,5$	$-1,5$	0	1,5	1,5	0
p	kVA	0	$-1,0$	0	2,0	3,0	2,0	0

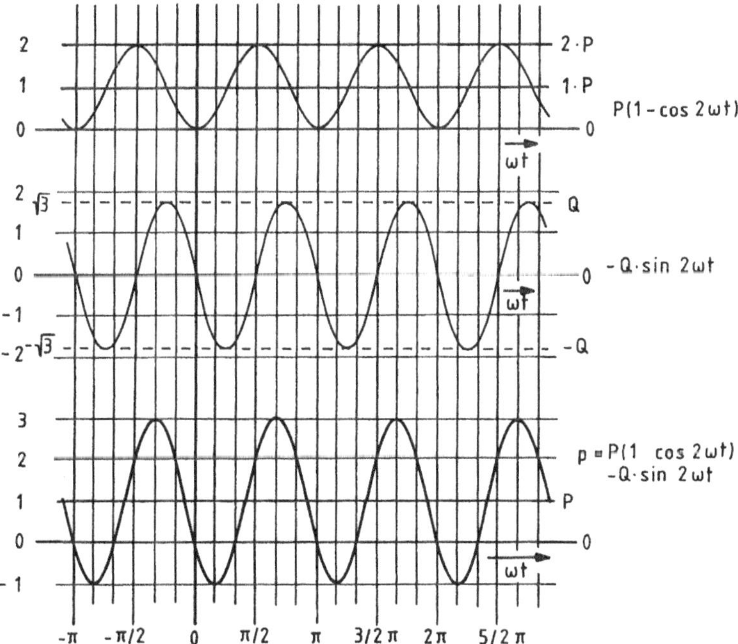

Bild 4.141 Zerlegung der Augenblicksleistung in einen Wirkanteil und einen Blindanteil

Sollen für einen beliebigen Wechselstromwiderstand die Wirkleistung P, die Blindleistung Q und die Scheinleistung S berechnet werden, dann ist zunächst zu unterscheiden, welche der äquivalenten Ersatzschaltungen – Reihenschaltung oder Parallelschaltung – für den beliebigen Wechselstromwiderstand gewählt ist:

Reihenschaltung

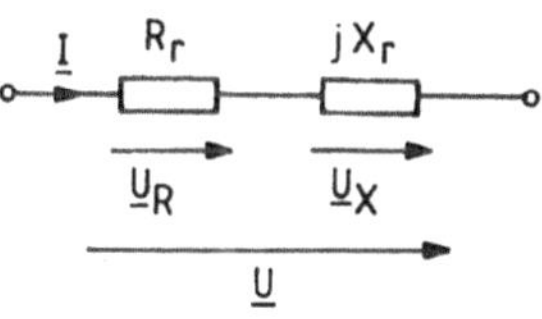

Bild 4.142 Ersatzschaltung
eines Wechselstromwiderstandes
als Reihenschaltung

Parallelschaltung

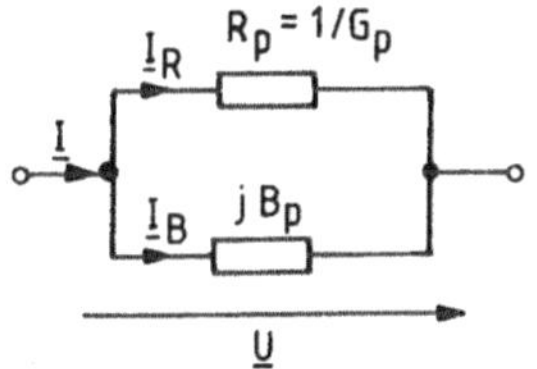

Bild 4.143 Ersatzschaltung
eines Wechselstromwiderstandes
als Parallelschaltung

Die Wirkleistung als Maß für die im ohmschen Widerstand umgesetzte Leistung ist

bei Reihenschaltung gleich dem Produkt aus dem Strom I und der mit diesem in Phase liegenden Spannungskomponente U_R:

$$P = I \cdot (U \cdot \cos \varphi)$$

$$\text{mit } U \cdot \cos \varphi = U_R$$

$$(\text{siehe Gl. 4.51})$$

$$P = I \cdot U_R$$

$$\text{und mit } U_R = R_r \cdot I$$

$$P = I^2 \cdot R_r. \qquad (4.207)$$

bei Parallelschaltung gleich dem Produkt aus der Spannung U und der mit dieser in Phase liegenden Stromkomponente I_R:

$$P = U \cdot (I \cdot \cos \varphi)$$

$$\text{mit } I \cdot \cos \varphi = I_R$$

$$(\text{siehe Gl. 4.66})$$

$$P = U \cdot I_R$$

$$\text{und mit } I_R = G_p \cdot U = \frac{U}{R_p}$$

$$P = U^2 \cdot G_p = \frac{U^2}{R_p}. \qquad (4.208)$$

Die Wirkleistung ist für die Reihen- und Parallelschaltung gleich, wenn die Schaltungen äquivalent sind. Wird in der Formel für P der Strom I durch die Spannung U und den Scheinwiderstand Z_r ersetzt

$$I = \frac{U}{Z_r} = \frac{U}{\sqrt{R_r^2 + X_r^2}} \quad \text{bzw.} \quad I^2 = \frac{U^2}{Z_r^2} = \frac{U^2}{R_r^2 + X_r^2}$$

$$P = I^2 \cdot R_r = \frac{U^2 \cdot R_r}{R_r^2 + X_r^2} = U^2 \cdot G_p,$$

dann bestätigt sich die Aussage durch die Transformationsgleichung (vgl. Gl. 4.72)

$$G_p = \frac{R_r}{R_r^2 + X_r^2} = \frac{R_r}{Z_r^2}.$$

Die Blindleistung Q als Maß für die gespeicherte Leistung ist

bei Reihenschaltung gleich dem Produkt aus dem Strom I und der Spannungskomponente U_x, die um $\pi/2$ phasenverschoben ist:

$$Q = I \cdot (U \cdot \sin \varphi)$$

$$\text{mit } U \cdot \sin \varphi = U_X$$
$$\text{(siehe Gl. 4.52)}$$

$$Q = I \cdot U_X$$

$$\text{und mit } U_X = X_r \cdot I$$

$$Q = I^2 \cdot X_r. \qquad (4.209)$$

bei Parallelschaltung gleich dem Produkt aus der Spannung U und der Stromkomponente $-I_B$, die um $\pi/2$ phasenverschoben ist:

$$Q = U \cdot (I \cdot \sin \varphi)$$

$$\text{mit } I \cdot \sin \varphi = - I_B$$
$$\text{(siehe Gl. 4.67)}$$

$$Q = U \cdot (- I_B)$$

$$\text{und mit } I_B = B_p \cdot U$$

$$Q = - U^2 \cdot B_p. \qquad (4.210)$$

Für einen induktiven Wechselstromwiderstand ist die Blindleistung mit $\varphi > 0$ positiv:

$$Q = I^2 \cdot \omega L_r \qquad (4.211)$$

$$\text{mit } X_r = \omega L_r.$$

$$Q = U^2 \cdot \frac{1}{\omega L_p} \qquad (4.212)$$

$$\text{mit } B_p = - \frac{1}{\omega L_p}.$$

Für einen kapazitiven Wechselstromwiderstand ist die Blindleistung mit $\varphi < 0$ negativ:

$$Q = - I^2 \cdot \frac{1}{\omega C_r} \qquad (4.213)$$

$$\text{mit } X_r = - \frac{1}{\omega C_r}.$$

$$Q = - U^2 \cdot \omega C_p \qquad (4.214)$$

$$\text{mit } B_p = \omega C_p.$$

Die Blindleistung ist für die Reihen- und Parallelschaltung gleich, wenn die Schaltungen äquivalent sind. Wird in der Formel für Q der Strom I durch die Spannung U und den Scheinwiderstand Z_r ersetzt

$$I = \frac{U}{Z_r} = \frac{U}{\sqrt{R_r^2 + X_r^2}} \quad \text{bzw.} \quad I^2 = \frac{U^2}{Z_r^2} = \frac{U^2}{R_r^2 + X_r^2}$$

$$Q = I^2 \cdot X_r = \frac{U^2 \cdot X_r}{R_r^2 + X_r^2} = - U^2 \cdot B_p,$$

dann bestätigt sich die Aussage entsprechend durch die Transformationsgleichung (Gl. 4.72):

$$B_p = - \frac{X_r}{R_r^2 + X_r^2} = - \frac{X_r}{Z_r^2}.$$

Die Scheinleistung S als Maß für die gesamte Leistung, d. h. die im ohmschen Widerstand umgesetzte und die in den induktiven und kapazitiven Widerständen gespeicherte Leistung, ist gleich dem Produkt aus der Spannung U und dem Strom I:

$$S = U \cdot I$$

Bei Reihenschaltung ist

$$U = Z_r \cdot I = \sqrt{R_r^2 + X_r^2} \cdot I$$

und damit

$$S = I^2 \cdot Z_r$$

$$S = I^2 \cdot \sqrt{R_r^2 + X_r^2} \qquad (4.215)$$

Bei Parallelschaltung ist

$$I = Y_p \cdot U = \sqrt{G_p^2 + B_p^2} \cdot U$$

und damit

$$S = U^2 \cdot Y_p$$

$$S = U^2 \cdot \sqrt{G_p^2 + B_p^2} \qquad (4.216)$$

Für einen induktiven Wechselstromwiderstand ist die Scheinleistung

$$S = I^2 \cdot \sqrt{R_r^2 + \omega^2 L_r^2} \qquad (4.217)$$

$$S = U^2 \cdot \sqrt{\frac{1}{R_p^2} + \frac{1}{\omega^2 L_p^2}} \qquad (4.218)$$

und für einen kapazitiven Wechselstromwiderstand

$$S = I^2 \cdot \sqrt{R_r^2 + \frac{1}{\omega^2 C_r^2}} \qquad (4.219)$$

$$S = U^2 \cdot \sqrt{\frac{1}{R_p^2} + \omega^2 C_p^2} \qquad (4.220)$$

Die Scheinleistung ist für die Reihen- und Parallelschaltung gleich, wenn die Schaltungen äquivalent sind. Wird in der Formel für S der Strom I durch die Spannung U und den Scheinwiderstand Z_r ersetzt

$$I = \frac{U}{Z_r} \quad \text{bzw.} \quad I^2 = \frac{U^2}{Z_r^2}$$

$$S = I^2 \cdot Z_r = \frac{U^2}{Z_r^2} \cdot Z_r = \frac{U^2}{Z_r} = U^2 \cdot Y_p,$$

dann bestätigt sich die Aussage, denn für äquivalente Reihen- und Parallelschaltungen ist der Scheinleitwert Y_p der Parallelschaltung gleich dem Kehrwert des Scheinwiderstandes Z_r der Reihenschaltung:

$$Y_p = \frac{1}{Z_r}.$$

Beispiel:

An einen passiven Zweipol wird eine sinusförmige Wechselspannung mit dem Effektivwert $U = 220\,V$ und der Frequenz $f = 50\,Hz$ angelegt, wodurch sich ein sinusförmiger Strom mit einem Effektivwert $I = 9{,}1\,A$ mit einer Phasenverschiebung $\varphi = -60°$ einstellt.

1. Die Ersatzschaltbilder mit den Ersatzschaltelementen sind zu ermitteln.
2. Wirkleistung, Blindleistung und Scheinleistung für die beiden Ersatzschaltbilder sind zu errechnen.

Anmerkung: Die Verläufe von u, i und p sind im Bild 4.140 dargestellt.

Lösung:

Zu 1. Die Ersatzschaltungen sind wegen $\varphi < 0$ die Reihenschaltung von R_r und C_r und die Parallelschaltung von R_p und C_p:

$$\underline{Z}_r = R_r - j \cdot \frac{1}{\omega C_r} = Z_r \cdot e^{j\varphi} \qquad\qquad \underline{Y}_p = \frac{1}{R_p} + j\omega C_p = Y_p \cdot e^{-j\varphi}$$

$$\underline{Z}_r = \frac{U}{I}\cos\varphi + j \cdot \frac{U}{I}\sin\varphi \qquad\qquad \underline{Y}_p = \frac{I}{U}\cos\varphi - j \cdot \frac{I}{U}\sin\varphi$$

$$R_r = \frac{U}{I}\cos\varphi = \frac{220\,\text{V}}{9,1\,\text{A}} \cdot \cos(-60°) \qquad\qquad R_p = \frac{U}{I \cdot \cos\varphi} = \frac{220\,\text{V}}{9,1\,\text{A} \cdot \cos(-60°)}$$

$$R_r = 12,1\,\Omega \qquad\qquad\qquad\qquad R_p = 48,4\,\Omega$$

$$C_r = -\frac{I}{\omega \cdot U \cdot \sin\varphi} \qquad\qquad\qquad C_p = -\frac{I}{\omega U} \cdot \sin\varphi$$

$$C_r = -\frac{9,1\,\text{A}}{2\pi \cdot 50\text{s}^{-1} \cdot 220\,\text{V} \cdot \sin(-60°)} \qquad C_p = -\frac{9,1\,\text{A} \cdot \sin(-60°)}{2\pi \cdot 50\text{s}^{-1} \cdot 220\,\text{V}}$$

$$C_r = 152\,\mu\text{F} \qquad\qquad\qquad\qquad C_p = 114\,\mu\text{F}$$

Zu 2. $$P = U \cdot I \cdot \cos\varphi = 220\text{V} \cdot 9,1\text{A} \cdot \cos(-60°) = 1\text{kW}$$

$$P = I^2 \cdot R_r \qquad\qquad\qquad\qquad P = \frac{U^2}{R_p}$$

$$P = (9,1\text{A})^2 \cdot 12,1\,\Omega = 1\text{kW} \qquad\qquad P = \frac{(220\,\text{V})^2}{48,4\,\Omega} = 1\text{kW}$$

$$Q = U \cdot I \cdot \sin\varphi = 220\text{V} \cdot 9,1\text{A} \cdot \sin(-60°) = -1,73\text{kVar}$$

$$Q = I^2 \cdot X_r = I^2 \cdot \left(-\frac{1}{\omega C_r}\right) \qquad\qquad Q = -U^2 \cdot B_p = -U^2 \cdot \omega C_p$$

$$Q = (9,1\,\text{A})^2 \cdot \left(-\frac{1}{2\pi \cdot 50\text{s}^{-1} \cdot 152\mu\text{F}}\right) \qquad Q = -(220\text{V})^2 \cdot 2\pi \cdot 50\text{s}^{-1} \cdot 114\mu\text{F}$$

$$Q = -1,73\text{kVar} \qquad\qquad\qquad\qquad Q = -1,73\text{kVar}$$

$$S = U \cdot I = 220\text{V} \cdot 9,1\text{A} = 2\text{kVA}$$

$$S = I^2 \cdot \sqrt{R_r^2 + \frac{1}{\omega^2 C_r^2}} \qquad\qquad S = U^2 \cdot \sqrt{\frac{1}{R_p^2 + \omega^2 C_p^2}}$$

$$\text{mit } \frac{1}{\omega^2 C_r^2} = \frac{1}{(2\pi \cdot 50\text{s}^{-1} \cdot 152\mu\text{F})^2} \qquad \text{mit } \omega^2 C_p^2 = (2\pi \cdot 50\text{s}^{-1} \cdot 114\,\mu\text{F})^2$$

$$\frac{1}{\omega^2 C_r^2} = 438,5\,\Omega^2 \qquad\qquad\qquad \omega^2 C_p^2 = 1,283 \cdot 10^{-3}\text{S}^2$$

$$S = (9,1\,\text{A})^2 \cdot \sqrt{(12,1\,\Omega)^2 + 438,5\,\Omega^2} \qquad S = (220\,\text{V})^2 \cdot \sqrt{\frac{1}{(48,4\,\Omega)^2} + 1,283 \cdot 10^{-3}\text{S}^2}$$

$$S = 2\text{kVA} \qquad\qquad\qquad\qquad S = 2\text{kVA}$$

Leistungsdreieck, Phasenverschiebung, Verlustfaktor

Sind zwei der drei Leistungen – Wirkleistung P, Blindleistung Q und Scheinleistung S – bekannt, dann lässt sich mit

$$P^2 + Q^2 = S^2 \tag{4.221}$$

die dritte Leistung berechnen. Der Zusammenhang zwischen den drei Leistungen wird mit $P = S \cdot \cos\varphi$ und $Q = S \cdot \sin\varphi$ nachgewiesen:

$$S^2 \cdot \cos^2\varphi + S^2 \cdot \sin^2\varphi = S^2 \cdot (\cos^2\varphi + \sin^2\varphi) = S^2$$

mit $\cos^2\varphi + \sin^2\varphi = 1$.

Zwischen der Phasenverschiebung φ, der Wirkleistung P und der Blindleistung Q besteht der Zusammenhang

$$\tan\varphi = \frac{Q}{P} \tag{4.222}$$

weil $\tan\varphi = \dfrac{S \cdot \sin\varphi}{S \cdot \cos\varphi}$.

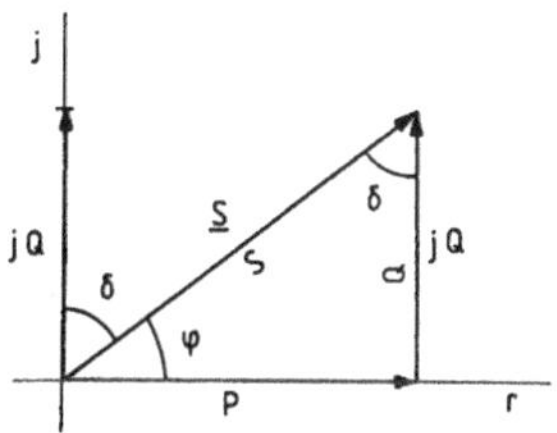

Bild 4.144 Leistungsdreieck

Die Zusammenhänge zwischen den drei Leistungen und der Phasenverschiebung lassen sich im *Leistungsdreieck* veranschaulichen (Bild 4.144), das mit der Definition der komplexen Leistung in der Gaußschen Zahlenebene dargestellt wird (siehe Gl. 4.239 bis Gl. 4.241).

Für Spulen und Kondensatoren ist der Phasenverschiebungswinkel φ wegen der ohmschen Verluste P kleiner als ein rechter Winkel:

$$|\varphi| < \pi/2.$$

Je kleiner die Verluste sind, umso größer ist der Phasenverschiebungswinkel φ und der $\tan\varphi$, der *Gütefaktor* (auch *Güte der Spule* bzw. *Güte des Kondensators*) genannt wird:

$$g = \tan\varphi = \frac{|Q|}{P}. \tag{4.223}$$

Entsprechend ist der Ergänzungswinkel des Phasenverschiebungswinkels φ zu 90° bzw. –90° ein Maß für die Verluste einer Spule bzw. eines Kondensators. Je größer die Verluste P sind, umso größer ist der *Verlustwinkel* δ:

$$\delta = \pi/2 - |\varphi|. \tag{4.224}$$

Der *Verlustfaktor*

$$d = \tan\delta = \frac{P}{|Q|} \tag{4.225}$$

ist also der Kehrwert des Gütefaktors:

$$d = \frac{1}{g}. \tag{4.226}$$

Ist die Ersatzschaltung der Spule oder des Kondensators die

Reihenschaltung,

dann ergibt sich mit den Gl. (4.207) und Gl. (4.209) für den Gütefaktor:

$$g = \tan \varphi = \frac{|Q|}{P} = \frac{I^2 \cdot |X_r|}{I^2 \cdot R_r}$$

$$g = \tan \varphi = \frac{|X_r|}{R_r} \qquad (4.227)$$

und für den Verlustfaktor:

$$d = \tan \delta = \frac{R_r}{|X_r|}. \qquad (4.229)$$

Ist die Ersatzschaltung der Spule oder des Kondensators die

Parallelschaltung,

dann ergibt sich mit den Gl. (4.208) und Gl. (4.210) für den Gütefaktor:

$$g = \tan \varphi = \frac{|Q|}{P} = \frac{U^2 \cdot |B_p|}{U^2 \cdot G_p}$$

$$g = \tan \varphi = \frac{|B_p|}{G_p} \qquad (4.228)$$

und für den Verlustfaktor:

$$d = \tan \delta = \frac{G_p}{|B_p|}. \qquad (4.230)$$

Für **Spulen** lauten die Gleichungen für den Güte- und Verlustfaktor:

bei Reihenschaltung:

$$g_L = \tan \varphi_L = \frac{\omega L_r}{R_{Lr}} \qquad (4.231)$$

$$d_L = \tan \delta_L = \frac{R_{Lr}}{\omega L_r} \qquad (4.233)$$

bei Parallelschaltung:

$$g_L = \tan \varphi_L = \frac{R_{Lp}}{\omega L_p} \qquad (4.232)$$

$$d_L = \tan \delta_L = \frac{\omega L_p}{R_{Lp}} \qquad (4.234)$$

Bei Spulen ohne Eisenkern bestehen die Verluste P nur aus den Wicklungs- oder Kupfer-verlusten, während bei Spulen mit Eisenkernen noch Wirbelstrom- und Hystereseverluste hinzukommen. In der Ersatzschaltung von Spulen mit Eisenkern können die Wicklungs-verluste durch R_{Cu} und die Kern- oder Eisenverluste durch R_{Kr} erfasst werden, wobei R_{Kr} aus R_w (Wirbelstromverluste) und R_h (Hystereseverluste) besteht.

$$R_{Lr} = R_{Cu} \quad \text{(für Spule ohne Kern)}$$

$$R_{Lr} = R_{Cu} + R_{Kr} = R_{Cu} + R_w + R_h \quad \text{(für Spule mit Kern)}$$

Bei Spulen mit Eisenkern kann für bestimmte Frequenzen die Reihenschaltung von L_r und R_{Kr} in eine äquivalente Parallelschaltung mit L_p und R_{Kp} überführt werden, wobei der Parallelwiderstand R_{Kp} auch Eisenverlustwiderstand R_V genannt wird.

Für **Kondensatoren** lauten die Gleichungen für den Güte- und Verlustfaktor

bei Reihenschaltung:

$$g_C = \tan \varphi_C = \frac{1}{\omega R_{Cr} C_r} \qquad (4.235)$$

$$d_C = \tan \delta_C = \omega R_{Cr} C_r. \qquad (4.237)$$

bei Parallelschaltung:

$$g_C = \tan \varphi_C = \omega R_{Cp} C_p \qquad (4.236)$$

$$d_C = \tan \delta_C = \frac{1}{\omega R_{Cp} C_p}. \qquad (4.238)$$

Der Verlustfaktor für Kondensatoren ist frequenzabhängig und liegt in der Größenord-nung von 10^{-1} (Keramik) bis 10^{-4} (Kunststoffen). Außerdem hängt er von der Größe der Spannung und von der Temperatur ab.

Komplexe Leistung

Da in der Wechselstromtechnik mit komplexen Zeitfunktionen und komplexen Effektivwerten gerechnet wird, ist die Frage naheliegend, ob eine komplexe Leistung sinnvoll definiert werden kann. Eine Definition einer komplexen Leistung darf nicht im Widerspruch zu den bisherigen Leistungsdefinitionen im Zeitbereich stehen.

Wie im Zeitbereich für die Augenblicksleistung $p = u \cdot i$ möchte man entsprechend eine komplexe Augenblicksleistung p als Produkt der komplexen Zeitfunktionen von Spannung und Strom definieren:

$$\underline{u} \cdot \underline{i} = \hat{u} \cdot e^{j(\omega t + \varphi_u)} \cdot \hat{i} \cdot e^{j(\omega t + \varphi_i)} = \hat{u} \cdot \hat{i} \cdot e^{j2\omega t} \cdot e^{j(\varphi_u + \varphi_i)}$$

Genauso wie bei der Augenblicksleistung kommt wohl die doppelte Kreisfrequenz 2ω vor, aber die Summe der Anfangsphasenwinkel ließe sich nicht für die komplexe Leistung verwenden, weil sowohl in der Wirkleistung als auch in der Blindleistung mit der Differenz der Anfangsphasenwinkel gerechnet werden muss.

Um die Differenz der Anfangsphasenwinkel in der komplexen Leistung zu erhalten, könnte die komplexe Zeitfunktion des Stroms konjugiert komplex verwendet werden:

$$\underline{u} \cdot \underline{i}^* = \hat{u} \cdot e^{j(\omega t + \varphi_u)} \cdot \hat{i} \cdot e^{-j(\omega t + \varphi_i)} = 2 \cdot U \cdot I \cdot e^{j(\varphi_u - \varphi_i)} \,,$$

aber das ergäbe auch keine sinnvolle Definition einer komplexen Augenblicksleistung ohne die Zeit t in der Formel.

Wird aber das Produkt aus dem komplexen Effektivwert der Spannung $\underline{U}$ und dem konjugiert komplexen Effektivwert des Stroms $\underline{I}^*$ gebildet, dann wird in der *komplexen Leistung* $\underline{S}$ die Differenz der Anfangsphasenwinkel – die Phasenverschiebung φ – berücksichtigt, und Wirk- und Blindleistung können gleichzeitig erfasst werden:

$$\underline{S} = \underline{U} \cdot \underline{I}^* \tag{4.239}$$

$$\text{mit } \underline{U} = U \cdot e^{j\varphi_u} \quad \text{und} \quad \underline{I}^* = I \cdot e^{-j\varphi_i}$$

$$\underline{S} = U \cdot I \cdot e^{j(\varphi_u - \varphi_i)} = S \cdot e^{j\varphi}$$

$$\text{mit } S = U \cdot I \quad \text{und} \quad \varphi = \varphi_u - \varphi_i$$

$$\underline{S} = S \cdot \cos\varphi + j \cdot S \cdot \sin\varphi = P + j \cdot Q \tag{4.240}$$

$$\text{mit } P = S \cdot \cos\varphi \quad \text{und} \quad Q = S \cdot \sin\varphi.$$

Der Realteil der komplexen Leistung $\underline{S}$ ist damit gleich der Wirkleistung P und der Imaginärteil ist gleich der Blindleistung Q:

$$P = \mathrm{Re}\{\underline{S}\} \quad \text{und} \quad Q = \mathrm{Im}\{\underline{S}\}$$

Die Scheinleistung S ist gleich dem Betrag der komplexen Leistung $\underline{S}$:

$$S = |\underline{S}| = \sqrt{P^2 + Q^2} \tag{4.241}$$

Mit der Formel für die komplexe Leistung

$$\underline{S} = \underline{U} \cdot \underline{I}^*$$

ist es möglich, durch nur eine Berechnung die drei Leistungen zu ermitteln, wenn die Spannung U und der Strom I bekannt sind.

Ist der Strom I oder die Spannung U gegeben, dann können die Leistungen mit dem komplexen Widerstand $\underline{Z}$ oder dem komplexen Leitwert $\underline{Y}$ der Schaltung berechnet werden:

Mit

$$\underline{U} = \underline{Z} \cdot \underline{I}, \quad \underline{U}^* = \underline{Z}^* \cdot \underline{I}^* \quad \text{und} \quad \underline{I}^* = \frac{\underline{U}^*}{\underline{Z}^*}$$

ist

$$\underline{S} = \underline{Z} \cdot \underline{I} \cdot \underline{I}^* \quad \text{bzw.} \quad \underline{S} = \frac{\underline{U} \cdot \underline{U}^*}{\underline{Z}^*}$$

und mit

$$\underline{I} \cdot \underline{I}^* = I \cdot e^{j\varphi_i} \cdot I \cdot e^{-j\varphi_i} = I^2$$

$$\underline{U} \cdot \underline{U}^* = U \cdot e^{j\varphi_u} \cdot U \cdot e^{-j\varphi_u} = U^2$$

ist

$$\underline{S} = \underline{Z} \cdot I^2 = \frac{I^2}{\underline{Y}} \tag{4.242}$$

und

$$\underline{S} = \frac{U^2}{\underline{Z}^*} = \underline{Y}^* \cdot U^2 \tag{4.243}$$

Weitere Beispiele:

Beispiel 1:

Zwei Spulen (Ersatzschaltung: Reihenschaltung)

    mit $R_{r1} = 10\Omega$, $L_{r1} = 50mH$ und $R_{r2} = 15\Omega$, $L_{r2} = 65mH$

sind in Reihe geschaltet und werden von einem sinusförmigen Wechselstrom mit dem Effektivwert I = 5A und der Frequenz f = 50Hz durchflossen.

1. Zu berechnen sind die Wirkleistungen, Blindleistungen und Scheinleistungen der beiden Spulen und der Reihenschaltung.
2. Das Ergebnis für die Einzelspulen ist mit dem für die Reihenschaltung zu überprüfen.
3. Schließlich sind die Leistungsfaktoren der Spulen und der Reihenschaltung zu berechnen.

Lösung:

Zu 1. Die komplexe Leistung wird für Reihenschaltungen nach Gl. (4.242) berechnet:

Für Spule 1:

$$\underline{S}_1 = \underline{Z}_1 \cdot I^2$$

$$\underline{Z}_1 = R_{r1} + j\omega L_{r1} = 10\Omega + j \cdot 2\pi \cdot 50s^{-1} \cdot 50mH$$

$$\underline{Z}_1 = (10 + j \cdot 15{,}7)\Omega$$

$$\underline{S}_1 = (10 + j \cdot 15{,}7)\Omega \cdot (5A)^2$$

$$\underline{S}_1 = (250 + j \cdot 392)\text{VA} \quad \text{mit} \quad P_1 = 250\text{W} \quad \text{und} \quad Q_1 = 392\text{Var}$$

$$S_1 = \sqrt{P_1^{\,2} + Q_1^{\,2}} = \sqrt{250^2 + 392^2}\,\text{VA} = 465\,\text{VA}$$

Für Spule 2:

$$\underline{S}_2 = \underline{Z}_2 \cdot I^2$$

$$\underline{Z}_2 = R_{r2} + j\omega L_{r2} = 15\Omega + j \cdot 2\pi \cdot 50\text{s}^{-1} \cdot 65\text{mH}$$

$$\underline{Z}_2 = (15 + j \cdot 20{,}4)\Omega$$

$$\underline{S}_2 = (15 + j \cdot 20{,}4)\Omega \cdot (5\text{A})^2$$

$$\underline{S}_2 = (375 + j \cdot 511)\text{VA} \quad \text{mit} \quad P_2 = 375\text{W} \quad \text{und} \quad Q_2 = 511\text{Var}$$

$$S_2 = \sqrt{P_2^{\,2} + Q_2^{\,2}} = \sqrt{375^2 + 511^2}\,\text{VA} = 633\,\text{VA}$$

Für die Reihenschaltung beider Spulen:

$$\underline{S} = \underline{Z} \cdot I^2$$

$$\underline{Z} = \underline{Z}_1 + \underline{Z}_2 = (R_{r1} + R_{r2}) + j\omega(L_{r1} + L_{r2})$$

$$\underline{Z} = (10 + 15)\Omega + j \cdot 2\pi \cdot 50\text{s}^{-1}\,(50 + 65)\text{mH}$$

$$\underline{Z} = (25 + j \cdot 36{,}1)\Omega$$

$$\underline{S} = (25 + j \cdot 36{,}1)\Omega \cdot (5\text{A})^2$$

$$\underline{S} = (625 + j \cdot 903)\text{VA} \quad \text{mit} \quad P = 625\text{W} \quad \text{und} \quad Q = 903\text{Var}$$

$$S = \sqrt{P^2 + Q^2} = \sqrt{625^2 + 903^2}\,\text{VA} = 1098\,\text{VA}$$

Zu 2. Kontrolle: Die Gesamtleistung ist gleich der Summe der Einzelleistungen.

$$P = P_1 + P_2 \qquad\qquad Q = Q_1 + Q_2 \qquad\qquad \text{aber } S = |\,\underline{S}_1 + \underline{S}_2\,|$$

$$625\text{W} = (250 + 375)\text{W} \qquad 903\text{Var} = (392 + 511)\text{Var} \qquad S = \sqrt{(P_1 + P_2)^2 + (Q_1 + Q_2)^2}$$

Zu 3. Die Leistungsfaktoren werden nach Gl. (4.204) errechnet:

$$\cos\varphi_1 = \frac{P_1}{S_1} = \frac{250\,\text{VA}}{465\,\text{VA}} = 0{,}54$$

$$\cos\varphi_2 = \frac{P_2}{S_2} = \frac{375\,\text{VA}}{633\,\text{VA}} = 0{,}59 \qquad\qquad \cos\varphi = \frac{P}{S} = \frac{625\,\text{VA}}{1098\,\text{VA}} = 0{,}57$$

Beispiel 2:

Zwei Kondensatoren sind in Reihe geschaltet und von einem sinusförmigen Strom mit $I = 0{,}5\text{A}$, $f = 50\text{Hz}$ durchflossen. Der eine Kondensator hat eine Kapazität $C_{r1} = 10\mu\text{F}$ und eine Verlustleistung $P_1 = 1\text{W}$, der andere eine Kapazität $C_{r2} = 5\mu\text{F}$ und eine Verlustleistung $P_2 = 0{,}5\text{W}$.

1. Die Verlustfaktoren d_{C1} und d_{C2} der beiden Kondensatoren sind zu berechnen.

2. Dann soll die Formel für den Verlustfaktor d_C der Reihenschaltung in Abhängigkeit von den beiden Kapazitäten und den Verlustfaktoren entwickelt und der Verlustfaktor mit den angegebenen Zahlenwerten berechnet werden.

3. Schließlich soll das Ergebnis für d_C über die Leistungen kontrolliert werden.

Lösung:

Zu 1. Nach Gl. (4.225) und Gl. (4.213) sind

$$d_{C1} = \tan\delta_{C1} = \frac{P_1}{|Q_1|} = \frac{1\,\text{VA}}{80\,\text{VA}} = 12{,}6 \cdot 10^{-3}$$

$$\text{mit } Q_1 = -I^2 \cdot \frac{1}{\omega C_{r1}} = -(0{,}5\,\text{A})^2 \cdot \frac{1}{2\pi \cdot 50\text{s}^{-1} \cdot 10 \cdot 10^{-6}\text{F}} = -80\,\text{Var}$$

und

$$d_{C2} = \tan \delta_{C2} = \frac{P_2}{|Q_2|} = \frac{0{,}5\,\text{VA}}{159\,\text{VA}} = 3{,}14 \cdot 10^{-3}$$

$$\text{mit } Q_2 = -I^2 \cdot \frac{1}{\omega C_{r2}} = -(0{,}5\,\text{A})^2 \cdot \frac{1}{2\pi \cdot 50\text{s}^{-1} \cdot 5 \cdot 10^{-6}\text{F}} = -159\,\text{Var}$$

Zu 2. Nach Gl. (4.237) ist

$$d_C = \omega \cdot R_{Cr} \cdot C_r$$

und

$$d_{C1} = \omega \cdot R_{Cr1} \cdot C_{r1} \quad \text{und} \quad d_{C2} = \omega \cdot R_{Cr2} \cdot C_{r2}$$

Mit

$$R_{Cr} = R_{Cr1} + R_{Cr2}$$

ergibt sich

$$\frac{d_C}{\omega C_r} = \frac{d_{C1}}{\omega C_{r1}} + \frac{d_{C2}}{\omega C_{r2}}$$

$$d_C = \omega C_r \left(\frac{d_{C1}}{\omega C_{r1}} + \frac{d_{C2}}{\omega C_{r2}} \right) = \frac{C_{r1} \cdot C_{r2}}{C_{r1} + C_{r2}} \cdot \frac{d_{C1} \cdot C_{r2} + d_{C2} \cdot C_{r1}}{C_{r1} \cdot C_{r2}}$$

$$\text{mit } C_r = \frac{C_{r1} \cdot C_{r2}}{C_{r1} + C_{r2}}$$

$$d_C = \frac{d_{C1} \cdot C_{r2} + d_{C2} \cdot C_{r1}}{C_{r1} + C_{r2}}$$

$$d_C = \frac{12{,}6 \cdot 10^{-3} \cdot 5 \cdot 10^{-6}\text{F} + 3{,}14 \cdot 10^{-3} \cdot 10 \cdot 10^{-6}\text{F}}{(10 + 5) \cdot 10^{-6}\text{F}} = 6{,}3 \cdot 10^{-3}$$

Zu 3. $\quad d_C = \tan \delta_C = \dfrac{P}{|Q|} = \dfrac{P_1 + P_2}{|Q_1 + Q_2|} = \dfrac{(1 + 0{,}5)\,\text{VA}}{(80 + 159)\,\text{VA}} = 6{,}3 \cdot 10^{-3}$

Beispiel 3:

Eine verlustbehaftete Spule ($R_{Lr} = 20\Omega$, $L_r = 0{,}1\text{H}$) und ein verlustbehafteter Kondensator ($R_{Cr} = 4\Omega$, $C_r = 200\mu\text{F}$) bilden einen Reihenschwingkreis, der an einer sinusförmigen Spannung mit $U = 110\text{V}$ und $f = 50\text{Hz}$ angeschlossen ist.

1. Zu berechnen sind die Wirkleistung, Blindleistung und Scheinleistung des Reihenschwingkreises.
2. Das Ergebnis soll mit Hilfe des Stroms $\underline{I}$ kontrolliert werden.
3. Bei welcher Kreisfrequenz ω besteht Resonanz und wie groß sind dann die induktive und kapazitive Blindleistung?

Lösung:

Zu 1. $\quad$ Nach Gl. (4.243) ist

$$\underline{S} = \frac{U^2}{\underline{Z}^*}$$

und mit

$$\underline{Z} = \underline{Z}_L + \underline{Z}_C = (R_{Lr} + R_{Cr}) + j \cdot \left(\omega L_r - \frac{1}{\omega C_r} \right)$$

$$\underline{Z}^* = (R_{Lr} + R_{Cr}) - j \cdot \left(\omega L_r - \frac{1}{\omega C_r} \right) \text{ ist}$$

$$\underline{S} = \cfrac{U^2}{(R_{Lr} + R_{Cr}) - j \cdot \left(\omega L_r - \cfrac{1}{\omega C_r}\right)} \cdot \cfrac{(R_{Lr} + R_{Cr}) + j \cdot \left(\omega L_r - \cfrac{1}{\omega C_r}\right)}{(R_{Lr} + R_{Cr}) + j \cdot \left(\omega L_r - \cfrac{1}{\omega C_r}\right)}$$

$$\underline{S} = \cfrac{(R_{Lr} + R_{Cr}) + j \cdot \left(\omega L_r - \cfrac{1}{\omega C_r}\right)}{(R_{Lr} + R_{Cr})^2 + \left(\omega L_r - \cfrac{1}{\omega C_r}\right)^2} \cdot U^2 = P + j \cdot Q$$

$$P = \cfrac{(R_{Lr} + R_{Cr}) \cdot U^2}{(R_{Lr} + R_{Cr})^2 + \left(\omega L_r - \cfrac{1}{\omega C_r}\right)^2}$$

$$P = \cfrac{(20 + 4)\Omega \cdot (110\,V)^2}{(20 + 4)^2 \Omega^2 + \left(2\pi \cdot 50 s^{-1} \cdot 0{,}1 H - \cfrac{1}{2\pi \cdot 50 s^{-1} \cdot 200 \cdot 10^{-6} F}\right)^2}$$

$$P = 356 W$$

$$Q = \cfrac{\omega L_r - \cfrac{1}{\omega C_r}}{(R_{Lr} + R_{Cr})^2 + \left(\omega L_r - \cfrac{1}{\omega C_r}\right)^2} \cdot U^2$$

$$Q = \cfrac{\left(2\pi \cdot 50 s^{-1} \cdot 0{,}1 H - \cfrac{1}{2\pi \cdot 50 s^{-1} \cdot 200 \cdot 10^{-6} F}\right) \cdot (110\,V)^2}{(20 + 4)^2 \Omega^2 + \left(2\pi \cdot 50 s^{-1} \cdot 0{,}1 H - \cfrac{1}{2\pi \cdot 50 s^{-1} \cdot 200 \cdot 10^{-6} F}\right)^2}$$

$$Q = 230\,Var$$

$$S = \sqrt{P^2 + Q^2} = \sqrt{356^2 + 230^2}\,VA = 423{,}5\,VA$$

Zu 2. $\underline{I} = \cfrac{\underline{U}}{\underline{Z}} = \cfrac{110\,V}{28{,}6\,\Omega} \cdot e^{-j \cdot 32{,}9°} = 3{,}85\,A \cdot e^{-j \cdot 32{,}9°}$

mit $\underline{U} = 110 V \cdot e^{j \cdot 0°}$

und $\underline{Z} = (24 + j \cdot 15{,}5)\Omega = 28{,}6\,\Omega \cdot e^{j \cdot 32{,}9°}$

$\underline{S} = \underline{U} \cdot \underline{I}^* = 110\,V \cdot 3{,}85\,A \cdot e^{j \cdot 32{,}9°} = 423{,}5\,VA \cdot e^{j \cdot 32{,}9°}$

$\underline{S} = 423{,}5\,VA \cdot \cos 32{,}9° + j \cdot 423{,}5\,VA \cdot \sin 32{,}9° = 356\,W + j \cdot 230\,Var$

Zu 3. Nach Gl. (4.114) besteht Resonanz für den Reihenschwingkreis bei

$$\omega_0 = \cfrac{1}{\sqrt{L_r C_r}} = \cfrac{1}{\sqrt{0{,}1 H \cdot 200\,\mu F}} = 224 s^{-1}, \text{ wobei } I = \cfrac{U}{R_{Lr} + R_{Cr}} = \cfrac{110\,V}{24\,\Omega} = 4{,}58\,A$$

Mit Gl. (4.211) beträgt die induktive Blindleistung bei Resonanz

$$Q_L = I^2 \cdot \omega_0 L_r = (4{,}58\,A)^2 \cdot 224 s^{-1} \cdot 0{,}1\,H = 470\,Var$$

und mit Gl. (4.213) beträgt die kapazitive Blindleistung bei Resonanz

$$Q_C = -I^2 \cdot \cfrac{1}{\omega_0 C_r} = -(4{,}58\,A)^2 \cdot \cfrac{1}{224 s^{-1} \cdot 200 \cdot 10^{-6} F} = -470\,Var$$

Beispiel 4:

In der im Bild 4.145 gezeichneten Schaltung sind die Wirk- und Blindleistung über die komplexe Leistung zu berechnen. Gegeben sind der Strom I = 400mA (Frequenz f = 100Hz), L_r = 20mH, R_{Lr} = 30Ω und R = 100Ω.

1. Zu berechnen sind die Leistungen, nachdem die Reihenschaltung in eine äquivalente Parallelschaltung transformiert wurde.

2. Das Ergebnis ist mit dem komplexen Leitwert der Schaltung zu kontrollieren.

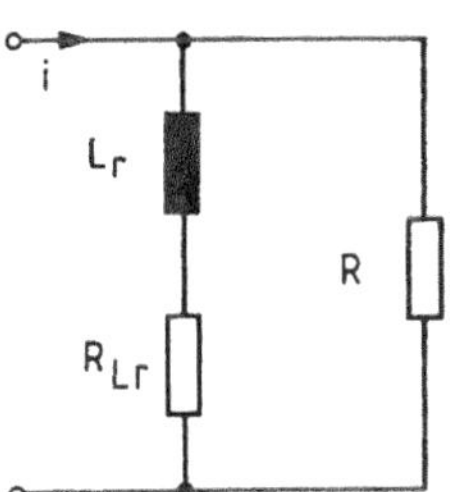

Bild 4.145 Beispiel 4 der Leistungsberechnung

Lösung:

Zu 1.

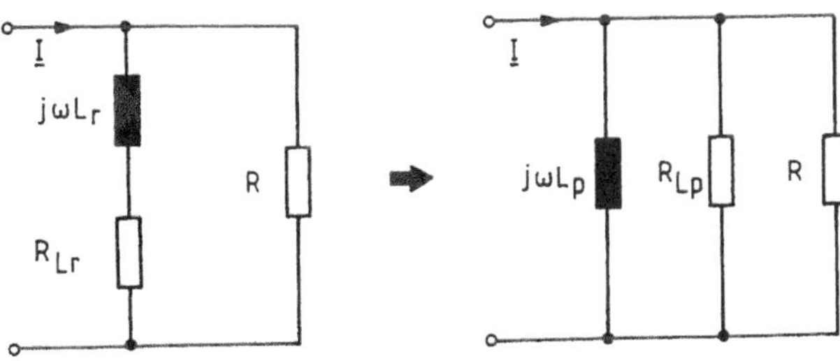

Bild 4.146 Beispiel 4 der Leistungsberechnung - Schaltungstransformation

Nach Gl. (4.70) sind

$$\frac{1}{R_{Lp}} = \frac{R_{Lr}}{R_{Lr}^2 + \omega^2 L_r^2} = \frac{30\,\Omega}{(30\,\Omega)^2 + (2\pi \cdot 100\mathrm{s}^{-1} \cdot 0{,}02\,\mathrm{H})^2} = 28{,}36\,\mathrm{mS}\,,$$

die Parallelschaltung der beiden ohmschen Widerstände ergibt dann

$$\frac{1}{R} + \frac{1}{R_{Lp}} = \frac{1}{100\,\Omega} + 28{,}36\,\mathrm{mS} = 10\,\mathrm{mS} + 28{,}36\,\mathrm{mS} = 38{,}36\,\mathrm{mS},$$

und die Induktivität

$$\frac{1}{\omega L_p} = \frac{\omega L_r}{R_{Lr}^2 + \omega^2 L_r^2} = \frac{2\pi \cdot 100\mathrm{s}^{-1} \cdot 0{,}02\,\mathrm{H}}{(30\,\Omega)^2 + (2\pi \cdot 100\mathrm{s}^{-1} \cdot 0{,}02\,\mathrm{H})^2} = 11{,}88\,\mathrm{mS}$$

$$L_p = \frac{1}{\omega \cdot 11{,}88\,\mathrm{mS}} = \frac{1}{2\pi \cdot 100\mathrm{s}^{-1} \cdot 11{,}88\,\mathrm{mS}} = 134\,\mathrm{mH}\,.$$

Nach Gl. (4.242) ist

$$\underline{S} = \underline{Z} \cdot I^2 = \frac{I^2}{\underline{Y}}$$

mit $\quad \underline{Y} = \left(\frac{1}{R} + \frac{1}{R_{Lp}}\right) - j\frac{1}{\omega L_p} = 38{,}36\,\mathrm{mS} - j \cdot 11{,}88\,\mathrm{mS}$

$$\underline{S} = \frac{(0{,}4\,\mathrm{A})^2}{(38{,}36 - j \cdot 11{,}88)\,\mathrm{mS}} \cdot \frac{(38{,}36 + j \cdot 11{,}88)\,\mathrm{mS}}{(38{,}36 + j \cdot 11{,}88)\,\mathrm{mS}}$$

$$\underline{S} = \frac{(0{,}4\,\mathrm{A})^2 \cdot (38{,}36 + j \cdot 11{,}88)\,\mathrm{mS}}{(38{,}36\,\mathrm{mS})^2 + (11{,}88\,\mathrm{mS})^2} = 3{,}81\,\mathrm{W} + j \cdot 1{,}18\,\mathrm{Var}$$

$$\underline{S} = P + j \cdot Q \quad \text{d. h.} \quad P = 3{,}81\,\mathrm{W} \quad \text{und} \quad Q = 1{,}18\,\mathrm{Var}$$

Zu 2. Nach Gl. (4.242) ist

$$\underline{S} = \frac{I^2}{\underline{Y}}$$

mit
$$\underline{Y} = G + \cfrac{1}{\cfrac{1}{G_{Lr}} + j\omega L_r} = \cfrac{\left(\cfrac{G}{G_{Lr}} + 1\right) + j\omega \cdot G \cdot L_r}{\cfrac{1}{G_{Lr}} + j\omega L_r}$$

$$\underline{Y} = \frac{(G + G_{Lr}) + j\omega \cdot G \cdot G_{Lr} \cdot L_r}{1 + j\omega \cdot G_{Lr} \cdot L_r}$$

und

$$\underline{S} = I^2 \cdot \frac{1 + j\omega \cdot G_{Lr} \cdot L_r}{(G + G_{Lr}) + j\omega \cdot G \cdot G_{Lr} \cdot L_r}$$

$$\underline{S} = \frac{I^2}{G + G_{Lr}} \cdot \frac{1 + j\omega \cdot G_{Lr} \cdot L_r}{1 + j\omega \cdot \cfrac{G \cdot G_{Lr}}{G + G_{Lr}} L_r} \cdot \frac{1 - j\omega \cdot \cfrac{G \cdot G_{Lr}}{G + G_{Lr}} L_r}{1 - j\omega \cdot \cfrac{G \cdot G_{Lr}}{G + G_{Lr}} L_r}$$

$$\underline{S} = \frac{I^2}{G + G_{Lr}} \cdot \frac{(1 + j\omega \cdot G_{Lr} \cdot L_r)\left(1 - j\omega \cdot \cfrac{G \cdot G_{Lr}}{G + G_{Lr}} L_r\right)}{1 + \left(\omega \cfrac{G \cdot G_{Lr}}{G + G_{Lr}} \cdot L_r\right)^2}$$

$$\underline{S} = \frac{I^2}{G + G_{Lr}} \cdot \frac{\left(1 + \omega^2 \cdot G_{Lr} \cdot \cfrac{G \cdot G_{Lr}}{G + G_{Lr}} \cdot L_r{}^2\right) + j\omega L_r\left(G_{Lr} - \cfrac{G \cdot G_{Lr}}{G + G_{Lr}}\right)}{1 + \left(\omega \cfrac{G \cdot G_{Lr}}{G + G_{Lr}} \cdot L_r\right)^2}$$

$$\underline{S} = P + j \cdot Q$$

mit
$$\frac{G \cdot G_{Lr}}{G + G_{Lr}} = \cfrac{\cfrac{1}{R} \cdot \cfrac{1}{R_{Lr}}}{\cfrac{1}{R} + \cfrac{1}{R_{Lr}}} = \frac{10\,\text{mS} \cdot 33,3\,\text{mS}}{10\,\text{mS} + 33,3\,\text{mS}} = 7,69\,\text{mS}$$

und $\omega = 2\pi \cdot f = 2\pi \cdot 100\text{s}^{-1} = 628,3\ \text{s}^{-1}$

ergibt sich für die Wirkleistung

$$P = \frac{(0,4\,\text{A})^2}{43,3\,\text{mS}} \cdot \frac{1 + 628,3^2\text{s}^{-2} \cdot 33,3\,\text{mS} \cdot 7,69\,\text{mS} \cdot 0,02^2\,\text{H}^2}{1 + (628,3\text{s}^{-1} \cdot 7,69\,\text{mS} \cdot 0,02\,\text{H})^2} = 3,81\,\text{W}$$

und für die Blindleistung

$$Q = \frac{(0,4\,\text{A})^2}{43,3\,\text{mS}} \cdot \frac{628,3\text{s}^{-1} \cdot 0,02\,\text{H} \cdot (33,3\,\text{mS} - 7,69\,\text{mS})}{1 + (628,3\text{s}^{-1} \cdot 7,69\,\text{mS} \cdot 0,02\,\text{H})^2} = 1,18\,\text{Var}$$

4.7.2 Die Messung der Wechselstromleistung

Messung der Scheinleistung

Die Scheinleistung $S = U \cdot I$ wird durch eine Strom-Spannungs-Messung in Effektivwerten ermittelt. Dabei wird wie bei der Widerstandsmessung und Leistungsmessung mit Gleichstrom (siehe Band 1, Abschnitt 2.2.7, Bilder 2.40 und 2.41 und Abschnitt 2.4.3.2, Bilder 2.119 bis 2.122) eine stromrichtige und eine spannungsrichtige Messung unterschieden:

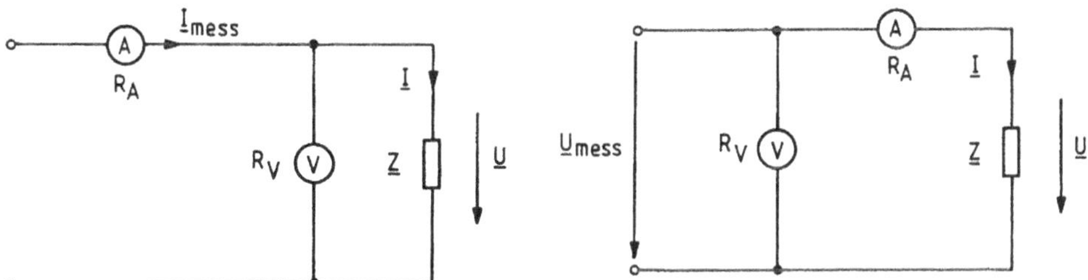

Bild 4.147 Spannungsrichtige Messung der Scheinleistung

Bild 4.148 Stromrichtige Messung der Scheinleistung

Die Messinstrumente sind Drehspulinstrumente, die Brücken-Gleichrichterschaltungen enthalten, so dass Gleichrichtwerte gemessen und Effektivwerte angezeigt werden. Aus den Effektivwerten von Spannung und Strom wird die Scheinleistung durch Multiplikation errechnet.

Messung der Wirk- und Blindleistung mit elektrodynamischem Leistungsmesser

Auch bei der Messung der Wirk- und Blindleistung mit einem elektrodynamischen Leistungs-Messgerät kann spannungsrichtig und stromrichtig gemessen werden. Bei der Wirkleistungsmessung ist im Spannungspfad ein ohmscher Widerstand R und bei der Blindleistungsmessung die Hummel- oder Polekschaltung (siehe Abschnitt 4.6.1) zu verwenden (Bilder 4.149, 4.150 und 4.152, 4.153):

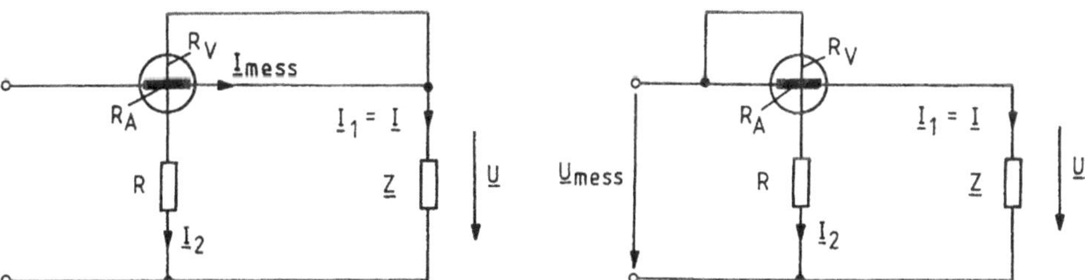

Bild 4.149 Spannungsrichtige Messschaltung mit einem elektrodynamischen Messwerk für die Wirkleistungsmessung

Bild 4.150 Stromrichtige Messschaltung mit einem elektrodynamischen Messwerk für die Wirkleistungsmessung

Ströme, Spannungen und Leistungen können mit Hilfe von Drehspulinstrumenten gemessen werden. Der Wirkungsmechanismus der Drehspulinstrumente beruht auf der Kraftwirkung, die sich bei bewegten Ladungen (elektrischer Strom) im magnetischen Feld einstellt (siehe Band 1, Abschnitt 3.4.8.2).

Bei der Messung von Gleichströmen oder gleichgerichteten Wechselströmen wird das Magnetfeld durch einen Dauermagneten erzeugt, in dem sich die stromdurchflossene drehbare Spule bewegt.

Das elektrodynamische Messwerk, das für die Leistungsmessung angewendet wird, ist ebenfalls ein Drehspulmesswerk, aber mit elektromagnetischer Erregung: das magnetische Feld wird nicht durch einen Dauermagneten, sondern durch einen Strom hervorgerufen.

Prinzipiell werden zwei Bauarten unterschieden: das eisengeschlossene Messwerk (siehe Band 1, Bild 2.118) und das eisenlose Messwerk. Beim Messwerk mit Eisenkreis entsteht durch ein rundes Eisenstück ein radial-homogenes Feld im Luftspalt (siehe Band 1, Bild 3.244), wobei die Luftspaltinduktion B_L nahezu konstant ist. Messwerke ohne Eisenkreis können mit „kurzer" Feldspule und mit „langer" Feldspule ausgeführt sein. Bei der kurzen Feldspule mit wenig Windungen und dickem Draht kann auch ein angenähert radial-homogenes magnetisches Feld erreicht werden.

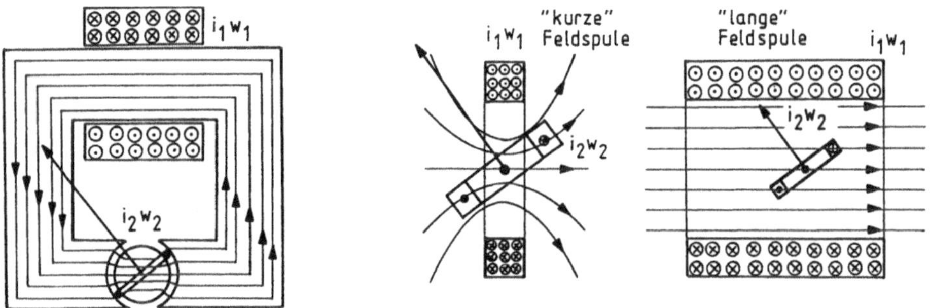

Bild 4.151 Elektrodynamische Leistungsmesser mit eisengeschlossenen und eisenlosen Messwerken mit kurzer und langer Feldspule

Die Luftspaltinduktion B_L wird durch den Strom i_1 in der feststehenden Feldspule mit der Windungszahl w_1 verursacht. Die Feldspule wird in den Strompfad des Leistungsmessers geschaltet, so dass der Messstrom i der Erregerstrom ist. In der eisenlosen Anordnung ist bei Vernachlässigung des magnetischen Widerstandes des Eisens und in der eisenlosen Anordnung nach dem Durchflutungssatz

$$\Theta_1 = H_L \cdot l_L \qquad \text{bzw.} \qquad i_1 \cdot w_1 = \frac{B_L}{\mu_0} \cdot l_L \,.$$

Die Luftspaltinduktion B_L ist proportional dem Messstrom i_1:

$$B_L = \mu_0 \cdot \frac{i_1 \cdot w_1}{l_L} \,.$$

Die drehbare Spule mit der Windungszahl w_2, die sich in dem radial-homogenen magnetischen Feld bewegen kann, erfährt ein Drehmoment M, wenn durch sie der Strom i_2 fließt, der durch die Messspannung u entsteht. Das Drehmoment M ist proportional der Luftspaltinduktion B_L, der Spulenfläche $A = a \cdot b$, der Windungszahl der Spule w_2 und dem

Strom i_2, wobei $\sin \alpha = 1$ ist, denn die Vektoren $\vec{v}$ und $\vec{B}_L$ stehen senkrecht aufeinander (siehe Band 1, Abschnitt 3.4.8.2):

$$M = B_L \cdot A \cdot i_2 \cdot w_2 \qquad (4.244)$$

$$M = \mu_0 \cdot \frac{i_1 \cdot w_1}{l_L} \cdot A \cdot i_2 \cdot w_2 = K \cdot i_1 \cdot i_2 . \qquad (4.245)$$

Nur bei einer eisenlosen Anordnung mit „langer" Feldspule geht der Neigungswinkel α der drehbaren Spule zur Feldrichtung ein (siehe Band 1, Abschnitt 3.4.8.2, Bild 3.233, Beispiel 2):

$$M = \mu_0 \cdot \frac{i_1 \cdot w_1}{l_L} \cdot A \cdot i_2 \cdot w_2 \cdot \sin \alpha . \qquad (4.246)$$

Sind in der Messanordnung mit radial-homogenem Feld die Ströme i_1 und i_2 sinusförmig, dann ist ein Mittelwert des Drehmoments wirksam:

Mit

$$i_1 = \hat{i}_1 \cdot \sin \omega t \qquad \text{und} \qquad i_2 = \hat{i}_2 \cdot \sin(\omega t + \varphi)$$

ist

$$M = K \cdot \frac{\hat{i}_1 \cdot \hat{i}_2}{T} \cdot \int_0^T \sin \omega t \cdot \sin(\omega t + \varphi) \cdot dt$$

und mit $\quad \sin \alpha \cdot \sin \beta = \dfrac{1}{2} \cdot [\cos(\alpha - \beta) - \cos(\alpha + \beta)]$

$$M = K \cdot \frac{\hat{i}_1 \cdot \hat{i}_2}{2 \cdot T} \cdot \left[\int_0^T \cos(\omega t - \omega t - \varphi) \cdot dt - \int_0^T \cos(2\omega t + \varphi) \cdot dt \right]$$

mit $\quad \dfrac{\hat{i}_1}{\sqrt{2}} = I_1 \quad$ und $\quad \dfrac{\hat{i}_2}{\sqrt{2}} = I_2$

$$M = K \cdot \frac{I_1 \cdot I_2}{T} \cdot \left[\cos(-\varphi) \cdot t \Big|_0^T - \frac{\sin(2\omega t + \varphi)}{2\omega} \Big|_0^T \right]$$

$$M = K \cdot I_1 \cdot I_2 \cdot \cos \varphi . \qquad (4.247)$$

Der Strom durch die bewegliche Spule I_1 ist gleich dem Messstrom I und der Strom durch die Feldspule I_2 wird durch die ohmschen Widerstände der Feldspule R_v und den in Reihe geschalteten Widerstand R (siehe Bilder 4.149, 4.150) begrenzt.

Mit

$$I_1 = I \quad \text{und} \quad I_2 = \frac{U}{R_v + R}$$

ergibt sich für den Mittelwert des Drehmoments, der proportional der Wirkleistung ist:

$$M = \frac{K}{R_v + R} \cdot U \cdot I \cdot \cos \varphi = K^* \cdot P . \qquad (4.248)$$

Bei der Messung der Blindleistung Q mit Hilfe von dynamometrischen Messwerken ist die Drehung der Stromphase im Spannungspfad um genau 90° erforderlich. Deshalb wird in den Spannungspfad die Hummel- oder Polekschaltung (Bilder 4.114 und 4.116) eingefügt.

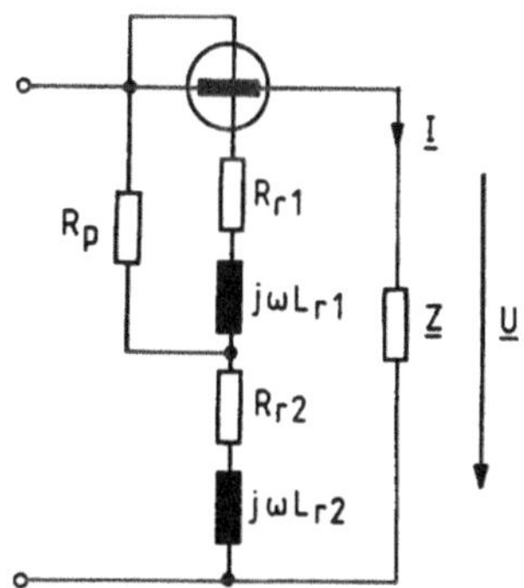

Bild 4.152 Blindleistungsmessung mit der Hummelschaltung

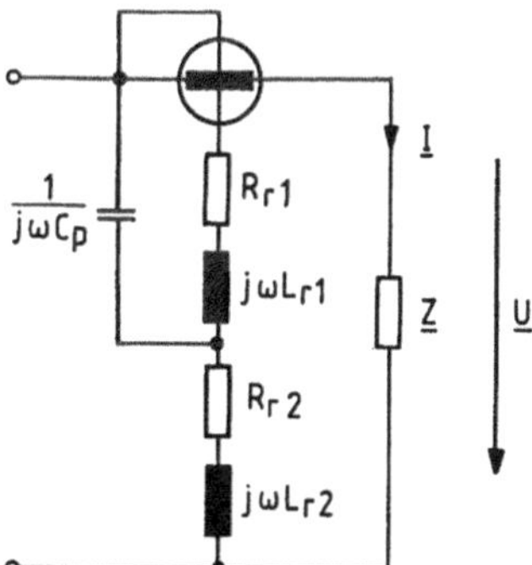

Bild 4.153 Blindleistungsmessung mit der Polekschaltung

Messung der Wirk- und Blindleistung mit der Drei-Voltmeter-Methode

Die in einem beliebigen Wechselstromwiderstand auftretende Wirkleistung und Blindleistung können mit Hilfe von drei Spannungsmessern ermittelt werden. Dem beliebigen Wechselstromwiderstand, der im Bild 4.154 dem komplexen Widerstand $\underline{Z}$ entspricht, wird ein ohmscher Vorwiderstand R_v in Reihe geschaltet, so dass die drei Spannungsmesser die Gesamtspannung U_1 und die Teilspannungen U_2 und U_3 anzeigen. Die Innenwiderstände der Spannungsmesser müssen so hochohmig sein, dass die durch sie fließenden Ströme vernachlässigbar klein gegenüber den Strömen durch die Widerstände sind. Unter dieser Voraussetzung sind die Ströme durch den Vorwiderstand R_v und dem beliebigen Widerstand $\underline{Z}$ gleich, und die Spannungen teilen sich wie bei in Reihe geschalteten Widerständen auf, wie im Zeigerbild veranschaulicht werden kann (Bild 4.155).

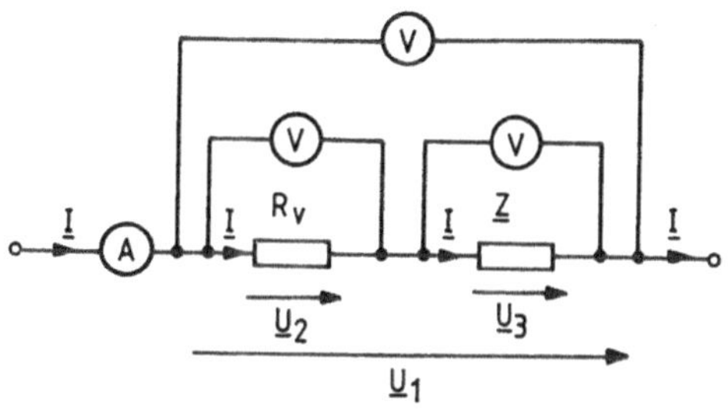

Bild 4.154
Drei-Voltmeter-Methode

Die Wirkleistung

$$P = I \cdot U_3 \cos \varphi = I \cdot U_{R3}$$

und die Blindleistung

$$Q = I \cdot U_3 \cdot \sin \varphi = I \cdot U_{X3}$$

werden durch die Spannungen U_1, U_2 und U_3 gemessen und anschließend errechnet. Gleichzeitig kann auch der Leistungsfaktor $\cos \varphi$ bestimmt werden.

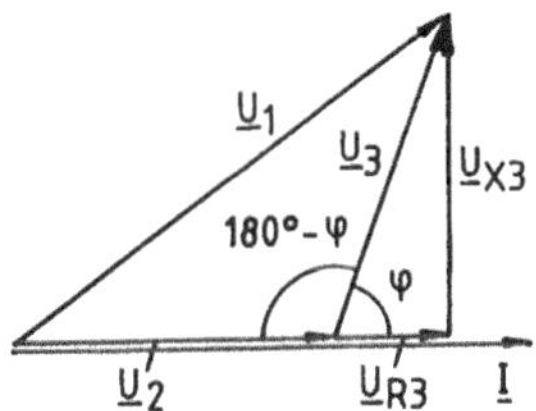

Bild 4.155
Zeigerbild für die Drei-Voltmeter-Methode

Für das Dreieck mit den Seiten U_1, U_2 und U_3 im Zeigerbild gilt der Kosinussatz:

$$U_1{}^2 = U_2{}^2 + U_3{}^2 - 2 \cdot U_2 \cdot U_3 \cdot \cos(180° - \varphi)$$

mit $\cos(180° - \varphi) = -\cos \varphi$

$$U_1{}^2 = U_2{}^2 + U_3{}^2 + 2 \cdot U_2 \cdot U_3 \cdot \cos \varphi \ . \tag{4.249}$$

Wird als Ersatzschaltung des komplexen Widerstandes $\underline{Z}$ die Reihenschaltung angenommen, d. h. $\underline{Z} = R_r + j \cdot X_r$, dann teilt sich die Spannung U_3 in eine Wirkspannung U_{R3} und eine Blindspannung U_{X3} auf. Die Wirkspannung ist nach Gl. (4.52) und mit Gl. (4.249)

$$U_{R3} = U_3 \cdot \cos \varphi = \frac{U_1{}^2 - (U_2{}^2 + U_3{}^2)}{2 \cdot U_2} \ , \tag{4.250}$$

so dass sich für die Wirkleistung P ergibt:

$$P = I \cdot U_{R3} = I \cdot \frac{U_1{}^2 - (U_2{}^2 + U_3{}^2)}{2 \cdot U_2} \tag{4.251}$$

$$P = \frac{U_1{}^2 - (U_2{}^2 + U_3{}^2)}{2 \cdot R_v} \quad \text{mit} \quad I = \frac{U_2}{R_v} \ . \tag{4.252}$$

Die Gleichung (4.249) kann auch nach dem Leistungsfaktor aufgelöst werden:

$$\cos \varphi = \frac{U_1{}^2 - (U_2{}^2 + U_3{}^2)}{2 \cdot U_2 \cdot U_3} \ . \tag{4.253}$$

Für die Blindleistung Q muss die Blindspannung U_{X3} errechnet werden:
Mit

$$U_{X3} = \sqrt{U_3{}^2 - U_{R3}{}^2}$$

und mit Gl. (4.250)

$$U_{X3} = \sqrt{U_3{}^2 - \left(\frac{U_1{}^2 - (U_2{}^2 + U_3{}^2)}{2 \cdot U_2} \right)^2}$$

und mit

$$I = \frac{U_2}{R_v}$$

$$Q = I \cdot U_{X3} = \frac{U_2}{R_v} \cdot \sqrt{U_3{}^2 - \left(\frac{U_1{}^2 - (U_2{}^2 + U_3{}^2)}{2 \cdot U_2} \right)^2} \qquad (4.254)$$

Messung der Wirk- und Blindleistung mit der Drei-Amperemeter-Methode

Die in einem beliebigen Wechselstromwiderstand auftretende Wirkleistung und Blindleistung können aber auch mit Hilfe von drei Strommessern ermittelt werden. Dem beliebigen Wechselstromwiderstand, der im Bild 4.156 dem komplexen Widerstand $\underline{Z}$ entspricht, wird ein ohmscher Widerstand R_p parallel geschaltet, so dass die drei Strommesser den Gesamtstrom I_1 und die Teilströme I_2 und I_3 anzeigen. Die Innenwiderstände der Strommesser müssen so niederohmig sein, dass die an ihnen abfallenden Spannungen vernachlässigbar klein gegenüber den Spannungen an den Widerständen sind. Unter dieser Voraussetzung sind die Spannungen an dem Parallelwiderstand R_p und an dem beliebigen Widerstand $\underline{Z}$ gleich, und die Ströme teilen sich wie bei parallel geschalteten Widerständen auf.

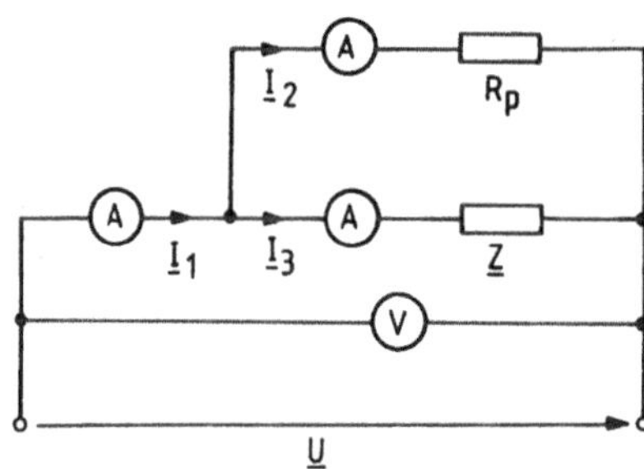

Bild 4.156
Drei-Amperemeter-Methode

Die Herleitung der Formeln für die Wirkleistung P, der Blindleistung Q und den Leistungsfaktor $\cos\varphi$ in Abhängigkeit von den drei Strömen ist analog wie bei der Drei-Voltmeter-Methode. Dabei muss für die Ersatzschaltung des beliebigen Widerstandes $\underline{Z}$ die Parallelschaltung angenommen werden. Die Formeln lauten:

$$P = R_p \cdot \frac{I_1{}^2 - (I_2{}^2 + I_3{}^2)}{2} \qquad (4.255)$$

$$\cos\varphi = \frac{I_1{}^2 - (I_2{}^2 + I_3{}^2)}{2 \cdot I_2 \cdot I_3} \qquad (4.256)$$

$$Q = I_2 \cdot R_p \cdot \sqrt{I_3{}^2 - \left(\frac{I_1{}^2 - (I_2{}^2 + I_3{}^2)}{2 \cdot I_2} \right)^2} \qquad (4.257)$$

4.7.3 Verbesserung des Leistungsfaktors – Blindleistungskompensation

Notwendigkeit der Verbesserung des Leistungsfaktors

In Wechselspannungsnetzen wird elektrische Energie von Wechselspannungsquellen über Zuleitungen an beliebige Wechselstromwiderstände übertragen. In den Widerständen werden Wirkleistungen $P = U \cdot I \cdot \cos\varphi$ umgesetzt.

Wird in einem Wechselstromwiderstand eine bestimmte Wirkleistung bei vorgegebener Spannung U benötigt, dann ist der Strom I umso größer, je kleiner der Leistungsfaktor $\cos\varphi$ ist:

$$I = \frac{P}{U} \cdot \frac{1}{\cos\varphi} \, .$$

Der größere Strom bei kleinerem Leistungsfaktor bedeutet in den Zuleitungen eine Zunahme der Verlustleistung P_V, die vor allem vom Querschnitt A der Leitungen abhängig ist:

$$P_V = I^2 \cdot R_L = I^2 \cdot \frac{2 \cdot l}{\kappa \cdot A} \, , \tag{4.258}$$

wobei R_L der ohmsche Widerstand der Doppelleitung ist:

$$R_L = \frac{2 \cdot l}{\kappa \cdot A} \, .$$

Mit obiger Stromgleichung ergibt sich für die Verlustleistung

$$P_V = \frac{P^2}{U^2} \cdot \frac{2 \cdot l}{\kappa \cdot A} \cdot \frac{1}{\cos^2\varphi} \, . \tag{4.259}$$

Nach der Fläche A der Zuleitung aufgelöst,

$$A = \frac{P^2}{P_V} \cdot \frac{2 \cdot l}{\kappa \cdot U^2} \cdot \frac{1}{\cos^2\varphi} \tag{4.260}$$

wird deutlich, warum der Leistungsfaktor verbessert werden muss:

Bei der Übertragung einer Wirkleistung P bei gegebener Spannung U und bei einer festgelegten zulässigen Verlustleistung P_V der Leitung beeinflusst der Leistungsfaktor $\cos\varphi$ den Leitungsquerschnitt A quadratisch.

Beispiel:

Weicht der Leistungsfaktor vom angestrebten Wert 1 auf 0,707 ab, dann ist der doppelte Querschnitt der Leitungen notwendig, um eine konstante Verlustleistung beizubehalten:

$$\frac{A_2}{A_1} = \frac{\dfrac{K}{\cos^2\varphi_2}}{\dfrac{K}{\cos^2\varphi_1}} = \frac{\cos^2\varphi_1}{\cos^2\varphi_2} = \frac{1}{0,707^2} = \frac{1}{0,5} = 2 \, .$$

Da eine Leistungsübertragung bei einem niedrigeren Leistungsfaktor unwirtschaftlich ist, darf ein Mindestleistungsfaktor von 0,8 ... 0,9 nicht unterschritten werden.

Der Leistungsfaktor $\cos\varphi$ kann erhöht werden, wenn die Blindleistung Q möglichst klein ist:

$$\cos\varphi = \frac{P}{S} = \frac{P}{\sqrt{P^2 + Q^2}} \, . \tag{4.261}$$

Blindleistungskompensation

In den meisten Anwendungsfällen ist der Verbraucherwiderstand induktiv, z. B. durch Asynchronmotoren, Spulen und Transformatoren. Deshalb muss zum induktiven Wechselstromwiderstand ein Kondensator zugeschaltet werden, wenn die Blindleistung kompensiert werden soll. Prinzipiell kann zum passiven Zweipol ein Kondensator C_r in Reihe oder ein Kondensator C_p parallel geschaltet werden.

Bei der Reihen-Kompensation wird ein Kondensator C_r in Reihe zum induktiven Zweipol geschaltet. Um die Ergebnisse des Reihenschwingkreises (Abschnitt 4.5.1) verwenden zu können, ist als Ersatzschaltung für den induktiven Zweipol die R/L-Reihenschaltung zu verwenden.

Die Parallel-Kompensation bedeutet die Zuschaltung eines Kondensators C_p parallel zum induktiven Zweipol. Entsprechend lassen sich die Ergebnisse des Parallelschwingkreises (Abschnitt 4.5.2) übernehmen, wenn für den induktiven Zweipol als Ersatzschaltung die R/L-Parallelschaltung berücksichtigt wird.

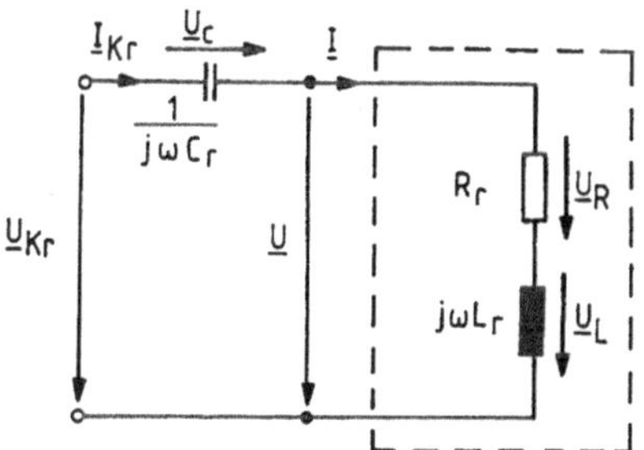

Bild 4.157 Reihen-Kompensation

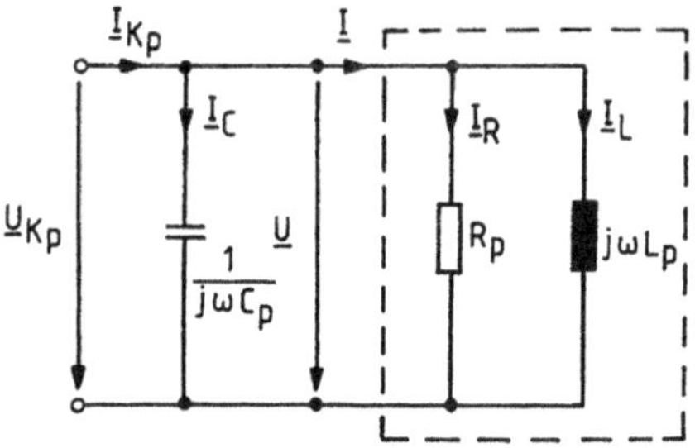

Bild 4.158 Parallel-Kompensation

Durch die stromdurchflossene Kapazität C_r entsteht eine Spannung $\underline{U}_C$, die die Spannung $\underline{U}_L$ teilweise oder ganz kompensiert. Nach der Kompensation stellt sich eine verminderte Spannung $\underline{U}_{Kr}$ und eine verminderte Phasenverschiebung φ_K ein, wie im Zeigerbild deutlich wird.

Infolge der anliegenden Spannung $\underline{U}$ fließt durch die parallelgeschaltete Kapazität C_p ein Strom $\underline{I}_C$, der den Strom $\underline{I}_L$ teilweise oder ganz kompensiert. Nach der Kompensation stellt sich ein verminderter Strom $\underline{I}_{Kp}$ und eine verminderte Phasenverschiebung φ_K ein, wie im Zeigerbild veranschaulicht wird (siehe auch Abschnitt 7.2, Beispiel 3).

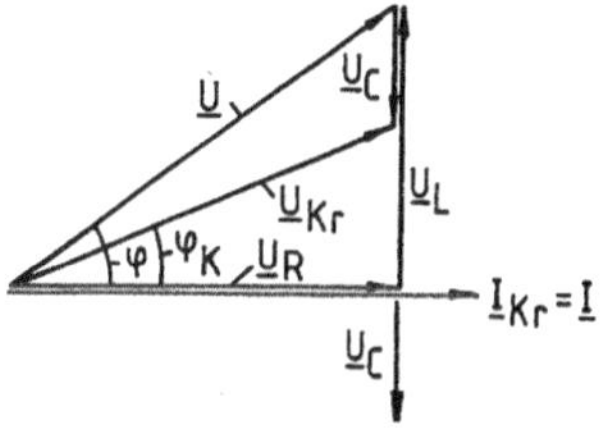

Bild 4.159 Zeigerbild der teilweisen Reihen-Kompensation

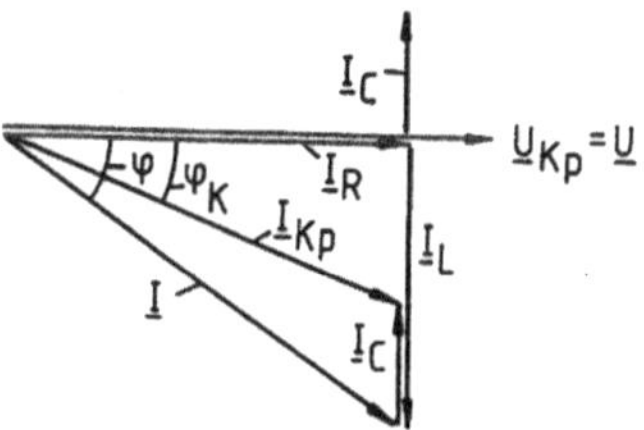

Bild 4.160 Zeigerbild der teilweisen Parallel-Kompensation

Anzustreben ist eine Kompensation, bei der sich die Blindspannungen $\underline{U}_L$ und $\underline{U}_C$ aufheben und die Phasenverschiebung φ_K zwischen $\underline{U}_{Kr}$ und $\underline{I}_{Kr} = \underline{I}$ Null ist.

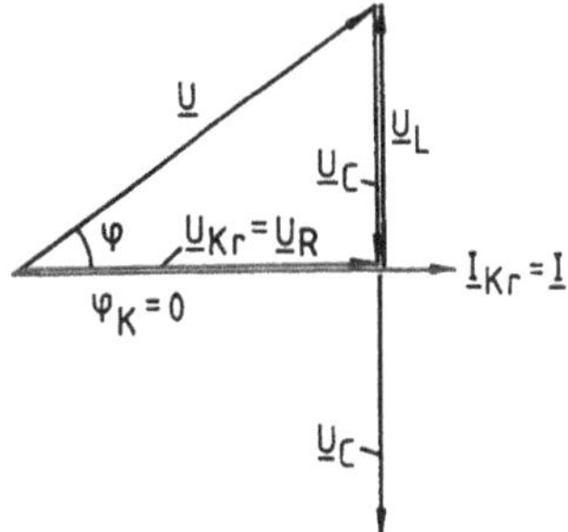

Bild 4.161 Zeigerbild der vollständigen Reihen-Kompensation

Der für die vollständige Kompensation notwendige Kondensator mit der Kapazität C_r lässt sich dann berechnen, weil die Summe der kapazitiven und induktiven Blindleistungen Null sein muss:

$$Q_C + Q_L = 0$$

$$-Q_C = Q_L$$

mit

$$Q_C = -U_C^2 \cdot \omega C_r$$

und

$$Q_L = P \cdot \tan \varphi$$

ist

$$U_C^2 \cdot \omega C_r = P \cdot \tan \varphi$$

$$C_r = \frac{P \cdot \tan \varphi}{\omega \cdot U_C^2} \qquad (4.262)$$

Da

$$U_C = U_L \quad \text{und} \quad U_L = U_{Kr} \cdot \tan \varphi$$

ist

$$C_r = \frac{P}{\omega \cdot U_{Kr}^2 \cdot \tan \varphi} \qquad (4.264)$$

mit

$$U_{Kr} = U_R$$

Die Kompensation, bei der sich die Blindströme $\underline{I}_L$ und $\underline{I}_C$ aufheben und die Phasenverschiebung φ_K zwischen $\underline{I}_{Kp}$ und $\underline{U}_{Kp} = \underline{U}$ Null ist, soll erreicht werden.

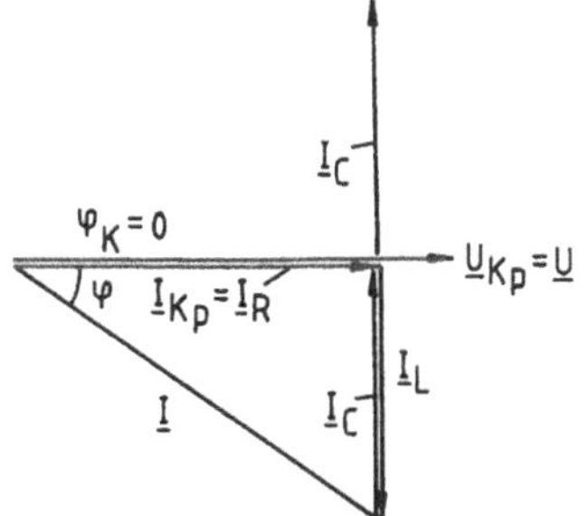

Bild 4.162 Zeigerbild der vollständigen Parallel-Kompensation

Der für die vollständige Kompensation notwendige Kondensator mit der Kapazität C_p kann berechnet werden, weil die Summe der kapazitiven und induktiven Blindleistungen Null sein muss:

$$Q_C + Q_L = 0$$

$$-Q_C = Q_L$$

mit

$$Q_C = -U^2 \cdot \omega C_p$$

und

$$Q_L = P \cdot \tan \varphi$$

ist

$$U^2 \cdot \omega C_p = P \cdot \tan \varphi$$

$$C_p = \frac{P \cdot \tan \varphi}{\omega \cdot U^2} \qquad (4.263)$$

oder

$$C_p = \frac{P \cdot \tan \varphi}{\omega \cdot U_{Kp}^2} \qquad (4.265)$$

mit

$$U_{Kp} = U$$

Durch die Zuschaltung von C_r in Reihe zu R_r und L_r wird wohl die induktive Blindleistung Q_L kompensiert, aber auch die Spannung U auf	Durch die Zuschaltung von C_p parallel zu R_p und L_p wird wohl die induktive Blindleistung Q_L kompensiert, aber auch der Strom I auf
$$U_{Kr} = U_R = U \cdot \cos \varphi$$ vermindert.	$$I_{Kp} = I_R = U/R_p$$ verringert.

Bei der Blindleistungskompensation mit Parallelkondensator ist die anliegende Netzspannung U vor und nach der Kompensation gleich, denn die Schaltelemente sind parallel geschaltet. Die Wirkleistung und die zu kompensierende Blindleistung bleiben somit unverändert.

Wird aber bei der Reihenkompensation die Netzspannung U, die vor der Kompensation am induktiven Verbraucher gelegen hat, an den Reihenschwingkreis angelegt, wie es in der Praxis üblich ist, dann fällt diese Spannung U wegen Resonanz nur am ohmschen Widerstand ab. Die Spannung $U_{kr} = U_R$ wird auf den Spannungswert U erhöht, wodurch sich der Strom von $I_{Kr} = U_R/R_r$ auf $I'_{Kr} = U/R_r$ vergrößert. Damit erhöht sich auch die Wirkleistung auf

$$P' = I'_{Kr}{}^2 \cdot R_r = \frac{U^2}{R_r} \qquad (4.266)$$

und die zu kompensierende Blindleistung auf

$$Q' = I'_{Kr}{}^2 \cdot \omega L_r = \frac{U'_L{}^2}{\omega L_r}. \qquad (4.267)$$

Aus dem Zeigerbild ist ersichtlich, dass für die Spannungen U_{Kr} und U der Zusammenhang

$$U_{Kr} = U \cdot \cos \varphi \quad \text{bzw.} \quad \frac{U}{U_{Kr}} = \frac{1}{\cos \varphi}$$

besteht. Die Wirkleistung erhöht sich also mit dem Quadrat der Spannung:

$$\frac{P'}{P} = \frac{\dfrac{U^2}{R_r}}{\dfrac{U_{Kr}{}^2}{R_r}} = \frac{U^2}{U_{Kr}{}^2} = \frac{1}{\cos^2 \varphi} \qquad (4.268)$$

bzw.

$$P = \frac{U_{Kr}{}^2}{U^2} \cdot P' = P' \cdot \cos^2 \varphi.$$

Die Formel für die notwendige Kapazität lautet dann in Abhängigkeit von der Netzspannung U

$$C_r = \frac{P'}{\omega \cdot U^2 \cdot \tan \varphi} \quad \text{mit} \quad P' = \frac{P}{\cos^2 \varphi} \qquad (4.269)$$

und bei Berücksichtigung der ursprünglichen Wirkleistung P

$$C_r = \frac{P}{\omega \cdot U^2 \cdot \tan \varphi \cdot \cos^2 \varphi} = \frac{P}{\omega \cdot U^2 \cdot \sin \varphi \cdot \cos \varphi} \qquad (4.270)$$

Die Kapazität ändert ihren Wert gegenüber dem ursprünglichen Wert nicht, weil die Wirkleistung und die Spannung gleichzeitig geändert wurden.

Ein Vergleich der Kapazitätswerte C_r und C_p bei gleicher Gesamtspannung $U'_{Kr} = U$ und $U_{Kp} = U$ ist damit möglich:

$$\frac{C_p}{C_r} = \frac{P \cdot \tan\varphi}{\omega \cdot U^2} \cdot \frac{\omega \cdot U^2 \cdot \sin\varphi \cdot \cos\varphi}{P} = \frac{\sin\varphi}{\cos\varphi} \cdot \sin\varphi \cdot \cos\varphi$$

$$\frac{C_p}{C_r} = \sin^2\varphi < 1 . \tag{4.271}$$

Liegen an den beiden Kompensationsschaltungen – der Reihenschwingkreis und der Parallelschwingkreis – die gleiche Spannung U, dann ist die Reihenkapazität C_r größer als die Parallelkapazität C_p, wobei die Wirkleistung des Reihenschwingkreises größer ist als die Wirkleistung des Parallelschwingkreises.

Die erhöhte Spannung an der Reihenkapazität U'_C ist allerdings kleiner als die Spannung an der Parallelkapazität U, wenn der $\tan\varphi < 1$ ist:

$$U'_C = U \cdot \tan\varphi . \tag{4.272}$$

Allerdings ist zu beachten, dass bei der Reihenkompensation die an dem induktiven Verbraucher anliegende Spannung durch die Kompensation vergrößert wird.

Beispiel:

Für einen zu kompensierenden induktiven Wechselstromwiderstand sind gegeben: U = 220V bei f = 50Hz, P = 1kW und $\cos\varphi = 0{,}8$.

1. Zu ermitteln sind die Elemente der Ersatzschaltungen, die Wirkleistung, die Blindleistung, die Scheinleistung, sämtliche Ströme und Spannungen und das Zeigerbild.
2. Dann sollen die Kompensationskapazitäten C_r und C_p berechnet werden, wenn die an der Gesamtschaltung anliegende Spannung 220V beträgt. Die Zusammenhänge sollen anhand von quantitativen Zeigerbildern erläutert werden.

Lösung:

Zu 1. Die Ersatzschaltungen sind die Reihenschaltung von R_r und L_r und die Parallelschaltung von R_p und L_p, die äquivalent sind.

Reihenschaltung:	Parallelschaltung:

Mit

$$P = \frac{U_R^2}{R_r} = 1\,kW$$

und

$$U_R = U \cdot \cos\varphi = 220V \cdot 0{,}8 = 176V$$

ergibt sich

$$R_r = \frac{U_R^2}{P} = \frac{(176\,V)^2}{1000\,VA} = 31\,\Omega$$

und mit

$$\tan\varphi = \frac{\omega L_r}{R_r}$$

ist

$$L_r = \frac{R_r \cdot \tan\varphi}{\omega} = \frac{31\,\Omega \cdot 0{,}75}{2\pi \cdot 50s^{-1}} = 74\,mH$$

Mit

$$P = \frac{U^2}{R_p} = 1\,kW$$

ergibt sich

$$R_p = \frac{U^2}{P} = \frac{(220\,V)^2}{1000\,VA} = 48{,}4\,\Omega$$

und mit

$$\tan\varphi = \frac{\frac{1}{\omega L_p}}{\frac{1}{R_p}} = \frac{R_p}{\omega L_p}$$

ist

$$L_p = \frac{R_p}{\omega \cdot \tan\varphi} = \frac{48{,}4\,\Omega}{2\pi \cdot 50s^{-1} \cdot 0{,}75} = 205\,mH$$

Die induktive Blindleistung ist für die Reihen- und Parallelschaltung gleich:

$$Q = P \cdot \tan \varphi = 1000 \text{ VA} \cdot 0,75 = 750 \text{Var},$$

ebenso ist die Scheinleistung gleich

$$S = \sqrt{P^2 + Q^2} = \sqrt{(1000 \text{ VA})^2 + (750 \text{ VA})^2} = 1250 \text{ VA}$$

Für das Zeigerbild der Reihenschaltung betragen

$U_R = 176 \text{V}$

$U_L = U \cdot \sin \varphi = 220 \text{V} \cdot 0,6 = 132 \text{V}$

Für das Zeigerbild der Parallelschaltung betragen

$$I_R = \frac{U}{R_p} = \frac{220 \text{ V}}{48,4 \, \Omega} = 4,55 \text{ A}$$

$$I_L = I_R \tan \varphi = 4,55 \text{ A} \cdot 0,75 = 3,41 \text{ A}$$

$$\text{und} \quad I = \frac{S}{U} = \frac{1250 \text{ VA}}{220 \text{ V}} = 5,68 \text{ A}$$

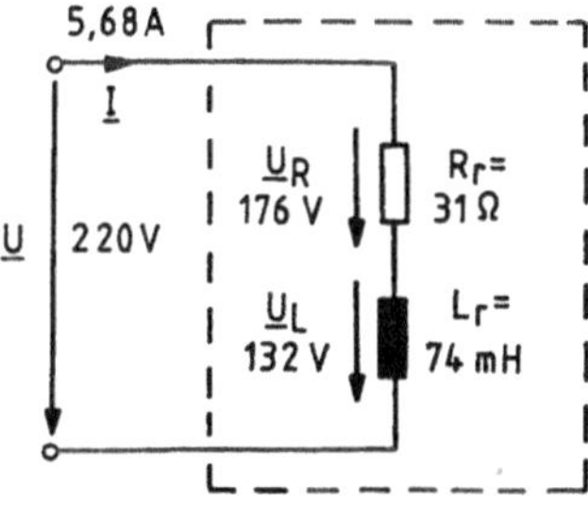

Bild 4.163 Reihen-Ersatzschaltung
des induktiven Wechselstromwiderstandes

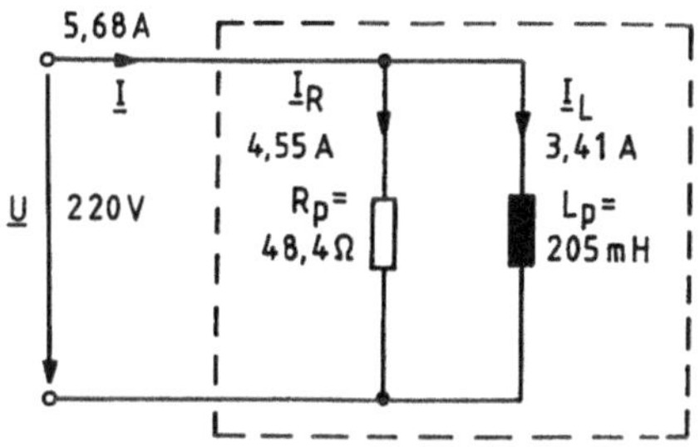

Bild 4.164 Parallel-Ersatzschaltung des induktiven Wechselstromwiderstandes

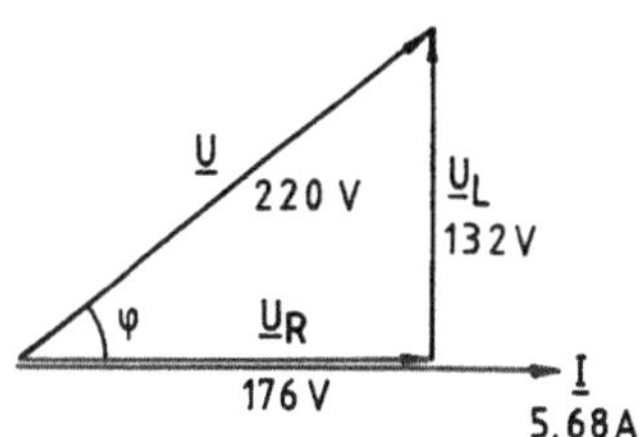

Bild 4.165 Zeigerbild des Reihen-
Ersatzschaltbildes

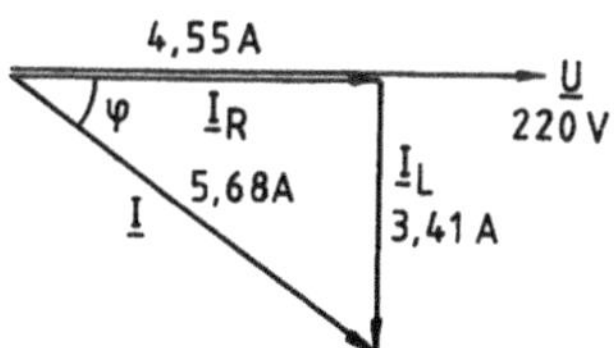

Bild 4.166 Zeigerbild des Parallel-
Ersatzschaltbildes

Zu 2.

Reihen-Kompensation:

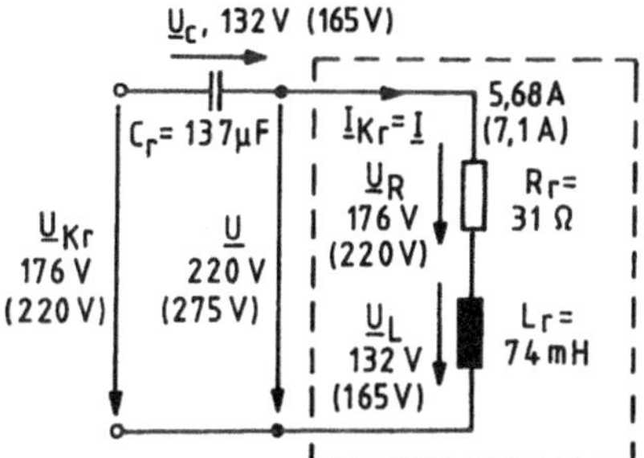

Bild 4.167 Reihenkompensation

Parallel-Kompensation

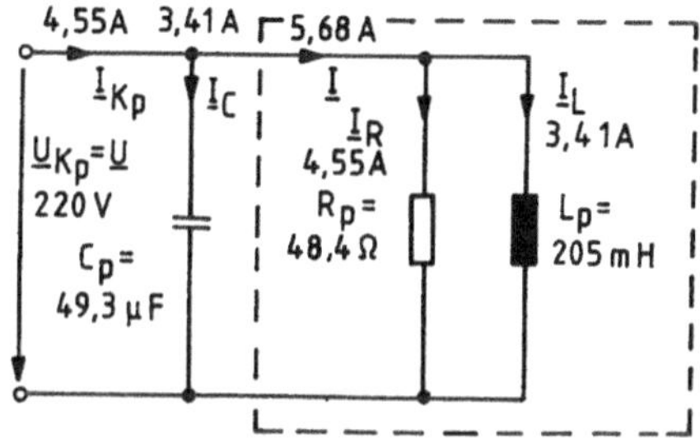

Bild 4.168 Parallelkompensation

Berechnung der Reihenkapazität:
Nach Gl. (4.262) oder Gl. (4.264) ist

$$C_r = \frac{P \cdot \tan\varphi}{\omega \cdot U_C{}^2} = \frac{P}{\omega \cdot U_{Kr}{}^2 \cdot \tan\varphi}$$

mit

$$U_C = U_L = 132\ \text{V}$$

$$C_r = \frac{1000\ \text{VA} \cdot 0{,}75}{2\pi \cdot 50\text{s}^{-1} \cdot (132\ \text{V})^2} = 137\ \mu\text{F}$$

oder

$$C_r = \frac{1000\ \text{VA}}{2\pi \cdot 50\text{s}^{-1} \cdot (176\ \text{V})^2 \cdot 0{,}75} = 137\ \mu\text{F}$$

mit

$$U_{Kr} = U_R = U \cdot \cos\varphi = 220\ \text{V} \cdot 0{,}8 = 176\text{V}$$

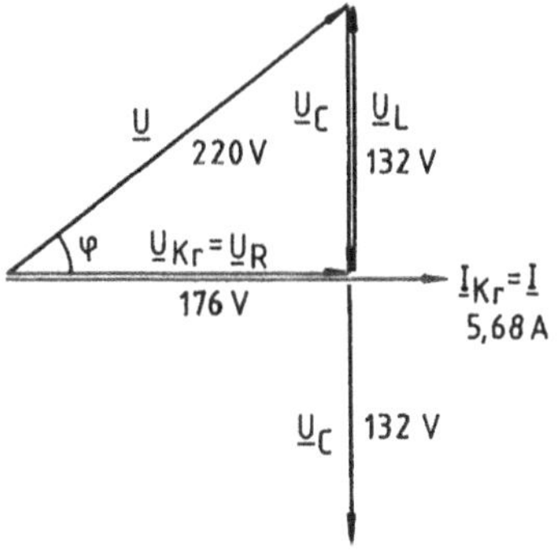

Bild 4.169 Zeigerbild für die
Reihen-Kompensation

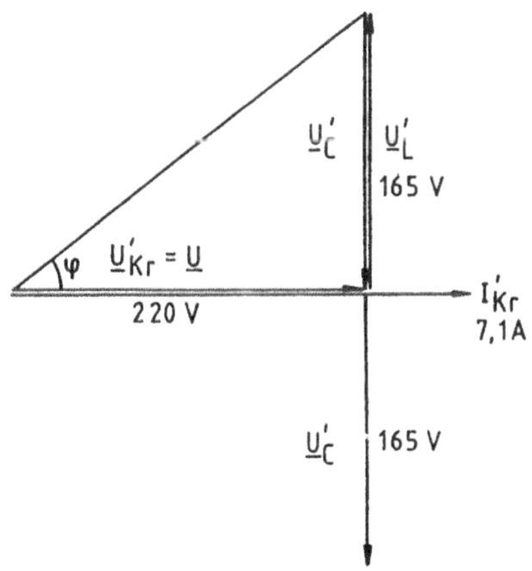

Bild 4.171 Zeigerbild für die
Reihenkompensation bei 220 V

Berechnung der Parallelkapazität:
Nach Gl. (4.263) ist

$$C_p = \frac{P \cdot \tan\varphi}{\omega \cdot U^2}$$

$$C_p = \frac{1000\ \text{VA} \cdot 0{,}75}{2\pi \cdot 50\text{s}^{-1} \cdot (220\ \text{V})^2} = 49{,}3\ \mu\text{F}$$

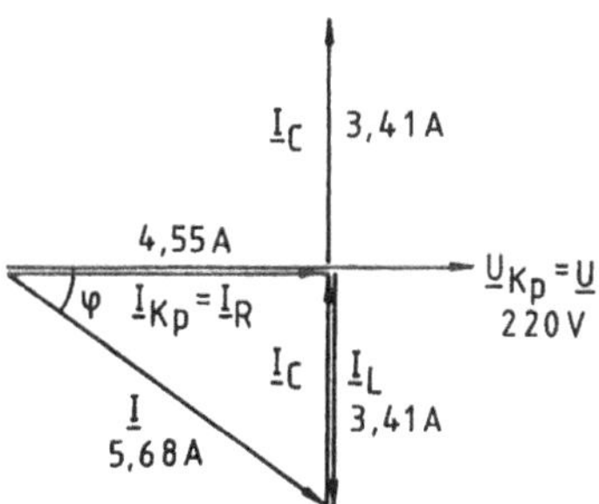

Bild 4.170 Zeigerbild für die
Parallel-Kompensation

Liegt die Spannung U = 220V an dem Reihenschwingkreis in Resonanz, dann ist die Wirkleistung auf P' erhöht. Die Reihenkapazität C_r kann dann nach der Gl. (4.269) berechnet werden:

$$C_r = \frac{P'}{\omega \cdot U^2 \cdot \tan\varphi}$$

$$C_r = \frac{1{,}56 \cdot 10^3\ \text{VA}}{2\pi \cdot 50\text{s}^{-1} \cdot (220\ \text{V})^2 \cdot 0{,}75}$$

$$C_r - 137\mu\text{F}$$

mit

$$P' = \frac{U^2}{R_r} = \frac{(220\ \text{V})^2}{31\ \Omega} = 1{,}56\ \text{kW}$$

oder $\quad P' = \dfrac{P}{\cos^2\varphi} = \dfrac{1000\ \text{W}}{(0{,}8)^2} = 1{,}56\ \text{kW}$

Dabei betragen der vergrößerte Strom

$$I'_{Kr} = \frac{U}{R_r} = \frac{220V}{31\Omega} = 7{,}1A$$

und die erhöhte Blindleistung

$$Q' = P' \cdot \tan\varphi = 1{,}56kW \cdot 0{,}75 = 1{,}17kVar$$

oder

$$Q' = I'^2_{Kr} \cdot \omega L_r = \frac{U'^2_L}{\omega L_r} = 1{,}17kVar$$

mit

$$U'_L = \omega L_r \cdot I'_{Kr} = 165V \quad \text{und} \quad U'_L = U'_C = U \cdot \tan\varphi = 165V\,.$$

Mit Gl. (4.271) wird das Ergebnis für die Kompensationskondensatoren kontrolliert:

$$\frac{C_p}{C_r} = \frac{49{,}3\mu F}{137\mu F} = 0{,}36 = \sin^2\varphi\,.$$

4.7.4 Wirkungsgrad und Anpassung

Wirkungsgrad

Die elektrische Energieübertragung von einer Quelle zu einem Verbraucher ist mit Verlusten verbunden.

Im Gleichstromkreis wird die genutzte Energie bzw. Nutzleistung (umgewandelte, d. h. abgegebene Energie) ins Verhältnis gesetzt zur aufgewendeten Gesamtenergie bzw. aufgewendeten oder zugeführten Gesamtleistung und Wirkungsgrad η genannt (siehe Band 1, Abschnitt 2.4.4).

Im Wechselstromkreis wird analog das Verhältnis der genutzten Wirkenergie bzw. genutzten Wirkleistung zur aufgewendeten Wirkenergie bzw. aufgewendeten oder zugeführten Wirkleistung mit Wirkungsgrad η bezeichnet. Die in Blindwiderständen vorkommenden Blindleistungen können weder genutzt werden, noch führen sie direkt zu Verlusten. Sie ergeben aber Wirkleistungsverluste in den Zuleitungen, die durch die Blindleistungskompensation vermieden werden (Abschnitt 4.7.3). Die Gleichung für den Wirkungsgrad ist formal identisch mit der Wirkungsgrad-Gleichung im Gleichstromkreis (vgl. Bd. 1, Gl. 2.206):

$$\eta = \frac{P_N}{P_{ges}} = \frac{P_N}{P_N + P_V} \tag{4.273}$$

mit P_N: genutzte Wirkleistung

 P_{ges}:   zugeführte gesamte Wirkleistung

 P_V: Wirkleistungsverluste

Wirkungsgrad im Grundstromkreis

Wie behandelt, kann jedes Wechselstromnetz in einen Grundstromkreis überführt werden, so dass die Ermittlung des Wirkungsgrades eines Grundstromkreises von Bedeutung ist. Die Energiequelle – als Ersatzspannungsquelle oder Ersatzstromquelle betrachtet – liefert die gesamte Wirkleistung (erzeugte Wirkleistung P_E), im Außenwiderstand kann die Wirkleistung (äußere Wirkleistung P_a) genutzt werden und im Innenwiderstand muss eine Verlust-Wirkleistung (innere Wirkleistung P_i) in Kauf genommen werden.

Der Wechselstrom-Grundstromkreis kann entweder mit Ersatzspannungsquelle oder mit Ersatzstromquelle dargestellt werden. Bei Anwendung der Symbolischen Methode werden alle sinusförmigen Ströme und Spannungen komplexe Effektivwerte, und der Innenwiderstand der Spannungsquelle und der Außenwiderstand des Verbrauchers sind komplex:

$$\underline{Z}_i = R_i + jX_i \qquad\qquad \underline{Z}_a = R_a + jX_a$$

Grundstromkreis mit Ersatzspannungsquelle:

Die in der Spannungsquelle aufgewendete
Wirkleistung ist

$$P_E = P_i + P_a = I^2 \cdot (R_i + R_a)$$

und die im Verbraucher genutzte Wirkleistung

$$P_a = I^2 \cdot R_a.$$

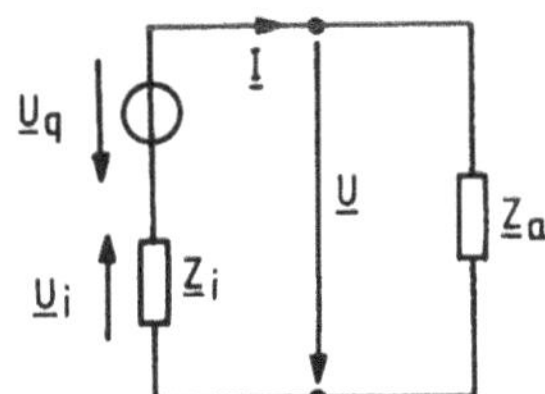

Bild 4.172 Grundstromkreis
mit Ersatzspannungsquelle
für sinusförmige Größen im
Bildbereich

Damit ergibt sich für den Wirkungsgrad des Grundstromkreises mit Ersatzspannungsquelle für sinusformige Wechselgroßen dieselbe Formel wie im Gleichstromkreis (vgl. Band 1, Gl. 2.207):

$$\eta = \frac{P_a}{P_E} = \frac{P_a}{P_a + P_i} = \frac{1}{1 + \dfrac{P_i}{P_a}} = \frac{1}{1 + \dfrac{I^2 \cdot R_i}{I^2 \cdot R_a}}$$

$$\eta = \frac{1}{1 + \dfrac{R_i}{R_a}} \cdot \qquad\qquad\qquad\qquad\qquad (4.274)$$

Der Wirkungsgrad ist maximal, wenn R_i/R_a gegen Null geht, d. h. wenn R_i gegen Null geht, denn R_a gegen Unendlich bedeutet Leerlauf; fließt kein Strom, kann eine Energieumwandlung nicht erfolgen.

Um den Wirkungsgrad der Umwandlung von der in der Spannungsquelle erzeugten elektrischen Wirkenergie in äußere Wirkenergie im Grundstromkreis mit Ersatzspannungsquelle am größten zu bekommen, muss der Innenwiderstand der Spannungsquelle minimal sein.

Bei der starkstromtechnischen Energieübertragung wird aus Gründen der Wirtschaftlichkeit ein hoher Wirkungsgrad angestrebt.

Grundstromkreis mit Ersatzstromquelle:

Die in der Stromquelle aufgewendete Wirkleistung ist

$$P_E = P_i + P_a = U^2 \cdot \left(\frac{1}{R_i} + \frac{1}{R_a} \right)$$

und die im Verbraucher genutzte Wirkleistung

$$P_a = \frac{U^2}{R_a} \; .$$

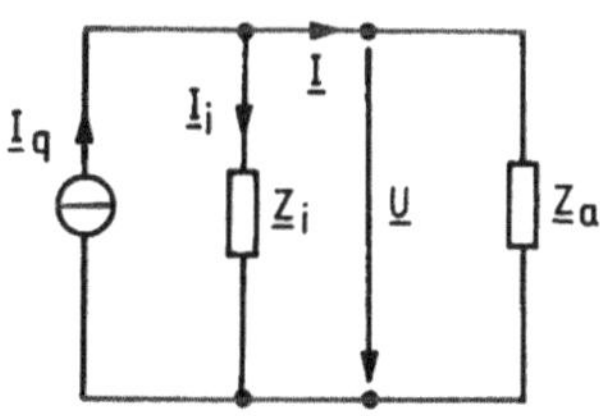

Bild 4.173 Grundstromkreis mit Ersatzstromquelle für sinusförmige Größen im Bildbereich

Damit ergibt sich für den Wirkungsgrad für den Grundstromkreis mit Ersatzstromquelle für sinusförmige Wechselgrößen dieselbe Formel wie im Gleichstromkreis (vgl. Band 1, Gl. 2.208):

$$\eta = \frac{P_a}{R_E} = \frac{P_a}{P_a + P_i} = \frac{1}{1 + \dfrac{P_i}{P_a}} = \frac{1}{1 + \dfrac{U^2 / R_i}{U^2 / R_a}}$$

$$\eta = \frac{1}{1 + \dfrac{R_a}{R_i}} \; . \tag{4.275}$$

Der Wirkungsgrad ist maximal, wenn R_a/R_i gegen Null geht, d. h. wenn R_i gegen Unendlich oder der Innenleitwert G_i gegen Null strebt.

Die Abhängigkeit des Wirkungsgrades η von R_a/R_i ist also durch unterschiedliche Formeln und Verläufe beschrieben. Die im Band 1 im Bild 2.125 dargestellten Verläufe haben also auch für die Wechselstromtechnik Gültigkeit.

Anpassung

In der Nachrichtentechnik soll der Verbraucher die maximale Wirkleistung aus dem Generatorzweipol aufnehmen. Dieser Fall wird genauso wie in der Gleichstromtechnik (siehe Band 1, Abschnitt 2.4.5) Anpassung genannt, denn der Widerstand des passiven Zweipols wird an den Widerstand des aktiven Zweipols angepasst.

Die Berechnungen für die Widerstandsanpassung lassen sich auf den Grundstromkreis beschränken, weil jedes Wechselstrom-Netzwerk in einen Grundstromkreis mit aktiven und passiven Zweipol überführt werden kann.

Die Grundstromkreise mit Ersatzspannungsquelle und mit Ersatzstromquelle werden im Bildbereich mit komplexen Effektivwerten und komplexen Operatoren behandelt. Der komplexe Widerstand bzw. komplexe Leitwert des aktiven und passiven Zweipols sind dann

$$\underline{Z}_i = R_i + j \cdot X_i = Z_i \cdot e^{j\varphi_i} \qquad\qquad \underline{Z}_a = R_a + j \cdot X_a = Z_a \cdot e^{j\varphi_a}$$

$$\underline{Y}_i = G_i + j \cdot B_i = Y_i \cdot e^{-j\varphi_i} \qquad\qquad \underline{Y}_a = G_a + j \cdot B_a = Y_a \cdot e^{-j\varphi_a}$$

Grundstromkreis mit Ersatzspannungsquelle:

Die vom passiven Zweipol (Verbraucher) aufgenommene Wirkleistung P_a soll maximal sein:

$$P_a = I^2 \cdot R_a$$

$$\text{mit} \quad \underline{I} = \frac{\underline{U}_q}{\underline{Z}_i + \underline{Z}_a} = \frac{\underline{U}_q}{(R_i + R_a) + j \cdot (X_i + X_a)}$$

$$\text{und} \quad I = \frac{U_q}{\sqrt{(R_i + R_a)^2 + (X_i + X_a)^2}}$$

$$P_a = \frac{U_q{}^2 \cdot R_a}{(R_i + R_a)^2 + (X_i + X_a)^2} = f(R_a, X_a) \, . \tag{4.276}$$

Die Wirkleistung P_a ist eine Funktion der beiden Variablen R_a und X_a. Werden die ersten partiellen Ableitungen Null gesetzt, dann kann die Wirkleistung maximal sein (notwendige Bedingung):

$$\frac{\partial P_a}{\partial X_a} = -U_q{}^2 \cdot \frac{R_a \cdot 2(X_i + X_a)}{[(R_i + R_a)^2 + (X_i + X_a)^2]^2} = 0$$

d. h. $X_i + X_a = 0$

oder $X_a = -X_i$. $\tag{4.277}$

$$\frac{\partial P_a}{\partial R_a} = U_q{}^2 \cdot \frac{(R_i + R_a)^2 + (X_i + X_a)^2 - 2(R_i + R_a) \cdot R_a}{[(R_i + R_a)^2 + (X_i + X_a)^2]^2} = 0$$

d. h. $R_i{}^2 + 2R_iR_a + R_a{}^2 + (X_i + X_a)^2 - 2R_iR_a - 2R_a{}^2 = 0$

oder $R_a{}^2 = R_i{}^2 + (X_i + X_a)^2 \, . \tag{4.278}$

Wird das erste Ergebnis (Gl. 4.277) im zweiten Ergebnis (Gl. 4.278) berücksichtigt, dann ist

$$R_a = R_i, \tag{4.279}$$

das ist dieselbe Anpassungsbedingung wie für den Gleichstromkreis.

Die hinreichende Bedingung für ein Maximum

$$\frac{\partial^2 P_a}{\partial R_a{}^2} \cdot \frac{\partial^2 P_a}{\partial X_a{}^2} > \frac{\partial^2 P_a}{\partial R_a \cdot \partial X_a}$$

mit

$$\frac{\partial^2 P_a}{\partial R_a{}^2} < 0 \quad \text{und} \quad \frac{\partial^2 P_a}{\partial X_a{}^2} < 0$$

soll nicht überprüft werden. Wie die folgende Interpretation der Lösungen zeigt, existiert ein Maximum für die Wirkleistung.

Die beiden Anpassungsbedingungen lassen sich zusammenfassen:

$$\underline{Z}_a = \underline{Z}_i^*$$
(4.280)

mit $R_a + j{\cdot}X_a = R_i - j{\cdot}X_i$ oder $Z_a \cdot e^{j\varphi_a} = Z_i \cdot e^{-j\varphi_i}$.

Die Anpassung im Wechselstromkreis wird wegen dieser Bedingung auch *komplexe Anpassung* genannt:

> Der komplexe Widerstand des passiven Zweipols muss gleich dem konjugiert komplexen Widerstand des aktiven Zweipols sein.

Bei Anpassung beträgt dann die im passiven Zweipol (Verbraucher) genutzte Wirkleistung:

$$P_{a\,max} = \frac{U_q^{\,2} \cdot R_i}{(2 \cdot R_i)^2} = \frac{U_q^{\,2} \cdot R_i}{4 \cdot R_i^{\,2}} = \frac{U_q^{\,2}}{4 \cdot R_i}$$
(4.281)

und die im aktiven Zweipol (Generator) erzeugte Leistung

$$P_E = P_a + P_i = I^2 \cdot (R_a + R_i)$$

$$P_E = \frac{U_q^{\,2}}{(R_a + R_i)^2} \cdot (R_a + R_i)$$

$$P_E = \frac{U_q^{\,2}}{R_a + R_i} = \frac{U_q^{\,2}}{2 \cdot R_i} .$$
(4.282)

Nur die Hälfte der vom aktiven Zweipol (Generator) abgegebenen Wirkleistung wird bei Anpassung im passiven Zweipol (Verbraucher) genutzt. Der Wirkungsgrad η beträgt also nur 50 %. In der Nachrichtentechnik wird also ein schlechter Wirkungsgrad in Kauf genommen, um eine maximale Verbraucherleistung zur Verfügung zu haben.

Grundstromkreis mit Ersatzstromquelle:

Die vom passiven Zweipol (Verbraucher) aufgenommene Wirkleistung P_a soll maximal sein:

$$P_a = \frac{U^2}{R_a} = U^2 \cdot G_a$$

mit $\underline{U} = \dfrac{\underline{I}_q}{\underline{Y}_i + \underline{Y}_a} = \dfrac{\underline{I}_q}{(G_i + G_a) + j \cdot (B_i + B_a)}$

und $U = \dfrac{I_q}{\sqrt{(G_i + G_a)^2 + (B_i + B_a)^2}}$

$$P_a = \frac{I_q^{\,2} \cdot G_a}{(G_i + G_a)^2 + (B_i + B_a)^2} = f(G_a, B_a) .$$
(4.283)

Die partiellen Ableitungen

$$\frac{\partial P_a}{\partial B_a} \quad \text{und} \quad \frac{\partial P_a}{\partial G_a}$$

lassen sich analog berechnen, Null setzen und ergeben:

Die Wirkleistung P_a ist maximal, wenn sich die Blindanteile der beiden komplexen Leitwerte kompensieren

$$B_a = -\,B_i \tag{4.284}$$

und wenn die Realanteile der komplexen Leitwerte gleich sind:

$$G_a = G_i\,. \tag{4.285}$$

Die beiden Anpassungsbedingungen lassen sich wieder zusammenfassen:

$$\underline{Y}_a = \underline{Y}_i^* \tag{4.286}$$

$$\text{mit} \quad G_a + j \cdot B_a = G_i - j \cdot B_i \quad \text{bzw.} \quad Y_a \cdot e^{j\varphi_a} = Y_i \cdot e^{-j\varphi_i}.$$

Die komplexe Anpassung bedeutet, dass der komplexe Leitwert des passiven Zweipols gleich dem konjugiert komplexen Leitwert des aktiven Zweipols ist. Bei Anpassung beträgt dann die im passiven Zweipol (Verbraucher) genutzte Wirkleistung:

$$P_{a\,max} = \frac{I_q^2 \cdot G_i}{(2 \cdot G_i)^2} = \frac{I_q^2 \cdot G_i}{4 \cdot G_i^2} = \frac{I_q^2}{4 \cdot G_i}, \tag{4.287}$$

$$\text{die mit} \quad I_q \cdot R_i = \frac{I_q}{G_i} = U_q$$

genauso groß ist wie die genutzte Wirkleistung im Grundstromkreis mit Ersatzstromquelle, wenn die aktiven und passiven Zweipole äquivalent sind. Damit ist auch die im aktiven Zweipol (Generator) erzeugte Wirkleistung P_E gleich:

$$P_E = P_a + P_i = U^2 \cdot (G_a + G_i)$$

$$P_E = \frac{I_q^2}{(G_a + G_i)^2} \cdot (G_a + G_i)$$

$$P_E = \frac{I_q^2}{(G_a + G_i)} = \frac{I_q^2}{2G_i} \cdot \frac{G_i}{G_i} = \frac{U_q^2}{2R_i}\,. \tag{4.288}$$

Auch für den Grundstromkreis mit Ersatzstromquelle bestätigt sich, dass bei Anpassung nur die Hälfte der vom aktiven Zweipol (Generator) abgegebenen Wirkleistung im passiven Zweipol (Verbraucher) genutzt wird. Der Wirkungsgrad η beträgt nur 50%.

Bei der Überführung eines Wechselstromnetzwerkes in einen der beiden Grundstromkreise werden nach der Zweipoltheorie die Ersatzelemente $\underline{U}_{qers}$, $\underline{I}_{qers}$, $\underline{Z}_{iers}$, $\underline{Z}_{aers}$ ermittelt. Die Anpassungsbedingungen lauten dann

$$\underline{Z}_{aers} = \underline{Z}_{iers}^* \quad \text{bzw.} \quad \underline{Y}_{aers} = \underline{Y}_{iers}^* \tag{4.289}$$

Darstellung der Wirkleistungsfunktion:

Da die Wirkleistung P_a und die maximale Wirkleistung $P_{a\,max}$ für den Grundstromkreis mit Ersatzspannungsquelle und für den Grundstromkreis mit Ersatzstromquelle gleich sind, genügt es, wenn die Funktion $P_a = f(R_a, X_a)$ interpretiert wird, denn die Funktion $P_a = f(G_a, B_a)$ ergibt die gleichen Ergebnisse.

Eine Funktion $z = f(x, y)$ mit zwei unabhängigen Variablen stellt im kartesischen Koordinatensystem eine Fläche im Raum dar. Die Variablen x, y und z sind reelle Zahlen, also bezogene Größen:

Mit den Gl. (4.276) und (4.281) ist

$$\frac{P_a}{P_{a\,max}} = \frac{\dfrac{U_q^2 \cdot R_a}{(R_i + R_a)^2 + (X_i + X_a)^2}}{\dfrac{U_q^2}{4R_i}} = \frac{4 \cdot R_i \cdot R_a}{(R_i + R_a)^2 + (X_i + X_a)^2}$$

$$\frac{P_a}{P_{a\,max}} = \frac{4 \cdot \dfrac{R_a}{R_i}}{\left(1 + \dfrac{R_a}{R_i}\right)^2 + \left(\dfrac{X_i + X_a}{R_i}\right)^2} \qquad (4.290)$$

$$z = \frac{4 \cdot x}{(1 + x)^2 + y^2} \qquad (4.291)$$

$$\text{mit} \quad z = \frac{P_a}{P_{a\,max}}, \, x = \frac{R_a}{R_i} \quad \text{und} \quad y = \frac{X_i + X_a}{R_i}.$$

Die Fläche im Raum, die diese Funktion $z = f(x, y)$ darstellt, ähnelt einem Berg mit einem abgeplatteten Gipfel über dem Punkt (1, 0), einem steil abfallenden Hang zur y-Achse zu und einem flachen Hang in Richtung x-Achse (siehe Bild 4.174).

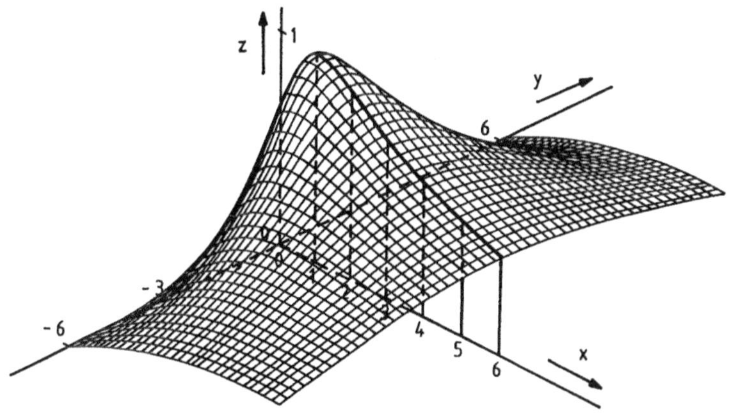

Bild 4.174 Räumliche Darstellung der Wirkleistungsfunktion

Die räumliche Darstellung gibt nur ein verzerrtes Bild und lässt keine quantitativen Aussagen zu. Deshalb werden Schnittflächen mit $z = z_0$, $x = x_0$ und $y = y_0$ festgelegt und die dort sich befindlichen Schnittkurven untersucht.

Wird z nacheinander gleich einer konstanten Zahl zwischen 0 und 1 gesetzt, dann entstehen Kurven, in deren Punkten die Wirkleistung konstant ist. Diese Kurven heißen Höhenlinien, weil sie im räumlichen Bild der Funktion Punkte gleicher Höhe enthalten. Für $z = P_a/P_{a\,max} =$ konstant sind die Höhenlinien Kreise mit unterschiedlichen Radien und auf der x-Achse verschobenen Mittelpunkten:

$$(1 + x)^2 + y^2 = \frac{4x}{z}$$

$$y^2 + 1 + 2x - \frac{4x}{z} + x^2 = 0$$

$$y^2 + x^2 - 2x \cdot \left(\frac{2}{z} - 1\right) + \left(\frac{2}{z} - 1\right)^2 = \left(\frac{2}{z} - 1\right)^2 - 1$$

$$y^2 + \left[x - \left(\frac{2}{z} - 1\right)\right]^2 = \frac{4}{z^2} - \frac{4}{z} + 1 - 1$$

$$y^2 + \left[x - \left(\frac{2}{z} - 1\right)\right]^2 = \frac{4}{z} \cdot \left(\frac{1}{z} - 1\right) \tag{4.292}$$

$$y^2 + (x - x_M)^2 = r^2$$

$$\text{mit } x_M = \frac{2}{z} - 1$$

$$\text{und } r = 2 \cdot \sqrt{\frac{1}{z} \cdot \left(\frac{1}{z} - 1\right)}.$$

Für $z = \dfrac{P_a}{P_{a\,max}} = 1 \ldots 0,5$ ergeben sich dann folgende kreisförmige Höhenlinien (siehe Bild 4.175):

z	1	0,95	0,9	0,8	0,7	0,6	0,5
x_M	1	1,11	1,22	1,5	1,86	2,33	3,0
r	0	0,47	0,70	1,12	1,56	2,11	2,82

Parallel zu der z, y-Ebene und der z, x-Ebene sind die Ebenen für die Anpassungsbedingung $R_a = R_i$ und $X_a = - X_i$ interessant. Die Gleichungen der Schnittkurven (siehe Bild 4.175) ergeben sich nach Gl. (4.291)

$$\text{mit } x = x_0 = \frac{R_a}{R_i} = 1: \qquad z = f(1, y) = \frac{4}{4 + y^2} \tag{4.293}$$

y	0	± 0,25	± 0,5	± 0,75	± 1,0	± 1,5	± 2,0
z	1	0,985	0,941	0,877	0,8	0,64	0,5

und mit

$$y = y_0 = \frac{X_i + X_a}{R_i} = 0: \qquad\qquad z = f(x,0) = \frac{4 \cdot x}{(1+x)^2} \qquad\qquad (4.294)$$

x	0	0,25	0,5	0,75	1,0	1,25	1,5	2,0	3,0
z	0	0,64	0,89	0,98	1,0	0,99	0,96	0,89	0,75

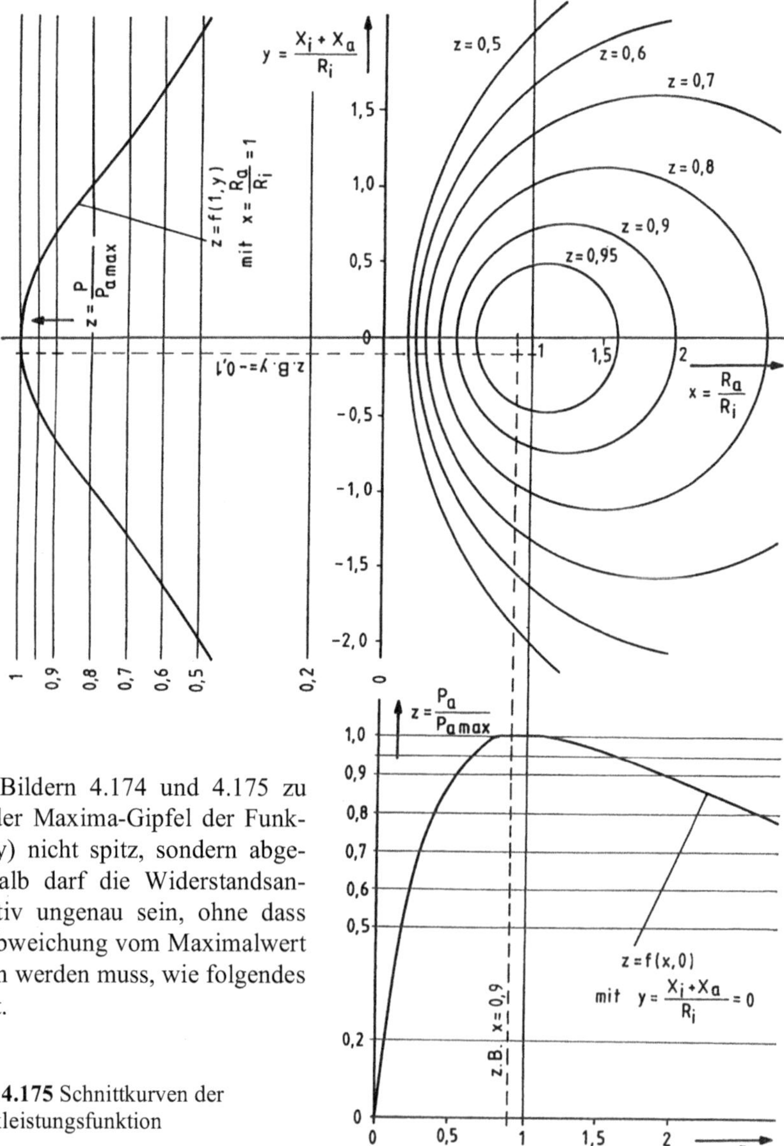

Wie in den Bildern 4.174 und 4.175 zu
ersehen, ist der Maxima-Gipfel der Funktion z = f(x, y) nicht spitz, sondern abge-
plattet. Deshalb darf die Widerstandsanpassung relativ ungenau sein, ohne dass
eine große Abweichung vom Maximalwert
hingenommen werden muss, wie folgendes
Beispiel zeigt.

Bild 4.175 Schnittkurven der
Wirkleistungsfunktion

Beispiel:

In einem Grundstromkreis mit Ersatzspannungsquelle sind gegeben:

$$U_q = 20V$$

$$\underline{Z}_a = R_a + j \cdot X_a = 10\Omega + j \cdot 10\Omega$$

$$\underline{Z}_i = R_i + j \cdot X_i = 10\Omega - j \cdot 10\Omega.$$

Mit Gl. (4.280) ist die Anpassungsbedingung erfüllt, so dass die Wirkleistung am passiven Zweipol maximal ist:

$$P_{a\,max} = \frac{U_q^{\;2}}{4 \cdot R_i} = \frac{(20\,V)^2}{4 \cdot 10\,\Omega} = 10W.$$

Weicht der ohmsche Anteil des Außenwiderstandes R_a um -10% vom ursprünglichen Wert von 10Ω ab, dann beträgt die Abweichung der Wirkleistung vom Maximalwert nur 0,28%, wie folgende Rechnung zeigt:

$$x = \frac{R_a}{R_i} = \frac{9\,\Omega}{10\,\Omega} = 0,9 \qquad y = 0 \qquad z = \frac{4 \cdot x}{(1+x)^2} = \frac{4 \cdot 0,9}{(1+0,9)^2} = 0,9972\,.$$

Die Wirkleistung beträgt dann $P_a = z \cdot P_{amax} = 0,9972 \cdot 10W = 9,972W.$

Bei einer Abweichung von $+10\%$ ist mit $x = 11/10 = 1,1$ die Wirkleistung gleich 9,977W.

Weicht der Blindanteil des Außenwiderstandes X_a um -10% vom ursprünglichen Wert von 10Ω ab, dann beträgt die Abweichung der Wirkleistung vom Maximalwert nur 0,25%, wie berechnet werden kann:

$$x = 1 \qquad y = \frac{X_i + X_a}{R_i} = \frac{(-10 + 9)\Omega}{10\,\Omega} = -0,1 \qquad z = \frac{4}{4 + y^2} = \frac{4}{4 + (-0,1)^2} = 0,9975$$

Die Wirkleistung beträgt dann $P_a = z \cdot P_{amax} = 0,9975 \cdot 10W = 9,975W.$

Bei einer Abweichung von $+10\%$ ist mit $y = (-10 + 11)/10 = +0,1$ die Wirkleistung gleich.

Weichen ohmscher Anteil und Blindanteil jeweils um -10% von den gleichen ursprünglichen Werten ab, dann beträgt die Abweichung der Leistung 0,55%:

$$x = 0,9 \qquad y = -0,1 \qquad z = \frac{4 \cdot x}{(1+x)^2 + y^2} = \frac{4 \cdot 0,9}{(1+0,9)^2 + (-0,1)^2} = 0,9945\,.$$

Die Wirkleistung beträgt dann $P_a = z \cdot P_{a\,max} = 0,9945 \cdot 10W = 9,945W.$

Bei einer Abweichung um jeweils $+10\%$ ist die Wirkleistung gleich 9,945W.

Diese Ergebnisse können im Schnittlinienbild der Funktion $z = f\,(x,\,y)$ kontrolliert werden (siehe Bild 4.175).

Übungsaufgaben zum Abschnitt 4.7

4.33 Für einen verlustbehafteten kapazitiven Wechselstromwiderstand soll die Augenblicksleistung p nach Gl. (4.205) als Überlagerung des Wirkanteils $P \cdot (1 - \cos 2\omega t)$ und des Blindanteils $- Q \cdot \sin 2\omega t$ dargestellt werden, wenn die Scheinleistung $S = U \cdot I = 2\,\text{kVA}$ und die Phasenverschiebung $\varphi = - \pi/3$ bzw. $- 60°$ betragen.

4.34 An einen passiven Zweipol wird eine sinusförmige Wechselspannung mit dem Effektivwert $U = 220\,\text{V}$ und der Frequenz $f = 50\,\text{Hz}$ angelegt, wodurch sich ein sinusförmiger Strom mit dem Effektivwert $I = 9,1\,\text{A}$ mit einer Phasenverschiebung $\varphi = 60°$ einstellt.

   1. Ermitteln Sie die Ersatzschaltbilder mit den Ersatzelementen.

   2. Errechnen Sie die Wirkleistung, die Blindleistung und die Scheinleistung für die beiden Ersatzschaltbilder.

4.35 Durch eine Magnetspule fließt bei einer Spannung $U = 110\,\text{V}$ mit der Frequenz $f = 50\,\text{Hz}$ ein Strom von $5,2\,\text{A}$ bei einem Leistungsfaktor $\cos \varphi = 0,25$.

   1. Berechnen Sie die Scheinleistung, die Wirkleistung und die Blindleistung.

   2. Für die Parallelschaltung (Ersatzschaltung) ermitteln Sie dann die Wirkkomponente und die Blindkomponente des Stroms.

   3. Berechnen Sie schließlich für die Reihenschaltung (Ersatzschaltung) den Scheinwiderstand, den ohmschen Widerstand, den induktiven Widerstand und die Induktivität.

4.36 Zwei Kondensatoren sind parallel geschaltet und liegen an einer Spannung von 220V, 50Hz. Der eine Kondensator hat eine Kapazität $C_{p1} = 12\,\mu\text{F}$ und eine Verlustleistung $P_1 = 1,2\,\text{W}$, der andere eine Kapazität $C_{p2} = 4\,\mu\text{F}$ und eine Verlustleistung $P_2 = 0,8\,\text{W}$.

   1. Berechnen Sie die Verlustfaktoren d_{C1} und d_{C2} der beiden Kondensatoren.

   2. Entwickeln Sie die Formel für den Verlustfaktor d_C der Parallelschaltung in Abhängigkeit von den beiden Kapazitäten C_{p1} und C_{p2} und berechnen Sie den Verlustfaktor mit den angegebenen Zahlenwerten.

   3. Kontrollieren Sie das Ergebnis für d_C über die Leistungen.

4.37 Für den Praktischen Parallel-Resonanzkreis (Bild 4.108) sind die Leistungen zu berechnen, wenn die anliegende Spannung gegeben ist.

   1. Entwickeln Sie die Formeln für die Wirk- und Blindleistung über die komplexe Leistung.

   2. Kontrollieren Sie die Formeln mit Hilfe der Transformationsgleichungen.

   3. Berechnen Sie die Wirk- und Blindleistung mit

      $R_{Lr} = 100\,\Omega \qquad L_r = 0,1\,\text{H} \qquad C_r = 2\,\mu\text{F} \qquad U = 20\,\text{V} \text{ mit } \omega = 1000\,\text{s}^{-1}$.

4.38 In der dargestellten Schaltung sind die Spannung u, die Kapazität C_p und die ohmschen Widerstände R_{Cp} und R gegeben:

      $U = 220\,\text{V}, \quad f = 50\,\text{Hz} \quad R = 20\,\Omega$

      $R_{Cp} = 100\,\Omega \quad C_p = 60\,\mu\text{F}$.

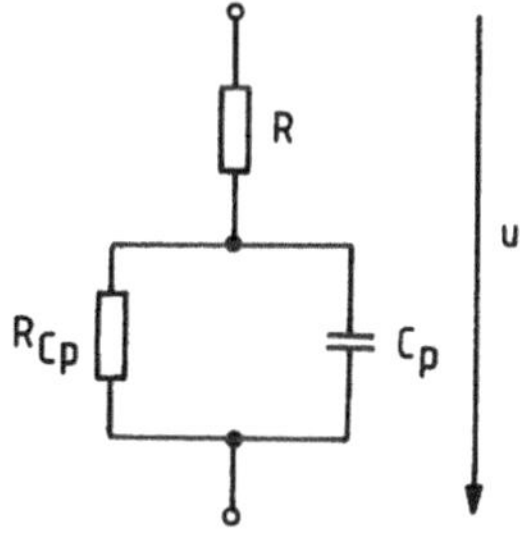

Bild 4.176 Übungsaufgabe 4.38

   1. Berechnen Sie die Wirk- und Blindleistung, nachdem Sie die Parallelschaltung in die äquivalente Reihenschaltung transformiert haben.

   2. Kontrollieren Sie das Ergebnis mit dem komplexen Widerstand der Schaltung.

4.39 Für die Drei-Amperemeter-Methode sind das Zeigerbild und die Formeln für die Wirkleistung P, den Leistungsfaktor $\cos \varphi$ und die Blindleistung Q zu entwickeln.

4.40 Mit Hilfe der Drei-Voltmeter-Methode lassen sich nicht nur die Wirk- und Blindleistung eines Wechseltromwiderstandes bestimmen, sondern auch die Ersatzelemente einer verlustbehafteten Spule R_r und L_r. Bei einem Vorwiderstand $R_v = 200\Omega$ wurden bei $f = 50Hz$ folgende Effektivwerte gemessen:

$$U_1 = 220V \quad U_2 = 90V \quad U_3 = 160V$$

1. Zeichnen Sie ein quantitatives Zeigerbild für sämtliche Spannungen und den Strom und lesen Sie U_{R3} und U_{L3} ab.

2. Berechnen Sie aus den Ergebnissen des Zeigerbildes R_r und L_r.

3. Kontrollieren Sie die Ergebnisse rechnerisch, indem Sie zunächst den Leistungsfaktor ermitteln.

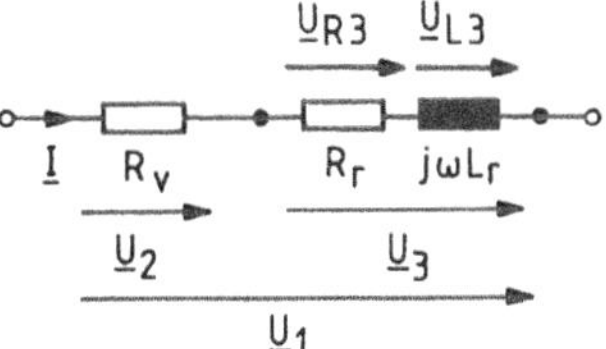

Bild 4.177 Übungsaufgabe 4.40

4.41 Für einen Einphasenmotor für $U = 220V$, $f = 50Hz$ mit der Wirkleistung von 5kW und einem Leistungsfaktor $\cos \varphi = 0,85$ soll mit einem parallel geschalteten Kondensator der Leistungsfaktor auf 1 angehoben werden.

1. Berechnen Sie die Blindleistung und die notwendige Kapazität.

2. Berechnen Sie die Stromaufnahme vor und nach der Kompensation.

3. Kontrollieren Sie das Ergebnis durch ein Zeigerbild.

4. Wie groß wäre die notwendige Kapazität eines Kondensators bei welcher Spannung, wenn bei 220V Netzspannung eine Reihenkompensation vorgenommen werden würde? Kontrollieren Sie das Ergebnis mit dem Kapazitätsverhältnis.

4.42 Ein Transformator ist bei $U = 220V$, $f = 50Hz$ maximal mit 200kVA belastbar und durch einen angeschlossenen Motor mit $P_1 = 150kW$, $\cos \varphi_1 = 0,6$ überlastet. Dennoch soll noch ein zweiter Motor mit $P_2 = 40kW$, $\cos \varphi_2 = 0,8$ an den Transformator angeschlossen werden.

1. Weisen Sie nach, dass der Transformator durch den ersten Motor überlastet ist.

2. Untersuchen Sie, ob beide Motoren angeschlossen werden können, wenn eine Blindleistungskompensation erfolgt. Berechnen Sie die Blindleistungen und die notwendigen Kapazitäten für die Parallel- und Reihenkompensation.

4.43 Der aktive Zweipol in der gezeichneten Schaltung soll an den passiven Zweipol, dessen Bauelemente gegeben sind, angepasst werden.

1. Entwickeln Sie aus der Anpassbedingung die Formeln für R_i und L_i, indem Sie den komplexen Widerstand des passiven Zweipols ermitteln.

2. Kontrollieren Sie das Ergebnis, indem Sie die Parallelschaltung des Kondensators in die äquivalente Reihenschaltung überführen.

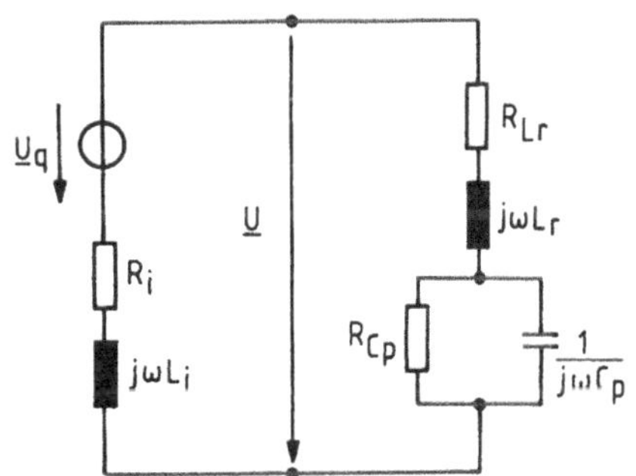

Bild 4.178 Übungsaufgabe 4.43

4.44 1. Für die gezeichnete Schaltung ist der Außenwiderstand $\underline{Z}_a$ gesucht, der an den aktiven Zweipol angepasst werden kann.

2. Entwickeln Sie die Formel für die maximale Leistung, die der passive Zweipol aus dem aktiven Zweipol aufnimmt.

3. Berechnen Sie $\underline{Z}_a$ und $P_{a\,max}$ für

$$U_q = 9V \quad bei \quad f = 3000Hz$$
$$R_i = 4\Omega$$
$$R_{Lr} = 6\Omega \qquad L_r = 424\mu H$$
$$R_{Cp} = 500\Omega \qquad C_p = 10,6\mu F$$

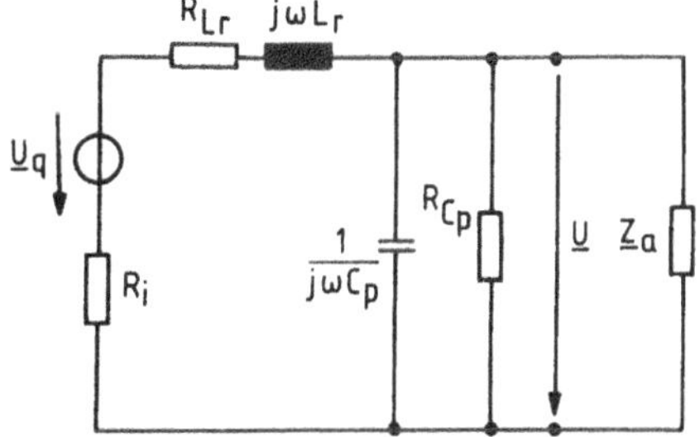

Bild 4.179 Übungsaufgabe 4.44

5 Ortskurven

5.1 Begriff der Ortskurve

Zeigerbild und Ortskurve

Durch ein Zeigerbild wird ein bestimmter Betriebszustand eines Wechselstromnetzes bei konstanten Parametern (Amplituden und Frequenz der einspeisenden sinusförmigen Quellspannungen und Quellströme, Netzparameter R, L, M und C) durch komplexe Effektivwerte von Strömen und Spannungen beschrieben.

Komplexe Widerstände und komplexe Leitwerte von Wechselstromschaltungen lassen sich ebenfalls durch Zeiger in der Gaußschen Zahlenebene darstellen, wenn die Frequenz und die Netzparameter konstant sind.

Mit variablen Parametern ändern sich die Zeigerbilder mit komplexen Effektivwerten und entsprechend die Zeigerbilder für komplexe Widerstände und komplexe Leitwerte. Wird nur die Änderung einer bestimmten Größe des Wechselstromnetzes infolge der Änderung eines Parameters untersucht, dann entsteht für diese Größe eine Menge von Zeigern. Die Zeigerspitzen werden verbunden, die Kurve der Zeigerspitzen wird Ortskurve genannt.

Jede Ortskurve wird mit reellen Parametern p versehen. Im Ortskurvenpunkt für $p = 1$ endet der Zeiger, der dem Ausgangszustand der untersuchten Größe entspricht. Zu den Ortskurvenpunkten für $p \neq 1$ gehören die Zeiger, die den geänderten Anteil der untersuchten Größe bezogen auf den Ausgangszustand berücksichtigen.

Durch Ortskurven lassen sich also verschiedene Betriebszustände eines Wechselstromnetzes, d. h. bei geänderten Parametern, in einem Bild erfassen.

Beispiele:

1. Ortskurve des komplexen Widerstandes der Reihenschaltung eines variablen ohmschen Widerstandes $R_r = p \cdot R_{r0}$ mit dem Parameter $0 \leq p < \infty$ und einer konstanten Induktivität L_r bei konstanter Kreisfrequenz ω:

   Die Ortskurvengleichung lautet

   $$\underline{Z} = j\,\omega\,L_r + p \cdot R_{r0}$$

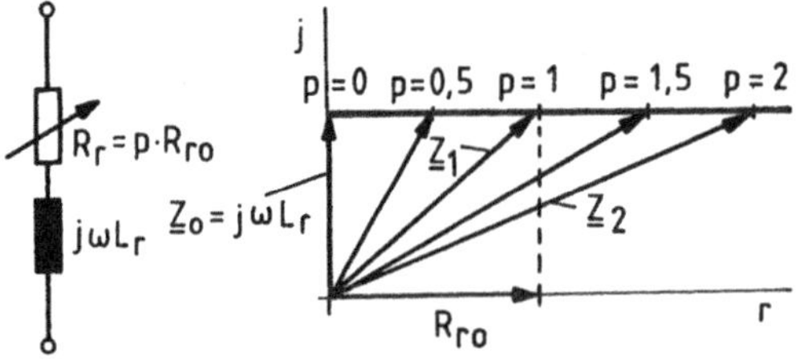

Bild 5.1
Ortskurve des komplexen Widerstandes der R/L-Reihenschaltung bei variablem ohmschen Widerstand

© Springer Fachmedien Wiesbaden GmbH, ein Teil von Springer Nature 2018
W. Weißgerber, *Elektrotechnik für Ingenieure 2*,
https://doi.org/10.1007/978-3-658-21823-2_5

2. Ortskurve des bezogenen komplexen Widerstandes des Reihenschwingkreises mit

$$\frac{\underline{Z}_r}{R_r} = 1 + j \cdot Q_r \cdot v_r$$

und des bezogenen komplexen Leitwerts des Parallelschwingkreises mit

$$\frac{\underline{Y}_p}{G_p} = 1 + j \cdot Q_p \cdot v_p$$

bei veränderlicher Frequenz f.

Bei der Behandlung der Bandbreite bei 45°-Verstimmung wurden jeweils drei Ortskurvenpunkte berechnet (siehe Abschnitt 4.5, Bilder 4.94 und 4.105).

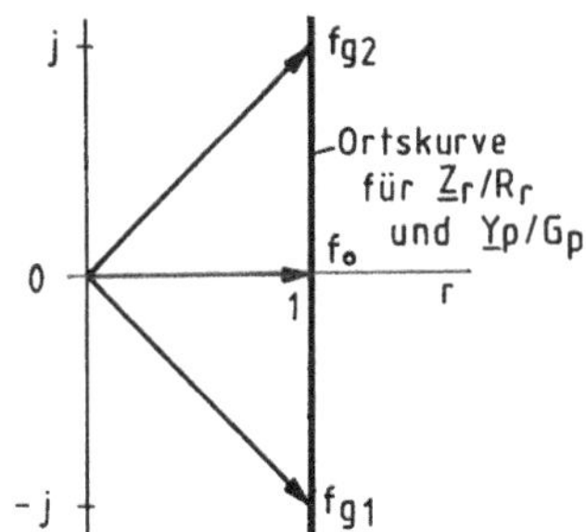

Bild 5.2 Ortskurve des bezogenen komplexen Widerstandes und des bezogenen Leitwerts eines Schwingkreises

Die zu untersuchende Größe, für die die Ortskurve entwickelt werden soll, kann der komplexe Effektivwert eines Stroms oder einer Spannung, ein komplexer Widerstand oder ein komplexer Leitwert, ein Spannungsverhältnis oder ein Stromverhältnis, ein Frequenzgang und ähnliches sein.

Allgemeine Ortskurvengleichung

Die allgemeine Form der Ortskurvengleichung lautet

$$\underline{O} = \frac{\underline{A} + p \cdot \underline{B} + p^2 \cdot \underline{C} + p^3 \cdot \underline{D} + ...}{\underline{A}' + p \cdot \underline{B}' + p^2 \cdot \underline{C}' + p^3 \cdot \underline{D}' + ...}, \tag{5.1}$$

wobei p ein reeller Parameter und $\underline{A}$, $\underline{A}'$, $\underline{B}$, $\underline{B}'$, $\underline{C}$, $\underline{C}'$, $\underline{D}$, $\underline{D}'$, ... komplexe Größen sind.

(Anmerkung:

Die mit einem Strich versehenen komplexen Größen sollen selbstverständlich keine differenzierten Größen sein. Um Missverständnisse zu vermeiden, werden bei den folgenden Ortskurvengleichungen keine Striche mehr verwendet).

Beispiel:

Für das angegebene Beispiel 1 ist

$$\underline{O} = \underline{Z} = j\omega L_r + p \cdot R_{r0}$$

$$\text{mit} \quad \underline{A} = j\omega L_r \quad \underline{B} = R_{r0} \quad \underline{C} = \underline{D} = ... = 0$$

$$\underline{A}' = 1 \quad \text{und} \quad \underline{B}' = \underline{C}' = \underline{D}' = ... = 0$$

Ermittlung der Ortskurve

Jeder Punkt der Ortskurve könnte für ein gewähltes p errechnet und in der Gaußschen Zahlenebene eingetragen werden. Die Punkte verbunden ergeben die Ortskurve. Bei Ortskurven höherer Ordnung bleibt auch nichts anderes übrig, als die Ortskurve auf diese Weise zu ermitteln, weil sie nicht konstruiert werden kann.

Sind die Ortskurven einfach wie Geraden, Kreise und Parabeln oder handelt es sich um überlagerte einfache Ortskurven, dann sollten die Ortskurven nach Konstruktionsanleitungen konstruiert werden. Beispielsweise wäre die punktweise Ermittlung eines Kreises als

Ortskurve zu aufwendig und ungenau. Einfacher und genauer lässt sich ein Kreis durch Bestimmung der Mittelpunktslage und des Radius zeichnen.

Bei der Überlagerung von einfachen Ortskurven werden zunächst die einfachen Ortskurven konstruiert und anschließend die Zeiger für gleiche Parameter p überlagert. Bei der Ermittlung einer Ortskurve sollte nach folgenden Schritten vorgegangen werden:

1. Ermittlung der Gleichung für die Größe, für die die Ortskurve ermittelt werden soll.
2. Einführung des Parameters p in den variablen Teil der Größe, wodurch sich die Ortskurvengleichung ergibt.
3. Konstruktion der Ortskurve, falls es sich um eine einfache Ortskurve oder um überlagerte einfache Ortskurven handelt.

Gerade:
$$\underline{G} = \underline{A} + p \cdot \underline{B}$$

Kreis durch den Nullpunkt:
$$\underline{K} = \frac{1}{\underline{G}} = \frac{1}{\underline{A} + p \cdot \underline{B}}$$

Kreis in allgemeiner Lage:
$$\underline{K} = \frac{\underline{A} + p \cdot \underline{B}}{\underline{C} + p \cdot \underline{D}} = \underline{L} + \frac{1}{\underline{E} + p \cdot \underline{F}}$$

Parabel:
$$\underline{P} = \underline{A} + p \cdot \underline{B} + p^2 \cdot \underline{C}$$

zirkulare Kubik:
$$\underline{O} = \frac{\underline{A} + p \cdot \underline{B} + p^2 \cdot \underline{C}}{\underline{D} + p \cdot \underline{E}} = \underline{R} + p \cdot \underline{S} + \frac{1}{\dfrac{\underline{D}}{\underline{F}} + p \cdot \dfrac{\underline{E}}{\underline{F}}}$$

(das ist die Überlagerung eines Kreises mit einer Geraden)

oder

Berechnung der einzelnen Ortskurvenpunkte bei Variation des reellen Parameters p. Hierbei genügen meist einige Ortskurvenpunkte für ganze p, um den Verlauf der Ortskurve zu erkennen. Zwischenwerte der Ortskurve für gebrochene p-Werte lassen sich nachträglich errechnen und in das Ortskurvenbild eintragen.

5.2 Ortskurve „Gerade"

Gleichung in allgemeiner Form und Darstellung

$$\underline{G} = \underline{A} + p \cdot \underline{B} \qquad (5.2)$$

$$\text{mit} \quad -\infty < p < \infty$$

speziell:

$$\underline{G} = \underline{A} + \left(p - \frac{1}{p} \right) \cdot \underline{B} \qquad (5.3)$$

$$\text{mit} \quad 0 < p < \infty$$

Die Ortskurve geht durch die Spitze des Zeigers $\underline{A}$ mit p = 0 (speziell: p = 1) und verläuft parallel zum Zeiger $\underline{B}$.

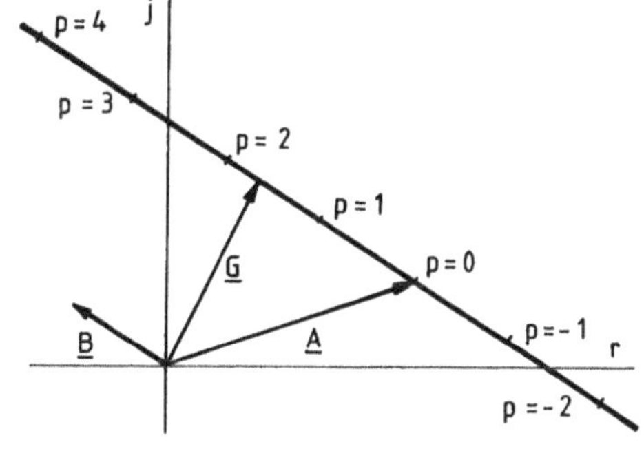

Bild 5.3 Ortskurve „Gerade" $\underline{G} = \underline{A} + p \cdot \underline{B}$

Konstruktionsanleitung

Zuerst werden die Zeiger $\underline{A}$ und $\underline{B}$ gezeichnet, dann wird parallel zum Zeiger $\underline{B}$ eine Gerade gezeichnet und schließlich werden mit der Länge des Zeigers $\underline{B}$ die Parameter $p = 0, \pm 1, \pm 2, \pm 3, \ldots$ eingetragen.

Kann der Parameter p nur Null und positive Zahlen annehmen, dann besteht die Ortskurve aus einer entsprechenden Teilgeraden. Bevor die Ortskurve gezeichnet wird, sollte überprüft werden, ob der Parameter auch negativ werden kann.

Beispiel 1:

Ortskurve des komplexen Widerstandes der Reihenschaltung zweier Spulen, bei der die eine Spule veränderlich ist:

$$R_{r1} = 500\Omega \quad R_{r2} = 200 \ldots 2000\Omega$$

$$L_{r1} = 1\text{mH} \quad L_{r2} = 2 \ldots 20\text{mH} \quad \text{bei} \quad f = 50\text{kHz}$$

$$\underline{Z} = R_{r1} + j\omega L_{r1} + R_{r2} + j\omega L_{r2}$$

$$\text{mit} \quad R_{r2} = p \cdot R_{r0} \quad R_{r0} = 200\Omega$$

$$L_{r2} = p \cdot L_{r0} \quad L_{r0} = 2\text{mH}$$

$$p = 1 \ldots 10$$

$$\underline{Z} = R_{r1} + j\omega L_{r1} + p \cdot (R_{r0} + j\omega L_{r0})$$

$$\text{wobei} \quad \underline{A} = R_{r1} + j\omega L_{r1} \quad \text{und} \quad \underline{B} = R_{r0} + j\omega L_{r0}$$

$$\underline{Z} = 500\Omega + j \cdot 2\pi \cdot 50 \cdot 10^3 \text{s}^{-1} \cdot 1 \cdot 10^{-3}\text{H} +$$

$$+ p \cdot (200\Omega + j \cdot 2\pi \cdot 50 \cdot 10^3 \text{s}^{-1} \cdot 2 \cdot 10^{-3}\text{H})$$

$$\underline{Z} = (500 + j \cdot 314)\Omega + p \cdot (200 + j \cdot 628)\Omega$$

$$\text{mit} \quad p = 1, \ldots, 10$$

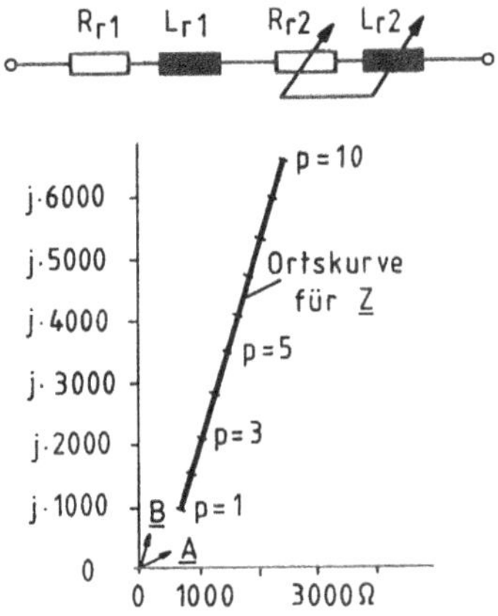

Bild 5.4 Schaltbild und Ortskurve der Reihenschaltung einer konstanten und einer veränderlichen Spule

Beispiel 2:

Ortskurve der Spannung über der Reihenschaltung eines konstanten ohmschen Widerstandes und einer variablen Kapazität bei konstantem Strom:

$$\underline{U} = (R_r + j \cdot X_r) \cdot \underline{I} = \left(R_r - j \cdot \frac{1}{\omega C_r}\right) \cdot \underline{I}$$

Die Spannung nimmt mit größer werdender Kapazität ab bzw. mit größer werdendem Blindanteil des komplexen Widerstandes zu:

$$\underline{U} = R_r \cdot \underline{I} - j \cdot \frac{1}{\omega \cdot p \cdot C_{r0}} \cdot \underline{I}$$

$$\text{mit} \quad C_r = p \cdot C_{r0}$$

Um auf die allgemeine Form der Geradengleichung zu kommen, muss ein Parameter p^* eingeführt werden, der reziprok zu p ist:

$$\underline{U} = R_r \cdot \underline{I} + p^* \cdot j \cdot X_{r0} \cdot \underline{I} = R_r \cdot \underline{I} + p^* \cdot \left(-\frac{j \cdot \underline{I}}{\omega \cdot C_{r0}}\right)$$

$$\text{mit} \quad p^* = \frac{1}{p} \quad \text{und} \quad X_r = p^* \cdot X_{r0} = p^* \cdot \frac{-1}{\omega \cdot C_{r0}}$$

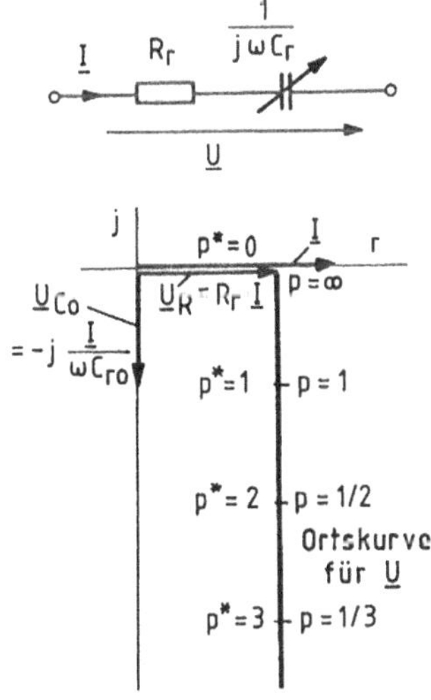

Bild 5.5 Ortskurve der Spannung am Kondensator bei variabler Kapazität

Die Ortskurve für die Spannung am Kondensator beginnt auf der reellen Achse bei der ohmschen Spannung $\underline{U}_R = R_r \cdot \underline{I}$ und verläuft parallel zur negativen imaginären Achse. Als Parameter können sowohl p als auch p^* verwendet werden, die nur positive Zahlen annehmen, weil negative Kapazitäten ausgeschlossen sind.

Die Ortskurve für die Spannung an der Reihenschaltung eines konstanten ohmschen Widerstandes und einer variablen Induktivität beginnt auf der reelen Achse bei $\underline{U}_R$ und verläuft parallel zur positiven imaginären Achse.

Entsprechendes gilt für die Ströme durch die Blindwiderstände von Parallelschaltungen von R_p und variablen L_p bzw. C_p, wenn die anliegende Spannung konstant ist.

Beispiel 3: Ortskurven

des komplexen Widerstandes der Reihenschaltung eines variablen ohmschen Widerstandes, einer konstanten Induktivität, einer konstanten Kapazität bei konstanter Frequenz und des komplexen Leitwerts der Parallelschaltung eines variablen ohmschen Widerstandes, einer konstanten Induktivität, einer konstanten Kapazität bei konstanter Frequenz:

Reihenschaltung

$$\underline{Z}_r = R_r + j \cdot X_r$$

$$\underline{Z}_r = p \cdot R_{r0} + j \cdot \left(\omega L_r - \frac{1}{\omega C_r} \right)$$

Parallelschaltung:

$$\underline{Y}_p = \frac{1}{R_p} + j \cdot B_p$$

$$\underline{Y}_p = \frac{1}{p \cdot R_{p0}} + j \cdot \left(\omega C_p - \frac{1}{\omega L_p} \right)$$

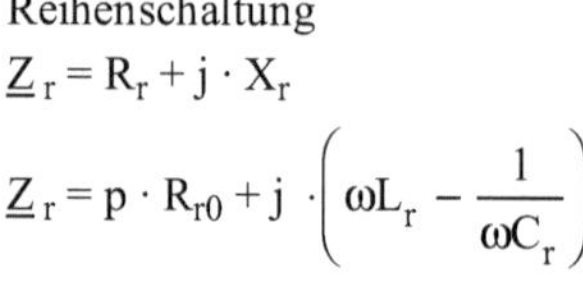

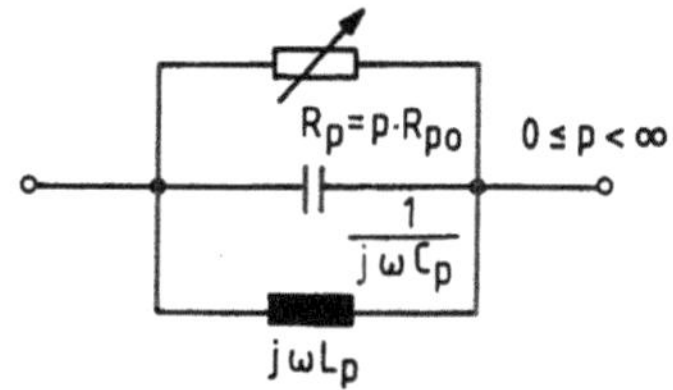

Ortskurven für $\underline{Z}_r$ mit $X_r \gtrless 0$:

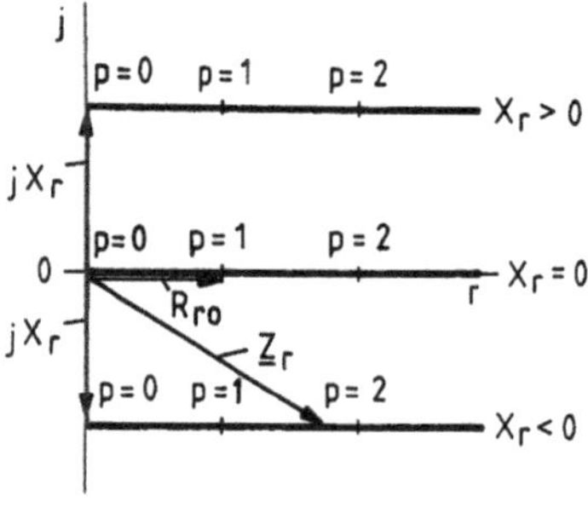

Ortskurven für $\underline{Y}_p$ mit $B_p \gtrless 0$:

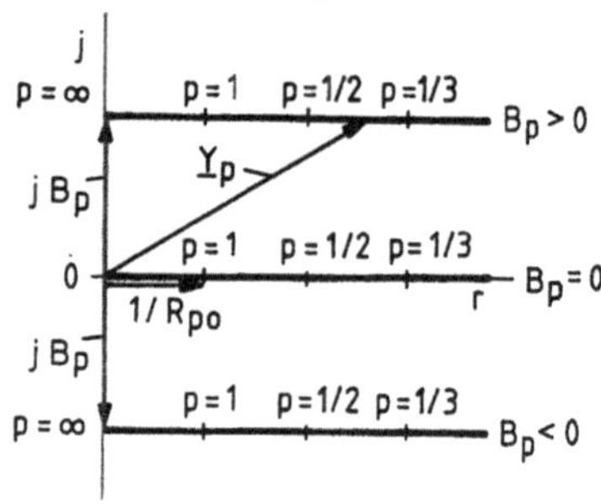

Bild 5.6 Ortskurven von Schwingkreisen mit variablem ohmschen Widerstand

Beispiel 4:

Ortskurven des komplexen Widerstandes der Reihenschaltung und des komplexen Leitwerts der Parallelschaltung eines konstanten ohmschen Widerstandes und einer variablen Induktivität oder einer variablen Kapazität bei konstanter Frequenz:

Reihenschaltung

$$\underline{Z}_r = R_r + j \cdot X_r = R_r + p \cdot j \cdot X_{r0}$$
$$\text{mit } X_r = p \cdot X_{r0} \quad \text{und} \quad 0 \le p < \infty$$

Parallelschaltung:

$$\underline{Y}_p = G_p + j \cdot B_p = G_p + p \cdot j \cdot B_{p0}$$
$$\text{mit } B_p = p \cdot B_{p0} \quad \text{und} \quad 0 \le p < \infty$$

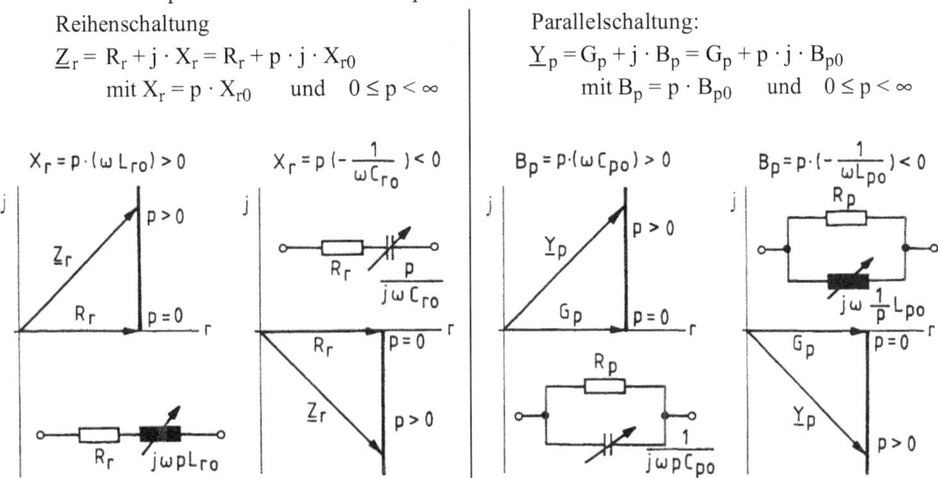

Bild 5.7 Ortskurven des komplexen Widerstandes der Reihenschaltung und des komplexen Leitwerts der Parallelschaltung von ohmschen Widerständen und veränderlichen Blindwiderständen

Beispiel 5:

Ortskurven des komplexen Widerstandes der Reihenschaltung und des komplexen Leitwerts der Parallelschaltung eines konstanten ohmschen Widerstandes und einer konstanten Induktivität oder Kapazität bei variabler Frequenz $\omega = p \cdot \omega_0$ mit $0 \le p < \infty$:

Reihenschaltung

$$\underline{Z}_r = R_r + j \cdot X_r$$

$$\underline{Z}_r = R_r + j\omega L_r \qquad \underline{Z}_r = R_r - j \cdot \frac{1}{\omega C_r}$$

$$\underline{Z}_r = R_r + jp\omega_0 L_r \qquad \underline{Z}_r = R_r - j \cdot \frac{1}{p\omega_0 C_r}$$

Parallelschaltung:

$$\underline{Y}_p = G_p + j \cdot B_p$$

$$\underline{Y}_p = G_p + j\omega C_p \qquad \underline{Y}_p = G_p - j \cdot \frac{1}{\omega L_p}$$

$$\underline{Y}_p = G_p + jp\omega_0 C_p \qquad \underline{Y}_p = G_p - j \cdot \frac{1}{p\omega_0 L_p}$$

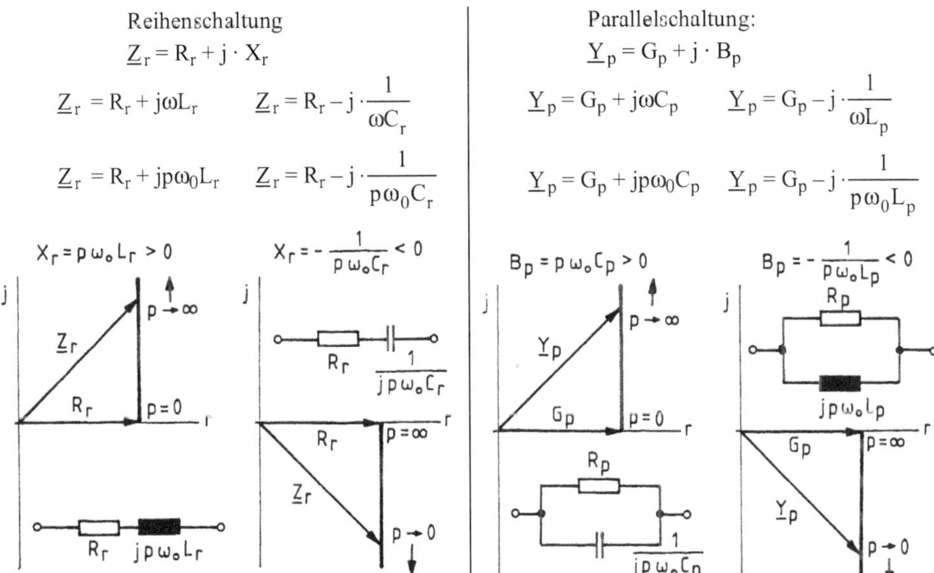

Bild 5.8 Ortskurven des komplexen Widerstands der Reihenschaltung und des komplexen Leitwerts der Parallelschaltung von ohmschen Widerständen und konstanten Induktivitäten oder Kapazitäten bei veränderlicher Frequenz

Beispiel 6:

Ortskurven des komplexen Widerstandes der Reihenschaltung und des komplexen Leitwerts der Parallelschaltung eines konstanten ohmschen Widerstandes, einer konstanten Induktivität und einer konstanten Kapazität bei variabler Frequenz $\omega = p \cdot \omega_0$ mit $0 < p < \infty$:

Die Kreisfrequenz ω muss auf die Resonanzkreisfrequenz ω_0 des Reihen- bzw. Parallelschwingkreises bezogen werden, damit der variable Imaginärteil Null werden kann.

<table>
<tr><td>

Reihenschaltung

$$\underline{Z}_r = R_r + j \cdot X_r$$

$$\underline{Z}_r = R_r + j \cdot \left(\omega L_r - \frac{1}{\omega C_r} \right)$$

$$\underline{Z}_r = R_r + j \cdot \left(p\omega_0 L_r - \frac{1}{p\omega_0 C_r} \right)$$

$$\text{mit} \quad \omega_0 = \frac{1}{\sqrt{L_r C_r}}$$

$$\underline{Z}_r = R_r + j \cdot X_{kr} \cdot \left(p - \frac{1}{p} \right)$$

mit dem Kennwiderstand

$$X_{kr} = \omega_0 L_r = \frac{1}{\omega_0 C_r} = \sqrt{\frac{L_r}{C_r}}$$

(vgl. Abschnitt 4.5.1, Gl. 4.115)

</td><td>

Parallelschaltung:

$$\underline{Y}_p = G_p + j \cdot B_p$$

$$\underline{Y}_p = G_p + j \cdot \left(\omega C_p - \frac{1}{\omega L_p} \right)$$

$$\underline{Y}_p = G_p + j \cdot \left(p\omega_0 C_p - \frac{1}{p\omega_0 L_p} \right)$$

$$\text{mit} \quad \omega_0 = \frac{1}{\sqrt{C_p L_p}}$$

$$\underline{Y}_p = G_p + j \cdot B_{kp} \cdot \left(p - \frac{1}{p} \right)$$

mit dem Kennleitwert:

$$B_{kp} = \omega_0 C_p = \frac{1}{\omega_0 L_p} = \sqrt{\frac{C_p}{L_p}}$$

(vgl. Abschnitt 4.5.2, Gl. 4.139)

</td></tr>
</table>

Der Parameter p entspricht also dem Parameter x in den Gleichungen 4.116 und 4.140:

$$X_r = X_{kr} \cdot \left(p - \frac{1}{p} \right) = X_{kr} \cdot v_r \qquad\qquad B_p = B_{kp} \cdot \left(p - \frac{1}{p} \right) = B_{kp} \cdot v_p$$

Bei Resonanzkreisfrequenz ω_0 ist der komplexe Widerstand $\underline{Z}_r$ gleich dem ohmschen Widerstand R_r und der komplexe Leitwert $\underline{Y}_p$ gleich dem ohmschen Leitwert G_p. Bei höheren Frequenzen ω als ω_0 sind die Imaginärteile positiv, bei niedrigeren Frequenzen ω als ω_0 sind die Imaginärteile negativ:

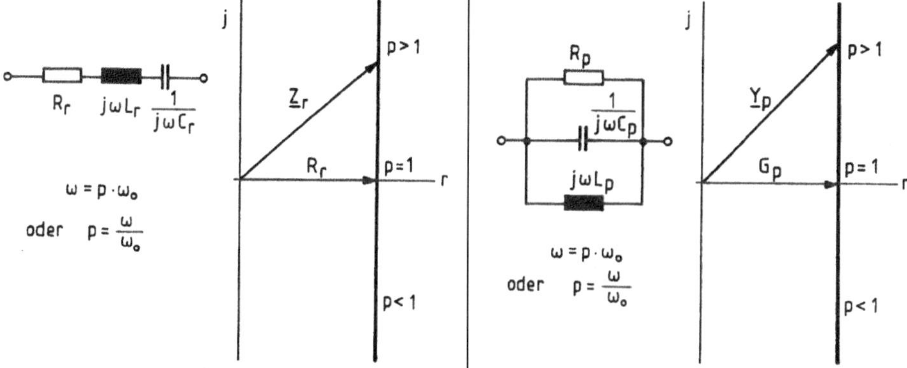

Bild 5.9 Ortskurven des komplexen Widerstandes des Reihenschschwingkreises und des komplexen Leitwerts des Parallelschschwingkreises bei veränderlicher Frequenz

5.3 Ortskurve „Kreis durch den Nullpunkt"

Gerade und Kreis durch den Nullpunkt

Die Ortskurve des veränderlichen komplexen Widerstandes $\underline{Z}_r$ einer Reihenschaltung von Wechselstromwiderständen und des veränderlichen komplexen Leitwerts $\underline{Y}_p$ einer Parallelschaltung von Wechselstromwiderständen sind Geraden mit der Ortskurvengleichung

$$\underline{G} = \underline{A} + p \cdot \underline{B} \qquad \text{bzw.} \qquad \underline{G} = \underline{A} + \left(p - \frac{1}{p} \right) \cdot \underline{B} \, .$$

Der veränderliche komplexe Leitwert $\underline{Y}_r$ der Reihenschaltung und der veränderliche komplexe Widerstand $\underline{Z}_p$ der Parallelschaltung bedeutet mit

$$\underline{Y}_r = \frac{1}{\underline{Z}_r} \qquad \text{und} \qquad \underline{Z}_p = \frac{1}{\underline{Y}_p}$$

eine Inversion der Geraden, der so genannten *Nennergeraden* ($\underline{G}$ steht im Nenner):

$$\underline{K} = \frac{1}{\underline{G}} = \frac{1}{\underline{A} + p \cdot \underline{B}} \qquad \text{mit} \quad -\infty < p < \infty \tag{5.4}$$

und speziell

$$\underline{K} = \frac{1}{\underline{G}} = \frac{1}{\underline{A} + \left(p - \dfrac{1}{p} \right) \cdot \underline{B}} \qquad \text{mit} \quad 0 < p < \infty \, . \tag{5.5}$$

Die Ortskurve, die durch die Kehrwertbildung (Inversion) der Geradenzeiger entsteht, ist ein Kreis durch den Nullpunkt, wie im folgenden nachgewiesen werden soll.

Nachweis für die Ortskurve „Kreis durch den Nullpunkt"

Die Ortskurvengleichung

$$\underline{K} = \frac{1}{\underline{A} + p \cdot \underline{B}}$$

besteht aus den Zeigern $\underline{A} = A \cdot e^{j\alpha}$, $\underline{B} = B \cdot e^{j\beta}$ und $\underline{K} = K \cdot e^{j\kappa}$.

$\underline{K}$ ist der Kreiszeiger, der im Koordinatenursprung beginnt und mit dem variablen Parameter p in den entsprechenden Kreispunkten endet.

Werden Zähler und Nenner durch $\underline{A}$ dividiert, dann ergibt sich

$$\underline{K} = \frac{\dfrac{1}{\underline{A}}}{1 + p \cdot \dfrac{\underline{B}}{\underline{A}}} = \frac{\underline{K}_0}{1 + p \cdot \underline{C}}$$

$$\text{mit} \quad \underline{C} = \frac{\underline{B}}{\underline{A}} = \frac{B}{A} \cdot e^{j(\beta - \alpha)} = C \cdot e^{j\gamma} \quad \text{mit} \quad \gamma = \beta - \alpha$$

$$\text{und} \quad \underline{K}_0 = \frac{1}{\underline{A}} = \frac{1}{A \cdot e^{j\alpha}} = \frac{1}{A} \cdot e^{-j\alpha} = K_0 \cdot e^{j(-\alpha)} \, .$$

$\underline{K}_0$ ist der Kreiszeiger für p = 0, wie aus der Kreisgleichung zu ersehen ist. Er liegt auf dem Strahl vom Koordinatenursprung mit dem Winkel – α und hat den Betrag 1/A. Wird der Nenner 1 + p$\underline{C}$ auf die linke Seite gebracht, dann ergibt sich eine Gleichung von drei Zeigern:

$$\underline{K} + p\underline{C} \cdot \underline{K} = \underline{K}_0$$

oder

$$\underline{K} + \underline{D} = \underline{K}_0$$

mit

$$\underline{D} = p \cdot \underline{C} \cdot \underline{K} = D \cdot e^{j\delta} = D \cdot e^{j(\delta+2\pi)}$$

und

$$p\underline{C} = \frac{\underline{D}}{\underline{K}} = \frac{D}{K} \cdot e^{j(\delta-\kappa)}$$

$$p\underline{C} = pC \cdot e^{j\gamma} = pC \cdot e^{j(\beta-\alpha)}$$

wobei

$$\gamma = \delta - \kappa$$

bzw.

$$\kappa + \gamma = \delta = \delta + 2\pi$$

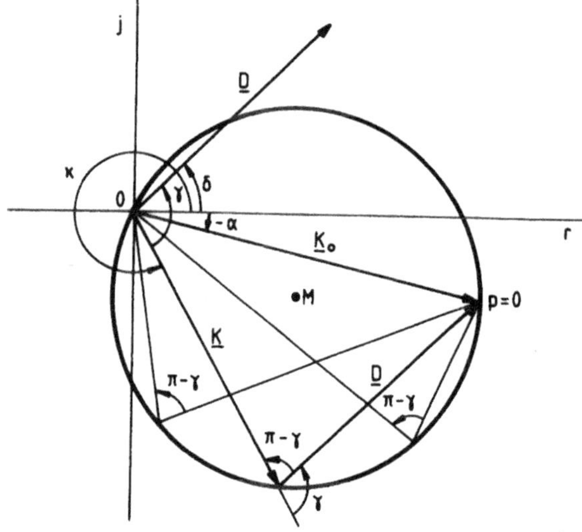

Bild 5.10
Kreis durch den Nullpunkt:
Ortskurvengleichung und Darstellung

Die drei Zeiger $\underline{K}$, $\underline{D}$ und $\underline{K}_0$ bilden ein geschlossenes Dreieck. Wird der Parameter p variiert, dann ändern sich die beiden Zeiger $\underline{K}$ und $\underline{D}$, der Zeiger $\underline{K}_0$ bleibt unverändert.

Der Winkel γ, der zwischen den Zeigern $\underline{D}$ und $\underline{K}$ liegt, bleibt bei Variation des Parameters p ebenfalls unverändert, weil er durch β und α feststeht.

Sind von einem Dreieck eine Seite $K_0 = 1/A$ und der gegenüberliegende Winkel $\pi - \gamma$ bei Variation der beiden übrigen Seiten K und D konstant, dann liegt das Dreieck in einem Kreis, denn über einer Sehne K_0 eines Kreises bleibt der gegenüberliegende Peripheriewinkel $\pi - \gamma$ konstant.

Herleitung der Konstruktionsvorschrift

Ein Kreis, der durch den Koordinatenursprung verläuft, ist allein durch die Lage des Mittelpunktes M bestimmt, denn der Radius ist dann durch die Strecke $\overline{M0}$ festgelegt. Aus den gegebenen Zeigern $\underline{A}$ und $\underline{B}$ der Ortskurvengleichung muss also die Lage des Kreismittelpunktes eindeutig ermittelt werden können:

Der Mittelpunkt M ergibt sich aus dem Schnittpunkt der Mittelsenkrechten auf dem Kreiszeiger $\underline{K}_0 = 1/\underline{A}$ und des Lotes auf der Kreistangenten im Koordinatenursprung, die mit der Richtung des konjugiert komplexen Zeigers $\underline{B}^*$ und des negativen konjugiert komplexen Zeigers $-\underline{B}^*$ übereinstimmt.

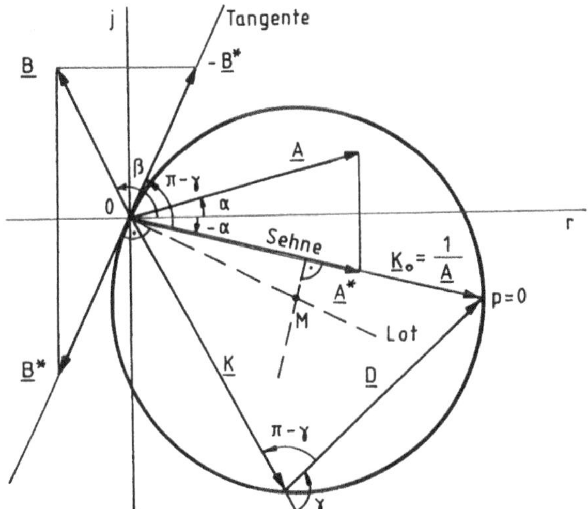

Bild 5.11
Herleitung der Konstruktionsvorschrift der Ortskurve „Kreis durch den Nullpunkt"

Aus dem Zeiger $\underline{A}$ lässt sich der konjugiert komplexe Zeiger $\underline{A}^*$ durch Spiegelung an der reellen Achse ermitteln. Damit liegt die Gerade fest, auf der der Kreiszeiger $\underline{K}_0$ liegt, denn die Zeiger $\underline{A}^*$ und $\underline{K}_0 = 1/\underline{A}$ haben die gleiche Richtung. Auf dieser Geraden wird im Abstand $0{,}5/A = 1/(2A)$ die Senkrechte, die Mittelsenkrechte auf $\underline{K}_0$, gezeichnet.

Aus dem Zeiger $\underline{B}$ kann ebenfalls durch Spiegelung an der reellen Achse der konjugiert komplexe Zeiger $\underline{B}^*$ bestimmt werden. Dieser liegt auf der Tangente, auf der im Koordinatenursprung die Senkrechte zu bilden ist.

Dass die Zeiger $\underline{B}^*$ bzw. $-\underline{B}^*$ auf der Kreistangenten im Koordinatenursprung liegen, muss noch nachgewiesen werden:

Bei einem Kreis ist der Peripheriewinkel $\pi - \gamma$ gleich dem Sehnen-Tangenten-Winkel, der zwischen der Sehne $\underline{K}_0$ und der Tangente liegt. Zwischen der Tangente und der reellen Achse tritt damit der Winkel $(\pi - \gamma) - \alpha$ auf, der gleich dem Argument des negativen konjugiert komplexen Zeigers $-\underline{B}^*$ ist:

$$(\pi - \gamma) - \alpha = \pi - (\gamma + \alpha)$$

$$\text{mit} \quad \gamma = \beta - \alpha \quad \text{bzw.} \quad \beta = \gamma + \alpha$$

$$(\pi - \gamma) - \alpha = \pi - \beta$$

$$-\underline{B}^* = -B \cdot e^{-j\beta} = B \cdot e^{j(\pi - \beta)} \quad \text{mit} \quad e^{j\pi} = -1.$$

Die konjugiert komplexen Zeiger $\underline{A}^*$ und $\underline{B}^*$, die das Zeichnen des Kreises ermöglichen, bilden die gespiegelte Nennergerade

$$\underline{G}^* = \underline{A}^* + p \cdot \underline{B}^*. \tag{5.6}$$

Diese verläuft parallel zum Zeiger $\underline{B}^*$, so dass auch auf der gespiegelten Nennergeraden die Senkrechte gezeichnet werden kann, um den Mittelpunkt zu erhalten.

Die gespiegelte Nennergerade muss gezeichnet werden, weil mit ihrer Hilfe die Parameter p auf dem Kreis gefunden und eingetragen werden können. Für einen bestimmten Parameter p haben der Zeiger an den Kreis $\underline{K}$ und der Zeiger an die gespiegelte Nennergerade $\underline{G}^*$ die gleiche Richtung, wie folgende Gleichung zeigt:

$$\underline{K} = K \cdot e^{j\kappa} = \frac{1}{\underline{G}} = \frac{1}{G \cdot e^{-j\kappa}} = \frac{G}{G^2} \cdot e^{j\kappa} = \frac{1}{G^2} \cdot \underline{G}^*. \tag{5.7}$$

Die beiden Zeiger $\underline{K}$ und $\underline{G}^*$ für einen gleichen Parameter p unterscheiden sich nur durch ihren Betrag, also durch ihre Länge. Punkte des Kreises $\underline{K}$ und der konjugiert komplexen Nennergeraden $\underline{G}^*$ mit gleichen p-Werten liegen deshalb jeweils auf einer Geraden, die durch den Koordinatenursprung geht. Die p-Werte auf dem Kreis werden also mit Hilfe eines Lineals ermittelt, das an den Koordinatenursprung 0 und an die Punkte der Geraden $\underline{G}^*$ angelegt wird. Die Parameterwerte der Geraden $\underline{G}^*$ werden dann jeweils auf den Kreis übertragen.

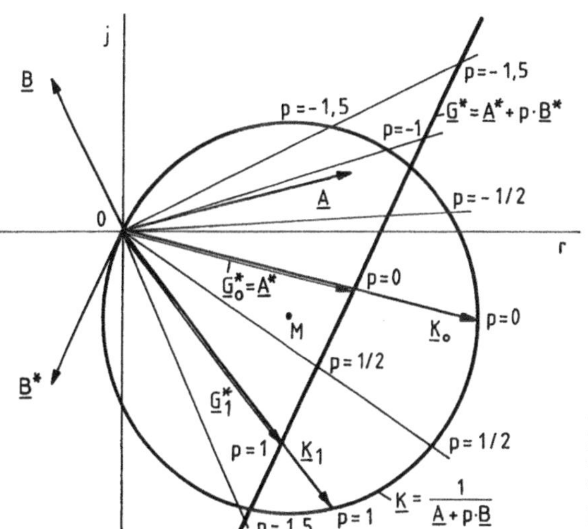

Bild 5.12
Ermittlung der Parameterwerte auf der Ortskurve „Kreis durch den Null-punkt" mit Hilfe der konjugiert komplexen Nennergeraden

Die Geraden durch den Koordinatenursprung 0 zur Bestimmung der p-Werte des Kreises sind im Bild 5.12 nur zum besseren Verständnis der Zusammenhänge eingetragen. Sie werden selbstverständlich bei den Ortskurvenkonstruktionen weggelassen, damit das Ortskurvenbild übersichtlich bleibt. Die auf den Kreis zu übertragenden p-Werte werden auf dem Kreis nur markiert.

Konstruktionsanleitung für die Ortskurve „Kreis durch den Nullpunkt"

Bei der Konstruktion der Ortskurve eines Kreises, der durch den Koordinatenursprung verläuft, sollte nach Erkennen der Ortskurvengleichung

$$\underline{K} = \frac{1}{\underline{A} + p \cdot \underline{B}} = \frac{1}{\underline{G}} \quad \text{bzw.} \quad \underline{K} = \frac{1}{\underline{A} + \left(p - \dfrac{1}{p}\right) \cdot \underline{B}} = \frac{1}{\underline{G}}$$

nach folgenden Schritten vorgegangen werden (siehe Bild 5.13):

Nachdem auf der reellen und imaginären Achse gleiche Maßstäbe gewählt sind, kann mit der Konstruktion begonnen werden.

1. Zeichnen der Nennergeraden $\underline{G} = \underline{A} + p \cdot \underline{B}$.

2. Spiegelung der Nennergeraden an der reellen Achse ergibt $\underline{G}^* = \underline{A}^* + p \cdot \underline{B}^*$.

3. Zeichnen der Senkrechten auf der gespiegelten Nennergeraden $\underline{G}^*$, die durch den Nullpunkt verläuft.

4. Berechnen von 1/(2A), Festlegen des Maßstabs für 1/(2A) und Zeichnen der Senkrechten auf $\underline{A}^*$ im Abstand 1/(2A). Die Festlegung der Länge von 1/(2A) bestimmt die Größe des Kreises.

5. Schnittpunkt der beiden Senkrechten ergibt den Mittelpunkt M des Kreises. Zeichnen des Kreises mit dem Radius $\overline{\text{M0}}$.

6. Bezifferung des Kreises mit den Parameterwerten p entsprechend der gespiegelten Nennergeraden $\underline{G}^*$.

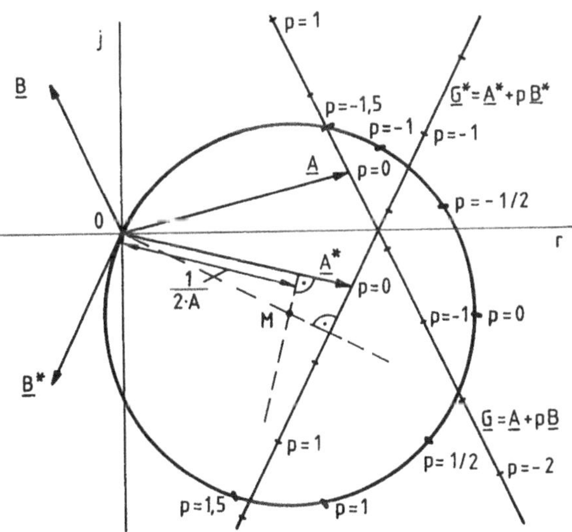

Bild 5.13
Konstruktion der Ortskurve
„Kreis durch den Nullpunkt"

Beispiel 1:

Ortskurve des komplexen Leitwerts der Reihenschaltung zweier Spulen, bei der die eine Spule veränderlich ist:

$$R_{r1} = 23\Omega \qquad R_{r2} = 0 \dots 36\Omega \quad \text{mit} \quad R_{r0} = 12\Omega$$

$$X_{r1} = 10\Omega \qquad X_{r2} = 0 \dots 66\Omega \qquad X_{r0} = 22\Omega \qquad \text{d. h.} \quad p = 0 \dots 3$$

Die Gleichung der Nennergeraden lautet:

$$\underline{Z} = R_{r1} + jX_{r1} + p \cdot (R_{r0} + jX_{r0}) = (23 + j \cdot 10)\Omega + p \cdot (12 + j \cdot 22)\Omega$$

Die Inversion der Nennergerade ergibt die Kreisgleichung:

$$\underline{Y} = \frac{1}{\underline{Z}} = \frac{1}{R_{r1} + j \cdot X_{r1} + p \cdot (R_{r0} + j \cdot X_{r0})} = \frac{1}{(23 + j \cdot 10)\Omega + p \cdot (12 + j \cdot 22)\Omega}$$

Dabei ist

$$\underline{A} = (23 + j \cdot 10)\Omega$$

$$A = \sqrt{23^2 + 10^2}\,\Omega = 25\Omega$$

und $1/(2A) = 20\text{mS} \; \hat{=} \; 2\text{cm}.$

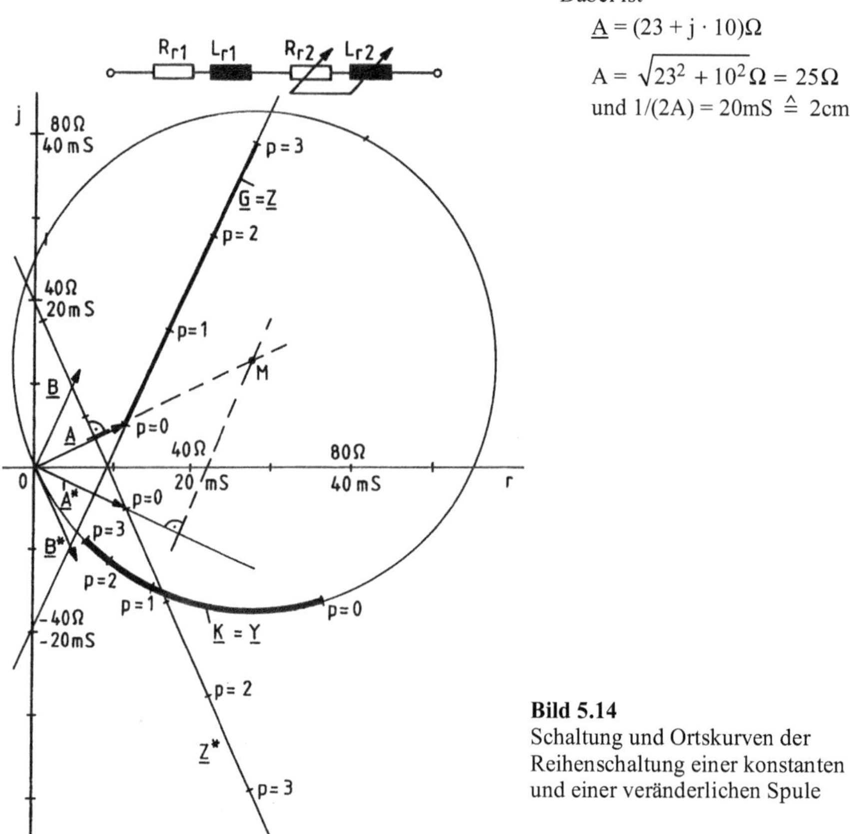

Bild 5.14
Schaltung und Ortskurven der Reihenschaltung einer konstanten und einer veränderlichen Spule

Sowohl die Ortskurve des komplexen Widerstands als auch die des komplexen Leitwerts ist nur für positive Parameter sinnvoll.

Die Ortskurvenpunkte des komplexen Leitwerts lassen sich rechnerisch kontrollieren:

$$p = 0 \quad \underline{Z}_0 = (23 + j \cdot 10)\Omega$$

$$\underline{Y}_0 = \frac{1}{(23 + j \cdot 10)\Omega} \cdot \frac{(23 - j \cdot 10)\Omega}{(23 - j \cdot 10)\Omega} = \frac{(23 - j \cdot 10)\Omega}{629\,\Omega^2} = (36{,}6 - j \cdot 15{,}9)\text{mS}$$

$$p = 1 \quad \underline{Z}_1 = (23 + j \cdot 10)\Omega + 1 \cdot (12 + j \cdot 22)\Omega = (35 + j \cdot 32)\Omega$$

$$\underline{Y}_1 = \frac{1}{(35 + j \cdot 32)\Omega} \cdot \frac{(35 - j \cdot 32)\Omega}{(35 - j \cdot 32)\Omega} = \frac{(35 - j \cdot 32)\Omega}{2249\,\Omega^2} = (15{,}6 - j \cdot 14{,}2)\,\text{mS}$$

$$p = 2 \quad \underline{Z}_2 = (23 + j \cdot 10)\Omega + 2 \cdot (12 + j \cdot 22)\Omega = (47 + j \cdot 54)\Omega$$

$$\underline{Y}_2 = \frac{1}{(47 + j \cdot 54)\Omega} \cdot \frac{(47 - j \cdot 54)\Omega}{(47 - j \cdot 54)\Omega} = \frac{(47 - j \cdot 54)\Omega}{5125\,\Omega^2} = (9{,}2 - j \cdot 10{,}5)\,\text{mS}$$

$$p = 3 \quad \underline{Z}_3 = (23 + j \cdot 10)\Omega + 3 \cdot (12 + j \cdot 22)\Omega = (59 + j \cdot 76)\Omega$$

$$\underline{Y}_3 = \frac{1}{(59 + j \cdot 76)\Omega} \cdot \frac{(59 - j \cdot 76)\Omega}{(59 - j \cdot 76)\Omega} = \frac{(59 - j \cdot 76)\Omega}{9257\,\Omega^2} = (6{,}4 - j \cdot 8{,}2)\,\text{mS}$$

Beispiel 2:

Ortskurve des Stroms durch die Reihenschaltung eines konstanten ohmschen Widerstandes und einer variablen Kapazität bei konstanter Spannung:

$$\underline{I} = \frac{U}{R_r + j \cdot X_r}$$

$$\underline{I} = \frac{U}{R_r - j \cdot \dfrac{1}{\omega C_r}}$$

$$\underline{I} = \frac{U}{R_r - j \cdot \dfrac{1}{\omega\,p\,C_{r0}}}$$

$$\underline{I} = \frac{1}{\dfrac{R_r}{\underline{U}} - j\,\dfrac{1}{p \cdot \omega\,C_{r0}\,\underline{U}}}$$

oder

$$\underline{I} = \frac{1}{\dfrac{R_r}{\underline{U}} - j \cdot p^* \cdot \dfrac{1}{\omega\,C_{r0}\,\underline{U}}}$$

$$\text{mit}\quad C_r = p \cdot C_{r0} = \frac{1}{p^*} \cdot C_{r0}$$

Dabei sind

$$\underline{A} = \frac{R_r}{\underline{U}}\,,\ \underline{B} = -j \cdot \frac{1}{\omega C_{r0}\,\underline{U}}$$

und

$$\frac{1}{2A} = \frac{U}{2R_r}$$

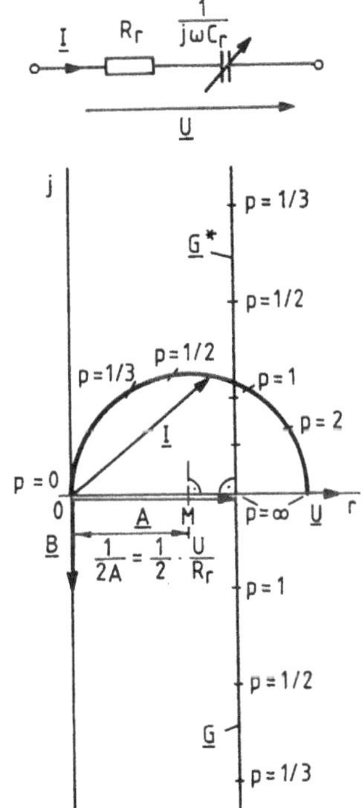

Bild 5.15 Ortskurve des Stroms durch den Kondensator bei variabler Kapazität

Bei $p = 0$ ist der kapazitive Widerstand unendlich groß, so dass der Strom Null ist. Wird die Kapazität sehr groß, dann ist der kapazitive Widerstand vernachlässigbar klein; bei $p = \infty$ ist der Strom nur noch durch den ohmschen Widerstand R_r begrenzt.

(vgl. mit Beispiel 2 der Ortskurve „Gerade")

Beispiel 3:

Ortskurven

des komplexen Leitwerts der Reihenschaltung eines variablen ohmschen Widerstandes, einer konstanten Induktivität, einer konstanten Kapazität bei konstanter Frequenz und des komplexen Widerstandes der Parallelschaltung eines variablen ohmschen Widerstandes, einer konstanten Induktivität, einer konstanten Kapazität bei konstanter Frequenz:

(vgl. mit Beispiel 3 der Ortskurve „Gerade")

<table>
<tr><td>

Reihenschaltung

$$\underline{Y}_r = \frac{1}{\underline{Z}_r} = \frac{1}{R_r + j \cdot X_r}$$

$$\underline{Y}_r = \frac{1}{p \cdot R_{r0} + j \cdot \left(\omega L_r - \dfrac{1}{\omega C_r} \right)}$$

mit $\underline{A} = j \cdot X_r$ und $\dfrac{1}{2A} = \dfrac{1}{2X_r}$

</td><td>

Parallelschaltung:

$$\underline{Z}_p = \frac{1}{\underline{Y}_p} = \frac{1}{\dfrac{1}{R_p} + j \cdot B_p}$$

$$\underline{Z}_p = \frac{1}{\dfrac{1}{p \cdot R_{p0}} + j \cdot \left(\omega C_p - \dfrac{1}{\omega L_p} \right)}$$

mit $\underline{A} = j \cdot B_p$ und $\dfrac{1}{2A} = \dfrac{1}{2B_p}$

</td></tr>
</table>

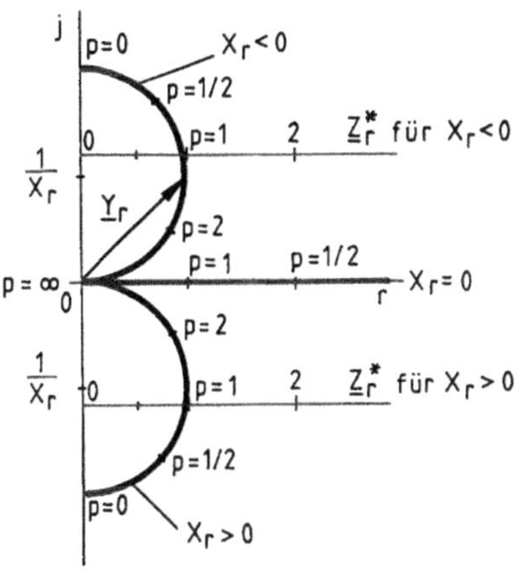

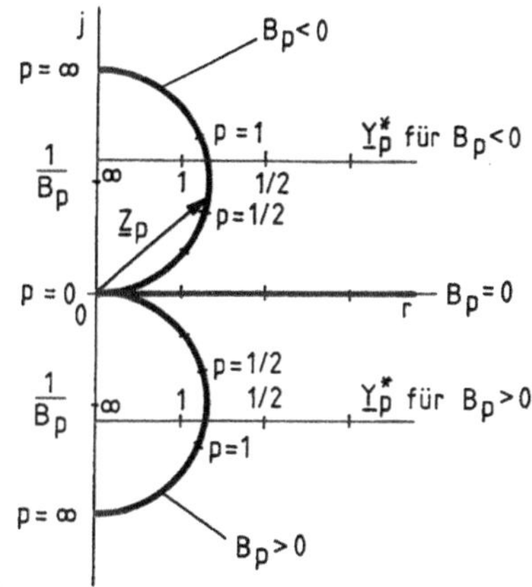

Bild 5.16 Ortskurven von Schwingkreisen mit variablem ohmschen Widerstand

Beispiel 4:

Ortskurven des komplexen Leitwerts der Reihenschaltung und des komplexen Widerstandes der Parallelschaltung eines konstanten ohmschen Widerstandes und einer variablen Induktivität oder einer variablen Kapazität bei konstanter Frequenz:

(vgl. mit Beispiel 4 der Ortskurve „Gerade")

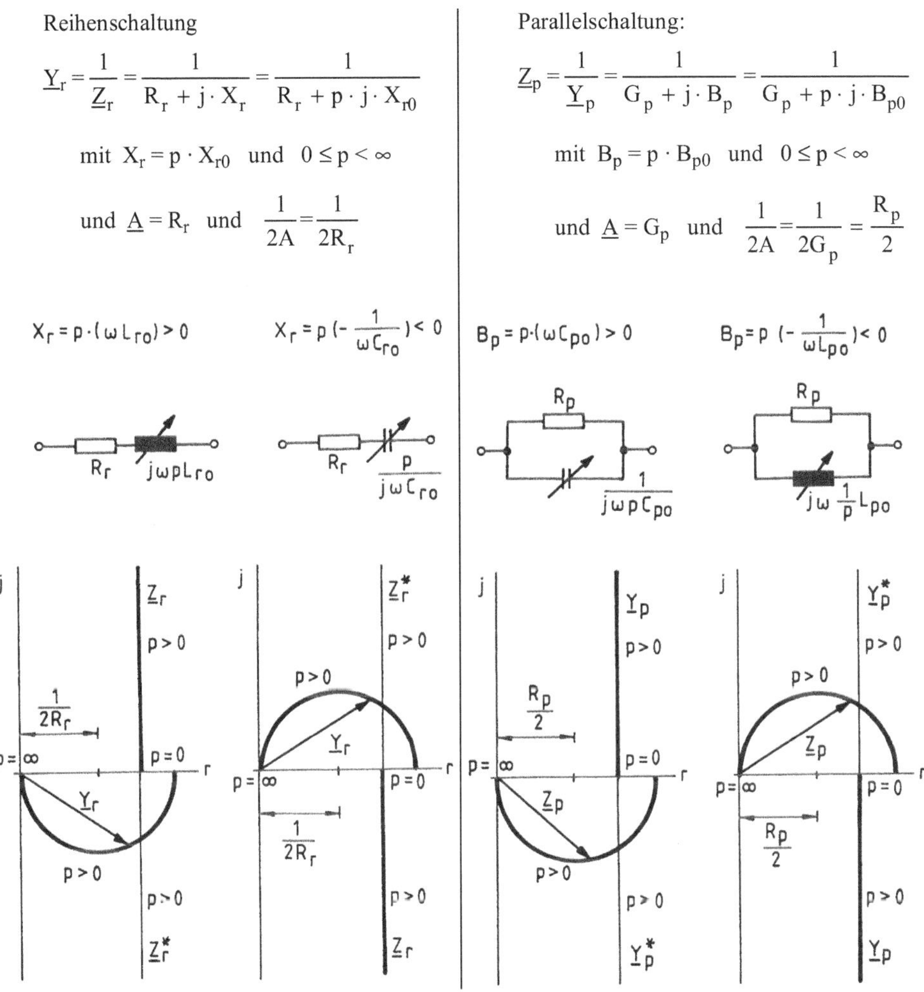

Bild 5.17 Ortskurven des komplexen Leitwerts der Reihenschaltung und des komplexen Widerstandes der Parallelschaltung von ohmschen Widerständen und veränderlichen Blindwiderständen

Beispiel 5:

Ortskurven des komplexen Leitwerts der Reihenschaltung und des komplexen Widerstandes der Parallelschaltung eines konstanten ohmschen Widerstandes und einer konstanten Induktivität oder Kapazität bei variabler Frequenz $\omega = p \cdot \omega_0$ mit $0 < p < \infty$:

(vgl. mit Beispiel 5 der Ortskurve „Gerade")

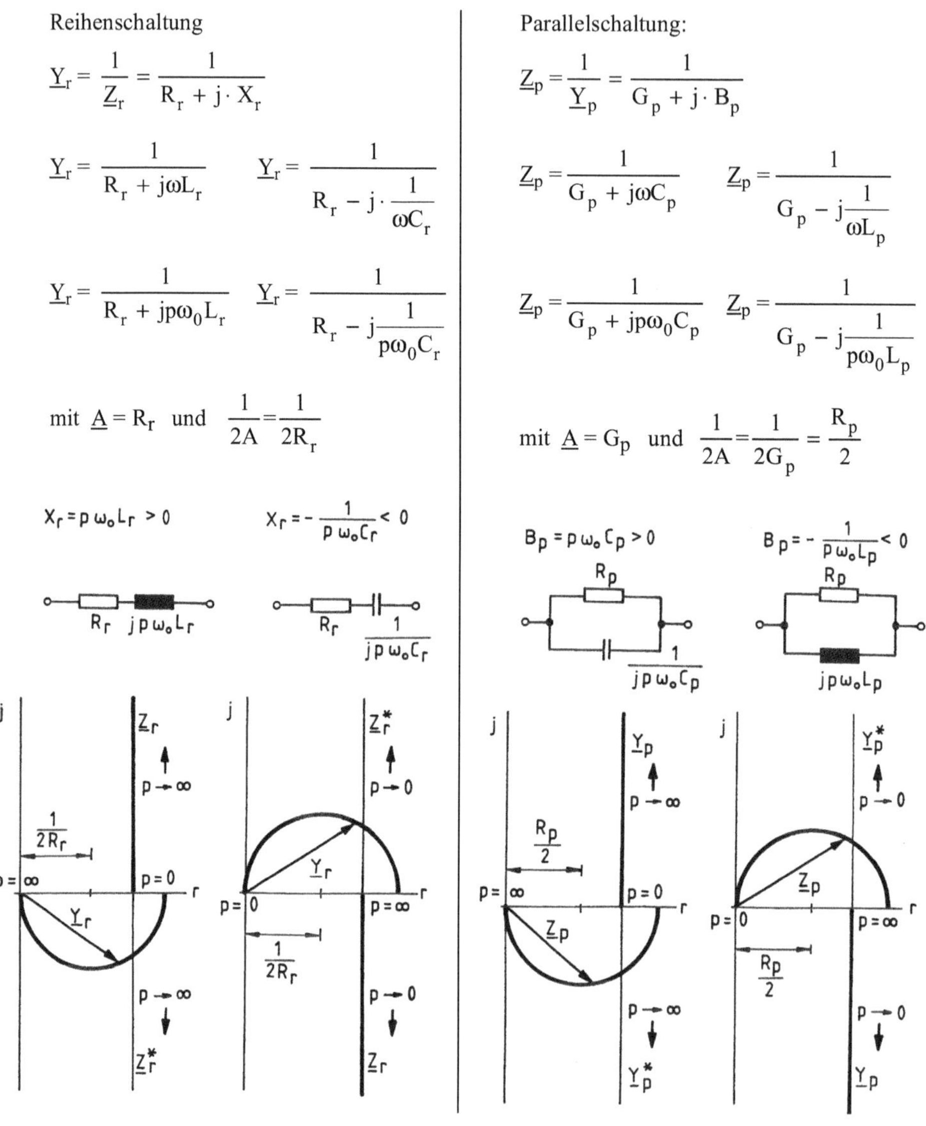

Bild 5.18 Ortskurven des komplexen Leitwerts der Reihenschaltung und des komplexen Widerstandes der Parallelschaltung von ohmschen Widerständen und konstanten Induktivitäten oder Kapazitäten bei veränderlicher Frequenz

Beispiel 6:

Ortskurven des komplexen Leitwerts der Reihenschaltung und des komplexen Widerstandes der Parallelschaltung eines konstanten ohmschen Widerstandes, einer konstanten Induktivität und einer konstanten Kapazität bei variabler Frequenz $\omega = p \cdot \omega_0$ mit $0 < p < \infty$:
(vgl. mit Beispiel 6 der Ortskurve „Gerade")

Die Kreisfrequenz ω muss auf die Resonanzkreisfrequenz ω_0 des Reihen- bzw. Parallelschwingkreises bezogen werden, damit der variable Imaginärteil Null werden kann.

Reihenschaltung

$$\underline{Y}_r = \frac{1}{\underline{Z}_r} = \frac{1}{R_r + j \cdot X_r}$$

$$\underline{Y}_r = \frac{1}{R_r + j \cdot \left(\omega L_r - \dfrac{1}{\omega C_r} \right)}$$

$$\underline{Y}_r = \frac{1}{R_r + j \cdot \left(p\omega_0 L_r - \dfrac{1}{p\omega_0 C_r} \right)}$$

$$\text{mit} \quad \omega_0 = \frac{1}{\sqrt{L_r C_r}}$$

$$\underline{Y}_r = \frac{1}{R_r + j \cdot X_{kr} \cdot \left(p - \dfrac{1}{p} \right)}$$

mit dem Kennwiderstand

$$X_{kr} = \omega_0 L_r = \frac{1}{\omega_0 C_r} = \sqrt{\frac{L_r}{C_r}}$$

(vgl. Abschnitt 4.5.1, Gl. 4.115)

Parallelschaltung:

$$\underline{Z}_p = \frac{1}{\underline{Y}_p} = \frac{1}{G_p + j \cdot B_p}$$

$$\underline{Z}_p = \frac{1}{G_p + j \cdot \left(\omega C_p - \dfrac{1}{\omega L_p} \right)}$$

$$\underline{Z}_p = \frac{1}{G_p + j \cdot \left(p\omega_0 C_p - \dfrac{1}{p\omega_0 L_p} \right)}$$

$$\text{mit} \quad \omega_0 = \frac{1}{\sqrt{C_p L_p}}$$

$$\underline{Z}_p = \frac{1}{G_p + j \cdot B_{kp} \cdot \left(p - \dfrac{1}{p} \right)}$$

mit dem Kennleitwert

$$B_{kp} = \omega_0 C_p = \frac{1}{\omega_0 L_p} = \sqrt{\frac{C_p}{L_p}}$$

(vgl. Abschnitt 4.5.2, Gl. 4.139)

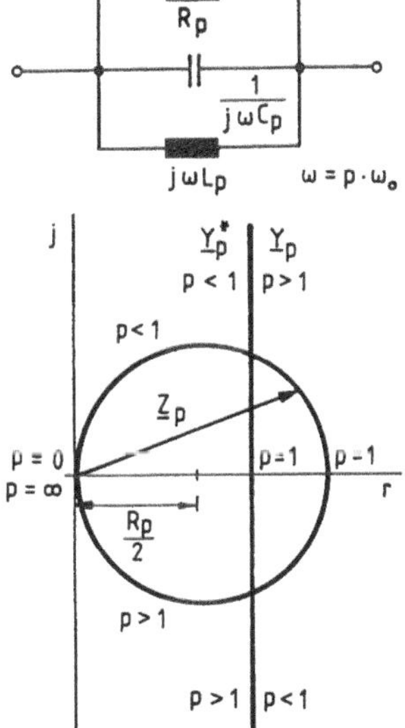

Bild 5.19 Ortskurven des komplexen Leitwerts des Reihenschwingkreises und des komplexen Widerstandes des Parallelschwingkreises bei variabler Frequenz

Der Parameter p entspricht also dem Parameter x in den Gleichungen 4.116 und 4.140:

$$X_r = X_{kr} \cdot \left(p - \frac{1}{p} \right) = X_{kr} \cdot v_r \qquad\qquad B_p = B_{kp} \cdot \left(p - \frac{1}{p} \right) = B_{kp} \cdot v_p$$

Bei Resonanzkreisfrequenz ω_0 ist der komplexe Leitwert $\underline{Y}_r = 1/\underline{Z}_r = 1/R_r$ und der komplexe Widerstand $\underline{Z}_p = 1/\underline{Y}_p = 1/G_p = R_p$.

Für die Konstruktion der Kreise sind jeweils die Abschnitte $1/(2A)$ zu ermitteln:

$$\underline{A} = R_r \quad \text{und} \quad \frac{1}{2A} = \frac{1}{2R_r} \qquad\qquad \underline{A} = G_p \quad \text{und} \quad \frac{1}{2A} = \frac{1}{2G_p} = \frac{R_p}{2}$$

Beispiel 7:

Ortskurve des Spannungsverhältnisses $\underline{U}_2/\underline{U}_1$ in Abhängigkeit von der Frequenz für die gezeichnete RC-Schaltung:

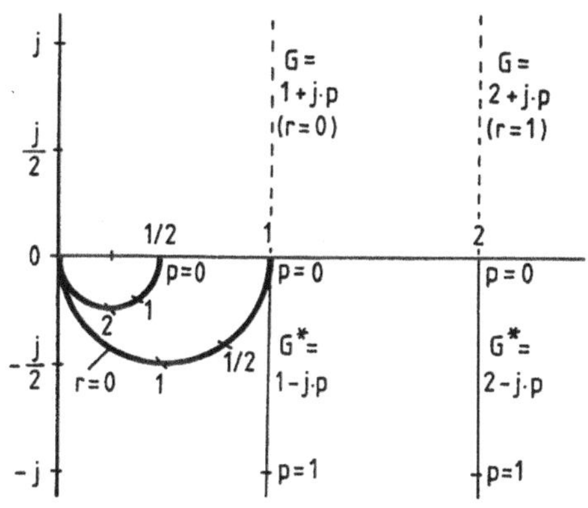

$$\frac{\underline{U}_2}{\underline{U}_1} = \frac{\dfrac{1}{\dfrac{1}{R_{Cp}} + j\omega C_p}}{\dfrac{1}{\dfrac{1}{R_{Cp}} + j\omega C_p} + R}$$

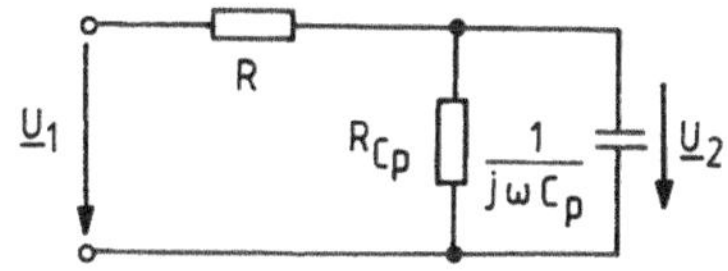

Bild 5.20 RC-Schaltung des Beispiels 7

$$\frac{\underline{U}_2}{\underline{U}_1} = \frac{1}{1 + R \cdot \left(\dfrac{1}{R_{Cp}} + j\omega C_p \right)}$$

$$\frac{\underline{U}_2}{\underline{U}_1} = \frac{1}{1 + \dfrac{R}{R_{Cp}} + j\omega R C_p} = \frac{1}{\left(1 + \dfrac{R}{R_{Cp}} \right) + j p \omega_0 R C_p} \quad \text{mit} \quad \omega = p \cdot \omega_0$$

Wird die Bezugsfrequenz $\omega_0 = 1/(R C_p)$ gewählt und das Verhältnis der Widerstände $r = R/R_{Cp}$ variiert, dann lautet die Gleichung für die Ortskurve:

$$\frac{\underline{U}_2}{\underline{U}_1} = \frac{1}{(1 + r) + jp}$$

$$\text{mit} \quad \underline{A} = 1 + r$$

$$\text{und} \quad \frac{1}{2A} = \frac{1}{2(1+r)}$$

Die Ortskurven sind Halbkreise, deren Mittelpunkt auf der reellen Achse verschoben sind. Im Bild 5.21 sind die beiden Ortskurven

für $r = 1$ d. h. $R = R_{Cp}$

und $r = 0$ d. h. $R_{Cp} \rightarrow \infty$

dargestellt.

Bild 5.21 Ortskurve einer RC-Schaltung im Beispiel 7

Beispiel 8:

Ortskurve des Spannungsverhältnisses $\underline{U}_2/\underline{U}_1$ in Abhängigkeit von der Frequenz für die gezeichnete RC-Schaltung nach Wien:

(vgl. mit Beispiel 5 des Abschnitts 4.4)

Gegeben sind:

$$R_r = 5\,k\Omega \qquad C_r = 2\,nF$$
$$R_p = 10\,k\Omega \qquad C_p = 1\,nF$$

$$\frac{\underline{U}_2}{\underline{U}_1} = \frac{\dfrac{1}{\dfrac{1}{R_p} + j\omega C_p}}{\dfrac{1}{\dfrac{1}{R_p} + j\omega C_p} + R_r + \dfrac{1}{j\omega C_r}}$$

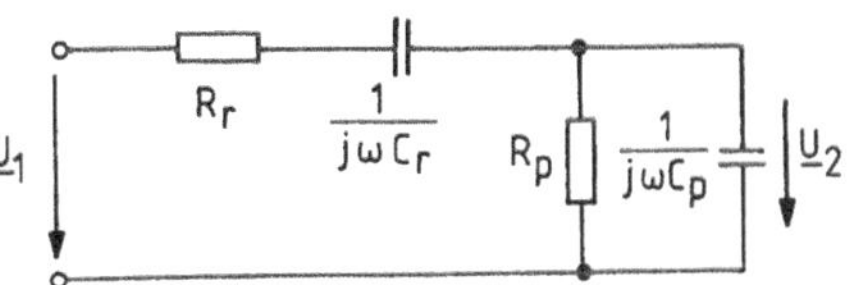

Bild 5.22 RC-Schaltung des Beispiels 8

$$\frac{\underline{U}_2}{\underline{U}_1} = \frac{1}{1 + \left(R_r + \dfrac{1}{j\omega C_r}\right)\left(\dfrac{1}{R_p} + j\omega C_p\right)} = \frac{1}{\left(1 + \dfrac{R_r}{R_p} + \dfrac{C_p}{C_r}\right) + j\cdot\left(\omega R_r C_p - \dfrac{1}{\omega R_p C_r}\right)}$$

$$\frac{\underline{U}_2}{\underline{U}_1} = \frac{1}{\left(1 + \dfrac{R_r}{R_p} + \dfrac{C_p}{C_r}\right) + j\cdot\left(p\omega_0 R_r C_p - \dfrac{1}{p\omega_0 R_p C_r}\right)} \quad \text{mit} \quad \omega = p\cdot\omega_0$$

Die Ortskurvengleichung ist vom gleichen Typ wie die Gleichungen für den Reihen- und Parallelschwingkreis (siehe Beispiel 6). Die Bezugsfrequenz ω_0 wird errechnet, indem der Imaginärteil der Nennergeraden mit $p = 1$ Null gesetzt wird:

$$\omega_0 R_r C_p = \frac{1}{\omega_0 R_p C_r}$$

oder

$$\omega_0 = \frac{1}{\sqrt{R_r C_r R_p C_p}} = \frac{1}{\sqrt{5\cdot 10^3\,\Omega \cdot 2\cdot 10^{-9}\,F \cdot 10\cdot 10^3\,\Omega \cdot 1\cdot 10^{-9}\,F}} = 100\cdot 10^3\,s^{-1}.$$

Mit

$$\omega_0 R_r C_p = 100\cdot 10^3\,s^{-1} \cdot 5\cdot 10^3\,\Omega \cdot 1\cdot 10^{-9}\,F = 0{,}5$$

und

$$\frac{1}{\omega_0 R_p C_r} = \frac{1}{100\cdot 10^3\,s^{-1} \cdot 10\cdot 10^3\,\Omega \cdot 2\cdot 10^{-9}\,F} = 0{,}5$$

lautet dann die Ortskurvengleichung mit Zahlenwerten

$$\frac{\underline{U}_2}{\underline{U}_1} = \frac{1}{\left(1 + \dfrac{1}{2} + \dfrac{1}{2}\right) + j\cdot\left(p\cdot 0{,}5 - \dfrac{0{,}5}{p}\right)} = \frac{1}{2 + j\cdot 0{,}5\cdot\left(p - \dfrac{1}{p}\right)}$$

Für den Mittelpunkt des Kreises ist $\underline{A} = A = 2$ und $1/(2A) = 1/4$.

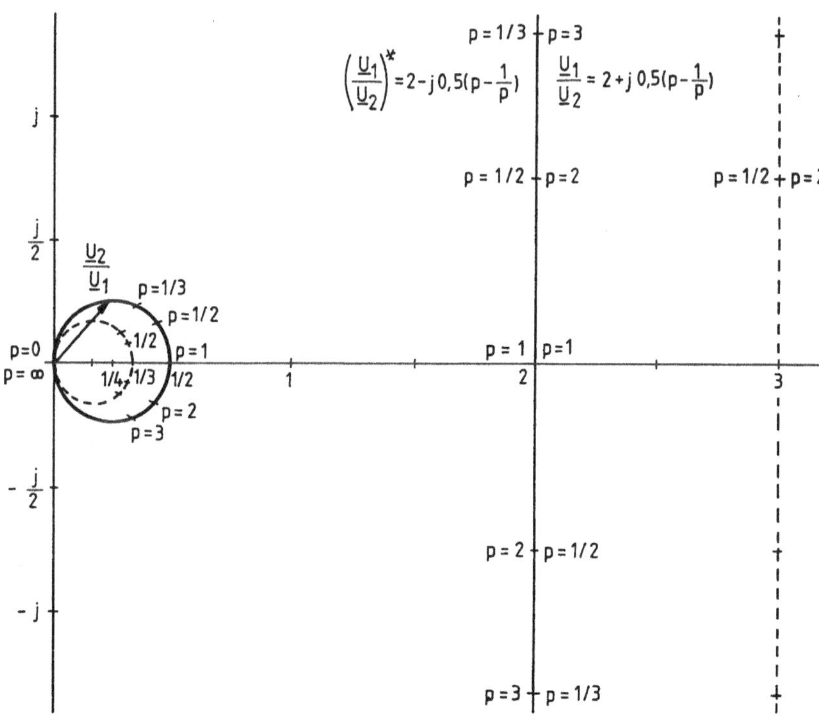

Bild 5.23 Ortskurve der RC-Schaltung nach Wien

Die konstruierten Ortskurvenpunkte können rechnerisch kontrolliert werden, z.B. für p = 1/2:

$$\frac{\underline{U}_2}{\underline{U}_1} = \frac{1}{2 + j \cdot 0{,}5 \cdot \left(\dfrac{1}{2} - 2\right)} = \frac{1}{2 - j \cdot 0{,}75} \cdot \frac{2 + j \cdot 0{,}75}{2 + j \cdot 0{,}75} = 0{,}44 + j \cdot 0{,}16$$

Sind wie im Beispiel 5 (3. Teil) des Abschnitts 4.4 die ohmschen Widerstände und die Kapazitäten gleich ($R_r = R_p$, $C_r = C_p$), dann stellt $\underline{U}_2/\underline{U}_1$ ein Kreis mit dem Durchmesser $1/A = 1/3$ dar, der im Bild 5.23 gestrichelt eingetragen ist. Bei $\omega = \omega_0$ ist der Betrag $|\underline{U}_2/\underline{U}_1| = 1/3$.

Da die Kreise sehr klein sind und sich deshalb die Zahlenwerte nur ungenau ablesen lassen, sollten die Kreise vergrößert werden, indem für $1/(2A)$ eine größere Länge gewählt wird. Dieser Maßstab gilt dann nur für die Kreise.

5.4 Ortskurve „Kreis in allgemeiner Lage"

Ortskurvengleichung und Herleitung der Konstruktionsvorschrift

Die Konstruktion der Ortskurve eines Kreises, der nicht durch den Koordinatenursprung verläuft und der Ortskurvengleichung

$$\underline{K} = \frac{\underline{A} + p \cdot \underline{B}}{\underline{C} + p \cdot \underline{D}} = \underline{L} + \frac{1}{\underline{E} + p \cdot \underline{F}} \tag{5.8}$$

genügt, wird mit Hilfe der Konstruktion der Ortskurve „Kreis durch den Nullpunkt" (siehe Abschnitt 5.3) vorgenommen.

Zunächst wird die Ortskurvengleichung durch Division in eine Gleichung $1/(\underline{E} + p\underline{F})$ überführt, wobei noch ein Verschiebezeiger $\underline{L}$ entsteht:

$$\underline{K} = (p\underline{B} + \underline{A}) : (p\underline{D} + \underline{C}) = \frac{\underline{B}}{\underline{D}} + \left(\underline{A} - \frac{\underline{B}}{\underline{D}}\underline{C}\right) \cdot \frac{1}{\underline{C} + p\underline{D}}$$

$$\frac{-\left(p\underline{B} + \frac{\underline{B}}{\underline{D}}\underline{C}\right)}{\text{Rest:} \quad \underline{A} - \frac{\underline{B}}{\underline{D}}\underline{C}}$$

$$\underline{K} = \underline{L} + \frac{\underline{N}}{\underline{C} + p\underline{D}} = \underline{L} + \frac{1}{\frac{\underline{C}}{\underline{N}} + p\frac{\underline{D}}{\underline{N}}} = \underline{L} + \frac{1}{\underline{E} + p\underline{F}}. \tag{5.9}$$

Um die Konstruktionsvorschrift für die Ortskurve „Kreis durch den Nullpunkt" anwenden zu können, muss zunächst der Zeiger

$$\underline{N} - \underline{A} \quad \frac{\underline{B} \cdot \underline{C}}{\underline{D}} = N \cdot e^{jv} \tag{5.10}$$

errechnet werden, der die Ortskurvengleichung $1/(\underline{E} + p\underline{F})$ mitbestimmt. Dann kann die Ortskurve „Kreis durch den Nullpunkt" mit der Parametrierung konstruiert werden. Schließlich müsste nach obiger Gleichung jeder Zeiger an den Kreis mit $\underline{L}$ addiert werden, d. h. der Kreis müsste insgesamt verschoben werden. Praktischer ist es, wenn der Kreis durch den Nullpunkt unverändert bleibt und der Koordinatenursprung um $-\underline{L}$ verschoben wird.

Konstruktionsanleitung für die Ortskurve „Kreis in allgemeiner Lage"

Nach Erkennen der Ortskurvengleichung

$$\underline{K} = \frac{\underline{A} + p \cdot \underline{B}}{\underline{C} + p \cdot \underline{D}} = \underline{L} + \frac{1}{\underline{E} + p \cdot \underline{F}}$$

sollte bei der Konstruktion der Ortskurve nach folgenden Schritten vorgegangen werden:

1. Errechnen des Zeigers $\underline{N} = \underline{A} - \dfrac{\underline{B}\,\underline{C}}{\underline{D}} = N \cdot e^{jv}$

2. Errechnen und Zeichnen der Nennergeraden $\underline{G} = \dfrac{\underline{C}}{\underline{N}} + p \cdot \dfrac{\underline{D}}{\underline{N}} = \underline{E} + p \cdot \underline{F}$

3. Spiegelung der Nennergeraden an der reellen Achse ergibt $\underline{G}^* = \underline{E}^* + p \cdot \underline{F}^*$

4. Zeichnen der Senkrechten auf der gespiegelten Nennergeraden $\underline{G}^*$, die durch den Nullpunkt verläuft.

5. Berechnen von $1/(2E) = N/(2C)$, Festlegen des Maßstabs für $1/(2E)$ und Zeichnen der Senkrechten auf $\underline{E}^*$ im Abstand $1/(2E)$. Die Festlegung der Länge von $1/(2E)$ bestimmt die Größe des Kreises.

6. Schnittpunkt der beiden Senkrechten ergibt den Mittelpunkt M des Kreises. Zeichnen des Kreises mit dem Radius $\overline{M0}$.

7. Bezifferung des Kreises mit den Parameterwerten p entsprechend der gespiegelten Nennergeraden $\underline{G}^*$.

8. Errechnen des Zeigers $-\underline{L} = -\dfrac{\underline{B}}{\underline{D}}$ und Verschieben des Koordinatenursprungs um $-\underline{L}$.

Beispiel 1:

Ortskurve des komplexen Widerstandes der Reihenschaltung einer verlustbehafteten Spule (Ersatzschaltung Parallelschaltung) und eines ohmschen Widerstandes bei variabler Frequenz

$$\underline{Z} = R + \cfrac{1}{\cfrac{1}{R_{Lp}} + \cfrac{1}{j\omega L_p}} \quad \text{mit } \omega = p \cdot \omega_0$$

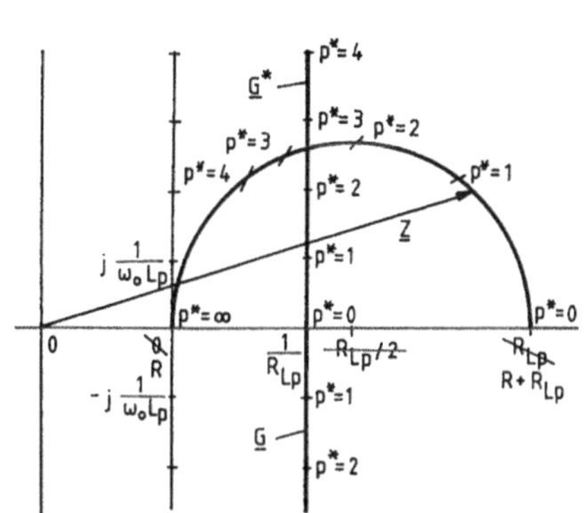

Beispiel 5.24 RL-Schaltung des Beispiels 1

$$\underline{Z} = R + \cfrac{1}{\cfrac{1}{R_{Lp}} - j \cdot \cfrac{1}{p \cdot \omega_0 \cdot L_p}}$$

$$\underline{Z} = R + \cfrac{1}{\cfrac{1}{R_{Lp}} - j \cdot p^* \cfrac{1}{\omega_0 \cdot L_p}} = \underline{L} + \cfrac{1}{\underline{E} + p^* \cdot \underline{F}} \quad \text{mit} \quad p^* = \frac{1}{p}$$

Der Vergleich mit der allgemeinen Form der Ortskurvengleichung ergibt:

$\underline{L} = R$, $\underline{E} = 1/R_{Lp}$ und $\underline{F} = -j/\omega_0 L_p$,

so dass das Errechnen des Zeigers $\underline{N}$ entfallen kann.

Zu den einzelnen Schritten der Konstruktion:

Zu 1. entfällt

Zu 2. $\underline{G} = \cfrac{1}{R_{Lp}} - j \cdot p^* \cfrac{1}{\omega_0 \cdot L_p}$

Zu 3. $\underline{G}^* = \cfrac{1}{R_{Lp}} + j \cdot p^* \cfrac{1}{\omega_0 \cdot L_p}$

Zu 4. siehe Bild 5.25

Zu 5. $\cfrac{1}{2E} = \cfrac{1}{2 \cdot \cfrac{1}{R_{Lp}}} = \cfrac{R_{Lp}}{2}$

Zu 6. und 7. siehe Bild 5.25

Zu 8. $-\underline{L} = -R$

Bild 5.25 Ortskurve der RL-Schaltung des Beispiels 1

Beispiel 2:

Ortskurve des Spannungsverhältnisses $\underline{U}_2/\underline{U}_1$ in Abhängigkeit von der Frequenz für die gezeichnete symmetrische X-Schaltung (Allpassglied)

Mit

$$\underline{U}_1 = \underline{U}_C + \underline{U}_R$$

$$\underline{U}_2 = \underline{U}_C - \underline{U}_R$$

ergibt sich

$$\frac{\underline{U}_2}{\underline{U}_1} = \frac{\underline{U}_C - \underline{U}_R}{\underline{U}_C + \underline{U}_R} = \frac{\left(\dfrac{1}{j\omega C} - R\right) \cdot \underline{I}}{\left(\dfrac{1}{j\omega C} + R\right) \cdot \underline{I}}$$

$$\frac{\underline{U}_2}{\underline{U}_1} = \frac{1 - j\omega RC}{1 + j\omega RC} = \frac{1 - j \cdot p\omega_0 RC}{1 + j \cdot p\omega_0 RC}$$

$$\frac{\underline{U}_2}{\underline{U}_1} = \frac{1 - p \cdot j}{1 + p \cdot j} = \frac{\underline{A} + p \cdot \underline{B}}{\underline{C} + p \cdot \underline{D}}$$

$$\text{mit } \omega = p \cdot \omega_0 \quad \text{und} \quad \omega_0 = \frac{1}{R \cdot C}$$

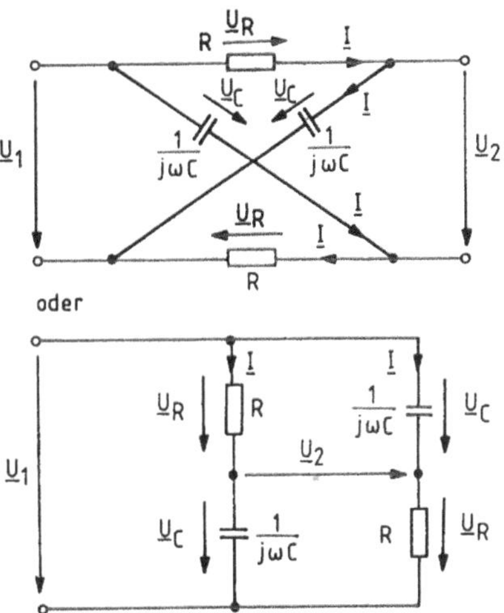

Bild 5.26 Symmetrische X-Schaltung des Beispiels 2

Die Ortskurve wird nach folgenden Schritten konstruiert:

Zu 1. $\underline{N} = \underline{A} - \dfrac{\underline{B}\,\underline{C}}{\underline{D}}$

$$\underline{N} = 1 - \frac{-j \cdot 1}{j} = 2$$

Zu 2. $\underline{G} = \dfrac{\underline{C}}{\underline{N}} + p\dfrac{\underline{D}}{\underline{N}} = \underline{E} + p\underline{F}$

$$\underline{G} = \frac{1}{2} + p\frac{j}{2}$$

Zu 3. $\underline{G}^* = \dfrac{1}{2} - p\dfrac{j}{2}$

Zu 4. siehe Bild 5.27

Zu 5. $\dfrac{\underline{N}}{2\underline{C}} = \dfrac{1}{2\underline{E}} = 1$

Zu 6. und 7. siehe Bild 5.27

Zu 8. $-\underline{L} = -\dfrac{\underline{B}}{\underline{D}} = -\dfrac{-j}{j} = 1$

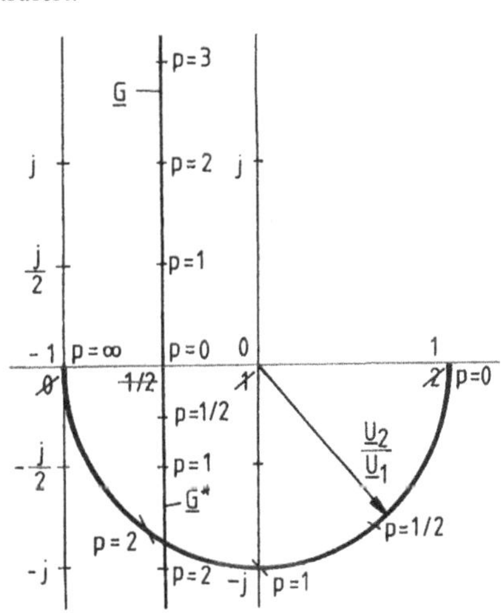

Bild 5.27 Ortskurve der symmetrischen X-Schaltung des Beispiels 2

Zwei Ortskurvenpunkte können einfach kontrolliert werden:

Für $p = 0$ ($\omega = 0$) haben die beiden Kondensatoren einen unendlichen Widerstand, so dass die Eingangsspannung gleich der Ausgangsspannung ist, d. h. $\underline{U}_2/\underline{U}_1 = 1$.

Für $p = \infty$ ($\omega = \infty$) sind die beiden Kondensatoren kurzgeschlossen. Dadurch entsteht ein Umpoler, d. h. die Ausgangsspannung ist umgekehrt gerichtet wie die Eingangsspannung: $\underline{U}_2/\underline{U}_1 = -1$.

5.5 Ortskurven höherer Ordnung

Ortskurve „Parabel"

Die Ortskurvengleichung für die Parabel lautet

$$\underline{P} = \underline{A} + p \cdot \underline{B} + p^2 \cdot \underline{C}\,.\tag{5.11}$$

Sie kann entweder aus der Geraden $\underline{A} + p \cdot \underline{B}$ und dem Anteil $p^2 \cdot \underline{C}$ oder aus der Geraden $\underline{A} + p^2 \cdot \underline{C}$ und dem Anteil $p \cdot \underline{B}$ durch Überlagerung der Zeiger zusammengesetzt werden, wie im Bild 5.28 erläutert ist.

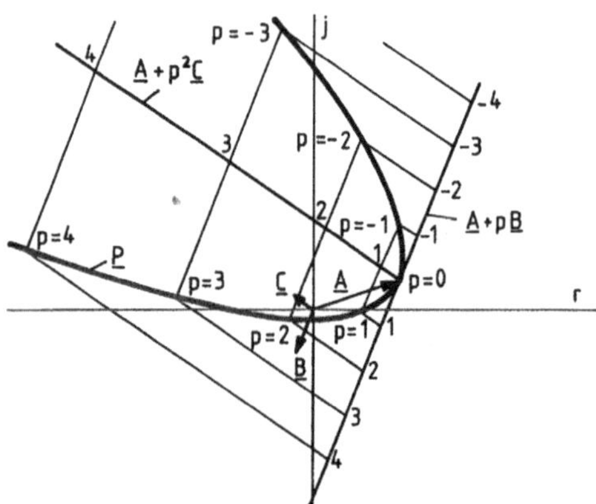

Bild 5.28
Konstruktion der Ortskurve „Parabel"

Beispiel:
Ortskurve für das Spannungsverhältnis $\underline{U}_C/\underline{U}$ des an einer Spannungsquelle angeschlossenen Reihenschwingkreises bei variabler Frequenz

$$\frac{\underline{U}}{\underline{U}_C} = \frac{R_r + j\omega L_r + \dfrac{1}{j\omega C_r}}{\dfrac{1}{j\omega C_r}}$$

$$\frac{\underline{U}}{\underline{U}_C} = j\omega C_r R_r - \omega^2 L_r C_r + 1$$

mit $\omega = p \cdot \omega_0$

$$\frac{\underline{U}}{\underline{U}_C} = 1 + p \cdot j\omega_0 C_r R_r - p^2 \omega_0^2 L_r C_r\,.$$

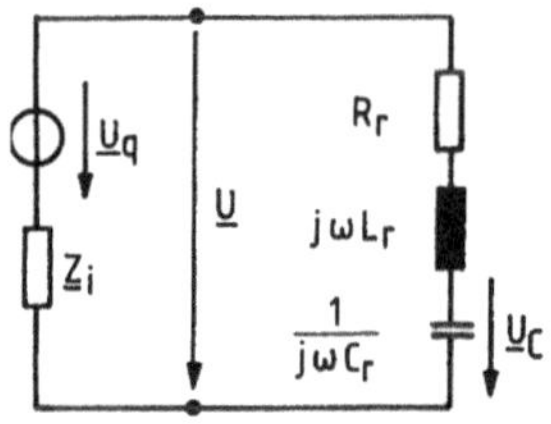

Mit $\omega_0 = \dfrac{1}{\sqrt{L_r C_r}}$ und $\dfrac{1}{\omega_0 C_r R_r} = \dfrac{X_{kr}}{R_r} = Q_r$ (vgl. Gl. 4.118)

Bild 5.29 Schaltung für das Beispiel einer Parabel-Ortskurve

ist

$$\frac{\underline{U}}{\underline{U}_C} = 1 + p \cdot j \cdot \frac{1}{Q_r} - p^2\,.$$

Durch Vergleich mit der allgemeinen Ortskurvengleichung ergibt sich:

$$\underline{A} = 1,\quad \underline{B} = \frac{j}{Q_r}\quad \text{und}\quad \underline{C} = -1.$$

Wird die Güte des Resonanzkreises wie im Beispiel des Abschnitts 4.5.1 (siehe Bild 4.95) $Q_r = 2$ gewählt, dann lautet die Ortskurvengleichung

$$\frac{U}{U_C} = 1 + p \cdot \frac{j}{2} - p^2 = 1 - p^2 + j \cdot \frac{p}{2},$$

deren Ortskurve im Bild 5.30 dargestellt ist.

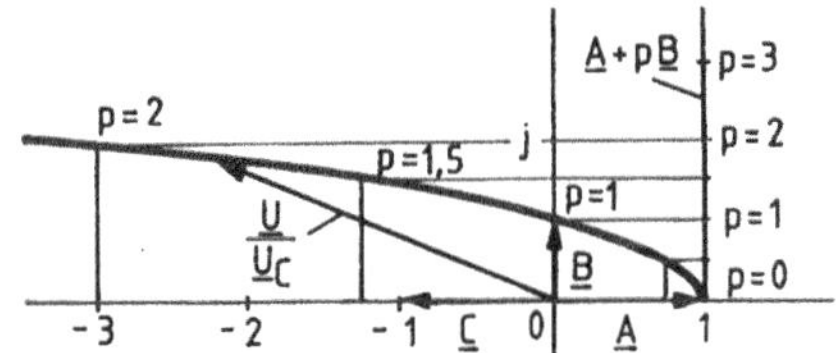

Bild 5.30 Beispiel einer Parabel-Ortskurve

Bei Resonanz des Reihenschwingkreises ist

$\omega = \omega_0$, also $p = 1$, und das Spannungsverhältnis ist imaginär:

$$\frac{U}{U_C} = j \cdot \frac{1}{Q_r} = \frac{j}{2} \quad \text{mit} \quad \frac{U}{U_C} = \frac{1}{Q_r} \quad \text{bzw.} \quad \frac{U_C}{U} = Q_r \qquad \text{(vgl. Gl. 4.125).}$$

Wie im Abschnitt 4.5.1 im Bild 4.96 (siehe S.105) zu sehen ist, wird in den Resonanzkurven das Spannungsverhältnis U_C/U dargestellt. Die zugehörige Ortskurvengleichung

$$\frac{U_C}{U} = \frac{1}{1 + p \cdot \dfrac{j}{Q_r} - p^2} = \frac{1}{1 + p \cdot \dfrac{j}{2} - p^2}$$

gehört nicht zu den „einfachen" Ortskurven und müsste Punkt für Punkt ermittelt werden, indem verschiedene p-Werte in die Ortskurvengleichung eingesetzt werden, die komplexen Größen jeweils berechnet und in die Gaußsche Zahlenebene gezeichnet werden.

Wie im Bild 5.31 gezeigt, kann die Ortskurve aber auch durch Inversion der Parabel ermittelt werden, indem die Zeiger für bestimmte Parameter invertiert werden. Dabei werden die Längen der Parabelzeiger abgegriffen und der Kehrwert der Beträge jeweils auf dem Strahl mit umgekehrten Winkel angetragen.

Die dadurch entstehende Ortskurve enthält nicht nur die Beträge des Spannungsverhältnisses wie die Resonanzkurve im Bild 4.96, sondern auch die Phasenlage der beiden Spannungszeiger zueinander. Um die Beträge der Ortskurve mit den Resonanzkurven im Bild 4.96 vergleichen zu können, muss die Identität $p = x$ beachtet werden.

Mit der Gl. (4.130) lässt sich auch der Parameterwert errechnen, bei der die Kondensatorspannung ihr Maximum hat:

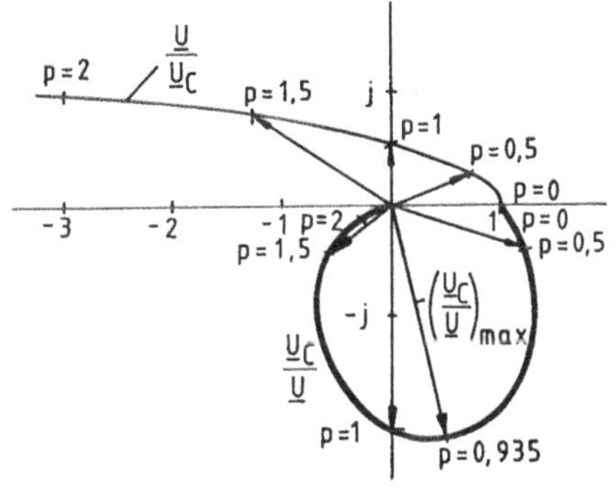

Bild 5.31 Inversion der Parabel

$$p = x = x_c = \sqrt{1 - \frac{1}{2Q_r^{\,2}}} = \sqrt{1 - \frac{1}{8}} = 0{,}935\,.$$

Der Ortskurvenpunkt kann dann mit der Ortskurvengleichung berechnet werden:

$$\frac{U_C}{U} = \frac{1}{1 - p^2 + j \cdot p/2}$$

$$\frac{U_C}{U} = = \frac{1}{1 - 0{,}935^2 + j \cdot 0{,}468} = 0{,}533 - j \cdot 1{,}996 = 2{,}066 \cdot e^{-j\,75°}$$

Ortskurve „Zirkulare Kubik"

Die allgemeine Ortskurvengleichung der zirkulären Kubik

$$\underline{O} = \frac{\underline{A} + p \cdot \underline{B} + p^2 \cdot \underline{C}}{\underline{D} + p \cdot \underline{E}}$$ (5.12)

kann durch Division in die Summe einer Geradengleichung und einer Kreisgleichung überführt werden:

$$(p^2\underline{C} + p\underline{B} + \underline{A}) : (p\underline{E} + \underline{D}) = p\frac{\underline{C}}{\underline{E}} + \frac{\underline{B} - \frac{\underline{C}\,\underline{D}}{\underline{E}}}{\underline{E}} + \left[\underline{A} - \frac{\underline{D}}{\underline{E}}\left(\underline{B} - \frac{\underline{C}\,\underline{D}}{\underline{E}}\right)\right] \cdot \frac{1}{\underline{D} + p\underline{E}}$$

$$\frac{-\left(p^2\underline{C} + p\frac{\underline{C}\,\underline{D}}{\underline{E}}\right)}{p\left(\underline{B} - \frac{\underline{C}\,\underline{D}}{\underline{E}}\right) + \underline{A}}$$

$$\frac{-\left[p\left(\underline{B} - \frac{\underline{C}\,\underline{D}}{\underline{E}}\right) + \frac{\underline{D}}{\underline{E}}\left(\underline{B} - \frac{\underline{C}\,\underline{D}}{\underline{E}}\right)\right]}{\text{Rest}: \underline{A} - \frac{\underline{D}}{\underline{E}}\left(\underline{B} - \frac{\underline{C}\,\underline{D}}{\underline{E}}\right)}$$

$$\underline{O} = \underline{R} + p \cdot \underline{S} + \frac{\underline{F}}{\underline{D} + p \cdot \underline{E}} = \underline{R} + p \cdot \underline{S} + \frac{1}{\frac{\underline{D}}{\underline{F}} + p \cdot \frac{\underline{E}}{\underline{F}}} .$$ (5.13)

Wird also die Ortskurvengleichung in der allgemeinen Form (Gl. 5.12) erkannt, dann muss diese zuerst in die Summenform der beiden Ortskurvengleichungen (Gl. 5.13) überführt werden, ehe die Konstruktion erfolgen kann.

Dann werden der Kreis durch den Nullpunkt nach der Anleitung im Abschnitt 5.3 und die Gerade (siehe Abschnitt 5.2) getrennt konstruiert.

Anschließend werden für gleiche Parameterwerte die jeweiligen beiden Zeiger durch Addition der Realteile und Imaginärteile überlagert.

Beispiel:

Ortskurven für den komplexen Leitwert und den komplexen Widerstand des Praktischen Parallel-Resonanzkreises in Abhängigkeit von der Frequenz (Schaltbild siehe Bild 5.32 oder Bild 4.108, S. 119).

$$\underline{Y} = j\omega C_r + \frac{1}{R_{Lr} + j\omega L_r} = \frac{1 + j\omega R_{Lr}C_r - \omega^2 L_r C_r}{R_{Lr} + j\omega L_r}$$

$$\underline{Y} = p \cdot j\omega_0 C_r + \frac{1}{R_{Lr} + p \cdot j\omega_0 L_r} = \frac{1 + p \cdot j\omega_0 R_{Lr}C_r - p^2\omega_0^2 L_r C_r}{R_{Lr} + p \cdot j\omega_0 L_r} \quad \text{mit} \quad \omega = p \cdot \omega_0 .$$

Die rechte Seite obiger Gleichung entspricht der allgemeinen Form der Ortskurvengleichung der zirkulären Kubik (Gl. 5.12). Die Division kann entfallen, weil die Summe der Geradengleichung und einer Kreisgleichung sofort aus der Schaltung (Bild 5.32) abgelesen werden kann (linke Seite obiger Gleichung).

Als Bezugsfrequenz ω_0 sollte die Resonanzfrequenz gewählt werden, die nach der Gl. (4.155) berechnet werden kann:

$$\omega_0 = \sqrt{\frac{1}{L_r C_r} - \left(\frac{R_{Lr}}{L_r}\right)^2} = \sqrt{\frac{1}{0,05\,\text{H} \cdot 2,5 \cdot 10^{-6}\text{F}} - \left(\frac{100\,\Omega}{0,05\,\text{H}}\right)^2} = 2000\,\text{s}^{-1}.$$

Die Ortskurvengleichung in Zahlenwerten lautet dann

$$\underline{Y} = p \cdot j \cdot 2 \cdot 10^3 \text{s}^{-1} \cdot 2,5 \cdot 10^{-6} \frac{\text{As}}{\text{V}} + \frac{1}{100\,\Omega + p \cdot j \cdot 2 \cdot 10^3 \text{s}^{-1} \cdot 0,05\,\text{Vs/A}}$$

$$\underline{Y} = p \cdot j \cdot 5\,\text{mS} + \frac{1}{100\,\Omega + p \cdot j \cdot 100\,\Omega}.$$

Die Gerade ist identisch mit der positiven imaginären Achse, und der Kreis durch den Nullpunkt hat den Mittelpunkt bei $1/(2A) = 1/(200\,\Omega) = 5\,\text{mS}$. Die Ortskurve für den komplexen Leitwert ergibt sich durch Überlagerung der Zeiger mit jeweils gleichem Parameterwert (siehe Bild 5.32).

Aus der Ortskurve für den komplexen Leitwert $\underline{Y} = Y \cdot e^{-j\varphi}$ lassen sich Betrag und Argument für die p-Werte ablesen und die entsprechenden komplexen Widerstände $\underline{Z} = Z \cdot e^{j\varphi}$ berechnen und in die Gaußsche Zahlenebene einzeichnen:

p		1	0	0,6	0,8	1,0	1,2	1,5	2,0	∞
Y	mS	10	7,5	6,1	5,0	4,2	4,1	6,4	∞
$-\varphi$	Grad	0	-11	-8	0	$+15$	$+42$	$+71$	$+90$
Z = 1/Y	Ω	100	133	164	200	238	244	156	0
φ	Grad	0	$+11$	$+8$	0	-15	-42	-71	-90

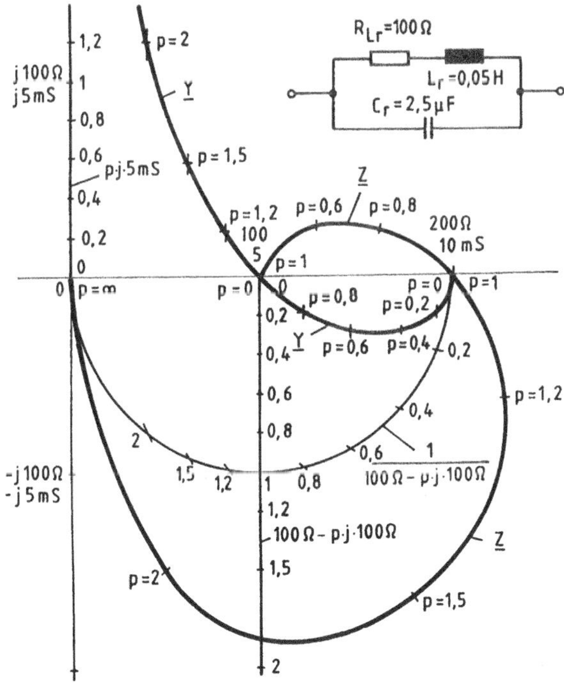

Bild 5.32
Ortskurven des komplexen Leitwerts und komplexen Widerstands des Praktischen Parallel-Resonanzkreises

Die Ortskurve für den frequenzabhängigen komplexen Widerstand $\underline{Z}$ kann natürlich nicht genau sein, weil sie über abgelesene $\underline{Y}$-Werte ermittelt wurde. Deshalb soll die „nicht einfache" Ortskurve punktweise mit der Ortskurvengleichung errechnet werden. Nach Gl. 4.158 lautet die Formel für den komplexen Widerstand des Praktischen Parallel-Resonanzkreises mit $\omega = p \cdot \omega_0$:

$$\underline{Z} = \frac{R_{Lr} + j\omega L_r}{1 + j\omega R_{Lr}C_r - \omega^2 L_r C_r} = \frac{R_{Lr} + p \cdot j\omega_0 L_r}{1 + p \cdot j\omega_0 R_{Lr}C_r - p^2 \omega_0^2 L_r C_r}$$

und mit Zahlenwerten

$$\underline{Z} = \frac{100\,\Omega + p \cdot j \cdot 100\,\Omega}{(1 - p^2 \cdot 0{,}5) + p \cdot j \cdot 0{,}5}\,.$$

Für $p = 0{,}6$ ergibt sich beispielsweise

$$\underline{Z}_{0,6} = \frac{100\,\Omega + j \cdot 60\,\Omega}{0{,}82 + j \cdot 0{,}3} = \frac{116{,}6\,\Omega \cdot e^{j \cdot 31°}}{0{,}873 \cdot e^{j \cdot 20{,}1°}} = 133{,}6\,\Omega \cdot e^{j \cdot 10{,}9°}\,.$$

Die auf diese Weise berechneten Widerstandswerte sind in folgender Tabelle zusammengestellt:

p	1	0	0,6	0,8	1,0	1,2	1,5	2,0
Z	Ω	100	133,6	162,3	200	235,9	237,1	158,1
φ	Grad	0	10,9	8,2	0	$-14{,}8$	$-43{,}2$	$-71{,}6$

Übungsaufgaben zu den Abschnitten 5.1 bis 5.5

5.1   Für die Reihenschaltung eines ohmschen Widerstands $R_r = 200\Omega$ und einer variablen Induktivität $L_r = 100 \ldots 300\text{mH}$ sind

1. die Ortskurve für die Spannung bei konstantem Strom $\underline{I} = 10\text{mA}$ bei $f = 200\text{Hz}$ und
2. die Ortskurve für den Strom bei konstanter Spannung $\underline{U} = 10\text{V}$ bei $f = 200\text{Hz}$ zu ermitteln.
3. Kontrollieren Sie rechnerisch die Ortskurvenpunkte des Stroms für die Induktivitäten $L_r = 100, 200$ und 300mH.

5.2   Mit Hilfe von Ortskurven soll die Frequenzabhängigkeit der komplexen Widerstände und Leitwerte der Reihenschaltung und Parallelschaltung eines ohmschen Widerstandes und einer Kapazität untersucht werden.

1. Entwickeln Sie die Ortskurven des komplexen Widerstandes und komplexen Leitwerts der Reihenschaltung von $R_r = 17,3\Omega$ und $C_r = 318\mu\text{F}$.
2. Ermitteln Sie anschließend die Ortskurven des komplexen Leitwerts und des komplexen Widerstandes der Parallelschaltung von $R_p = 23,1\Omega$ und $C_p = 79,6\mu\text{F}$.
   Die Bezugsfrequenz f_0 soll so gewählt werden, dass für $p = 1$ die Reihenschaltung und die Parallelschaltung äquivalent sind. Es ist also zu untersuchen, ob die Bedingungsgleichung für Äquivalenz bei einer bestimmten Frequenz erfüllbar ist.
3. Kontrollieren Sie anhand der Ortskurve, ob die Scheinwiderstände und Scheinleitwerte für $p = 1$ gleich sind.

5.3   1. Für den Reihen- und Parallelschwingkreis sollen die Ortskurven für den komplexen Widerstand und den komplexen Leitwert bei Variation der Frequenz ermittelt werden. Die ohmschen Widerstände, die Induktivitäten und Kapazitäten der Reihen- und Parallelschaltung sollen gleich sein:

$$R_r = R_p = 200\Omega \qquad L_r = L_p = 0{,}04\text{H} \qquad C_r = C_p = 1\mu\text{F}$$

2. Lesen Sie aus der Ortskurve für den komplexen Leitwert des Reihenschwingkreises die Strom-Resonanzkurve ab.

5.4   Für die Reihen- und Parallelschaltungen von Induktivität/ohmscher Widerstand und Kapazität/ohmscher Widerstand sind die Ortskurven für die Verhältnisse der Teilspannungen zur Gesamtspannung bzw. Teilströme zum Gesamtstrom in Abhängigkeit von der Frequenz zu entwickeln, wobei die Bezugsfrequenz jeweils festgelegt ist:

$$\omega_0 = R_r/L_r,\ R_p/L_p,\ 1/R_pC_p,\ 1/R_rC_r.$$

5.5   An den Eingang des gezeichneten Vierpols wird eine sinusförmige Spannung mit veränderlicher Frequenz angelegt.

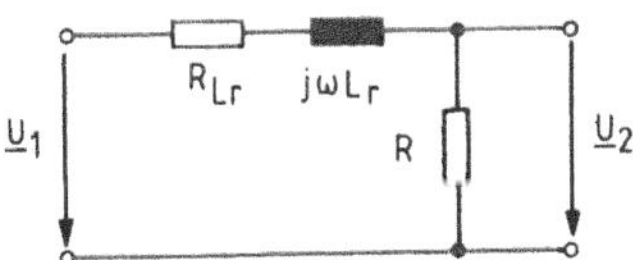

Bild 5.33
Übungsaufgabe 5.5

1. Stellen Sie die Gleichung für das Spannungsverhältnis $\underline{U}_2/\underline{U}_1$ in Abhängigkeit von R_{Lr}, L_r, R und ω auf.
2. Konstruieren Sie die Ortskurve des Spannungsverhältnis in Abhängigkeit von $\omega = p \cdot \omega_0$, nachdem Sie die Gleichung mit $R = R_{Lr}$ und $\omega_0 = R/L_r$ vereinfacht haben. Geben Sie mindestens fünf Ortskurvenpunkte mit den entsprechenden p-Werten an.
3. Ergänzen Sie die Ortskurve durch entsprechende Ortskurven für

$$R_{Lr}/R = 0,\ 1/2 \text{ und } 2.$$

4. Ermitteln Sie aus der Ortskurvenschar für $p = 1$ die Funktion

$$\left|\frac{\underline{U}_2}{\underline{U}_1}\right| = f\left(\frac{R_{Lr}}{R}\right)$$

und stellen Sie sie dar.

5.6   Die Ortskurve des Spannungsverhältnis $\underline{U}_R/\underline{U}$ des Reihenschwingkreises bei variabler Frequenz $\omega = p \cdot \omega_0$ ist zu ermitteln.

Deuten Sie die Ortskurvenpunkte für $p = 0$, 1 und ∞.

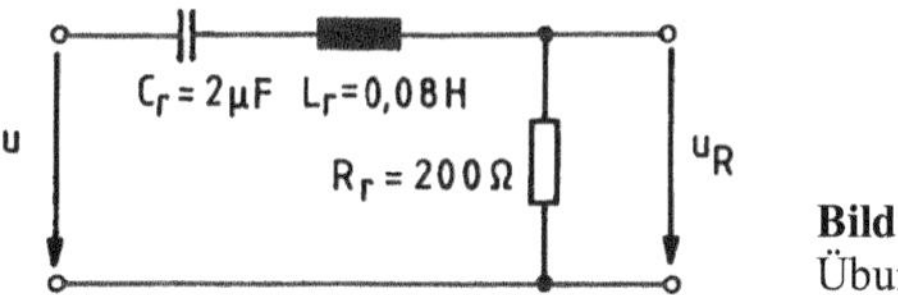

Bild 5.34
Übungsaufgabe 5.6

5.7   Für die gezeichnete Schaltung ist die Ortskurve für $\underline{U}_2/\underline{U}_1$ in Abhängigkeit von der Frequenz zu konstruieren.

     1.   Leiten Sie zunächst die Ortskurvengleichung allgemein und dann mit den Zahlenwerten her.
     2.   Konstruieren Sie die Ortskurve mit den Ortskurvenpunkten $p = 0$, 1/3, 1/2, 1, 2, 3 und ∞.
     3.   Erklären Sie den Ortskurvenpunkt für $p = 1$.

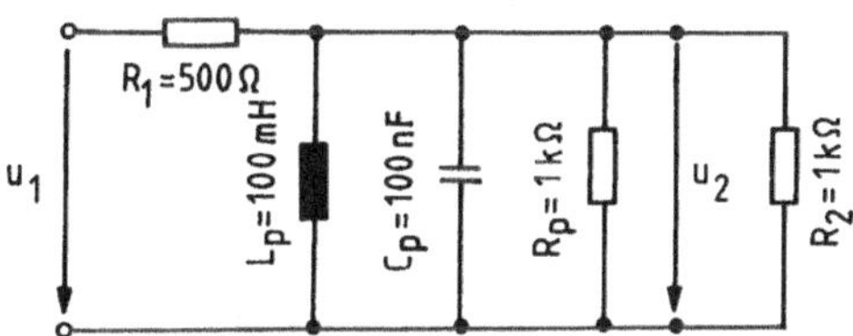

Bild 5.35
Übungsaufgabe 5.7

5.8   1.   Entwickeln Sie die Ortskurve für den komplexen Leitwert $\underline{Y}$ der skizzierten Schaltung im Frequenzbereich

$$\omega = 100\,s^{-1} \dots 1000\,s^{-1}$$

in Schritten von $100\,s^{-1}$.

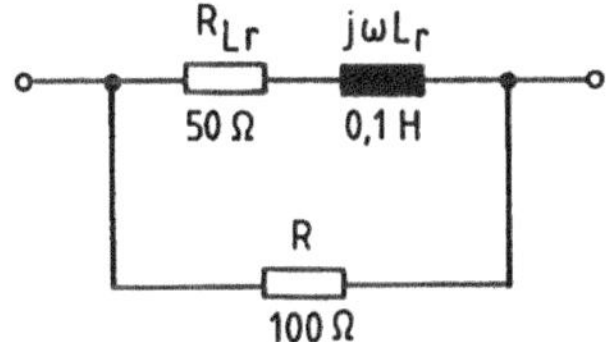

Bild 5.36
Übungsaufgabe 5.8

     2.   Kontrollieren Sie rechnerisch die Ortskurvenpunkte für $\omega = 0$, $\omega = 500\,s^{-1}$ und $\omega = \infty$.
     3.   Ermitteln Sie aus der Ortskurve den Graphen der Funktion $Y = f(\omega)$ und stellen Sie ihn dar.

       Tragen Sie den Wert ein, den die Kurve für hohe Kreisfrequenzen anstrebt (Asymptote).

5.9   1. Für einen Reihenschwingkreis mit der Güte $Q_r = 2$, angeschlossen an eine Wechselspannungsquelle, ist die Ortskurve des Spannungsverhältnisses $\underline{U}/\underline{U}_L$ in Abhängigkeit von der Frequenz zu entwickeln.

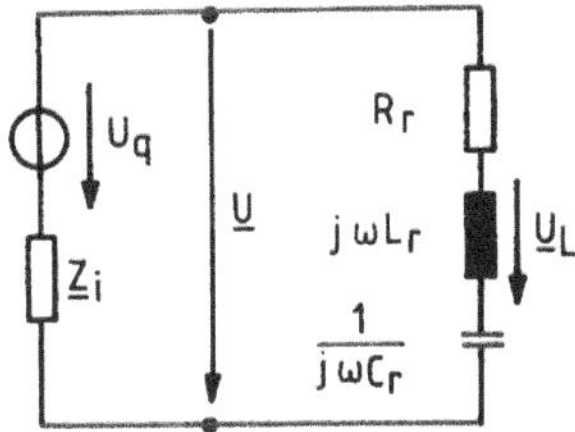

Bild 5.37
Übungsaufgabe 5.9

   2. Anschließend ist durch Inversion der Zeiger die Ortskurve des Spannungsverhältnisses $\underline{U}_L/\underline{U}$ zu ermitteln.
Die Ortskurvenpunkte für $p = 0$, 1/2, 2/3, 1, 2 und ∞ sind rechnerisch zu kontrollieren.

   3. Schließlich sind die Beträge U_L/U für die unter 2. angegebenen Parameterwerte mit Hilfe der Formeln des Abschnitts 4.5.1 zu kontrollieren. Das Maximum des Spannungsverhältnisses ist zu berechnen. Die Ergebnisse sind mit der Resonanzkurve (Bild 4.95) zu vergleichen.

5.10   1. Konstruieren Sie die Ortskurve des komplexen Leitwerts der skizzierten Schaltung in einem Frequenzbereich $\omega = 10000\,\text{s}^{-1}$ ... $100000\,\text{s}^{-1}$ im Abstand von $10000\,\text{s}^{-1}$, indem Sie einfache Ortskurven überlagern.

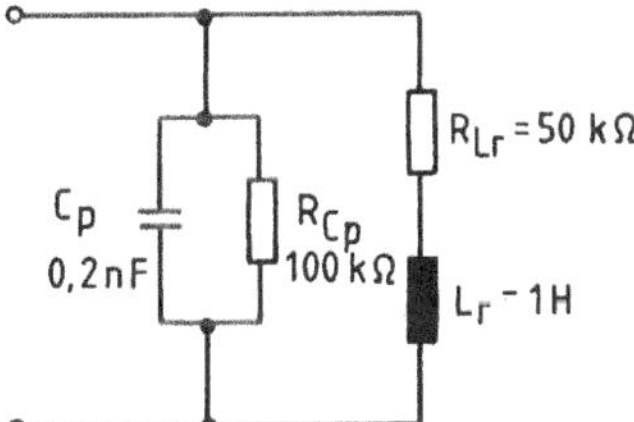

Bild 5.38
Übungsaufgabe 5.10

   2. Lesen Sie aus der Ortskurve die Frequenz ω ab, bei der der komplexe Leitwert reell ist. Weisen Sie die abgelesene Frequenz und den reellen Leitwert rechnerisch nach.

5.11   1. Bei welchen Kreisfrequenzen ω ist der komplexe Widerstand der Schaltung reell?

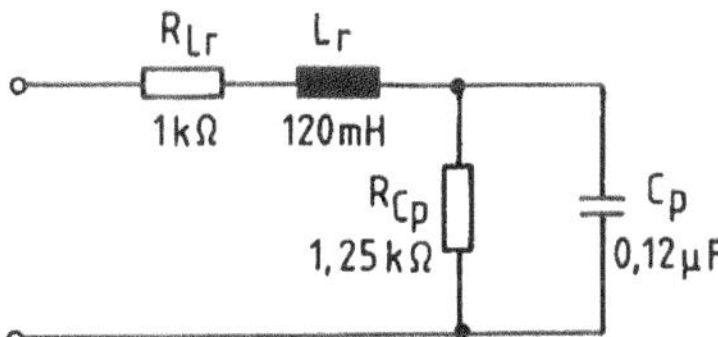

Bild 5.39
Übungsaufgabe 5.11

   2. Entwickeln Sie die Ortskurve des komplexen Widerstandes durch Überlagerung einfacher Ortskurven, indem Sie eine der Kreisfrequenzen unter 1. als Bezugsfrequenz wählen. Die Ortskurve ist für $p = 0$, 1/2, 1, 1,5 und 2 zu konstruieren.

   3. Kontrollieren Sie rechnerisch die Ortskurvenpunkte für $p = 0$ und $p = 1$.

6 Der Transformator

6.1 Übersicht über Transformatoren

Umspanner, Übertrager und Hochfrequenz-Transformatoren

Werden Stromkreise magnetisch gekoppelt, dann wird diese Anordnung „Transformator" genannt. Die Ausführungen von Transformatoren sind sehr vielfältig, weil die Anforderungen an Transformatoren sehr unterschiedlich sind. Grundsätzlich werden je nach Verwendungszweck unterschieden:

1. Transformatoren der Starkstrom- oder Energietechnik – die „Umspanner"
2. Niederfrequenz-Transformatoren (NF-Transformatoren) – die „Übertrager" der Fernmelde- und Verstärkertechnik
3. Hochfrequenz-Transformatoren (HF-Transformatoren) für Anpassungszwecke.

Transformatoren der Starkstromtechnik dienen der Transformation (Umwandlung) von Wechselspannungen, um elektrische Energie über Strecken wirtschaftlich übertragen zu können. Bei hohen Spannungen sind die Verluste auf den Leitungen geringer als bei niedrigen Spannungen (siehe Formel für die Verlustleistung P_V, Gl. 4.259). Die für Leistungstransformatoren verwendeten Bauformen sind im Bild 6.1 dargestellt. Für Einphasensysteme werden Kerntransformatoren (a) und Manteltransformatoren (b) hergestellt. In Dreiphasensystemen (Abschnitt 7) werden Dreiphasen-Leistungstransformatoren als Dreischenkelanordnungen (c), Fünfschenkelanordnungen (d), Dreimanteltransformatoren (e) und als Tempeltyp (f) ausgeführt, oder es werden drei Einphasentransformatoren (g) verwandt. Im Bild 6.1 bedeutet „1" der Platz für die Primärwicklung und „2" der Platz für die Sekundärwicklung.

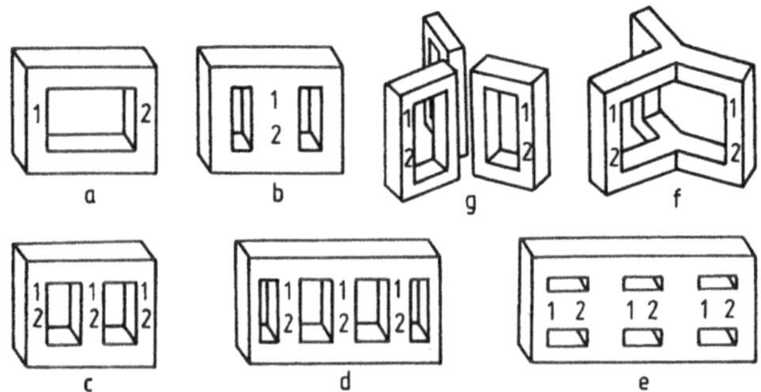

Bild 6.1 Bauformen von Transformatoren der Starkstromtechnik

Für Prüfzwecke gibt es in der *Hochspannungstechnik* Einphasentransformatoren und für die Einspeisung von Hochspannungskaskaden für die Erzeugung von Stoßspannungswellen spezielle Transformatoren. Der Kern dieser Transformatoren besteht aus dünnen Blechen, die durch Papier, Lack oder Öl voneinander isoliert sind.

© Springer Fachmedien Wiesbaden GmbH, ein Teil von Springer Nature 2018
W. Weißgerber, *Elektrotechnik für Ingenieure 2*,
https://doi.org/10.1007/978-3-658-21823-2_6

NF-Transformatoren sind Übertrager der Fernmelde- und Verstärkertechnik für einen breiten Frequenzbereich. Sie dienen neben der Übersetzung von Spannungen und Strömen der Anpassung von Widerständen, der galvanischen Trennung von Stromkreisen und zur Phasenumkehr. Die Kerne bestehen aus dünnen Eisenblechen hoher Permeabilität oder aus Eisenpulverkernen.

Außerdem können Netz-Kleintransformatoren zur Versorgung von Geräten und Gerätegruppen dieser Gruppe zugeordnet werden, die aus genormten Kernen und Spulenkörpern bestehen.

HF-Transformatoren haben die Aufgabe, unterschiedliche Widerstände reflexionsfrei aneinander anzupassen. Übliche Transformationsarten (siehe Bild 6.2) sind der Wicklungstransformator mit getrennten Wicklungen (a) oder in Sparschaltung (b), der durch Resonanztransformatoren als π-Glied (c) oder als T-Glied (d) ersetzt werden kann:

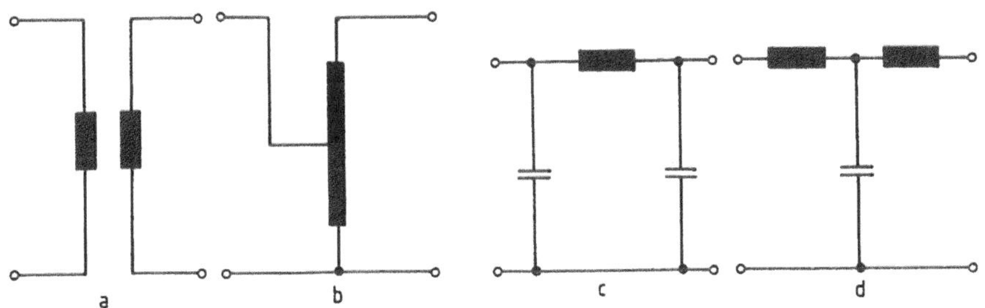

Bild 6.2 Hochfrequenz-Transformationsarten

Die Wicklungstransformatoren besitzen Kerne aus Spezialeisenpulver oder werden ohne Kerne betrieben. Sie werden bei Frequenzen bis etwa 100MHz verwendet.

Weitere Transformationsarten sind die $\lambda/4$-Leitung, die inhomogene Leitung und die auf einem Ferritkern aufgewickelte Doppelleitung.

In den folgenden Ausführungen wird nur der Einphasen-Wicklungstransformator mit zwei Wicklungen und in Sparschaltung und mit einem magnetischen Kreis mit konstanter Gegeninduktivität M behandelt. Dabei wird auf die grundsätzliche Behandlung des Transformators im Band 1, Abschnitte 3.4.7.2 und 3.4.7.3 Bezug genommen.

Der Einphasen-Transformator stellt das Bindeglied zwischen zwei Spannungsebenen eines Einphasensystems dar. Er besteht aus einem magnetischen Kreis mit geblechtem Kern, Ferritkern oder Luft, durch den zwei Spulen magnetisch gekoppelt sind. An die Primärspule 1 wird eine Spannung angelegt, wodurch sich in der Sekundärspule 2 aufgrund der Kopplung eine Spannung anderer Größe ergibt. Die Energieflussrichtung geht also von der Primärspule zur Sekundärspule.

Bei allen Arten von Wicklungstransformatoren der Starkstromtechnik, der NF-und HF-Technik gelten die grundsätzlichen Gesetzmäßigkeiten, die sich aus dem Durchflutungssatz, dem Induktionsgesetz und den Kirchhoffschen Sätzen (siehe Band 1) ergeben.

6.2 Transformatorgleichungen und Zeigerbild

Bei der Behandlung der Gegeninduktion im Band 1, Abschnitt 3.4.7.2 ist auch der Transformator mit zwei Wicklungen für zeitlich veränderliche Ströme und Spannungen beschrieben worden. In den meisten Anwendungsfällen sind die Ströme und Spannungen im Transformator sinusförmig, so dass die allgemeinen Ausführungen im Band 1 auf sinusförmige Vorgänge übertragen werden müssen. Die folgenden Herleitungen setzen die Kenntnis der Gegeninduktionsvorgänge im Transformator voraus.

Die Vorteile der Berechnung sinusförmiger Vorgänge im Komplexen (Abschnitt 4.2) werden selbstverständlich auch bei der Behandlung des Transformators genutzt. Aus den Gl. (3.353) bis (3.356) entstehen dann algebraische Gleichungen, die „Transformatorengleichungen", die in der Gaußschen Zahlenebene Zeigerbildern entsprechen.

Transformator mit gleichsinnigem Wickelsinn und Belastung mit einem beliebigen Wechselstromwiderstand, speziell bei induktiver Belastung

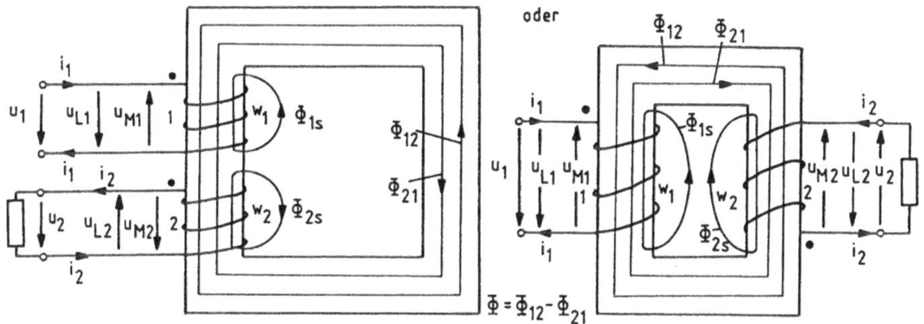

Bild 6.3 Transformator mit gleichsinnigem Wickelsinn (vgl. Bild 3.205 im Band 1, S.333)

Die Maschengleichungen für den Primärkreis und Sekundärkreis und die Gleichung für die Belastung des Transformators (siehe Gl. (3.353) und (3.354) im Band 1), hier für induktive Belastung,

$$u_1 = u_{R1} + u_{L1} - u_{M1} = R_1 \cdot i_1 + L_1 \frac{di_1}{dt} - M_{21} \frac{di_2}{dt}$$

$$u_2 = -u_{R2} - u_{L2} + u_{M2} = -R_2 \cdot i_2 - L_2 \frac{di_2}{dt} + M_{12} \frac{di_1}{dt}$$

$$u_2 = R \cdot i_2 + L \frac{di_2}{dt}$$

gehen dann in die folgenden algebraischen Gleichungen mit komplexen Effektivwerten und komplexen Operatoren über, die dem Ersatzschaltbild (siehe Bild 6.4) entsprechen:

$$\underline{U}_1 = \underline{U}_{R1} + \underline{U}_{L1} - \underline{U}_{M1} \tag{6.1}$$

$$\underline{U}_2 = -\underline{U}_{R2} - \underline{U}_{L2} + \underline{U}_{M2} \tag{6.2}$$

$$\underline{U}_2 = (R + j\omega L) \cdot \underline{I}_2 = \underline{Z} \cdot \underline{I}_2 \tag{6.3}$$

oder

$$\underline{U}_1 = R_1 \cdot \underline{I}_1 + j\omega L_1 \cdot \underline{I}_1 - j\omega M \cdot \underline{I}_2 \qquad (6.4)$$

$$\underline{U}_2 = -R_2 \cdot \underline{I}_2 - j\omega L_2 \cdot \underline{I}_2 + j\omega M \cdot \underline{I}_1 \qquad (6.5)$$

$$\underline{U}_2 = (R + j\omega L) \cdot \underline{I}_2 = \underline{Z} \cdot \underline{I}_2 \qquad (6.6)$$

mit $M_{12} = M_{21} = M$
wegen μ konstant

und

$$\underline{Z} = R + j\omega L = Z \cdot e^{j\varphi}$$

mit $\quad Z = \sqrt{R^2 + (\omega L)^2}$

und

$$\varphi = \arctan(\omega L / R).$$

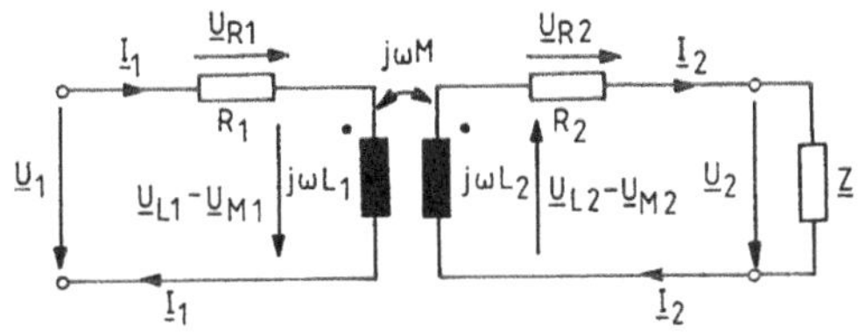

Bild 6.4 Ersatzschaltbild des Transformators mit gleichsinnigem Wickelsinn und Belastung mit einem beliebigen Wechselstromwiderstand (vgl. Bild 3.206)

Das Zeigerbild des Transformators wird grundsätzlich beim passiven Zweipol der Belastung begonnen, weil sämtliche Ströme und Spannungen von den Größen der Belastung abhängen. Dann werden die Spannungen des Sekundärkreises und schließlich der Strom und die Spannungen des Primärkreises berechnet und gezeichnet.

Im gezeichneten Beispiel (Bild 6.5) ist der Belastungswiderstand $\underline{Z}$ induktiv.

Reihenfolge der Darstellung:

passiver Zweipol:

$\underline{I}_2$ (ist gegeben oder wird gewählt)

$$\underline{U}_2 = \underline{Z} \cdot \underline{I}_2 = Z \cdot e^{j\varphi} \cdot \underline{I}_2$$

Maschengleichung des Sekundärkreises:

$$\underline{U}_{R2} = R_2 \cdot \underline{I}_2$$

$$\underline{U}_{L2} = j\omega L_2 \cdot \underline{I}_2$$

$$\underline{U}_{M2} = \underline{U}_2 + R_2 \cdot \underline{I}_2 + j\omega L_2 \cdot \underline{I}_2$$

$$\underline{U}_{M2} = j\omega M \cdot \underline{I}_1$$

Primärstrom:

$$\underline{I}_1 = \frac{\underline{U}_{M2}}{j\omega M}$$

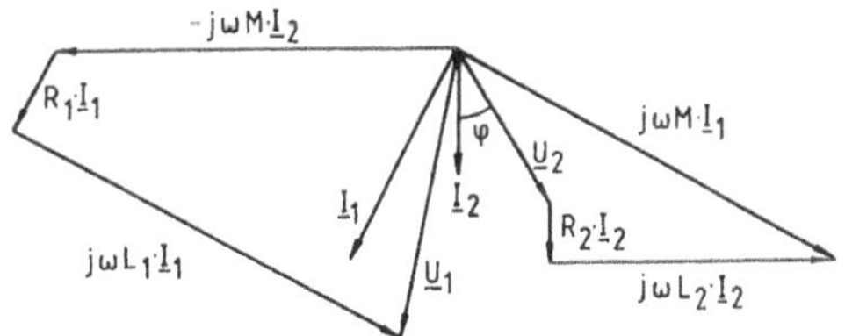

Bild 6.5 Zeigerbild des Transformators mit gleichsinnigem Wickelsinn und induktiver Belastung

Maschengleichung des Primärkreises:

$$-\underline{U}_{M1} = -j\omega M \cdot \underline{I}_2$$

$$\underline{U}_{R1} = R_1 \cdot \underline{I}_1$$

$$\underline{U}_{L1} = j\omega L_1 \cdot \underline{I}_1$$

$$\underline{U}_1 = -j\omega M \cdot \underline{I}_2 + R_1 \cdot \underline{I}_1 + j\omega L_1 \cdot \underline{I}_1$$

Ist der Belastungswiderstand $\underline{Z}$ kapazitiv, dann eilt der Strom $\underline{I}_2$ der Spannung $\underline{U}_2$ voraus, bei einer ohmschen Belastung sind sie in Phase. Besteht die Belastung aus ohmschen, induktiven und kapazitiven Anteilen, hängt die Art der Belastung von der Frequenz ab.

Transformator mit gegensinnigem Wickelsinn und Belastung mit einem beliebigen Wech-selstromwiderstand, speziell bei induktiver Belastung

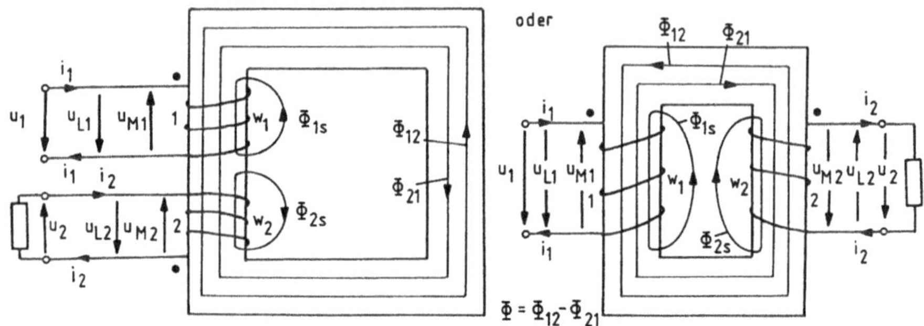

Bild 6.6 Transformator mit gegensinnigem Wickelsinn (vgl. Bild 3.207 im Band 1, S.334)

Die Maschengleichungen für den Primärkreis und Sekundärkreis und die Gleichung für die Belastung des Transformators (siehe Gl. (3.355) und (3.356) im Band 1), hier eben-falls für induktive Belastung, sind die gleichen wie bei gleichsinnigem Wickelsinn, wenn die Sekundärspule gegensinnig zur Primärspule gewickelt wird. Die Richtungen sämtli-cher Spannungen und des Stroms im Sekundärkreis ändern sich im Vergleich zur gleich-sinnigen Wicklungsanordnung.

Deshalb sind auch die algebraischen Gleichungen mit komplexen Effektivwerten und komplexen Operatoren gleich:

$$\underline{U}_1 = \underline{U}_{R1} + \underline{U}_{L1} - \underline{U}_{M1} \tag{6.7}$$

$$\underline{U}_2 = -\underline{U}_{R2} - \underline{U}_{L2} + \underline{U}_{M2} \tag{6.8}$$

$$\underline{U}_2 = (R + j\omega L) \cdot \underline{I}_2 = \underline{Z} \cdot \underline{I}_2 \tag{6.9}$$

oder

$$\underline{U}_1 = R_1 \cdot \underline{I}_1 + j\omega L_1 \cdot \underline{I}_1 - j\omega M \cdot \underline{I}_2 \tag{6.10}$$

$$\underline{U}_2 = -R_2 \cdot \underline{I}_2 - j\omega L_2 \cdot \underline{I}_2 + j\omega M \cdot \underline{I}_1 \tag{6.11}$$

$$\underline{U}_2 = (R + j\omega L) \cdot \underline{I}_2 = \underline{Z} \cdot \underline{I}_2 \tag{6.12}$$

mit $M_{12} = M_{21} = M$
wegen μ konstant

und

$$\underline{Z} = R + j\omega L = Z \cdot e^{j\varphi}$$

mit $Z = \sqrt{R^2 + (\omega L)^2}$

und

$$\varphi = \arctan(\omega L / R).$$

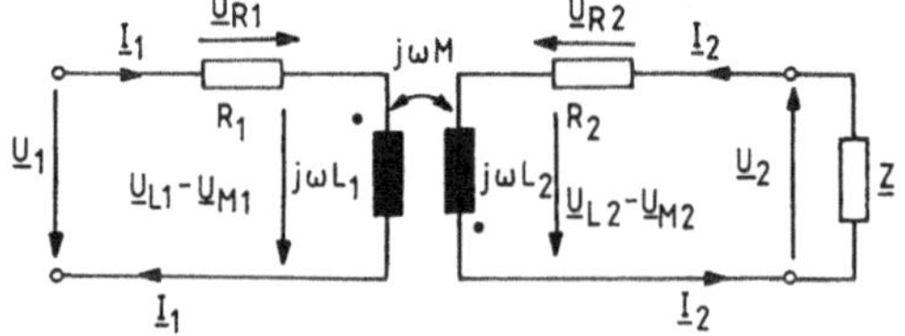

Bild 6.7 Ersatzschaltbild des Transformators mit gegensinnigem Wickelsinn und Belastung mit einem beliebigen Wechselstromwiderstand (vgl. Bild 3.208)

Sie entsprechen dem Ersatzschaltbild für den belasteten Transformator mit gegensinnigem Wickelsinn, der durch die beiden Punkte gekennzeichnet ist (siehe Bild 6.7).

Um im Zeigerbild des Transformators mit gegensinnigem Wickelsinn den Unterschied zum Zeigerbild des Transformators mit gleichsinnigem Wickelsinn zu verdeutlichen, werden im Ersatzschaltbild der Sekundärstrom $\underline{I}_2$ und die Sekundärspannung $\underline{U}_2$ mit umgekehrten Vorzeichen in die gleiche Richtung gelegt wie im Ersatzschaltbild mit gleichsinnigem Wickelsinn. Diese Änderung im Ersatzschaltbild (siehe Bild 6.8) bedeutet in den Spannungsgleichungen negative Sekundärgrößen:

$$\underline{U}_1 = \underline{U}_{R1} + \underline{U}_{L1} - \underline{U}_{M1} = R_1 \cdot \underline{I}_1 + j\omega L_1 \cdot \underline{I}_1 + j\omega M \cdot (-\underline{I}_2) \tag{6.13}$$

$$(-\underline{U}_2) = \underline{U}_{R2} + \underline{U}_{L2} - \underline{U}_{M2} = -R_2 \cdot (-\underline{I}_2) - j\omega L_2 \cdot (-\underline{I}_2) - j\omega M \cdot \underline{I}_1 \tag{6.14}$$

$$(-\underline{U}_2) = (R + j\omega L) \cdot (-\underline{I}_2) = \underline{Z} \cdot (-\underline{I}_2) \tag{6.15}$$

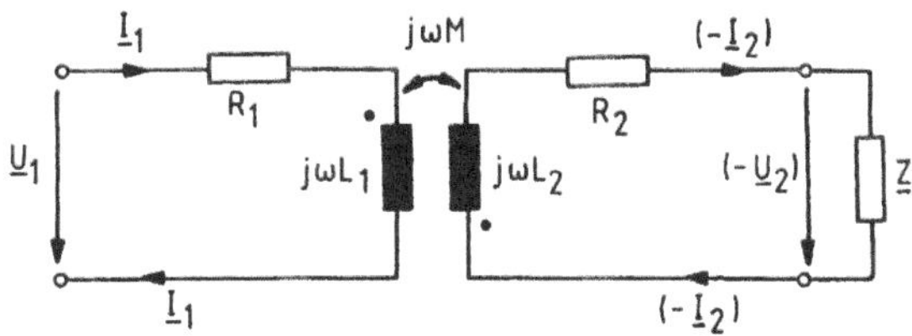

Bild 6.8
Ersatzschaltbild des Transformators mit gegensinnigem Wickelsinn und umgedrehten Sekundärgrößen

Das Zeigerbild wird wieder beim passiven Zweipol der Belastung begonnen und hat im gezeichneten Beispiel (Bild 6.9) einen induktiven Belastungswiderstand $\underline{Z}$:

Reihenfolge der Darstellung:

passiver Zweipol:

$\quad(-\underline{I}_2)$ (ist gegeben oder wird gewählt)

$\quad(-\underline{U}_2) = \underline{Z} \cdot (-\underline{I}_2) = Z \cdot e^{j\varphi} \cdot (-\underline{I}_2)$

Maschengleichung des Sekundärkreises:

$\quad -\underline{U}_{R2} = R_2 \cdot (-\underline{I}_2)$

$\quad -\underline{U}_{L2} = j\omega L_2 \cdot (-\underline{I}_2)$

$\quad -\underline{U}_{M2} = (-\underline{U}_2) + R_2 \cdot (-\underline{I}_2) + j\omega L_2 \cdot (-\underline{I}_2)$

$\quad -\underline{U}_{M2} = -j\omega M \cdot \underline{I}_1$

Primärstrom:

$$\underline{I}_1 = \frac{-\underline{U}_{M2}}{-j\omega M}$$

Maschengleichung des Primärkreises:

$\quad -\underline{U}_{M1} = j\omega M \cdot (-\underline{I}_2)$

$\quad \underline{U}_{R1} = R_1 \cdot \underline{I}_1$

$\quad \underline{U}_{L1} = j\omega L_1 \cdot \underline{I}_1$

$\quad \underline{U}_1 = j\omega M \cdot (-\underline{I}_2) + R_1 \cdot \underline{I}_1 + j\omega L_1 \cdot \underline{I}_1$

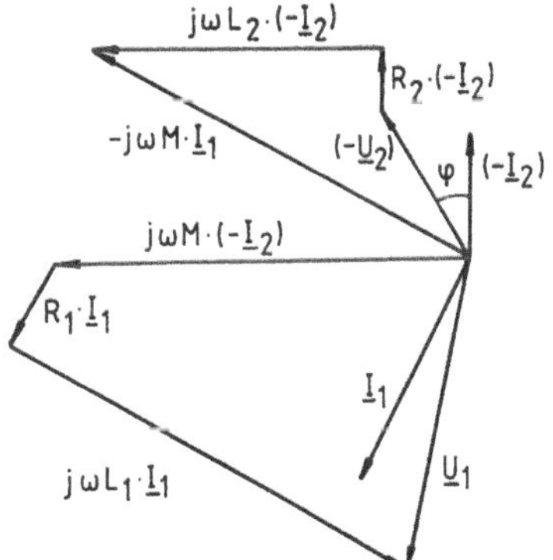

Bild 6.9 Zeigerbild des Transformators mit gegensinnigem Wickelsinn und induktiver Belastung

Im Vergleich zum Zeigerbild des Transformators mit gleichsinnigem Wickelsinn ist das Polygon der Maschengleichung des Sekundärkreises um 180° gedreht.

Leerlauf eines Transformators

Bei Leerlauf am Ausgang eines Transformators ist der Ausgangsstrom $\underline{I}_2$ gleich Null. Damit vereinfachen sich die Spannungsgleichungen des Transformators für gleichsinnigen und gegensinnigen Wickelsinn (Gl. (6.4) bis (6.6) bzw. (6.10) bis (6.12)):

Mit $\underline{I}_2 = 0$ ist

$$\underline{U}_1 = R_1 \cdot \underline{I}_1 + j\omega L_1 \cdot \underline{I}_1 = (R_1 + j\omega L_1) \cdot \underline{I}_1 \tag{6.16}$$

$$\underline{U}_2 = j\omega M \cdot \underline{I}_1 \tag{6.17}$$

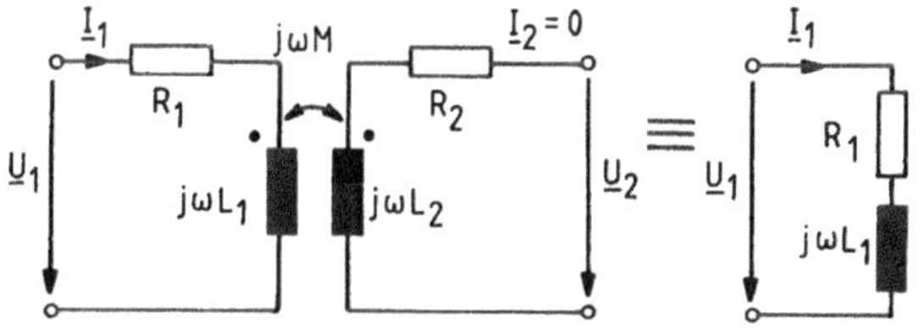

Bild 6.10
Ersatzschaltbild eines Transformators
bei Leerlauf am Ausgang

Entsprechend vereinfacht sich das Zeigerbild, das in Anlehnung an die Bilder 6.5 und 6.9 im Bild 6.11 gezeichnet ist. Aus dem „Spannungsdreieck" lässt sich dann das „Widerstandsdreieck" herleiten, das im Bild 6.11 neben das Zeigerbild gesetzt ist.

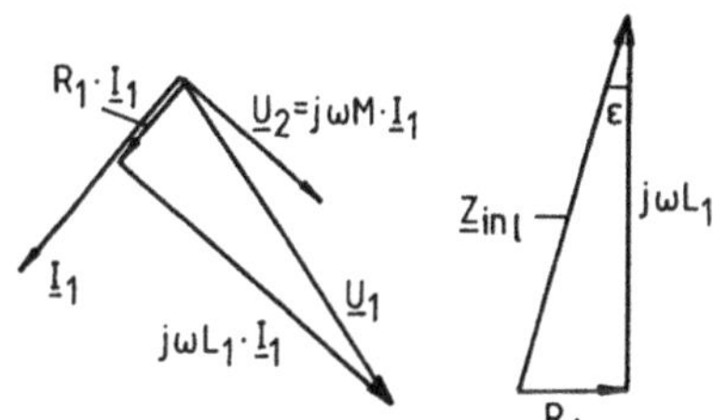

Bild 6.11
Zeigerbild und Widerstandsdreieck des
Transformators bei Leerlauf am Ausgang

Damit kann auch der Eingangwiderstand bei Leerlauf als Quotient der Eingangsspannung zum Eingangsstrom angegeben werden (Index „in" von *input* = Eingang):

$$(\underline{Z}_{in})_{\underline{I}_2=0} = \underline{Z}_{in\,l} = \frac{\underline{U}_1}{\underline{I}_1} = R_1 + j\omega L_1 \,. \tag{6.18}$$

Die Ersatzschaltung eines Transformators bei Leerlauf ist also die Reihenschaltung des ohmschen Widerstands und der Induktivität der Primärspule.

Aus den Spannungsgleichungen lässt sich dann das *Übersetzungsverhältnis* der Spannungen als komplexer Operator angeben:

$$\frac{\underline{U}_1}{\underline{U}_2} = \frac{R_1 + j\omega L_1}{j\omega M}$$

$$\frac{\underline{U}_1}{\underline{U}_2} = \frac{L_1}{M} - j \cdot \frac{R_1}{\omega M} = \sqrt{\left(\frac{L_1}{M}\right)^2 + \left(\frac{R_1}{\omega M}\right)^2} \cdot e^{j \cdot \arctan(-R_1/\omega L_1)} \tag{6.19}$$

Der Betrag des Übersetzungsverhältnisses wird mit ü bezeichnet:

$$\ddot{u} = \left| \frac{\underline{U}_1}{\underline{U}_2} \right| = \sqrt{\left(\frac{L_1}{M} \right)^2 + \left(\frac{R_1}{\omega M} \right)^2} = \frac{L_1}{M} \cdot \sqrt{1 + \left(\frac{R_1}{\omega L_1} \right)^2} \, , \tag{6.20}$$

wobei

$$\tan \varepsilon = \frac{R_1}{\omega L_1} \tag{6.21}$$

Fehlwinkel genannt wird. Er kann aus dem Widerstandsdreieck im Bild 6.11 abgelesen werden.

Werden die primären ohmschen Verluste R_1 vernachlässigt, dann ist das Übersetzungsverhältnis reell:

$$\frac{\underline{U}_1}{\underline{U}_2} = \frac{L_1}{M} \, . \tag{6.22}$$

Wird zusätzlich angenommen, dass der Transformator keine Streuung besitzt, also der Kopplungsfaktor $k = 1$ beträgt, dann ist mit Gl. (3.370) (siehe Band 1, S.339)

$$M = \sqrt{L_1 \cdot L_2}$$

das Übersetzungsverhältnis gleich dem Verhältnis der Windungszahlen der beiden Spulen:

$$\frac{\underline{U}_1}{\underline{U}_2} = \frac{L_1}{\sqrt{L_1 \cdot L_2}} = \sqrt{\frac{L_1}{L_2}} \tag{6.23}$$

und mit Gl. (3.309) (siehe Band 1, S.305)

$$L_1 = \frac{w_1{}^2}{R_m} \quad \text{und} \quad L_2 = \frac{w_2{}^2}{R_m}$$

ist

$$\frac{\underline{U}_1}{\underline{U}_2} = \frac{w_1}{w_2} , \quad \text{d. h.} \quad \ddot{u} = \frac{w_1}{w_2} \tag{6.24}$$

Ein Transformator, für den die Effektivwerte der Spannungen (U_1 Speisespannung, U_2 geforderte Spannung) vorgegeben sind, kann also nur sehr ungenau mit Hilfe der Gl. (6.24) dimensioniert werden, weil sich die Spannungen nur dann wie die Windungszahlen verhalten, wenn der Transformator bei Leerlauf betrieben wird, wenn die ohmschen Verluste der Primärspule vernachlässigt werden und wenn der Transformator mit $k = 1$ fest gekoppelt ist.

Spannungsverhältnis und Eingangswiderstand des Transformators

Das Spannungsverhältnis der Ausgangsspannung zur Eingangsspannung hängt nicht nur von den Ersatzschaltbildgrößen R_1, L_1, M, R_2 und L_2 ab, sondern auch von der Art und Größe der Belastung, wie durch Zeigerbilder und Berechnungen deutlich wird.

Entsprechendes gilt selbstverständlich für den Primärstrom bei gegebener Primärspannung, also für den Eingangswiderstand des belasteten Transformators.

Beispiel 1:

Für einen Transformator mit zwei gleichsinnig gewickelten Wicklungen, der mit einem ohmschen Widerstand R belastet ist, soll die Formel für das Spannungsverhältnis $\underline{U}_2/\underline{U}_1$ hergeleitet werden.

Lösung:

Aus Gl. (6.6) ergibt sich mit $\underline{Z} = R$

$$\underline{I}_2 = \frac{\underline{U}_2}{\underline{Z}} = \frac{\underline{U}_2}{R}$$

eingesetzt in Gl. (6.5)

$$\underline{U}_2 = -(R_2 + j\omega L_2) \cdot \frac{\underline{U}_2}{R} + j\omega M \cdot \underline{I}_1,$$

nach $\underline{I}_1$ aufgelöst

$$\underline{I}_1 = \frac{1}{j\omega M} \cdot \left(1 + \frac{R_2 + j\omega L_2}{R}\right) \cdot \underline{U}_2$$

und mit $\underline{I}_2 = \underline{U}_2/R$ in Gl. (6.4) eingesetzt

$$\underline{U}_1 = \frac{R_1 + j\omega L_1}{j\omega M} \cdot \left(1 + \frac{R_2 + j\omega L_2}{R}\right) \cdot \underline{U}_2 - j\omega M \cdot \frac{\underline{U}_2}{R}$$

ergibt sich für das Spannungsverhältnis

$$\frac{\underline{U}_2}{\underline{U}_1} = \frac{1}{\dfrac{R_1 + j\omega L_1}{j\omega M} \cdot \left(1 + \dfrac{R_2 + j\omega L_2}{R}\right) - \dfrac{j\omega M}{R}}$$

$$\frac{\underline{U}_2}{\underline{U}_1} = \frac{1}{\dfrac{R_1 + j\omega L_1}{j\omega M} + \dfrac{(R_1 + j\omega L_1) \cdot (R_2 + j\omega L_2)}{j\omega M \cdot R} - \dfrac{j\omega M}{R}}$$

$$\frac{\underline{U}_2}{\underline{U}_1} = \frac{1}{\left(\dfrac{L_1}{M} + \dfrac{R_1 \cdot L_2 + R_2 \cdot L_1}{M \cdot R}\right) - j \cdot \left(\dfrac{R_1}{\omega M} + \dfrac{R_1 \cdot R_2 - \omega^2 L_1 L_2}{\omega M \cdot R} + \dfrac{\omega M}{R}\right)}$$

$$\frac{\underline{U}_2}{\underline{U}_1} = \frac{1}{\left(\dfrac{R \cdot L_1 + R_1 \cdot L_2 + R_2 \cdot L_1}{M \cdot R}\right) + j \cdot \left(\dfrac{\omega^2 L_1 L_2 - R_1 \cdot R - R_1 \cdot R_2 - \omega^2 M^2}{\omega M \cdot R}\right)}$$

$$\frac{\underline{U}_2}{\underline{U}_1} = \frac{1}{\left(\dfrac{(R + R_2) \cdot L_1 + R_1 \cdot L_2}{M \cdot R}\right) + j \cdot \left(\dfrac{\omega^2 (L_1 L_2 - M^2) - (R + R_2) \cdot R_1}{\omega M \cdot R}\right)} \tag{6.25}$$

Beispiel 2:

Für einen Transformator mit zwei Wicklungen mit gleichsinnigem Wickelsinn soll rechnerisch untersucht werden, bei welchem der folgenden Belastungsfälle

1. ohmsche Belastung $\underline{Z} = R = 200\,\Omega$,

2. Kurzschluss am Ausgang $\underline{Z} = R = 0\,\Omega$ oder

3. Leerlauf am Ausgang $\underline{Z} = R = \infty$

der Primärstrom I_1 bei gegebener Eingangsspannung $U_1 = 100\,\text{V}$, $\omega = 10000\,\text{s}^{-1}$ am größten ist. Gegeben sind die Ersatzschaltbildgrößen des Transformators:

$R_1 = 6\,\Omega$, $L_1 = 20\,\text{mH}$, $M = 15\,\text{mH}$, $R_2 = 10\,\Omega$ und $L_2 = 45\,\text{mH}$.

Lösung:

Zu 1:

Der Primärstrom ist gleich dem Quotient von Eingangsspannung und Eingangswiderstand $\underline{Z}_{\text{in}}$, der mit den Gl. (6.4) bis (6.6) berechnet werden kann:

$$\underline{I}_1 = \frac{\underline{U}_1}{\underline{Z}_{\text{in}}}.$$

mit Gl. (6.4), dividiert durch $\underline{I}_1$:

$$\underline{Z}_{\text{in}} = \frac{\underline{U}_1}{\underline{I}_1} = R_1 + j\omega L_1 - j\omega M \cdot \frac{\underline{I}_2}{\underline{I}_1}$$

mit Gl. (6.5) und (6.6) und $\underline{Z} = R$

$$\underline{U}_2 = -(R_2 + j\omega L_2)\cdot \underline{I}_2 + j\omega M \cdot \underline{I}_1 = R\cdot \underline{I}_2$$

ist

$$\frac{\underline{I}_2}{\underline{I}_1} = \frac{j\omega M}{R + R_2 + j\omega L_2}$$

und

$$\underline{Z}_{\text{in}} = R_1 + j\omega L_1 + \frac{\omega^2 M^2}{(R + R_2) + j\omega L_2} \cdot \frac{(R + R_2) - j\omega L_2}{(R + R_2) - j\omega L_2}$$

$$\underline{I}_1 = \frac{\underline{U}_1}{\left[R_1 + \dfrac{\omega^2 M^2 (R + R_2)}{(R + R_2)^2 + (\omega L_2)^2}\right] + j\omega \cdot \left[L_1 - \dfrac{\omega^2 M^2 L_2}{(R + R_2)^2 + (\omega L_2)^2}\right]} \qquad (6.26)$$

und mit Zahlenwerten ist

$$\omega^2 M^2 = 10000^2 \text{s}^{-2} \cdot (15\,\text{mH})^2 = 22{,}5 \cdot 10^3\,\Omega^2$$

$$(R + R_2)^2 + (\omega L_2)^2 = (200\,\Omega + 10\,\Omega)^2 + (10000\,\text{s}^{-1} \cdot 45\,\text{mH})^2 = 246{,}6 \cdot 10^3\,\Omega^2$$

$$\underline{I}_1 = \frac{100\,\text{V}}{\left[6\,\Omega + \dfrac{22{,}5 \cdot 10^3\,\Omega^2 \cdot 210\,\Omega}{246{,}6 \cdot 10^3\,\Omega^2}\right] + j\cdot 10\,000\,\text{s}^{-1}\cdot\left[20\,\text{mH} - \dfrac{22{,}5 \cdot 10^3\,\Omega^2 \cdot 45\,\text{mH}}{246{,}6 \cdot 10^3\,\Omega^2}\right]}$$

$$\underline{I}_1 = \frac{100\,\text{V}}{25{,}16\,\Omega + j\cdot 158{,}9\,\Omega}$$

und mit $Z_{\text{in}} = \sqrt{(25{,}16\,\Omega)^2 + (158{,}9\,\Omega)^2} = 160{,}92\,\Omega$ ist

$$I_1 = \frac{U_1}{Z_{\text{in}}} = \frac{100\,\text{V}}{160{,}92\,\Omega} = 0{,}62\,\text{A}$$

Zu 2.

Mit $\underline{Z} = R = 0$ vereinfacht sich obige Gleichung für $\underline{I}_1$:

$$\underline{I}_{1k} = \frac{\underline{U}_1}{\underline{Z}_{\text{in}\,k}} = \frac{\underline{U}_1}{\left[R_1 + \dfrac{\omega^2 M^2 R_2}{R_2{}^2 + (\omega L_2)^2} \right] + j\omega \cdot \left[L_1 - \dfrac{\omega^2 M^2 L_2}{R_2{}^2 + (\omega L_2)^2} \right]} \tag{6.27}$$

und mit $R_2{}^2 + (\omega L_2)^2 = (10\,\Omega)^2 + (10\,000\,s^{-1} \cdot 45\,\text{mH})^2 = 202{,}6 \cdot 10^3 \Omega^2$

$$\underline{I}_{1k} = \frac{100\,\text{V}}{\left[6\,\Omega + \dfrac{22{,}5 \cdot 10^3 \Omega^2 \cdot 10\,\Omega}{202{,}6 \cdot 10^3 \Omega^2} \right] + j \cdot 10\,000\,s^{-1} \cdot \left[20\,\text{mH} - \dfrac{22{,}5 \cdot 10^3 \Omega^2 \cdot 45\,\text{mH}}{202{,}6 \cdot 10^3 \Omega^2} \right]}$$

$$\underline{I}_{1k} = \frac{100\,\text{V}}{7{,}11\,\Omega + j \cdot 150{,}02\,\Omega}$$

und mit $Z_{\text{in}\,k} = \sqrt{(7{,}11\,\Omega)^2 + (150{,}02\,\Omega)^2} = 150{,}19\,\Omega$ ist

$$I = \frac{U_1}{Z_{\text{in}\,k}} = \frac{100\,\text{V}}{150{,}19\,\Omega} = 0{,}67\,\text{A}$$

Zu 3.

Mit $\underline{Z} = R = \infty$ ergibt sich nach Gl. (6.18)

$$\underline{I}_{1l} = \frac{\underline{U}_1}{\underline{Z}_{\text{in}\,l}} = \frac{\underline{U}_1}{R_1 + j\omega L_1} \tag{6.28}$$

$$\underline{I}_{1l} = \frac{100\,\text{V}}{6\,\Omega + j \cdot 10\,000\,s^{-1} \cdot 20\,\text{mH}} = \frac{100\,\text{V}}{6\,\Omega + j \cdot 200\,\Omega}$$

und mit $Z_{\text{in}\,l} = \sqrt{(6\,\Omega)^2 + (200\,\Omega)^2} = 200{,}1\,\Omega$ ist

$$I_{1l} = \frac{U_1}{Z_{\text{in}\,l}} = \frac{100\,\text{V}}{200{,}1\,\Omega} = 0{,}50\,\text{A}$$

Bei sekundärem Kurzschluss ist der Primärstrom am größten.

Spartransformator

Ein Spartransformator besteht aus einer Spule mit einem Abgriff; die zweite Spule wird also eingespart. Zwei Schaltungen mit jeweils gleichsinnigem Wickelsinn werden unterschieden, die auf die gleiche Weise beschrieben werden können wie ein Transformator mit zwei Wicklungen (siehe Band 1, Abschnitt 3.4.7.2).

Die anliegende Spannung u_1 verursacht einen Strom i_1 der mit einem magnetischen Fluss Φ_{12} verbunden ist. Dadurch wird in der Spule neben der Selbstinduktionsspannung auch eine Gegeninduktionsspannung verursacht, die durch den belastenden Wechselstromwiderstand einen Strom i_2 bewirkt. Mit diesem Strom ist ein entgegengesetzt gerichteter magnetischer Fluss Φ_{21} verbunden, der wiederum neben einer Selbstinduktionsspannung eine Gegeninduktionsspannung verursacht.

Die Spannungsgleichungen für beide Schaltungen lassen sich nach der Regel für zwei Spulen, die mit zwei Punkten und einem Doppelpfeil gekennzeichnet sind, aufstellen (siehe Band 1: S.328, Bild 3.197 und zugehöriger Text).

Angewendet werden die Spartransformator-Schaltungen bei Anpassung von Resonanzkreisen an Transistoren, Röhren und Antennen und zur Symmetrierung von unsymmetrischen Leitungen.

Spartransformator mit anliegender Spannung an der Gesamtspule

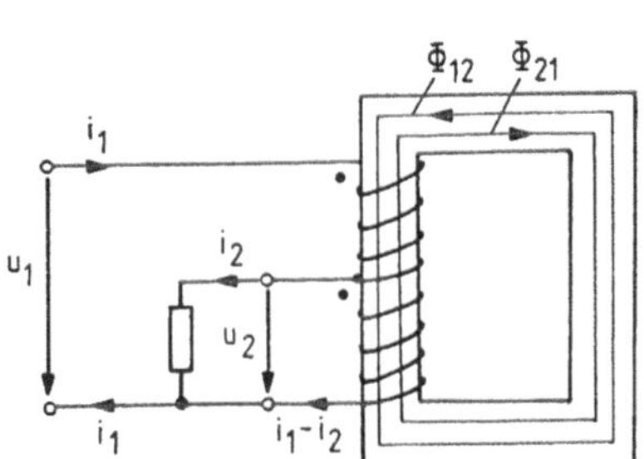
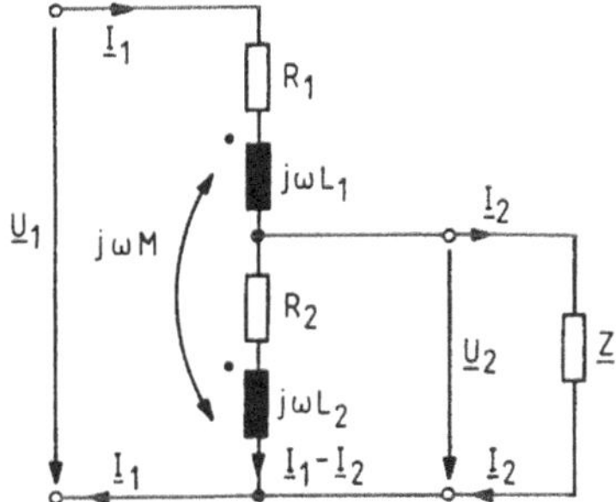

Bild 6.12 Spartransformator mit anliegender Spannung an der Gesamtspule und Belastung der Teilspule mit einem beliebigen Wechselstromwiderstand, dazu Ersatzschaltung des belasteten Spartransformators im Bildbereich

Die Spannungsgleichungen für das Ersatzschaltbild im Bild 6.12 lauten:

$$\underline{U}_1 = (R_1 + j\omega L_1) \cdot \underline{I}_1 + j\omega M \cdot (\underline{I}_1 - \underline{I}_2) + \underline{U}_2$$

$$\underline{U}_2 = (R_2 + j\omega L_2) \cdot (\underline{I}_1 - \underline{I}_2) + j\omega M \cdot \underline{I}_1$$

und zusammengefasst zu den drei Transformatorgleichungen:

$$\underline{U}_1 = \left[R_1 + R_2 + j\omega (L_1 + L_2 + 2M) \right] \cdot \underline{I}_1 - \left[R_2 + j\omega(L_2 + M) \right] \cdot \underline{I}_2 \tag{6.29}$$

$$\underline{U}_2 = \qquad\qquad \left[R_2 + j\omega(L_2 + M) \right] \cdot \underline{I}_1 \qquad - (R_2 + j\omega L_2) \cdot \underline{I}_2 \tag{6.30}$$

$$\underline{U}_2 = \underline{Z} \cdot \underline{I}_2 \tag{6.31}$$

Spartransformator mit anliegender Spannung an der Teilspule

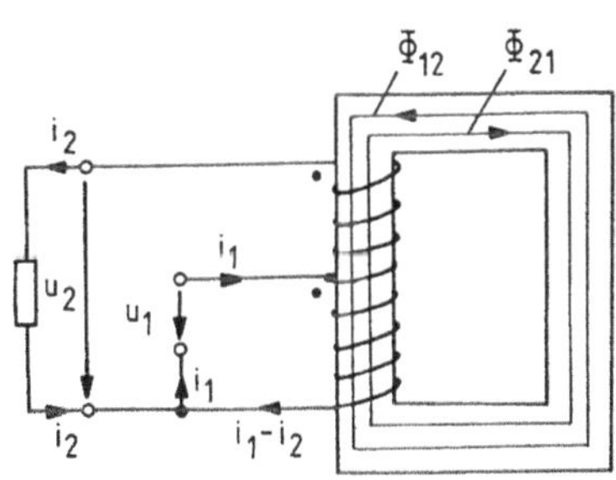
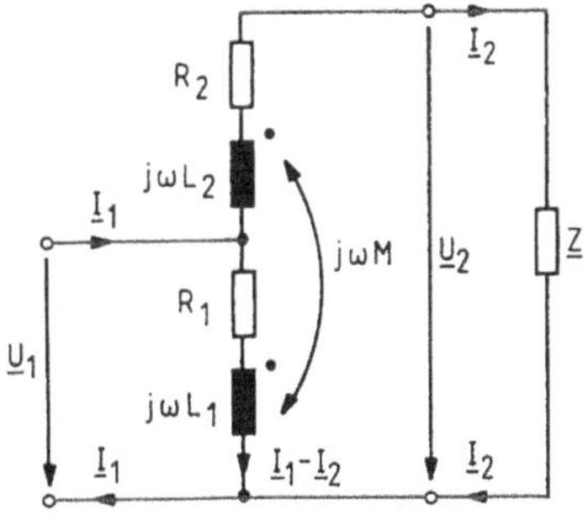

Bild 6.13 Spartransformator mit anliegender Spannung an der Teilspule und Belastung der Gesamtspule mit einem beliebigen Wechselstromwiderstand, dazu Ersatzschaltbild des belasteten Spartransformators im Bildbereich

Aus dem Ersatzschaltbild im Bild 6.13 lassen sich die Spannungsgleichungen ablesen:

$$\underline{U}_2 = -(R_2 + j\omega L_2)\cdot \underline{I}_2 + j\omega M\cdot(\underline{I}_1 - \underline{I}_2) + \underline{U}_1$$

$$\underline{U}_1 = (R_1 + j\omega L_1)\cdot(\underline{I}_1 - \underline{I}_2) - j\omega M\cdot \underline{I}_2$$

und zusammengefasst in den drei Transformatorgleichungen:

$$\underline{U}_1 = \qquad (R_1 + j\omega L_1)\cdot \underline{I}_1 \qquad - \left[R_1 + j\omega\,(L_1 + M)\right]\cdot \underline{I}_2 \tag{6.32}$$

$$\underline{U}_2 = \left[R_1 + j\omega\,(L_1 + M)\right]\cdot \underline{I}_1 - \left[R_1 + R_2 + j\omega(L_1 + L_2 + 2M)\right]\cdot \underline{I}_2 \tag{6.33}$$

$$\underline{U}_2 = \underline{Z}\cdot \underline{I}_2 \tag{6.34}$$

6.3 Ersatzschaltbilder mit galvanischer Kopplung

Für eine einfachere rechnerische Handhabung gekoppelter Kreise können Ersatzschaltbilder mit galvanischer Kopplung aus den drei Spannungsgleichungen (Gl. 6.4 bis 6.6 bzw. 6.10 bis 6.12) entwickelt werden. Die Ersatzschaltungen sind im allgemeinen nicht mehr physikalisch anschaulich oder technisch realisierbar; sie genügen formal den umgewandelten Spannungsgleichungen und sind im allgemeinen nicht dazu geeignet, die Wirkungsweise der Kopplung, d. h. des Transformators, zu erklären.

Ersatzschaltbild mit $L_1 - M$ und $L_2 - M$:

Aus den Spannungsgleichungen des belasteten Transformators mit gleichsinnigem oder gegensinnigem Wickelsinn mit konstanter Permeabilität ($M_{12} = M_{21} = M$)

$$\underline{U}_1 = R_1\cdot \underline{I}_1 + j\omega L_1\cdot \underline{I}_1 - j\omega M\cdot \underline{I}_2 \tag{6.35}$$

$$\underline{U}_2 = -R_2\cdot \underline{I}_2 - j\omega L_2\cdot \underline{I}_2 + j\omega M\cdot \underline{I}_1 \tag{6.36}$$

$$\underline{U}_2 = \underline{Z}\cdot \underline{I}_2 \tag{6.37}$$

entstehen durch Erweitern mit $\pm\, j\omega M\cdot \underline{I}_1$ und $\pm\, j\omega M\cdot \underline{I}_2$:

$$\underline{U}_1 = R_1\cdot \underline{I}_1 + j\omega(L_1 - M)\cdot \underline{I}_1 + j\omega M\cdot(\underline{I}_1 - \underline{I}_2) \tag{6.38}$$

$$\underline{U}_2 = -R_2\cdot \underline{I}_2 - j\omega(L_2 - M)\cdot \underline{I}_2 + j\omega M\cdot(\underline{I}_1 - \underline{I}_2) \tag{6.39}$$

$$\underline{U}_2 = \underline{Z}\cdot \underline{I}_2 \tag{6.40}$$

Diese Gleichungen entsprechen dem Ersatzschaltbild mit den Induktivitäten $L_1 - M$ und $L_2 - M$ im Bild 6.14 und können als Zeigerbilder dargestellt werden, wobei der Zeiger $j\omega M\cdot(\underline{I}_1 - \underline{I}_2)$ für beide Polygone gleich ist.

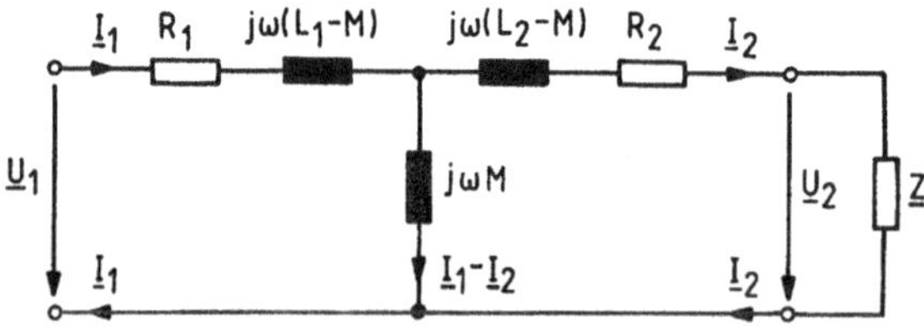

Bild 6.14
Ersatzschaltbild mit den Induktivitäten M, $L_1 - M$ und $L_2 - M$

Ersatzschaltbild mit $L_1 - M'$ und $L_2' - M'$ bzw. mit Streuinduktivitäten

Die Längsinduktivitäten $L_1 - M$ und $L_2 - M$ der Ersatzschaltung im Bild 6.14 können durch Streuinduktivitäten L_{1s} und L_{2s} ersetzt werden, indem Größen der Sekundärseite und die Gegeninduktivität mit dem Übersetzungsverhältnis reduziert werden, das in vielen Fällen $ü = w_1/w_2$ (siehe Gl. 6.24) gewählt wird:

Zunächst werden die Spannungsgleichungen (Gl. 6.35 bis 6.37) mit ü verändert:

$$\underline{U}_1 = \quad R_1 \cdot \underline{I}_1 \quad + j\omega L_1 \cdot \underline{I}_1 \quad - j\omega\,(ü \cdot M) \cdot \left(\frac{\underline{I}_2}{ü} \right) \tag{6.41}$$

$$(ü \cdot \underline{U}_2) = -(ü^2 \cdot R_2) \cdot \left(\frac{\underline{I}_2}{ü} \right) - j\omega\,(ü^2 \cdot L_2) \cdot \left(\frac{\underline{I}_2}{ü} \right) + j\omega\,(ü \cdot M) \cdot \underline{I}_1 \tag{6.42}$$

$$(ü \cdot \underline{U}_2) = (ü^2 \cdot \underline{Z}) \cdot \left(\frac{\underline{I}_2}{ü} \right) \tag{6.43}$$

oder übersichtlich geschrieben:

$$\underline{U}_1 = R_1 \cdot \underline{I}_1 + j\omega L_1 \cdot \underline{I}_1 - j\omega M' \cdot \underline{I}_2' \tag{6.44}$$

$$\underline{U}_2' = -R_2' \cdot \underline{I}_2' - j\omega L_2' \cdot \underline{I}_2' + j\omega M' \cdot \underline{I}_1 \tag{6.45}$$

$$\underline{U}_2' = \underline{Z}' \cdot \underline{I}_2'. \tag{6.46}$$

Die reduzierten Größen sind also:

$$\underline{U}_2' = ü \cdot \underline{U}_2 \qquad\qquad R_2' = ü^2 \cdot R_2$$

$$\underline{I}_2' = \frac{1}{ü} \cdot \underline{I}_2 \qquad\qquad L_2' = ü^2 \cdot L_2$$

$$M' = ü \cdot M \qquad\qquad \underline{Z}' = ü^2 \cdot \underline{Z}$$

Die Spannungsgleichungen werden entsprechend mit $\pm\, j\omega M' \cdot \underline{I}_1$ und $\pm\, j\omega M' \cdot \underline{I}_2'$ erweitert:

$$\underline{U}_1 = R_1 \cdot \underline{I}_1 + j\omega(L_1 - M') \cdot \underline{I}_1 + j\omega M' \cdot (\underline{I}_1 - \underline{I}_2') \tag{6.47}$$

$$\underline{U}_2' = R_2' \cdot \underline{I}_2' - j\omega(L_2' - M') \cdot \underline{I}_2' + j\omega M' \cdot (\underline{I}_1 - \underline{I}_2') \tag{6.48}$$

$$\underline{U}_2' = \underline{Z}' \cdot \underline{I}_2'. \tag{6.49}$$

Das Ersatzschaltbild im Bild 6.15, das den Spannungsgleichungen mit reduzierten Größen entspricht, hat das gleiche Aussehen wie das Ersatzschaltbild ohne Reduzierung; es geht mit $ü = 1$ in das Ersatzschaltbild im Bild 6.14 über:

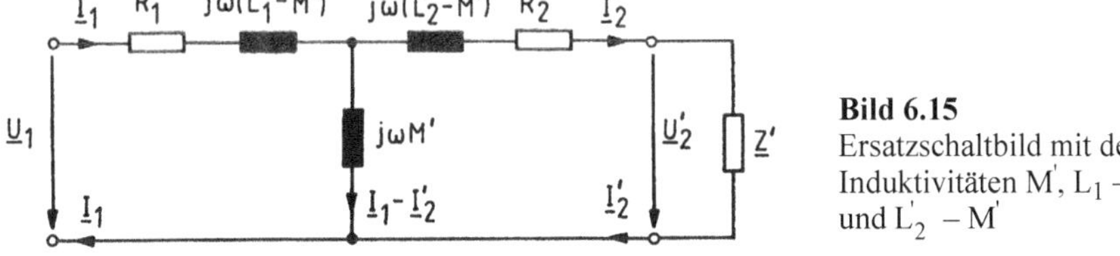

Bild 6.15
Ersatzschaltbild mit den Induktivitäten M', $L_1 - M'$ und $L_2' - M'$

Mit dem Ersatzschaltbild mit reduzierten Größen lassen sich nur dann die Längsinduktivitäten durch Streuinduktivitäten ersetzen, die im Band 1, Abschnitt 3.4.7.3, S.337 und S.340 definiert wurden (vgl. Gl. 3.366 und 3.367 mit $M_{12} = M_{21} = M$ und Gl. 3.373 und 3.374), wenn $ü = w_1/w_2$ festgelegt wird:

$$L_1 = M \cdot \frac{w_1}{w_2} + L_{1s} = M' + L_{1s} = \frac{L_{1s}}{\sigma_1}$$

oder

$$L_{1s} = L_1 - M' = \sigma_1 \cdot L_1 \tag{6.50}$$

und

$$L_2 = M \cdot \frac{w_2}{w_1} + L_{2s} = \frac{L_{2s}}{\sigma_2}$$

$$\left(\frac{w_1}{w_2}\right)^2 \cdot L_2 = \frac{w_1}{w_2} \cdot M + \left(\frac{w_1}{w_2}\right)^2 \cdot L_{2s} = \left(\frac{w_1}{w_2}\right)^2 \cdot \frac{L_{2s}}{\sigma_2}$$

$$L_2' = M' + L_{2s}' = \frac{L_{2s}'}{\sigma_2}$$

oder

$$L_{2s}' = L_2' - M' = \sigma_2 \cdot L_2', \tag{6.51}$$

wobei σ_1 und σ_2 die Streufaktoren sind.

Mit den reduzierten Größen

$$\underline{U}_2' = ü \cdot \underline{U}_2 = \frac{w_1}{w_2} \cdot \underline{U}_2 \qquad R_2' = ü^2 \cdot R_2 = \left(\frac{w_1}{w_2}\right)^2 \cdot R_2$$

$$\underline{I}_2' = \frac{1}{ü} \cdot \underline{I}_2 = \frac{w_2}{w_1} \cdot \underline{I}_2 \qquad L_2' = ü^2 \cdot L_2 = \left(\frac{w_1}{w_2}\right)^2 \cdot L_2$$

$$M' = ü \cdot M = \frac{w_1}{w_2} \cdot M \qquad L_{2s}' = ü^2 \cdot L_{2s} = \left(\frac{w_1}{w_2}\right)^2 \cdot L_{2s} \qquad \underline{Z}' = ü^2 \cdot \underline{Z} = \left(\frac{w_1}{w_2}\right)^2 \cdot \underline{Z}$$

lauten dann die Spannungsgleichungen mit Gl. (6.47) bis (6.49)

$$\underline{U}_1 = R_1 \cdot \underline{I}_1 + j\omega L_{1s} \cdot \underline{I}_1 + j\omega M' \cdot (\underline{I}_1 - \underline{I}_2') \tag{6.52}$$

$$\underline{U}_2' = -R_2' \cdot \underline{I}_2' - j\omega L_{2s}' \cdot \underline{I}_2' + j\omega M' \cdot (\underline{I}_1 - \underline{I}_2') \tag{6.53}$$

$$\underline{U}_2' = \underline{Z}' \cdot \underline{I}_2'. \tag{6.54}$$

wobei der Strom $\underline{I}_\mu' = \underline{I}_1 - \underline{I}_2'$ Magnetisierungsstrom genannt wird:

$$\underline{U}_1 = R_1 \cdot \underline{I}_1 + j\omega L_{1s} \cdot \underline{I}_1 + j\omega M' \cdot \underline{I}_\mu' \tag{6.55}$$

$$\underline{U}_2' = -R_2' \cdot \underline{I}_2' - j\omega L_{2s}' \cdot \underline{I}_2' + j\omega M' \cdot \underline{I}_\mu' \tag{6.56}$$

$$\underline{U}_2' = \underline{Z}' \cdot \underline{I}_2'. \tag{6.57}$$

Diese Spannungsgleichungen entsprechen dem Ersatzschaltbild im Bild 6.16:

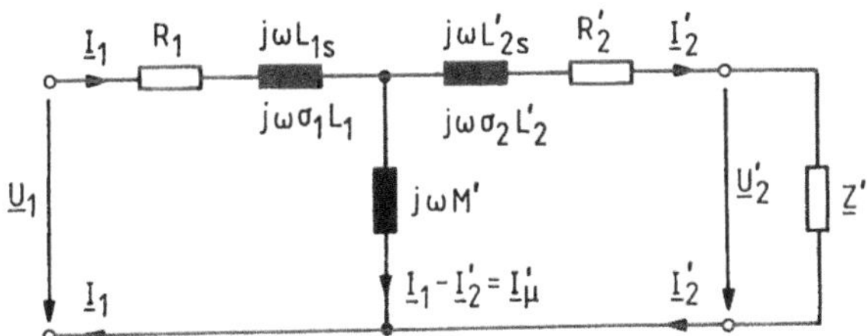

Bild 6.16
Ersatzschaltbild mit
Streuinduktivitäten

Grafisch bedeuten die Spannungsgleichungen Zeigerbilder, die für einen induktiven und einen kapazitiven Belastungswiderstand folgendes Aussehen haben:

Reihenfolge der Darstellung
beider Zeigerbilder:

$$\underline{I}_2'$$

$$\underline{U}_2' = \underline{Z}' \cdot \underline{I}_2'$$

$$\text{mit } \underline{Z}' = Z' \cdot e^{j\varphi}$$

$$(\varphi > 0 \text{ bzw. } \varphi < 0)$$

$$R_2' \cdot \underline{I}_2'$$

$$j\omega L_{2s}' \cdot \underline{I}_2'$$

$$j\omega M' \cdot \underline{I}_\mu' = \underline{U}_2' + R_2' \cdot \underline{I}_2' + j\omega L_{2s}' \cdot \underline{I}_2'$$

$$\underline{I}_\mu' = \frac{j\omega M' \cdot \underline{I}_\mu'}{j\omega M'}$$

$$\underline{I}_1 = \underline{I}_\mu' + \underline{I}_2'$$

$$j\omega L_{1s} \cdot \underline{I}_1$$

$$R_1 \cdot \underline{I}_1$$

$$\underline{U}_1 = j\omega M' \cdot \underline{I}_\mu' + j\omega L_{1s} \cdot \underline{I}_1 + R_1 \cdot \underline{I}_1$$

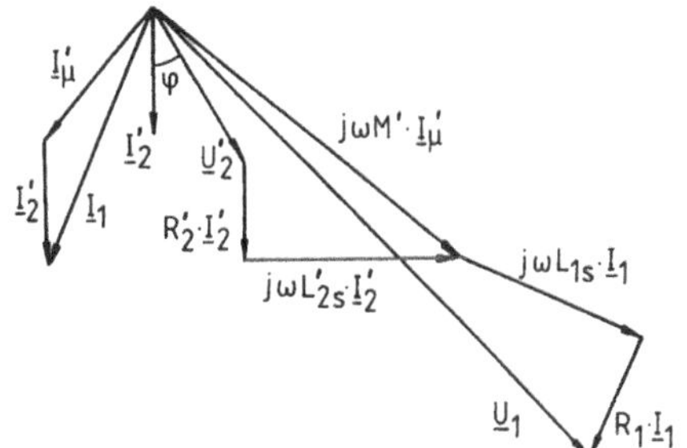

Bild 6.17 Zeigerbild des Transformators mit Streuinduktivitäten und induktiver Belastung

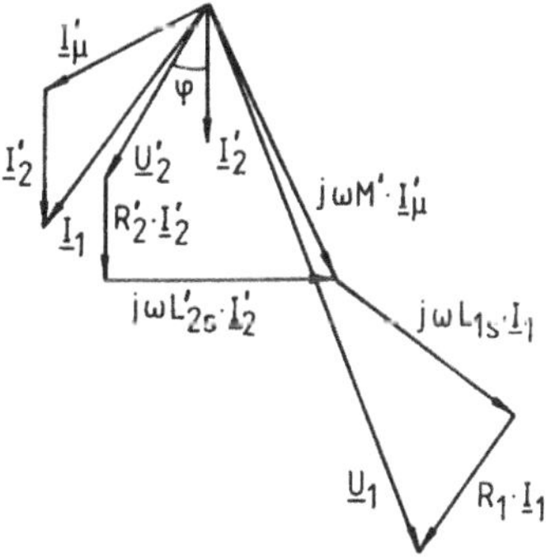

Bild 6.18 Zeigerbild des Transformators mit Streuinduktivitäten und kapazitiver Belastung

Ersatzschaltbilder mit anderen Reduktionen ü

Die Spannungsgleichungen mit M', $L_1 - M'$ und $L'_2 - M'$ (Gl. 6.44 bis 6.46) sind nur durch Erweitern mit ü entstanden, ohne dass ü einer besonderen Bedingung unterliegt (siehe Gl. 6.41 bis 6.43). Die Zahl ü kann also beliebig gewählt werden, so dass sich beliebige Ersatzschaltbilder entwickeln lassen.

Beispiel:

Ersatzschaltbild ohne Längsinduktivität $L'_2 - M'$:

Mit

$$L'_2 - M' = ü^2 L_2 - ü \cdot M = 0$$

ist

$$ü = \frac{M}{L_2} \,. \tag{6.58}$$

Damit ergibt sich für die beiden restlichen Induktivitäten des Ersatzschaltbildes:

$$M' = ü \cdot M = \frac{M^2}{L_2} = \frac{k^2 \cdot L_1 \cdot L_2}{L_2}$$

$$M' = k^2 \cdot L_1 = (1 - \sigma) \cdot L_1 \tag{6.59}$$

und

$$L_1 - M' = L_1 - ü \cdot M = L_1 - \frac{M^2}{L_2} = L_1 - \frac{k^2 \cdot L_1 \cdot L_2}{L_2}$$

$$L_1 - M' = L_1 \cdot (1 - k^2) = \sigma \cdot L_1 \tag{6.60}$$

wobei

$$M = k \cdot \sqrt{L_1 \cdot L_2} \qquad \text{(Gl. 3.369, Band 1, S.338)}$$

und

$$k^2 = 1 - \sigma \qquad \text{(Gl. 3.377, Band 1, S.340)}.$$

Das Ersatzschaltbild hat dann folgendes Aussehen :

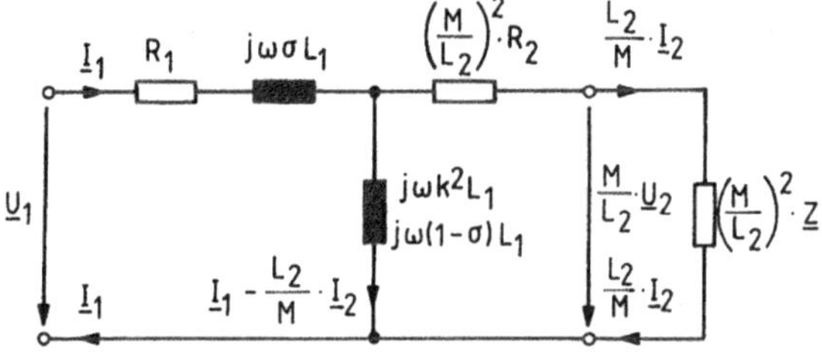

Bild 6.19
Ersatzschaltbild des Transformators mit nur einer Längsinduktivität

Beispiel:

Von einem Transformator sind folgende Größen bekannt:

$w_1 = 5000$ $w_2 = 500$ $R_1 = 500\,\Omega$ $R_2 = 15\,\Omega$ $L_1 = 5\,H$ $L_2 = 0{,}1\,H$ $k = 0{,}6$.

Mit Hilfe des Ersatzschaltbildes mit bezogenen Größen und einem Zeigerbild sollen die Eingangsspannung und der Eingangsstrom ermittelt werden, wenn der Transformator sekundärseitig mit der verlustbehafteten Kapazität (Ersatzschaltung: Reihenschaltung) $C_r = 100\,\mu F$, $R_r = 20\,\Omega$ belastet wird und wenn die sekundäre Spannung $U_2 = 1\,kV$, $f = 50\,Hz$ betragen soll.

1. Zunächst soll das Ersatzschaltbild des belasteten Transformators gezeichnet und die Ersatzbildgrößen berechnet werden.

2. Dann ist das Zeigerbild quantitativ zu entwickeln, wobei die einzelnen Schritte und die Berechnungen anzugeben sind.

3. Aus den abgelesenen Größen Eingangsspannung U_1, Eingangsstrom I_1 und die Phasenverschiebung φ_1 zwischen $\underline{U}_1$ und $\underline{I}_1$ ist der Ersatz-Zweipol in Reihenschaltung zu ermitteln.

Lösung:

Zu 1:

Ersatzschaltbild siehe Bild 6.20 (nach Bild 6.16).

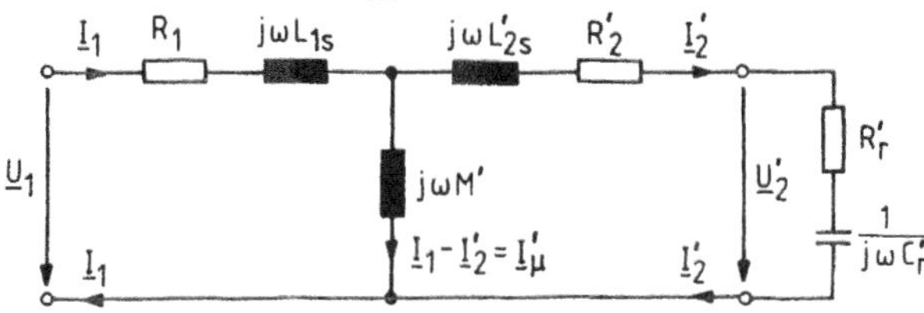

Bild 6.20 Ersatzschaltbild des Transformators mit Streuinduktivitäten für das Beispiel

Ersatzbildgrößen:

Mit

$$\ddot{u} = w_1/w_2 = 5000/500 = 10$$

sind

$$R_1 = 500\,\Omega$$

$$M' = \ddot{u} \cdot M = 10 \cdot 0{,}424\,H = 4{,}24\,H$$

$$\text{mit} \quad M = k \cdot \sqrt{L_1 L_2}$$

$$M = 0{,}6 \cdot \sqrt{5 \cdot 0{,}1}\,H = 0{,}424\,H$$

$$L_{1s} = L_1 - M' = 5\,H - 4{,}24\,H = 0{,}76\,H$$

$$L_{2s}' = L_2' - M' = \ddot{u}^2 \cdot L_2 - M' = 100 \cdot 0{,}1\,H - 4{,}24\,H = 5{,}76\,H$$

$$R_2' = \ddot{u}^2 \cdot R_2 = 100 \cdot 15\,\Omega = 1500\,\Omega$$

$$U_2' = \ddot{u} \cdot U_2 = 10 \cdot 1\,kV = 10\,kV$$

$$R_r' = \ddot{u}^2 \cdot R_r = 100 \cdot 20\,\Omega = 2000\,\Omega$$

$$C_r' = C_r / \ddot{u}^2 = 100\,\mu F / 100 = 1\,\mu F$$

Zu 2:   Zeigerbild siehe Bild 6.21.

$$U_2' = 10\,\text{kV}$$

$$I_2' = \frac{U_2'}{Z'} = \frac{10\,\text{kV}}{3760\,\Omega} = 2,66\,\text{A}$$

$$\text{mit}\quad Z' = \sqrt{R_r'^2 + \left(\frac{1}{\omega C_r'}\right)^2} = \sqrt{(2000\,\Omega)^2 + \left(\frac{1}{2\pi \cdot 50\,\text{s}^{-1} \cdot 1\,\mu\text{F}}\right)^2} = 3760\,\Omega$$

$$\text{und}\quad \varphi = -\arctan\frac{1}{\omega R_r' C_r'} = -\arctan\frac{1}{2\pi \cdot 50\,\text{s}^{-1} \cdot 2000\,\Omega \cdot 1\,\mu\text{F}} = -57,8°$$

$$R_2' \cdot I_2' = 1500\,\Omega \cdot 2,66\,\text{A} = 3,99\,\text{kV}$$

$$\omega L_{2s}' \cdot I_2' = 2\pi \cdot 50\,\text{s}^{-1} \cdot 5,76\,\text{H} \cdot 2,66\,\text{A} = 4,81\,\text{kV}$$

abgelesen: $\omega M' \cdot I_\mu' = 10,2\,\text{kV}$

$$I_\mu' = \frac{\omega M' \cdot I_\mu'}{\omega M'} = \frac{10,2\,\text{kV}}{2\pi \cdot 50\,\text{s}^{-1} \cdot 4,24\,\text{H}} = 7,66\,\text{A}$$

abgelesen: $I_1 = 7,2\,\text{A}$

$$\omega L_{1s} \cdot I_1 = 2\pi \cdot 50\,\text{s}^{-1} \cdot 0,76\,\text{H} \cdot 7,2\,\text{A} = 1,72\,\text{kV}$$

$$R_1 \cdot I_1 = 500\,\Omega \cdot 7,2\,\text{A} = 3,6\,\text{kV}$$

abgelesen: $U_1 = 13\,\text{kV}$ und $\varphi_1 = 57°$

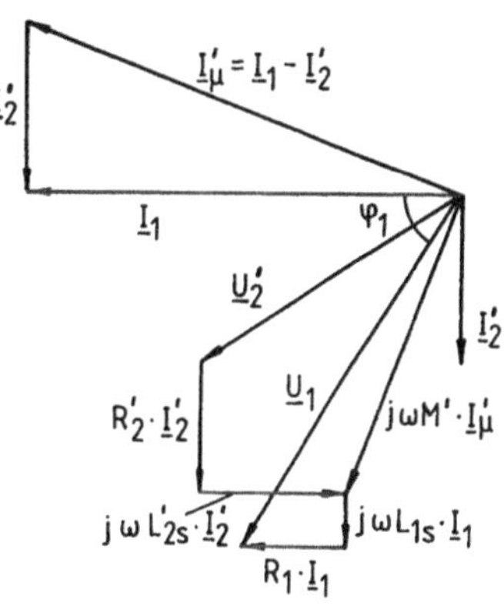

Bild 6.21
Zeigerbild für das
Transformator-Beispiel

Zu 3:

$$\underline{Z}_r = R_r + j\omega L_r = Z_r \cdot \cos\varphi_1 + j \cdot Z_r \cdot \sin\varphi_1$$

$$\text{mit } R_r = Z_r \cdot \cos\varphi_1 = \frac{U_1}{I_1} \cdot \cos\varphi_1 = \frac{13\,\text{kV}}{7,2\,\text{A}} \cdot \cos 57° = 983\,\Omega$$

$$\text{und } \omega L_r = Z_r \cdot \sin\varphi_1 = \frac{U_1}{I_1} \cdot \sin\varphi_1$$

$$L_r = \frac{U_1}{\omega \cdot I_1} \cdot \sin\varphi_1 = \frac{13\,\text{kV}}{2\pi \cdot 50\,\text{s}^{-1} \cdot 7,2\,\text{A}} = 4,82\,\text{H}$$

6.4 Messung der Ersatzschaltbildgrößen des Transformators

Für einen Transformator mit gleichsinnigem und gegensinnigem Wickelsinn werden die Größen R_1, R_2, L_1, L_2 und $M_{12} = M_{21} = M$ des Ersatzschaltbildes (Bild 6.22) durch Gleichstrom- und Wechselstrommessungen ermittelt.

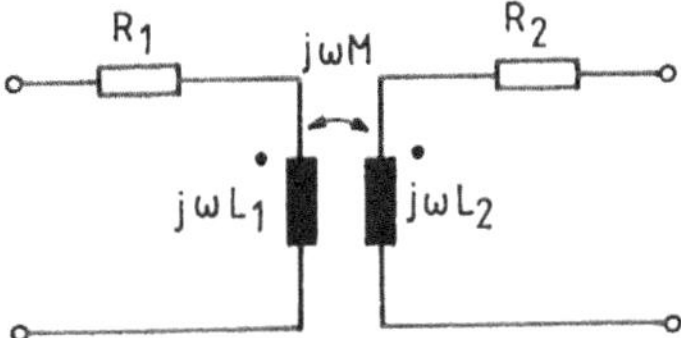

Bild 6.22
Größen des Ersatzschaltbildes eines
Transformators

Messung der ohmschen Spulenwiderstände R_1 und R_2 mittels Gleichspannung:

Der ohmsche Widerstand R_1 der Primärspule wird bestimmt, indem bei sekundärem Leerlauf eine Gleichspannung U_1 an die Primärspule angelegt und der Gleichstrom I_1 durch die Primärspule gemessen wird (Bild 6.23). Der ohmsche Widerstand kann dann aus

$$R_1 = \frac{U_1}{I_1} \qquad (6.61)$$

errechnet werden.

Der ohmsche Widerstand R_2 der Sekundärspule wird ermittelt, indem die Primärspule offen bleibt und an die Sekundärspule eine Gleichspannung U_2 angelegt wird. Mit dem gemessenen Gleichstrom I_2 (Bild 6.24) kann der ohmsche Widerstand nach

$$R_2 = \frac{U_2}{I_2} \qquad (6.62)$$

berechnet werden.

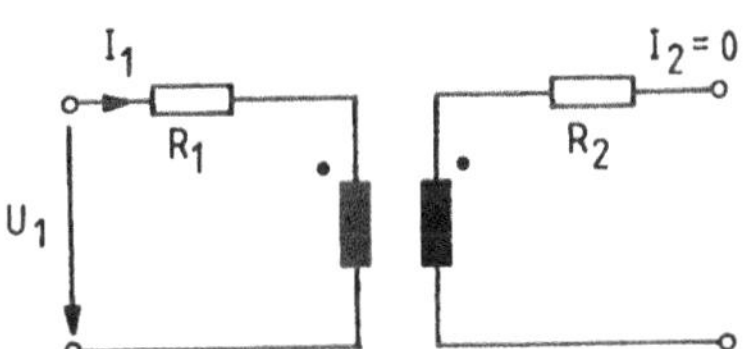

Bild 6.23 Messung des ohmschen
Widerstandes der Primärspule

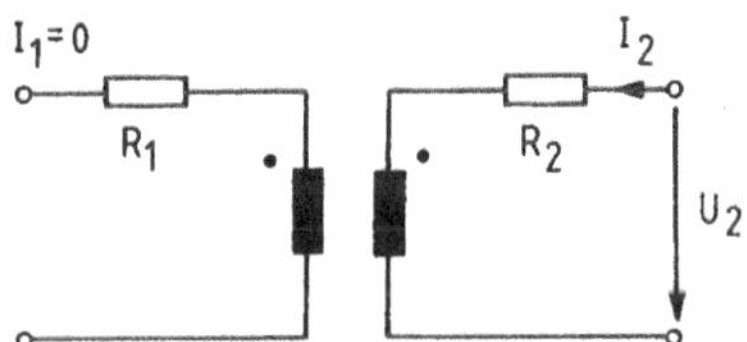

Bild 6.24 Messung des ohmschen
Widerstandes der Sekundärspule

Für die Ermittlung der Gleichstromwiderstände ist es gleichgültig, ob die beiden Spulen gleichsinnig oder gegensinnig gewickelt sind.

Messung des primären Leerlaufwiderstandes $\underline{Z}_{1l}$ (Leerlauf-Eingangswiderstand $\underline{Z}_{in\,l}$

und des sekundären Leerlaufwiderstandes $\underline{Z}_{2l}$ (Leerlauf-Ausgangswiderstand $\underline{Z}_{out\,l}$)

und damit der ohmschen Widerstände R_1 und R_2

und der Selbstinduktivitäten L_1 und L_2 mittels Wechselspannung:

Bei sekundärem Leerlauf wird an die Primärspule eine sinusförmige Wechselspannung	Bei primärem Leerlauf wird an die Sekundärspule eine sinusförmige Wechselspannung

Bei sekundärem Leerlauf wird an die Primärspule eine sinusförmige Wechselspannung

$$u_1 = \hat{u}_1 \cdot \sin(\omega t + \varphi_{u1}) \text{ angelegt,}$$

und der sinusförmige Strom

$$i_1 = \hat{i}_1 \cdot \sin(\omega t + \varphi_{i1}) \text{ und}$$

die Phasenverschiebung

$$\varphi_1 = \varphi_{u1} - \varphi_{i1} \text{ werden gemessen.}$$

Bei primärem Leerlauf wird an die Sekundärspule eine sinusförmige Wechselspannung

$$u_2 = \hat{u}_2 \cdot \sin(\omega t + \varphi_{u2}) \text{ angelegt,}$$

und der sinusförmige Strom

$$i_2 = \hat{i}_2 \cdot \sin(\omega t + \varphi_{i2}) \text{ und}$$

die Phasenverschiebung

$$\varphi_2 = \varphi_{u2} - \varphi_{i2} \text{ werden gemessen.}$$

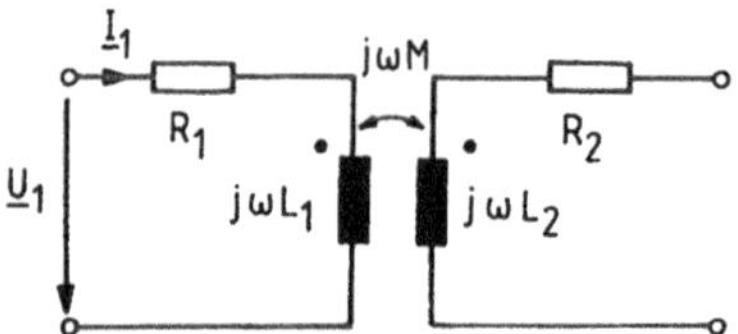

Bild 6.25 Leerlauf-Eingangswiderstand für die Ermittlung von R_1 und L_1

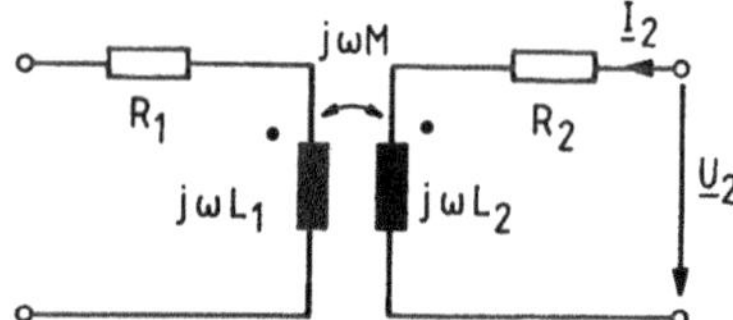

Bild 6.26 Leerlauf-Ausgangswiderstand für die Ermittlung von R_2 und L_2

Im Bildbereich (Bild 6.25) kann der primäre Leerlaufwiderstand oder Leerlauf-Eingangswiderstand als Quotient der beiden komplexen Zeitfunktionen Spannung $\underline{u}_1$ und Strom $\underline{i}_1$ bzw. als Quotient der beiden komplexen Effektivwerte $\underline{U}_1$ und $\underline{I}_1$ gebildet werden:

Im Bildbereich (Bild 6.26) kann der sekundäre Leerlaufwiderstand oder Leerlauf-Ausgangswiderstand als Quotient der beiden komplexen Zeitfunktionen Spannung $\underline{u}_2$ und Strom $\underline{i}_2$ bzw. als Quotient der beiden komplexen Effektivwerte $\underline{U}_2$ und $\underline{I}_2$ gebildet werden:

$$\underline{Z}_{1l} = \underline{Z}_{in\,l} = \frac{\underline{u}_1}{\underline{i}_1} = \frac{\underline{U}_1}{\underline{I}_1} = \frac{U_1}{I_1} \cdot e^{j\varphi_1}$$

$$\underline{Z}_{1l} = \underline{Z}_{in\,l} = R_1 + j\omega L_1 \qquad (6.63)$$

d. h. $R_1 = \dfrac{U_1}{I_1} \cdot \cos\varphi_1$

$$L_1 = \frac{U_1}{\omega I_1} \cdot \sin\varphi_1$$

$$\underline{Z}_{2l} = \underline{Z}_{out\,l} = \frac{\underline{u}_2}{\underline{i}_2} = \frac{\underline{U}_2}{\underline{I}_2} = \frac{U_2}{I_2} \cdot e^{j\varphi_2}$$

$$\underline{Z}_{2l} = \underline{Z}_{out\,l} = R_2 + j\omega L_2 \qquad (6.64)$$

d. h. $R_2 = \dfrac{U_2}{I_2} \cdot \cos\varphi_2$

$$L_2 = \frac{U_2}{\omega I_2} \cdot \sin\varphi_2$$

Die Gleichstrommessung für die ohmschen Widerstände R_1 und R_2 wird also durch die Wechselstrommessung bestätigt.

Ob die beiden Spulen gleichsinnig oder gegensinnig gewickelt sind, spielt für die Ermittlung des Leerlauf-Eingangswiderstandes und Leerlauf-Ausgangswiderstandes keine Rolle.

Messung der Gegeninduktivität M bei konstanter Permeabilität μ mittels Wechselspannung:

Die Gegeninduktivität M kann auf verschiedene Weise messtechnisch ermittelt werden:

1. Messung der sekundären Leerlauf Spannung und des Primärstroms

   Bei sekundärem Leerlauf wird an die Primärspule eine Wechselspannung

   $u_1 = \hat{u}_1 \cdot \sin(\omega t + \varphi_{u1})$ angelegt,

   und der sinusförmige Primärstrom

   $i_1 = \hat{i}_1 \cdot \sin(\omega t + \varphi_{i1})$

   und die sinusförmige sekundäre Leerlaufspannung

   $u_{2l} = \hat{u}_{2l} \cdot \sin(\omega t + \varphi_{u2})$ werden gemessen.

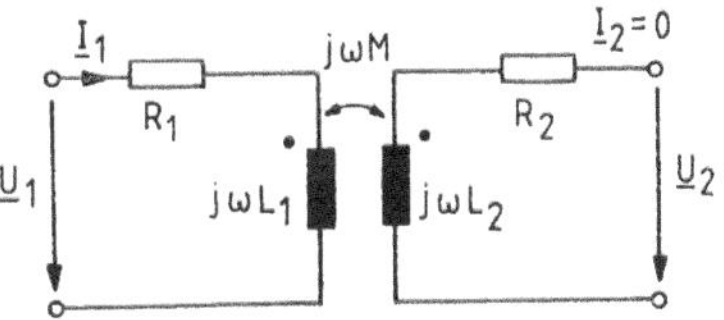

Bild 6.27 Messung der Gegeninduktivität bei sekundärem Leerlauf des Transformators

Im Bildbereich (Bild 6.27) ergibt sich mit der Spannungsgleichung für den Sekundärkreis nach Gl. (6.5) bzw. (6.11) für ausgangsseitigem Leerlauf mit $\underline{I}_2 = 0$:

$$\underline{U}_{2l} = j\omega M \cdot \underline{I}_1 \,. \tag{6.65}$$

Damit lässt sich die Gegeninduktivität ermitteln:

$$M = -j \cdot \frac{U_{2l}}{\omega \cdot \underline{I}_1} = \frac{U_{2l}}{\omega \cdot I_1} \cdot e^{j(\varphi_{u2} - \varphi_{i1} - \pi/2)} \quad \text{mit} \quad -j = e^{j(-\pi/2)} \tag{6.66}$$

2. Ermittlung der Gegeninduktivität M durch Messung des Widerstandes der Reihenschaltung und Gegenreihenschaltung der beiden Spulen des Transformators

   Bei der Behandlung der Zusammenschaltung gekoppelter Spulen im Abschnitt 3.4.7.2 (siehe Band 1, S.329, Bilder 3.199 und 3.200) wurden die Reihenschaltung und die Gegen-Reihenschaltung bei gleichsinnigem Wickelsinn beider Spulen unterschieden. Wird an die Reihenschaltung der beiden Spulen mit gleichsinnigem Wickelsinn eine sinusförmige Spannung $u = \hat{u} \cdot \sin(\omega t + \varphi_u)$ angelegt, dann stellt sich ein sinusförmiger Strom $i = \hat{i} \cdot \sin(\omega t + \varphi_i)$ ein.

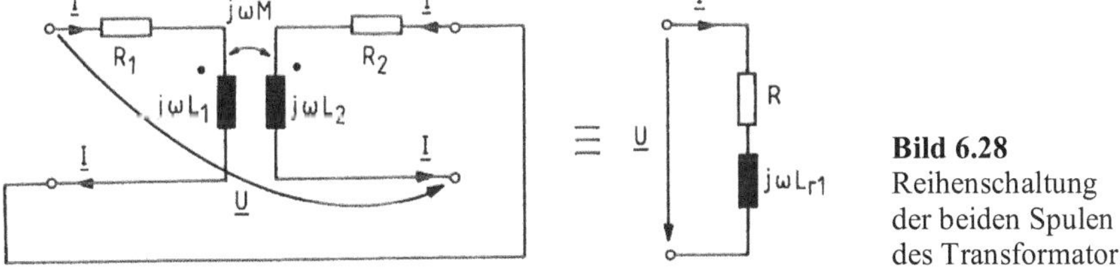

Bild 6.28 Reihenschaltung der beiden Spulen des Transformators

Im Bildbereich (Bild 6.28) lässt sich der komplexe Reihenwiderstand aus den komplexen Effektivwerten von Spannung $\underline{U}$ und Strom $\underline{I}$ angeben und durch einen Ersatzzweipol mit R und $j\omega L_{r1}$ darstellen:

$$\underline{Z}_{r1} = \frac{\underline{U}}{\underline{I}} = \frac{U}{I} \cdot e^{j(\varphi_u - \varphi_i)} = R + j \cdot X_{r1} = R + j\omega L_{r1}$$

$$\underline{Z}_{r1} = R_1 + R_2 + j\omega(L_1 + L_2 + 2M) \tag{6.67}$$

$$\text{mit} \quad R = R_1 + R_2 \quad \text{und} \quad L_{r1} = L_1 + L_2 + 2\,M \qquad \text{(vgl. Gl. 3.347, Band 1)}$$

Wird an die Gegen-Reihenschaltung der beiden Spulen mit gleichsinnigem Wickelsinn eine sinusförmige Spannung $u = \hat{u} \cdot \sin(\omega t + \varphi_u)$ angelegt, dann stellt sich ein sinusförmiger Strom $i = \hat{i} \cdot \sin(\omega t + \varphi_i)$ ein, der sich vom Strom der Reihenschaltung unterscheidet.

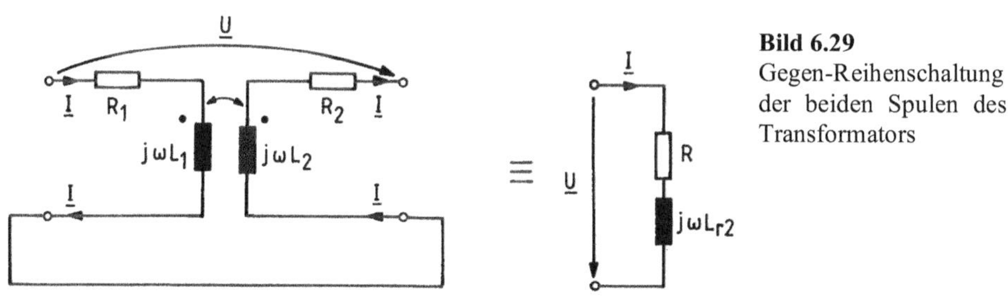

Bild 6.29
Gegen-Reihenschaltung der beiden Spulen des Transformators

Im Bildbereich (Bild 6.29) lässt sich entsprechend ein komplexer Widerstand aus den komplexen Effektivwerten von Spannung $\underline{U}$ und Strom $\underline{I}$ angeben und durch einen Ersatz-Zweipol mit R und $j\omega L_{r2}$ darstellen:

$$\underline{Z}_{r2} = \frac{\underline{U}}{\underline{I}} = \frac{U}{I} \cdot e^{j(\varphi_u - \varphi_i)} = R + j \cdot X_{r2} = R + j\omega L_{r2}$$

$$\underline{Z}_{r2} = R_1 + R_2 + j\omega (L_1 + L_2 - 2M) \tag{6.68}$$

$$\text{mit } R = R_1 + R_2 \text{ und } L_{r2} = L_1 + L_2 - 2M \qquad \text{(vgl. Gl. 3.348, Band 1)}$$

Wird von den ermittelten komplexen Widerständen die Differenz $\underline{Z}_{r1} - \underline{Z}_{r2}$ gebildet, dann heben sich die ohmschen Anteile $R_1 + R_2$ und induktiven Anteile $j\omega(L_1 + L_2)$ auf, und die Gegeninduktivität lässt sich mit der Formel

$$M = -\frac{j}{4\omega} \cdot (\underline{Z}_{r1} - \underline{Z}_{r2}) = \frac{1}{4\omega} \cdot (X_{r1} - X_{r2}) \tag{6.69}$$

berechnen.

Bei einem Tranformator mit gegensinnigem Wickelsinn der Spulen handelt es sich um die Reihenschaltung, wenn der Strom jeweils in die mit einem Punkt gekennzeichneten Klemmen fließt; beide unteren Klemmen müssen dann wie im Bild 6.29 zusammengeschlossen werden. Die Gegen-Reihenschaltung entsteht, wenn die beiden Spulen mit gegensinnigem Wickelsinn wie im Bild 6.28 in Reihe geschaltet sind; der Strom fließt einmal in die gekennzeichnete Klemme und dann in die nicht gekennzeichnete Klemme. Die Formeln für die komplexen Widerstände $\underline{Z}_{r1}$ und $\underline{Z}_{r2}$ sind die gleichen wie für einen Transformator mit gleichsinnigem Wickelsinn.

3. Ermittlung der Gegeninduktivität mit Hilfe einer Wechselstrom-Brückenschaltung
   In der Übungsaufgabe 4.31 im Abschnitt 4.6 ist eine Wechselstrombrücke dargestellt (Bild 4.134), die die messtechnische Ermittlung der Gegeninduktivität ermöglicht.

Beispiel:

Um für einen Übertrager die Ersatzschaltbildgrößen ermitteln zu können, wurde nacheinander die sinusförmige Spannung u mit $U = 200V$ und $f = 100kHz$ an den Transformator angelegt, und zwar

an die Primärspule bei sekundärem Leerlauf (Ergebnis: $I_{1l} = 314mA$, $\varphi_{1l} = 85{,}5°$),

an die Reihenschaltung beider Spulen (Ergebnis: $I_{r1} = 14{,}6mA$, $\varphi_{r1} = 87{,}7°$) und

an die Gegen-Reihenschaltung beider Spulen (Ergebnis: $I_{r2} = 32{,}3mA$, $\varphi_{r2} = 84{,}9°$).

1. Zunächst sind die komplexen Widerstände $\underline{Z}_{1l}$, $\underline{Z}_{r1}$ und $\underline{Z}_{r2}$ in algebraischer Form zu berechnen.
2. Dann sind aus den komplexen Widerständen die Ersatzschaltbildgrößen zu bestimmen.

Lösung:

Zu 1.
$$\underline{Z}_{1l} = \frac{\underline{U}}{\underline{I}_{1l}} = \frac{200\ V}{314 \cdot 10^{-3} A} \cdot e^{j \cdot 85{,}5°} = 50\ \Omega + j \cdot 635\ \Omega$$

$$\underline{Z}_{r1} = \frac{\underline{U}}{\underline{I}_{r1}} = \frac{200\ V}{14{,}6 \cdot 10^{-3} A} \cdot e^{j \cdot 87{,}7°} = 550\ \Omega + j \cdot 13688\ \Omega$$

$$\underline{Z}_{r2} = \frac{\underline{U}}{\underline{I}_{r2}} = \frac{200\ V}{32{,}3 \cdot 10^{-3} A} \cdot e^{j \cdot 84{,}9°} = 550\ \Omega + j \cdot 6167\ \Omega$$

Zu 2.

Aus $\underline{Z}_{1l} = R_1 + j \cdot X_{1l} = R_1 + j\omega L_1$ (nach Gl. 6.63) ergeben sich

$$R_1 = 50\ \Omega$$

und

$$L_1 = \frac{X_{1l}}{\omega} = \frac{635\ \Omega}{2\,\pi \cdot 100 \cdot 10^3\ s^{-1}} = 1\,mH,$$

aus

$$\underline{Z}_{r1} = R + j \cdot X_{r1} = R_1 + R_2 + j\omega\,(L_1 + L_2 + 2\,M) \qquad \text{(nach Gl. 6.67)}$$

ergibt sich

$$R_2 = R - R_1 = 550\ \Omega - 50\ \Omega = 500\ \Omega,$$

und

$$M = \frac{X_{r1} - X_{r2}}{4\omega} = \frac{13688\ \Omega - 6167\ \Omega}{4 \cdot 2\pi \cdot 100 \cdot 10^3 s^{-1}} = 3\,mH\,, \qquad \text{(nach Gl. 6.69)}$$

aus

$$X_{r1} = \omega(L_1 + L_2 + 2M)$$

ergibt sich

$$L_2 = \frac{X_{r1}}{\omega} - L_1 - 2M = \frac{13688\ \Omega}{2\pi \cdot 100 \cdot 10^3 s^{-1}} - 1\,mH - 2 \cdot 3\,mH = 14{,}8\,mH$$

oder aus

$$\underline{Z}_{r2} = R + j \cdot X_{r2} = R_1 + R_2 + j\omega(L_1 + L_2 - 2M) \qquad \text{(nach Gl. 6.68)}$$

ergibt sich

$$L_2 = \frac{X_{r2}}{\omega} - L_1 + 2M = \frac{6167\ \Omega}{2\,\pi \cdot 100 \cdot 10^3 s^{-1}} - 1\,mH + 2 \cdot 3\,mH = 14{,}8\,mH$$

6.5 Frequenzabhängigkeit der Spannungsübersetzung eines Transformators

Ortskurve des Spannungsverhältnisses eines Transformators

Unter den Voraussetzungen, dass

> der sekundäre Verlustwiderstand R_2 vernachlässigt wird und
> der Belastungswiderstand $\underline{Z}$ ein ohmscher Widerstand ist,

kann das Spannungsverhältnis des Transformators als „einfache Ortskurve" im Sinne des Abschnitts 5.1 dargestellt werden. Für die Ermittlung der Ortskurve eignet sich das Ersatzschaltbild des Transformators mit dem Reduktionsfaktor ü = M/L$_2$, also mit nur einer Längsinduktivität (siehe Bild 6.19 im Abschnitt 6.3), das mit obigen Voraussetzungen $R_2 = 0$ und $\underline{Z} = R$ im Bild 6.30 gezeichnet ist.

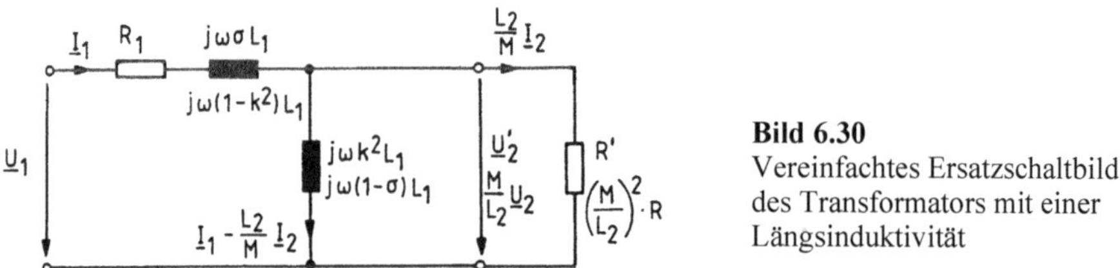

Bild 6.30
Vereinfachtes Ersatzschaltbild des Transformators mit einer Längsinduktivität

Die Herleitung der Ortskurvengleichung für $\underline{U}_2' / \underline{U}_1$ und die Konstruktion der Ortskurve erfolgt analog wie im Beispiel 8 im Abschnitt 5.3, S. 205–206, denn anstelle von Kapazitäten (siehe Bild 5.22) sind im Ersatzschaltbild Induktivitäten zu berücksichtigen:

$$\frac{\underline{U}_2'}{\underline{U}_1} = \frac{\dfrac{1}{\dfrac{1}{R'} + \dfrac{1}{j\omega k^2 L_1}}}{\dfrac{1}{\dfrac{1}{R'} + \dfrac{1}{j\omega k^2 L_1}} + R_1 + j\omega\sigma L_1}$$

$$\frac{\underline{U}_2'}{\underline{U}_1} = \frac{1}{1 + (R_1 + j\omega\sigma L_1)\cdot\left(\dfrac{1}{R'} + \dfrac{1}{j\omega k^2 L_1}\right)}$$

$$\frac{\underline{U}_2'}{\underline{U}_1} = \frac{1}{\left(1 + \dfrac{R_1}{R'} + \dfrac{\sigma L_1}{k^2 L_1}\right) + j\cdot\left(\omega\dfrac{\sigma L_1}{R'} - \dfrac{R_1}{\omega k^2 L_1}\right)}$$

$$\frac{\underline{U}_2'}{\underline{U}_1} = \frac{1}{\left(1 + \dfrac{R_1}{R'} + \dfrac{\sigma L_1}{k^2 L_1}\right) + j\cdot\left(p\omega_0\dfrac{\sigma L_1}{R'} - \dfrac{R_1}{p\omega_0 k^2 L_1}\right)} \qquad \text{mit } \omega = p\cdot\omega_0 \qquad (6.70)$$

Die Ortskurve $\underline{U}_2'/\underline{U}_1$ ist ein Kreis durch den Nullpunkt mit dem Mittelpunkt auf der reellen Achse.

Die Bezugsfrequenz ω_0 wird errechnet, indem der Imaginärteil der Nennergeraden mit $p = 1$ Null gesetzt wird:

$$\omega_0 \frac{\sigma L_1}{R'} = \frac{R_1}{\omega_0 k^2 L_1} = Q_T \qquad (6.71)$$

$$\omega_0 = \sqrt{\frac{R' \cdot R_1}{\sigma L_1 \cdot k^2 L_1}} = \frac{1}{L_1} \cdot \sqrt{\frac{R' \cdot R_1}{\sigma \cdot k^2}}$$

$$\text{bzw.} \quad f_0 = \frac{1}{2\pi \cdot L_1} \cdot \sqrt{\frac{R' \cdot R_1}{\sigma \cdot k^2}} \qquad (6.72)$$

und mit

$$R' = \ddot{u}^2 \cdot R = \left(\frac{M}{L_2}\right)^2 \cdot R$$

ist

$$\omega_0 = \sqrt{\frac{M^2 \cdot R \cdot R_1}{L_1^2 \cdot L_2^2 \cdot \sigma \cdot k^2}}$$

und mit

$$\frac{M^2}{L_1 \cdot L_2} = k^2 \qquad \text{aus} \qquad M = k \cdot \sqrt{L_1 L_2}$$

ist

$$\omega_0 = \sqrt{\frac{R \cdot R_1}{\sigma \cdot L_1 \cdot L_2}}$$

$$\text{bzw.} \quad f_0 = \frac{1}{2\pi} \cdot \sqrt{\frac{R \cdot R_1}{\sigma \cdot L_1 \cdot L_2}} \, . \qquad (6.73)$$

Bei der Konstruktion des „Kreises durch den Nullpunkt" wird mit der Darstellung der Nennergeraden

$$\frac{\underline{U}_1}{\underline{U}_2'} = \left(1 + \frac{R_1}{R'} + \frac{\sigma L_1}{k^2 L_1}\right) + j \cdot Q_T \cdot \left(p - \frac{1}{p}\right) = \underline{A} + j \cdot \underline{B} \cdot \left(p - \frac{1}{p}\right),$$

begonnen, die eine Parallele zur imaginären Achse ist. Der Ortskurvenpunkt mit $p = 1$ liegt auf der reellen Achse, die Parameterwerte für $p > 1$ liegen oberhalb und die für $p < 1$ unterhalb der reellen Achse.

Um die Bandbreite $\Delta f = f_{g2} - f_{g1}$ des Spannungsverhältnisses (siehe Abschnitt 4.5.1, Gl. 4.120) bei 45°-Verstimmung bestimmen zu können, werden die Zeiger bei $+ 45°$ und bei $- 45°$ an die Gerade gezeichnet. Der positive Imaginärteil und der negative Imaginärteil sind dann jeweils gleich dem Realteil der beiden Zeiger:

$$Q_T \left(p - \frac{1}{p}\right) = 1 + \frac{R_1}{R'} + \frac{\sigma L_1}{k^2 L_1} \qquad \text{bzw.} \qquad -Q_T \left(p - \frac{1}{p}\right) = 1 + \frac{R_1}{R'} + \frac{\sigma L_1}{k^2 L_1}$$

Damit lassen sich der p-Wert für die obere Grenzfrequenz f_{g2}, der p-Wert für die untere Grenzfrequenz f_{g1} und die Bandbreite Δf errechnen.

Bei praktischen Berechnungen können für tiefe und hohe Frequenzen bestimmte Anteile in

$$Q_T \cdot \left| p - \frac{1}{p} \right| = \left| \omega \frac{\sigma L_1}{R'} - \frac{R_1}{\omega k^2 L_1} \right| = 1 + \frac{R_1}{R'} + \frac{\sigma L_1}{k^2 L_1}$$

vernachlässigt und damit für die Grenzfrequenzen Formeln angegeben werden:

Bei tiefen Frequenzen werden die Streuglieder $\omega \sigma L_1 / R'$ und $\sigma L_1 / k^2 L_1$ vernachlässigt, so dass sich für die untere Grenzfrequenz errechnen lässt:

Aus

$$\frac{R_1}{\omega_{g1} \cdot k^2 \cdot L_1} = 1 + \frac{R_1}{R'}$$

ergibt sich

$$\omega_{g1} = \frac{1}{k^2 \cdot L_1} \cdot \frac{R_1}{1 + \frac{R_1}{R'}}$$

$$\omega_{g1} = \frac{1}{k^2 \cdot L_1} \cdot \frac{1}{\frac{1}{R_1} + \frac{1}{R'}}$$

bzw.

$$f_{g1} = \frac{1}{2\pi k^2 L_1} \cdot \frac{1}{\frac{1}{R_1} + \frac{1}{R'}} \tag{6.74}$$

und mit

$$R' = ü^2 \cdot R = \left(\frac{M}{L_2} \right)^2 \cdot R$$

$$\omega_{g1} = \frac{1}{k^2 \cdot L_1} \cdot \frac{1}{\frac{1}{R_1} + \frac{L_2^2}{M^2 \cdot R}} = \frac{1}{\frac{k^2 \cdot L_1}{R_1} + \frac{k^2 \cdot L_1 \cdot L_2^2}{M^2 \cdot R}} = \frac{1}{\frac{k^2 \cdot L_1}{R_1} + \frac{L_1 \cdot L_2^2}{L_1 \cdot L_2 \cdot R}}$$

mit

$$\frac{k^2}{M^2} = \frac{1}{L_1 \cdot L_2} \qquad \text{aus} \qquad M = k \cdot \sqrt{L_1 L_2}$$

$$\omega_{g1} = \frac{1}{\frac{k^2 \cdot L_1}{R_1} + \frac{L_2}{R}}$$

bzw.

$$f_{g1} = \frac{1}{2\pi} \cdot \frac{1}{\frac{k^2 \cdot L_1}{R_1} + \frac{L_2}{R}} \tag{6.75}$$

Bei hohen Frequenzen kann zunächst $R_1/(\omega k^2 L_1)$ vernachlässigt werden:

Aus

$$\omega_{g2} \cdot \frac{\sigma L_1}{R'} = 1 + \frac{R_1}{R'} + \frac{\sigma L_1}{k^2 L_1}$$

ergibt sich

$$\omega_{g2} = \frac{1}{\sigma} \cdot \left(\frac{R'}{L_1} + \frac{R_1}{L_1} + \frac{R' \cdot \sigma}{k^2 \cdot L_1} \right),$$

dann kann $R' \cdot \sigma/(k^2 \cdot L_1)$ entfallen:

$$\omega_{g2} = \frac{R' + R_1}{\sigma \cdot L_1}$$

bzw.

$$f_{g2} = \frac{1}{2\pi} \cdot \frac{R' + R_1}{\sigma \cdot L_1} \tag{6.76}$$

und mit

$$R' = \ddot{u}^2 \cdot R = \left(\frac{M}{L_2} \right)^2 \cdot R \qquad \text{und} \qquad \frac{M^2}{L_1 \cdot L_2} = k^2$$

$$\omega_{g2} = \frac{1}{\sigma} \cdot \left(\frac{M^2 \cdot R}{L_1 \cdot L_2{}^2} + \frac{R_1}{L_1} \right)$$

$$\omega_{g2} = \frac{1}{\sigma} \cdot \left(\frac{k^2 \cdot R}{L_2} + \frac{R_1}{L_1} \right)$$

bzw.

$$f_{g2} = \frac{1}{2\pi \cdot \sigma} \cdot \left(\frac{k^2 \cdot R}{L_2} + \frac{R_1}{L_1} \right). \tag{6.77}$$

Bei Übertragern mit geringer Streuung, genannt „fest gekoppelte Transformatoren", kann die obere Grenzfrequenz einige Hundert mal so groß sein wie die untere Grenzfrequenz. Um den *Durchlassbereich* beurteilen zu können, wird das Verhältnis der oberen zur unteren Grenzfrequenz berechnet:

$$\frac{\omega_{g2}}{\omega_{g1}} = \frac{1}{\sigma} \cdot \left(\frac{k^2 R}{L_2} + \frac{R_1}{L_1} \right) \cdot \left(\frac{k^2 L_1}{R_1} + \frac{L_2}{R} \right)$$

$$\frac{\omega_{g2}}{\omega_{g1}} = \frac{1}{\sigma} \cdot \frac{(k^2 L_1 \cdot R + R_1 \cdot L_2)^2}{L_1 \cdot L_2 \cdot R_1 \cdot R} \tag{6.78}$$

Der Mittelpunkt des Kreises durch den Nullpunkt für $\underline{U}_2'/\underline{U}_1$ liegt auf der reellen Achse im Abstand $1/(2A)$:

$$\frac{1}{2\cdot A} = \frac{1}{2\cdot\left(1+\dfrac{R_1}{R'}+\dfrac{\sigma L_1}{k^2 L_1}\right)} = \frac{1}{2\cdot\left(1+\dfrac{L_2\cdot R_1}{k^2\cdot L_1\cdot R}+\dfrac{\sigma L_1}{k^2 L_1}\right)}$$

$$\text{mit}\quad \frac{R_1}{R'} = \frac{R_1}{\ddot{u}^2\cdot R} = \frac{L_2{}^2\cdot R_1}{M^2\cdot R} = \frac{L_2{}^2\cdot R_1}{k^2\cdot L_1\cdot L_2\cdot R} = \frac{L_2\cdot R_1}{k^2\cdot L_1\cdot R}$$

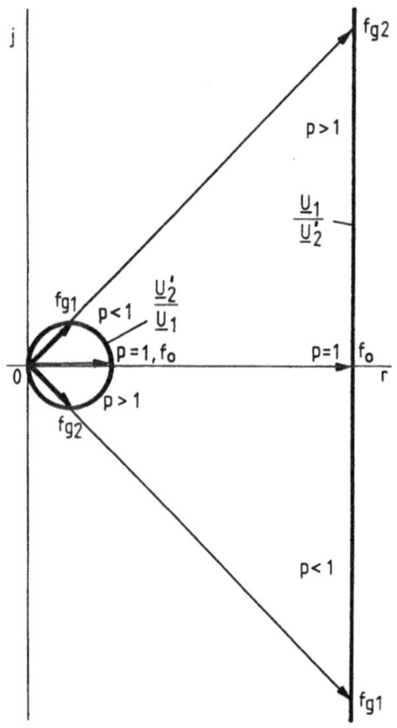

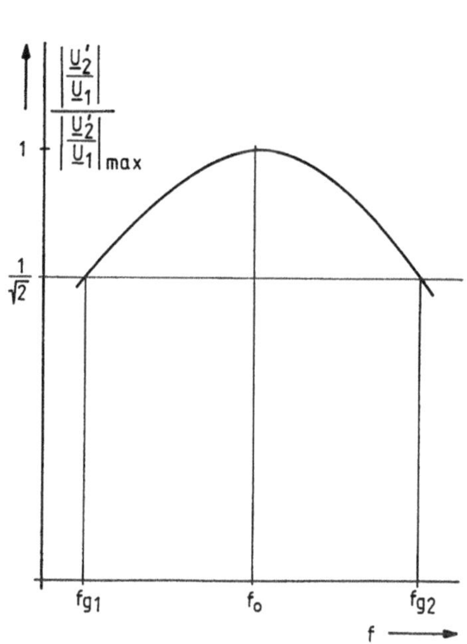

Bild 6.31 Ortskurven der frequenzabhängigen Spannungsverhältnisse von Transformatoren (Übertragern) zur Ermittlung der Bandbreite

Bild 6.32 Betrag des frequenzabhängigen Spannungsverhältnisses eines Transformators (Übertragers)

Aus der Ortskurve können dann die Beträge $\left|\underline{U}_2'/\underline{U}_1\right|$ in Abhängigkeit von den Parametern p, also von der Frequenz ω bzw. f, abgelesen und in einer *Durchlasskurve* dargestellt werden (Bild 6.32).

Übungsaufgaben zu den Abschnitten 6.1 bis 6.5

6.1   1.   Ermitteln Sie mittels quantitativem Zeigerbild die Effektivwerte der Eingangsspannung U_1 und des Eingangsstroms I_1 für einen Transformator mit

$R_1 = 6\Omega$ $L_1 = 20\text{mH}$ $R_2 = 10\Omega$ $M = 15\text{mH}$ $k = 0{,}5$

bei gegebener Ausgangsspannung $\underline{U}_2 = 40\text{V}$, $\omega = 10000\text{s}^{-1}$ und ohmscher Belastung $R = 200\Omega$.

     2.   Bestätigen Sie die Ergebnisse rechnerisch.

     3.   Auf welchen Wert verändert sich die Ausgangsspannung U_2, wenn die Eingangsspannung $U_1 = 220\text{V}$ beträgt?

     4.   Auf welchen Wert vermindert sich die Spannung U_1 bei geforderter Ausgangsspannung $\underline{U}_2 = 40\text{V}$, wenn die Streuung des Transformators vernachlässigt werden kann („feste Kopplung")?

6.2   1.   Entwickeln Sie aus den Transformatorgleichungen eines verlustlosen Umkehrübertragers (gegensinnige Wicklungsanordnung) die Formel für den Kurzschluss-Eingangswiderstand in Abhängigkeit von ω, σ und L_1.

     2.   Bestätigen Sie das Ergebnis mit Hilfe eines Ersatzschaltbildes mit galvanischer Kopplung.

     3.   Berechnen Sie die Ersatzinduktivität L_{ers} des Übertragers, wenn $L_1 = 20\text{mH}$, $L_2 = 45\text{mH}$ und $M = 15\text{mH}$ betragen.

6.3   Für Widerstandstransformationen eignet sich der gezeichnete Spartransformator mit kapazitiver Belastung, bei dem die Verluste vernachlässigt sind.

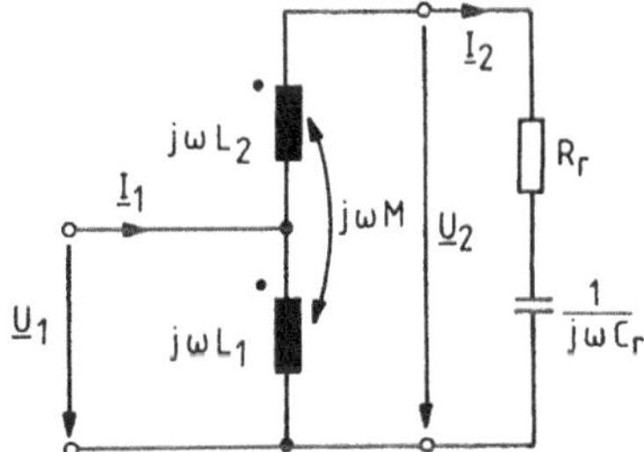

Bild 6.33
Übungsaufgabe 6.3

     1.   Geben Sie die drei Spannungsgleichungen für den belasteten Spartransformator an.

     2.   Ermitteln Sie aus den Gleichungen den Eingangswiderstand $\underline{Z}_{in}$ in Abhängigkeit von L_1, L_2, M, ω, R_r und C_r.

     3.   Wie groß ist der Eingangswiderstand $\underline{Z}_{in}$, wenn die Ersatzinduktivität $L = L_1 + L_2 + 2M$ mit der Kapazität C_r in Resonanz ist?

     4.   Sind $L_1 = 200\text{mH}$ $L_2 = 200\text{mH}$ $k = 0{,}6$ $R_r = 25\Omega$ $C_r = 62{,}5\text{nF}$ und L und C_r in Resonanz, dann ist der Eingangswiderstand induktiv. Berechnen Sie die Resonanzfrequenz ω und den induktiven Eingangswiderstand.

6.4   Die Ersatzschaltbildgrößen eines Transformators betragen $R_1 = 60\Omega$, $R_2 = 100\Omega$, $L_1 = 20\text{mH}$, $L_2 = 45\text{mH}$ und $k = 0{,}5$. Bei einer Kreisfrequenz $\omega = 10000\text{s}^{-1}$ soll der Transformator mit einer Spule belastet werden, deren Ersatzschaltung einer Reihenschaltung von $R_r = 50\Omega$ und $L_r = 8{,}67\text{mH}$ entspricht, wobei die Spannung an der Spule $\underline{U}_2 = 40\text{V}$ betragen soll.

Mit Hilfe des Ersatzschaltbildes mit Streuinduktivitäten sollen das Zeigerbild und damit die Eingangsgrößen U_1 und I_1 ermittelt werden.

     1.   Zeichnen Sie das Ersatzschaltbild mit Streuinduktivitäten für den speziellen Belastungsfall und ermitteln Sie die Ersatzschaltbildgrößen mit $\ddot{u} = 1{,}2$.

     2.   Entwickeln Sie das Zeigerbild mit den gegebenen und berechneten Größen, wobei Sie die Reihenfolge der Darstellung angeben. Wie groß sind I_1 und U_1?

     3.   Wie ändern sich I_1, I_2 und U_2, wenn die Eingangsspannung $U_1 = 500\text{V}$ beträgt?

6.5 Für einen Transformator mit Eisenverlusten soll das Zeigerbild entwickelt werden. Die Eisenverluste werden durch den ohmschen Widerstand R_e erfasst.

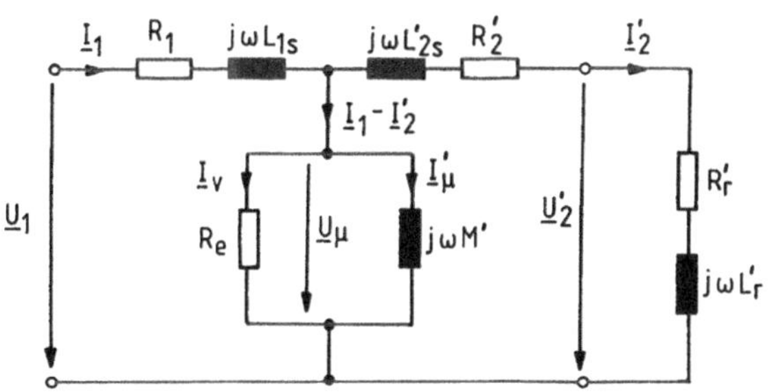

Bild 6.34
Übungsaufgabe 6.5

Die Belastung des Transformators ist induktiv:

$R_r = 20\Omega$ und $L_r = 95{,}5$mH.

Gegeben sind:

$U_2 = 600$V, $f = 50$Hz $w_1 = 2500$ $R_1 = 400\Omega$ $L_{1s} = 0{,}8$H $M = 1{,}2$H

$w_2 = 500$ $R_2 = 40\Omega$ $L_{2s} = 0{,}12$H $R_e = 5$kΩ

1. Berechnen Sie die Ersatzschaltbildgrößen mit ü $= w_1/w_2$.

2. Entwickeln Sie das quantitative Zeigerbild und geben Sie U_1, I_1 und φ_1 an.

6.6 1. Bei einer Kreisfrequenz $\omega = 10000$s^{-1} wurden an einem Übertrager folgende Wechselstromwiderstände gemessen:

$\underline{Z}_{1l} = 6\Omega + j \cdot 80\Omega$ $\underline{Z}_{r1} = 42\Omega + j \cdot 830\Omega$ $\underline{Z}_{r2} = 42\Omega + j \cdot 230\Omega$

Ermitteln Sie die Ersatzschaltbildgrößen des Transformators.

2. Geben Sie das Ersatzschaltbild mit nur einer Längsinduktivität (ü $= M/L_2$) an und errechnen Sie mit den unter 1. ermittelten Werten die Ersatzschaltbildgrößen. Die Belastung beträgt $R = 180\Omega$.

3. Entwickeln Sie für das Ersatzschaltbild ein quantitatives Zeigerbild, wenn der sekundäre
Strom $\underline{I}_2 = 0{,}1$A beträgt. Lesen Sie aus dem Zeigerbild U_1 und φ_1 ab.

4. Berechnen Sie den Eingangswiderstand des Übertragers aus den Ergebnissen des Zeigerbildes. Kontrollieren Sie das Ergebnis mit der Ersatzschaltung.

6.7 Für einen Übertrager mit $R_1 = 50\Omega$, $L_1 = 0{,}8$mH, $L_2 = 16$mH, $k = 0{,}995$, $R_2 = 0$ (vernachlässigt) und einer ohmschen Belastung $R = 1$kΩ soll das Spannungsverhältnis $\underline{U}_2' / \underline{U}_1$ in Abhängigkeit von der Frequenz berechnet werden.

1. Ermitteln Sie für die Ersatzschaltung mit nur einer Längsinduktivität die Ersatzschaltbild-
grössen.

2. Für das Spannungsverhältnis $\underline{U}_2' / \underline{U}_1$ ist die Ortskurvengleichung zu berechnen und die
Ortskurve zu zeichnen.

3. Tragen Sie in die Ortskurve für $\underline{U}_1 / \underline{U}_2'$ den 45°-Zeiger und den −45°-Zeiger ein und lesen Sie die beiden p-Werte für die Grenzfrequenzen ab. Weisen Sie die p-Werte rechne-
risch nach. Geben Sie die obere und die untere Grenzfrequenz und die Bandbreite an.

4. Kontrollieren Sie mit Hilfe der Näherungsformeln die Ergebnisse für die Grenzfrequenzen.

5. Um wie viel mal höher liegt die obere Grenzfrequenz gegenüber der unteren Grenzfrequenz?

6. Berechnen Sie die Funktionswerte der Funktion $| \underline{U}_2' / \underline{U}_1 | = $ f(p) und stellen Sie die Funk-
tion in Abhängigkeit von der Frequenz f dar.
Kontrollieren Sie die p-Werte mit Hilfe der Ortskurve.

7 Mehrphasensysteme

7.1 Die m-Phasensysteme

Einphasensystem

Durch Rotieren einer Spule in einem homogenen Magnetfeld wird in der Spule eine Wechselspannung induziert, so dass sich beim Anschließen eines Verbrauchers an die Spulenklemmen ein Wechselstrom einstellen kann (siehe Band 1, S. 298–299, Abschnitt 3.4.6.1, Beispiel 2). Einphasensysteme sind Wechselstromsysteme mit je einer Strombahn für Hin- und Rückleitung, in und entlang denen die elektrischen und magnetischen Größen verlaufen (zitiert aus DIN 40 108). Sie wurden in den Kapiteln 4, 5 und 6 behandelt.

Mehrphasensysteme

Werden mehrere selbständige gleich gestaltete Spulen (Anzahl m) um den gleichen Winkel $\alpha = 2\pi/m$ versetzt angeordnet im homogenen, zeitlich konstanten Magnetfeld mit der Winkelgeschwindigkeit ω gedreht, dann werden in jeder Wicklung sinusförmige Wechselspannungen u_{q1}, u_{q2}, u_{q3}, ... , u_{qm} mit gleicher Frequenz und gleicher Amplitude induziert, die um den Phasenwinkel $\alpha = 2\pi/m$ zueinander phasenverschoben sind (vgl. Bild 3.154 im Band 1, S. 298).

Im Bild 7.1 sind drei Spulen gezeichnet, die um den Winkel $\alpha = 2\pi/3$ versetzt angeordnet sind. Die in den drei Spulen induzierten Spannungen sind dann um $\alpha = 2\pi/3$ phasenverschoben, wie im Zeitbereich und im Zeigerbild ersichtlich ist.

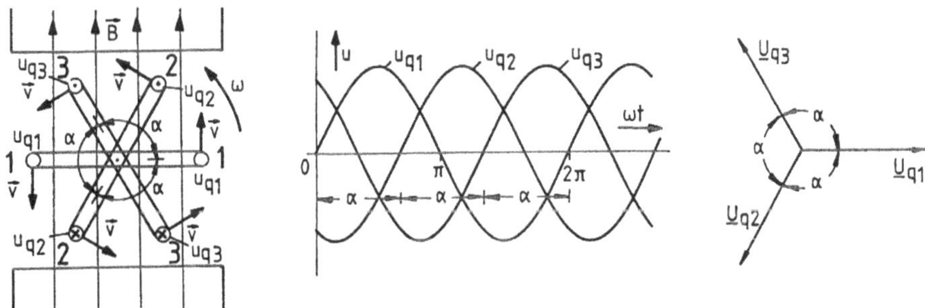

Bild 7.1 Spannungen von drei in einem Magnetfeld drehenden selbständigen Spulen

Praktisch angewendete Wechselstromgeneratoren besitzen keine drehenden Spulen, sondern längs der Peripherie des *Stators* mehrere selbständige Wicklungen mit einem drehenden *Rotor*, der als Dauermagnet oder mit einer Erregerwicklung ausgeführt ist.

Im Bild 7.2 sind drei Spulen an der Peripherie angeordnet, die sich relativ zu dem sich drehenden Rotor „bewegen". Diese Relativbewegung führt zu den gleichen induzierten Quellspannungen wie im Bild 7.1.

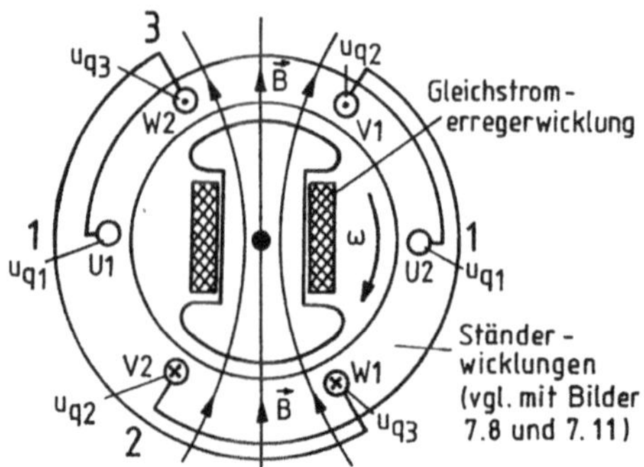

Bild 7.2
Dreiphasengenerator

Werden die Generatorspulen durch Wechselstromwiderstände belastet, dann liegen aufgrund der Wechselstrom-Innenwiderstände an den Spulen nur die sinusförmigen Klemmenspannungen $u_1, u_2, u_3, \dots, u_m$ an.

Die in *Mehrphasengeneratoren* induzierten, um den Winkel α versetzten sinusförmigen Quellspannungen und die Klemmenspannungen gleicher Frequenz und gleicher Amplitude können im Zeitbereich und durch Zeiger im Bildbereich dargestellt werden.

Symmetrisches Strom- und Spannungssystem

Die komplexen Effektivwerte der abgebildeten sinusförmigen Spannungen an den Spulen eines Mehrphasengenerators $\underline{U}_1, \underline{U}_2, \dots, \underline{U}_m$ bilden einen symmetrischen Stern, weil die Zeiger benachbarter Spannungen durch Drehung um den Winkel $\alpha = 2\pi/m$ ineinander überführt werden können:

$$u_1 = \hat{u} \cdot \sin \omega t \qquad\qquad \underline{U}_1$$

$$u_2 = \hat{u} \cdot \sin (\omega t - \alpha) \qquad\qquad \underline{U}_2 = \underline{U}_1 \cdot e^{-j \cdot \alpha}$$

$$u_3 = \hat{u} \cdot \sin (\omega t - 2\alpha) \qquad\qquad \underline{U}_3 = \underline{U}_1 \cdot e^{-j \cdot 2\alpha}$$

$$u_4 = \hat{u} \cdot \sin (\omega t - 3\alpha) \qquad\qquad \underline{U}_4 = \underline{U}_1 \cdot e^{-j \cdot 3\alpha}$$

$$\cdot \qquad\qquad\qquad\qquad \cdot$$
$$\cdot \qquad\qquad\qquad\qquad \cdot$$
$$\cdot \qquad\qquad\qquad\qquad \cdot$$

$$u_m = \hat{u} \cdot \sin [\omega t - (m-1) \cdot \alpha] \qquad\qquad \underline{U}_m = \underline{U}_1 \cdot e^{-j \cdot (m-1)\alpha}$$

Auch die abgebildeten komplexen Effektivwerte der Ströme $\underline{I}_1, \underline{I}_2, \ldots, \underline{I}_m$, die sich durch Anschluss gleicher Wechselstromwiderstände $\underline{Z} = R + j \cdot X = Z \cdot e^{j\varphi}$ an die Spulenklemmen ergeben, bilden einen symmetrischen Stern, weil sie ebenfalls gleiche Effektivwerte und den gleichen Phasenwinkel α haben:

$$\underline{I}_1 = \frac{\underline{U}_1}{\underline{Z}} = \frac{U_1}{Z \cdot e^{j\varphi}} = I \cdot e^{-j\varphi}$$

$$\underline{I}_2 = \frac{\underline{U}_2}{\underline{Z}} = \frac{U_1 \cdot e^{-j\alpha}}{Z \cdot e^{j\varphi}} = I \cdot e^{-j \cdot (\alpha+\varphi)}$$

$$\underline{I}_3 = \frac{\underline{U}_3}{\underline{Z}} = \frac{U_1 \cdot e^{-j2\alpha}}{Z \cdot e^{j\varphi}} = I \cdot e^{-j \cdot (2\alpha+\varphi)}$$

$$\underline{I}_4 = \frac{\underline{U}_4}{\underline{Z}} = \frac{U_1 \cdot e^{-j3\alpha}}{Z \cdot e^{j\varphi}} = I \cdot e^{-j \cdot (3\alpha+\varphi)}$$

$$\vdots$$

$$\underline{I}_m = \frac{\underline{U}_m}{\underline{Z}} = \frac{U_1 \cdot e^{-j(m-1)\alpha}}{Z \cdot e^{j\varphi}} = I \cdot e^{-j \cdot [(m-1)\alpha+\varphi]} \, .$$

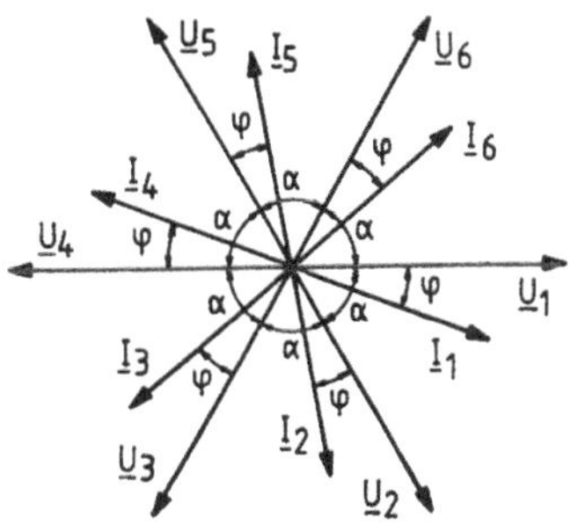

Bild 7.3 Zeigerbild für das symmetrische Strom- und Spannungssystem eines Sechsphasensystems (m = 6)

Sind die Wechselstromwiderstände bzw. komplexen Widerstände für alle Phasen gleich, dann wird das Mehrphasensystem *symmetrisch* genannt. Für gleiche induktive Wechselstromwiderstände in den einzelnen Stromkreisen ergibt sich dann das im Bild 7.3 dargestellte Zeigerbild für das symmetrische Strom- und Spannungssystem, hier für ein Sechsphasensystem mit m = 6.

Operator des m-Phasensystems

Mit dem Drehzeiger

$$\underline{a} = e^{-j\alpha} = e^{-j \cdot 2\pi/m} , \tag{7.1}$$

dem *Operator des m-Phasensystems*, lassen sich benachbarte Spannungszeiger und Stromzeiger entsprechend der Nummerierung ineinander überführen.

Für ein Dreiphasensystem ist der Operator

$$\underline{a} = e^{-j \cdot 2\pi/3} = e^{-j \cdot 120°}$$

$$\underline{a} = \cos 120° - j \cdot \sin 120° = -1/2 - j \cdot 1/2 \cdot \sqrt{3} \, .$$

Mehrphasensysteme oder m-Phasensysteme

Mehrphasensysteme sind also die Mehrphasengeneratoren, die belastenden Widerstände und die sie verbindenden Leitungen, also die Gesamtheit der Stromkreise.

Hinsichtlich der Anzahl der Phasen (Stränge) werden Mehrphasensysteme in Zweiphasensysteme, Dreiphasensysteme und Sechsphasensysteme unterschieden.

Ein Mehrphasensystem ist also ein Wechselstromsystem mit mehr als zwei Strombahnen, in und entlang denen die elektrischen und magnetischen Größen mit gleicher Frequenz, mit gleichen oder angenähert gleichen Amplituden, in vorgegebener Phasenfolge mit gleichen oder angenähert gleichen Phasenverschiebungswinkeln verlaufen (zitiert aus DIN 40108).

Balancierte Mehrphasensysteme

Ist die Augenblicksleistung p eines Mehrphasensystems zeitlich konstant, obwohl die Leistungen der einzelnen Phasen veränderlich sind, dann wird das Mehrphasensystem *abgeglichen* oder *balanciert* genannt.

Ein m-Phasensystem kann für $m \geq 3$ balanciert sein, wenn die Belastung symmetrisch ist. Die Augenblicksleistung ist dann gleich der Wirkleistung:

$$p = m \cdot U \cdot I \cdot \cos \varphi = P.$$

Nichtverkettete Mehrphasensysteme

Werden die Enden der einzelnen Phasenwicklungen des Generators getrennt herausgeführt und mittels selbständiger Leitungen an die einzelnen Verbraucher angeschlossen, dann ist das Mehrphasensystem nicht verkettet.

Verkettete Mehrphasensysteme

Bei verketteten Mehrphasensystemen sind die Phasenwicklungen des Generators miteinander verbunden und zwar in Sternschaltung oder in Ringschaltung (Polygonschaltung). Die Wechselstromwiderstände (Verbraucher) können ebenfalls in Sternschaltung und in Ringschaltung (Polygonschaltung) geschaltet sein.

Nach DIN 40 108 ist der Begriff „Phase" durch den Begriff „Strang" ersetzt worden und bedeutet die Strombahn, in der der Strom einer Phase fließt.

Um eine Sternschaltung eines Mehrphasensystems handelt es sich, wenn sämtliche Stränge (Phasenwicklungen) an einem ihrer Enden in einem Sternpunkt N zusammengeschlossen sind. Die an den Spulenklemmen anliegenden Spannungen u_1, u_2, ... , u_m heißen Strangspannungen u_{St}, die im einzelnen mit u_{1N}, u_{2N}, ..., u_{mN} bezeichnet werden.

Eine Ring- oder Polygonschaltung eines Mehrphasensystems liegt vor, wenn sämtliche Stränge (Phasenwicklungen) hintereinander geschaltet einen geschlossenen Ring ergeben. Die an den Generatorspulen anliegenden Spannungen u_1, u_2, ... , u_m sind dann gleich den Außenleiterspannungen u_{Lt}, die im einzelnen mit u_{12}, u_{23}, u_{34}, ... , $u_{m-1,m}$, $u_{m,1}$ bezeichnet werden. Für ein Dreiphasensystem heißt die Ring- oder Polygonschaltung *Dreieckschaltung*.

Die Verbindungsleiter der Außenpunkte des Generators und der Außenpunkte des Verbrauchers heißen *Außenleiter*, die mit L1, L2, ... , Lm bezeichnet werden.

Zwischen einem Mehrphasengenerator in Sternschaltung und einem Mehrphasenverbraucher in Sternschaltung heißt der Verbindungsleiter zwischen den Sternpunkten *Sternpunktleiter* oder *Neutralleiter*, der mit dem Buchstaben N gekennzeichnet wird.

Spannungen und Ströme des Mehrphasensystems

Strangspannungen (ehemals Phasenspannungen) u_{St} bzw. $\underline{U}_{St}$ sind die Spannungen an den Klemmen der Phasenwicklungen,

Strangströme (ehemals Phasenströme) i_{St} bzw. $\underline{I}_{St}$ sind die Ströme, die durch die Phasenwicklungen fließen.

Außenleiterspannungen (ehemals Leiterspannungen) u_{Lt} bzw $\underline{U}_{Lt}$ sind die Spannungen, die zwischen zwei Außenleiter des verketteten Mehrphasensystems bestehen und

Außenleiterströme (ehemals Leiterströme) i_{Lt} bzw. $\underline{I}_{Lt}$ sind die Ströme, die durch die Außenleiter fließen.

Verkettete Mehrphasensysteme ersparen vor allem Leitermaterial hinsichtlich der Rückleiter. Bei symmetrischen Stern-Stern-Schaltungen (Generator und Verbraucher in Sternschaltung) kann der Sternpunktleiter (Neutralleiter) sogar ganz entfallen, weil der Strom durch den Sternpunktleiter Null ist.

Ströme und Spannungen der Stern-Stern-Schaltung

Bei einer Stern-Stern-Schaltung (Generator in Sternschaltung und Verbraucher in Sternschaltung) sind die Außenleiterströme gleich den Strangströmen:

$$\underline{I}_{Lt} = \underline{I}_{St} \quad \text{mit} \quad I_{Lt} = I_{St}, \tag{7.2}$$

d. h. durch die Phasenwicklungen und die komplexen Widerstände treten die Ströme $\underline{I}_1, \underline{I}_2, ..., \underline{I}_m$ auf.

Der Strom durch den Sternpunktleiter $\underline{I}_N$ ist gleich der Summe der Ströme:

$$\underline{I}_N = \sum_{i=1}^{m} \underline{I}_i = \underline{I}_1 + \underline{I}_2 ... + \underline{I}_m. \tag{7.3}$$

Die Außenleiterspannungen zwischen zwei Außenleiter hingegen sind jeweils gleich der Differenz der Strangspannungen:

$$\underline{U}_{ij} = \underline{U}_{iN} - \underline{U}_{jN}, \tag{7.4}$$

d. h. $\quad \underline{U}_{12} = \underline{U}_{1N} - \underline{U}_{2N}, \quad \underline{U}_{23} = \underline{U}_{2N} - \underline{U}_{3N} , ...$

$\quad ... , \underline{U}_{m-1,m} = \underline{U}_{m-1,N} - \underline{U}_{mN}, \qquad \underline{U}_{m1} = \underline{U}_{mN} - \underline{U}_{1N}.$

Sie lassen sich durch Dreieckbeziehungen berechnen:

Aus

$$\sin\frac{\alpha}{2} = \sin\frac{\pi}{m} = \frac{\dfrac{U_{Lt}}{2}}{U_{st}}$$

ergibt sich

$$U_{Lt} = 2 \cdot U_{St} \cdot \sin\frac{\pi}{m}. \tag{7.5}$$

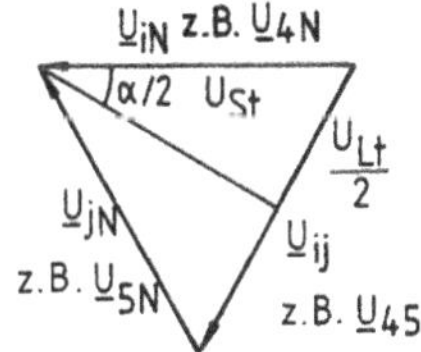

Bild 7.4 Zusammenhang zwischen Außenleiter- und Strangspannung

Beispiel: 6-Phasensystem in Stern-Stern-Schaltung

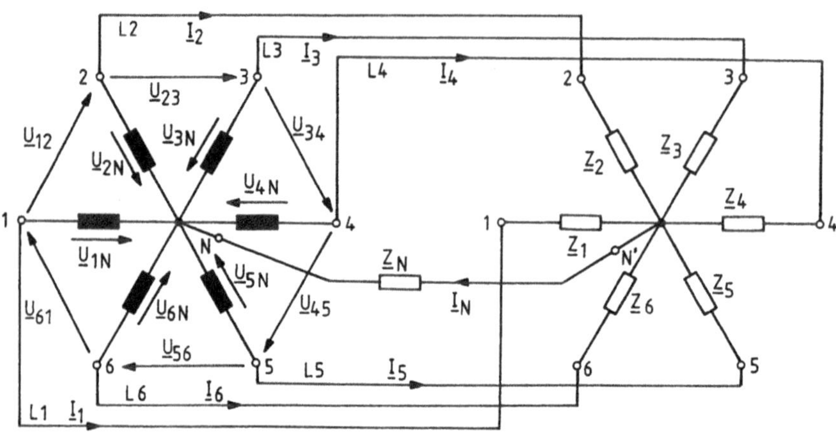

Bild 7.5 6-Phasensystem in Stern-Stern-Schaltung

Durch die sechs Phasenwicklungen des Generators und durch die komplexen Widerstände $\underline{Z}_1, \underline{Z}_2, \dots, \underline{Z}_6$ sind die Ströme jeweils gleich: $\underline{I}_1, \underline{I}_2 \dots, \underline{I}_6$.

Die Außenleiterspannungen $\underline{U}_{12}, \underline{U}_{23}, \dots, \underline{U}_{56}, \underline{U}_{61}$ sind gleich der Differenz der Strangspannungen $\underline{U}_{1N}, \underline{U}_{2N}, \dots, \underline{U}_{6N}$:

$$\underline{U}_{12} = \underline{U}_{1N} - \underline{U}_{2N}, \quad \underline{U}_{23} = \underline{U}_{2N} - \underline{U}_{3N}, \dots, \underline{U}_{56} = \underline{U}_{5N} - \underline{U}_{6N}, \quad \underline{U}_{61} = \underline{U}_{6N} - \underline{U}_{1N}.$$

Die Effektivwerte der Außenleiterspannungen des 6-Phasensystems sind genauso groß wie die Effektivwerte der Strangspannungen:

$$U_{Lt} = 2 \cdot U_{St} \cdot \sin \frac{\pi}{6} = 2 \cdot U_{St} \cdot 0,5 = U_{St} \qquad z.B. \quad U_{12} = U_{1N}.$$

Ströme und Spannungen der Polygon-Polygon-Schaltung

Bei einer Polygon-Polygon-Schaltung (Generator in Polygonschaltung und Verbraucher in Polygonschaltung) sind die Außenleiterspannungen gleich den Strangspannungen:

$$\underline{U}_{Lt} = \underline{U}_{St} \qquad\qquad mit \qquad\qquad U_{Lt} = U_{St}, \qquad\qquad\qquad (7.6)$$

d. h. die an den Phasenwicklungen und an den komplexen Widerständen anliegenden Spannungen sind jeweils gleich:

$$\underline{U}_{12}, \underline{U}_{23}, \dots, \underline{U}_{m-1,m}, \underline{U}_{m,1}.$$

Die Außenleiterströme verzweigen sich jeweils in Strangströme, sind also gleich der Differenz von Strangströmen:

$$\underline{I}_1 = \underline{I}_{ik} - \underline{I}_{ji}, \qquad\qquad\qquad (7.7)$$

d. h. $\quad \underline{I}_1 = \underline{I}_{12} - \underline{I}_{m1}, \qquad \underline{I}_2 = \underline{I}_{23} - \underline{I}_{12}, \dots, \underline{I}_m = \underline{I}_{m1} - \underline{I}_{m-1,m}.$

Durch Addition des Gleichungssystems ergibt sich, dass die Summe der Außenleiterströme Null ist:

$$\sum_{i=1}^{m} \underline{I}_i = 0. \tag{7.8}$$

Aus dem Effektivwert der Strangströme lässt sich der Effektivwert der Außenleiterströme berechnen:

Aus

$$\sin\frac{\alpha}{2} = \sin\frac{\pi}{m} = \frac{\dfrac{I_{Lt}}{2}}{I_{St}}$$

ergibt sich

$$I_{Lt} = 2 \cdot I_{St} \cdot \sin\frac{\pi}{m}. \tag{7.9}$$

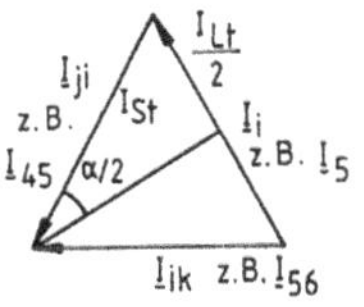

Bild 7.6 Zusammenhang zwischen Außenleiterstrom und Strangstrom

Beispiel: 6-Phasensystem in Polygon-Polygon-Schaltung

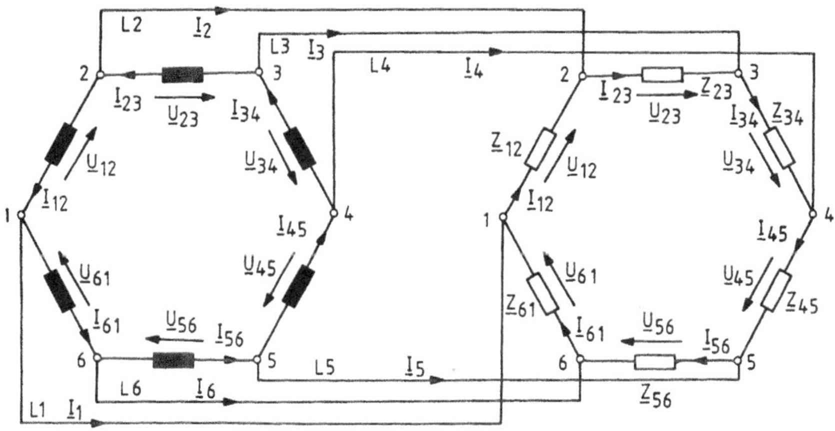

Bild 7.7 6-Phasensystem in Polygon-Polygon-Schaltung

An den sechs komplexen Verbraucherwiderständen liegen die gleichen Spannungen an wie an den Phasenwicklungen des Generators: $\underline{U}_{12}, \underline{U}_{23}, \ldots, \underline{U}_{56}, \underline{U}_{61}$.

Die Außenleiterströme $\underline{I}_1, \underline{I}_2 \ldots, \underline{I}_6$ sind gleich der Differenz der Strangströme $\underline{I}_{12}, \underline{I}_{23}, \ldots, \underline{I}_{56}, \underline{I}_{61}$:

$$\underline{I}_1 = \underline{I}_{12} - \underline{I}_{61}, \quad \underline{I}_2 = \underline{I}_{23} - \underline{I}_{12}, \ldots, \underline{I}_5 = \underline{I}_{56} - \underline{I}_{45}, \quad \underline{I}_6 = \underline{I}_{61} - \underline{I}_{56}.$$

Die Effektivwerte der Außenleiterströme des 6-Phasensystems sind genauso groß wie die Effektivwerte der Strangströme:

$$I_{Lt} = 2 \cdot I_{St} \cdot \sin\frac{\pi}{6} = 2 \cdot I_{St} \cdot 0{,}5 = I_{St} \qquad \text{z.B.} \quad I_2 = I_{23}.$$

Wirkleistung des symmetrischen m-Phasensystems

Die Wirkleistung des m-Phasensystems ist gleich der Summe der einzelnen Phasen-Wirkleistungen.

Für ein symmetrisches m-Phasensystem ist die Wirkleistung jeder Phase gleich, so dass die gesamte Wirkleistung des m-Phasensystems gleich dem m-fachen einer Phasen-Wirkleistung ist:

$$P = m \cdot U_{St} \cdot I_{St} \cdot \cos\varphi. \tag{7.10}$$

Für die Sternschaltung und die Polygonschaltung ist die Wirkleistung gleich:

$$P = \frac{m}{2 \cdot \sin\dfrac{\pi}{m}} \cdot U_{Lt} \cdot I_{Lt} \cdot \cos\varphi, \tag{7.11}$$

denn es gilt für die Sternschaltung: und für die Polygonschaltung:

$$I_{St} = I_{Lt} \qquad U_{St} = \frac{U_{Lt}}{2 \cdot \sin\dfrac{\pi}{m}} \qquad\qquad U_{St} = U_{Lt} \qquad I_{St} = \frac{I_{Lt}}{2 \cdot \sin\dfrac{\pi}{m}}$$

Beispiel: Wirkleistung des symmetrischen 6-Phasensystems

$$P = \frac{6}{2 \cdot \sin\dfrac{\pi}{6}} \cdot U_{Lt} \cdot I_{Lt} \cdot \cos\varphi = 6 \cdot U_{Lt} \cdot I_{Lt} \cdot \cos\varphi.$$

7.2 Symmetrische verkettete Dreiphasensysteme

Dreiphasensysteme

In der Energieversorgung werden am häufigsten Dreiphasensysteme verwendet, weil bei geringstem Leitungsaufwand ein balanciertes Mehrphasensystem verwirklicht werden kann. Verkettete Dreiphasensysteme in Stern- und Dreieckschaltung heißen auch *Drehstromsysteme*, weil mit dem Mehrphasensystem ein räumlich rotierendes Magnetfeld – das *Drehfeld* – verbunden ist.

Die Außenleiter werden mit L_1, L_2, L_3 und der Sternpunktleiter oder Neutralleiter mit N (ehemals M_p oder 0) bezeichnet. Nach DIN 40 108 sind die Bezeichnungen 1, 2, 3 und R, S, T (für Betriebsmittel U, V, W) auch zulässig. Oft werden auch die Farben gelb, grün und violett für die Kennzeichnung der Phasen verwendet.

Entsprechend werden die Effektivwerte der

Strangspannungen U_{St} der Sternschaltung (Sternspannungen) mit U_{1N}, U_{2N}, U_{3N}
    sonst U_1, U_2, U_3 (wenn Verwechslungen ausgeschlossen sind)
    (für Erweiterungen U_{RN}, U_{SN}, U_{TN} bzw. U_R, U_S, U_T)
Strangströme I_{St} der Dreieckschaltung (Dreieckströme) mit I_{12}, I_{23}, I_{31}
    (für Erweiterungen auch I_{RS}, I_{ST}, I_{TR})
    für Generatoren, Motoren, Transformatoren I_{UV}, I_{VW}, I_{WU}
Außenleiterspannungen U_{Lt} (Dreieckspannungen) mit U_{12}, U_{23}, U_{31}
    (für Erweiterungen auch U_{RS}, U_{ST}, U_{TR})
Außenleiterströme I_{Lt} (Sternströme) mit I_1, I_2, I_3
    (für Erweiterungen auch I_R, I_S, I_T)
    für Generatoren, Motoren, Transformatoren I_U, I_V, I_W
und der **Sternpunktleiterstrom** I_N benannt.

Sternschaltung

Werden die Enden der drei Generatorspulen mit den Bezeichnungen U2, V2, W2 (ehemals X, Y, Z) auf dem Klemmbrett des Generators zum Sternpunkt N zusammengeschlossen, dann handelt es sich um die Sternschaltung des Generators. Der Verbraucher ist ebenfalls in Sternschaltung zusammengeschaltet und über die Außenleiter L1, L2, L3 an die Klemmen U1, V1, W1 (ehemals U, V, W) des Generators angeschlossen. Die beiden Sternpunkte N und N′ sind über dem Sternpunktleiter (Neutralleiter) miteinander verbunden:

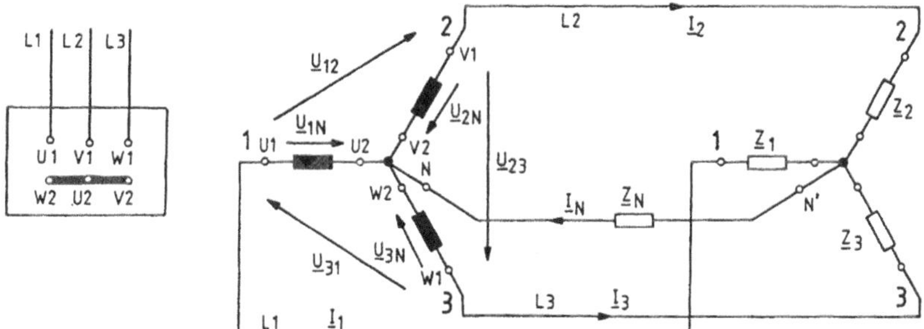

Bild 7.8 Stern-Stern-Schaltung eines Dreiphasensystems mit Klemmbrett des Dreiphasengenerators

Da der Dreiphasengenerator drei gleiche, um den Winkel $\alpha = 2\pi/3$ versetzte Wicklungen besitzt, sind auch die sinusförmigen Strangspannungen bei gleichem Effektivwert U_{St} um $\alpha = 2\pi/3 \;\hat{=}\; 120°$ phasenverschoben:

$$u_{1N} = \sqrt{2} \cdot U_{St} \cdot \sin \omega t$$

$$u_{2N} = \sqrt{2} \cdot U_{St} \cdot \sin (\omega t - 2\pi/3)$$

$$u_{3N} = \sqrt{2} \cdot U_{st} \cdot \sin (\omega t - 4\pi/3).$$

Im komplexen Bereich werden die komplexen Effektivwerte der benachbarten Strangspannungen mit dem Drehzeiger für ein Dreiphasensystem $\underline{a} = e^{-j \cdot 2\pi/3} = e^{-j \cdot 120°}$ ineinander überführt. Dabei wird der komplexe Effektivwert $\underline{U}_{1N}$ reell angenommen, also im Zeigerbild auf die positive reelle Achse gelegt:

$$\underline{U}_{1N} = U_{St} \cdot e^{j \cdot 0°} = U_{St}$$

$$\underline{U}_{2N} = U_{St} \cdot \underline{a} = U_{St} \cdot e^{-j \cdot 2\pi/3} = U_{St} \cdot e^{-j \cdot 120°} = U_{St} \cdot \left(-1/2 - j \cdot 1/2 \cdot \sqrt{3}\right)$$

$$\underline{U}_{3N} = U_{St} \cdot \underline{a}^2 = U_{St} \cdot e^{-j \cdot 4\pi/3} = U_{St} \cdot e^{j \cdot 120°} = U_{St} \cdot \left(-1/2 + j \cdot 1/2 \cdot \sqrt{3}\right)$$

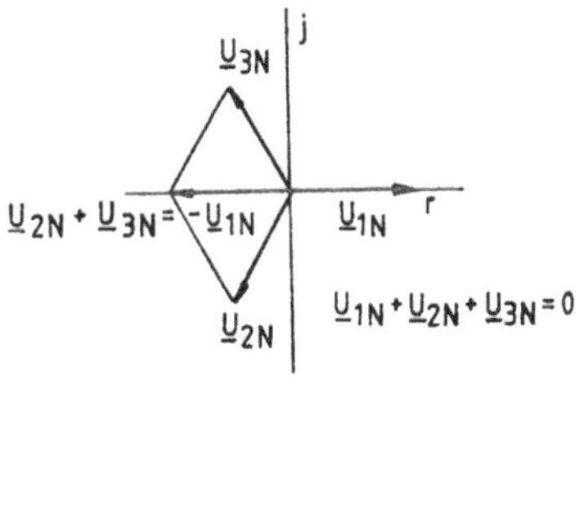

Bild 7.9
Zeigerbild der Strangspannungen

Die Außenleiterströme $\underline{I}_{Lt}$ sind gleich den Strangströmen $\underline{I}_{St}$ (vgl. Gl. 7.2):

$$\underline{I}_{Lt} = \underline{I}_{St} \qquad \text{mit} \qquad I_{Lt} = I_{St} \tag{7.12}$$

das sind $\underline{I}_1$, $\underline{I}_2$ und $\underline{I}_3$.

Die Außenleiterspannungen U_{Lt} sind um das $\sqrt{3}$-fache ($\sqrt{3} = 1{,}73$) größer als die Strangspannungen U_{St} (nach Gl. 7.5):

$$U_{Lt} = 2 \cdot U_{St} \cdot \sin\frac{\pi}{3} = \sqrt{3} \cdot U_{St} \tag{7.13}$$

das sind U_{12}, U_{23} und U_{31}.

Eine oft gebräuchliche Schreibweise für die Gleichung zwischen Außenleiterspannung und Strangspannung ist mit $U_{Lt} = U$ und $U_{St} = U_\lambda$ (Sternspannung)

$$U = \sqrt{3} \cdot U_\lambda. \tag{7.14}$$

Die Summe der Leiterströme ist gleich dem Strom im Sternpunktleiter, wie sich nach dem Kirchhoffschen Satz für komplexe Effektivwerte im Sternpunkt N ergibt:

$$\underline{I}_N = \underline{I}_1 + \underline{I}_2 + \underline{I}_3. \tag{7.15}$$

Sind die Strangwiderstände $\underline{Z}_1$, $\underline{Z}_2$, $\underline{Z}_3$ des Verbrauchers gleich groß, dann sind die Effektivwerte der Außenleiterströme gleich

$$I_{Lt} = I_1 = I_2 = I_3 = I \tag{7.16}$$

und der Strom im Sternpunktleiter $\underline{I}_N$ ist Null:

$$\underline{I}_N = \underline{I}_1 + \underline{I}_2 + \underline{I}_3 = 0. \tag{7.17}$$

Genauso wie das System der Leiterströme ist dann das System der Außenleiterspannungen über den Strangwiderständen symmetrisch, wie im Zeitdiagramm und durch ein Zeigerbild dargestellt werden kann (Bild 7.10). Die Außenleiterspannungen sind $\sqrt{3}$-mal so groß wie die Strangspannungen und gegen diese um $\pi/6 \; \hat{=} \; 30°$ phasenverschoben.

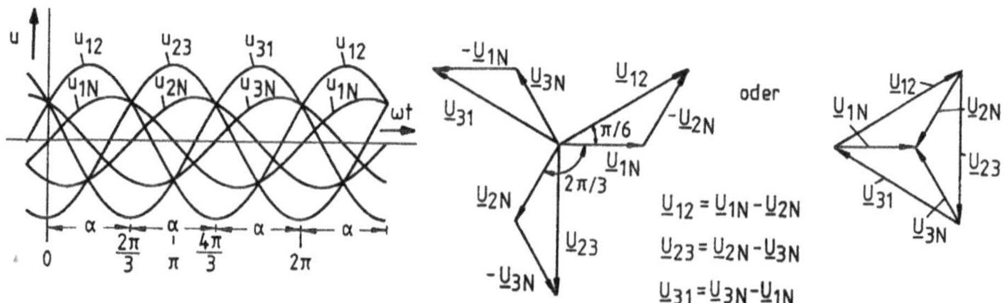

Bild 7.10 Zeitdiagramm und Zeigerbild der Außenleiterspannungen und Strangspannungen in einem symmetrischen Dreiphasensystem

Wird für ein Drehstromsystem eine Spannung angegeben, so handelt es sich stets um die Außenleiterspannung $U_{Lt} = U$. Eine 110kV-Leitung bedeutet zum Beispiel, dass der Effektivwert der Spannung zwischen zwei Außenleitern 110kV beträgt.

Nur in Ausnahmefällen wird zusätzlich zur Außenleiterspannung auch noch die Strangspannung genannt, zum Beispiel 220/380V-Netz.

Bei einem in Stern geschalteten Drehstromgenerator können also zwei Dreiphasensysteme abgegriffen werden:

das symmetrische System der Außenleiterspannungen und

das symmetrische System der Strangspannungen.

Dreieckschaltung

Werden die Generatorspulen in einen Ring geschaltet und zwar die Spulenanfänge mit den Spulenenden U1 – W2, V1 – U2, W1 – V2 (ehemals U – Z, V – X, W – Y) verbunden, dann handelt es sich um die Dreieckschaltung des Generators. Der Verbraucher ist ebenfalls in Dreieckschaltung geschaltet und über die Außenleiter L1, L2, L3 an die Klemmen U1, V1, W1 (ehemals U, V, W) des Generators angeschlossen:

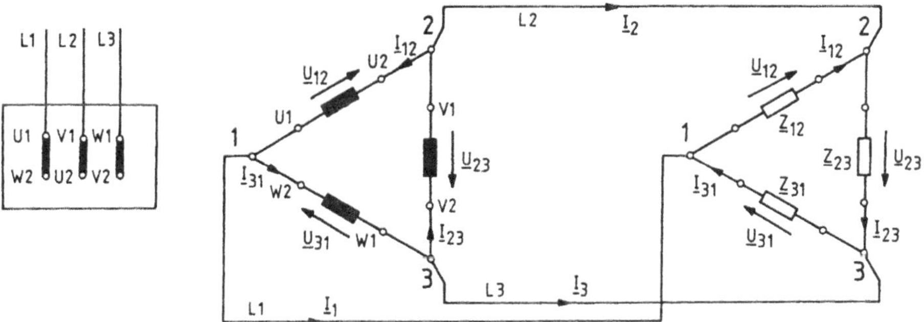

Bild 7.11 Dreieck-Dreieck-Schaltung eines Dreiphasensystems mit Klemmbrett des Dreiphasengenerators

Da der Dreiphasengenerator drei gleiche, um den Winkel $\alpha = 2\pi/3$ versetzte Wicklungen besitzt, sind auch die drei Außenleiterspannungen bei gleichem Effektivwert U_{Lt} um $\alpha = 2\pi/3 \triangleq 120°$ phasenverschoben, wie durch ein Zeigerbild erläutert werden kann (Bild 7.12). Genauso wie die benachbarten Zeiger der Strangspannungen bei der Sternschaltung können benachbarte Zeiger der Außenleiterspannungen mit Hilfe des Drehzeigers $\underline{a} = e^{-j\cdot 2\pi/3}$ ineinander überführt werden.

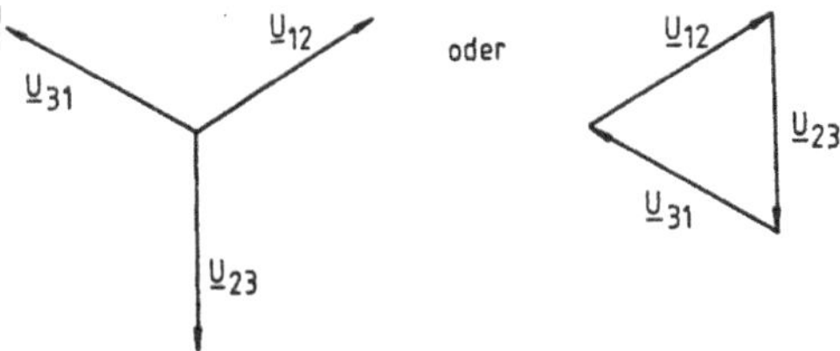

Bild 7.12
Zeigerbild der Außenleiterspannungen

Die Außenleiterspannungen $\underline{U}_{Lt}$ sind gleich den Strangspannungen $\underline{U}_{St}$ (vgl. Gl. 7.6):

$$\underline{U}_{Lt} = \underline{U}_{St} \quad \text{mit} \quad U_{Lt} = U_{St} \tag{7.18}$$

das sind $\underline{U}_{12}$, $\underline{U}_{23}$ und $\underline{U}_{31}$.

In der Praxis wird die Außenleiterspannung auch Dreieckspannung U_Δ genannt:

$$U_\Delta = U. \tag{7.19}$$

Die Außenleiterströme I_{Lt} sind um das $\sqrt{3}$-fache $\left(\sqrt{3} = 1{,}73\right)$ größer als die Strangströme I_{St} (nach Gl. 7.9):

$$I_{Lt} = 2 \cdot I_{St} \cdot \sin\frac{\pi}{3} = \sqrt{3} \cdot I_{St} \tag{7.20}$$

das sind I_1, I_2 und I_3.

Eine oft gebräuchliche Schreibweise für die Gleichung zwischen Außenleiterstrom und Strangstrom ist mit $I_{Lt} = I$ und $I_{St} = I_\Delta$

$$I = \sqrt{3} \cdot I_\Delta. \tag{7.21}$$

Sind die Strangwiderstände $\underline{Z}_{12}$, $\underline{Z}_{23}$ und $\underline{Z}_{31}$ des Verbrauchers gleich groß, dann bilden die Außenleiterströme und die Strangströme ebenfalls symmetrische Systeme, und die Effektivwerte der Außenleiterströme sind gleich:

$$I_{Lt} = I_1 = I_2 = I_3 = I.$$

Nach dem Kirchhoffschen Gesetz für komplexe Effektivwerte der Ströme ergibt sich für die Knotenpunkte 1, 2 und 3:

$$\underline{I}_1 = \underline{I}_{12} - \underline{I}_{31} \qquad \underline{I}_2 = \underline{I}_{23} - \underline{I}_{12} \qquad \underline{I}_3 = \underline{I}_{31} - \underline{I}_{23}. \tag{7.22}$$

Diese Gleichungen im Zeitbereich und im Zeigerbild dargestellt bestätigen, dass die Außenleiterströme in einem symmetrischen Drehstromsystem in Dreieckschaltung um den Faktor $\sqrt{3}$ größer sind als die Strangströme und dass diese Außenleiterströme um den Winkel $\pi/6 \triangleq 30°$ gegen die entsprechenden Strangströme phasenverschoben sind (siehe Bild 7.13).

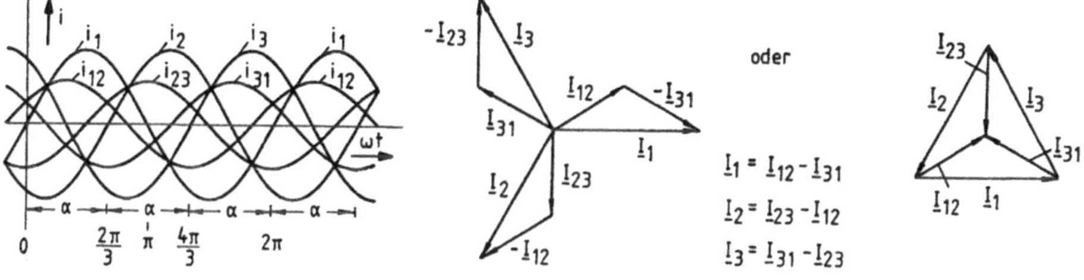

Bild 7.13 Zeitdiagramm und Zeigerbild der Außenleiterströme und Strangströme in einem symmetrischen Dreiphasensystem

Bei einer Dreieckschaltung kann nur ein Dreiphasensystem der Spannungen – das der Außenleiterspannungen – abgegriffen werden.

Mehrphasengeneratoren werden meist in Sternschaltung verwendet, weil bei den Polygonschaltungen – speziell Dreieckschaltung – höherfrequente Schwingungen auftreten, die nicht erwünscht sind.

Wirkleistung, Blindleistung und Scheinleistung der symmetrischen Dreiphasensysteme

Ist das symmetrische Dreiphasensystem des Generators in Stern- oder Dreieckschaltung an einen symmetrischen Verbraucher mit gleichen Strangwiderständen in Stern- bzw. Dreieckschaltung angeschlossen, dann sind die Wirkleistung P, die Blindleistung Q und die Scheinleistung S jeweils gleich dem Dreifachen der entsprechenden Phasenleistung. Sie sind für die Sternschaltung und die Dreieckschaltung jeweils gleich:

$$P = 3 \cdot U_{St} \cdot I_{St} \cdot \cos \varphi = \sqrt{3} \cdot U_{Lt} \cdot I_{Lt} \cdot \cos \varphi \tag{7.23}$$

$$Q = 3 \cdot U_{St} \cdot I_{St} \cdot \sin \varphi = \sqrt{3} \cdot U_{Lt} \cdot I_{Lt} \cdot \sin \varphi \tag{7.24}$$

$$S = 3 \cdot U_{St} \cdot I_{St} = \sqrt{3} \cdot U_{Lt} \cdot I_{Lt} \tag{7.25}$$

denn es gilt für die Sternschaltung: und für die Dreieckschaltung:

$$I_{St} = I_{Lt} \qquad U_{St} = \frac{U_{Lt}}{\sqrt{3}} \qquad\qquad U_{St} = U_{Lt} \qquad I_{St} = \frac{I_{Lt}}{\sqrt{3}}$$

Beispiel 1:

Die drei Wicklungen eines Drehstromgenerators sind einmal in Sternschaltung und zum anderen in Dreieckschaltung zusammengeschaltet und symmetrisch belastet. An den Klemmen der Phasenwicklungen liegt jeweils eine Spannung von 220V, und durch die Wicklungen fließt jeweils ein Strom von 9A mit einer Phasenverschiebung $\varphi = 20°$ gegenüber der Spannung.

1. Anzugeben bzw. zu berechnen sind die Strangspannung und die Außenleiterspannung, der Strangstrom und der Außenleiterstrom und die am Verbraucher abgegebene Wirkleistung des Drehstromsystems in Sternschaltung.
2. Anzugeben bzw. zu berechnen sind die Strangspannung und die Außenleiterspannung, der Strangstrom und der Außenleiterstrom und die am Verbraucher abgegebene Wirkleistung des Drehstromsystems in Dreieckschaltung.
3. Die Spannungen, Ströme und Wirkleistungen der beiden Schaltungen sollen verglichen werden.

Lösung:

Zu 1. Sternschaltung (siehe Bild 7.8):

Strangspannungen U_{1N}, U_{2N}, U_{3N} Außenleiterspannungen U_{12}, U_{23}, U_{31}

$\qquad U_{St} = 220V$

$\qquad\qquad\qquad\qquad\qquad\qquad U_{Lt} = \sqrt{3} \cdot U_{St}$ $\qquad$ (nach Gl. 7.13)

$\qquad\qquad\qquad\qquad\qquad\qquad U_{Lt} = \sqrt{3} \cdot 220V = 381V$

Strangströme I_1, I_2, I_3 Außenleiterströme I_1, I_2, I_3

$\qquad I_{St} = 9A$

$\qquad\qquad\qquad\qquad\qquad\qquad I_{Lt} = I_{St} = 9A$ $\qquad$ (nach Gl. 7.12)

Wirkleistung nach Gl. (7.23):

$\qquad P = 3 \cdot U_{St} \cdot I_{St} \cdot \cos \varphi = 3 \cdot 220V \cdot 9A \cdot \cos 20° = 5582W$ oder

$\qquad P = \sqrt{3} \cdot U_{Lt} \cdot I_{Lt} \cdot \cos \varphi = \sqrt{3} \cdot 381V \cdot 9A \cdot \cos 20° = 5581W$

Zu 2. Dreieckschaltung (siehe Bild 7.11):

Strangspannungen U_{12}, U_{23}, U_{31} Außenleiterspannungen U_{12}, U_{23}, U_{31}

$\quad U_{St} = 220V$ $U_{Lt} = U_{St} = 220V$ (nach Gl. 7.18)

Strangströme I_{12}, I_{23}, I_{31} Außenleiterströme I_1, I_2, I_3

$\quad I_{St} = 9A$

$$I_{Lt} = \sqrt{3} \cdot I_{St} \qquad \text{(nach Gl. 7.20)}$$

$$I_{Lt} = \sqrt{3} \cdot 9\,A = 15{,}6A$$

Wirkleistung nach Gl. (7.23):

$$P = 3 \cdot U_{St} \cdot I_{St} \cdot \cos \varphi = 3 \cdot 220V \cdot 9A \cdot \cos 20° = 5582W \text{ oder}$$

$$P = \sqrt{3} \cdot U_{Lt} \cdot I_{Lt} \cdot \cos \varphi = \sqrt{3} \cdot 220V \cdot 15{,}6A \cdot \cos 20° = 5586W$$

Zu 3.

Bei der Sternschaltung ist die Spannung zwischen den Außenleitern hoch und der Strom in den Außenleitern niedrig,

bei der Dreieckschaltung ist die Spannung zwischen den Außenleitern niedrig und der Strom in den Außenleitern hoch.

Die Wirkleistung der Sternschaltung unterscheidet sich nicht von der Wirkleistung der Dreieckschaltung.

Beispiel 2:

Auf dem Leistungsschild eines alten Drehstrommotors ist zu lesen:

12PS	$\eta = 86{,}7\%$
220VΔ	30A
$\cos \varphi = 0{,}89$	2870U/min

1. Die Angaben auf dem Leistungsschild sind zu erläutern.
   Dabei ist anzugeben, an welchem Dreiphasensystem in Sternschaltung und an welchem Dreiphasensystem in Dreieckschaltung der Motor betrieben werden kann.
2. Zu berechnen sind die Außenleiterströme bei Nennbetrieb für die Sternschaltung und für die Dreieckschaltung.
3. Mit welchem Dreiphasensystem ist für den Motor eine Stern-Dreieck-Schaltung möglich?
4. Zu berechnen sind das Nennmoment und die Blind- und Scheinleistung, die das Dreiphasensystem dem Motor zuführt.

Lösung:

Zu 1.

Auf dem Leistungsschild von Motoren werden Daten bei Nennbetrieb angegeben. Nennbetrieb bedeutet Betrieb des Motors bei Volllast.

12PS   Die angegebene Leistung ist die an der Welle maximal mögliche Wirkleistung, die für eine Antriebsmaschine zur Verfugung steht. Die Nennleistung wird in kW angegeben, PS-Angaben sind nicht mehr zulässig. Für alte Motoren muss also die Umrechnung 1PS = 735,5W bekannt sein. Die abgegebene Wirkleistung beträgt für den speziellen Fall:

$$P_{mech} = 12PS = 12 \cdot 735{,}5W = 8{,}826kW.$$

$\eta = 86{,}7\,\%$ Der Wirkungsgrad η besagt, dass die vom Dreiphasennetz gelieferte Wirkleistung P_{el} auf Grund der Leistungsverluste im Motor höher ist als die maximal mögliche Wirkleistung P_{mech}:

$$P_{el} = P_{mech}/\eta = 8{,}826kW/0{,}867 = 10{,}18kW$$

220V△   Der Motor wird ordnungsgemäß betrieben, wenn an jeder Wicklung (Strang) die Wicklungsnennspannung anliegt. Da die drei Motorwicklungen in Sternschaltung und in Dreieckschaltung geschaltet werden können, müssen die Spannungsangaben auf dem Leistungsschild besonders beachtet werden, weil höhere Spannungen zu einer Überlastung der Wicklungen führen. Bei doppelter Spannungsangabe ist der kleinere Wert die Wicklungsnennspannung,

        z. B. 380/220V   Wicklungsnennspannung: 220V.

Bei einfacher Spannungsangabe (wie hier im Beispiel) ist die Nennspannung pro Strang angegeben, das ist die Spannung, die jeweils an die Wicklungen des Motors angelegt werden darf,

        z. B. 220V△   Wicklungsnennspannung: 220V.

In Sternschaltung des Motors ist also die Strangspannung U_{St} = 220V; der Motor kann an ein 380/220V-Drehstromnetz angeschlossen werden (siehe Bild 7.14, links).

Werden die Wicklungen des Motors in Dreieckschaltung geschaltet, dann darf der Motor nur an ein 220/127V-Drehstromsystem angeschlossen werden, weil die Strangspannung (Wicklungsnennspannung) gleich der Außenleiterspannung U_{Lt} = 220V ist (siehe Bild 7.14, rechts).

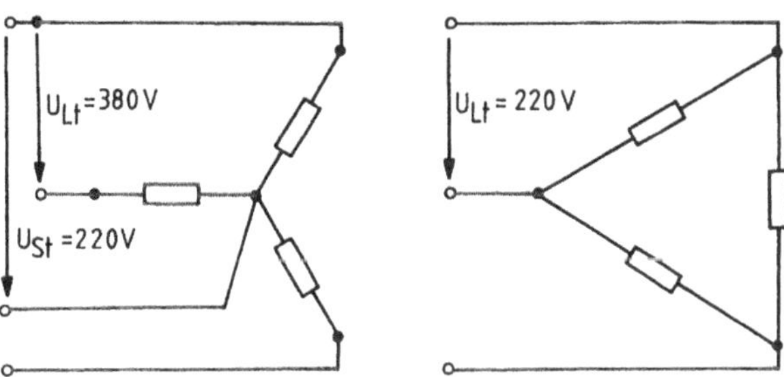

Bild 7.14 Motor in Stern- und Dreieckschaltung

cosφ = 0,89   Der Leistungsfaktor cos φ gibt die Abweichung der Wirkleistung von der Scheinleistung an:

$$\cos \varphi = \frac{P_{el}}{S}$$

30 A   Die Stromangabe ist der in den Zuleitungen zum Motor fließende Nennstrom, also der Außenleiterstrom bei Dreieckschaltung des Motors, der aus der angegebenen Nennleistung errechnet werden kann.

Sind zwei Ströme genannt, z. B. 30/17A, dann sind die Angaben die Außenleiterströme bei Dreieck- und bei Sternschaltung.

2870U/min   Die Drehzahl in Umdrehungen pro Minute ergibt mit der zur Verfügung stehenden Wirkleistung bei Nennbetrieb das Nennmoment des Motors:

$$M = \frac{P_{mech}}{\omega}.$$

Zu 2.   Aus $P_{el} = \sqrt{3} \cdot U_{Lt} \cdot I_{Lt} \cdot \cos\varphi = 10{,}18\,kW$ ergibt sich

$$I_{Lt} = \frac{P_{el}}{\sqrt{3} \cdot U_{Lt} \cdot \cos\varphi}$$

Sternschaltung: $U_{Lt} = 380V$ Dreieckschaltung: $U_{Lt} = 220V$

$$I_{Lt} = \frac{10{,}18\,kW}{\sqrt{3} \cdot 380V \cdot 0{,}89} = 17{,}4\,A \qquad I_{Lt} = \frac{10{,}18\,kW}{\sqrt{3} \cdot 220V \cdot 0{,}89} = 30\,A$$

Zu 3.

Beim Einschalten von Drehstrommotoren treten Anlaufströme auf, die das sechs- bis achtfache des Nennstroms betragen können und zu Spannungsschwankungen im Netz führen. Die Anlaufzeit kann bei größeren Motoren so hohe Werte erreichen, dass die Wicklungen durch den nur relativ langsam abklingenden Anlaufstrom gefährdet sind.

Der Anlaufstrom wird jedoch vermindert, wenn jeder Motorwicklung während des Anlaufvorgangs eine verminderte Spannung zugeführt wird.

Ein Drehstrommotor sollte deshalb in der Anlaufphase in Sternschaltung betrieben werden, weil dann an den Wicklungen jeweils eine um $\sqrt{3}$ verminderte Spannung anliegt, wenn die Motorwicklungen nach dem Hochlauf in Dreieckschaltung geschaltet sind. Im Dauerbetrieb liegen die Wicklungen an der höheren Spannung.

Während der Anlaufphase in Sternschaltung vermindern sich der Anlaufstrom und damit das Anlaufmoment.

In diesem Beispiel darf an den Motorwicklungen höchstens die Wicklungsnennspannung von 220V anliegen. Deshalb ist die Stern-Dreieck-Einschaltung für diesen Motor nur mit einem 220/127V-Drehstromsystem möglich.

Die Stern-Dreieck-Schalter sind Walzenschalter, für die die Kontaktbelegung und die Anschlüsse an das Drehstromsystem und an den Motor im Bild 7.15 gezeichnet sind. Die Klemmenbezeichnungen sind vorgeschrieben und stimmen mit den Bezeichnungen in den Bildern 7.8 und 7.11 überein.

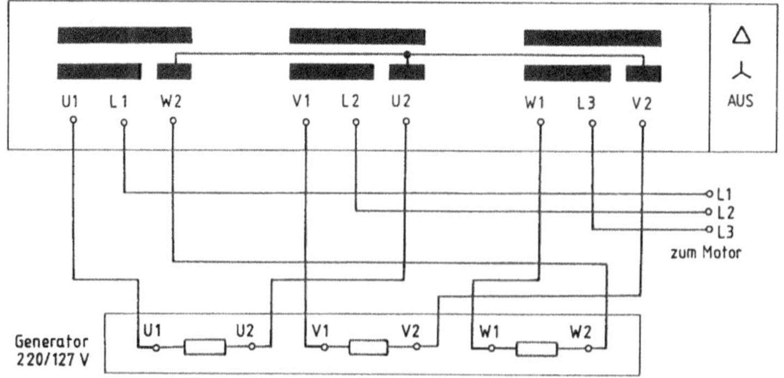

Bild 7.15 Kontaktbelegung eines Stern-Dreieck-Schalters

Zu 4.

Das Nennmoment ergibt sich aus der an der Antriebswelle des Motors abgegebenen Leistung P_{mech} und den Umdrehungen pro Minute:

$$M = \frac{P_{mech}}{\omega} \qquad\qquad (7.26)$$

$$M = \frac{8,826\,kW}{2\pi \cdot 2870 \cdot (1/60s)} = 29,4\,Nm \ .$$

Die Blind- und Scheinleistung werden aus der elektrischen Wirkleistung P_{el} mit dem Leistungsfaktor $\cos\varphi = 0,89$ berechnet:

$$Q = P_{el} \cdot \tan\varphi = 10,18\,kVA \cdot \tan 27,127° = 5,22\,kVar$$

$$S = \frac{P_{el}}{\cos\varphi} = \frac{10,18\,kVA}{0,89} = 11,44\,kVA$$

Beispiel 3:

Ein Drehstrommotor mit einer Nennleistung von 8kW, einem Wirkungsgrad $\eta = 85\%$ und einem Leistungsfaktor $\cos\varphi = 0,9$ wird an einem 380/220V-Drehstromnetz in Sternschaltung betrieben. Der Leistungsfaktor soll durch Kondensatoren in Sternschaltung erhöht werden, d. h. es handelt sich um eine Blindleistungskompensation mit Parallelkapazitäten.

1. Zu berechnen sind die vom Netz gelieferte Wirkleistung und der Effektivwert der Außenleiterströme.
2. Die notwendigen Kapazitäten in Sternschaltung, die also parallel zu den Motorwicklungen geschaltet werden und damit den Leistungsfaktor auf 1 erhöhen, sollen berechnet werden.
3. In vielen Fällen ist die Kompensation nur teilweise erwünscht, weil Schaltvorgänge mit induktiven Wechselstromwiderständen leichter beherrschbar sind als mit kapazitiven Wechselstromwiderständen. Bei vollständiger Kompensation wirkt der Motor mit den Kompensationskapazitäten wie ein ohmscher Verbraucher, der mit den im Netz verteilten Kapazitäten eine kapazitive Belastung bedeutet.
    Der Leistungsfaktor des Motors soll durch Parallelkompensation von 0,9 auf 0,97 erhöht werden. Die Parallelkapazitäten in Sternschaltung sollen ermittelt werden.

Lösung:

$$\text{Zu 1. } P_{el} = \frac{P_{mech}}{\eta} = \frac{8kW}{0,85} = 9,41\,kW$$

$$I_{Lt} = \frac{P_{el}}{\sqrt{3} \cdot U_{Lt} \cdot \cos\varphi} = \frac{9,41\,kW}{\sqrt{3} \cdot 380V \cdot 0,9} = 15,9\,A \ .$$

Zu 2.

Bei Parallelkompensation müssen die induktiven komplexen Widerstände der drei Motorspulen durch äquivalente Parallelschaltungen mit R_p und $j\omega L_p$ erfasst werden. Da der Motor ein symmetrischer Verbraucher ist, braucht die Kompensation nur einphasig betrachtet zu werden. Die einphasige Parallelkompensation ist im Abschnitt 4.7.3 behandelt worden. Im Bild 4.158 ist das einphasige Schaltbild gezeichnet und in den Bildern 4.160 und 4.162 sind die Zeigerbilder für die teilweise und vollständige Kompensation dargestellt.
Für die vollständige Parallelkompensation, also für die Anhebung des Leistungsfaktors auf 1, können die drei gleichen Kapazitäten nach der Gl. (4.265)berechnet werden:

$$C_p = \frac{P \cdot \tan\varphi}{\omega \cdot U^2}$$

Die in die Formel für C_p eingehende Wirkleistung P ist ein Drittel der Wirkleistung P_{el}, denn im symmetrischen Dreiphasensystem ist die Gesamtleistung gleich dem Dreifachen der Phasenleistung:

$$P = \frac{P_{el}}{3} = \frac{9{,}41\,kW}{3} = 3{,}14\,kW \,.$$

Die Parallelschaltungen liegen an der Strangspannung $U = U_{St} = 220V$, d. h. mit $\cos\varphi = 0{,}9$ ist

$$C_p = \frac{3{,}14\,kW \cdot \tan 25{,}84°}{2\pi \cdot 50s^{-1} \cdot (220V)^2} = 100\,\mu F \,.$$

Zu 3.

Um die Kapazitäten der teilweisen Kompensation angeben zu können, ist der kapazitive Blindstrom I_C mittels trigonometrischer Zusammenhänge im Zeigerbild (siehe Bild 4.160) zu berechnen.

An den Kapazitäten liegt jeweils die Strangspannung $U = U_{St} = 220V$ an:

Aus

$$U = \frac{1}{\omega C_p} \cdot I_C$$

ergibt sich

$$C_p = \frac{I_C}{\omega \cdot U} \,.$$

Gegeben sind $\cos\varphi_k = 0{,}97$ und $\varphi_k = 14{,}07°$, aus dem Zeigerbild lässt sich ablesen:

$$\tan\varphi_k = \frac{I_L - I_C}{I_R} \,,$$

wodurch sich für I_C ergibt:

$$I_C = I_L - I_R \cdot \tan\varphi_k \,,$$

eingesetzt in die Formel für C_p ergibt sich

$$C_p = \frac{I_C}{\omega \cdot U} = \frac{1}{\omega \cdot U} \cdot (I_L - I_R \cdot \tan\varphi_k) \,,$$

mit $I_R = I \cdot \cos\varphi = I_{Lt} \cdot \cos\varphi$ und $I_L = I \cdot \sin\varphi = I_{Lt} \cdot \sin\varphi$
ist

$$C_p = \frac{I_{Lt}}{\omega \cdot U} \cdot (\sin\varphi - \cos\varphi \cdot \tan\varphi_k) \qquad\qquad (7.27)$$

und mit Zahlenwerten

$$C_p = \frac{15{,}9A}{2\pi \cdot 50s^{-1} \cdot 220V} \cdot (\sin 25{,}84° - 0{,}9 \cdot \tan 14{,}07°) = 48{,}4\mu F \,.$$

Mit dieser Formel lässt sich das Ergebnis der vollständigen Kompensation bestätigen:

$$C_p = \frac{15{,}9A}{2\pi \cdot 50s^{-1} \cdot 220V} \cdot (\sin 25{,}84° - 0{,}9 \cdot \tan 0°) = 100\mu F \,.$$

7.3 Unsymmetrische verkettete Dreiphasensysteme

Übersicht über Dreiphasensysteme

Nach DIN 40 108 werden Dreiphasen-Stromsysteme unterschieden in

Drehstrom-Dreileitersysteme (mit drei Außenleitern),

Drehstrom-Vierleitersysteme (mit drei Außenleitern und einem Sternpunktleiter, der auch Null-Leiter sein kann) und

Drehstrom-Fünfleitersysteme (mit drei Außenleitern, einem Sternpunktleiter und einem Schutzleiter).

Schutzleiter ist ein Leiter, der bei Schutzmaßnahmen gegen gefährliche Berührungsspannungen verwendet wird, und ein Null-Leiter ist ein unmittelbar geerdeter Leiter, der die Funktionen des Schutzleiters übernehmen kann. Das Fünfleitersystem unterscheidet sich also elektrotechnisch nicht vom Dreileiter- und Vierleitersystem, weil es nur zusätzliche Schutzaufgaben übernimmt.

Bei der Behandlung unsymmetrischer Dreiphasensysteme sind das Vierleiternetz mit dem Generator in Sternschaltung und dem Verbraucher in Sternschaltung und das Dreileiternetz mit dem Generator in Stern- oder Dreieckschaltung und dem Verbraucher in Stern- oder Dreieckschaltung zu unterscheiden.

Sind Generator und Verbraucher in Sternschaltung geschaltet, kann der Sternpunktleiter vorhanden sein oder nicht. Diese Stern-Stern-Dreiphasensysteme können also als Vierleiternetz oder als Dreileiternetz ausgeführt sein. Sind der Generator oder der Verbraucher in Dreieckschaltung geschaltet, dann ist nur ein Dreileiternetz möglich, weil der Sternpunkt entweder im Generator oder im Verbraucher nicht vorhanden ist. Für Messzwecke ist es allerdings notwendig, mit Hilfe zusätzlicher symmetrischer Verbraucher einen künstlichen Sternpunkt zu schaffen.

Unsymmetrische Dreiphasensysteme enthalten einen Generator mit symmetrischem Spannungssystem und einen Verbraucher mit verschiedenen Wechselstromwiderständen. Dadurch sind die Systeme der Außenleiterspannungen und Außenleiterströme unsymmetrisch.

Vierleiternetz mit Generator in Sternschaltung und Verbraucher in Sternschaltung

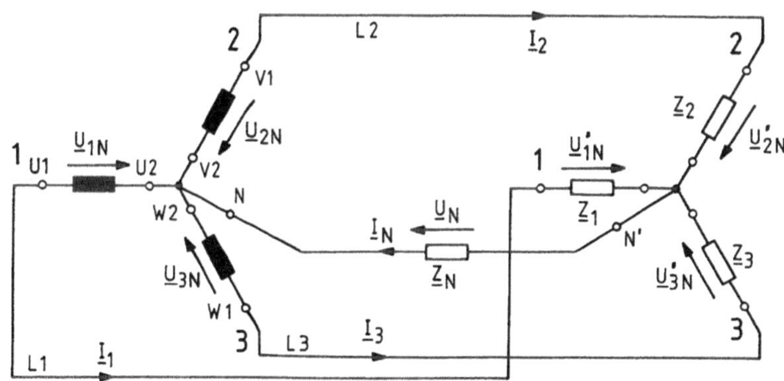

Bild 7.16 Vierleiternetz mit Generator in Stern und Verbraucher in Stern

Nach dem Kirchhoffschen Satz für komplexe Effektivwerte ist die Summe der Außenleiterströme gleich dem Sternpunktleiterstrom:

$$\underline{I}_1 + \underline{I}_2 + \underline{I}_3 = \underline{I}_N. \tag{7.28}$$

Die Strangspannungen über den Generatorwicklungen unterscheiden sich von den Strangspannungen über den Verbraucherwiderständen durch die Spannung $\underline{U}_N$ des Sternpunktleiters zwischen den beiden Sternpunkten N und N':

$$\underline{U}_{1N} = \underline{U}'_{1N} + \underline{U}_N$$

$$\underline{U}_{2N} = \underline{U}'_{2N} + \underline{U}_N$$

$$\underline{U}_{3N} = \underline{U}'_{3N} + \underline{U}_N$$

oder

$$\underline{U}'_{1N} = \underline{U}_{1N} - \underline{U}_N \tag{7.29}$$

$$\underline{U}'_{2N} = \underline{U}_{2N} - \underline{U}_N \tag{7.30}$$

$$\underline{U}'_{3N} = \underline{U}_{3N} - \underline{U}_N \tag{7.31}$$

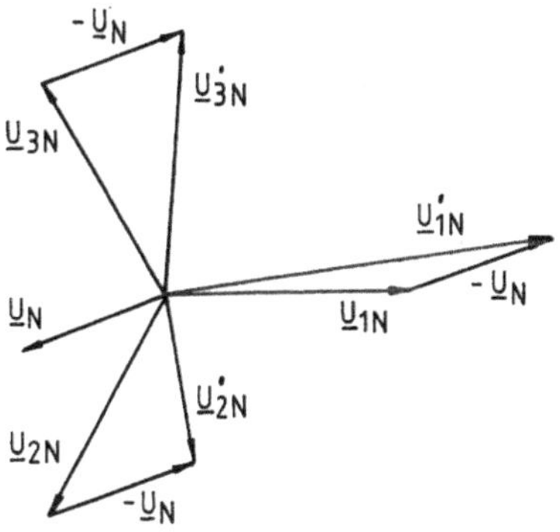

Bild 7.17 Zeigerbild der Strangspannungen im Vierleitersystem

Diese Spannungsgleichungen lassen sich durch das Zeigerbild im Bild 7.17 darstellen.

Die Außenleiterströme, die bei der Sternschaltung gleich den Strangströmen sind, können mit Hilfe der Spannung $\underline{U}_N$ berechnet werden:

$$\underline{I}_1 = \frac{\underline{U}'_{1N}}{\underline{Z}_1} = \frac{\underline{U}_{1N}}{\underline{Z}_1} - \frac{\underline{U}_N}{\underline{Z}_1} \tag{7.32}$$

$$\underline{I}_2 = \frac{\underline{U}'_{2N}}{\underline{Z}_2} = \frac{\underline{U}_{2N}}{\underline{Z}_2} - \frac{\underline{U}_N}{\underline{Z}_2} \tag{7.33}$$

$$\underline{I}_3 = \frac{\underline{U}'_{3N}}{\underline{Z}_3} = \frac{\underline{U}_{3N}}{\underline{Z}_3} - \frac{\underline{U}_N}{\underline{Z}_3} \tag{7.34}$$

und

$$\underline{I}_N = \frac{\underline{U}_N}{\underline{Z}_N} \tag{7.35}$$

eingesetzt in die Knotenpunktgleichung (Gl. 7.28) ergibt die Formel für die Spannung über dem Widerstand des Sternpunktleiters $\underline{U}_N$:

$$\left(\frac{\underline{U}_{1N}}{\underline{Z}_1} - \frac{\underline{U}_N}{\underline{Z}_1}\right) + \left(\frac{\underline{U}_{2N}}{\underline{Z}_2} - \frac{\underline{U}_N}{\underline{Z}_2}\right) + \left(\frac{\underline{U}_{3N}}{\underline{Z}_3} - \frac{\underline{U}_N}{\underline{Z}_3}\right) = \frac{\underline{U}_N}{\underline{Z}_N}$$

$$\frac{\underline{U}_{1N}}{\underline{Z}_1} + \frac{\underline{U}_{2N}}{\underline{Z}_2} + \frac{\underline{U}_{3N}}{\underline{Z}_3} = \underline{U}_N \cdot \left(\frac{1}{\underline{Z}_N} + \frac{1}{\underline{Z}_1} + \frac{1}{\underline{Z}_2} + \frac{1}{\underline{Z}_3}\right)$$

$$\underline{U}_N = \frac{\dfrac{\underline{U}_{1N}}{\underline{Z}_1} + \dfrac{\underline{U}_{2N}}{\underline{Z}_2} + \dfrac{\underline{U}_{3N}}{\underline{Z}_3}}{\dfrac{1}{\underline{Z}_N} + \dfrac{1}{\underline{Z}_1} + \dfrac{1}{\underline{Z}_2} + \dfrac{1}{\underline{Z}_3}} \tag{7.36}$$

Bei der Berechnung des Vierleiternetzes wird folgendermaßen vorgegangen:

Gegeben:

    Strangspannungen des Generators $\underline{U}_{1N}$, $\underline{U}_{2N}$, $\underline{U}_{3N}$

    komplexe Verbraucherwiderstände $\underline{Z}_1$, $\underline{Z}_2$, $\underline{Z}_3$

    komplexer Widerstand des Sternpunktleiters $\underline{Z}_N$

Gesucht:

Außenleiterströme $\underline{I}_1$, $\underline{I}_2$, $\underline{I}_3$ und Sternpunktleiterstrom $\underline{I}_N$

Rechenschritte:

1. Berechnung der Spannung $\underline{U}_N$ über dem Sternpunktleiter nach Gl. (7.36).

2. Ermittlung der Strangspannungen $\underline{U}'_{1N}$, $\underline{U}'_{2N}$, $\underline{U}'_{3N}$ über den Verbraucherwiderständen $\underline{Z}_1$, $\underline{Z}_2$, $\underline{Z}_3$ nach den Gln. (7.29) bis (7.31).

3. Ermittlung der Außenleiterströme $\underline{I}_1$, $\underline{I}_2$, $\underline{I}_3$ nach den Gln. (7.32) bis (7.34) und des Sternpunktleiterstroms $\underline{I}_N$ nach der Gl. (7.35) oder (7.28).

4. Kontrolle der Rechenergebnisse mittels Zeigerbild.

Beispiel 1:

Die Widerstände

$$\underline{Z}_1 = R_1 = 200\Omega,$$

$$\underline{Z}_2 = 1/j\omega C_2 \qquad \text{mit} \qquad C_2 = 15{,}9\mu F \text{ und}$$

$$\underline{Z}_3 = j\omega L_3 \qquad \text{mit} \qquad L_3 = 318{,}5mH$$

sind in Sternschaltung an ein 380/220V-Drehstromnetz mit einem Sternpunktleiter mit $\underline{Z}_N = R_N = 100\Omega$ angeschlossen. Die Spannungen über den Widerständen und die Ströme durch die Widerstände $\underline{Z}_1$, $\underline{Z}_2$, $\underline{Z}_3$ und $\underline{Z}_N$ sind zu errechnen. Mit Hilfe eines Zeigerbildes sind die Ergebnisse zu kontrollieren.

Lösung:

Zunächst wird mit Gl. (7.36) die Spannung über dem Sternpunktleiter berechnet:

Mit

$$\underline{Z}_1 = \underline{R}_1 = 200\Omega \qquad\qquad \frac{1}{\underline{Z}_1} = \underline{Y}_1 = 5\,mS$$

$$\underline{Z}_2 = \frac{1}{j\omega C_2} = \frac{1}{j\cdot 2\pi \cdot 50 s^{-1} \cdot 15{,}9\mu F} = -j\cdot 200\Omega \qquad\qquad \frac{1}{\underline{Z}_2} = \underline{Y}_2 = j\cdot 5\,mS$$

$$\underline{Z}_3 = j\omega L_3 = j\cdot 2\pi \cdot 50\ s^{-1} \cdot 318{,}5\ mH = j\cdot 100\Omega \qquad\qquad \frac{1}{\underline{Z}_3} = \underline{Y}_3 = -j\cdot 10\,mS$$

$$\underline{Z}_N = \underline{R}_N = 100\Omega \qquad\qquad \frac{1}{\underline{Z}_N} = \underline{Y}_N = 10\,mS$$

und nach Abschnitt 7.2 (Sternschaltung)

$$\underline{U}_{1N} = 220V \cdot e^{j\cdot 0°} = 220V$$

$$\underline{U}_{2N} = 220V \cdot \underline{a} = 220V \cdot e^{-j\cdot 120°} = 220V \cdot (-0{,}5 - j\cdot 0{,}866) = (-110 - j\cdot 190{,}5)V$$

$$\underline{U}_{3N} = 220V \cdot \underline{a}^2 = 220V \cdot e^{j\cdot 120°} = 220V \cdot (-0{,}5 + j\cdot 0{,}866) = (-110 + j\cdot 190{,}5)V$$

ist

$$\underline{U}_N = \frac{\dfrac{\underline{U}_{1N}}{\underline{Z}_1} + \dfrac{\underline{U}_{2N}}{\underline{Z}_2} + \dfrac{\underline{U}_{3N}}{\underline{Z}_3}}{\dfrac{1}{\underline{Z}_N} + \dfrac{1}{\underline{Z}_1} + \dfrac{1}{\underline{Z}_2} + \dfrac{1}{\underline{Z}_3}} = \frac{\underline{Y}_1 \cdot \underline{U}_{1N} + \underline{Y}_2 \cdot \underline{U}_{2N} + \underline{Y}_3 \cdot \underline{U}_{3N}}{\underline{Y}_N + \underline{Y}_1 + \underline{Y}_2 + \underline{Y}_3}$$

$$\underline{U}_N = \frac{5mS \cdot 220V + j\cdot 5mS \cdot (-110 - j\cdot 190{,}5)V - j\cdot 10mS \cdot (-110 + j\cdot 190{,}5)V}{10mS + 5mS + j\cdot 5mS - j\cdot 10mS}$$

$$\underline{U}_N = \frac{1100 - j\cdot 550 + 952{,}5 + j\cdot 1100 + 1905}{15 - j\cdot 5}V = \frac{3957{,}5 + j\cdot 550}{15 - j\cdot 5} \cdot \frac{15 + j\cdot 5}{15 + j\cdot 5}V$$

$$\underline{U}_N = (226{,}45 + j\cdot 112{,}15)V = 252{,}7\,V \cdot e^{j\cdot 26{,}35°}.$$

Dann werden die Spannungen über den Widerständen nach Gl. (7.29) bis (7.31) berechnet:

$$\underline{U}'_{1N} = \underline{U}_{1N} - \underline{U}_N = 220V - (226{,}45 + j \cdot 112{,}15)V$$

$$\underline{U}'_{1N} = (-6{,}45 - j \cdot 112{,}15)V = 112{,}3V \cdot e^{-j \cdot 93{,}3°}$$

$$\underline{U}'_{2N} = \underline{U}_{2N} - \underline{U}_N = (-110 - j \cdot 190{,}5)V - (226{,}45 + j \cdot 112{,}15)V$$

$$\underline{U}'_{2N} = (-336{,}45 - j \cdot 302{,}65)V = 452{,}5V \cdot e^{j \cdot 222°}$$

$$\underline{U}'_{3N} = \underline{U}_{3N} - \underline{U}_N = (-110 + j \cdot 190{,}5)V - (226{,}45 + j \cdot 112{,}15)V$$

$$\underline{U}'_{3N} = (-336{,}45 + j \cdot 78{,}35)V = 345{,}5V \cdot e^{j \cdot 167°}$$

Damit lassen sich die Ströme nach den Gln. (7.32) bis (7.35) berechnen:

$$\underline{I}_1 = \frac{\underline{U}'_{1N}}{\underline{Z}_1} = \frac{112{,}3V \cdot e^{-j \cdot 93{,}3°}}{200\,\Omega} = 0{,}56\,A \cdot e^{-j \cdot 93{,}3}$$

$$\text{oder } \underline{I}_1 = \frac{(-6{,}45 - j \cdot 112{,}15)V}{200\,\Omega} = (-0{,}03 - j \cdot 0{,}56)\,A$$

$$\underline{I}_2 = \frac{\underline{U}'_{2N}}{\underline{Z}_2} = \frac{452{,}5V \cdot e^{j \cdot 222°}}{200\,\Omega \cdot e^{-j \cdot 90°}} = 2{,}26A \cdot e^{j \cdot 312°} = 2{,}26A \cdot e^{-j \cdot 48°}$$

$$\text{oder } \underline{I}_2 = \frac{(-336{,}45 - j \cdot 302{,}65)V}{-j \cdot 200\,\Omega} = (1{,}51 - j \cdot 1{,}68)\,A$$

$$\underline{I}_3 = \frac{\underline{U}'_{3N}}{\underline{Z}_3} = \frac{345{,}5V \cdot e^{j \cdot 167°}}{100\,\Omega \cdot e^{j \cdot 90°}} = 3{,}45A \cdot e^{j \cdot 77°}$$

$$\text{oder } \underline{I}_3 = \frac{(-336{,}45 + j \cdot 78{,}35)V}{j \cdot 100\,\Omega} = (0{,}78 + j \cdot 3{,}36)\,A$$

und

$$\underline{I}_N = \frac{\underline{U}_N}{\underline{Z}_N} = \frac{252{,}7\,V \cdot e^{j \cdot 26{,}35°}}{100\,\Omega} = 2{,}53\,A \cdot e^{j \cdot 26{,}35°}$$

$$\text{oder } \underline{I}_N = \frac{(226{,}45 + j \cdot 112{,}15)V}{100\,\Omega} = (2{,}26 + j \cdot 1{,}12)\,A$$

Schließlich lassen sich die Ergebnisse mit Hilfe eines Zeigerbildes kontrollieren (siehe Bild 7.18).

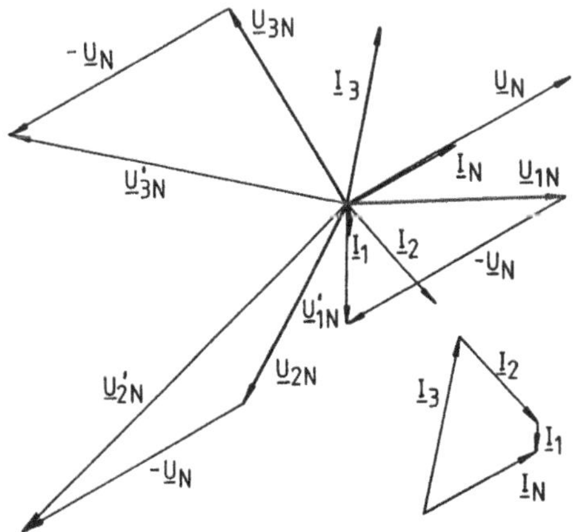

Bild 7.18
Zeigerbild eines Vierleiternetzes
(Beispiel 1)

Beispiel 2:

Der gleiche Verbraucher in Sternschaltung wie im Beispiel 1 wird an ein gleiches 380/220V-Drehstromnetz angeschlossen, bei dem aber der Widerstand des Sternpunktleiters vernachlässigt wird.

Lösung:

Mit

$$\underline{Z}_N = 0$$

ist auch die Spannung zwischen den beiden Sternpunkten N und N′ gleich Null:

$$\underline{U}_N = 0.$$

Damit sind die Strangspannungen des Generators und die Strangspannungen des Verbrauchers gleich:

$$\underline{U}'_{1N} = \underline{U}_{1N} = 220V$$

$$\underline{U}'_{2N} = \underline{U}_{2N} = 220V \cdot e^{-j \cdot 120°} = (-110 - j \cdot 190,5)V$$

$$\underline{U}'_{3N} = \underline{U}_{3N} = 220V \cdot e^{j \cdot 120°} = (-110 + j \cdot 190,5)V$$

Die Ströme betragen dann:

$$\underline{I}_1 = \frac{220V}{200\,\Omega} = 1,1A$$

$$\underline{I}_2 = \frac{220V \cdot e^{-j \cdot 120°}}{200\,\Omega \cdot e^{-j \cdot 90°}} = 1,1A \cdot e^{-j \cdot 30°}$$

$$\text{oder} \quad \underline{I}_2 = \frac{(-110 - j \cdot 190,5)V}{-j \cdot 200\,\Omega} = (0,95 - j \cdot 0,55)A$$

$$\underline{I}_3 = \frac{220V \cdot e^{j \cdot 120°}}{100\,\Omega \cdot e^{j \cdot 90°}} = 2,2A \cdot e^{j \cdot 30°}$$

$$\text{oder} \quad \underline{I}_3 = \frac{(-110 + j \cdot 190,5)V}{j \cdot 100\,\Omega} = (1,91 + j \cdot 1,1)\,A$$

und mit Gl. (7.28) ist

$$\underline{I}_N = \underline{I}_1 + \underline{I}_2 + \underline{I}_3 = \left[(1,1 + 0,95 + 1,91) + j \cdot (-0,55 + 1,1)\right]A$$

$$\underline{I}_N = (3,96 + j \cdot 0,55)\,A = 4,04\,A \cdot e^{j \cdot 7,9°}.$$

Im Bild 7.19 ist das Zeigerbild dargestellt, das die berechneten Ergebnisse bestätigt.

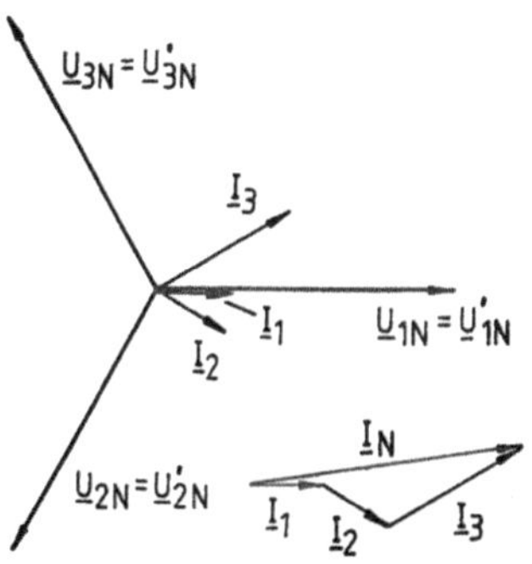

Bild 7.19
Zeigerbild eines Vierleiternetzes (Beispiel 2)

Dreileiternetz mit Generator in Sternschaltung und Verbraucher in Sternschaltung

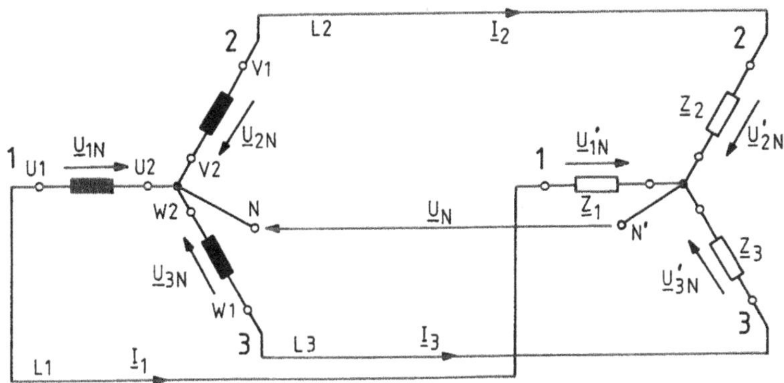

Bild 7.20 Dreileiternetz mit Generator in Stern und Verbraucher in Stern

Die Formeln für die Berechnung der Spannungen und Ströme des Dreileiternetzes mit Generator und Verbraucher in Sternschaltung können aus den entsprechenden Formeln des Vierleiternetzes hergeleitet werden, weil dieses Dreileiternetz ein Spezialfall des Vierleiternetzes mit $\underline{Z}_N = \infty$ und $\underline{I}_N = 0$ ist. Deshalb sind die Rechenschritte die gleichen wie beim Vierleiternetz:

1. Berechnung der Spannung $\underline{U}_N$ zwischen den Sternpunkten N und N' nach der Gleichung (7.36) mit $1/\underline{Z}_N = 0$

$$\underline{U}_N = \frac{\dfrac{\underline{U}_{1N}}{\underline{Z}_1} + \dfrac{\underline{U}_{2N}}{\underline{Z}_2} + \dfrac{\underline{U}_{3N}}{\underline{Z}_3}}{\dfrac{1}{\underline{Z}_1} + \dfrac{1}{\underline{Z}_2} + \dfrac{1}{\underline{Z}_3}} \tag{7.37}$$

2. Ermittlung der Strangspannungen $\underline{U}'_{1N}$, $\underline{U}'_{2N}$ und $\underline{U}'_{3N}$ über den Verbraucherwiderständen $\underline{Z}_1$, $\underline{Z}_2$ und $\underline{Z}_3$ nach den Gl. (7.29) bis (7.31).

3. Ermittlung der Außenleiterströme $\underline{I}_1$, $\underline{I}_2$ und $\underline{I}_3$ nach den Gl. (7.32) bis (7.34) und Kontrolle der Außenleiterströme mit

$\underline{I}_1 + \underline{I}_2 + \underline{I}_3 = 0.$

4. Kontrolle der Rechenergebnisse mittels Zeigerbild.

Beispiel:

Der gleiche Verbraucher in Sternschaltung wie im Beispiel 1 und 2 des Vierleiternetzes wird an ein 380/220V-Drehstromnetz angeschlossen, das aber keine Verbindung zwischen den Sternpunkten N und N' besitzt und damit ein Dreileiternetz ist. Da der Mittelpunktleiter fehlt, ist auch der Mittelpunktleiterstrom $\underline{I}_N = 0$.

Die Spannungen über den Widerständen und die Ströme durch die Widerstände $\underline{Z}_1$, $\underline{Z}_2$ und $\underline{Z}_3$ sind zu errechnen und die Ergebnisse mittels eines Zeigerbildes zu kontrollieren.

Lösung:

Mit

$$\underline{Z}_N = \infty \qquad \text{ist} \qquad 1/\underline{Z}_N = \underline{Y}_N = 0$$

und

$$\underline{U}_N = \frac{\dfrac{\underline{U}_{1N}}{\underline{Z}_1} + \dfrac{\underline{U}_{2N}}{\underline{Z}_2} + \dfrac{\underline{U}_{3N}}{\underline{Z}_3}}{\dfrac{1}{\underline{Z}_1} + \dfrac{1}{\underline{Z}_2} + \dfrac{1}{\underline{Z}_3}} = \frac{\underline{Y}_1 \cdot \underline{U}_{1N} + \underline{Y}_2 \cdot \underline{U}_{2N} + \underline{Y}_3 \cdot \underline{U}_{3N}}{\underline{Y}_1 + \underline{Y}_2 + \underline{Y}_3}$$

Der Zähler ist genauso groß wie der Zähler für $\underline{U}_N$ im Beispiel 1, nur der Nenner unterscheidet sich:

$$\underline{U}_N = \frac{3957,5\,\text{mS} \cdot \text{V} + j \cdot 550\,\text{mS} \cdot \text{V}}{5\,\text{mS} + j \cdot 5\,\text{mS} - j \cdot 10\,\text{mS}} = \frac{3957,5 + j \cdot 550}{5 - j \cdot 5} \cdot \frac{5 + j \cdot 5}{5 + j \cdot 5}\,\text{V}$$

$$\underline{U}_N = (340,75 + j \cdot 450,75)\text{V} = 565,06\,\text{V} \cdot e^{j \cdot 52,9°}.$$

Dann werden die Spannungen über den Widerständen nach Gl. (7.29) bis (7.31) berechnet:

$$\underline{U}'_{1N} = \underline{U}_{1N} - \underline{U}_N = 220\text{V} - (340,75 + j \cdot 450,75)\text{V}$$

$$\underline{U}'_{1N} = (-120,75 - j \cdot 450,75)\text{V} = 466,6\,\text{V} \cdot e^{j \cdot 255°}$$

$$\underline{U}'_{2N} = \underline{U}_{2N} - \underline{U}_N = (-110 - j \cdot 190,5)\text{V} - (340,75 + j \cdot 450,75)\text{V}$$

$$\underline{U}'_{2N} = (-450,75 - j \cdot 641,25)\text{V} = 783,8\,\text{V} \cdot e^{j \cdot 235°}$$

$$\underline{U}'_{3N} = \underline{U}_{3N} - \underline{U}_N = (-110 - j \cdot 190,5)\text{V} - (340,75 + j \cdot 450,75)\text{V}$$

$$\underline{U}'_{3N} = (-450,75 - j \cdot 260,25)\text{V} = 520,5\,\text{V} \cdot e^{j \cdot 210°}$$

Damit lassen sich die Ströme nach Gl. (7.32) bis (7.35) berechnen:

$$\underline{I}_1 = \frac{\underline{U}'_{1N}}{\underline{Z}_1} = \frac{466,6\text{V} \cdot e^{j \cdot 255°}}{200\Omega}$$

$$\underline{I}_1 = 2,33\text{A} \cdot e^{j \cdot 255°}$$

$$\text{oder } \underline{I}_1 = \frac{(-120,75 - j \cdot 450,75)\text{V}}{200\,\Omega} = (-0,60 - j \cdot 2,25)\text{A}$$

$$\underline{I}_2 = \frac{\underline{U}'_{2N}}{\underline{Z}_2} = \frac{783,8\text{V} \cdot e^{j \cdot 235°}}{200\Omega \cdot e^{-j \cdot 90°}}$$

$$\underline{I}_2 = 3,92\text{A} \cdot e^{j \cdot 325°}$$

oder $\underline{I}_2 = \dfrac{(-450,75 - j \cdot 641,25)\text{V}}{-j \cdot 200\,\Omega} = (3,20 - j \cdot 2,25)\text{A}$

$\underline{I}_3 = \dfrac{\underline{U}'_{3N}}{\underline{Z}_3} = \dfrac{520,5\text{V} \cdot e^{j \cdot 210°}}{100\Omega \cdot e^{j \cdot 90°}}$

$\underline{I}_3 = 5,2\text{A} \cdot e^{j \cdot 120°}$

oder $\underline{I}_3 = \dfrac{(-450,75 - j \cdot 260,25)\text{V}}{j \cdot 100\,\Omega} = (-2,60 + j \cdot 4,5)\text{A}$

Die Summe aller Ströme ist Null:

$\underline{I}_1 + \underline{I}_2 + \underline{I}_3 = 0.$

Schließlich lassen sich die Ergebnisse mit Hilfe eines Zeigerbildes kontrollieren (siehe Bild 7.21).

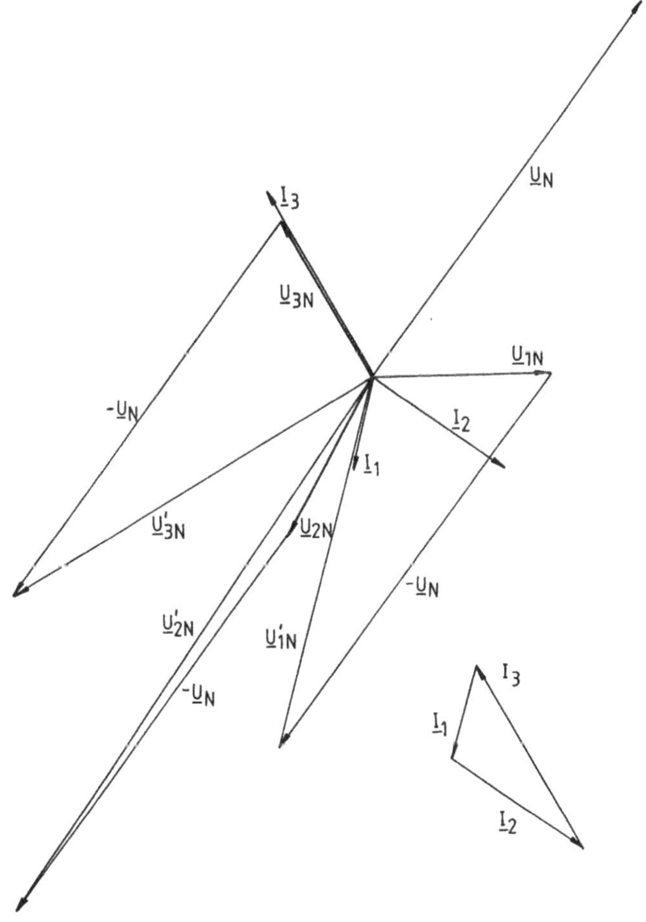

Bild 7.21 Zeigerbild eines Stern-Stern-Dreileiternetzes

Dreileiternetz mit Generator in Dreieckschaltung und Verbraucher in Sternschaltung

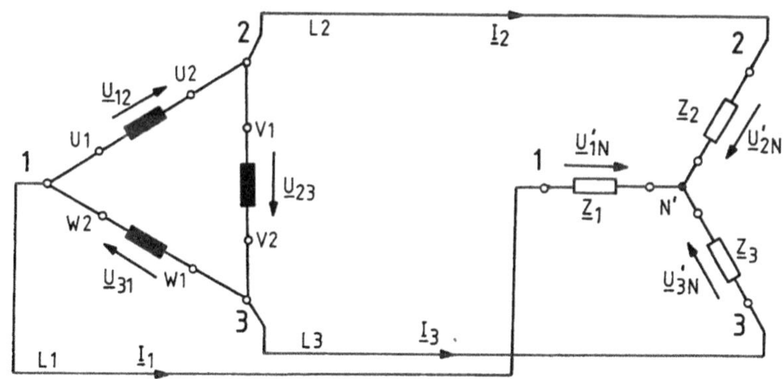

Bild 7.22 Dreileiternetz mit Generator in Dreieck und Verbraucher in Stern

Nach dem Kirchhoffschen Satz für die komplexen Effektivwerte der Ströme ist im Sternpunkt N' die Summe der Außenleiterströme Null:

$$\underline{I}_1 + \underline{I}_2 + \underline{I}_3 = 0 \tag{7.38}$$

und in Strangspannungen über den Widerständen ausgedrückt

$$\frac{\underline{U}'_{1N}}{\underline{Z}_1} + \frac{\underline{U}'_{2N}}{\underline{Z}_2} + \frac{\underline{U}'_{3N}}{\underline{Z}_3} = 0. \tag{7.39}$$

Die Außenleiterspannungen sind gleich der jeweiligen Differenz der Strangspannungen

$$\underline{U}_{12} = \underline{U}'_{1N} - \underline{U}'_{2N} \tag{7.40}$$

$$\underline{U}_{23} = \underline{U}'_{2N} - \underline{U}'_{3N} \tag{7.41}$$

$$\underline{U}_{31} = \underline{U}'_{3N} - \underline{U}'_{1N}. \tag{7.42}$$

Gegeben sind die Außenleiterspannungen, berechnet werden sollen die Strangspannungen über den bekannten Widerständen. Um die Formeln für die Strangspannungen entwickeln zu können, werden in der Stromgleichung Gl. 7.39) jeweils zwei Strangspannungen mit Hilfe der Spannungsgleichungen (Gl. 7.40 bis 7.42) ersetzt.
Die Gleichung für die Strangspannungen $\underline{U}'_{1N}$ ergibt sich aus Gl. (7.40) und (7.42):

$$\underline{U}'_{2N} = \underline{U}'_{1N} - \underline{U}_{12}$$

$$\underline{U}'_{3N} = \underline{U}'_{1N} + \underline{U}_{31}$$

eingesetzt in die Gleichung (7.39) und nach $\underline{U}'_{1N}$ aufgelöst

$$\frac{\underline{U}'_{1N}}{\underline{Z}_1} + \frac{\underline{U}'_{1N} - \underline{U}_{12}}{\underline{Z}_2} + \frac{\underline{U}'_{1N} + \underline{U}_{31}}{\underline{Z}_3} = 0$$

$$\underline{U}'_{1N} \cdot \left(\frac{1}{\underline{Z}_1} + \frac{1}{\underline{Z}_2} + \frac{1}{\underline{Z}_3} \right) - \left(\frac{\underline{U}_{12}}{\underline{Z}_2} - \frac{\underline{U}_{31}}{\underline{Z}_3} \right) = 0$$

$$\underline{U}'_{1N} = \frac{\dfrac{\underline{U}_{12}}{\underline{Z}_2} - \dfrac{\underline{U}_{31}}{\underline{Z}_3}}{\dfrac{1}{\underline{Z}_1} + \dfrac{1}{\underline{Z}_2} + \dfrac{1}{\underline{Z}_3}} \cdot \tag{7.43}$$

Die Gleichung für die Strangspannung $\underline{U}'_{2N}$ entsteht, wenn die Gl. (7.40) und (7.41) in Gl. (7.39) berücksichtigt werden:

$$\underline{U}'_{2N} = \frac{\dfrac{\underline{U}_{23}}{\underline{Z}_3} - \dfrac{\underline{U}_{12}}{\underline{Z}_1}}{\dfrac{1}{\underline{Z}_1} + \dfrac{1}{\underline{Z}_2} + \dfrac{1}{\underline{Z}_3}} \cdot \tag{7.44}$$

Entsprechend lässt sich die Gleichung für $\underline{U}'_{3N}$ entwickeln, wenn die Gl. (7.41) und (7.42) in die Gl. (7.39) eingesetzt werden:

$$\underline{U}'_{3N} = \frac{\dfrac{\underline{U}_{31}}{\underline{Z}_1} - \dfrac{\underline{U}_{23}}{\underline{Z}_2}}{\dfrac{1}{\underline{Z}_1} + \dfrac{1}{\underline{Z}_2} + \dfrac{1}{\underline{Z}_3}} \cdot \tag{7.45}$$

Das Zeigerbild der Spannungen bei unsymmetrischer Belastung zeigt, dass der „Mittelpunkt" des gleichseitigen Dreiecks im Vergleich zur symmetrischen Belastung verschoben ist (Bild 7.23).

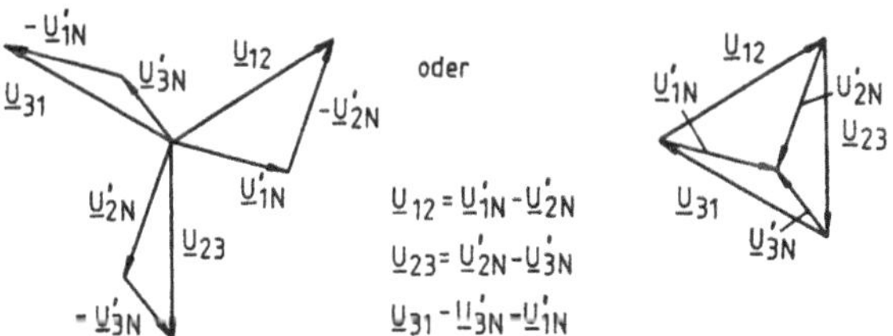

Bild 7.23 Zeigerbild des Dreileitersystems Dreieck/Stern

Mit den berechneten Strangspannungen können dann die Außenleiterströme ermittelt werden:

$$\underline{I}_1 = \frac{\underline{U}'_{1N}}{\underline{Z}_1} \qquad \underline{I}_2 = \frac{\underline{U}'_{2N}}{\underline{Z}_2} \qquad \underline{I}_3 = \frac{\underline{U}'_{3N}}{\underline{Z}_3} \cdot \tag{7.46}$$

Da in einem Dreileiternetz mit Generator in Sternschaltung und Verbraucher in Sternschaltung die Außenleiterspannungen bekannt sind, können die Formeln (7.43) bis (7.46) auch für die Berechnung dieses Dreileitersystems verwendet werden.

Dreileiternetz mit Generator in Stern- oder Dreieckschaltung
und Verbraucher in Dreieckschaltung

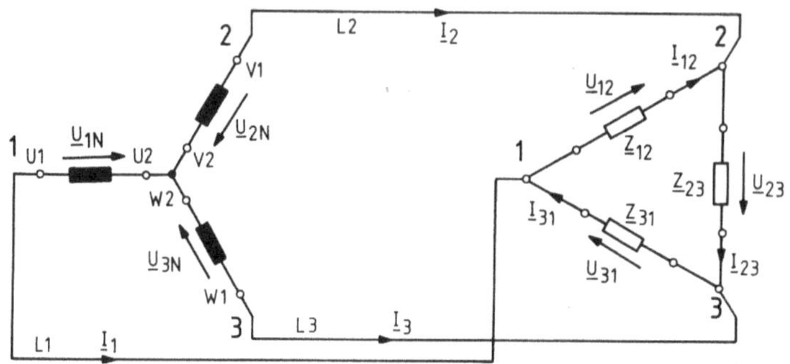

Bild 7.24 Dreileiternetz mit Generator in Stern und Verbraucher in Dreieck

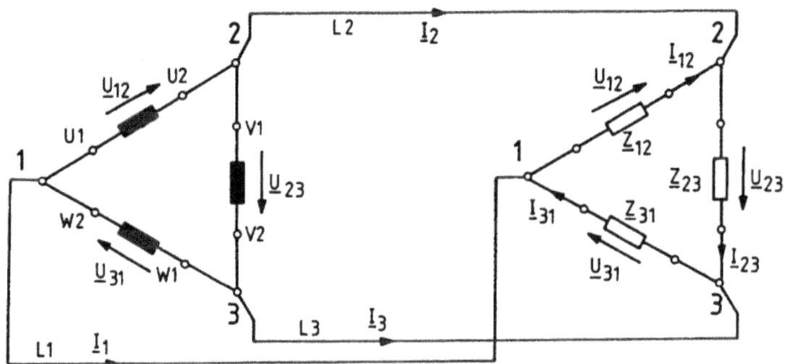

Bild 7.25 Dreileiternetz mit Generator in Dreieck und Verbraucher in Dreieck

Von dem Generator in Sternschaltung oder in Dreieckschaltung sind die Außenleiterspannungen bekannt, so dass sich die Strangströme des Verbrauchers in Dreieckschaltung errechnen lassen:

$$\underline{I}_{12} = \frac{\underline{U}_{12}}{\underline{Z}_{12}} \qquad \underline{I}_{23} = \frac{\underline{U}_{23}}{\underline{Z}_{23}} \qquad \underline{I}_{31} = \frac{\underline{U}_{31}}{\underline{Z}_{31}}. \tag{7.47}$$

Die Außenleiterströme ergeben sich dann nach der Knotenpunktregel in komplexen Effektivwerten:

$$\underline{I}_1 + \underline{I}_{31} = \underline{I}_{12} \qquad \text{oder} \qquad \underline{I}_1 = \underline{I}_{12} - \underline{I}_{31} \tag{7.48}$$

$$\underline{I}_2 + \underline{I}_{12} = \underline{I}_{23} \qquad\qquad \underline{I}_2 = \underline{I}_{23} - \underline{I}_{12} \tag{7.49}$$

$$\underline{I}_3 + \underline{I}_{23} = \underline{I}_{31} \qquad\qquad \underline{I}_3 = \underline{I}_{31} - \underline{I}_{23} \tag{7.50}$$

Indem die Gleichungen (7.47) in die Gleichungen (7.48) bis (7.50) eingesetzt werden, entstehen die Formeln für die Außenleiterströme:

$$\underline{I}_1 = \frac{\underline{U}_{12}}{\underline{Z}_{12}} - \frac{\underline{U}_{31}}{\underline{Z}_{31}} \;\; (7.51) \qquad \underline{I}_2 = \frac{\underline{U}_{23}}{\underline{Z}_{23}} - \frac{\underline{U}_{12}}{\underline{Z}_{12}} \;\; (7.52) \qquad \underline{I}_3 = \frac{\underline{U}_{31}}{\underline{Z}_{31}} - \frac{\underline{U}_{23}}{\underline{Z}_{23}} \;\; (7.53)$$

7.4 Messung der Leistungen des Dreiphasensystems

Leistungen des symmetrischen Dreiphasensystems

Die gesamte Leistung eines Dreiphasensystems ist gleich der Summe der Leistungen der drei Einphasen-Wechselstromsysteme, die zu dem Dreiphasensystem zusammengeschaltet sind. Die Scheinleistung je Strang ist gleich dem Produkt der Strangspannung und des Strangstroms.

Bei Belastung des Generators mit einem symmetrischen Verbraucher ist deshalb die Scheinleistung

$$S = 3 \cdot U_{St} \cdot I_{St}, \tag{7.54}$$

die Wirkleistung

$$P = 3 \cdot U_{St} \cdot I_{St} \cdot \cos\varphi \tag{7.55}$$

und die Blindleistung

$$Q = 3 \cdot U_{St} \cdot I_{St} \cdot \sin\varphi. \tag{7.56}$$

Diese Formeln gelten sowohl für die Sternschaltung als auch für die Dreieckschaltung. Allerdings lässt sich bei einer Dreieckschaltung wegen Fehlens des Sternpunktes die Spannung zwischen einem Außenleiter und dem Sternpunkt nicht messen. Deshalb werden die Leistungen für die Außenleiterspannungen und Außenleiterströme angegeben, weil diese für die Dreieck- und Sternschaltung gemessen werden können:

Mit Gl. (7.12) und (7.13) für die Sternschaltung

$$I_{Lt} = I_{St} \quad \text{und} \quad U_{Lt} = \sqrt{3} \cdot U_{St}$$

oder Gl. (7.18) und (7.20) für die Dreieckschaltung

$$U_{Lt} = U_{St} \quad \text{und} \quad I_{Lt} = \sqrt{3} \cdot I_{St}$$

lauten dann die Formeln für die Scheinleistung:

$$S = 3 \cdot \frac{U_{Lt}}{\sqrt{3}} \cdot I_{Lt} = 3 \cdot U_{Lt} \cdot \frac{I_{Lt}}{\sqrt{3}}$$

$$S = \sqrt{3} \cdot U_{Lt} \cdot I_{Lt}, \tag{7.57}$$

für die Wirkleistung:

$$P = \sqrt{3} \cdot U_{Lt} \cdot I_{Lt} \cdot \cos\varphi \tag{7.58}$$

und für die Blindleistung:

$$Q = \sqrt{3} \cdot U_{Lt} \cdot I_{Lt} \cdot \sin\varphi. \tag{7.59}$$

Wie bei der Behandlung des m-Phasensystems und der symmetrischen Dreiphasensysteme (siehe Gl. 7.23 bis 7.25) bereits ausgeführt, sind die Leistungen für die Sternschaltung und die Dreieckschaltung gleich, wenn die Außenleiterströme und die Außenleiterspannungen gleich sind.

Messung der Leistungen im Dreiphasensystem

Bei symmetrischen Dreiphasensystemen, d. h. bei Dreiphasensystemen mit symmetrischen Verbrauchern, braucht nur eine Phasenleistung gemessen und diese mit 3 multipliziert zu werden, weil die Gesamtleistung gleich dem Dreifachen einer Phasenleistung ist (siehe Bild 7.26).

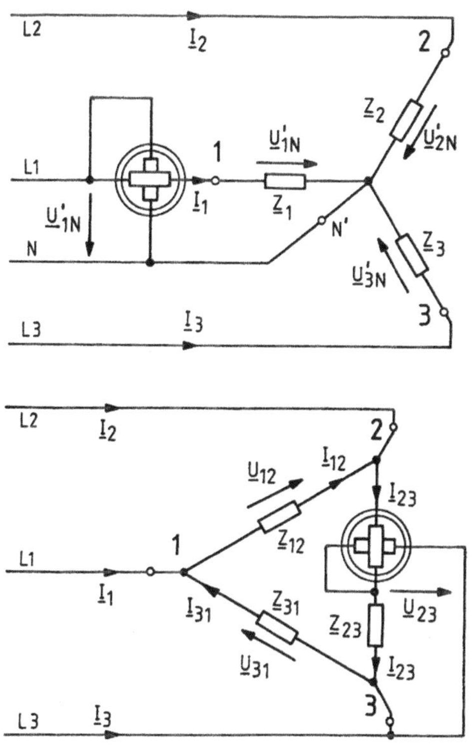

Bild 7.26 Messung der Phasenleistung bei symmetrischer Belastung

Falls der Sternpunkt nicht zugänglich ist oder in der Dreieckschaltung nicht zugeschaltet werden darf, wird ein künstlicher Sternpunkt mit drei gleichen Widerständen nachgebildet (siehe Bild 7.27).

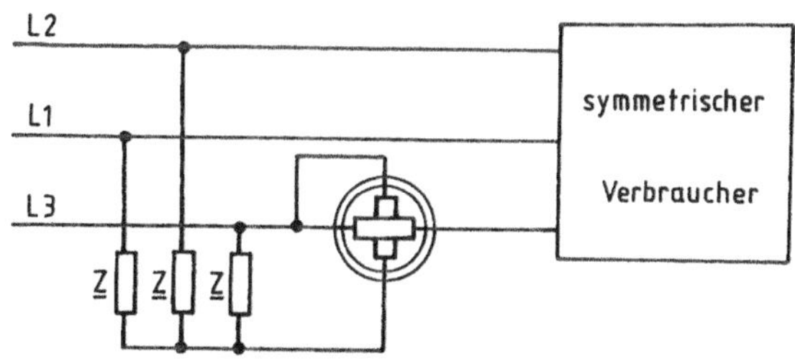

Bild 7.27 Messung der Leistung mit künstlichem Sternpunkt

Bei unsymmetrischer Belastung kann die Gesamtleistung mit drei Leistungsmessern gemessen werden. Die Phasenleistungen ergeben sich durch die Außenleiterströme und die Strangspannungen, d. h. aus den Spannungen zwischen den Außenleitern und dem Sternpunkt bzw. dem künstlichen Sternpunkt.

Anstelle von drei Leistungsmessern werden in der *Aronschaltung* nur zwei Leistungsmesser benötigt. Der Nachweis, dass mit nur zwei Leistungsmessern die Wirkleistung des unsymmetrischen Dreiphasensystems gemessen werden kann, wird über die komplexe Leistung $\underline{S} = \underline{U} \cdot \underline{I}^*$ geführt (siehe Abschnitt 4.7.1, Gl. 4.239).

Sternschaltung mit Aronschaltung:

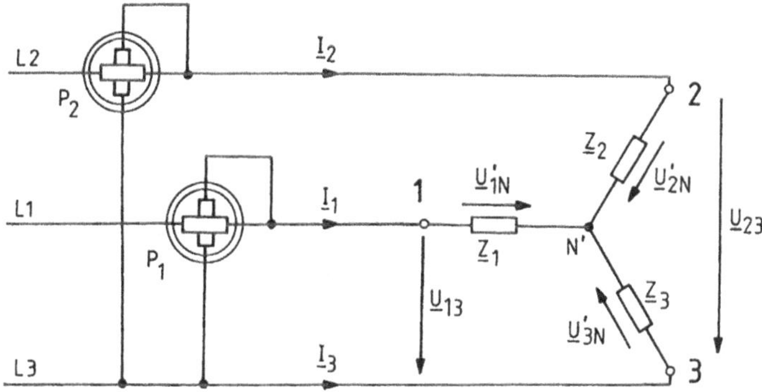

Bild 7.28 Aronschaltung in der unsymmetrischen Sternschaltung

Werden die Wirkleistungsmesser in die Außenleiter L1 und L2 geschaltet, dann werden sie von den Außenleiterströmen $\underline{I}_1$ und $\underline{I}_2$ durchflossen. An die Spannungspfade der beiden Leistungsmesser werden dann die Außenleiterspannungen $\underline{U}_{13}$ und $\underline{U}_{23}$ angelegt. Die komplexe Leistung des Dreiphasensystems ist dann

$$\underline{S} = \underline{U}'_{1N} \cdot \underline{I}_1^* + \underline{U}'_{2N} \cdot \underline{I}_2^* + \underline{U}'_{3N} \cdot \underline{I}_3^*$$

$$\text{mit } \underline{I}_3^* = -(\underline{I}_1^* + \underline{I}_2^*)$$

$$\underline{S} = \underline{U}'_{1N} \cdot \underline{I}_1^* + \underline{U}'_{2N} \cdot \underline{I}_2^* - \underline{U}'_{3N} \cdot (\underline{I}_1^* + \underline{I}_2^*)$$

$$\underline{S} = (\underline{U}'_{1N} - \underline{U}'_{3N}) \cdot \underline{I}_1^* + (\underline{U}'_{2N} - \underline{U}'_{3N}) \cdot \underline{I}_2^*$$

$$\text{mit } \underline{U}'_{1N} - \underline{U}'_{3N} = \underline{U}_{13} \quad \text{und} \quad \underline{U}'_{2N} - \underline{U}'_{3N} = \underline{U}_{23}$$

$$\underline{S} = \underline{U}_{13} \cdot \underline{I}_1^* + \underline{U}_{23} \cdot \underline{I}_2^* = \underline{S}_1 + \underline{S}_2 . \tag{7.60}$$

Die beiden Wirkleistungsmesser zeigen dann die Wirkleistungen P_1 und P_2 an, deren Summe der Wirkleistung des Dreiphasensystems entspricht.

Dreieckschaltung mit Aronschaltung:

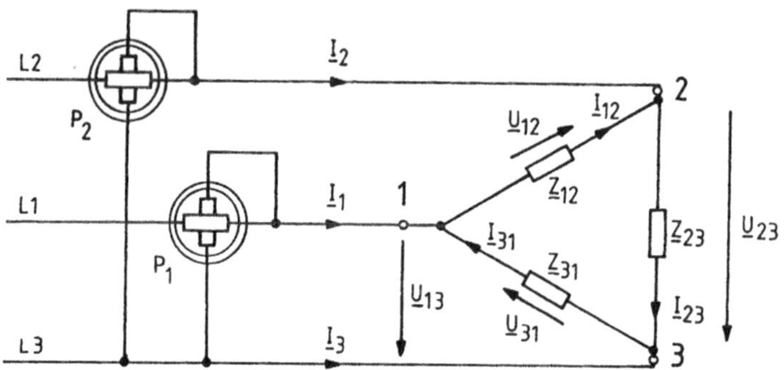

Bild 7.29 Aronschaltung in der unsymmetrischen Dreieckschaltung

Werden die Wirkleistungsmesser genauso wie in der Sternschaltung in die Außenleiter L1 und L2 geschaltet, so werden sie von den Strömen $\underline{I}_1$ und $\underline{I}_2$ durchflossen. An die Spannungspfade müssen dann die Außenleiterspannungen $\underline{U}_{13}$ und $\underline{U}_{23}$ angelegt werden. Für die komplexe Leistung des Dreiphasensystems ergibt sich dann:

$$\underline{S} = \underline{U}_{12} \cdot \overset{*}{\underline{I}}_{12} + \underline{U}_{23} \cdot \overset{*}{\underline{I}}_{23} + \underline{U}_{31} \cdot \overset{*}{\underline{I}}_{31}$$

$$\text{mit} \quad \overset{*}{\underline{I}}_{23} = \overset{*}{\underline{I}}_{12} + \overset{*}{\underline{I}}_2 \quad \text{und} \quad \overset{*}{\underline{I}}_{31} = \overset{*}{\underline{I}}_{12} - \overset{*}{\underline{I}}_1$$

$$\underline{S} = \underline{U}_{12} \cdot \overset{*}{\underline{I}}_{12} + \underline{U}_{23} \cdot (\overset{*}{\underline{I}}_{12} + \overset{*}{\underline{I}}_2) + \underline{U}_{31} \cdot (\overset{*}{\underline{I}}_{12} - \overset{*}{\underline{I}}_1)$$

$$\underline{S} = \underline{U}_{23} \cdot \overset{*}{\underline{I}}_2 - \underline{U}_{31} \cdot \overset{*}{\underline{I}}_1 + \left(\underline{U}_{12} + \underline{U}_{23} + \underline{U}_{31} \right) \cdot \overset{*}{\underline{I}}_{12}$$

$$\text{mit} \quad -\underline{U}_{31} = \underline{U}_{13} \quad \text{und} \quad \underline{U}_{12} + \underline{U}_{23} + \underline{U}_{31} = 0$$

$$\underline{S} = \underline{U}_{13} \cdot \overset{*}{\underline{I}}_1 + \underline{U}_{23} \cdot \overset{*}{\underline{I}}_2 = \underline{S}_1 + \underline{S}_2 \tag{7.61}$$

Die beiden Wirkleistungsmesser zeigen dann die Wirkleistungen P_1 und P_2 an, deren Summe gleich der Wirkleistung des Dreiphasensystems ist.

Übungsaufgaben zu den Abschnitten 7.1 bis 7.4

7.1 Ein ohmscher Verbraucher, der aus drei gleichen ohmschen Widerständen R besteht, kann in Sternschaltung und in Dreieckschaltung geschaltet werden.
  1. Leiten Sie die Formel für die Wirkleistung P für die Stern- und Dreieckschaltung her, wenn die Außenleiterspannungen gegeben sind.
  2. An ein 380/220V-Drehstromnetz (f = 50Hz) kann ein Heizofen mit 3 mal 40Ω in Sternschaltung und in Dreieckschaltung angeschlossen werden, für die Sie die Außenleiterströme und die Wirkleistungen berechnen sollen.

7.2 Folgende Daten enthält das Leistungsschild eines Drehstrommotors:
    1,2kW   220/380V $\cos \varphi = 0{,}81$ 4,8/2,8A   1510U/min
  1. Geben Sie an, welches Drehstromnetz für den Betrieb dieses Motors notwendig ist.
  2. Berechnen Sie den Wirkungsgrad des Motors.
  3. Die Blindleistung und die Scheinleistung, die die Drehstromnetze dem Motor liefern, sind anschließend zu berechnen.
Die Blindleistung soll durch jeweils drei Kompensationskondensatoren vollständig kompensiert werden und zwar
  4. die Sternschaltung des Motors mit der Sternschaltung von Kondensatoren,
  5. die Dreieckschaltung des Motors mit der Sternschaltung von Kondensatoren,
  6. die Sternschaltung des Motors mit der Dreieckschaltung von Kondensatoren,
  7. die Dreieckschaltung des Motors mit der Dreieckschaltung der Kondensatoren.
Zeichnen Sie die vier Motorschaltungen mit den Kondensatoren, berechnen Sie jeweils sämtliche Ströme und die notwendigen Kapazitäten, kontrollieren Sie die Ergebnisse für die Kapazitäten mit entwickelten Formeln und die Ergebnisse für die Ströme mit Zeigerbildern.
  8. Kontrollieren Sie die Ergebnisse für die Kapazitäten mit den Umrechnungsformeln für Dreieck- und Sternwiderstände.
     Vergleichen Sie die Kapazitäten der vier Schaltungen, wobei Sie die Spannungen für die Kondensatoren berücksichtigen.

7.3 Ein unsymmetrischer Verbraucher mit den Widerständen $R_1 = 100\Omega$, $R_2 = 71\Omega$ und $R_3 = 220\Omega$ ist in Sternschaltung an ein 380/220V-Drehstromnetz angeschlossen. Ermitteln Sie die Spannungen über den Widerständen, die Außenleiterströme und die Spannung und den Strom im Sternpunktleiter, wenn
  1. der Sternpunktleiter einen Widerstand von $R_N = 50\Omega$ hat,
  2. die beiden Sternpunkte N und N' kurzgeschlossen sind und
  3. wenn der Sternpunktleiter fehlt.
Kontrollieren Sie die Ergebnisse rechnerisch und mit Hilfe von Zeigerbildern.

7.4 An ein 380/220V-Vierleiternetz ist ein symmetrischer Verbraucher mit gleichen ohmschen Widerständen von 1kΩ in Sternschaltung angeschlossen. Der Sternpunktleiterwiderstand beträgt 100Ω.
  1. Berechnen Sie die Spannungen an den Widerständen und die Außenleiterströme.
  2. Auf welche Werte verändern sich die Spannungen an den Widerständen und die Außenleiterströme, wenn der Widerstand $\underline{Z}_2$ durch einen verlustlosen Kondensator mit der Kapazität $C_2 = 3{,}18\mu F$ ersetzt wird und die anderen Widerstände unverändert 1kΩ betragen.
Bestätigen Sie die Ergebnisse durch Zeigerbilder.

7.5 Der gleiche Verbraucher wie in der Aufgabe 7.4 Teil 2 mit $\underline{Z}_1 = \underline{Z}_3 = 1k\Omega$ und $\underline{Z}_2 = 1/j\omega C_2$ mit $C_2 = 3{,}18\ \mu F$ in Sternschaltung soll an ein 380/220V-Dreileiternetz angeschlossen werden.
  1. Berechnen Sie die Strangspannungen an den Verbraucherwiderständen über die Spannung am Sternpunktleiter.
  2. Berechnen Sie dann die Strangspannungen an den Verbraucherwiderständen mittels Außenleiterspannungen.
  3. Ermitteln Sie schließlich die Außenleiterströme.

7.6 An einem 380/220V-Dreileiternetz ist ein Verbraucher in Dreieckschaltung mit $\underline{Z}_{12} = R_{12} = 40\Omega$, $\underline{Z}_{23} = R_{23} = 100\Omega$, und $\underline{Z}_{31} = R_{31} = 80\Omega$ angeschlossen.
  1. Berechnen Sie die Strangströme $\underline{I}_{12}$, $\underline{I}_{23}$ und $\underline{I}_{31}$.
  2. Berechnen Sie dann die Außenleiterströme.
  3. Bestätigen Sie die Ergebnisse durch ein Zeigerbild.

Anhang: Lösungen der Übungsaufgaben

4 Wechselstromtechnik

4.1 bis 4.4 Wechselgrößen, Berechnung von sinusförmigen Wechselgrößen mit Hilfe der komplexen Rechnung, Wechselstromwiderstände und Wechselstromleitwerte, praktische Berechnung von Wechselstromnetzen

Zu 1. Nach Abschnitt 3.4.6.2 (Band 1) Gl. (3.303) ist

$$u_q = w \cdot \frac{d\Phi}{dt}.$$

Mit $\Phi = B \cdot A$ und $B = \hat{B} \cdot \sin \omega t$

ist

$$u_q = w \cdot A \cdot \frac{dB}{dt} = w \cdot A \cdot \frac{d(\hat{B} \cdot \sin \omega t)}{dt} = w \cdot \omega \cdot A \cdot \hat{B} \cdot \cos \omega t$$

mit $\hat{u}_q = w \cdot \omega \cdot A \cdot \hat{B}$

$$\hat{u}_q = 1000 \cdot 2\pi \cdot 50 s^{-1} \cdot 100 \, cm^2 \cdot 5 \cdot 10^{-9} \, Vs \, / \, cm^2$$

$$\hat{u}_q = 157 mV$$

Zu 2. $\hat{u}_q = 1000 \cdot 2\pi \cdot 5 \cdot 10^3 s^{-1} \cdot 100 \, cm^2 \cdot 5 \cdot 10^{-9} \, Vs \, / \, cm^2$

$$\hat{u}_q = 15,7 V$$

4.2

Nach Gl. (4.8) und (4.9) ist

$$V_a = \left| \overline{v} \right| = \frac{2}{\pi} \hat{v} \qquad \text{arithmetischer Mittelwert der Zweiweggleichrichtung}$$

$$V_a^* = \frac{1}{2} \cdot \frac{2}{\pi} \hat{v} = \frac{\hat{v}}{\pi} \qquad \text{arithmetischer Mittelwert der Einweggleichrichtung}$$

$$\hat{v} = \pi \cdot V_a^* = \pi \cdot 40 V = 126 V$$

© Springer Fachmedien Wiesbaden GmbH, ein Teil von Springer Nature 2018
W. Weißgerber, *Elektrotechnik für Ingenieure 2*,
https://doi.org/10.1007/978-3-658-21823-2

4.3

Zu 1. $u_{q1} = \hat{u}_{q1} \cdot \sin(\omega t + \varphi_{u1}) = \sqrt{2} \cdot U_{q1} \cdot \sin \omega t$

$u_{q2} = \hat{u}_{q2} \cdot \sin(\omega t + \varphi_{u2}) = \sqrt{2} \cdot U_{q2} \cdot \sin(\omega t + 60°)$

Nach Gl. (4.17) $\hat{v}_r = \sqrt{\hat{v}_1^2 + \hat{v}_2^2 + 2 \cdot \hat{v}_1 \cdot \hat{v}_2 \cdot \cos \varphi_v}$ mit $\varphi_v = \varphi_{v2} - \varphi_{v1}$

ist $\hat{u}_{qr} = \sqrt{\hat{u}_{q1}^2 + \hat{u}_{q2}^2 + 2 \cdot \hat{u}_{q1} \cdot \hat{u}_{q2} \cdot \cos \varphi}$

und $U_{qr} = \dfrac{\hat{u}_{qr}}{\sqrt{2}} = \sqrt{\left(\dfrac{\hat{u}_{q1}}{\sqrt{2}}\right)^2 + \left(\dfrac{\hat{u}_{q2}}{\sqrt{2}}\right)^2 + 2 \cdot \dfrac{\hat{u}_{q1}}{\sqrt{2}} \cdot \dfrac{\hat{u}_{q2}}{\sqrt{2}} \cdot \cos \varphi}$

$U_{qr} = \sqrt{U_{q1}^2 + U_{q2}^2 + 2 \cdot U_{q1} \cdot U_{q2} \cdot \cos \varphi}$

$U_{qr} = \sqrt{(100\,\text{V})^2 + (120\,\text{V})^2 + 2 \cdot 100\,\text{V} \cdot 120\,\text{V} \cdot \cos 60°}$

$U_{qr} = 191\,\text{V}$

Nach Gl. (4.18) ist

$$\varphi_{vr} = \arctan \frac{\hat{v}_1 \cdot \sin \varphi_{v1} + \hat{v}_2 \cdot \sin \varphi_{v2}}{\hat{v}_1 \cdot \cos \varphi_{v1} + \hat{v}_2 \cdot \cos \varphi_{v2}}$$

und

$$\varphi_r = \arctan \frac{\hat{u}_{q1} \cdot \sin \varphi_{u1} + \hat{u}_{q2} \cdot \sin \varphi_{u2}}{\hat{u}_{q1} \cdot \cos \hat{u}_{u1} + \hat{u}_{q2} \cdot \cos \varphi_{u2}}$$

$$\varphi_r = \arctan \frac{U_{q1} \cdot \sin \varphi_{u1} + U_{q2} \cdot \sin \varphi_{u2}}{U_{q1} \cdot \cos \varphi_{u1} + U_{q2} \cdot \cos \varphi_{u2}}$$

$$\varphi_r = \arctan \frac{100\,\text{V} \cdot \sin 0° + 120\,\text{V} \cdot \sin 60°}{100\,\text{V} \cdot \cos 0° + 120\,\text{V} \cdot \cos 60°} = 33°$$

Zu 2. $u_{q1} = \hat{u}_{q1} \cdot \sin(\omega t + \varphi_{u1}) = \hat{u}_{q1} \cdot \sin \omega t$

$u_{q2}^* = \hat{u}_{q2} \cdot \sin(\omega t + \varphi_{u2}^*) = \hat{u}_{q2} \cdot \sin(\omega t + 60° + 180°)$

$U_{qr}^* = \sqrt{U_{q1}^2 + U_{q2}^2 + 2 \cdot U_{q1} \cdot U_{q2} \cdot \cos(\varphi + 180°)}$

$U_{qr}^* = \sqrt{(100\,\text{V})^2 + (120\,\text{V})^2 + 2 \cdot 100\,\text{V} \cdot 120\,\text{V} \cdot \cos(60° + 180°)}$

mit $\cos(60° + 180°) = -\cos 60°$

$U_{qr}^* = \sqrt{(100\,\text{V})^2 + (120\,\text{V})^2 - 2 \cdot 100\,\text{V} \cdot 120\,\text{V} \cdot \cos 60°}$

$U_{qr}^* = 111\,\text{V}$

$$\varphi_r^* = \arctan \frac{U_{q1} \cdot \sin \varphi_{u1} + U_{q2} \cdot \sin \varphi_{u2}^*}{U_{q1} \cdot \cos \varphi_{u1} + U_{q2} \cdot \cos \varphi_{u2}^*}$$

mit $\varphi_{u2}^* = \varphi_{u2} + 180° = 60° + 180°$

und $\sin \varphi_{u2}^{*} = \sin (60° + 180°) = -\sin 60°$

$\cos \varphi_{u2}^{*} = \cos (60° + 180°) = -\cos 60°$

$$\varphi_{r}^{*} = \arctan \frac{100V \cdot \sin 0° - 120V \cdot \sin 60°}{100V \cdot \cos 0° - 120V \cdot \cos 60°} = -69°$$

Zu 3.

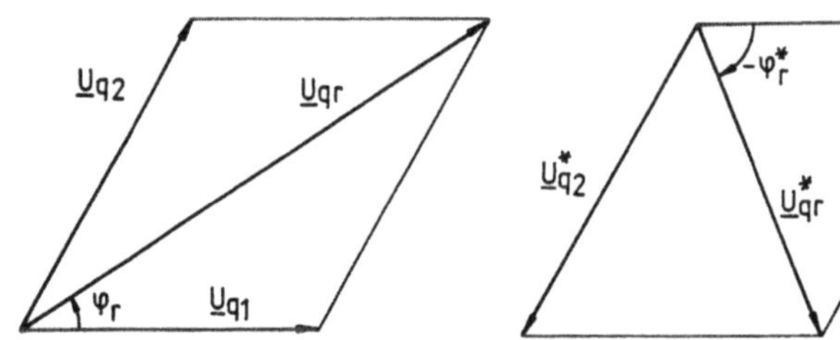

Bild A-61 Übungsaufgabe 4.3

4.4

Zu 1.   Aus Gl. (4.33)

$$\frac{U}{I} = X_L = \omega L = 2\pi \cdot f \cdot L$$

ergibt sich die Induktivität

$$L = \frac{U}{I} \cdot \frac{1}{2\pi \cdot f} = \frac{U}{2A \cdot 2\pi} \cdot \frac{1}{f}$$

Zu 2.

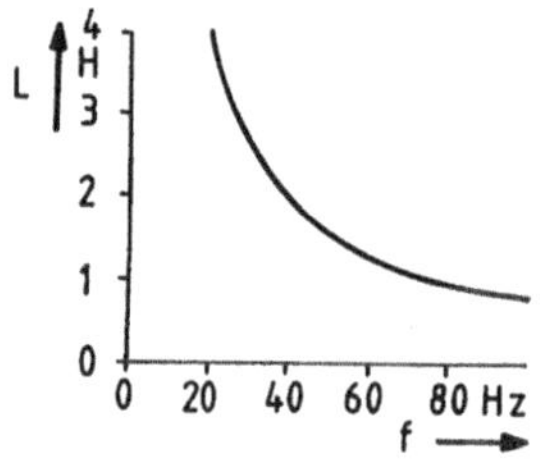

Bild A-62 Übungsaufgabe 4.4

f	L
Hz	H
20	3,98
30	2,65
40	1,99
50	1,59
60	1,33
70	1,14
80	0,99
90	0,88
100	0,80

4.5

Zu 1.   Siehe Abschnitt 3.3.3 Beispiel 2 im Band 1: Kapazität einer Doppelleitung nach Gl. (3.89)

$$C = \pi \cdot \varepsilon_0 \cdot h \cdot \frac{1}{\ln \dfrac{a - R}{R}} = \pi \cdot 8{,}8542 \cdot 10^{-12} \frac{As}{Vm} \cdot 10^3 m \frac{1}{\ln \dfrac{100 - 1}{1}} = 6{,}05nF$$

Zu 2. $-X_C = \dfrac{1}{\omega C} = \dfrac{1}{2\pi \cdot f \cdot C} = \dfrac{1}{2\pi \cdot 50 \, s^{-1} \cdot 6{,}05 \cdot 10^{-9} \, As/V} = 526k\Omega$

$I = \omega C \cdot U = 2\pi \cdot f \cdot C \cdot U = 2\pi \cdot 50 \, s^{-1} \cdot 6{,}05 \cdot 10^{-9} \, As/V \cdot 1000V = 1{,}9mA$

4.6

Zu 1. $U = 100\,V$ $I = 5\,A$ $10\,ms \,\hat{=}\, 3\,cm$,   d. h. $f = 50\,Hz$ und $\varphi = -30°$

Der Wechselstromwiderstand des passiven Zweipols ist also kapazitiv, weil der Strom i der Spannung u voreilt.

Zu 2. $u = \hat{u} \cdot \sin \omega t$

abgebildet in

$$\underline{u} = \hat{u} \cdot e^{j\omega t} = \sqrt{2} \cdot U \cdot e^{j\omega t}$$

und

$$i = \hat{i} \cdot \sin(\omega t + 30°)$$

abgebildet in

$$\underline{i} = \hat{i} \cdot e^{\,j \cdot (\omega t + 30°)} = \sqrt{2} \cdot I \cdot e^{\,j \cdot (\omega t + 30°)}$$

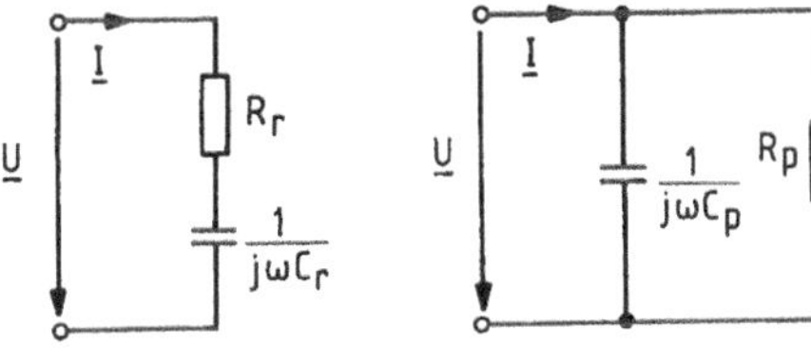

Bild A-63 Übungsaufgabe 4.6

Zu 3.   Reihenschaltung:

$$\underline{Z} = \frac{\underline{u}}{\underline{i}} = \frac{\hat{u} \cdot e^{j\omega t}}{\hat{i} \cdot e^{j\omega t} \cdot e^{j30°}} = \frac{U}{I} \cdot e^{j(-30°)}$$

$$\underline{Z} = \frac{U}{I} \cdot \cos 30° - j \cdot \frac{U}{I} \cdot \sin 30° = R_r + j \cdot X_C = R_r - j \cdot \frac{1}{\omega C_r}$$

$$\underline{Z} = \frac{100\,V}{5\,A} \cdot \frac{\sqrt{3}}{2} - j \cdot \frac{100\,V}{5\,A} \cdot \frac{1}{2} = 17,3\,\Omega - j \cdot 10\,\Omega$$

$$R_r = 17,3\,\Omega \quad C_r = \frac{1}{\omega \cdot 10\,\Omega} = \frac{1}{2\pi \cdot 50\,s^{-1} \cdot 10\,\Omega} = 318\,\mu F$$

Parallelschaltung:

$$\underline{Y} = \frac{\underline{i}}{\underline{u}} = \frac{\hat{i} \cdot e^{j\omega t} \cdot e^{j30°}}{\hat{u} \cdot e^{j\omega t}} = \frac{I}{U} \cdot e^{j30°}$$

$$\underline{Y} = \frac{I}{U} \cdot \cos 30° + j \cdot \frac{I}{U} \cdot \sin 30° = G_p + j \cdot B_p = \frac{1}{R_p} + j\,\omega\,C_p$$

$$Y = \frac{5\,A}{100\,V} \cdot \frac{\sqrt{3}}{2} + j \cdot \frac{5\,A}{100\,V} \cdot \frac{1}{2} = 0{,}0433\,S + j \cdot 0{,}025\,S$$

$$R_p = 23{,}1\,\Omega \quad C_p = \frac{0{,}025\,S}{\omega} = \frac{0{,}025\,S}{2\pi \cdot 50\,s^{-1}} = 79{,}6\,\mu F$$

Zu 4.   Nach Gl. (4.69) lassen sich die Ergebnisse kontrollieren:

$$R_p = \frac{R_r^{\,2} + \dfrac{1}{\omega^2 C_r^{\,2}}}{R_r} = \frac{(17{,}3\,\Omega)^2 + \dfrac{1}{(2\pi \cdot 50\,s^{-1})^2 \cdot (318 \cdot 10^{-6}\,F)^2}}{17{,}3\,\Omega} = 23{,}1\,\Omega$$

$$C_p = \frac{\dfrac{1}{\omega^2 C_r}}{R_r^{\,2} + \dfrac{1}{\omega^2 C_r^{\,2}}} = \frac{\dfrac{1}{(2\pi \cdot 50\,s^{-1})^2 \cdot 318 \cdot 10^{-6}\,F}}{(17{,}3\,\Omega)^2 + \dfrac{1}{(2\pi \cdot 50\,s^{-1})^2 \cdot (318 \cdot 10^{-6}\,F)^2}} = 79{,}6\,\mu F$$

4.7

Zu 1. $u = u_R + u_C = R_r \cdot i + u_C, \quad i = C_r \dfrac{du_C}{dt}$

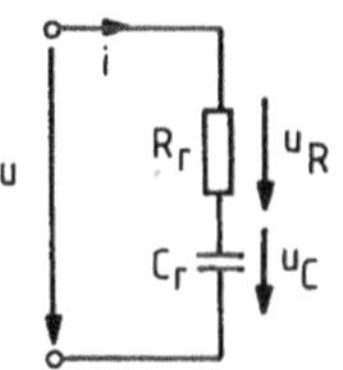

$$u = R_r C_r \dfrac{du_C}{dt} + u_C \qquad \text{(Differentialgleichung)}$$

Lösung nach Verfahren 1 (Abschnitt 4.2.5):   **Bild A-64** Übungsaufgabe 4.7

Ansatz: $u_C = \hat{u}_C \cdot \sin(\omega t + \varphi_{uc})$,

differenziert: $\dfrac{du_C}{dt} = \omega \cdot \hat{u}_C \cdot \cos(\omega t + \varphi_{uc})$

in Dgl. eingesetzt:

$$\hat{u} \cdot \sin(\omega t + \varphi_u) = \omega R_r C_r \cdot \hat{u}_C \cdot \cos(\omega t + \varphi_{uc}) + \hat{u}_C \cdot \sin(\omega t + \varphi_{uc})$$

mit $\cos\alpha = \sin(\alpha + \pi/2)$

$$\hat{u} \cdot \sin(\omega t + \varphi_u) = \hat{u}_C \cdot \left[\omega R_r C_r \cdot \sin(\omega t + \pi/2 + \varphi_{uc}) + \sin(\omega t + \varphi_{uc}) \right]$$

mit $\omega R_r C_r \cdot \sin(\omega t + \pi/2 + \varphi_{uc}) + \sin(\omega t + \varphi_{uc}) = \hat{V}_r \cdot \sin(\omega t + \varphi_{vr})$

nach. Gl. (4.17)

$$\hat{V}_r = \sqrt{(\omega R_r C_r)^2 + 1 + 2 \cdot \omega R_r C_r \cdot 1 \cdot \cos(\pi/2 + \varphi_{uc} - \varphi_{uc})}$$

$$\hat{V}_r = \sqrt{(\omega R_r C_r)^2 + 1} \quad \text{mit} \quad \cos\pi/2 = 0$$

nach. Gl. (4.18)

$$\varphi_{vr} = \arctan \frac{\omega R_r C_r \cdot \sin(\pi/2 + \varphi_{uc}) + \sin\varphi_{uc}}{\omega R_r C_r \cdot \cos(\pi/2 + \varphi_{uc}) + \cos\varphi_{uc}}$$

$$\varphi_{vr} = \arctan \frac{\omega R_r C_r \cdot \cos\varphi_{uc} + \sin\varphi_{uc}}{-\omega R_r C_r \cdot \sin\varphi_{uc} + \cos\varphi_{uc}}$$

$$\varphi_{vr} = \arctan \frac{\omega R_r C_r + \tan\varphi_{uc}}{-\omega R_r C_r \cdot \tan\varphi_{uc} + 1} = \arctan \omega R_r C_r + \varphi_{uc}$$

d. h. $\hat{u} \cdot \sin(\omega t + \varphi_u) = \hat{u}_C \cdot \sqrt{(\omega R_r C_r)^2 + 1} \cdot \sin(\omega t + \arctan \omega R_r C_r + \varphi_{uc})$

$$\hat{u}_C = \frac{\hat{u}}{\sqrt{(\omega R_r C_r)^2 + 1}} \qquad \varphi_{uc} = \varphi_u - \arctan \omega R_r C_r$$

Zu 2. $u = R_r C_r \dfrac{du_C}{dt} + u_C \qquad\qquad \text{(Differentialgleichung)}$

abgebildet in

$$\underline{u} = j\omega R_r C_r \cdot \underline{u}_C + \underline{u}_C \qquad\qquad \text{(algebraische Gleichung)}$$

gelöst und umgeformt:

$$\underline{u}_C = \frac{\underline{u}}{j\omega R_r C_r + 1} = \frac{\hat{u} \cdot e^{j(\omega t + \varphi_u)}}{\sqrt{(\omega R_r C_r)^2 + 1} \cdot e^{j \arctan \omega R_r C_r}}$$

$$\underline{u}_C = \frac{\hat{u} \cdot e^{j(\omega t + \varphi_u - \arctan \omega R_r C_r)}}{\sqrt{(\omega R_r C_r)^2 + 1}}$$

rücktransformiert:

$$u_C = \frac{\hat{u}}{\sqrt{(\omega R_r C_r)^2 + 1}} \cdot \sin(\omega t + \varphi_u - \arctan \omega R_r C_r)$$

4.8

Zu 1. $u = R \cdot i + u_L$

$$u_L = L_p \frac{di_L}{dt}$$

$$i = i_R + i_L = \frac{u_L}{R_{Lp}} + i_L = \frac{1}{R_{Lp}} L_p \frac{di_L}{dt} + i_L$$

$$u = \frac{R}{R_{Lp}} L_p \frac{di_L}{dt} + R \cdot i_L + L_p \frac{di_L}{dt}$$

$$u = L_p \left(\frac{R}{R_{Lp}} + 1 \right) \cdot \frac{di_L}{dt} + R \cdot i_L$$

Zu 2. $\underline{u} = j\omega L_p \left(\dfrac{R}{R_{Lp}} + 1 \right) \cdot \underline{i}_L + R \cdot \underline{i}_L$

$$\underline{u} = \left[j\omega L_p \left(\frac{R}{R_{Lp}} + 1 \right) + R \right] \cdot \underline{i}_L$$

$$\underline{i}_L = \frac{\underline{u}}{R + j\omega L_p \left(\dfrac{R}{R_{Lp}} + 1 \right)}$$

Zu 3.   Stromteilerregel mit Bild A-65:

$$\frac{\underline{I}_L}{\underline{I}} = \frac{R_{Lp}}{R_{Lp} + j\omega L_p}, \quad \underline{I} = \frac{\underline{U}}{R + \dfrac{R_{Lp} \cdot j\omega L_p}{R_{Lp} + j\omega L_p}}$$

$$\underline{I}_L = \frac{R_{Lp} \cdot \underline{U}}{R_{Lp} \cdot R + j\omega L_p R + j\omega L_p R_{Lp}}$$

$$\underline{I}_L = \frac{\underline{U}}{R + j\omega L_p \left(\dfrac{R}{R_{Lp}} + 1 \right)}$$

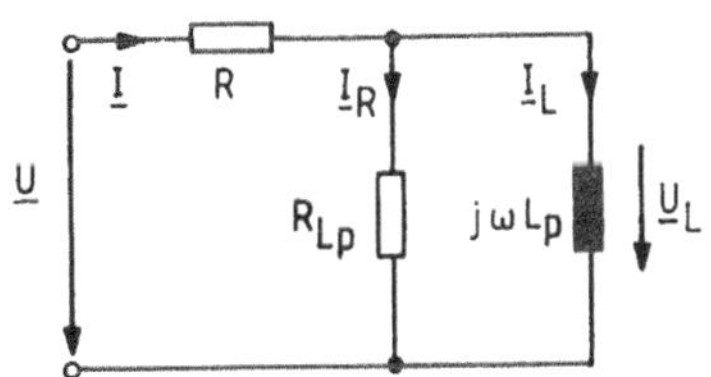

Bild A-65 Übungsaufgabe 4.8

mit $\sqrt{2}\cdot e^{j\omega t}$ erweitert:

$$\underline{i}_L = \frac{\underline{u}}{R + j\omega L_p\left(\dfrac{R}{R_{Lp}} + 1\right)}$$

Zu 4.
$$\underline{i}_L = \frac{\hat{u}\cdot e^{j(\omega t+\varphi_u)}}{\sqrt{R^2 + \omega^2 L_p{}^2\left(\dfrac{R}{R_{Lp}} + 1\right)^2}\; e^{\,j\arctan\frac{\omega L_p}{R}\left(\frac{R}{R_{Lp}}+1\right)}}$$

$$i_L = \frac{\hat{u}}{\sqrt{R^2 + \omega^2 L_p{}^2\left(\dfrac{R}{R_{Lp}} + 1\right)^2}}\cdot \sin\left[\omega t + \varphi_u - \arctan\frac{\omega L_p}{R}\left(\frac{R}{R_{Lp}} + 1\right)\right]$$

Zu 5. $u_L = L_p\dfrac{di_L}{dt}$

$$u_L = \frac{\omega\cdot L_p\cdot \hat{u}}{\sqrt{R^2 + \omega^2 L_p{}^2\left(\dfrac{R}{R_{Lp}} + 1\right)^2}}\cdot \cos\left[\omega t + \varphi_u - \arctan\frac{\omega L_p}{R}\left(\frac{R}{R_{Lp}} + 1\right)\right]$$

4.9

Lösung mit Hilfe der Spannungsteilerregel

$$\underline{I}_R = \frac{\underline{U}_C}{R_{Cp}}$$

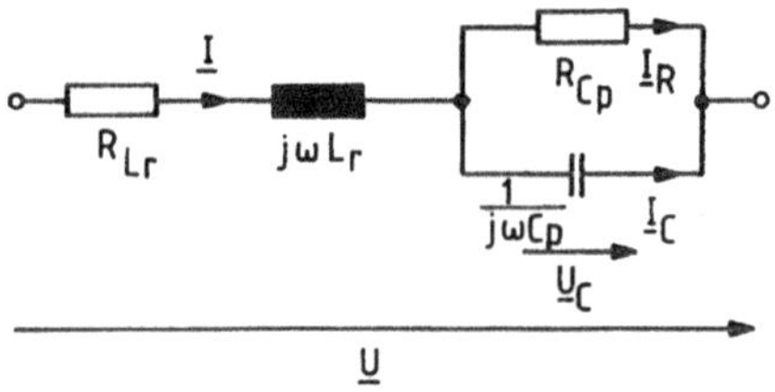

$$\frac{\underline{U}_C}{\underline{U}} = \frac{\dfrac{1}{\dfrac{1}{R_{Cp}} + j\omega C_p}}{\dfrac{1}{\dfrac{1}{R_{Cp}} + j\omega C_p} + R_{Lr} + j\omega L_r}$$

Bild A-66 Übungsaufgabe 4.9
Schaltung im Bildbereich

$$\frac{\underline{U}_C}{\underline{U}} = \frac{1}{\left(1 + \dfrac{R_{Lr}}{R_{Cp}} - \omega^2 L_r C_p\right) + j\omega\left(\dfrac{L_r}{R_{Cp}} + R_{Lr}C_p\right)}$$

$$\underline{I}_R = \frac{\underline{U}_C}{R_{Cp}} = \frac{\underline{U}}{(R_{Lr} + R_{Cp} - \omega^2 L_r R_{Cp}C_p) + j\omega(L_r + R_{Lr}R_{Cp}C_p)}$$

Lösung mit Hilfe der Stromteilerregel:

$$\frac{\underline{I}_R}{\underline{I}} = \frac{\dfrac{1}{j\omega C_p}}{R_{Cp} + \dfrac{1}{j\omega C_p}}, \qquad\qquad \underline{I} = \frac{\underline{U}}{R_{Lr} + j\omega L_r + \dfrac{R_{Cp}\cdot\dfrac{1}{j\omega C_p}}{R_{Cp} + \dfrac{1}{j\omega C_p}}}$$

$$\underline{I}_R = \cfrac{\underline{U}}{j\omega C_p\left[\left(R_{Cp} + \cfrac{1}{j\omega C_p}\right)(R_{Lr} + j\omega L_r) + R_{Cp} \cdot \cfrac{1}{j\omega C_p}\right]}$$

$$\underline{I}_R = \cfrac{\underline{U}}{(R_{Lr} + R_{Cp} - \omega^2 L_r R_{Cp} C_p) + j\omega(L_r + R_{Lr} R_{Cp} C_p)}$$

Lösung mit Hilfe der Kirchhoffschen Sätze:

$$\underline{I} = \underline{I}_R + \underline{I}_C \qquad\qquad \underline{U} = (R_{Lr} + j\omega L_r) \cdot \underline{I} + R_{Cp} \cdot \underline{I}_R \qquad\qquad \underline{U}_C = \frac{1}{j\omega C_p}\underline{I}_C = R_{Cp} \cdot \underline{I}_R$$

$$\underline{U} = (R_{Lr} + j\omega L_r) \cdot \underline{I} + R_{Cp} \cdot \underline{I}_R = (R_{Lr} + j\omega L_r)(\underline{I}_R + \underline{I}_C) + R_{Cp} \cdot \underline{I}_R$$

$$\underline{U} = (R_{Lr} + R_{Cp} + j\omega L_r) \cdot \underline{I}_R + (R_{Lr} + j\omega L_r)\underline{I}_C$$

$$\text{mit } \underline{I}_C = j\omega C_p\, R_{Cp} \cdot \underline{I}_R$$

$$\underline{U} = \left[R_{Lr} + R_{Cp} + j\omega L_r + (R_{Lr} + j\omega L_r) \cdot j\omega C_p R_{Cp}\right] \cdot \underline{I}_R$$

$$\underline{I}_R = \cfrac{\underline{U}}{(R_{Lr} + R_{Cp} - \omega^2 L_r R_{Cp} C_p) + j\omega(L_r + R_{Lr} R_{Cp} C_p)}$$

Rücktransformation:

$$i_R = \cfrac{\hat{u} \cdot \sin\left(\omega t + \varphi_u - \arctan\cfrac{\omega(L_r + R_{Lr} R_{Cp} C_p)}{R_{Lr} + R_{Cp} - \omega^2 L_r R_{Cp} C_p}\right)}{\sqrt{(R_{Lr} + R_{Cp} - \omega^2 L_r R_{Cp} C_p)^2 + \omega^2(L_r + R_{Lr} R_{Cp} C_p)^2}}$$

4.10

Zu 1. $\quad \cfrac{\underline{I}_L}{\underline{I}} = \cfrac{R_{Lp}}{R_{Lp} + j\omega L_p}, \qquad \underline{I} = \cfrac{\underline{U}_1}{R_{Cr} + \cfrac{1}{j\omega C_r} + \cfrac{R_{Lp} \cdot j\omega L_p}{R_{Lp} + j\omega L_p}}$

$$\underline{I}_L = \cfrac{R_{Lp} \cdot \underline{U}_1}{(R_{Lp} + j\omega L_p)\left(R_{Cr} + \cfrac{1}{j\omega C_r}\right) + R_{Lp} \cdot j\omega L_p}$$

$$\underline{I}_L = \cfrac{\underline{U}_1}{\left(1 + j\omega\cfrac{L_p}{R_{Lp}}\right)\left(R_{Cr} + \cfrac{1}{j\omega C_r}\right) + j\omega L_p}$$

$$\underline{I}_L = \cfrac{\underline{U}_1}{\left(R_{Cr} + \cfrac{L_p}{R_{Lp} \cdot C_r}\right) + j \cdot \left[\omega L_p\left(1 + \cfrac{R_{Cr}}{R_{Lp}}\right) - \cfrac{1}{\omega C_r}\right]}$$

Zu 2. $\dfrac{\underline{I}_R}{\underline{I}} = \dfrac{j\omega L_p}{R_{Lp} + j\omega L_p}$, $\underline{I} = \dfrac{\underline{U}_1}{R_{Cr} + \dfrac{1}{j\omega C_r} + \dfrac{R_{Lp} \cdot j\omega L_p}{R_{Lp} + j\omega L_p}}$

$$\underline{I}_R = \frac{j\omega L_p \cdot \underline{U}_1}{(R_{Lp} + j\omega L_p)\left(R_{Cr} + \dfrac{1}{j\omega C_r}\right) + R_{Lp} \cdot j\omega L_p}$$

$$\underline{I}_R = \frac{\underline{U}_1}{\left(\dfrac{R_{Lp}}{j\omega L_p} + 1\right)\left(R_{Cr} + \dfrac{1}{j\omega C_r}\right) + R_{Lp}}$$

$$\underline{I}_R = \frac{\underline{U}_1}{\left(R_{Lp} + R_{Cr} - \dfrac{R_{Lp}}{\omega^2 L_p C_r}\right) - j \cdot \left(\dfrac{R_{Lp} R_{Cr}}{\omega L_p} + \dfrac{1}{\omega C_r}\right)}$$

$$\underline{U}_2 = R_{Lp} \cdot \underline{I}_R = \frac{\underline{I}_R}{\dfrac{1}{R_{Lp}}} = \frac{\underline{U}_1}{\left(1 + \dfrac{R_{Cr}}{R_{Lp}} - \dfrac{1}{\omega^2 L_p C_r}\right) - j\dfrac{1}{\omega}\left(\dfrac{R_{Cr}}{L_p} + \dfrac{1}{R_{Lp} C_r}\right)}$$

4.11

Zu 1. $\underline{V}_{uf} = \dfrac{\underline{U}_2}{\underline{U}_1} = \dfrac{\dfrac{1}{\dfrac{1}{R_{Lp}} + \dfrac{1}{j\omega L_p}}}{\dfrac{1}{\dfrac{1}{R_{Lp}} + \dfrac{1}{j\omega L_p}} + R_{Cr} + \dfrac{1}{j\omega C_r}}$

$$\underline{V}_{uf} = \frac{1}{1 + \left(\dfrac{1}{R_{Lp}} + \dfrac{1}{j\omega L_p}\right)\left(R_{Cr} + \dfrac{1}{j\omega C_r}\right)}$$

$$\underline{V}_{uf} = \frac{1}{\left(1 + \dfrac{R_{Cr}}{R_{Lp}} - \dfrac{1}{\omega^2 L_p C_r}\right) - j\dfrac{1}{\omega}\left(\dfrac{1}{R_{Lp} C_r} + \dfrac{R_{Cr}}{L_p}\right)}$$

Zu 2. $\left|\underline{V}_{uf}\right| = \dfrac{1}{\sqrt{\left(1 + \dfrac{R_{Cr}}{R_{Lp}} - \dfrac{1}{\omega^2 L_p C_r}\right)^2 + \dfrac{1}{\omega^2}\left(\dfrac{1}{R_{Lp} C_r} + \dfrac{R_{Cr}}{L_p}\right)^2}}$

$\left|\underline{V}_{uf}\right|$ ist maximal, wenn der Nenner am kleinsten ist. Da der Realteil aus einer Differenz besteht, kann dieser bei einer Kreisfrequenz ω Null werden:

$$1 + \frac{R_{Cr}}{R_{Lp}} - \frac{1}{\omega^2 L_p C_r} = 0 \qquad\qquad \frac{1}{\omega^2 L_p C_r} = 1 + \frac{R_{Cr}}{R_{Lp}}$$

$$\omega = \sqrt{\frac{1}{L_p C_r\left(1 + \dfrac{R_{Cr}}{R_{Lp}}\right)}}$$

Zu 3. Ein idealer Kondensator bedeutet bei Reihenschaltung von R_{Cr} und C_r, dass $R_{Cr} = 0$, d. h.

$$\underline{V}_{uf} = \frac{1}{\left(1 - \dfrac{1}{\omega^2 L_p C_r}\right) - j\dfrac{1}{\omega R_{Lp} C_r}} \qquad \left|\underline{V}_{uf}\right| = \frac{1}{\sqrt{\left(1 - \dfrac{1}{\omega^2 L_p C_r}\right)^2 + \dfrac{1}{\omega^2 R_{Lp}^{\,2} C_r^{\,2}}}}$$

$$\left|\underline{V}_{uf}\right|_{max} \quad \text{bei} \quad 1 - \frac{1}{\omega^2 L_p C_r} = 0 \qquad \frac{1}{\omega^2 L_p C_r} = 1 \qquad \omega = \frac{1}{\sqrt{L_p C_r}}$$

$$\underline{V}_{uf} = \frac{1}{-j\dfrac{1}{\omega R_{Lp} C_r}} = j\omega R_{Lp} C_r = j\frac{1}{\sqrt{L_p C_r}} R_{Lp} C_r = j \cdot R_{Lp}\sqrt{\frac{C_r^{\,2}}{L_p C_r}} = j \cdot \frac{R_{Lp}}{\sqrt{\dfrac{L_p}{C_r}}}$$

4.12

Zu 1. $\quad \underline{U}_2 = \underline{U}_{R1} - \underline{U}_R$

$$\frac{\underline{U}_{R1}}{\underline{U}_1} = \frac{R_1}{R_1 + \dfrac{1}{j\omega C}} \qquad\qquad \frac{\underline{U}_R}{\underline{U}_1} = \frac{R}{2\,R} = \frac{1}{2}$$

$$\underline{U}_2 = \underline{U}_1 \cdot \left(\frac{R_1}{R_1 + \dfrac{1}{j\omega C}} - \frac{1}{2}\right) = \underline{U}_1 \cdot \left(\frac{2\,R_1 - R_1 - \dfrac{1}{j\omega C}}{2\left(R_1 + \dfrac{1}{j\omega C}\right)}\right)$$

$$\frac{\underline{U}_2}{\underline{U}_1} = \frac{1}{2} \cdot \frac{R_1 - \dfrac{1}{j\omega C}}{R_1 + \dfrac{1}{j\omega C}} = \frac{1}{2} \cdot \frac{1 + j \cdot \dfrac{1}{\omega R_1 C}}{1 - j \cdot \dfrac{1}{\omega R_1 C}} = \frac{1}{2} \cdot e^{j \cdot 2 \cdot \arctan(1/\omega R_1 C)}$$

$$\varphi = 2 \cdot \arctan\frac{1}{\omega R_1 C}$$

Zu 2. $\quad \dfrac{U_2}{U_1} = \dfrac{\hat{u}_2}{\hat{u}_1} = \dfrac{1}{2}$

Zu 3. $\quad \tan\dfrac{\varphi}{2} = \dfrac{1}{\omega R_1 C}$

mit $\quad \dfrac{1}{\omega C} = R_1$

ist $\quad \tan\dfrac{\varphi}{2} = 1$

und $\quad \dfrac{\varphi}{2} = 45°$

und $\quad \varphi = 90°$

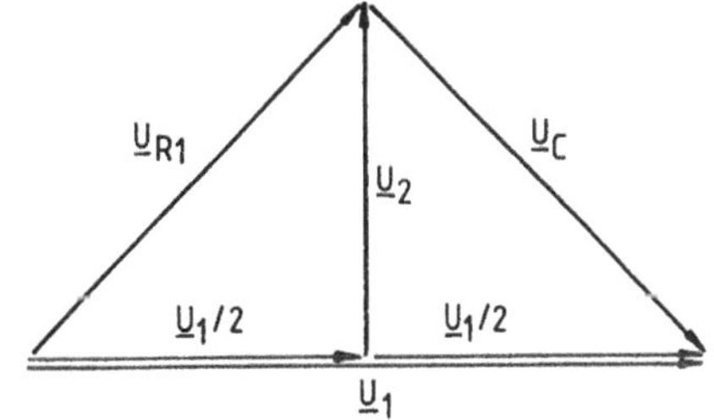

Bild A-67 Übungsaufgabe 4.12

4.13

Zu 1. Die transformierte Schaltung im Bildbereich mit komplexen Effektivwerten und komplexen
Operatoren ist im Bild A-68 dargestellt.

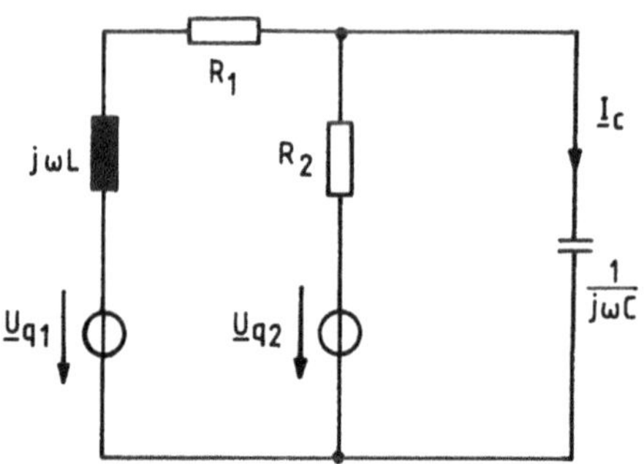

Bild A-68 Übungsaufgabe 4.13

Zuerst wird der Zweigstrom $\underline{I}_{C\underline{U}_{q1}}$ berechnet, der von $\underline{U}_{q1}$ verursacht wird (Bild A-69):

$$\frac{\underline{I}_{C\underline{U}_{q1}}}{\underline{I}_{\underline{U}_{q1}}} = \frac{R_2}{R_2 + \dfrac{1}{j\omega C}}$$

$$\underline{I}_{\underline{U}_{q1}} = \frac{\underline{U}_{q1}}{R_1 + j\omega L + \dfrac{R_2 \cdot \dfrac{1}{j\omega C}}{R_2 + \dfrac{1}{j\omega C}}}$$

$$\underline{I}_{C\underline{U}_{q1}} = \frac{R_2 \cdot \underline{U}_{q1}}{\left(R_2 + \dfrac{1}{j\omega C}\right)(R_1 + j\omega L) + \dfrac{R_2}{j\omega C}}$$

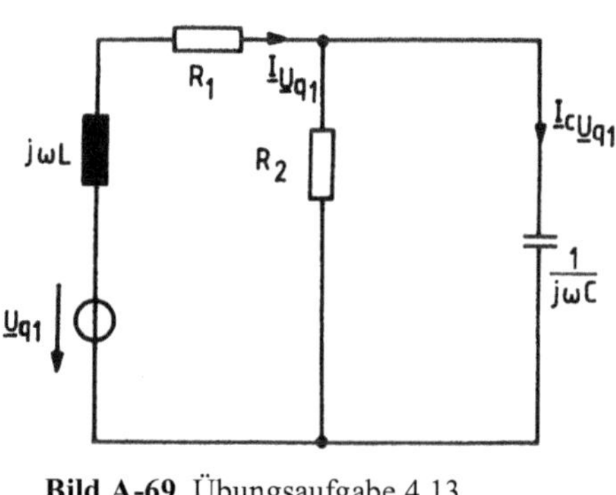

Bild A-69 Übungsaufgabe 4.13

Dann wird der Zweigstrom $\underline{I}_{C\underline{U}_{q2}}$ berechnet, der von $\underline{U}_{q2}$ hervorgerufen wird (Bild A-70):

$$\frac{\underline{I}_{C\underline{U}_{q2}}}{\underline{I}_{\underline{U}_{q2}}} = \frac{R_1 + j\omega L}{R_1 + j\omega L + \dfrac{1}{j\omega C}}$$

$$\underline{I}_{\underline{U}_{q2}} = \frac{\underline{U}_{q2}}{R_2 + \dfrac{(R_1 + j\omega L) \cdot \dfrac{1}{j\omega C}}{R_1 + j\omega L + \dfrac{1}{j\omega C}}}$$

$$\underline{I}_{C\underline{U}_{q2}} = \frac{(R_1 + j\omega L) \cdot \underline{U}_{q2}}{\left(R_1 + j\omega L + \dfrac{1}{j\omega C}\right)R_2 + (R_1 + j\omega L)\dfrac{1}{j\omega C}}$$

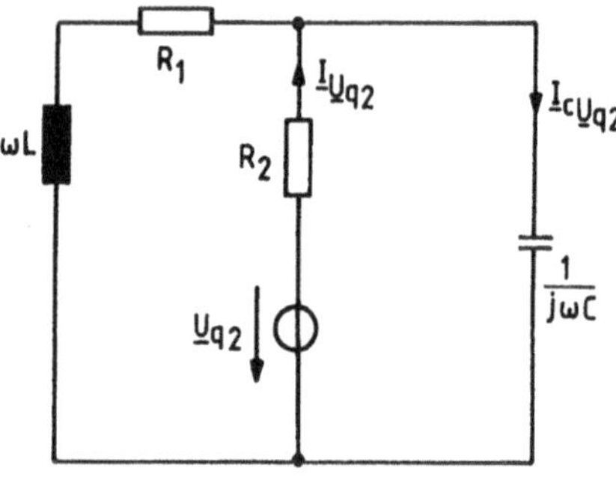

Bild A-70 Übungsaufgabe 4.13

Die Überlagerung beider Teilströme ergibt den gesamten Zweigstrom

$$\underline{I}_C = \underline{I}_{C\underline{U}_{q1}} + \underline{I}_{C\underline{U}_{q2}} = \frac{R_2 \cdot \underline{U}_{q1} + (R_1 + j\omega L) \cdot \underline{U}_{q2}}{\left(R_1 R_2 + \dfrac{L}{C}\right) + j \cdot \left(\omega L\, R_2 - \dfrac{R_1 + R_2}{\omega C}\right)}$$

Für die Rücktransformation ist die komplexe Zeitfunktion nötig, die durch Erweitern mit $\sqrt{2} \cdot e^{j\omega t}$ entsteht:

$$\underline{i}_C = \frac{R_2 \cdot \underline{u}_{q1} + (R_1 + j\omega L) \cdot \underline{u}_{q2}}{\left(R_1 R_2 + \dfrac{L}{C}\right) + j \cdot \left(\omega L\, R_2 - \dfrac{R_1 + R_2}{\omega C}\right)}$$

Mit

$$\underline{u}_{q1} = \hat{u}_q \cdot e^{j\omega t} \qquad\qquad \text{wegen}\quad u_{q1} = \hat{u}_q \cdot \sin \omega t$$

und

$$\underline{u}_{q2} = \hat{u}_q \cdot e^{j(\omega t + \pi/2)} \qquad\qquad \text{wegen}\quad u_{q2} = \hat{u}_q \cdot \cos \omega t$$

$$\underline{u}_{q2} = j \cdot \hat{u}_q \cdot e^{j\omega t} \qquad\qquad\qquad u_{q2} = \hat{u}_q \cdot \sin(\omega t + \pi/2)$$

ist

$$\underline{i}_C = \frac{R_2 \cdot \hat{u}_q \cdot e^{j\omega t} + (R_1 + j\omega L) \cdot j \cdot \hat{u}_q \cdot e^{j\omega t}}{\left(R_1 R_2 + \dfrac{L}{C}\right) + j \cdot \left(\omega L R_2 - \dfrac{R_1 + R_2}{\omega C}\right)}$$

$$\underline{i}_C = \frac{(R_2 - \omega L) + j \cdot R_1}{\left(R_1 R_2 + \dfrac{L}{C}\right) + j \cdot \left(\omega L R_2 - \dfrac{R_1 + R_2}{\omega C}\right)} \cdot \hat{u}_q \cdot e^{j\omega t}$$

$$\underline{i}_C = \frac{\sqrt{(R_2 - \omega L)^2 + R_1^2} \cdot e^{j\varphi_z}}{\sqrt{\left(R_1 R_2 + \dfrac{L}{C}\right)^2 + \left(\omega L R_2 - \dfrac{R_1 + R_2}{\omega C}\right)^2} \cdot e^{j\varphi_n}} \cdot \hat{u}_q \cdot e^{j\omega t}$$

$$\underline{i}_C = \frac{\sqrt{(R_2 - \omega L)^2 + R_1^2}}{\sqrt{\left(R_1 R_2 + \dfrac{L}{C}\right)^2 + \left(\omega L R_2 - \dfrac{R_1 + R_2}{\omega C}\right)^2}} \cdot \hat{u}_q \cdot e^{j(\omega t + \varphi_z - \varphi_n)}$$

$$i_C = \frac{\sqrt{(R_2 - \omega L)^2 + R_1^2}}{\sqrt{\left(R_1 R_2 + \dfrac{L}{C}\right)^2 + \left(\omega L R_2 - \dfrac{R_1 + R_2}{\omega C}\right)^2}} \cdot \hat{u}_q \cdot \sin(\omega t + \varphi_z - \varphi_n)$$

$$\text{mit} \qquad \varphi_z = \arctan \frac{R_1}{R_2 - \omega L} \qquad\qquad \text{und} \qquad \varphi_n = \arctan \frac{\omega L R_2 - \dfrac{R_1 + R_2}{\omega C}}{R_1 R_2 + \dfrac{L}{C}}$$

Zu 2.   Maschenstromverfahren:

Nach den im Bild A-71 festgelegten Maschenumläufen (begonnen wird mit dem Zweigstrom $\underline{I}_C = \underline{I}_I$) werden folgende Maschengleichungen aufgestellt:

Masche I:

$$\underline{U}_{q2} = \underline{I}_I \cdot \left(R_2 + \frac{1}{j\omega C} \right) - \underline{I}_{II} \cdot R_2$$

Masche II:

$$\underline{U}_{q1} - \underline{U}_{q2} = -\underline{I}_I \cdot R_2 + \underline{I}_{II} \cdot (R_1 + R_2 + j\omega L)$$

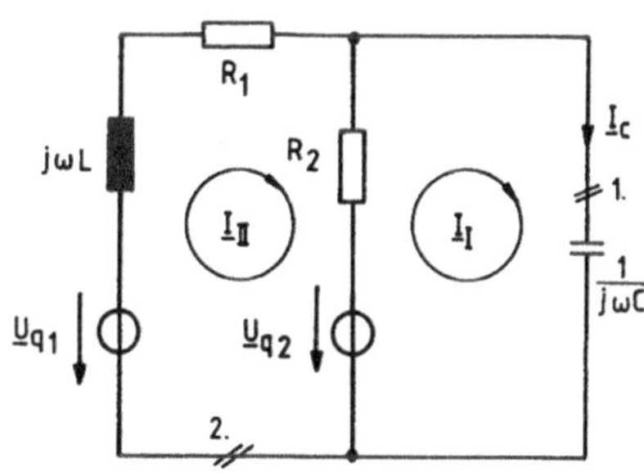

Bild A-71 Übungsaufgabe 4.13

$\underline{I}_I$ ist gesucht, deshalb wird $\underline{I}_{II}$ eliminiert:

$$\underline{U}_{q2}(R_1 + R_2 + j\omega L) = \underline{I}_I \cdot \left(R_2 + \frac{1}{j\omega C} \right)(R_1 + R_2 + j\omega L) - \underline{I}_{II} \cdot R_2 \cdot (R_1 + R_2 + j\omega L)$$

$$(\underline{U}_{q1} - \underline{U}_{q2}) \cdot R_2 \quad = -\underline{I}_I \cdot R_2^2 \quad\quad\quad + \underline{I}_{II} \cdot R_2 \cdot (R_1 + R_2 + j\omega L)$$

$$\underline{I}_I = \frac{\underline{U}_{q2} \cdot (R_1 + R_2 + j\omega L) + (\underline{U}_{q1} - \underline{U}_{q2}) \cdot R_2}{\left(R_2 + \frac{1}{j\omega C} \right)(R_1 + R_2 + j\omega L) - R_2^2}$$

$$\underline{I}_I = \frac{R_2 \cdot \underline{U}_{q1} + (R_1 + j\omega L) \cdot \underline{U}_{q2}}{\left(R_1 R_2 + \frac{L}{C} \right) + j \cdot \left(\omega L R_2 - \frac{R_1 + R_2}{\omega C} \right)} = \underline{I}_C$$

Zu 3.   Haben die sinusförmigen Quellspannungen u_{q1} und u_{q2} verschiedene Amplituden und verschiedene Anfangsphasenwinkel φ_{u1} und φ_{u2}, dann sollten die Teilströme i_{C1} und i_{C2} durch Rücktransformation von $\underline{i}_{C1}$ und $\underline{i}_{C2}$ ermittelt und nach den Formeln 4.17 und 4.18 zum Gesamtstrom i_C überlagert werden.

4.14

Zu 1.   Da der Strom $\underline{I}_3$ gesucht ist, wird der Widerstand $\underline{Z}_3$ zum Außenwiderstand $\underline{Z}_{a\,ers}$. Die Auftrennung der Schaltung in aktiven und passiven Zweipol ist im Bild A-72 zu sehen.

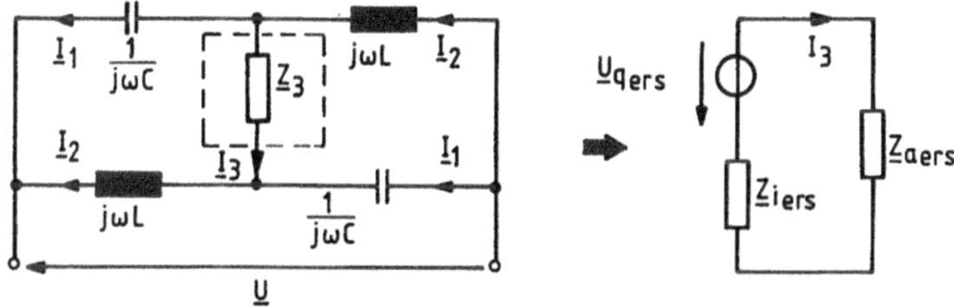

Bild A-72 Übungsaufgabe 4.14

Bestimmung von $\underline{U}_{q\,ers} = \underline{U}_l$ (Bild A-73):

$$\underline{U}_l = \underline{U}_1 - \underline{U}_2$$

$$\underline{U}_1 = \frac{\dfrac{1}{j\omega C}}{\dfrac{1}{j\omega C} + j\omega L} \cdot \underline{U} \qquad \underline{U}_2 = \frac{j\omega L}{\dfrac{1}{j\omega C} + j\omega L} \cdot \underline{U}$$

$$\underline{U}_l = \frac{\dfrac{1}{j\omega C} - j\omega L}{\dfrac{1}{j\omega C} + j\omega L} \cdot \underline{U}$$

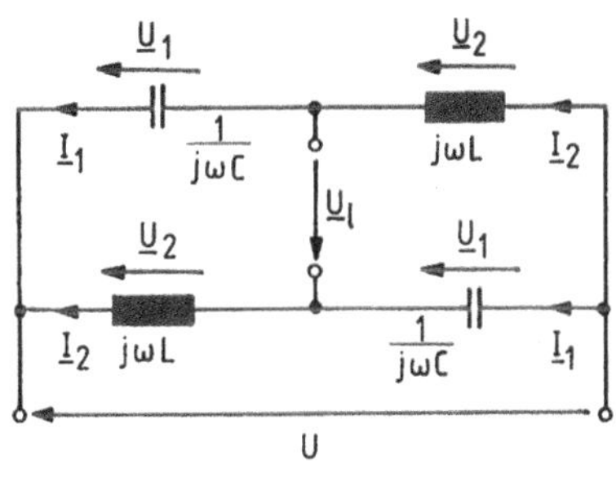

Bild A-73 Übungsaufgabe 4.14

Ermittlung von $\underline{Z}_{i\,ers}$ (Bild A-74):

$$\underline{Z}_{i\,ers} = 2 \cdot \frac{\dfrac{1}{j\omega C} \cdot j\omega L}{\dfrac{1}{j\omega C} + j\omega L}$$

Außenwiderstand:

$$\underline{Z}_{a\,ers} = \underline{Z}_3 = R_3 + j \cdot X_3$$

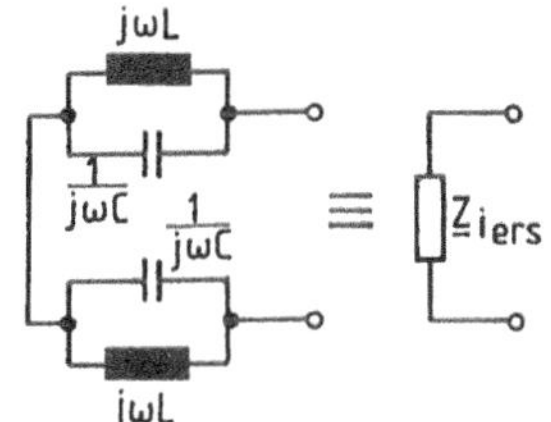

Bild A-74 Übungsaufgabe 4.14

Berechnung des Stroms $\underline{I}_3$ im Grundstromkreis:

$$\underline{I}_3 = \frac{\underline{U}_{q\,ers}}{\underline{Z}_{i\,ers} + \underline{Z}_{a\,ers}} = \frac{\dfrac{\dfrac{1}{j\omega C} - j\omega L}{\dfrac{1}{j\omega C} + j\omega L} \cdot \underline{U}}{\dfrac{2 \cdot \dfrac{j\omega L}{j\omega C}}{\dfrac{1}{j\omega C} + j\omega L} + \underline{Z}_3} = \frac{\left(\dfrac{1}{j\omega C} - j\omega L\right) \cdot \underline{U}}{2 \cdot \dfrac{j\omega L}{j\omega C} + \underline{Z}_3\left(j\omega L + \dfrac{1}{j\omega C}\right)}$$

$$\underline{I}_3 = \frac{(1 + \omega^2 LC) \cdot \underline{U}}{2 \cdot j\omega L + (R_3 + jX_3)(1 - \omega^2 LC)} = \frac{(1 + \omega^2 LC) \cdot \underline{U}}{R_3(1 - \omega^2 LC) + j(\omega 2L + X_3 - \omega^2 LCX_3)}$$

$$\underline{I}_3 = \frac{\underline{U}}{R_3 \dfrac{1 - \omega^2 LC}{1 + \omega^2 LC} + j \cdot \dfrac{\omega 2L + X_3 - \omega^2 LCX_3}{1 + \omega^2 LC}}$$

Zu 2. Netzberechnung nach den Kirchhoffschen Sätzen (Bild A-75):

k – 1 = 1 (Knotenpunktgleichung)

$$\underline{I}_2 = \underline{I}_3 + \underline{I}_1$$

Masche I:

$$\frac{1}{j\omega C} \cdot \underline{I}_1 - j\omega L \cdot \underline{I}_2 - \underline{Z}_3 \cdot \underline{I}_3 = 0$$

Bild A-75
Übungsaufgabe 4.14

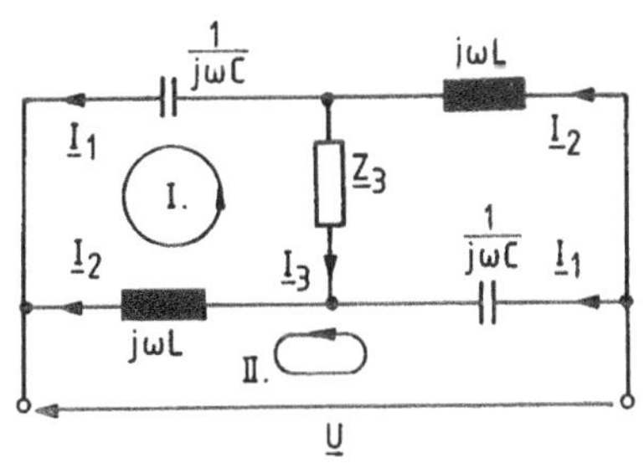

die Maschengleichung I mit der Knotenpunktgleichung ergibt

$$\left(\frac{1}{j\omega C} - j\omega L\right) \cdot \underline{I}_1 = (j\omega L + \underline{Z}_3) \cdot \underline{I}_3 \qquad \underline{I}_1 = \frac{j\omega L + \underline{Z}_3}{\dfrac{1}{j\omega C} - j\omega L} \cdot \underline{I}_3$$

Masche II:

$$-\underline{U} + \frac{1}{j\omega C} \cdot \underline{I}_1 + j\omega L \cdot \underline{I}_2 = 0 \qquad \text{bzw.} \qquad \underline{U} = j\omega L \cdot \underline{I}_2 + \frac{1}{j\omega C} \cdot \underline{I}_1$$

$$\underline{U} = j\omega L \cdot (\underline{I}_3 + \underline{I}_1) + \frac{1}{j\omega C} \cdot \underline{I}_1 = j\omega L \cdot \underline{I}_3 + \left(j\omega L + \frac{1}{j\omega C}\right) \cdot \underline{I}_1$$

$\underline{I}_1$ eingesetzt in die Maschengleichung II

$$\underline{U} = \left[j\omega L + \frac{\left(j\omega L + \dfrac{1}{j\omega C}\right)(j\omega L + \underline{Z}_3)}{\dfrac{1}{j\omega C} - j\omega L} \right] \cdot \underline{I}_3$$

$$\underline{I}_3 = \frac{\underline{U}}{\dfrac{j\omega L \left(\dfrac{1}{j\omega C} - j\omega L\right) + \left(j\omega L + \dfrac{1}{j\omega C}\right)(j\omega L + \underline{Z}_3)}{\dfrac{1}{j\omega C} - j\omega L}}$$

$$\underline{I}_3 = \frac{\underline{U}}{\dfrac{j\omega L (1 + \omega^2 LC) + (1 - \omega^2 LC)(j\omega L + R_3 + jX_3)}{1 + \omega^2 LC}}$$

$$\underline{I}_3 = \frac{\underline{U}}{R_3 \dfrac{1 - \omega^2 LC}{1 + \omega^2 LC} + j \cdot \dfrac{\omega 2L + X_3 - \omega^2 LCX_3}{1 + \omega^2 LC}}$$

Zu 3.   Wenn der Strom im Diagonalzweig i_3 gegenüber der Spannung u um 90° phasenverschoben sein soll, dann muss der Operator zwischen den komplexen Effektivwerten $\underline{I}_3$ und $\underline{U}$ imaginär sein, d. h. der Realteil des Operators muss Null sein:

$$R_3 \frac{1 - \omega^2 LC}{1 + \omega^2 LC} = 0 \quad \text{d. h.} \quad 1 - \omega^2 LC = 0 \quad \text{und} \quad \omega L = \frac{1}{\omega C}.$$

Der induktive Widerstand $X_L = \omega L$ muss gleich dem kapazitiven Widerstand $-X_C = 1/\omega C$ sein. Sind L und C gegeben, dann wird die Bedingung bei einer Kreisfrequenz $\omega = 1/\sqrt{LC}$ erreicht.

4.15

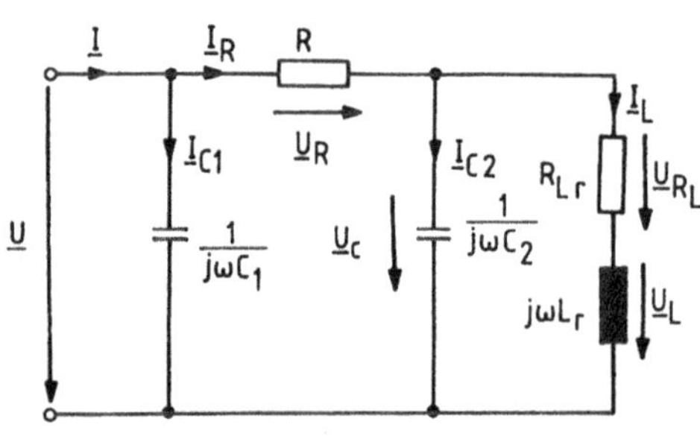

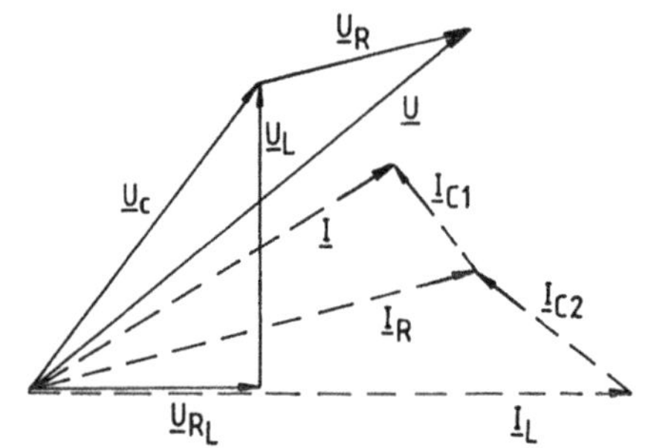

Bild A-76 Übungsaufgabe 4.15   **Bild A-77** Übungsaufgabe 4.15

Reihenfolge der Darstellung (qualitatives Zeigerbild A-77).

$$\underline{I}_L \qquad\qquad \underline{I}_{C2} = j\omega C_2 \cdot \underline{U}_C \qquad\qquad \underline{U} = \underline{U}_C + \underline{U}_R$$

$$\underline{U}_{R_L} = R_{Lr} \cdot \underline{I}_L \qquad \underline{I}_R = \underline{I}_L + \underline{I}_{C2} \qquad \underline{I}_{C1} = j\omega C_1 \cdot \underline{U}$$

$$\underline{U}_L = j\omega L \cdot \underline{I}_L \qquad \underline{U}_R = R \cdot \underline{I}_R \qquad\quad \underline{I} = \underline{I}_R + \underline{I}_{C1}$$

$$\underline{U}_C = \underline{U}_{R_L} + \underline{U}_L$$

4.16

Zu 1. Schaltbild im Bildbereich:

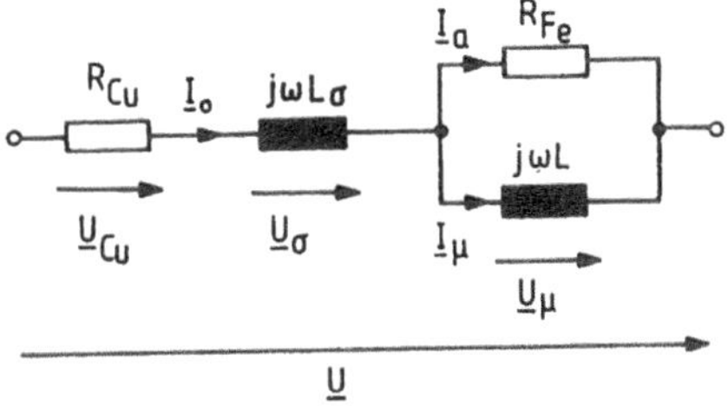

Bild A-78 Übungsaufgabe 4.16

Reihenfolge der Darstellung:

$$\underline{I}_\mu$$

$$\underline{U}_\mu = j\omega L \cdot \underline{I}_\mu$$

$$\underline{I}_a = \frac{\underline{U}_\mu}{R_{Fe}}$$

$$\underline{I}_0 = \underline{I}_\mu + \underline{I}_a$$

$$\underline{U}_{Cu} = R_{Cu} \cdot \underline{I}_0$$

$$\underline{U}_\sigma = j\omega L_\sigma \cdot \underline{I}_0$$

$$\underline{U} = \underline{U}_\mu + \underline{U}_{Cu} + \underline{U}_\sigma$$

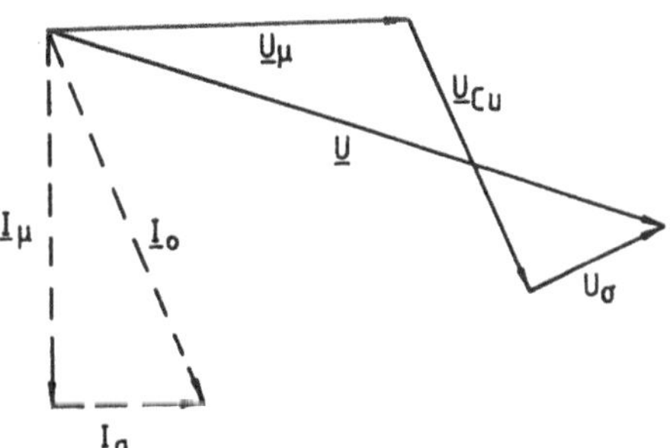

Bild A-79 Übungsaufgabe 4.16
(qualitatives Zeigerbild)

Zu 2. Berechnung der Effektivwerte:

$$I_\mu = 0{,}3A \triangleq 3cm$$

$$U_\mu = \omega L \cdot I_\mu$$

$$U_\mu = 2\pi \cdot 50s^{-1} \cdot 1{,}5H \cdot 0{,}3A$$

$$U_\mu = 141V \triangleq 3{,}5cm$$

$$I_a = \frac{U_\mu}{R_{Fe}} = \frac{141V}{708\Omega}$$

$$I_a = 0{,}2A \triangleq 2\,cm$$

$$I_0 = \sqrt{I_\mu{}^2 + I_a{}^2}$$

$$I_0 = \sqrt{(0{,}3A)^2 + (0{,}2A)^2}$$

$$I_0 = 0{,}36A \triangleq 3{,}6cm$$

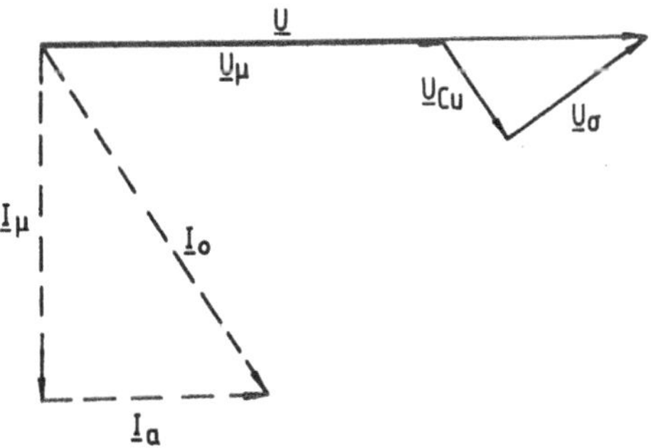

Bild A-80 Übungsaufgabe 4.16
(quantitatives Zeigerbild)

$$U_{Cu} = R_{Cu} \cdot I_0$$

$$U_{Cu} = 120\Omega \cdot 0{,}36A$$

$$U_{Cu} = 43{,}2V \triangleq 1{,}1\,cm$$

$$U_\sigma = \omega L_\sigma \cdot I_0 = 56{,}5V \triangleq 1{,}4\,cm$$

abgelesen aus dem Zeigerbild:

$$U = 216V \triangleq 5{,}4\,cm$$

4.17

Die Umwandlung der π-Schaltung in die äquivalente T-Schaltung entspricht einer Dreieck-Stern-Transformation nach Bild 4.67.

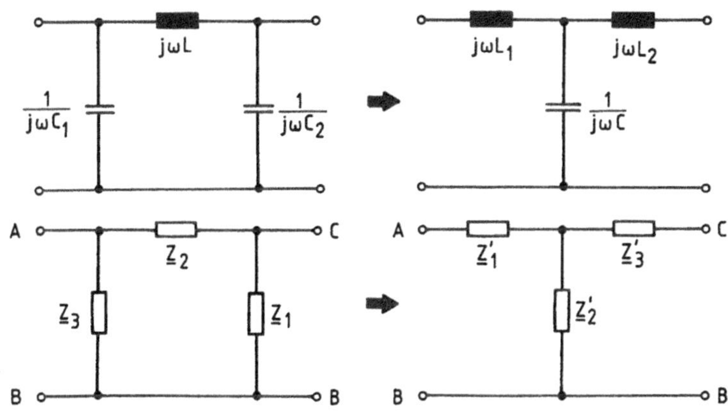

Bild A-81
Übungsaufgabe 4.17

Nach den Gleichungen (4.100) bis (4.102) ist

$$\underline{Z}_1' = \frac{\underline{Z}_2 \cdot \underline{Z}_3}{\underline{Z}_1 + \underline{Z}_2 + \underline{Z}_3} = \frac{j\omega L \cdot \dfrac{1}{j\omega C_1}}{\dfrac{1}{j\omega C_2} + j\omega L + \dfrac{1}{j\omega C_1}} = \frac{j\omega L}{j\omega C_1 \left(j\omega L + \dfrac{1}{j\omega}\dfrac{C_1 + C_2}{C_1 \cdot C_2} \right)}$$

$$\underline{Z}_1' = j\omega \cdot \frac{L}{\dfrac{C_1 + C_2}{C_2} - \omega^2 L C_1} = j\omega \cdot \frac{L \cdot C_2}{C_1 + C_2 - \omega^2 L C_1 C_2} = j\omega L_1$$

$$\underline{Z}_2' = \frac{\underline{Z}_3 \cdot \underline{Z}_1}{\underline{Z}_1 + \underline{Z}_2 + \underline{Z}_3} = \frac{\dfrac{1}{j\omega C_1} \cdot \dfrac{1}{j\omega C_2}}{\dfrac{1}{j\omega C_2} + j\omega L + \dfrac{1}{j\omega C_1}} = \frac{1}{j\omega L(-\omega^2 C_1 C_2) + j\omega(C_1 + C_2)}$$

$$\underline{Z}_2' = \frac{1}{j\omega(C_1 + C_2 - \omega^2 L C_1 C_2)} = \frac{1}{j\omega C}$$

$$\underline{Z}_3' = \frac{\underline{Z}_1 \cdot \underline{Z}_2}{\underline{Z}_1 + \underline{Z}_2 + \underline{Z}_3} = \frac{\dfrac{1}{j\omega C_2} \cdot j\omega L}{\dfrac{1}{j\omega C_2} + j\omega L + \dfrac{1}{j\omega C_1}} = \frac{j\omega L}{j\omega C_2 \left(j\omega L + \dfrac{1}{j\omega}\dfrac{C_1 + C_2}{C_1 \cdot C_2} \right)}$$

$$\underline{Z}_3' = j\omega \cdot \frac{L}{\dfrac{C_1 + C_2}{C_1} - \omega^2 L C_2} = j\omega \cdot \frac{L \cdot C_1}{C_1 + C_2 - \omega^2 L C_1 C_2} = j\omega L_2$$

Die Bauelemente der T-Schaltung betragen:

$$L_1 = \frac{L \cdot C_2}{C_1 + C_2 - \omega^2 L C_1 C_2}, \qquad\qquad L_2 = \frac{L \cdot C_1}{C_1 + C_2 - \omega^2 L C_1 C_2}$$

und

$$C = C_1 + C_2 - \omega^2 L C_1 C_2.$$

4.18

Zu 1.   Dreieck-Stern-Transformation in der Anderson-Brücke:

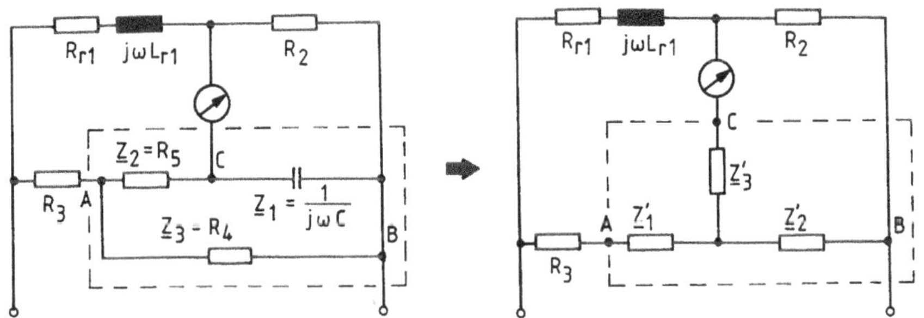

Bild A-82 Übungsaufgabe 4.18

$$\underline{Z}_1' = \frac{\underline{Z}_2 \cdot \underline{Z}_3}{\underline{Z}_1 + \underline{Z}_2 + \underline{Z}_3} = \frac{R_5 \cdot R_4}{\dfrac{1}{j\omega C} + R_5 + R_4} \qquad \text{ergibt} \quad \underline{Z}_3 = R_3 + \underline{Z}_1'$$

$$\underline{Z}_2' = \frac{\underline{Z}_3 \cdot \underline{Z}_1}{\underline{Z}_1 + \underline{Z}_2 + \underline{Z}_3} = \frac{R_4 \cdot \dfrac{1}{j\omega C}}{\dfrac{1}{j\omega C} + R_5 + R_4} \qquad \text{ergibt} \quad \underline{Z}_4 = \underline{Z}_2'$$

$$\underline{Z}_3' = \frac{\underline{Z}_1 \cdot \underline{Z}_2}{\underline{Z}_1 + \underline{Z}_2 + \underline{Z}_3} = \frac{\dfrac{1}{j\omega C} \cdot R_5}{\dfrac{1}{j\omega C} + R_5 + R_4} \qquad \underline{Z}_3' \text{ liegt im Diagonalzweig (ist bei Abgleich stromlos)}$$

Stern-Dreieck-Transformation in der Anderson-Brücke:

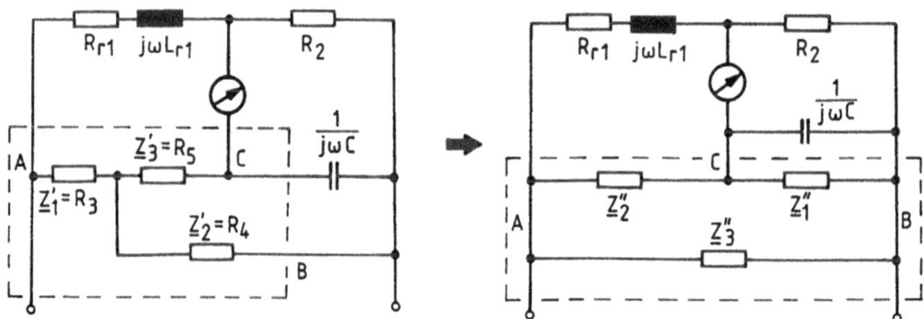

Bild A-83 Übungsaufgabe 4.18

$$\underline{Z}_1'' = \underline{Z}_2' + \underline{Z}_3' + \frac{\underline{Z}_2' \cdot \underline{Z}_3'}{\underline{Z}_1'} = R_4 + R_5 + \frac{R_4 \cdot R_5}{R_3} \qquad \text{ergibt} \quad \underline{Z}_4 = \frac{1}{j\omega C} \,\|\, \underline{Z}_1''$$

$$\underline{Z}_2'' = \underline{Z}_1' + \underline{Z}_3' + \frac{\underline{Z}_1' \cdot \underline{Z}_3'}{\underline{Z}_2'} = R_3 + R_5 + \frac{R_3 \cdot R_5}{R_4} \qquad \text{ergibt} \quad \underline{Z}_3 = \underline{Z}_2''$$

$$\underline{Z}_3'' = \underline{Z}_1' + \underline{Z}_2' + \frac{\underline{Z}_1' \cdot \underline{Z}_2'}{\underline{Z}_3'} = R_3 + R_4 + \frac{R_3 \cdot R_4}{R_5} \qquad \underline{Z}_3'' \ \text{liegt parallel zur Brücke}$$

Zu 2. $\underline{Z}_1 = R_{r1} + j\omega L_{r1} = \underline{Z}_2 \cdot \dfrac{\underline{Z}_3}{\underline{Z}_4}$

Dreieck-Stern-Transformation:

$$\underline{Z}_3 = R_3 + \underline{Z}_1' \quad \text{und} \quad \underline{Z}_4 = \underline{Z}_2'$$

$$R_{r1} + j\omega L_{r1} = R_2 \cdot \frac{R_3 + \dfrac{R_5 \cdot R_4}{\dfrac{1}{j\omega C} + R_5 + R_4}}{\dfrac{R_4 \cdot \dfrac{1}{j\omega C}}{\dfrac{1}{j\omega C} + R_5 + R_4}}$$

$$R_{r1} + j\omega L_{r1} = R_2 \cdot \frac{R_3 \cdot \left(\dfrac{1}{j\omega C} + R_5 + R_4 \right) + R_5 \cdot R_4}{R_4 \cdot \dfrac{1}{j\omega C}}$$

$$R_{r1} + j\omega L_{r1} = \frac{R_2}{R_4} \cdot \left[R_3 + j\omega C \cdot R_3 \cdot \left(R_5 + R_4 + \frac{R_5 R_4}{R_3} \right) \right]$$

$$R_{r1} + j\omega L_{r1} = \frac{R_2 R_3}{R_4} + j\omega C\, R_2 R_3 \cdot \left(1 + \frac{R_5}{R_4} + \frac{R_5}{R_3} \right)$$

$$\text{d. h.} \quad R_{r1} = \frac{R_2}{R_4} \cdot R_3 \quad \text{und} \quad L_{r1} = C R_2 R_3 \cdot \left(1 + \frac{R_5}{R_4} + \frac{R_5}{R_3} \right)$$

Stern-Dreieck-Transformation:

$$\underline{Z}_3 = \underline{Z}_2'' \quad \text{und} \quad \frac{1}{\underline{Z}_4} = j\omega C + \frac{1}{\underline{Z}_1''}$$

$$R_{rl} + j\omega L_{rl} = R_2 \cdot \underline{Z}_2'' \cdot \left(j\omega C + \frac{1}{\underline{Z}_1''} \right) = j\omega R_2 C \cdot \underline{Z}_2'' + R_2 \frac{\underline{Z}_2''}{\underline{Z}_1''}$$

$$R_{rl} + j\omega L_{rl} = j\omega R_2 C \left(R_3 + R_5 + \frac{R_3 R_5}{R_4} \right) + R_2 \cdot \frac{R_3 + R_5 + \dfrac{R_3 R_5}{R_4}}{R_4 + R_5 + \dfrac{R_4 R_5}{R_3}}$$

$$R_{rl} + j\omega L_{rl} = j\omega R_2 C \cdot \left(R_3 + R_5 + \frac{R_3 R_5}{R_4} \right) + R_2 \cdot \frac{R_3}{R_4} \cdot \frac{R_3 + R_5 + \dfrac{R_3 R_5}{R_4}}{R_4 \dfrac{R_3}{R_4} + R_5 \dfrac{R_3}{R_4} + \dfrac{R_4 R_5}{R_3} \cdot \dfrac{R_3}{R_4}}$$

$$R_{rl} + j\omega L_{rl} = j\omega R_2 C \cdot \left(R_3 + R_5 + \frac{R_3 R_5}{R_4} \right) + \frac{R_2 R_3}{R_4} \cdot \frac{R_3 + R_5 + \dfrac{R_3 R_5}{R_4}}{R_3 + R_5 + \dfrac{R_3 R_5}{R_4}}$$

$$R_{rl} + j\omega L_{rl} = \frac{R_2 R_3}{R_4} + j\omega C R_2 R_3 \cdot \left(1 + \frac{R_5}{R_4} + \frac{R_5}{R_3} \right)$$

$$\text{d. h.} \quad R_{rl} = \frac{R_2}{R_4} \cdot R_3 \quad \text{und} \quad L_{rl} = C R_2 R_3 \cdot \left(1 + \frac{R_5}{R_4} + \frac{R_5}{R_3} \right)$$

4.19

Zu 1.

$$\underline{Z}_1' = 0,2 - j \cdot 0,6 \qquad\qquad \underline{Y}_1' = 0,5 + j \cdot 1,5$$

$$\underline{Z}_2' = 0,4 - j \cdot 0,8 \qquad\qquad \underline{Y}_2' = 0,5 + j \cdot 1,0$$

$$\underline{Z}_3' = 0,4$$

$$B_p = G_0(B_2' - B_1') = \frac{1,0 - 1,5}{600\,\Omega} = -0,83\text{mS}$$

$$L_p = -\frac{1}{\omega B_p} = \frac{1}{2\pi \cdot 200 \cdot 10^6 \text{s}^{-1} \cdot 0,83 \cdot 10^{-3}\text{S}} = 955\text{nH}$$

$$X_r = R_0(X_3' - X_2') = 600\Omega(0 + 0,8) = 480\Omega$$

$$L_r = \frac{X_r}{\omega} = \frac{480\Omega}{2\pi \cdot 200 \cdot 10^6 \text{s}^{-1}} = 382\text{nH}$$

Zu 2.   Kontrollrechnung:

$$\underline{Z}_1 = 120\Omega - j \cdot 360\Omega \qquad \underline{Y}_1 = 0{,}833\text{mS} + j \cdot 2{,}5\text{mS}$$

$$\underline{Y}_2 = G_1 + j(B_1 + B_p) = 0{,}833\text{mS} + j \cdot (2{,}5 - 0{,}833)\text{mS} = 0{,}833\text{mS} + j \cdot 1{,}67\text{mS}$$

$$\underline{Z}_2 = 240\Omega - j \cdot 479{,}4\Omega \qquad \underline{Z}_3 = 240\Omega$$

4.5 Die Reihenschaltung und Parallelschaltung von ohmschen Widerständen, Induktivitäten und Kapazitäten

4.20

Zu 1. $\omega_0 = \dfrac{1}{\sqrt{L_r C_r}} = \dfrac{1}{\sqrt{0{,}2\text{H} \cdot 5 \cdot 10^{-6}\text{F}}} = 1000\text{s}^{-1}$

nach Gl. (4.115)

$$X_{kr} = \sqrt{\frac{L_r}{C_r}} = \sqrt{\frac{0{,}2\text{H}}{5 \cdot 10^{-6}\text{F}}} = 200\Omega$$

nach Gl. (4.118)

$$Q_r = \frac{X_{kr}}{R_r} = \frac{200\Omega}{20\Omega} = 10$$

Zu 2.   Nach Gl. (4.132)

$$\frac{I}{U/R_r} = \frac{1}{\sqrt{1 + Q_r^2 \cdot v_r^2}} = \frac{1}{\sqrt{1 + (10 \cdot v_r)^2}}$$

ω	$x = \dfrac{\omega}{\omega_0}$	$v_r = x - \dfrac{1}{x}$	$\dfrac{I}{U/R_r}$
s^{-1}	1	1	1
250	1/4	$-3{,}75$	0,0267
500	1/2	$-1{,}50$	0,0665
750	3/4	$-0{,}583$	0,169
900	9/10	$-0{,}211$	0,428
1000	1	0	1
1111	10/9	$+0{,}211$	0,428
1333	4/3	$+0{,}583$	0,169
2000	2	$+1{,}50$	0,0665
4000	4	$+3{,}75$	0,0267

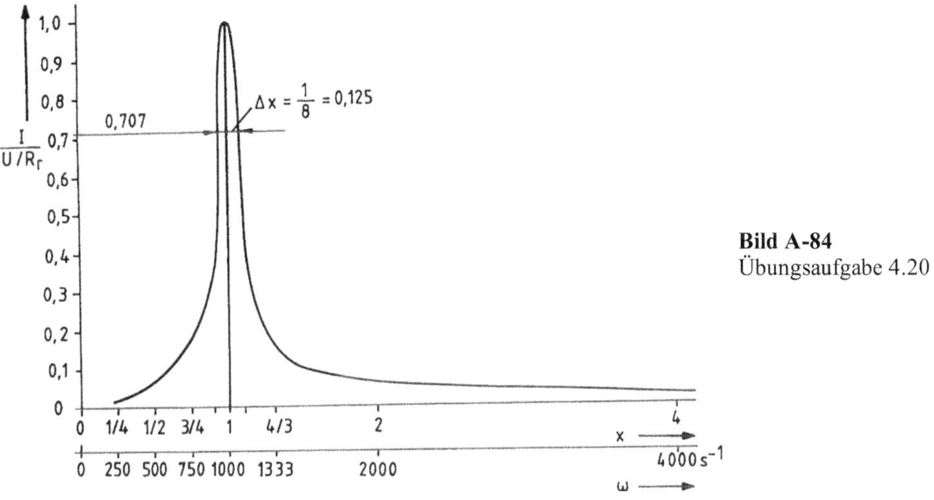

Bild A-84
Übungsaufgabe 4.20

Zu 3.

Bandbreite:	Grenzfrequenzen:	rechnerisch:

Bandbreite:

$\Delta x = 0,125$

$\Delta\omega = \omega_0 \cdot \Delta x$

$\Delta\omega = 1000 \text{ s}^{-1} \cdot 0,125$

$\Delta\omega = 125 \text{ s}^{-1}$

$\Delta f = \dfrac{\omega_0 \cdot \Delta x}{2\pi} = 20\text{Hz}$

Grenzfrequenzen:

$\omega_{g1} = 950 \text{ s}^{-1}$

$f_{g1} = 151\text{Hz}$

$\omega_{g2} = 1075 \text{ s}^{-1}$

$f_{g2} = 171\text{Hz}$

rechnerisch:

$\Delta x = 1/Q_r = 0,1$

$v_{g2,1} = x_{g2,1} - \dfrac{1}{x_{g2,1}} = \pm 0,1$

$x_{g2,1}^2 \mp 0,1 \cdot x_{g2,1} - 1 = 0$

$x_{g2} = 1,051 \qquad x_{g1} = 0,951$

$\omega_{g2} = 1051 \text{ s}^{-1} \qquad \omega_{g1} = 951 \text{ s}^{-1}$

4.21

Zu 1. Nach Gl. (4.124)

$$Q_r = \frac{f_0}{\Delta f} \quad \text{ist} \quad f_0 = Q_r \cdot \Delta f = 100 \cdot 5\text{kHz} = 500\text{kHz}$$

Zu 2. Nach Gl. (4.115)

$$X_{kr} = \omega_0 \cdot L_r = \frac{1}{\omega_0 \cdot C_r} = 500\Omega$$

$$L_r = \frac{X_{kr}}{\omega_0} = \frac{X_{kr}}{2\pi f_0} = \frac{500\Omega}{2\pi \cdot 500 \cdot 10^3 \text{s}^{-1}} = 160\mu\text{H}$$

$$C_r = \frac{1}{\omega_0 X_{kr}} = \frac{1}{2\pi \cdot f_0 \cdot 500\Omega} = \frac{1}{2\pi \cdot 500 \cdot 10^3 \text{s}^{-1} \cdot 500\Omega} = 637\text{pF}$$

nach Gl. (4.118)

$$Q_r = \frac{X_{kr}}{R_r} \quad \text{ist} \quad R_r = \frac{X_{kr}}{Q_r} = \frac{500\Omega}{100} = 5\Omega$$

4.22

Zu 1. $R_{Lr} \neq R_{Cr}$

$$R_{Lr}^2 = 10 \cdot 10^3 \Omega^2 < \frac{L_r}{C_r} = \frac{0,1\text{H}}{2 \cdot 10^{-6}\text{F}} = 50 \cdot 10^3 \Omega^2$$

$$R_{Cr}^2 = 100\Omega^2 \quad < \frac{L_r}{C_r} = 50 \cdot 10^3 \Omega^2$$

nach Gl. (4.152)

$$f_0 = \frac{1}{2\pi}\sqrt{\frac{1}{L_r C_r} \cdot \frac{R_{Lr}^2 - L_r/C_r}{R_{Cr}^2 - L_r/C_r}} = \frac{\omega_0}{2\pi}$$

$$f_0 = \frac{1}{2\pi}\sqrt{\frac{1}{0,1\text{H} \cdot 2 \cdot 10^{-6}\text{F}} \cdot \frac{10 \cdot 10^3 \Omega^2 - 50 \cdot 10^3 \Omega^2}{100\Omega^2 - 50 \cdot 10^3 \Omega^2}} = \frac{2,002 \cdot 10^3 \text{s}^{-1}}{2\pi} = 319\text{Hz}$$

nach Gl. (4.150) und $\omega C_p = \dfrac{1}{\omega L_p}$

$$Y_0 = \frac{1}{R_{Cp}} + \frac{1}{R_{Lp}} = \frac{R_{Cr}}{R_{Cr}^2 + \dfrac{1}{\omega_0^2 C_r^2}} + \frac{R_{Lr}}{R_{Lr}^2 + \omega_0^2 L_r^2}$$

$$Y_0 = \frac{10\Omega}{100\Omega^2 + \dfrac{1}{(2,002 \cdot 10^3 \text{s}^{-1} \cdot 2 \cdot 10^{-6}\text{F})^2}} + \frac{100\Omega}{10 \cdot 10^3 \Omega^2 + (2,002 \cdot 10^3 \text{s}^{-1} \cdot 0,1\text{H})^2}$$

$$Y_0 = 2,157 \cdot 10^{-3}\text{S} \qquad Z_0 = 464\Omega$$

Zu 2.   Nach Gl. (4.155)

$$\omega_0^* = \sqrt{\frac{1}{L_r C_r} - \left(\frac{R_{Lr}}{L_r}\right)^2} = \sqrt{\frac{1}{0,1\text{H} \cdot 2 \cdot 10^{-6}\text{F}} - \left(\frac{100\Omega}{0,1\text{H}}\right)^2} = 2,000 \cdot 10^3 \text{s}^{-1}$$

$$\omega_0 = 2,002 \cdot 10^3 \text{s}^{-1} \triangleq 100\%$$

$$\omega_0^* = 2,000 \cdot 10^3 \text{s}^{-1} \triangleq 99,9\% \text{ , das ist eine um 0,1\% niedrigere Kreisfrequenz.}$$

4.23

Zu 1. $\dfrac{\underline{I}_{Lr}}{\underline{I}} = \dfrac{\dfrac{1}{j\omega C_r}}{R_{Lr} + j\omega L_r + \dfrac{1}{j\omega C_r}}, \qquad \underline{I} = \dfrac{\underline{U}}{R + \dfrac{(R_{Lr} + j\omega L_r) \cdot \dfrac{1}{j\omega C_r}}{R_{Lr} + j\omega L_r + \dfrac{1}{j\omega C_r}}}$

$$\underline{I}_{Lr} = \frac{\dfrac{1}{j\omega C_r} \cdot \underline{U}}{R \cdot \left(R_{Lr} + j\omega L_r + \dfrac{1}{j\omega C_r}\right) + (R_{Lr} + j\omega L_r) \cdot \dfrac{1}{j\omega C_r}}$$

$$\underline{I}_{Lr} = \frac{\underline{U}}{(R + R_{Lr} - \omega^2 R\, L_r C_r) + j\omega\,(L_r + R\, R_{Lr} C_r)}$$

$$\frac{\underline{I}_C}{\underline{I}_{Lr}} = \frac{j\omega C_r}{\dfrac{1}{R_{Lr} + j\omega L_r}} = j\omega C_r \cdot (R_{Lr} + j\omega L_r)$$

$$\underline{I}_C = \frac{\dfrac{1}{j\omega C_r} \cdot \underline{U} \cdot j\omega C_r \cdot (R_{Lr} + j\omega L_r)}{R \cdot \left(R_{Lr} + j\omega L_r + \dfrac{1}{j\omega C_r}\right) + (R_{Lr} + j\omega L_r) \cdot \dfrac{1}{j\omega C_r}}$$

$$\underline{I}_C = \frac{\underline{U}}{R + \dfrac{R}{R_{Lr} + j\omega L_r} \cdot \dfrac{1}{j\omega C_r} + \dfrac{1}{j\omega C_r}}$$

$$\underline{I}_C = \frac{\underline{U}}{R + \dfrac{1}{j\omega C_r} + \dfrac{R}{-\omega^2 L_r C_r + j\omega R_{Lr} C_r}}$$

$$\underline{I}_C = \frac{\underline{U}}{R + \dfrac{1}{j\omega C_r} - \dfrac{R}{\omega^2 L_r C_r - j\omega R_{Lr} C_r} \cdot \dfrac{\omega^2 L_r C_r + j\omega R_{Lr} C_r}{\omega^2 L_r C_r + j\omega R_{Lr} C_r}}$$

$$\underline{I}_C = \frac{\underline{U}}{R \cdot \left(1 - \dfrac{\omega^2 L_r C_r}{\omega^4 L_r{}^2 C_r{}^2 + \omega^2 R_{Lr}{}^2 C_r{}^2}\right) - j \cdot \left(\dfrac{1}{\omega C_r} + \dfrac{\omega R\, R_{Lr} C_r}{\omega^4 L_r{}^2 C_r{}^2 + \omega^2 R_{Lr}{}^2 C_r{}^2}\right)}$$

Zu 2. $\quad \dfrac{\underline{U}_C}{\underline{U}} = \dfrac{\dfrac{1}{\dfrac{1}{R_{Lr} + j\omega L_r} + j\omega C_r}}{R + \dfrac{1}{\dfrac{1}{R_{Lr} + j\omega L_r} + j\omega C_r}} = \dfrac{1}{\left(\dfrac{1}{R_{Lr} + j\omega L_r} + j\omega C_r\right) \cdot R + 1}$

$$\frac{\underline{U}_C}{\underline{U}} = \frac{1}{\dfrac{R}{R_{Lr} + j\omega L_r} + j\omega R C_r + 1} = \frac{1}{\dfrac{R(R_{Lr} - j\omega L_r)}{R_{Lr}{}^2 + \omega^2 L_r{}^2} + j\omega R C_r + 1}$$

$$\underline{U}_C = \frac{\underline{U}}{\left(1 + \dfrac{R \cdot R_{Lr}}{R_{Lr}{}^2 + \omega^2 L_r{}^2}\right) + j\omega \cdot \left(R C_r - \dfrac{L_r R}{R_{Lr}{}^2 + \omega^2 L_r{}^2}\right)}$$

Zu 3. u_C und u sind in Phase, wenn der Operator zwischen $\underline{U}_C$ und $\underline{U}$ reell ist, d. h. wenn der Imaginärteil des Operators Null ist:

iC und u sind um 90° phasenverschoben, wenn der Operator imaginär ist, d. h. wenn der Realteil des Operators Null ist:

$$R\,C_r - \frac{L_r R}{R_{Lr}^2 + \omega^2 L_r^2} = 0$$

$$1 - \frac{\omega^2 L_r C_r}{\omega^4 L_r^2 C_r^2 + \omega^2 R_{Lr}^2 C_r^2} = 0$$

$$C_r = \frac{L_r}{R_{Lr}^2 + \omega^2 L_r^2}$$

$$\omega^4 L_r^2 C_r^2 + \omega^2 R_{Lr}^2 C_r^2 - \omega^2 L_r C_r = 0$$

$$R_{Lr}^2 + \omega^2 L_r^2 = \frac{L_r}{C_r}$$

$$\omega^2 L_r^2 C_r^2 = L_r C_r - R_{Lr}^2 C_r^2$$

$$\omega^2 = \frac{1}{L_r^2}\cdot\left(\frac{L_r}{C_r} - R_{Lr}^2\right)$$

$$\omega^2 = \frac{1}{L_r C_r} - \frac{R_{Lr}^2 C_r^2}{L_r^2 C_r^2}$$

$$\omega = \sqrt{\frac{1}{L_r C_r} - \left(\frac{R_{Lr}}{L_r}\right)^2}$$

$$\omega = \sqrt{\frac{1}{L_r C_r} - \left(\frac{R_{Lr}}{L_r}\right)^2}$$

Bei der gleichen Kreisfrequenz ω, das ist die Resonanzkreisfrequenz ω_0 des Praktischen Parallel-Resonanzkreises (Gl. 4.155), sind die genannten Bedingungen erfüllt.

Wenn u_C und u in Phase sind, muss auch u_R mit u in Phase sein, und da $u_R = R \cdot i$ ist, muss der Strom i mit u in Phase sein.

Wenn u_C und u in Phase sind, dann muss auch i_C gegenüber u um 90° phasenverschoben sein.

4.24

Zu 1. Reihenfolge der Zeigerdarstellung

Zeigerbild für $\omega = 1000\,\mathrm{s}^{-1}$: (Bild A-85)

$\underline{I}_{Lr}$

$I_{Lr} = 10\,\mathrm{mA}$

$\underline{U}_R = R_{Lr}\cdot\underline{I}_{Lr}$

$U_R = R_{Lr}\cdot I_{Lr} = 100\,\Omega\cdot 10\cdot 10^{-3}\mathrm{A} = 1\mathrm{V}$

$\underline{U}_L = j\omega L_r\cdot\underline{I}_{Lr}$

$U_L = \omega L_r\cdot I_{Lr} = 1000\,\mathrm{s}^{-1}\cdot 0{,}1\mathrm{H}\cdot 10\cdot 10^{-3}\mathrm{A} = 1\mathrm{V}$

$\underline{U} = \underline{U}_C = \underline{U}_R + \underline{U}_L$

$U = U_C = \sqrt{U_R^2 + U_L^2} = \sqrt{2}\ \mathrm{V} = 1{,}414\mathrm{V}$

$\underline{I}_C = j\omega C_r\cdot\underline{U}$

$I_C = \omega C_r\cdot U = 1000\,\mathrm{s}^{-1}\cdot 2\cdot 10^{-6}\mathrm{F}\cdot\sqrt{2}\ \mathrm{V} = 2{,}83\mathrm{mA}$

$\underline{I} = \underline{I}_{Lr} + \underline{I}_C$

$I = 8{,}2\mathrm{mA}\quad \varphi_1 = 31°$

$$\underline{Y}_{p1} = G_{p1} + j\,B_{p1} = \frac{I}{U}\cdot\cos\varphi_1 - j\cdot\frac{I}{U}\cdot\sin\varphi_1$$

$$\underline{Y}_{p1} = 4{,}97\mathrm{mS} - j\,2{,}99\mathrm{mS}$$

(induktiver komplexer Leitwert)

Zeigerbild für $\omega = 2000\ s^{-1}$:

$$I_{Lr} = 10\text{mA}$$

$$U_R = 1V \qquad U_L = 2V$$

$$U = U_C = \sqrt{5}\ V = 2{,}24V$$

$$I_C = 2000\ s^{-1} \cdot 2 \cdot 10^{-6}\ F \cdot \sqrt{5}\ V$$

$$I_C = 8{,}94\text{mA}$$

$$I = 4{,}3\text{mA} \qquad \varphi_2 = 0°$$

$$\underline{Y}_{p2} = \underline{G}_{p2} + j\,B_{p2} = \frac{I}{U} = \frac{4{,}3\ \text{mA}}{2{,}24\ \text{V}}$$

$$\underline{Y}_{p2} = \underline{G}_{p2} = 1{,}92\text{mS} \quad \text{mit} \quad B_{p2} = 0$$

(ohmscher komplexer Leitwert)

Zeigerbild für $\omega = 3000\ s^{-1}$:

$$I_{Lr} = 10\text{mA}$$

$$U_R = 1V \qquad U_L = 3V$$

$$U = U_C = \sqrt{10}\ V = 3{,}16V$$

$$I_C = 3000\ s^{-1} \cdot 2 \cdot 10^{-6}\ F \cdot \sqrt{10}\ V$$

$$I_C = 18{,}97\text{mA}$$

$$I = 10\text{mA} \qquad \varphi_3 = -71°$$

$$\underline{Y}_{p3} = \underline{G}_{p3} + j\,B_{p3}$$

$$\underline{Y}_{p3} = \frac{I}{U}\cos\varphi_3 - j\frac{I}{U}\sin\varphi_3$$

$$\underline{Y}_{p3} = 1{,}03\text{mS} + j\,2{,}99\text{mS}$$

(kapazitiver komplexer Leitwert)

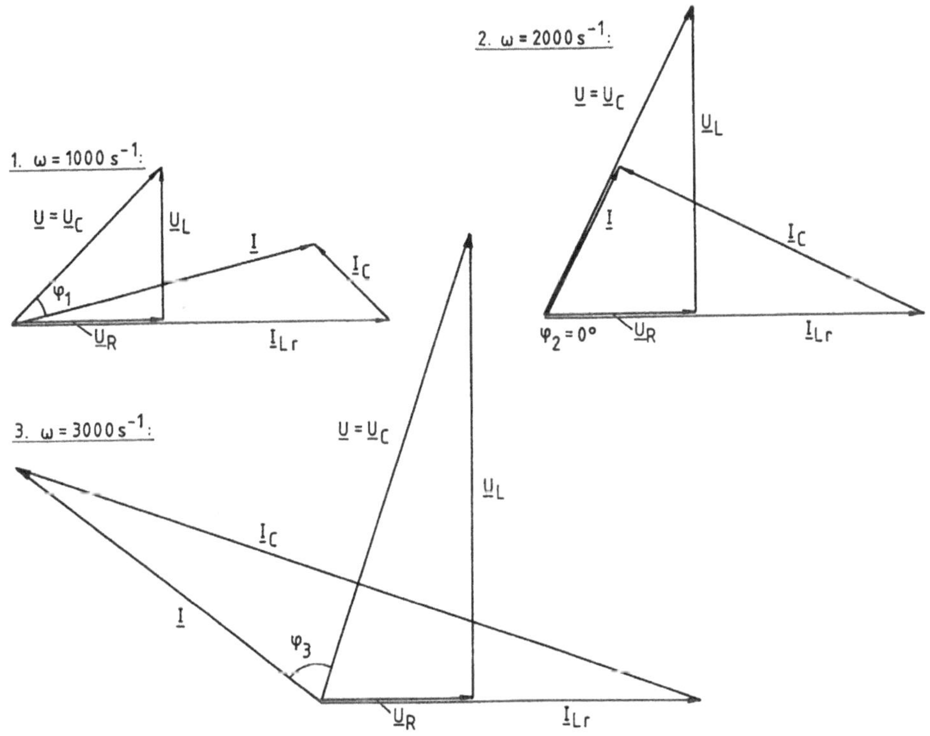

Bild A-85 Übungsaufgabe 4.24

Zu 2.   Nach Gl. (4.156)

$$\underline{Y}_p = \frac{R_{Lr}}{R_{Lr}{}^2 + \omega^2 L_r{}^2} + j \cdot \left(\omega C_r - \frac{\omega L_r}{R_{Lr}{}^2 + \omega^2 L_r{}^2} \right)$$

$\underline{\omega = 1000 s^{-1}}$: $R_{Lr}{}^2 + \omega^2 L_r{}^2 = (100\Omega)^2 + (1000 s^{-1} \cdot 0{,}1 H)^2 = 20 \cdot 10^3 \Omega^2$

$$\underline{Y}_{p1} = \frac{100\Omega}{20 \cdot 10^3 \Omega^2} + j \cdot \left(1000 s^{-1} \cdot 2 \cdot 10^{-6} F - \frac{1000 s^{-1} \cdot 0{,}1 H}{20 \cdot 10^3 \Omega^2} \right)$$

$$\underline{Y}_{p1} = 5 mS + j \cdot (2 mS - 5 mS) = 5 mS - j \cdot 3 mS$$

$\underline{\omega = 2000 s^{-1}}$: $R_{Lr}{}^2 + \omega^2 L_r{}^2 = (100\Omega)^2 + (2000 s^{-1} \cdot 0{,}1 H)^2 = 50 \cdot 10^3 \Omega^2$

$$\underline{Y}_{p2} = 2 mS + j \cdot (4 mS - 4 mS) = 2 mS$$

$\underline{\omega = 3000 s^{-1}}$: $R_{Lr}{}^2 + \omega^2 L_r{}^2 = (100\Omega)^2 + (3000 s^{-1} \cdot 0{,}1 H)^2 = 50 \cdot 10^3 \Omega^2$

$$\underline{Y}_{p3} = 1 mS + j \cdot (6 mS - 3 mS) = 1 mS + j \cdot 3 mS$$

4.25

Zu 1. $$\omega_0 = \sqrt{\frac{1}{L_r C_r} - \left(\frac{R_{Lr}}{L_r} \right)^2} = \sqrt{\frac{1}{0{,}1 H \cdot 2 \cdot 10^{-6} F} - \left(\frac{100\Omega}{0{,}1 H} \right)^2} = 2000 s^{-1}$$

$$R_{Lp} = \frac{L_r}{R_{Lr} \cdot C_r} = \frac{0{,}1 H}{100\Omega \cdot 2 \cdot 10^{-6} F} = 500\Omega \quad C_p = C_r = 2\mu F$$

$$L_p = \frac{R_{Lr}{}^2 + \omega_0{}^2 L_r{}^2}{\omega_0{}^2 L_r} = \frac{(100\Omega)^2 + (2000 s^{-1} \cdot 0{,}1 H)^2}{(2000 s^{-1})^2 \cdot 0{,}1 H} = 125 mH$$

$$Q_p = \sqrt{\frac{L_r}{R_{Lr}{}^2 C_r} - 1} = \sqrt{\frac{0{,}1 H}{(100\Omega)^2 \cdot 2 \cdot 10^{-6} F} - 1} = 2 \qquad \text{s. Gl. (4.157)}$$

Zu 2. $$I = \frac{U}{\sqrt{R_r{}^2 + X_{kr}{}^2 \cdot \left(x - \frac{1}{x} \right)^2}} \qquad\qquad U = \frac{I}{\sqrt{G_p{}^2 + B_{kp}{}^2 \cdot \left(x - \frac{1}{x} \right)^2}}$$

$$I = \frac{U}{R_r \sqrt{1 + Q_r{}^2 \cdot \left(x - \frac{1}{x} \right)^2}} \qquad\qquad U = \frac{I}{G_p \sqrt{1 + Q_p{}^2 \cdot \left(x - \frac{1}{x} \right)^2}}$$

$$\text{mit } Q_r = \frac{X_{kr}}{R_r} \qquad\qquad\qquad\qquad \text{mit } Q_p = \frac{B_{kp}}{G_p}$$

$$\frac{I}{U / R_r} = \frac{1}{\sqrt{1 + Q_r{}^2 \cdot \left(x - \frac{1}{x} \right)^2}} \qquad\qquad \frac{U}{I / G_p} = \frac{1}{\sqrt{1 + Q_p{}^2 \cdot \left(x - \frac{1}{x} \right)^2}}$$

Zu 2. $\dfrac{U}{I/G_p} = \dfrac{1}{\sqrt{1 + 4 \cdot \left(x - \dfrac{1}{x}\right)^2}}$ mit $x = \dfrac{\omega}{\omega_0}$ $\omega_0 = 2000\,\mathrm{s}^{-1}$

ω	in s^{-1}	500	1000	1500	2000	2666	4000	8000
x	in 1	1/4	1/2	3/4	1	4/3	2	4
$\dfrac{U}{I/G_p}$	in 1	0,132	0,316	0,651	1	0,651	0,316	0,132

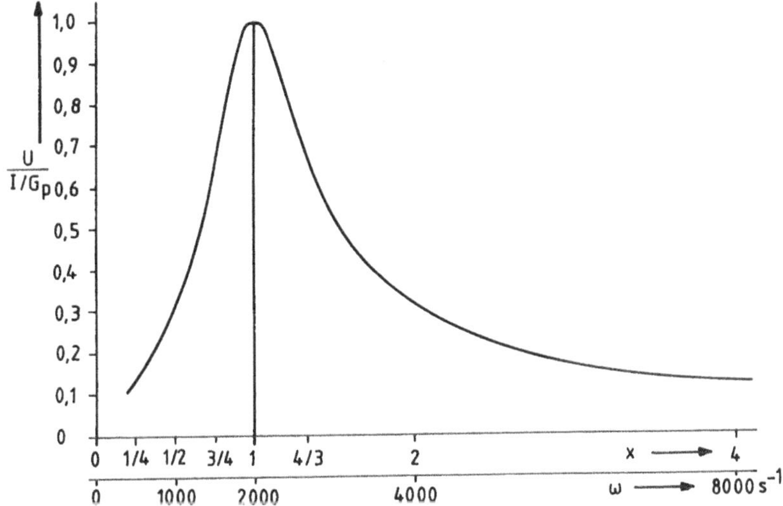

Bild A-86 Übungsaufgabe 4.25

4.6 Spezielle Schaltungen der Wechselstromtechnik

4.26

Zu 1. $\dfrac{\underline{I}_1}{\underline{I}_2} = \dfrac{\dfrac{1}{j\omega C_p}}{\dfrac{1}{j\omega C_p} + R_{r1} + j\omega L_{r1}}$ mit $\underline{I}_2 = \dfrac{\underline{U}}{\dfrac{\dfrac{1}{j\omega C_p}(R_{r1} + j\omega L_{r1})}{\dfrac{1}{j\omega C_p} + R_{r1} + j\omega L_{r1}} + R_{r2} + j\omega L_{r2}}$

$$\underline{I}_1 = \dfrac{\dfrac{1}{j\omega C_p} \cdot \underline{U}}{\dfrac{1}{j\omega C_p}(R_{r1} + j\omega L_{r1}) + \left(\dfrac{1}{j\omega C_p} + R_{r1} + j\omega L_{r1}\right)(R_{r2} + j\omega L_{r2})}$$

$$\underline{I}_1 = \frac{\underline{U}}{R_{r1} + j\omega L_{r1} + (1 + j\omega C_p R_{r1} - \omega^2 C_p L_{r1})(R_{r2} + j\omega L_{r2})}$$

$$\underline{I}_1 = \frac{\underline{U}}{(R_{r1} + R_{r2} - \omega^2 C_p L_{r1} R_{r2} - \omega^2 C_p L_{r2} R_{r1}) + j\omega \cdot (L_{r1} + L_{r2} + C_p R_{r1} R_{r2} - \omega^2 C_p L_{r1} L_{r2})}$$

$$\underline{I}_1 = \frac{\underline{U}}{[R_{r1} + R_{r2} - \omega^2 C_p(L_{r1} R_{r2} + L_{r2} R_{r1})] + j\omega \cdot [L_{r1} + L_{r2} + C_p R_{r1} R_{r2} - \omega^2 C_p L_{r1} L_{r2}]}$$

Zu 2. Die Phasenverschiebung zwischen i_1 und u beträgt 90°, wenn der Realteil des Widerstandsoperators gleich Null ist:

$$R_{r1} + R_{r2} - \omega^2 C_p(L_{r1} R_{r2} + L_{r2} R_{r1}) = 0,$$

nach C_p aufgelöst;

$$C_p = \frac{R_{r1} + R_2}{\omega^2(L_{r1} R_{r2} + L_{r2} R_{r1})}$$

Zu 3. Strom i_1 und Spannung u sind in Phase bzw. um 180° phasenverschoben, wenn der Widerstandsoperator reell ist, d. h. wenn der Imaginärteil Null gesetzt wird:

$$\omega[L_{r1} + L_{r2} + C_p R_{r1} R_{r2} - \omega^2 C_p L_{r1} L_{r2}] = 0$$

1. bei $\omega = 0$ (Gleichspannung)

$$I_1 = \frac{U}{R_{r1} + R_{r2}}, \qquad \underline{Z} = R_{r1} + R_{r2}$$

2. mit $L_{r1} + L_{r2} + C_p R_{r1} R_{r2} - \omega^2 C_p L_{r1} L_{r2} = 0$

bei $\quad \omega = \sqrt{\dfrac{L_{r1} + L_{r2} + C_p R_{r1} R_{r2}}{C_p L_{r1} L_{r2}}} = \sqrt{\dfrac{1}{C_p}\left(\dfrac{1}{L_{r1}} + \dfrac{1}{L_{r2}}\right) + \dfrac{R_{r1} R_{r2}}{L_{r1} L_{r2}}}$

$$\underline{I}_1 = \frac{\underline{U}}{R_{r1} + R_{r2} - \left[\dfrac{1}{C_p}\left(\dfrac{1}{L_{r1}} + \dfrac{1}{L_{r2}}\right) + \dfrac{R_{r1} R_{r2}}{L_{r1} L_{r2}}\right] \cdot C_p(L_{r1} R_{r2} + L_{r2} R_{r1})}$$

$$\underline{I}_1 = \frac{\underline{U}}{R_{r1} + R_{r2} - \left[\left(\dfrac{1}{L_{r1}} + \dfrac{1}{L_{r2}}\right)L_{r1} R_{r2} + \left(\dfrac{1}{L_{r1}} + \dfrac{1}{L_{r2}}\right)\right]L_{r2} R_{r1} + \dfrac{C_p R_{r1} R_{r2}}{L_{r1} L_{r2}}(L_{r1} R_{r2} + L_{r2} R_{r1})}$$

$$\underline{I}_1 = \frac{\underline{U}}{R_{r1} + R_{r2} - \left[R_{r2} + \dfrac{L_{r1}}{L_{r2}}R_{r2} + \dfrac{L_{r2}}{L_{r1}}R_{r1} + R_{r1} + C_p R_{r1} R_{r2}\left(\dfrac{R_{r2}}{L_{r2}} + \dfrac{R_{r1}}{L_{r1}}\right)\right]}$$

$$\underline{I}_1 = \frac{\underline{U}}{-\left[\dfrac{L_{r1}}{L_{r2}}R_{r2} + \dfrac{L_{r2}}{L_{r1}}R_{r1} + C_p R_{r1} R_{r2}\left(\dfrac{R_{r2}}{L_{r2}} + \dfrac{R_{r1}}{L_{r1}}\right)\right]}$$

mit $\quad \underline{Z} = -\left[\dfrac{L_{r1}}{L_{r2}}R_{r2} + \dfrac{L_{r2}}{L_{r1}}R_{r1} + C_p R_{r1} R_{r2}\left(\dfrac{R_{r2}}{L_{r2}} + \dfrac{R_{r1}}{L_{r1}}\right)\right]$

4.27

Zu 1. $$C_p = \frac{R_{r1} + R_{r2}}{\omega^2(L_{r1}R_{r2} + L_{r2}R_{r1})} = \frac{200\Omega + 100\Omega}{(2\pi \cdot 200s^{-1})^2 \cdot (0,4H \cdot 100\Omega + 0,2H \cdot 200\Omega)}$$

$$C_p = 2,375\mu F \approx 2,4\mu F$$

Zu 2. Reihenfolge der Zeigerdarstellung:

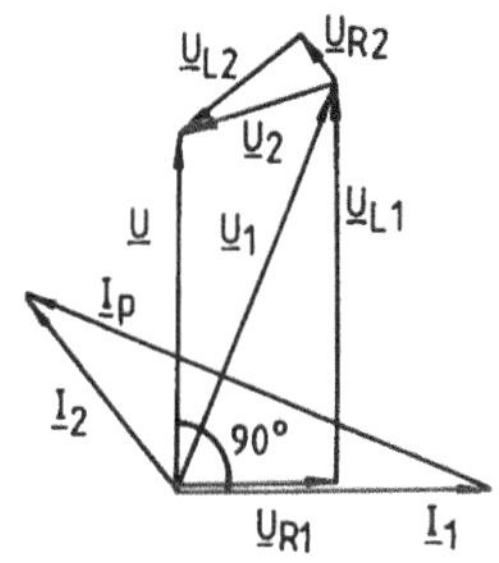

$\underline{I}_1$	$I_1 = 20\text{mA}$
$\underline{U}_{R1} = R_{r1} \cdot \underline{I}_1$	$U_{R1} = 4\text{V}$
$\underline{U}_{L1} = j\omega L_{r1} \cdot \underline{I}_1$	$U_{L1} = 10,05\text{V}$
$\underline{U}_1 = \underline{U}_{R1} + \underline{U}_{L1}$	$U_1 = 10,82\text{V}$
$\underline{I}_p = j\omega C_p \cdot \underline{U}_1$	$I_p = 32,3\text{mA}$
$\underline{I}_2 = \underline{I}_1 + \underline{I}_p$	$I_2 = 15\text{mA}$
$\underline{U}_{R2} = R_{r2} \cdot \underline{I}_2$	$U_{R2} = 1,5\text{V}$
$\underline{U}_{L2} = j\omega L_{r2} \cdot \underline{I}_2$	$U_{L2} = 3,77\text{V}$
$\underline{U}_2 = \underline{U}_{R2} + \underline{U}_{L2}$	$U_2 = 4,2\text{V}$
$\underline{U} = \underline{U}_1 + \underline{U}_2$	$U = 8,8\text{V}$

Bild A-87 Übungsaufgabe 4.27

Zu 3. nach Aufgabe 4.26:

1. bei $\omega = 0$ (Gleichspannung): $\underline{Z} = R_{r1} + R_{r2} = 200\Omega + 100\Omega = 300\Omega$

2. bei $\omega = \sqrt{\dfrac{1}{2,4 \cdot 10^{-6}\,\text{F}}\left(\dfrac{1}{0,4H} + \dfrac{1}{0,2H}\right) + \dfrac{200\Omega \cdot 100\Omega}{0,4H \cdot 0,2H}} = 1,837 \cdot 10^3 s^{-1}$ mit $\omega^2 = 3,375 \cdot 10^6 s^{-2}$

$$\underline{Z} = R_{r1} + R_{r2} - \omega^2 C_p(L_{r1}R_{r2} + L_{r2}R_{r1})$$

$$\underline{Z} = 200\Omega + 100\Omega - 3,375 \cdot 10^6 s^{-2} \cdot 2,4 \cdot 10^{-6}\,\text{F} \cdot (0,4H \cdot 100\Omega + 0,2H \cdot 200\Omega) = -348\Omega$$

Effektivwerte für das Zeigerbild:

$I_1 = 20$ mA

$U_{R1} = 4$V

$U_{L1} = 14,7$V

$U_1 = 15,2$V

$I_p = 67$mA

$I_2 = 48$mA

$U_{R2} = 4,8$V

$U_{L2} = 17,6$V

$U_2 = 18,3$V

$U = 7$V

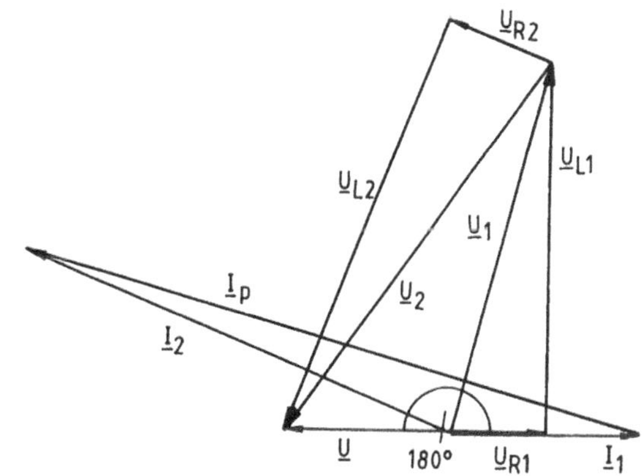

Bild A-88 Übungsaufgabe 4.27

4.28

Zu 1. $\dfrac{\underline{Z}_1}{\underline{Z}_2} = \dfrac{\underline{Z}_3}{\underline{Z}_4}$

$$\underline{Z}_3 = \frac{\underline{Z}_1 \cdot \underline{Z}_4}{\underline{Z}_2}$$

$$R_{r3} + j\omega L_{r3} = \frac{R_1 \cdot R_4}{R_{r2} + \dfrac{1}{j\omega C_{r2}}}$$

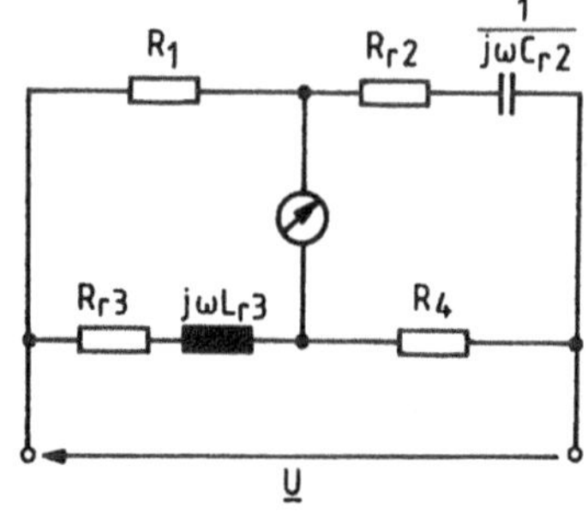

Bild A-89 Übungsaufgabe 4.28

$$R_{r3} + j\omega L_{r3} = \frac{R_1 \cdot R_4}{R_{r2} - j\dfrac{1}{\omega C_{r2}}} \cdot \frac{R_{r2} + j\dfrac{1}{\omega C_{r2}}}{R_{r2} + j\dfrac{1}{\omega C_{r2}}}$$

$$R_{r3} + j\omega L_{r3} = \frac{R_1 \cdot R_4 \cdot R_{r2} + j \cdot \dfrac{1}{\omega C_{r2}} \cdot R_1 \cdot R_4}{R_{r2}{}^2 + \dfrac{1}{\omega^2 C_{r2}{}^2}}$$

$$R_{r3} + j\omega L_{r3} = \frac{\omega^2 \cdot C_{r2}{}^2 \cdot R_1 \cdot R_4 \cdot R_{r2} + j \cdot \omega \cdot C_{r2} \cdot R_1 \cdot R_4}{\omega^2 \cdot R_{r2}{}^2 \cdot C_{r2}{}^2 + 1}$$

d. h. $R_{r3} = \dfrac{\omega^2 \cdot C_{r2}{}^2 \cdot R_1 \cdot R_4 \cdot R_{r2}}{\omega^2 \cdot R_{r2}{}^2 \cdot C_{r2}{}^2 + 1}$ und $L_{r3} = \dfrac{C_{r2} \cdot R_1 \cdot R_4}{\omega^2 \cdot R_{r2}{}^2 \cdot C_{r2}{}^2 + 1}$.

Der Abgleich der Brücke ist frequenzabhängig, weil ω in der Abgleich-Bedingung vorkommt.

Zu 2.   nach Gl. (4.178)

$$R_{r3} = \frac{R_1}{R_{p2}} R_4 = \frac{\omega^2 \cdot C_{r2}{}^2 \cdot R_1 \cdot R_4 \cdot R_{r2}}{\omega^2 \cdot R_{r2}{}^2 \cdot C_{r2}{}^2 + 1}$$

daraus folgt

$$R_{p2} = \frac{\omega^2 \cdot R_{r2}{}^2 \cdot C_{r2}^2 + 1}{\omega^2 \cdot C_{r2}{}^2 \cdot R_{r2}} = \frac{R_{r2}{}^2 + \dfrac{1}{\omega^2 C_{r2}{}^2}}{R_{r2}} \qquad \text{(vgl. Gl. (4.69), äquivalente Schaltungen)}$$

und aus

$$L_{r3} = R_1 \cdot R_4 \cdot C_{p2} = \frac{C_{r2} \cdot R_1 \cdot R_4}{\omega^2 \cdot R_{r2}{}^2 \cdot C_{r2}{}^2 + 1}$$

folgt

$$C_{p2} = \frac{C_{r2}}{\omega^2 \cdot R_{r2}{}^2 \cdot C_{r2}{}^2 + 1} = \frac{\dfrac{1}{\omega^2 C_{r2}}}{R_{r2}{}^2 + \dfrac{1}{\omega^2 C_{r2}{}^2}} \qquad \text{(vgl. Gl. (4.69), äquivalente Schaltungen)}$$

Zu 3.   Mit $\omega \cdot R_{r2} \cdot C_{r2} = 1$ bzw. $\omega^2 \cdot R_{r2}^2 \cdot C_{r2}^2 = 1$

ergeben sich für

$$R_{r3} = \frac{R_1 \cdot R_4}{2\,R_{r2}} \quad \text{und} \quad L_{r3} = \frac{C_{r2} \cdot R_1 \cdot R_4}{2}.$$

Der Abgleich der Brücke ist dann frequenzunabhängig.

4.29

$$\frac{\underline{Z}_1}{\underline{Z}_2} = \frac{\underline{Z}_3}{\underline{Z}_4} \quad \text{bzw.} \quad \underline{Z}_1 \cdot \underline{Z}_4 = \underline{Z}_2 \cdot \underline{Z}_3$$

Zu 1.   siehe Bild A-90

$$\left(R_{r1} + \frac{1}{j\omega C_{r1}} \right) \cdot R_4 = \left(R_{r2} + \frac{1}{j\omega C_{r2}} \right) \cdot R_3$$

$$R_{r1} R_4 + \frac{R_4}{j\omega C_{r1}} = R_{r2} R_3 + \frac{R_3}{j\omega C_{r2}}$$

d. h.

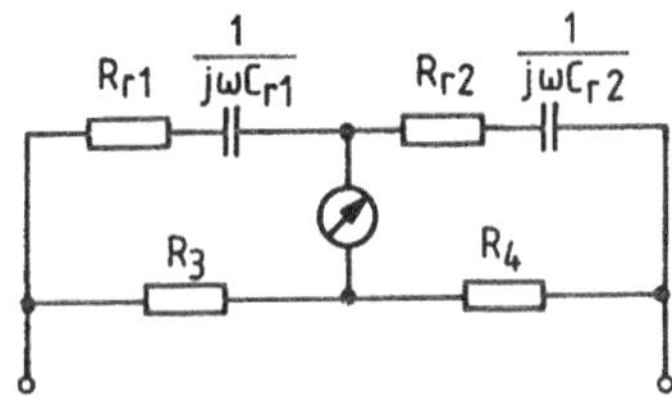

Bild A-90 Übungsaufgabe 4.29 (1)

$$R_{r1} R_4 = R_{r2} R_3 \quad \text{bzw.} \quad \frac{R_{r1}}{R_{r2}} = \frac{R_3}{R_4}$$

und $\dfrac{R_4}{C_{r1}} = \dfrac{R_3}{C_{r2}} \quad \text{bzw.} \quad \dfrac{C_{r2}}{C_{r1}} = \dfrac{R_3}{R_4}$

Die Brücke ist frequenzunabhängig.

Anwendung: Messung von verlustbehafteten Kondensatoren (vgl. Bild 4.123 und Gl. 4.172).

Zu 2.   siehe Bild A-19

$$\frac{1}{\dfrac{1}{R_{p1}} + j\omega C_{p1}} \cdot R_4 = \frac{1}{\dfrac{1}{R_{p2}} + j\omega C_{p2}} \cdot R_3$$

$$\frac{\dfrac{1}{R_{p1}} + j\omega C_{p1}}{R_4} = \frac{\dfrac{1}{R_{p2}} + j\omega C_{p2}}{R_3}$$

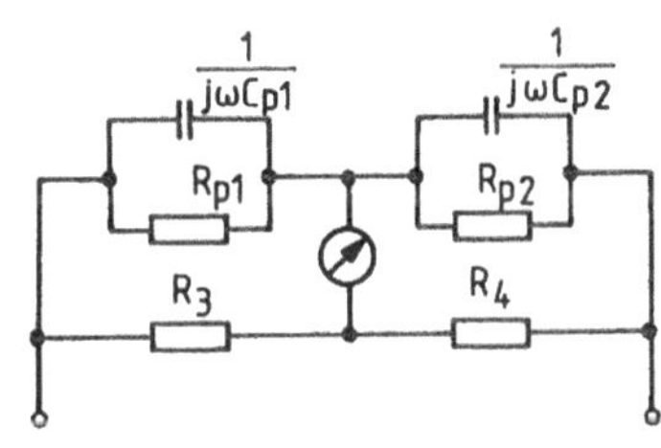

Bild A-91 Übungsaufgabe 4.29 (2)

$$\frac{1}{R_{p1} R_4} + j\omega \cdot \frac{C_{p1}}{R_4} = \frac{1}{R_{p2} R_3} + j\omega \cdot \frac{C_{p2}}{R_3}$$

d h $R_{p1} R_4 = R_{p2} R_3 \quad \text{bzw.} \quad \dfrac{R_{p1}}{R_{p2}} = \dfrac{R_3}{R_4}$

und

$$\frac{C_{p1}}{R_4} = \frac{C_{p2}}{R_3} \quad \text{bzw.} \quad \frac{C_{p2}}{C_{p1}} = \frac{R_3}{R_4}$$

Die Brücke ist frequenzunabhängig.

Anwendung: Messung von verlustbehafteten Kondensatoren.

Zu 3.   siehe Bild A-92

$$\frac{1}{\dfrac{1}{R_{pl}} + j\omega C_{pl}} \cdot R_4 = \left(R_{r2} + \frac{1}{j\omega\, C_{r2}} \right) \cdot R_3$$

$$R_4 = \left(R_{r2} + \frac{1}{j\omega C_{r2}} \right)\left(\frac{1}{R_{pl}} + j\omega C_{pl} \right) \cdot R_3$$

$$\frac{R_4}{R_3} = \frac{R_{r2}}{R_{pl}} + \frac{1}{j\omega C_{r2} R_{pl}} + j\omega R_{r2} C_{pl} + \frac{C_{pl}}{C_{r2}}$$

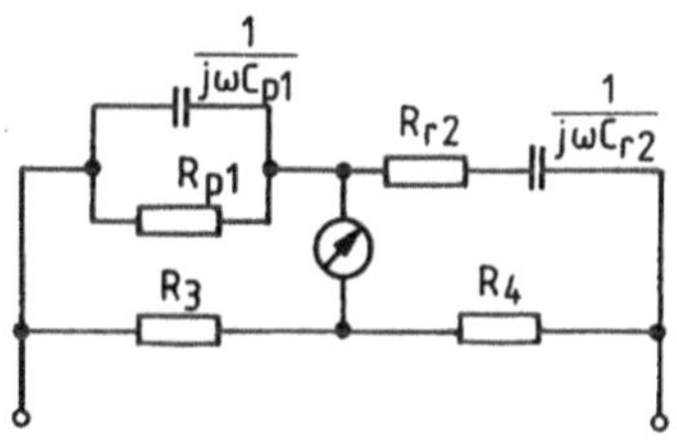

Bild A-92 Übungsaufgabe 4.29 (3)

d. h.

$$\frac{R_4}{R_3} = \frac{R_{r2}}{R_{pl}} + \frac{C_{pl}}{C_{r2}}$$

und

$$0 = -j\frac{1}{\omega C_{r2} R_{pl}} + j\omega R_{r2} C_{pl} \quad \text{bzw.} \quad \frac{1}{\omega C_{r2} R_{pl}} = \omega R_{r2} C_{pl}$$

bzw.

$$\omega = \frac{1}{\sqrt{R_{pl} C_{pl} R_{r2} C_{r2}}}$$

Die Brücke ist frequenzabhängig.

Anwendung: Frequenzmessung (vgl. Bild 4.131 und Gl. (4.186))

4.30

Zu 1.   Bei Abgleich sind

$$\underline{U}_1 = \underline{U}_3$$

$$(R_{rl} + j\omega L_{rl}) \cdot \underline{I}_1 = R_3 \cdot \underline{I}_3 + R_5 \cdot \underline{I}_5$$

und

$$\underline{U}_2 = \underline{U}_4$$

$$R_2 \cdot \underline{I}_2 = R_4 \cdot \underline{I}_4$$

Beide Gleichungen dividiert, ergibt

$$\frac{(R_{rl} + j\omega L_{rl}) \cdot \underline{I}_1}{R_2 \cdot \underline{I}_2} = \frac{R_3 \cdot \underline{I}_3 + R_5 \cdot \underline{I}_5}{R_4 \cdot \underline{I}_4}$$

und mit $\underline{I}_1 = \underline{I}_2$ und $\underline{I}_4 = \underline{I}_5$

$$\frac{R_{rl} + j\omega L_{rl}}{R_2} = \frac{R_3}{R_4} \cdot \frac{\underline{I}_3}{\underline{I}_5} + \frac{R_5}{R_4}$$

mit der Stromteilerregel

$$\frac{\underline{I}_5}{\underline{I}_3} = \frac{\dfrac{1}{j\omega C}}{R_4 + R_5 + \dfrac{1}{j\omega C}}$$

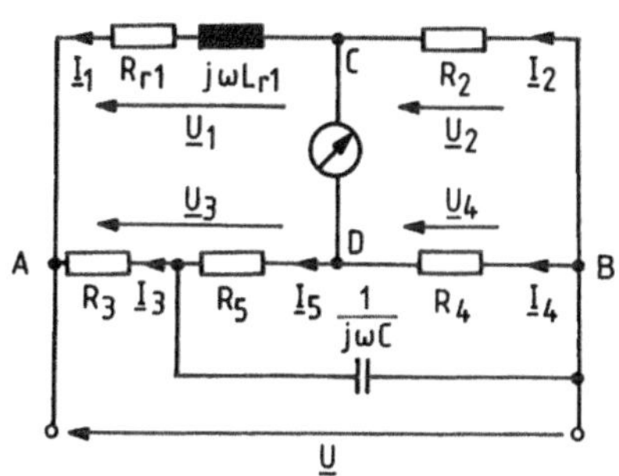

Bild A-93 Übungsaufgabe 4.29 (2)

$$\frac{R_{rl}}{R_2} + j\omega\frac{L_{rl}}{R_2} = \frac{R_3}{R_4} \cdot \frac{R_4 + R_5 + \dfrac{1}{j\omega C}}{\dfrac{1}{j\omega C}} + \frac{R_5}{R_4} = \frac{R_3}{R_4}(R_4 + R_5) \cdot j\omega C + \frac{R_3}{R_4} + \frac{R_5}{R_4}$$

d. h.

$$R_{rl} = \frac{R_2}{R_4}(R_3 + R_5) \quad \text{und} \quad L_{rl} = CR_2R_3\left(1 + \frac{R_5}{R_4}\right) \qquad \text{(vgl. Gl. 4.182)}$$

Zu 2.   Der Abgleich der Brücke ist nicht frequenzabhängig, weil in der Abgleichsbedingung die Frequenz nicht vorkommt.

4.31

Zu 1.

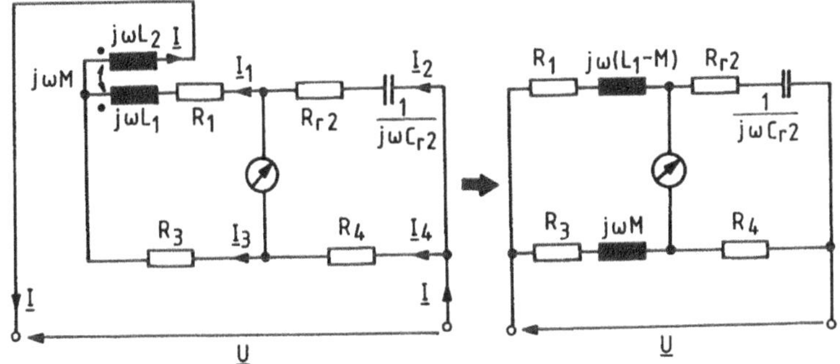

Bild A-94 Übungsaufgabe 4.31

$$(R_1 + j\omega L_1) \cdot \underline{I}_1 - j\omega M \cdot \underline{I} = R_3 \cdot \underline{I}_3 \quad \text{mit} \quad \underline{I} = \underline{I}_1 + \underline{I}_3$$

$$(R_1 + j\omega L_1) \cdot \underline{I}_1 - j\omega M \cdot \underline{I}_1 - j\omega M \cdot \underline{I}_3 = R_3 \cdot \underline{I}_3$$

$$(R_1 + j\omega L_1 - j\omega M) \cdot \underline{I}_1 = (R_3 + j\omega M) \cdot \underline{I}_3$$

und

$$\left(R_{r2} + \frac{1}{j\omega C_{r2}}\right) \cdot \underline{I}_2 - R_4 \cdot \underline{I}_4$$

und mit $\underline{I}_1 = \underline{I}_2$ und $\underline{I}_3 = \underline{I}_4$

$$\frac{R_1 + j\omega(L_1 - M)}{R_{r2} + \dfrac{1}{j\omega C_{r2}}} - \frac{R_3 + j\omega M}{R_4}$$

$$R_1 R_4 + j\omega(L_1 - M)R_4 = R_{r2}R_3 + \frac{M}{C_{r2}} + j\cdot\left(\omega M R_{r2} - \frac{R_3}{\omega C_{r2}}\right)$$

$$R_1 R_4 = R_{r2}R_3 + \frac{M}{C_{r2}} \quad \text{bzw.} \quad M = C_{r2}(R_1 R_4 - R_{r2}R_3)$$

$$\omega(L_1 - M)\,R_4 = \omega L_1 R_4 - \omega M R_4 = \omega M R_{r2} - \frac{R_3}{\omega C_{r2}}$$

bzw.

$$M = \frac{\omega L_1 R_4 + \dfrac{R_3}{\omega C_{r2}}}{\omega R_{r2} + \omega R_4} = \frac{\omega^2 L_1 C_{r2} R_4 + R_3}{\omega^2 C_{r2}(R_{r2} + R_4)}\,.$$

Aus beiden Gleichungen lässt sich M nach dem Abgleich der Brücke berechnen. Der Abgleich der Brücke ist frequenzabhängig, weil in der Abgleichbedingung die Frequenz enthalten ist.

Zu 2.   Aus $(R_1 + j\omega L_1 - j\omega M)\,\underline{I}_1 = (R_3 + j\omega M)\,\underline{I}_3$

$$\left(R_{r2} + \frac{1}{j\omega C_{r2}}\right) \cdot \underline{I}_2 = R_4 \cdot \underline{I}_4$$

ergeben sich

$$\underline{Z}_1 = R_1 + j\omega(L_1 - M) \qquad\qquad \underline{Z}_3 = R_3 + j\omega M$$

$$\underline{Z}_2 = R_{r2} + \frac{1}{j\omega C_{r2}} \qquad\qquad \underline{Z}_4 = R_4 \qquad\qquad \text{(siehe Bild A-94)}$$

4.32

Zu 1. $\dfrac{\underline{Z}_1}{\underline{Z}_3} = \dfrac{\underline{Z}_2}{\underline{Z}_4}$

$$\underline{Z}_2 = \underline{Z}_1 \cdot \underline{Z}_4 \cdot \frac{1}{\underline{Z}_3}$$

mit

$$\underline{Z}_1 = R_1 \qquad \underline{Z}_2 = \frac{1}{\dfrac{1}{R_{p2}} + j\omega C_{p2}}$$

$$\underline{Z}_3 = \frac{1}{\dfrac{1}{R_{p3}} + j\omega C_{p3}} \qquad \underline{Z}_4 = \frac{1}{j\omega C_4}$$

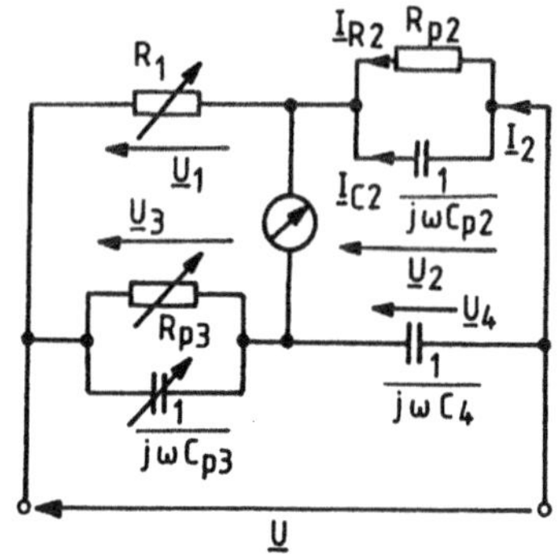

Bild A-95 Übungsaufgabe 4.32

ergibt sich

$$\frac{1}{\dfrac{1}{R_{p2}} + j\omega C_{p2}} = \frac{R_1}{j\omega C_4} \cdot \left(\frac{1}{R_{p3}} + j\omega C_{p3}\right)$$

$$\frac{1}{R_{p2}} + j\omega C_{p2} = \frac{j\omega C_4}{R_1\left(\dfrac{1}{R_{p3}} + j\omega C_{p3}\right)} \cdot \frac{\dfrac{1}{R_{p3}} - j\omega C_{p3}}{\dfrac{1}{R_{p3}} - j\omega C_{p3}}$$

$$\frac{1}{R_{p2}} + j\omega C_{p2} = \frac{j\omega C_4\left(\dfrac{1}{R_{p3}} - j\omega C_{p3}\right)}{R_1\left(\dfrac{1}{R_{p3}^{\,2}} + \omega^2 C_{p3}^{\,2}\right)} = \frac{j\omega C_4\dfrac{1}{R_1 R_{p3}} + \omega^2\dfrac{C_4 C_{p3}}{R_1}}{\dfrac{1}{R_{p3}^{\,2}} + \omega^2 C_{p3}^{\,2}}$$

d. h.

$$R_{p2} = \frac{\dfrac{1}{R_{p3}^{\,2}} + \omega^2 C_{p3}^{\,2}}{\omega^2\dfrac{C_4 C_{p3}}{R_1}} \quad \text{und} \quad C_{p2} = \frac{C_4\dfrac{1}{R_1 R_{p3}}}{\dfrac{1}{R_{p3}^{\,2}} + \omega^2 C_{p3}^{\,2}}$$

Zu 2.   Im Zeigerbild für Leitwerte ist der Tangens des Verlustwinkels abzulesen:

$$\tan\delta_p = \frac{\dfrac{1}{R_{p2}}}{\omega C_{p2}}$$

$$\tan\delta_p = \frac{1}{\omega R_{p2} C_{p2}}$$

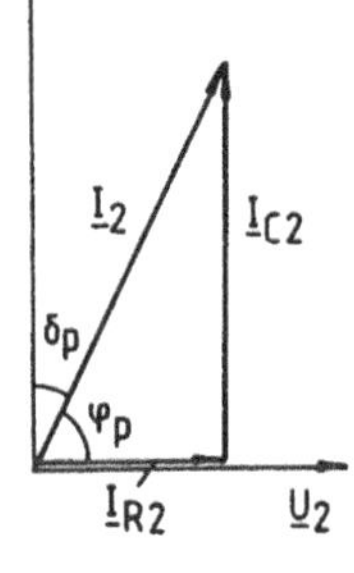

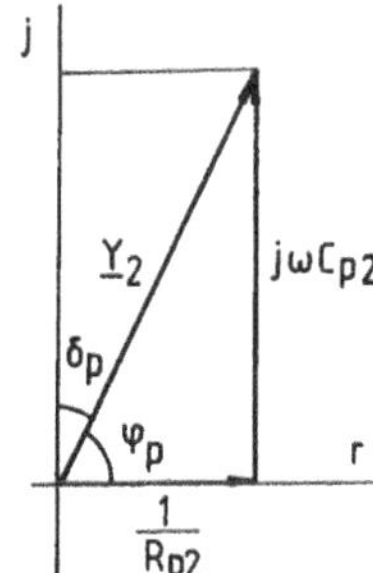

Bild A-96
Übungsaufgabe 4.32

$$\tan\delta_p = \frac{1}{\omega\cdot\dfrac{\dfrac{1}{R_{p3}^{\,2}} + \omega^2 C_{p3}^{\,2}}{\omega^2\dfrac{C_4 C_{p3}}{R_1}}\cdot\dfrac{C_4\dfrac{1}{R_1 R_{p3}}}{\dfrac{1}{R_{p3}^{\,2}} + \omega^2 C_{p3}^{\,2}}} = \omega R_{p3} C_{p3}$$

Zu 3.   Ist die Parallelschaltung der Reihenschaltung äquivalent, dann sind die Phasenverschiebungswinkel und die Verlustwinkel gleich:

$$\varphi_r = \varphi_p = \varphi \quad \text{und} \quad \delta_r = \delta_p = \delta.$$

Mit Gl. (4.184)

$$\tan\delta = \omega R_{r2} C_{r2}$$

und mit Gl. (4.77) der Transformation der Parallelschaltung in die äquivalente Reihenschaltung

$$R_{r2} = \frac{\dfrac{1}{R_{p2}}}{\dfrac{1}{R_{p2}^{\,2}} + \omega^2 C_{p2}^{\,2}} \quad \text{und} \quad \omega C_{r2} = \frac{\dfrac{1}{R_{p2}^{\,2}} + \omega^2 C_{p2}^{\,2}}{\omega C_{p2}}$$

ist

$$\tan\delta = \frac{\dfrac{1}{R_{p2}}}{\dfrac{1}{R_{p2}^{\,2}} + \omega^2 C_{p2}^{\,2}}\cdot\frac{\dfrac{1}{R_{p2}^{\,2}} + \omega^2 C_{p2}^{\,2}}{\omega C_{p2}} = \frac{1}{\omega R_{p2} C_{p2}} = \omega R_{r2} C_{r2}$$

4.7 Die Leistung im Wechselstromkreis

4.33

Zu 1.   Nach Gl. (4.202) ist die Wirkleistung

$$P = U \cdot I \cdot \cos \varphi = 2\text{kVA} \cdot \cos(-\pi/3) = 2\text{kVA} \cdot 0{,}5 = 1\text{kW}$$

und nach Gl. (4.206) die Blindleistung

$$Q = U \cdot I \cdot \sin \varphi = S \cdot \sin\varphi = 2\text{kVA} \cdot \sin(-\pi/3) = -\,2\text{kVA} \cdot 0{,}5 \cdot \sqrt{3} = -1{,}73\text{kVar}$$

Nach Gl. (4.205) ergibt sich dann für die Augenblicksleistung

$$p = P(1 - \cos 2\,\omega t) - Q \cdot \sin 2\,\omega t = 1\text{kVA} \cdot (1 - \cos 2\,\omega t) + 1{,}73\text{kVA} \cdot \sin 2\,\omega t$$

ωt	1	0	$\pi/6$	$\pi/3$	$\pi/2$	$2\pi/3$	$5\pi/6$	π
$P(1 - \cos 2\omega t)$	kVA	0	0,5	1,5	2,0	1,5	0,5	0
$+Q \cdot \sin 2\omega t$	kVA	0	1,5	1,5	0	$-1,5$	$-1,5$	0
p	kVA	0	2,0	3,0	2,0	0	$-1,0$	0

Die Verläufe der Leistungen sind im Bild A-97 dargestellt.

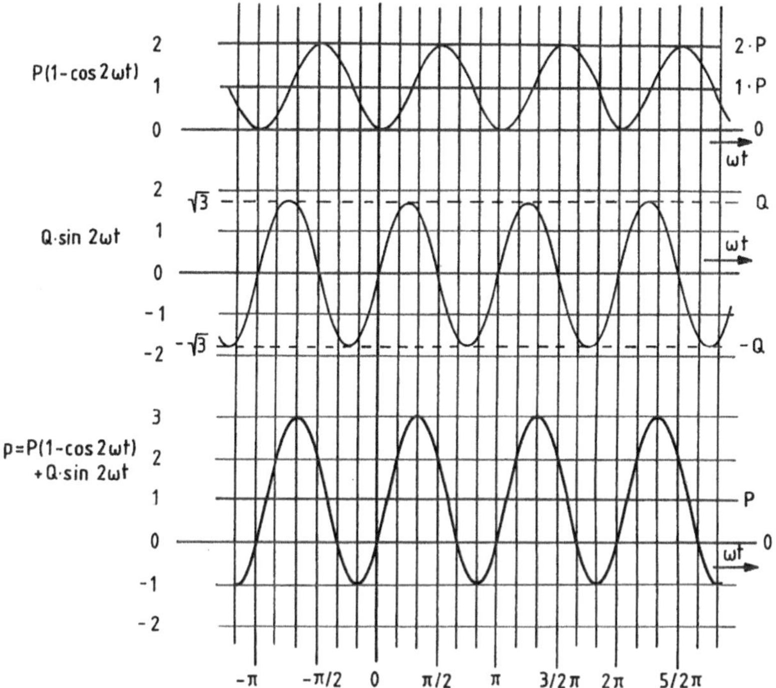

Bild A-97 Übungsaufgabe 4.33

4.34

Zu 1. Die Ersatzschaltungen sind wegen $\varphi > 0$ die Reihenschaltung von R_r und L_r und die Parallelschaltung von R_p und L_p:

$$\underline{Z}_r = R_r + j\omega L_r = Z_r \cdot e^{j\varphi} \qquad\qquad \underline{Y}_p = \frac{1}{R_p} - j\frac{1}{\omega L_p} = Y_p \cdot e^{-j\varphi}$$

$$\underline{Z}_r = \frac{U}{I} \cdot \cos\varphi + j \cdot \frac{U}{I} \cdot \sin\varphi \qquad\qquad \underline{Y}_p = \frac{I}{U} \cdot \cos\varphi - j \cdot \frac{I}{U} \cdot \sin\varphi$$

$$R_r = \frac{U}{I} \cdot \cos\varphi = \frac{220V}{9,1A} \cdot \cos 60° \qquad\qquad R_p = \frac{U}{I \cdot \cos\varphi} = \frac{220V}{9,1A \cdot \cos 60°}$$

$$R_r = 12,1\Omega \qquad\qquad R_p = 48,4\Omega$$

$$L_r = \frac{U}{\omega I} \cdot \sin\varphi \qquad\qquad L_p = \frac{U}{\omega I \cdot \sin\varphi}$$

$$L_r = \frac{220V \cdot \sin 60°}{2\pi \cdot 50\,s^{-1} \cdot 9,1A} \qquad\qquad L_p = \frac{220V}{2\,\pi \cdot 50\,s^{-1} \cdot 9,1A \cdot \sin 60°}$$

$$L_r = 66,6mH \qquad\qquad L_p = 88,9mH$$

Zu 2.
$$P = U \cdot I \cdot \cos\varphi = 220V \cdot 9,1A \cdot \cos 60° = 1kW$$

$$P = I^2 \cdot R_r \qquad\qquad P = \frac{U^2}{R_p}$$

$$P = (9,1A)^2 \cdot 12,1\Omega = 1kW \qquad\qquad P = \frac{(220V)^2}{48,4\Omega} = 1kW$$

$$Q = U \cdot I \cdot \sin\varphi = 220V \cdot 9,1A \cdot \sin 60° = 1,73kVar$$

$$Q = I^2 \cdot X_r = I^2 \cdot \omega L_r \qquad\qquad Q = -U^2 \cdot B_p = -U^2 \cdot \left(-\frac{1}{\omega L_p}\right)$$

$$Q = (9,1A)^2 \cdot 2\pi \cdot 50s^{-1} \cdot 66,6mH \qquad\qquad Q = \frac{(220V)^2}{2\pi \cdot 50s^{-1} \cdot 88,9mH}$$

$$Q = 1,73kVar \qquad\qquad Q = 1,73kVar$$

$$S = U \cdot I = 220V \cdot 9,1A = 2kVA$$

$$S = I^2 \cdot \sqrt{R_r{}^2 + \omega^2 L_r{}^2} \qquad\qquad S = U^2 \cdot \sqrt{\frac{1}{R_p{}^2} + \frac{1}{\omega^2 L_p{}^2}}$$

mit $\qquad\qquad\qquad\qquad\qquad\qquad$ mit

$$\omega^2 \cdot L_r{}^2 = (2\pi \cdot 50s^{-1} \cdot 66,6mH)^2 \qquad\qquad \frac{1}{\omega^2 \cdot L_p{}^2} = \frac{1}{(2\pi \cdot 50\,s^{-1} \cdot 88,9\,mH)^2}$$

$$\omega^2 \cdot L_r{}^2 = 438\Omega^2 \qquad\qquad \frac{1}{\omega^2 \cdot L_p{}^2} = 1,282 \cdot 10^{-3}S^2$$

$$S = (9,1A)^2 \cdot \sqrt{(12,1\Omega)^2 + 438\Omega^2} \qquad\qquad S = (220V)^2 \cdot \sqrt{\frac{1}{(48,4\Omega)^2} + 1,282 \cdot 10^{-3}S^2}$$

$$S = 2\,kVA \qquad\qquad S = 2\,kVA$$

4.35

Zu 1 $S = U \cdot I = 110\,V \cdot 5,2A = 572\,VA$

$P = U \cdot I \cdot \cos\varphi = 110\,V \cdot 5,2A \cdot 0,25 = 143\,W$

$$Q = \sqrt{S^2 - P^2} = \sqrt{(572\,VA)^2 - (143\,VA)^2} = 554\,Var$$

Zu 2.   Nach Gl (4.66) ist

$$I_R = I \cdot \cos\varphi = 5,2A \cdot 0,25 = 1,3A$$

und nach Gl. (4.67)

$$I_B = -\,I \cdot \sin\varphi = -5,2A \cdot 0,97 = -5,0A$$

Zu 3. $Z_r = \dfrac{U}{I} = \dfrac{110V}{5,2A} = 21,2\,\Omega \qquad R_r = Z_r \cdot \cos\varphi = 21,2\,\Omega \cdot 0,25 = 5,3\,\Omega$

$$X_r = \sqrt{Z_r^{\,2} - R_r^{\,2}} = \sqrt{(21,2\,\Omega)^2 - (5,3\,\Omega)^2} = 20,5\,\Omega$$

$$L_r = \frac{X_r}{\omega} = \frac{20,5\,\Omega}{2\pi \cdot 50s^{-1}} = 65,3\,mH$$

4.36

Zu 1.   Nach Gl (4.225) und Gl. (4.214) sind

$$d_{C1} = \tan\delta_{C1} = \frac{P_1}{|Q_1|} = \frac{1,2\,VA}{182\,VA} = 6,6 \cdot 10^{-3}$$

mit $Q_1 = -U^2 \cdot \omega C_{p1} = -(220V)^2 \cdot 2\pi \cdot 50s^{-1} \cdot 12\mu F = -182\,Var$

und

$$d_{C2} = \tan\delta_{C2} = \frac{P_2}{|Q_2|} = \frac{0,8\,VA}{61\,VA} = 13,15 \cdot 10^{-3}$$

mit $Q_2 = -U^2 \cdot \omega C_{p2} = -(220V)^2 \cdot 2\pi \cdot 50s^{-1} \cdot 4\mu F = -61\,Var$

Zu 2.   Nach Gl. (4.238) ist

$$d_C = \frac{1}{\omega R_{Cp} C_p}$$

und

$$d_{C1} = \frac{1}{\omega R_{Cp1} C_{p1}} \quad und \quad d_{C2} = \frac{1}{\omega R_{Cp2} C_{p2}}\,.$$

Mit

$$\frac{1}{R_{Cp}} = \frac{1}{R_{Cp1}} + \frac{1}{R_{Cp2}}$$

ergibt sich

$$\omega C_p \cdot d_C = \omega C_{p1} \cdot d_{C1} + \omega C_{p2} \cdot d_{C2}$$

$$d_C = \frac{C_{p1} \cdot d_{C1} + C_{p2} \cdot d_{C2}}{C_{p1} + C_{p2}} \quad \text{mit} \quad C_p = C_{p1} + C_{p2}$$

$$d_C = \frac{12 \cdot 10^{-6}\,F \cdot 6{,}6 \cdot 10^{-3} + 4 \cdot 10^{-6}\,F \cdot 13{,}15 \cdot 10^{-3}}{(12+4) \cdot 10^{-6}\,F} = 8{,}24 \cdot 10^{-3}$$

Zu 3. $\quad d_C = \tan\delta_C = \dfrac{P}{|Q|} = \dfrac{P_1 + P_2}{|Q_1 + Q_2|} = \dfrac{(1{,}2 + 0{,}8)\,VA}{(182 + 61)\,VA} = 8{,}23 \cdot 10^{-3}$

4.37

Zu 1. $\quad$ Nach Gl. (4.243) ist $\quad \underline{S} = \underline{Y}^* \cdot U^2$

$$\underline{Y} = j\omega C_r + \frac{1}{R_{Lr} + j\omega L_r} = \frac{(1 - \omega^2 L_r C_r) + j\omega R_{Lr} C_r}{R_{Lr} + j\omega L_r}$$

$$\underline{Y}^* = \frac{(1 - \omega^2 L_r C_r) - j\omega R_{Lr} C_r}{R_{Lr} - j\omega L_r} \cdot \frac{R_{Lr} + j\omega L_r}{R_{Lr} + j\omega L_r}$$

$$\underline{S} = \frac{R_{Lr} - \omega^2(R_{Lr} L_r C_r - R_{Lr} L_r C_r) + j\omega(L_r - \omega^2 L_r^2 C_r - R_{Lr}^2 C_r)}{R_{Lr}^2 + \omega^2 L_r^2} \cdot U^2$$

$$\underline{S} = \left[\frac{R_{Lr}}{R_{Lr}^2 + \omega^2 L_r^2} + j\omega \cdot \frac{L_r - \omega^2 L_r^2 C_r - R_{Lr}^2 C_r}{R_{Lr}^2 + \omega^2 L_r^2} \right] \cdot U^2$$

$$\underline{S} = \left[\frac{R_{Lr}}{R_{Lr}^2 + \omega^2 L_r^2} + j \cdot \left(\frac{\omega L_r}{R_{Lr}^2 + \omega^2 L_r^2} - \omega C_r \cdot \frac{\omega^2 L_r^2 + R_{Lr}^2}{\omega^2 L_r^2 + R_{Lr}^2} \right) \right] \cdot U^2$$

$$\underline{S} = P + j \cdot Q$$

mit $\quad P = \dfrac{R_{Lr} \cdot U^2}{R_{Lr}^2 + \omega^2 L_r^2} \quad$ und $\quad Q = \left(\dfrac{\omega L_r}{R_{Lr}^2 + \omega^2 L_r^2} - \omega C_r \right) \cdot U^2$

Zu 2. $\quad$ Mit Gl. (4.70) sind

$$\frac{R_{Lr}}{R_{Lr}^2 + \omega^2 L_r^2} = \frac{1}{R_{Lp}} \quad \text{und} \quad \frac{\omega L_r}{R_{Lr}^2 + \omega^2 L_r^2} = \frac{1}{\omega L_p}$$

und

$$P = \frac{U^2}{R_{Lp}} \qquad \text{und} \qquad Q = -\left(\omega C_r - \frac{1}{\omega L_p} \right) \cdot U^2 = -B_p \cdot U^2$$

Zu 3. $\quad P = \dfrac{100\,\Omega \cdot (20\,V)^2}{(100\,\Omega)^2 + (1000\,s^{-1} \cdot 0{,}1\,H)^2} = 2\,W$

$$Q = \left(\frac{1000\,s^{-1} \cdot 0{,}1\,H}{(100\,\Omega)^2 + (1000\,s^{-1} \cdot 0{,}1\,H)^2} - 1000\,s^{-1} \cdot 2 \cdot 10^{-6}\,F \right) \cdot (20\,V)^2 = 1{,}2\,Var$$

4.38

Zu 1.　Die Parallelschaltung wird nach Gl. (4.77) in die äquivalente Reihenschaltung transformiert:

$$R_{Cr} = \frac{\dfrac{1}{R_{Cp}}}{\dfrac{1}{R_{Cp}^{2}} + \omega^{2}C_{p}^{2}} = \frac{\dfrac{1}{100\,\Omega}}{\dfrac{1}{(100\,\Omega)^{2}} + (2\pi \cdot 50\,\mathrm{s}^{-1} \cdot 60 \cdot 10^{-6}\,\mathrm{F})^{2}} = 22\,\Omega$$

die Reihenschaltung der beiden ohmschen Widerstände ergibt dann

$$R + R_{Cr} = 20\,\Omega + 22\,\Omega = 42\,\Omega$$

und

$$\frac{1}{\omega C_{r}} = \frac{\omega C_{p}}{\dfrac{1}{R_{Cp}^{2}} + \omega^{2}C_{p}^{2}} = \frac{2\pi \cdot 50\,\mathrm{s}^{-1} \cdot 60 \cdot 10^{-6}\,\mathrm{F}}{\dfrac{1}{(100\,\Omega)^{2}} + \left(2\pi \cdot 50\,\mathrm{s}^{-1} \cdot 60 \cdot 10^{-6}\,\mathrm{F}\right)^{2}}$$

$$\frac{1}{\omega C_{r}} = 41{,}4\,\Omega \qquad C_{r} = \frac{1}{\omega \cdot 41{,}4\,\Omega} = \frac{1}{2\pi \cdot 50\,\mathrm{s}^{-1} \cdot 41{,}4\,\Omega} = 77\,\mu\mathrm{F}\,.$$

Nach Gl. (4.243) ist

$$\underline{S} = \frac{U^{2}}{\underline{Z}^{*}} \quad \text{mit} \qquad \underline{Z} = (R + R_{Cr}) - \mathrm{j}\frac{1}{\omega C_{r}}$$

$$\underline{Z}^{*} = (R + R_{Cr}) + \mathrm{j}\frac{1}{\omega C_{r}} = (42 + \mathrm{j} \cdot 41{,}4)\,\Omega$$

$$\underline{S} = \frac{(220\,\mathrm{V})^{2}}{(42 + \mathrm{j} \cdot 41{,}4)\,\Omega} \cdot \frac{(42 - \mathrm{j} \cdot 41{,}4)\,\Omega}{(42 - \mathrm{j} \cdot 41{,}4)\,\Omega}$$

$$\underline{S} = \frac{(220\,\mathrm{V})^{2} \cdot (42 - \mathrm{j} \cdot 41{,}4)\,\Omega}{(42\,\Omega)^{2} + (41{,}4\,\Omega)^{2}} = 584\,\mathrm{W} - \mathrm{j} \cdot 577\,\mathrm{Var}$$

$$\underline{S} = P + \mathrm{j} \cdot Q \quad \text{d. h.} \quad P = 584\,\mathrm{W} \quad \text{und} \quad Q = -577\,\mathrm{Var}$$

Zu 2.　Nach Gl. (4.243) ist

$$S = \frac{U^{2}}{\underline{Z}^{*}}$$

mit

$$\underline{Z} = R + \frac{1}{\dfrac{1}{R_{Cp}} + \mathrm{j}\omega C_{p}} = \frac{\left(\dfrac{R}{R_{Cp}} + 1\right) + \mathrm{j}\omega R C_{p}}{\dfrac{1}{R_{Cp}} + \mathrm{j}\omega C_{p}}$$

$$\underline{Z} = \frac{(R + R_{Cp}) + \mathrm{j}\omega \cdot R \cdot R_{Cp} \cdot C_{p}}{1 + \mathrm{j}\omega \cdot R_{Cp} \cdot C_{p}} \quad \text{bzw.} \quad \underline{Z}^{*} = \frac{(R + R_{Cp}) - \mathrm{j}\omega \cdot R \cdot R_{Cp} \cdot C_{p}}{1 - \mathrm{j}\omega \cdot R_{Cp} \cdot C_{p}}$$

$$\underline{S} = U^{2} \cdot \frac{1 - \mathrm{j}\omega \cdot R_{Cp} \cdot C_{p}}{(R + R_{Cp}) - \mathrm{j}\omega \cdot R \cdot R_{Cp} \cdot C_{p}}$$

$$\underline{S} = \frac{U^2}{R + R_{Cp}} \cdot \frac{1 - j\omega R_{Cp} \cdot C_p}{1 - j\omega \cdot \dfrac{R \cdot R_{Cp}}{R + R_{Cp}} C_p} \cdot \frac{1 + j\omega \cdot \dfrac{R \cdot R_{Cp}}{R + R_{Cp}} C_p}{1 + j\omega \cdot \dfrac{R \cdot R_{Cp}}{R + R_{Cp}} C_p}$$

$$\underline{S} = \frac{U^2}{R + R_{Cp}} \cdot \frac{(1 - j\omega R_{Cp} \cdot C_p)\left(1 + j\omega \cdot \dfrac{R \cdot R_{Cp}}{R + R_{Cp}} C_p\right)}{1 + \left(\omega \cdot \dfrac{R \cdot R_{Cp}}{R + R_{Cp}} C_p\right)^2}$$

$$\underline{S} = \frac{U^2}{R + R_{Cp}} \cdot \frac{\left(1 + \omega^2 \cdot R_{Cp} \cdot \dfrac{R \cdot R_{Cp}}{R + R_{Cp}} C_p{}^2\right) - j\omega C_p\left(R_{Cp} - \dfrac{R \cdot R_{Cp}}{R + R_{Cp}}\right)}{1 + \left(\omega \cdot \dfrac{R \cdot R_{Cp}}{R + R_{Cp}} C_p\right)^2}$$

$$\underline{S} = P + j \cdot Q$$

mit

$$\frac{R \cdot R_{Cp}}{R + R_{Cp}} = \frac{20\,\Omega \cdot 100\,\Omega}{20\,\Omega + 100\,\Omega} = 16,6\,\Omega$$

und

$$\omega = 2\pi \cdot 50^{-1} = 314,16\,\mathrm{s}^{-1}$$

ergibt sich für die Wirkleistung

$$P = \frac{(220\,\mathrm{V})^2}{120\,\Omega} \cdot \frac{1 + 314,16^2\mathrm{s}^{-2} \cdot 100\,\Omega \cdot 16,6\,\Omega \cdot (60 \cdot 10^{-6}\mathrm{F})^2}{1 + (314,16\,\mathrm{s}^{-1} \cdot 16,6\,\Omega \cdot 60 \cdot 10^{-6}\mathrm{F})^2} = 584\,\mathrm{W}$$

und für die Blindleistung

$$Q = -\frac{(220\,\mathrm{V})^2}{120\,\Omega} \cdot \frac{314,16\,\mathrm{s}^{-1} \cdot 60 \cdot 10^{-6}\mathrm{F} \cdot (100\,\Omega - 16,6\,\Omega)}{1 + (314,16\,\mathrm{s}^{-1} \cdot 16,6\,\Omega \cdot 60 \cdot 10^{-6}\mathrm{F})^2} = -577\,\mathrm{Var}$$

4.39

Wirkleistung für den komplexen Widerstand $\underline{Z}$:

$$P = U \cdot I_3 \cdot \cos\varphi$$

mit

$$I_1{}^2 = I_2{}^2 + I_3{}^2 - 2 \cdot I_2 \cdot I_3 \cdot \cos(180° - \varphi)$$

und

$$\cos(180° - \varphi) = -\cos\varphi$$

und

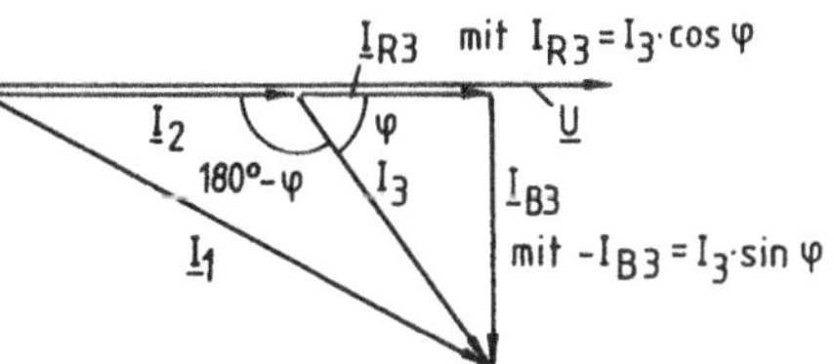

Bild A-98 Übungsaufgabe 4.39

$$I_3 \cdot \cos\varphi = \frac{I_1{}^2 - \left(I_2{}^2 + I_3{}^2\right)}{2 \cdot I_2}$$

und

$$U = R_p \cdot I_2$$

$$P = R_p \cdot I_2 \cdot \frac{I_1^2 - \left(I_2^2 + I_3^2\right)}{2 \cdot I_2}$$

$$P = R_p \cdot \frac{I_1^2 - \left(I_2^2 + I_3^2\right)}{2}$$

Leistungsfaktor:

$$\cos\varphi = \frac{I_1^2 - \left(I_2^2 + I_3^2\right)}{2 \cdot I_2 \cdot I_3}$$

Blindleistung:

$$Q = U \cdot I_3 \cdot \sin\varphi = R_p \cdot I_2 \cdot I_3 \cdot \sqrt{1 - \left(\frac{I_1^2 - \left(I_2^2 + I_3^2\right)}{2 \cdot I_2 \cdot I_3}\right)^2}$$

$$\text{mit } \sin\varphi = \sqrt{1 - \cos^2\varphi} \quad \text{und} \quad U = R_p \cdot I_2$$

4.40

Zu 1. $U_{R3} = 81V \qquad U_{L3} = 138V$

$$I = \frac{U_2}{R_v} = \frac{90V}{200\Omega} = 0{,}45A$$

Zu 2. $R_r = \dfrac{U_{R3}}{I} = \dfrac{81V}{0{,}45A} = 180\Omega$

$$\omega L_r = \frac{U_{L3}}{I} \qquad L_r = \frac{U_{L3}}{\omega \cdot I}$$

$$L_r = \frac{138V}{2\pi \cdot 50s^{-1} \cdot 0{,}45A} = 0{,}98H$$

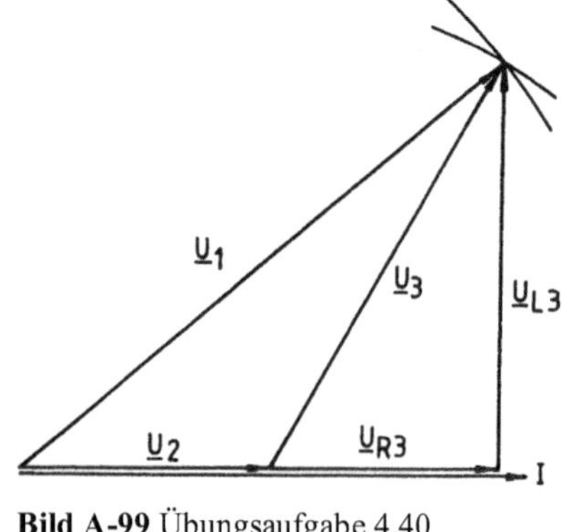

Bild A-99 Übungsaufgabe 4.40

Zu 3. $\cos\varphi = \dfrac{U_1^2 - \left(U_2^2 + U_3^2\right)}{2 \cdot U_2 \cdot U_3} = \dfrac{(220V)^2 - (90V)^2 - (160V)^2}{2 \cdot 90V \cdot 160V} = 0{,}51$

$$\varphi = 59{,}3° \qquad R_r = \frac{U_3 \cdot \cos\varphi}{I} = \frac{160V \cdot \cos 59{,}3°}{0{,}45A} = 181\Omega$$

$$L_r = \frac{U_3 \cdot \sin\varphi}{\omega \cdot I} = \frac{160V \cdot \sin 59{,}3°}{2\pi \cdot 50s^{-1} \cdot 0{,}45A} = 0{,}97H$$

4.41

Zu 1. $Q = P \cdot \tan \varphi = 5000\,\text{VA} \cdot 0{,}62 = 3100\,\text{Var}$

Nach Gl. (4.263) ist

$$C_p = \frac{P \cdot \tan \varphi}{\omega \cdot U^2} = \frac{5000\,\text{V} \cdot 0{,}62}{2\pi \cdot 50\,\text{s}^{-1} \cdot (220\,\text{V})^2} = 204\,\mu\text{F}$$

Zu 2.   vor der Kompensation: $\cos \varphi = 0{,}85$

aus $P = U \cdot I \cdot \cos \varphi$

$$I = \frac{P}{U \cdot \cos \varphi} = \frac{5000\,\text{VA}}{220\,\text{V} \cdot 0{,}85} = 26{,}7\,\text{A}$$

nach der Kompensation: $\cos \varphi = 1$

$$I_{Kp} = \frac{P}{U} = \frac{5000\,\text{VA}}{220\,\text{V}} = 22{,}7\,\text{A}$$

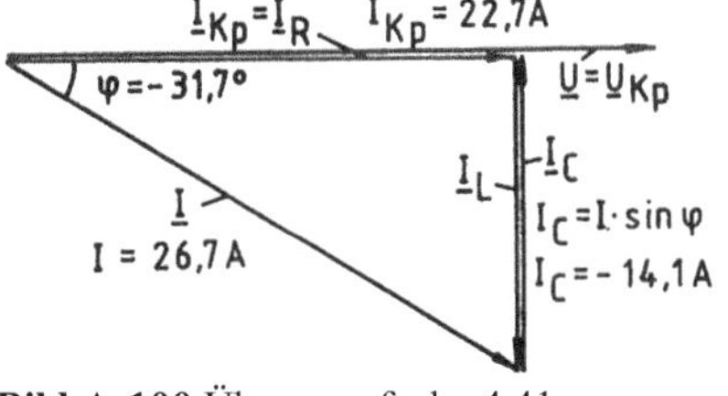

Bild A-100 Übungsaufgabe 4.41

Zu 3.   Bild A-100.

Zu 4.   Nach Gl. (4.270) ist

$$C_r = \frac{P}{\omega \cdot U^2 \cdot \sin \varphi \cdot \cos \varphi} = \frac{5000\,\text{VA}}{2\pi \cdot 50\,\text{s}^{-1} \cdot (220\,\text{V})^2 \cdot 0{,}527 \cdot 0{,}85} = 734\,\mu\text{F} \ .$$

Nach Gl. (4.272) ist

$$U'_C = U \cdot \tan \varphi = 220\,\text{V} \cdot 0{,}620 = 136\,\text{V}.$$

Kontrolle mit Gl. (4.271):

$$C_p = C_r \cdot \sin^2 \varphi = 734\,\mu\text{F} \cdot 0{,}2775 = 204\,\mu\text{F}.$$

4.42

Zu 1. $S_1 = \dfrac{P_1}{\cos \varphi_1} = \dfrac{150 \cdot 10^3\,\text{VA}}{0{,}6} = 250\,\text{kVA} > 200\,\text{kVA},$

der Transformator ist überlastet.

Zu 2.   Die Summe der Blindleistungen beider Motoren müssen kompensiert werden, denn dann ist die gesamte Wirkleistung $P = 190\,\text{kW} < 200\,\text{kVA}$. Der Leistungsfaktor $\cos \varphi$ der beiden kompensierten Motoren ist dann gleich 1.

Motor 1:

$$Q_1 = P_1 \cdot \tan \varphi_1 = 150\,\text{kVA} \cdot 1{,}33 = 200\,\text{kVar}$$

mit $\varphi_1 = \text{arc cos}\ 0{,}6 = 53{,}13°$

Motor 2:

$$Q_2 = P_2 \cdot \tan \varphi_2 = 40\,\text{kVA} \cdot 0{,}75 = 30\,\text{kVar}$$

mit $\varphi_2 = \text{arc cos}\ 0{,}8 = 36{,}87° \ .$

Mit der gesamten Blindleistung $Q = 230\,\text{kVar}$ und mit der gesamten Wirkleistung $P = 190\,\text{kW}$ ergibt sich der Leistungsfaktor beider Motoren:

$$\tan \varphi = \frac{Q}{P} = \frac{230\,\text{kVA}}{190\,\text{kVA}} = 1{,}21 \quad \varphi = 50{,}44° \quad \text{und} \quad \cos \varphi = 0{,}64.$$

Die notwendige Parallelkapazität kann über die zu kompensierende Blindleistung oder nach Gl. (4.263) berechnet werden:

Aus

$$Q_C = -U^2 \cdot \omega C_p = -Q$$

ergibt sich

$$C_p = \frac{Q}{\omega \cdot U^2} = \frac{230\,kVA}{2\pi \cdot 50s^{-1} \cdot (220V)^2} = 15\,mF\ .$$

Die Reihenkapazität beträgt nach Gl. (4.271)

$$C_r = \frac{C_p}{\sin^2 \varphi} = \frac{15\,mF}{(0{,}771)^2} = 25{,}2\,mF\ .$$

4.43

Zu 1. $\quad \underline{Z}_a = \underline{Z}_i^* \quad$ oder $\quad \underline{Z}_i = \underline{Z}_a^* \quad \underline{Z}_i = R_i + j\omega L_i$

$$\underline{Z}_a = R_{Lr} + j\omega L_r + \frac{1}{\dfrac{1}{R_{Cp}} + j\omega C_p} \cdot \frac{\dfrac{1}{R_{Cp}} - j\omega C_p}{\dfrac{1}{R_{Cp}} - j\omega C_p}$$

$$\underline{Z}_a = R_{Lr} + \frac{\dfrac{1}{R_{Cp}}}{\dfrac{1}{R_{Cp}^2} + \omega^2 C_p^2} - j\omega \cdot \left(\frac{C_p}{\dfrac{1}{R_{Cp}^2} + \omega^2 C_p^2} - L_r \right)$$

$$\underline{Z}_a^* = R_{Lr} + \frac{\dfrac{1}{R_{Cp}}}{\dfrac{1}{R_{Cp}^2} + \omega^2 C_p^2} + j\omega \cdot \left(\frac{C_p}{\dfrac{1}{R_{Cp}^2} + \omega^2 C_p^2} - L_r \right)$$

$$R_i = R_{Lr} + \frac{\dfrac{1}{R_{Cp}}}{\dfrac{1}{R_{Cp}^2} + \omega^2 C_p^2} \qquad L_i = \frac{C_p}{\dfrac{1}{R_{Cp}^2} + \omega^2 C_p^2} - L_r$$

Zu 2. Nach Gl. (4.77) ist

$$R_{Cr} = \frac{\dfrac{1}{R_{Cp}}}{\dfrac{1}{R_{Cp}^2} + \omega^2 C_p^2} \qquad und \qquad C_r = \frac{\dfrac{1}{R_{Cp}^2} + \omega^2 C_p^2}{\omega^2 C_p}$$

$$\underline{Z}_a = R_{Lr} + R_{Cr} + j \cdot \left(\omega L_r - \frac{1}{\omega C_r} \right)$$

$$\underline{Z}_a = R_{Lr} + \frac{\dfrac{1}{R_{Cp}}}{\dfrac{1}{R_{Cp}^2} + \omega^2 C_p^2} + j \cdot \left(\omega L_r - \frac{\omega C_p}{\dfrac{1}{R_{Cp}^2} + \omega^2 C_p^2} \right)$$

4.44

Zu 1. $\underline{Z}_a = \underline{Z}_{iers}^{*}$

$$\underline{Z}_{iers} = \frac{(R_i + R_{Lr} + j\omega L_r)\cdot\dfrac{1}{\dfrac{1}{R_{Cp}} + j\omega C_p}}{R_i + R_{Lr} + j\omega L_r + \dfrac{1}{\dfrac{1}{R_{Cp}} + j\omega C_p}}$$

$$\underline{Z}_{iers} = \frac{R_i + R_{Lr} + j\omega L_r}{(R_i + R_{Lr} + j\omega L_r)\cdot\left(\dfrac{1}{R_{Cp}} + j\omega C_p\right) + 1}$$

$$\underline{Z}_{iers} = \frac{R_i + R_{Lr} + j\omega L_r}{\left(1 + \dfrac{R_i + R_{Lr}}{R_{Cp}} - \omega^2 L_r C_p\right) + j\omega\cdot\left[(R_i + R_{Lr})C_p + \dfrac{L_r}{R_{Cp}}\right]}$$

$$\underline{Z}_a = R_a + j\cdot X_a = \underline{Z}_{iers}^{*} = \frac{R_i + R_{Lr} - j\omega L_r}{\left(1 + \dfrac{R_i + R_{Lr}}{R_{Cp}} - \omega^2 L_r C_p\right) - j\omega\cdot\left[(R_i + R_{Lr})C_p + \dfrac{L_r}{R_{Cp}}\right]}$$

$$= \frac{R_i + R_{Lr} - j\omega L_r}{\left(1 + \dfrac{R_i + R_{Lr}}{R_{Cp}} - \omega^2 L_r C_p\right) - j\omega\left[(R_i + R_{Lr})C_p + \dfrac{L_r}{R_{Cp}}\right]}\cdot\frac{\left(1 + \dfrac{R_i + R_{Lr}}{R_{Cp}} - \omega^2 L_r C_p\right) + j\omega\left[(R_i + R_{Lr})C_p + \dfrac{L_r}{R_{Cp}}\right]}{\left(1 + \dfrac{R_i + R_{Lr}}{R_{Cp}} - \omega^2 L_r C_p\right) + j\omega\left[(R_i + R_{Lr})C_p + \dfrac{L_r}{R_{Cp}}\right]}$$

$$R_a = \frac{(R_i + R_{Lr})\left(1 + \dfrac{R_i + R_{Lr}}{R_{Cp}} - \omega^2 L_r C_p\right) + \omega^2 L_r\left[(R_i + R_{Lr})C_p + \dfrac{L_r}{R_{Cp}}\right]}{\left(1 + \dfrac{R_i + R_{Lr}}{R_{Cp}} - \omega^2 L_r C_p\right)^2 + \omega^2\left[(R_i + R_{Lr})C_p + \dfrac{L_r}{R_{Cp}}\right]^2}$$

$$R_a = \frac{(R_i + R_{Lr})\left(1 + \dfrac{R_i + R_{Lr}}{R_{Cp}}\right) + \dfrac{\omega^2 L_r^{\,2}}{R_{Cp}}}{\left(1 + \dfrac{R_i + R_{Lr}}{R_{Cp}} - \omega^2 L_r C_p\right)^2 + \omega^2\left[(R_i + R_{Lr})C_p + \dfrac{L_r}{R_{Cp}}\right]^2}$$

$$X_a = \frac{\omega \cdot \left[(R_i + R_{Lr})C_p + \dfrac{L_r}{R_{Cp}}\right](R_i + R_{Lr}) - \omega L_r\left(1 + \dfrac{R_i + R_{Lr}}{R_{Cp}} - \omega^2 L_r C_p\right)}{\left(1 + \dfrac{R_i + R_{Lr}}{R_{Cp}} - \omega^2 L_r C_p\right)^2 + \omega^2\left[(R_i + R_{Lr})C_p + \dfrac{L_r}{R_{Cp}}\right]^2}$$

$$X_a = \frac{\omega(R_i + R_{Lr})^2 C_p - \omega L_r(1 - \omega^2 L_r C_p)}{\left(1 + \dfrac{R_i + R_{Lr}}{R_{Cp}} - \omega^2 L_r C_p\right)^2 + \omega^2\left[(R_i + R_{Lr})C_p + \dfrac{L_r}{R_{Cp}}\right]^2}$$

Zu 2. $P_{a\,max} = \dfrac{U_{q\,ers}^2}{4 \cdot R_{iers}}$ nach Gl. (4.281)

$$\underline{U}_{q\,ers} = \underline{U}_l = \frac{\underline{U}_q}{R_i + R_{Lr} + j\omega L_r + \dfrac{1}{\dfrac{1}{R_{Cp}} + j\omega C_p}} \cdot \frac{1}{\dfrac{1}{R_{Cp}} + j\omega C_p}$$

$$\underline{U}_{q\,ers} = \frac{\underline{U}_q}{\left(R_i + R_{Lr} + j\omega L_r\right) \cdot \left(\dfrac{1}{R_{Cp}} + j\omega C_p\right) + 1}$$

$$\underline{U}_{q\,ers} = \frac{\underline{U}_q}{\left(1 + \dfrac{R_i + R_{Lr}}{R_{Cp}} - \omega^2 L_r C_p\right) + j\omega \cdot \left[(R_i + R_{Lr})C_p + \dfrac{L_r}{R_{Cp}}\right]}$$

$$U_{q\,ers} = \frac{U_q}{\sqrt{\left(1 + \dfrac{R_i + R_{Lr}}{R_{Cp}} - \omega^2 L_r C_p\right)^2 + \omega^2\left[(R_i + R_{Lr})C_p + \dfrac{L_r}{R_{Cp}}\right]^2}}$$

$$P_{a\,max} = \frac{U_q{}^2}{4 \cdot \left[(R_i + R_{Lr})\left(1 + \dfrac{R_i + R_{Lr}}{R_{Cp}}\right) + \dfrac{\omega^2 L_r{}^2}{R_{Cp}}\right]}$$ mit $R_i = R_a$ (siehe unter 1.)

Zu 3. $R_i = 4\,\Omega$ $R_{Lr} = 6\,\Omega$ $\omega L_r = 8\,\Omega$ $\dfrac{1}{\omega C_p} = 5\,\Omega$ $R_{Cp} = 500\,\Omega$

$$R_a = \frac{10\,\Omega \cdot (1 + 10\,\Omega/500\,\Omega) + 64\,\Omega^2/500\,\Omega}{(1 + 10\,\Omega/500\,\Omega - 8\,\Omega/5\,\Omega)^2 + (10\,\Omega/5\,\Omega + 8\,\Omega/500\,\Omega)^2} = 2{,}35\,\Omega$$

$$X_a = \frac{100\,\Omega^2/5\,\Omega - 8\,\Omega \cdot (1 - 8\,\Omega/5\,\Omega)}{(1 + 10\,\Omega/500\,\Omega - 8\,\Omega/5\,\Omega)^2 + (10\,\Omega/5\,\Omega + 8\,\Omega/500\,\Omega)^2} = 5{,}64\,\Omega$$

$$P_{a\,max} = \frac{81\,V^2}{4 \cdot [10\,\Omega\,(1 + 10/500\,\Omega) + 64\,\Omega^2/500\,\Omega]} = 1{,}96\,W$$

5 Ortskurven

5.1

Zu 1. $\underline{U} = (R_r + j \cdot X_r) \cdot \underline{I}$

$\underline{U} = (R_r + j\omega L_r) \cdot \underline{I}$

$\underline{U} = R_r \cdot \underline{I} + j\omega p \cdot L_{r0} \cdot \underline{I}$

mit $L_r = p \cdot L_{r0} = p \cdot 100\,\text{mH}$

und $p = 1 \ldots 3$

$\underline{U} = 200\Omega \cdot 0{,}01\text{A} +$

$\qquad j \cdot 2\pi \cdot 200\text{s}^{-1} \cdot p \cdot 0{,}1\text{H} \cdot 0{,}01\text{A}$

$\underline{U} = 2\text{V} + p \cdot j \cdot 1{,}257\text{V}$

Zu 2. $\underline{I} = \dfrac{\underline{U}}{R_r + j \cdot X_r} = \dfrac{\underline{U}}{R_r + j\omega L_r}$

$\underline{I} = \dfrac{\underline{U}}{R_r + j\omega p L_{r0}} = \dfrac{1}{\dfrac{R_r}{\underline{U}} + j\,p\dfrac{\omega L_{r0}}{\underline{U}}}$

$\underline{I} = \dfrac{1}{\dfrac{200\Omega}{10\text{V}} + j \cdot p \cdot \dfrac{2\pi \cdot 200\text{s}^{-1} \cdot 0{,}1\text{H}}{10\text{V}}}$

$\underline{I} = \dfrac{1}{(20 + p \cdot j \cdot 12{,}57)\text{A}^{-1}}$

mit

$L_r = p \cdot L_{r0} = p \cdot 100\,\text{mH}$

und

$p = 1 \ldots 3$

und

$\underline{A} = 20\text{A}^{-1} \quad \underline{B} = j \cdot 12{,}57\text{A}^{-1}$

$1/(2\text{A}) = 0{,}025\text{A} = 25\,\text{mA}$

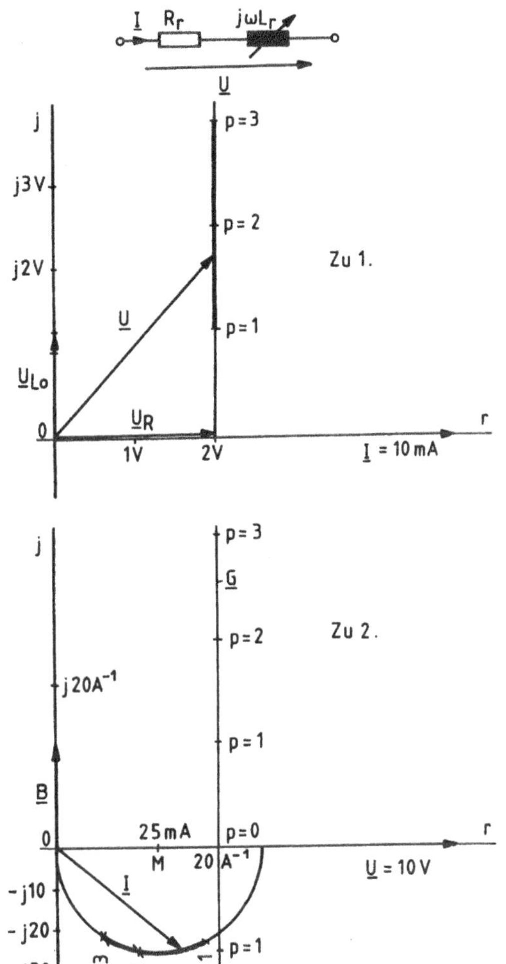

Bild A-101 Übungsaufgabe 5.1

Zu 3.   Kontrolle:

$p = 1:\quad \underline{I}_1 = \dfrac{1}{20 + j \cdot 12{,}57} \cdot \dfrac{20 - j \cdot 12{,}57}{20 - j \cdot 12{,}57}\,\text{A} = (35{,}8 - j \cdot 22{,}5)\,\text{mA}$

$p = 2:\quad \underline{I}_2 = \dfrac{1}{20 + j \cdot 25{,}1} \cdot \dfrac{20 - j \cdot 25{,}1}{20 - j \cdot 25{,}1}\,\text{A} = (19{,}3 - j \cdot 24{,}4)\,\text{mA}$

$p = 3:\quad \underline{I}_3 = \dfrac{1}{20 + j \cdot 37{,}7} \cdot \dfrac{20 - j \cdot 37{,}7}{20 - j \cdot 37{,}7}\,\text{A} = (11{,}0 - j \cdot 20{,}7)\,\text{mA}$

5.2

Zu 1.

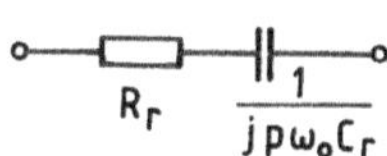

Bild A-102 Reihenschaltung
Übungsaufgabe 5.2

Zu 2.

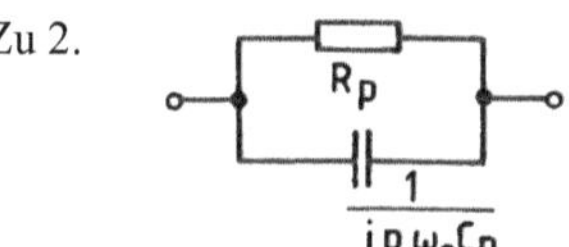

Bild A-103 Parallelschaltung
Übungsaufgabe 5.2

$$\underline{Z}_r = R_r - j \cdot \frac{1}{p \cdot \omega_0 \cdot C_r}$$

$$\underline{Z}_r = 17{,}3\Omega - j \cdot \frac{1}{p \cdot \omega_0 \cdot 318\mu F}$$

$$\underline{Y}_p = \frac{1}{R_p} + j \cdot p \cdot \omega_0 \cdot C_p$$

$$\underline{Y}_p = \frac{1}{23{,}1\Omega} + j \cdot p \cdot \omega_0 \cdot 79{,}6\mu F$$

Die Bedingungsgleichung für die Äquivalenz der Reihen- und Parallelschaltung bei p = 1 lautet:

$$\underline{Z}_{r1} = \frac{1}{\underline{Y}_{p1}}$$

$$R_r - j \cdot \frac{1}{\omega_0 \cdot C_r} = \frac{1}{1/R_p + j \cdot \omega_0 \cdot C_p}$$

$$\frac{R_r}{R_p} + \frac{C_p}{C_r} + j \cdot \left(\omega_0 R_r C_p - \frac{1}{\omega_0 R_p C_r} \right) = 1$$

d. h.

$$\frac{R_r}{R_p} + \frac{C_p}{C_r} = 1$$

$$\frac{17{,}3\Omega}{23{,}1\Omega} + \frac{79{,}6\mu F}{318\mu F} = 1$$

$$0{,}7489 + 0{,}2503 = 1$$

und

$$\omega_0 R_r C_p = \frac{1}{\omega_0 R_p C_r}$$

$$\omega_0 = \frac{1}{\sqrt{R_r C_r R_p C_p}}$$

$$\omega_0 = \frac{1}{\sqrt{17{,}3\Omega \cdot 318\mu F \cdot 23{,}1\Omega \cdot 79{,}6\mu F}}$$

$$\omega_0 = 314 s^{-1} \quad \text{und} \quad f_0 = 50 Hz$$

Bei $f_0 = 50$ Hz sind die beiden Schaltungen äquivalent (vgl. Aufgabe 4.6).

Die Ortskurvengleichungen lauten dann

$$\underline{Z}_r = 17{,}3\Omega - j \cdot \frac{1}{p \cdot 314 s^{-1} \cdot 318\mu F}$$

$$\underline{Z}_r = 17{,}3\Omega - \frac{1}{p} \cdot j \cdot 10\Omega$$

$$\underline{Y}_r = \frac{1}{\underline{Z}_r} = \frac{1}{17{,}3\Omega - \frac{1}{p} \cdot j \cdot 10\Omega}$$

mit $\underline{A} = 17{,}3\Omega$ und $1/(2A) = 28{,}9 mS$

$$\underline{Y}_p = 43{,}3 mS + j \cdot p \cdot 314 s^{-1} \cdot 79{,}6\mu F$$

$$\underline{Y}_p = 43{,}3 mS + p \cdot j \cdot 25 mS$$

$$\underline{Z}_p = \frac{1}{\underline{Y}_p} = \frac{1}{43{,}3 mS + p \cdot j \cdot 25 mS}$$

mit $\underline{A} = 43{,}3 mS$ und $1/(2A) = 11{,}5\Omega$

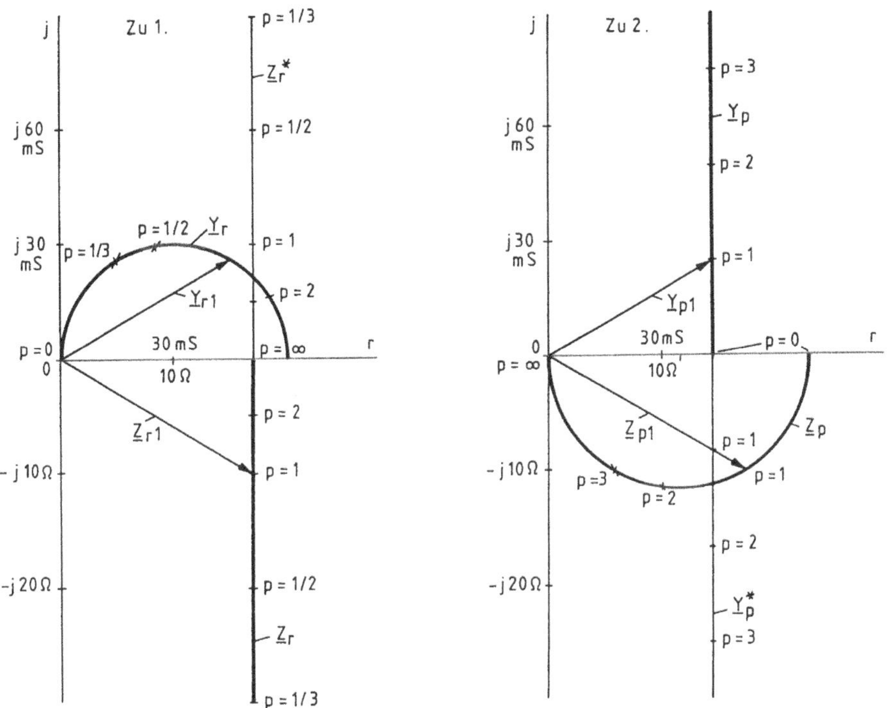

Bild A-104 Ortskurven der Reihen- und Parallelschaltung der Übungsaufgabe 5.2

Zu 3 $Z_{r1} = \sqrt{(17{,}3\,\Omega)^2 + (10\,\Omega)^2} = 20\,\Omega$ | $Y_{p1} = \sqrt{(43{,}3\,mS)^2 + (25\,mS)^2} = 50\,mS$

d. h.

$$Z_{r1} = \frac{1}{Y_{r1}} = \frac{1}{Y_{p1}} = Z_{p1}$$

5.3

Zu 1. Reihenschaltung   Parallelschaltung

$$Z_r = R_r + j \cdot \left(p\omega_0 L_r - \frac{1}{p\omega_0 C_r} \right)$$

$$Y_p = G_p + j \cdot \left(p\omega_0 C_p - \frac{1}{p\omega_0 L_p} \right)$$

mit $\omega_0 = \dfrac{1}{\sqrt{L_r C_r}} = \dfrac{1}{\sqrt{0{,}04\,H \cdot 1\mu F}}$ mit $\omega_0 = \dfrac{1}{\sqrt{C_p L_p}} = \dfrac{1}{\sqrt{1\mu F \cdot 0{,}04\,H}}$

$\omega_0 = 5000\ s^{-1}$ $\omega_0 = 5000\ s^{-1}$

$$Z_r = R_r + j \cdot X_{kr} \cdot \left(p - \frac{1}{p} \right)$$

$$Y_p = G_p + j \cdot B_{kp} \cdot \left(p - \frac{1}{p} \right)$$

mit $X_{kr} = \sqrt{\dfrac{L_r}{C_r}} = \sqrt{\dfrac{0{,}04\,H}{1\mu F}} = 200\,\Omega$ mit $B_{kp} = \sqrt{\dfrac{C_p}{L_p}} = \sqrt{\dfrac{1\mu F}{0{,}04\,H}} = 5\,mS$

$$\underline{Z}_r = 200\,\Omega + j \cdot 200\,\Omega \cdot \left(p - \frac{1}{p}\right) \qquad\qquad Y_p = 5\,mS + j \cdot 5\,mS \cdot \left(p - \frac{1}{p}\right)$$

$$\underline{Y}_r = \frac{1}{\underline{Z}_r} = \frac{1}{200\,\Omega + j \cdot 200\,\Omega \cdot \left(p - \dfrac{1}{p}\right)} \qquad\qquad \underline{Z}_p = \frac{1}{\underline{Y}_p} = \frac{1}{5\,mS + j \cdot 5\,mS \cdot \left(p - \dfrac{1}{p}\right)}$$

$$\text{mit } \underline{A} = 200\,\Omega \quad \text{und} \quad 1/(2A) = 2{,}5\,mS \qquad\qquad \text{mit } \underline{A} = 5\,mS \quad \text{und} \quad 1/(2A) = 100\,\Omega$$

Werden für 2,5mS und 100Ω gleiche Längen gewählt, sind die Ortskurven für $\underline{Z}_r$ und $\underline{Y}_p$, $\underline{Y}_r$ und $\underline{Z}_p$ identisch.

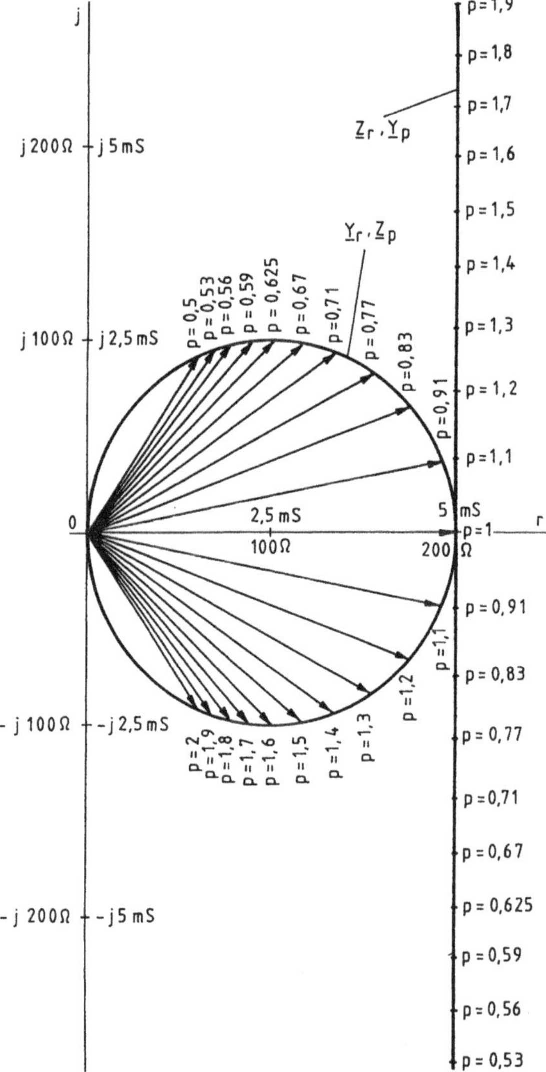

Bild A-105 Ortskurve der Reihen- und Parallelschaltung der Übungsaufgabe 5.3

Zu 2. Aus der Leitwert-Ortskurve des Reihenschwingkreises lassen sich die Zeigerlängen Y_r in Abhängigkeit von p ablesen:

p	1	1	1,1 0,91	1,2 0,83	1,3 0,77	1,4 0,71	1,5 0,67	1,6 0,63	1,7 0,59	1,8 0,56	1,9 0,53	2,0 0,5
Y_r	mS	5	4,9	4,7	4,4	4,1	3,9	3,6	3,4	3,2	3,0	2,7

Werden die abgelesenen Y_r-Werte mit R_r multipliziert,

$$Y_r \cdot R_r = \frac{I}{U} \cdot R_r = \frac{I}{U/R_r},$$

dann ergeben sich die bezogenen Stromwerte der Gleichung 4.132, die mit

$$Q_r = \frac{X_{kr}}{R_r} = \frac{200\,\Omega}{200\,\Omega} = 1$$

im Bild 4.98 der obersten Kurve entsprechen. Die abgelesenen Y_r-Werte können also mit der Gleichung (4.132) mit $x = p$ rechnerisch kontrolliert werden:

$$Y_r = \frac{I}{U} = \frac{1}{R_r \cdot \sqrt{1 + Q_r^{\,2} \cdot \left(p - \frac{1}{p}\right)^2}} = \frac{1}{200\,\Omega \cdot \sqrt{1 + \left(p - \frac{1}{p}\right)^2}}$$

5.4

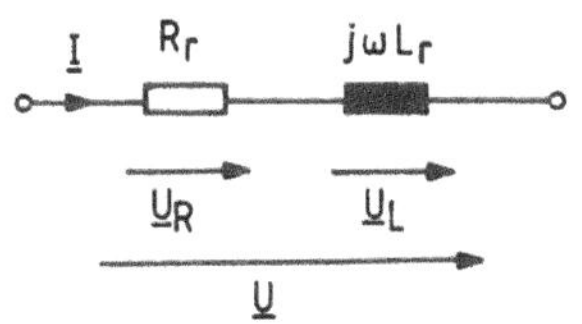

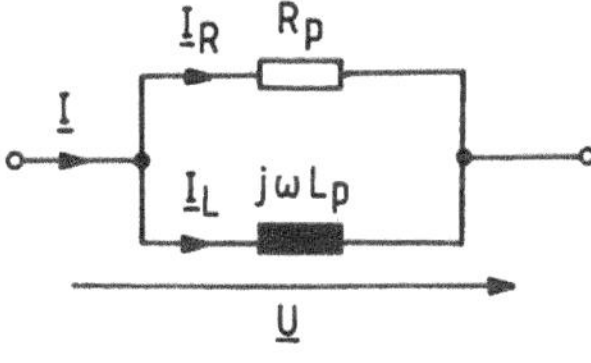

Bild A-106 RL-Schaltungen im Bildbereich der Übungsaufgabe 5.4

$$\frac{U_R}{U} = \frac{R_r}{R_r + j\omega L_r} = \frac{1}{1 + j\omega \cdot \dfrac{L_r}{R_r}} \qquad\qquad \frac{I_L}{I} = \frac{R_p}{R_p + j\omega L_p} = \frac{1}{1 + j\omega \cdot \dfrac{L_p}{R_p}}$$

$$\omega_0 = \frac{R_r}{L_r} \qquad\qquad\qquad\qquad\qquad\qquad \omega_0 = \frac{R_p}{L_p}$$

$$\frac{U_R}{U} = \frac{I_L}{I} = \frac{1}{1 + j \cdot \dfrac{\omega}{\omega_0}} = \frac{1}{1 + j \cdot p} \qquad \text{mit}\quad \omega = p \cdot \omega_0$$

$$\frac{\underline{U}_L}{\underline{U}} = \frac{j\omega L_r}{R_r + j\omega L_r} = \frac{1}{1 + \dfrac{R_r}{j\omega L_r}}$$

$$\frac{\underline{I}_R}{\underline{I}} = \frac{j\omega L_p}{R_p + j\omega L_p} = \frac{1}{1 + \dfrac{R_p}{j\omega L_p}}$$

$$\frac{\underline{U}_L}{\underline{U}} = \frac{1}{1 + j \cdot \dfrac{1}{\omega} \cdot \dfrac{R_r}{L_r}}$$

$$\frac{\underline{I}_R}{\underline{I}} = \frac{1}{1 - j \cdot \dfrac{1}{\omega} \cdot \dfrac{R_p}{L_p}}$$

$$\omega_0 = \frac{R_r}{L_r}$$

$$\omega_0 = \frac{R_p}{L_p}$$

$$\frac{\underline{U}_L}{\underline{U}} = \frac{\underline{I}_R}{\underline{I}} = \frac{1}{1 - j \cdot \dfrac{\omega_0}{\omega}} = \frac{1}{1 - j \cdot \dfrac{1}{p}} = \frac{1}{1 - j \cdot p^*} \quad \text{mit} \quad \omega = p \cdot \omega_0 \quad p^* = \frac{1}{p}$$

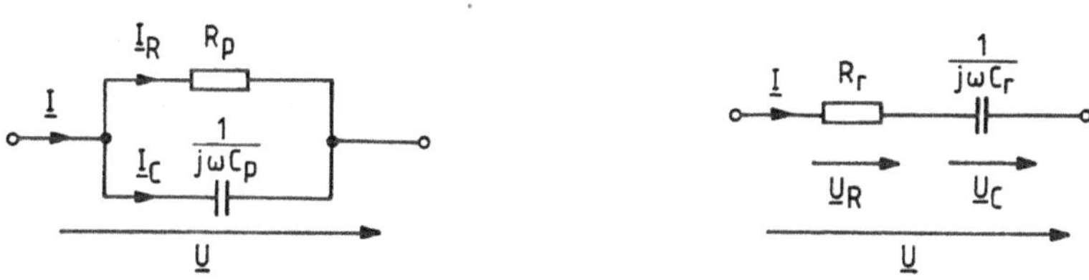

Bild A-107 RC-Schaltungen im Bildbereich der Übungsaufgabe 5.4

$$\frac{\underline{I}_R}{\underline{I}} = \frac{\dfrac{1}{j\omega C_p}}{R_p + \dfrac{1}{j\omega C_p}} = \frac{1}{1 + j\omega R_p C_p}$$

$$\frac{\underline{U}_C}{\underline{U}} = \frac{\dfrac{1}{j\omega C_r}}{R_r + \dfrac{1}{j\omega C_r}} = \frac{1}{1 + j\omega R_r C_r}$$

$$\omega_0 = \frac{1}{R_p C_p}$$

$$\omega_0 = \frac{1}{R_r C_r}$$

$$\frac{\underline{I}_R}{\underline{I}} = \frac{\underline{U}_C}{\underline{U}} = \frac{1}{1 + j \cdot \dfrac{\omega}{\omega_0}} = \frac{1}{1 + j \cdot p} \quad \text{mit} \quad \omega = p \cdot \omega_0$$

$$\frac{\underline{I}_C}{\underline{I}} = \frac{R_p}{R_p + \dfrac{1}{j\omega C_p}} = \frac{1}{1 + \dfrac{1}{j\omega R_p C_p}}$$

$$\frac{\underline{U}_R}{\underline{U}} = \frac{R_r}{R_r + \dfrac{1}{j\omega C_r}} = \frac{1}{1 + \dfrac{1}{j\omega R_r C_r}}$$

$$\frac{\underline{I}_C}{\underline{I}} = \frac{1}{1 - j \cdot \dfrac{1}{\omega} \cdot \dfrac{1}{R_p C_p}}$$

$$\frac{\underline{U}_R}{\underline{U}} = \frac{1}{1 - j \cdot \dfrac{1}{\omega} \cdot \dfrac{1}{R_r C_r}}$$

$$\omega_0 = \frac{1}{R_p C_p} \qquad\qquad \omega_0 = \frac{1}{R_r C_r}$$

$$\frac{\underline{I}_C}{\underline{I}} = \frac{\underline{U}_R}{\underline{U}} = \frac{1}{1 - j \cdot \dfrac{\omega_0}{\omega}} = \frac{1}{1 - j \cdot \dfrac{1}{p}} = \frac{1}{1 - j \cdot p^*} \quad \text{mit} \quad \omega = p \cdot \omega_0 \quad \text{und} \quad p^* = \frac{1}{p}$$

Wie aus den Ortskurvengleichungen ersichtlich, sind die Ortskurven von jeweils vier Strom- und Spannungsverhältnissen identisch; die Größen R_r, L_r, C_r, R_p, L_p und C_p , gehen nur in die jeweiligen Bezugsfrequenzen ω_0 ein.

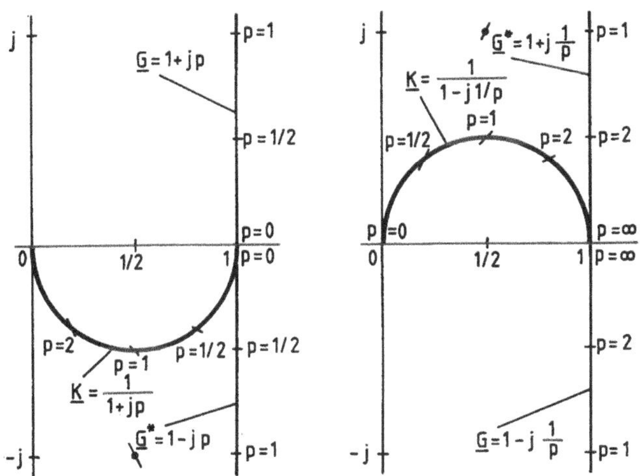

Bild A-108
Ortskurven der
Übungsaufgabe 5.4

5.5

Zu 1.
$$\frac{\underline{U}_2}{\underline{U}_1} = \frac{R}{R + R_{Lr} + j\omega L_r} = \frac{1}{\left(1 + \dfrac{R_{Lr}}{R} + j\omega \dfrac{L_r}{R}\right)}$$

Zu 2. Mit $\omega = p \cdot \omega_0$ und $\omega_0 = R/L_r$ und $R_{Lr} = R$

$$\frac{\underline{U}_2}{\underline{U}_1} = \frac{1}{\left(1 + \dfrac{R_{Lr}}{R}\right) + j \cdot p \cdot \omega_0 \cdot \dfrac{L_r}{R}} = \frac{1}{2 + j \cdot p}$$

Die Ortskurve ist ein Kreis durch den Nullpunkt mit $\dfrac{1}{2A} = \dfrac{1}{4}$.

Zu 3.

R_{Lr}/R	0	1/2	1	2
$\underline{U}_2/\underline{U}_1$	$1/(1 + jp)$	$1/(1,5 + jp)$	$1/(2 + jp)$	$1/(3 + jp)$
$1/(2A)$	1/2	1/3	1/4	1/6

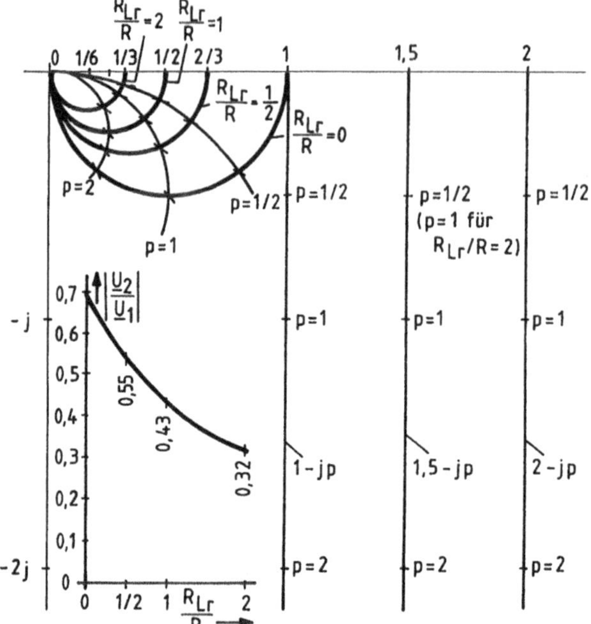

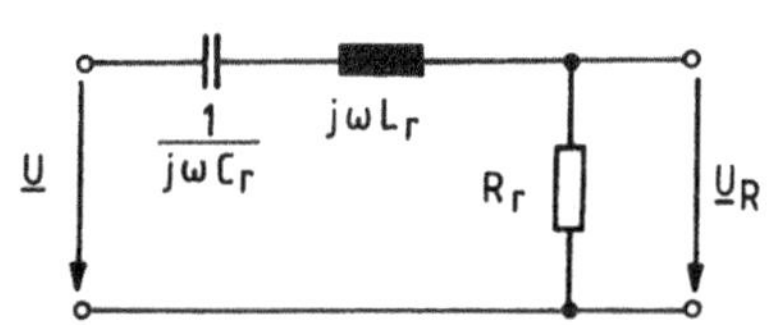

Bild A-109
Ortskurven und Betragsfunktion der Übungsaufgabe 5.5

Zu 4.   Die Beträge von $\underline{U}_2/\underline{U}_1$ lassen sich sowohl aus der Ortskurvenschar ablesen als auch rechnerisch ermitteln durch

$$\left|\frac{\underline{U}_2}{\underline{U}_1}\right| = \frac{1}{\sqrt{\left(1+\dfrac{R_{Lr}}{R}\right)^2+1}} \qquad \text{(Darstellung siehe Bild A-109)}$$

5.6

$$\frac{\underline{U}_R}{\underline{U}} = \frac{R_r}{R_r + j\cdot\left(\omega L_r - \dfrac{1}{\omega C_r}\right)}$$

$$\frac{\underline{U}_R}{\underline{U}} = \frac{1}{1 + j\cdot\left(\dfrac{\omega L_r}{R_r} - \dfrac{1}{\omega R_r C_r}\right)}$$

Bild A-110 Schaltung im Bildbereich der Übungsaufgabe 5.6

Mit $\omega = p\cdot\omega_0$

$$\frac{\underline{U}_R}{\underline{U}} = \frac{1}{1 + j\cdot\left(p\omega_0\dfrac{L_r}{R_r} - \dfrac{1}{p\omega_0 R_r C_r}\right)} = \frac{1}{1 + j\cdot Q_r\cdot\left(p-\dfrac{1}{p}\right)} = \frac{1}{1 + j\cdot\left(p-\dfrac{1}{p}\right)}$$

mit

$$\omega_0 = \frac{1}{\sqrt{L_r C_r}} = \frac{1}{\sqrt{0,08\,\text{H}\cdot 2\cdot 10^{-6}\,\text{F}}} = 2500\,\text{s}^{-1}$$

und

$$Q = \frac{X_{kr}}{R_r} = \frac{\omega_0 L_r}{R_r} = \frac{1}{R_r \omega_0 C_r} = \frac{1}{R_r}\sqrt{\frac{L_r}{C_r}} = \frac{1}{200\,\Omega}\sqrt{\frac{0,08\,\text{H}}{2\cdot 10^{-6}\,\text{F}}} = 1 \qquad \text{(vgl. Gl. 4.118)}$$

Die Ortskurve ist ein Kreis durch den Nullpunkt mit $1/(2A) = 1/2$.

Bei $p = 1$, also bei Resonanzfrequenz ist $U_R = U$, denn die induktive und kapazitive Spannung kompensieren sich: $\underline{U}_L + \underline{U}_C = 0$.

Bei $p = 0$, d. h. bei Gleichspannung, fließt kein Strom, weil der Kondensator einen unendlichen Widerstand bedeutet. Die Spannung U_R ist also Null.

Bei $p = \infty$, d. h. bei unendlich hoher Frequenz, ist der Wechselstrom ebenfalls Null, weil der induktive Widerstand unendlich groß ist. Die Spannung U_R ist also ebenfalls Null.

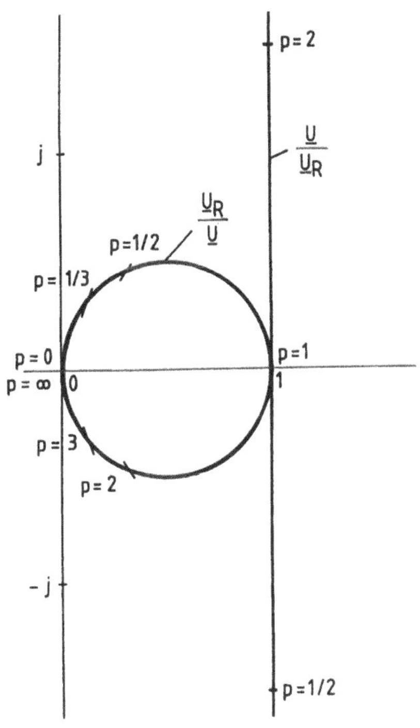

Bild A-111
Ortskurve der Übungsaufgabe 5.6

5.7

Zu 1.
$$\frac{\underline{U}_2}{\underline{U}_1} = \frac{\dfrac{1}{\dfrac{1}{R_p} + \dfrac{1}{R_2} + j\omega C_p + \dfrac{1}{j\omega L_p}}}{R_1 + \dfrac{1}{\dfrac{1}{R_p} + \dfrac{1}{R_2} + j\omega C_p + \dfrac{1}{j\omega L_p}}}$$

$$\frac{\underline{U}_2}{\underline{U}_1} = \frac{1}{R_1 \cdot \left(\dfrac{1}{R_p} + \dfrac{1}{R_2} + j\omega C_p + \dfrac{1}{j\omega L_p}\right) + 1}$$

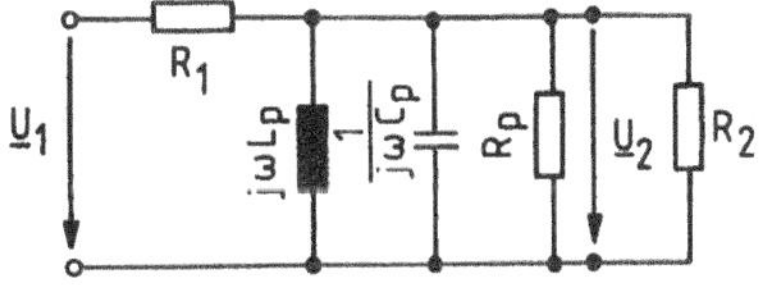

Bild A-112 Schaltung im Bildbereich
der Übungsaufgabe 5.7

$$\frac{\underline{U}_2}{\underline{U}_1} = \cfrac{1}{\left(\dfrac{R_1}{R_p} + \dfrac{R_1}{R_2} + 1\right) + j \cdot \left(\omega R_1 C_p - \dfrac{R_1}{\omega L_p}\right)} \quad \text{mit } \omega = p \cdot \omega_0$$

$$\omega_0 = \frac{1}{\sqrt{C_p L_p}} = \frac{1}{\sqrt{100 \cdot 10^{-9}\,\text{F} \cdot 100 \cdot 10^{-3}\,\text{H}}} = 10000\,\text{s}^{-1}$$

$$\frac{\underline{U}_2}{\underline{U}_1} = \cfrac{1}{\left(\dfrac{1}{2} + \dfrac{1}{2} + 1\right) + j \cdot \left(p \cdot 10000\,\text{s}^{-1} \cdot 500\,\Omega \cdot 100 \cdot 10^{-9}\,\text{F} - \dfrac{500\,\Omega}{p \cdot 10000\,\text{s}^{-1} \cdot 100 \cdot 10^{-3}\,\text{H}}\right)}$$

$$\frac{\underline{U}_2}{\underline{U}_1} = \cfrac{1}{2 + j \cdot 0,5 \cdot \left(p - \dfrac{1}{p}\right)},$$

das ist die Gleichung eines Kreises durch den Nullpunkt mit dem Mittelpunkt auf der reellen Achse mit $1/(2A) = 1/4$.

Zu 2.

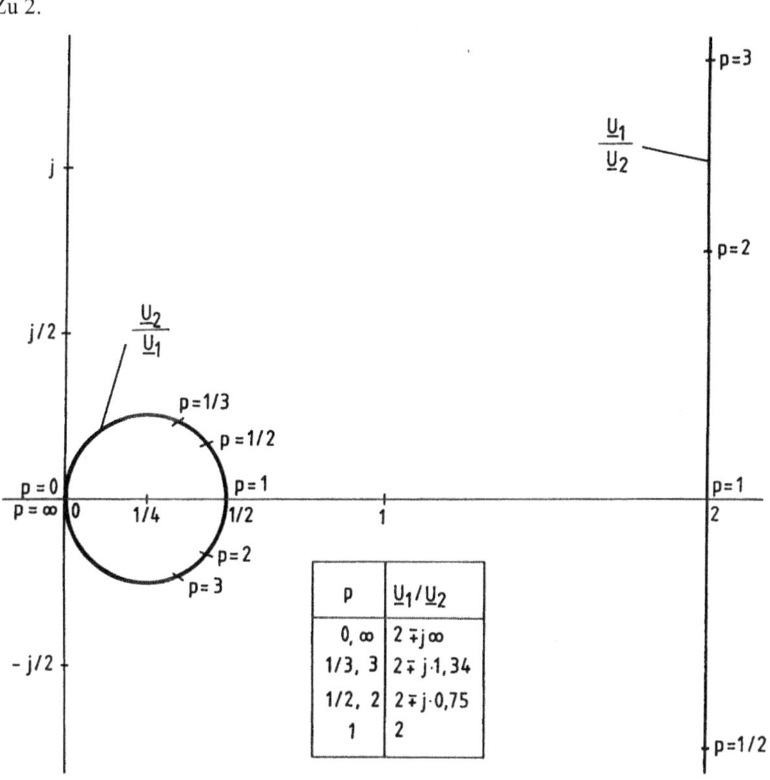

p	$\underline{U}_1/\underline{U}_2$
0, ∞	2 ∓ j∞
1/3, 3	2 ∓ j·1,34
1/2, 2	2 ∓ j·0,75
1	2

Bild A-113 Ortskurve der Übungsaufgabe 5.7

Zu 3.   Bei $p = 1$ herrscht Resonanz zwischen C_p und L_p, d. h. der Leitwert der Parallelschaltung von C_p und L_p ist Null und der Widerstand ist entsprechend unendlich groß. Dadurch bleiben von der Schaltung nur zwei in Reihe geschaltete, gleich große ohmsche Widerstände von je $500\,\Omega$ übrig, so dass die Spannung U_1 halbiert wird.

5.8

Zu 1. $\underline{Y} = \dfrac{1}{R} + \dfrac{1}{R_{Lr} + j\omega L_r} = \dfrac{1}{R} + \dfrac{1}{R_{Lr} + p \cdot j\omega_0 L_r} = \underline{L} + \dfrac{1}{\underline{E} + p \cdot \underline{F}}$

$\omega_0 = 100\,\mathrm{s}^{-1}$, $p = 1, 2, \ldots, 10$

$Y = \dfrac{1}{100\Omega} + \dfrac{1}{50\Omega + p \cdot j \cdot 100\mathrm{s}^{-1} \cdot 0{,}1\mathrm{H}} = 0{,}01\mathrm{S} + \dfrac{1}{50\Omega + p \cdot j \cdot 10\Omega}$

das ist ein verschobener Kreis durch den Nullpunkt mit $1/(2A) = 1/(2 \cdot 50\Omega) = 0{,}01\mathrm{S}$

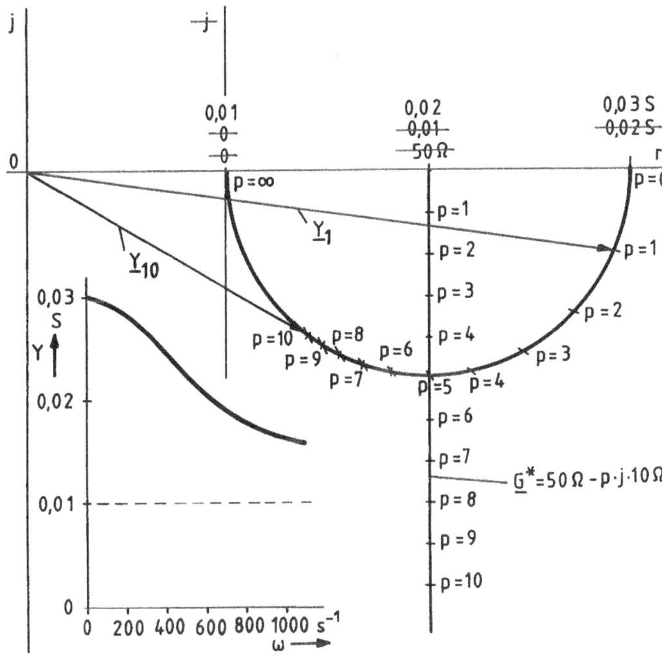

Bild A-114 Ortskurve der Übungsaufgabe 5.8

Zu 2.

$p = 0$ und $\omega = 0$: $\underline{Y} = \dfrac{1}{100\Omega} + \dfrac{1}{50\Omega} = \dfrac{3}{100\Omega} = 0{,}03\mathrm{S}$

$p = \infty$ und $\omega = \infty$: $\underline{Y} = \dfrac{1}{100\Omega} = 0{,}01\mathrm{S}$

$p = 5$ und $\omega = 500\,\mathrm{s}^{-1}$: $\underline{Y} = \dfrac{1}{100\Omega} + \dfrac{1}{50\,\Omega + j \cdot 50\Omega} = \dfrac{1}{100\Omega} + \dfrac{1}{100\Omega} - j \cdot \dfrac{1}{100\Omega} = (0{,}02 - j \cdot 0{,}01)\mathrm{S}$

Zu 3.

siehe Bild A-114 mit Asymptote $\underline{Y} = 0{,}01\mathrm{S}$.

5.9

Zu 1.
$$\frac{\underline{U}}{\underline{U}_L} = \frac{R_r + j\omega L_r + \dfrac{1}{j\omega C_r}}{j\omega L_r} = -j\cdot\frac{R_r}{\omega L_r} + 1 - \frac{1}{\omega^2 L_r C_r}$$

$$\frac{\underline{U}}{\underline{U}_L} = -j\cdot\frac{R_r}{p\cdot\omega_0 L_r} + 1 - \frac{1}{p^2\omega_0^2 L_r C_r} = 1 - j\cdot p^*\frac{R_r}{\omega_0 L_r} - p^{*2}\cdot\frac{1}{\omega_0^2 L_r C_r}$$

$$\text{mit} \quad \omega = p\cdot\omega_0 = \frac{1}{p^*}\omega_0 \quad \text{und} \quad \frac{1}{p} = p^* \ .$$

Mit

$$\omega_0 = \frac{1}{\sqrt{L_r C_r}} \quad \text{und} \quad \frac{\omega_0 L_r}{R_r} = \frac{X_{kr}}{R_r} = Q_r = 2 \quad \text{(vgl. Gl. 4.118)}$$

ist

$$\frac{\underline{U}}{\underline{U}_L} = 1 - j\cdot p^*\frac{1}{Q_r} - p^{*2} = 1 - p^*\cdot\frac{j}{2} - p^{*2} = 1 - p^{*2} - j\cdot\frac{p^*}{2}.$$

Bei Resonanz des Reihenschwingkreises ist $\omega = \omega_0$, also $p^* = 1/p = 1$, und das Spannungsverhältnis ist imaginär:

$$\frac{\underline{U}}{\underline{U}_L} = -\frac{j}{Q_r} = -\frac{j}{2} \quad \text{mit} \quad \frac{U}{U_L} = \frac{1}{Q_r} = \frac{1}{2} \quad \text{bzw.} \quad \frac{U_L}{U} = Q_r = 2 \quad \text{(vgl. Gl. 4.125)}.$$

Die Ortskurve ist eine Parabel, die spiegelsymmetrisch zu der Ortskurve von $\underline{U}/\underline{U}_C$ (Bild 5.30) an der reellen Achse ist. Das Vorzeichen des Imaginärteils ist umgekehrt, und bei den Parameterwerten steht anstelle von p der Kehrwert 1/p.

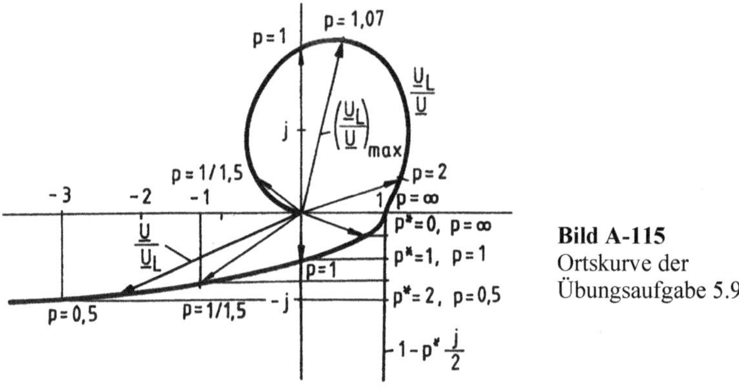

Bild A-115
Ortskurve der
Übungsaufgabe 5.9

Zu 2. Inversion:

$$\frac{\underline{U}}{\underline{U}_L} = \frac{1}{1 - j\cdot p^*\dfrac{1}{Q_r} - p^{*2}} = \frac{1}{1 - p^*\cdot\dfrac{j}{2} - p^{*2}} = \frac{1}{1 - p^{*2} - j\cdot\dfrac{p^*}{2}}$$

$$p = 0, \quad p^* = \infty \qquad\qquad \frac{\underline{U}_L}{\underline{U}} = 0$$

$$p = \frac{1}{2}, \quad p^* = 2 \qquad\qquad \frac{\underline{U}_L}{\underline{U}} = \frac{1}{-3-j} = -0{,}3 + j \cdot 0{,}1 = 0{,}316 \cdot e^{j \cdot 161{,}6°}$$

$$p = \frac{2}{3}, \quad p^* = 1{,}5 \qquad\qquad \frac{\underline{U}_L}{\underline{U}} = \frac{1}{-1{,}25 - j \cdot 0{,}75} = -0{,}59 + j \cdot 0{,}35 = 0{,}686 \cdot e^{j \cdot 149{,}3°}$$

$$p = 1, \quad p^* = 1: \qquad\qquad \frac{\underline{U}_L}{\underline{U}} = \frac{1}{1 - 1 - j/2} = j \cdot 2 = 2 \cdot e^{j \cdot 90°}$$

$$p = 2, \quad p^* = \frac{1}{2}: \qquad\qquad \frac{\underline{U}_L}{\underline{U}} = \frac{1}{0{,}75 - j \cdot 0{,}25} = 1{,}2 + j \cdot 0{,}4 = 1{,}26 \cdot e^{j \cdot 18{,}4°}$$

$$p = \infty, \quad p^* = 0: \qquad\qquad \frac{\underline{U}_L}{\underline{U}} = 1$$

Zu 3. Mit Hilfe der Gl. (4.127) mit $x = p$ und $Q_r = 2$ lassen sich für $p = 0, \ldots, 2$ obige Ergebnisse bestätigen:

$$\frac{U_L}{U} = \frac{p}{\sqrt{\frac{1}{4} + \left(p - \frac{1}{p} \right)^2}} \, .$$

Für $p = \infty$ ist

$$\frac{U_L}{U} = \lim_{x \to \infty} \frac{1}{\sqrt{\frac{1}{4\,p^2} + \left(1 - \frac{1}{p^2} \right)^2}} = 1 \, .$$

Nach Gl. (4.129) ist das Maximum bei $\; x_L = p_L = \dfrac{1}{\sqrt{1 - 1/8}} = 1{,}07$

und beträgt

$$\frac{U_{L\,max}}{U} = \frac{2}{\sqrt{1 - 1/16}} = 2{,}066.$$

5.10

Zu 1. $\displaystyle \underline{Y} = \frac{1}{R_{Cp}} + j\omega C_p + \frac{1}{R_{Lr} + j\omega L_r} = \frac{1}{R_{Cp}} + p \cdot j\omega_0 C_p + \frac{1}{R_{Lr} + p \cdot j\omega_0 L_r}$

mit $\omega = p \cdot \omega_0$ und $\omega_0 = 10 \cdot 10^3 \mathrm{s}^{-1}$ und den gegebenen Größen ist

$$\underline{Y} = \frac{1}{100 \cdot 10^3 \Omega} + p \cdot j \cdot 10 \cdot 10^3 \mathrm{s}^{-1} \cdot 0{,}2 \cdot 10^{-9}\,\mathrm{F} + \frac{1}{50 \cdot 10^3 \Omega + p \cdot j \cdot 10 \cdot 10^3 \mathrm{s}^{-1} \cdot 1\mathrm{H}}$$

$$\underline{Y} = 10\,\mu\mathrm{S} + p \cdot j \cdot 2\,\mu\mathrm{S} + \frac{1}{50\,\mathrm{k}\Omega + p \cdot j \cdot 10\,\mathrm{k}\Omega} \, .$$

Die Ortskurve kann durch Überlagerung einer Geraden und eines Kreises durch den Nullpunkt mit $1/(2A) = 1/(2 \cdot 50\mathrm{k}\Omega) = 10\,\mu\mathrm{S}$ ermittelt werden (siehe Bild A-116).

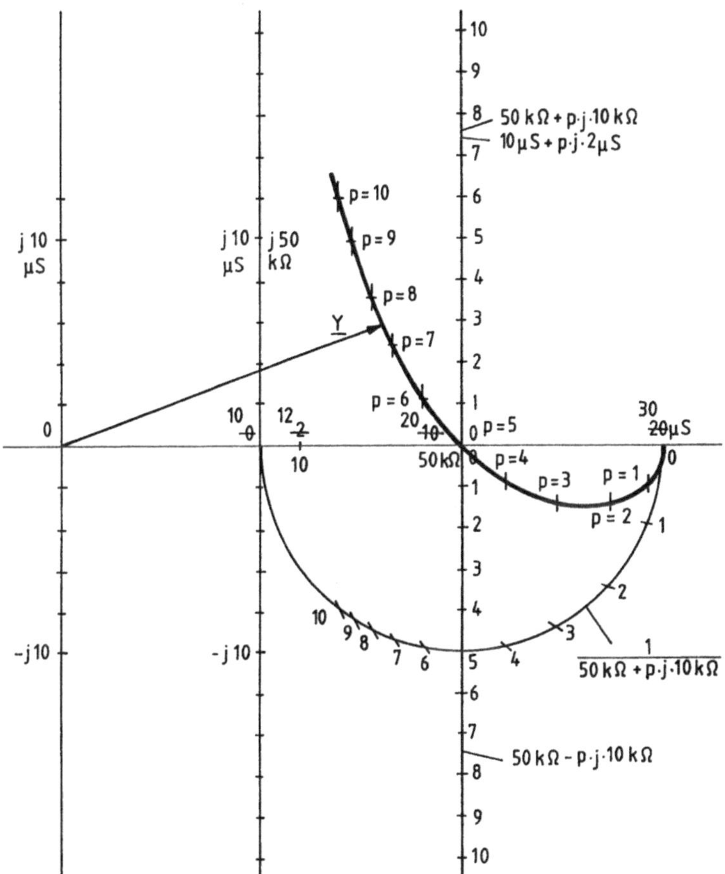

Bild A-116 Ortskurve der Übungsaufgabe 5.10

Der parametrierte Kreis müsste wegen des Realteils der Geraden nach rechts um 10μS verschoben werden. Einfacher ist jedoch eine Verschiebung des Koordinatenursprungs um −10μS, also nach links; der Kreis bleibt dann unverändert. Selbstverständlich müssen dann die μS-Werte der reellen Achse um 10μS verändert werden. Anschließend lassen sich die Imaginärteile des Kreises mit denen der Geraden überlagern.

Zu 2.   Bei p = 5, also bei ω = 50000s⁻¹ ist der komplexe Leitwert reell: $\underline{Y}_5$ = 20μS.

Nachweis für ω:

Nach der Abhandlung über „Parallelschaltung verlustbehafteter Blindwiderstände" im Abschnitt 4.5.2 ist nach Gl. (4.150)

$$\underline{I} = \left[\left(\frac{1}{R_{Cp}} + \frac{R_{Lr}}{R_{Lr}^2 + \omega^2 L_r^2}\right) + j\cdot\left(\omega C_p - \frac{\omega L_r}{R_{Lr}^2 + \omega^2 L_r^2}\right)\right]\cdot\underline{U}\,.$$

Bei Resonanz ist der Imaginärteil des Leitwertoperators Null:

$$\omega C_p = \frac{\omega L_r}{R_{Lr}^2 + \omega^2 L_r^2} \quad \text{bzw.} \quad R_{Lr}^2 + \omega^2 L_r^2 = \frac{L_r}{C_p}$$

Die Formel für die Resonanzfrequenz lautet dann und ergibt

$$\omega = \sqrt{\frac{1}{L_r C_p} - \frac{R_{Lr}^2}{L_r^2}} = \sqrt{\frac{1}{1\,H \cdot 0,2 \cdot 10^{-9}\,F} - \frac{(50 \cdot 10^3\,\Omega)^2}{\left(1\,H\right)^2}} = 50 \cdot 10^3\,s^{-1}$$

Nachweis für den reellen Leitwert mit Hilfe der Ortskurvengleichung mit p = 5:

$$\underline{Y}_5 = 10\,\mu S + 5 \cdot j \cdot 2\,\mu S + \frac{1}{50\,k\Omega + j \cdot 5 \cdot 10\,k\Omega} = 10\,\mu S + j \cdot 10\,\mu S + \frac{1}{50\,k\Omega} \cdot \frac{1}{1+j}$$

$$\underline{Y}_5 = 10\,\mu S + j \cdot 10\,\mu S + 20\,\mu S \cdot \frac{1}{2} \cdot (1-j) = 20\,\mu S$$

5.11

Zu 1. $\underline{Z} = R_{Lr} + j\omega L_r + \dfrac{1}{\dfrac{1}{R_{Cp}} + j\omega C_p}$

1. $\omega = 0$ mit $\underline{Z} = R_{Lr} + R_{Cp}$

2. $\underline{Z} = R_{Lr} + j\omega L_r + \dfrac{1}{\dfrac{1}{R_{Cp}} + j\omega C_p} \cdot \dfrac{\dfrac{1}{R_{Cp}} - j\omega C_p}{\dfrac{1}{R_{Cp}} - j\omega C_p}$

$$\underline{Z} = \left[R_{Lr} + \frac{\dfrac{1}{R_{Cp}}}{\dfrac{1}{R_{Cp}^2} + \omega^2 C_p^2} \right] + j\omega \cdot \left[L_r - \frac{C_p}{\dfrac{1}{R_{Cp}^2} + \omega^2 C_p^2} \right].$$

Der komplexe Widerstand ist reell, wenn der Imaginärteil Null gesetzt wird:

$$L_r = \frac{C_p}{\dfrac{1}{R_{Cp}^2} + \omega_0^2 C_p^2} \quad \text{bzw.} \quad \frac{1}{R_{Cp}^2} + \omega_0^2 C_p^2 = \frac{C_p}{L_r}$$

$$\omega_0 = \sqrt{\frac{1}{L_r C_p} - \frac{1}{R_{Cp}^2 C_p^2}} = \sqrt{\frac{1}{120 \cdot 10^{-3}\,H \cdot 0,12 \cdot 10^{-6}\,F} - \frac{1}{(1,25 \cdot 10^3\,\Omega \cdot 0,12 \cdot 10^{-6}\,F)^2}} = 5000\,s^{-1}$$

Zu 2. $\underline{Z} = R_{Lr} + p \cdot j\,\omega_0 L_r + \dfrac{1}{\dfrac{1}{R_{Cp}} + p \cdot j\omega_0 C_p}$ mit $\omega = p \cdot \omega_0$.

Mit $\omega_0 = 5000\,s^{-1}$ ($\omega_0 = 0$ scheidet als Bezugsfrequenz aus) und den gegebenen Größen ist

$$\underline{Z} = 1\,k\Omega + p \cdot j\,5000\,s^{-1} \cdot 120 \cdot 10^{-3}\,H + \frac{1}{\dfrac{1}{1,25\,k\Omega} + p \cdot j \cdot 5000\,s^{-1} \cdot 0,12 \cdot 10^{-6}\,F}$$

$$\underline{Z} = 1\text{k}\Omega + p \cdot j \cdot 0{,}6\text{k}\Omega + \frac{1}{0{,}8\text{mS} + p \cdot j \cdot 0{,}6\text{mS}} \ .$$

Die Ortskurve ist eine Überlagerung einer Geraden und eines Kreises durch den Nullpunkt mit $1/(2A) = 1/(2 \cdot 0{,}8 \text{ mS}) = 625\Omega = 0{,}625\text{k}\Omega$ (siehe Bild A-117).

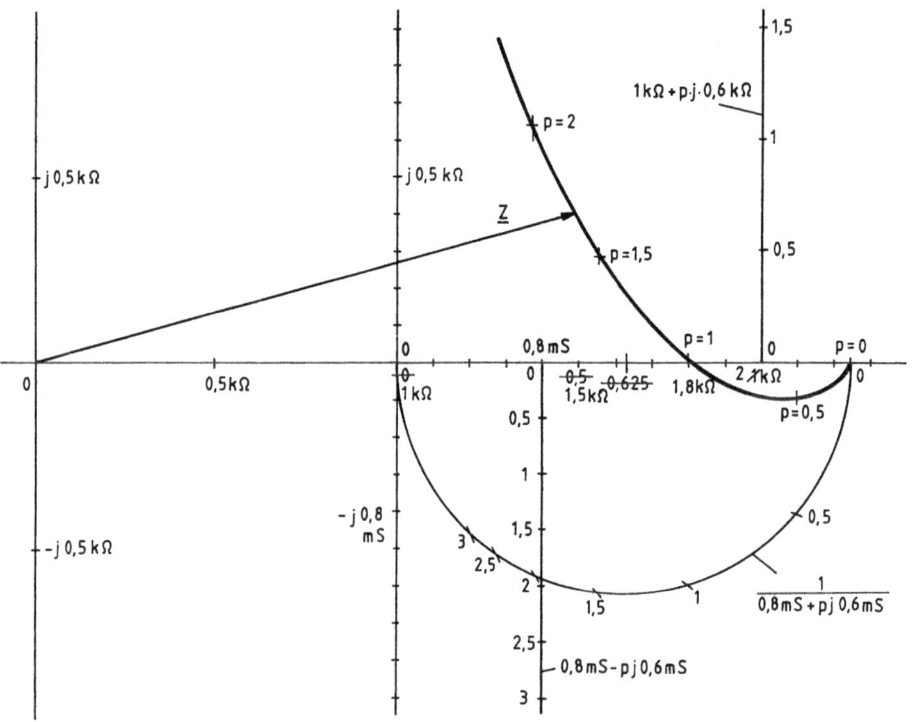

Bild A-117 Ortskurve der Übungsaufgabe 5.11

Zu 3. $p = 0$: $\underline{Z} = R_{Lr} + R_{Cp} = 1\text{k}\Omega + 1{,}25\text{k}\Omega = 2{,}25\text{k}\Omega$

$$p = 1: \quad \underline{Z} = R_{Lr} + \frac{\dfrac{1}{R_{Cp}}}{\dfrac{1}{R_{Cp}^{\,2}} + \omega_0^{\,2} C_p^{\,2}} = R_{Lr} + \frac{1}{\dfrac{1}{R_{Cp}} + R_{Cp} \cdot \left(\omega_0 C_p\right)^2}$$

$$\underline{Z} = 1\,\text{k}\Omega + \frac{1}{\dfrac{1}{1{,}25\,\text{k}\Omega} + 1{,}25\,\text{k}\Omega \cdot (5000\,\text{s}^{-1} \cdot 0{,}12 \cdot 10^{-6}\,\text{F})^2}$$

$$\underline{Z} = 1{,}8\text{k}\Omega.$$

6 Transformator

6.1

Zu 1.   Quantitatives Zeigerbild

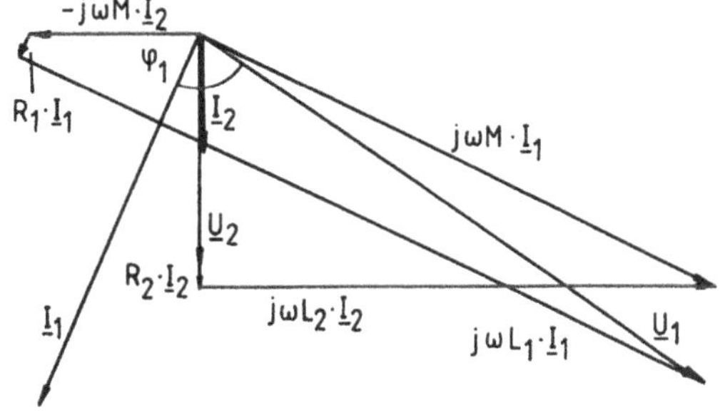

Bild A-118
Übungsaufgabe 6.1

Reihenfolge der Darstellung und Berechnung der Effektivwerte:

$\underline{U}_2$ $\qquad\qquad U_2 = 40V$

$\underline{I}_2 = \underline{U}_2/R \qquad I_2 = U_2/R$

$\qquad\qquad\qquad I_2 = 40V/200\Omega = 0,2A$

$\underline{R}_2 \cdot \underline{I}_2 \qquad\quad R_2 \cdot I_2 = 10\Omega \cdot 0,2A = 2V$

$j\,\omega\,\underline{L}_2 \cdot \underline{I}_2 \qquad \omega L_2 \cdot I_2 = 10^4 s^{-1} \cdot 45mH \cdot 0,2A$

$\qquad\qquad\qquad \omega L_2 \cdot I_2 = 90V$

$$\text{mit} \quad L_2 = \frac{M^2}{k^2 L_1} = \frac{(15mH)^2}{0,5^2 \cdot 20mH} = 45mH$$

$$\text{aus} \quad k = \frac{M}{\sqrt{L_1 L_2}} \quad \text{(Gl. 3.369, Band 1)}$$

$j\omega M \cdot \underline{I}_1 \qquad j\omega M \cdot I_1 = 100V \text{ (abgelesen)}$

$\underline{I}_1 \qquad\qquad I_1 = \dfrac{\omega M \cdot I_1}{\omega M} = \dfrac{100V}{10^4 s^{-1} \cdot 15mH} = 0,67A$

$-j\omega M \cdot \underline{I}_2 \qquad \omega M \cdot I_2 = 10^4 s^{-1} \cdot 15mH \cdot 0,2A = 30V$

$R_1 \cdot \underline{I}_1 \qquad\quad R_1 \cdot I_1 = 6\Omega \cdot 0,67A = 4,02V$

$j\omega L_1 \cdot \underline{I}_1 \qquad \omega L_1 \cdot I_1 = 10^4 s^{-1} \cdot 20mH \cdot 0,67A = 133,3V$

$\underline{U}_1 \qquad\qquad U_1 = 107V \quad \text{mit} \quad \varphi_1 = 80° \text{ (abgelesen)}$

Zu 2.   Nach Gl. (6.25)

$$\frac{\underline{U}_2}{\underline{U}_1} = \cfrac{1}{\left(\dfrac{(R+R_2)\cdot L_1 + R_1 \cdot L_2}{M\cdot R}\right) + j\cdot\left(\dfrac{\omega^2\left(L_1 L_2 - M^2\right) - (R+R_2)\cdot R_1}{\omega M \cdot R}\right)}$$

$$\frac{\underline{U}_2}{\underline{U}_1} = \cfrac{1}{\dfrac{210\Omega\cdot 20mH + 6\Omega\cdot 45mH}{15mH \cdot 200\Omega} + j\cdot\dfrac{10\,000^2 s^{-2}\left[20mH\cdot 45mH - (15mH)^2\right] - 210\Omega\cdot 6\Omega}{10\,000 s^{-1}\cdot 15mH \cdot 200\Omega}}$$

$$\frac{\underline{U}_2}{\underline{U}_1} = \frac{1}{1,49 + j\cdot 2,208} \quad \text{mit} \quad \underline{U}_2 = 40V \text{ ist } \underline{U}_1 = (1,49 + j\cdot 2,208)\cdot 40V = (59,6 + j\cdot 88,32)V$$

und

$$U_1 = \sqrt{1,49^2 + 2,208^2}\cdot 40V = 2,66\cdot 40V = 106,5V$$

Zu 3. $U_2 = \dfrac{U_1}{2{,}66} = \dfrac{220\,\text{V}}{2{,}66} = 82{,}7\,\text{V}$

Zu 4. Mit $L_2 = \dfrac{M^2}{L_1} = \dfrac{(15\text{mH})^2}{20\text{mH}} = 11{,}25\text{mH}$ (Gl. 3.370, Band 1)

$$\dfrac{\underline{U}_2}{\underline{U}_1} = \dfrac{1}{\dfrac{210\Omega\cdot 20\text{mH} + 6\Omega\cdot 11{,}25\text{mH}}{15\text{mH}\cdot 200\Omega} + j\cdot\dfrac{10000^2\,\text{s}^{-2}\left[20\text{mH}\cdot 11{,}25\text{mH} - (15\text{mH})^2\right] - 210\Omega\cdot 6\Omega}{10000\,\text{s}^{-1}\cdot 15\text{mH}\cdot 200\Omega}}$$

$$\dfrac{\underline{U}_2}{\underline{U}_1} = \dfrac{1}{1{,}4225 - j\cdot 0{,}042} \quad \text{mit} \quad \dfrac{U_2}{U_1} = \dfrac{1}{\sqrt{2{,}025}} = \dfrac{1}{1{,}423} \quad \text{und} \quad U_1 = 1{,}423\cdot 40\text{V} = 56{,}9\text{V}$$

6.2

Zu 1. Die Gleichungen (6.10) bis (6.12) vereinfachen sich mit $R_1 = 0$, $R_2 = 0$, $\underline{Z} = 0$ in

$$\underline{U}_1 = j\omega L_1 \cdot \underline{I}_1 - j\omega M \cdot \underline{I}_2$$

$$\underline{U}_2 = -j\omega L_2 \cdot \underline{I}_2 + j\omega M \cdot \underline{I}_1 = 0$$

Damit ist

$$\underline{I}_2 = \dfrac{M}{L_2}\cdot \underline{I}_1 \quad \text{und} \quad \underline{U}_1 = j\omega L_1 \cdot \underline{I}_1 - j\omega \dfrac{M^2}{L_2}\cdot \underline{I}_1$$

und

$$\underline{Z}_{\text{ink}} = \dfrac{\underline{U}_1}{\underline{I}_1} = j\omega\cdot\left(L_1 - \dfrac{M^2}{L_2}\right) \quad \text{(vgl. Gl. 6.27 mit } R_1 = 0 \text{ und } R_2 = 0\text{)}$$

und mit $M^2 = k^2 \cdot L_1 \cdot L_2$

$$\underline{Z}_{\text{ink}} = j\omega\cdot\left(L_1 - \dfrac{k^2 L_1 L_2}{L_2}\right) = j\omega L_1 \cdot (1 - k^2) = j\omega\cdot\sigma L_1 \qquad \text{(Gl. 3.377, Band 1)}$$

Zu 2. Im Bild 6.19 (Ersatzschaltbild des Transformators mit nur einer Längsinduktivität) werden $R_1 = 0$, $R_2 = 0$ und $\underline{U}_2 = 0$ gesetzt, wodurch sich das Ergebnis bestätigt.

Zu 3. $\underline{Z}_{\text{ink}} = j\omega\cdot\left(L_1 - \dfrac{M^2}{L_2}\right) = j\omega L_{\text{ers}}$

$$\underline{Z}_{\text{ink}} = j\omega\cdot\left(20\text{mH} - \dfrac{(15\,\text{mH})^2}{45\,\text{mH}}\right) = j\omega\cdot 15\text{mH}, \quad \text{d. h. } L_{\text{ers}} = 15\text{mH}$$

6.3

Zu 1. Mit den Gleichungen (6.32) bis (6.34) und $R_1 = 0$, $R_2 = 0$ und $\underline{Z} = R_r + \dfrac{1}{j\omega C_r}$ ist

$$\underline{U}_1 = j\omega L_1 \cdot \underline{I}_1 - j\omega(L_1 + M) \cdot \underline{I}_2$$

$$\underline{U}_2 = j\omega(L_1 + M) \cdot \underline{I}_1 - j\omega(L_1 + L_2 + 2M) \cdot \underline{I}_2$$

$$\underline{U}_2 = \left(R_r + \dfrac{1}{j\omega C_r}\right)\cdot \underline{I}_2$$

Zu 2. $\underline{Z}_{in} = \dfrac{\underline{U}_1}{\underline{I}_1} = j\omega L_1 - j\omega(L_1 + M) \cdot \dfrac{\underline{I}_2}{\underline{I}_1}$

mit $\underline{U}_2 = j\omega\,(L_1 + M) \cdot \underline{I}_1 - j\omega\,(L_1 + L_2 + 2M) \cdot \underline{I}_2 = \left(R_r + \dfrac{1}{j\omega C_r} \right) \cdot \underline{I}_2$

und $\dfrac{\underline{I}_2}{\underline{I}_1} = \dfrac{j\omega \cdot (L_1 + M)}{j\omega \cdot (L_1 + L_2 + 2M) + R_r + \dfrac{1}{j\omega C_r}}$

ist

$$\underline{Z}_{in} = j\omega L_1 + \dfrac{\omega^2 (L_1 + M)^2}{R_r + j \cdot \left[\omega\,(L_1 + L_2 + 2M) - \dfrac{1}{\omega C_r} \right]}$$

Zu 3. $\underline{Z}_{in} = \dfrac{\omega^2 (L_1 + M^2)}{R_r} + j\omega L_1$ wegen $\omega(L_1 + L_2 + 2\,M) = \dfrac{1}{\omega C_r}$

Zu 4. $\omega = \dfrac{1}{\sqrt{(L_1 + L_2 + 2M) \cdot C_r}}$,

mit $M = k \sqrt{L_1 L_2} = 0{,}6 \cdot 200\text{mH} = 120\text{mH}$

$$\omega = \dfrac{1}{\sqrt{(200\text{mH} + 200\text{mH} + 2 \cdot 120\text{mH}) \cdot 62{,}5\text{nF}}} = 5000\ \text{s}^{-1}$$

$$\underline{Z}_{in} = \dfrac{[5000\text{s}^{-1} \cdot (200\,\text{mH} + 120\,\text{mH})]^2}{25\,\Omega} + j \cdot 5000\text{s}^{-1} \cdot 200\,\text{mH}$$

$$\underline{Z}_{in} = 102\,400\,\Omega + j \cdot 1000\,\Omega$$

6.4

Zu 1.   Nach Bild 6.16 ist mit $\ddot{u} = 1{,}2$

$M' = \ddot{u} \cdot M = 1{,}2 \cdot 15\text{mH} = 18\text{mH}$

mit

$M = k \cdot \sqrt{L_1 L_2}$

$M = 0{,}5 \cdot \sqrt{20 \cdot 45}\,\text{mH} = 15\text{mH}$

$R_1 = 60\,\Omega$

$L_{1s} = L_1 - M' = 20\,\text{mH} - 18\text{mH} = 2\text{mH}$

$L'_{2s} = L_2 - M' = \ddot{u}^2 \cdot L_2 - M'$

$L'_{2s} = 1{,}2^2 \cdot 45\text{mH} - 18\text{mH} = 46{,}8\text{mH}$

$R'_2 = \ddot{u}^2 \cdot R_2 = 1{,}2^2 \cdot 100\,\Omega = 144\,\Omega$

$U'_2 = \ddot{u} \cdot U_2 = 1{,}2 \cdot 40\text{V} = 48\text{V}$

$R'_r = \ddot{u}^2 \cdot R_r = 1{,}2^2 \cdot 50\,\Omega = 72\,\Omega$

$L'_r = \ddot{u}^2 \cdot L_r = 1{,}2^2 \cdot 8{,}67\,\text{mH} = 12{,}5\,\text{mH}$

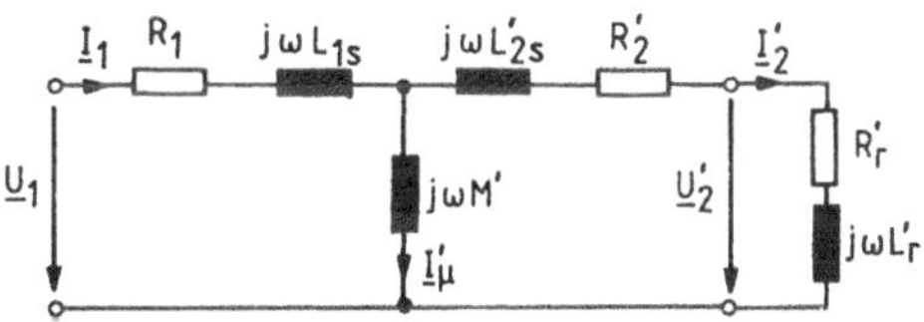

Bild A-119 Übungsaufgabe 6.4

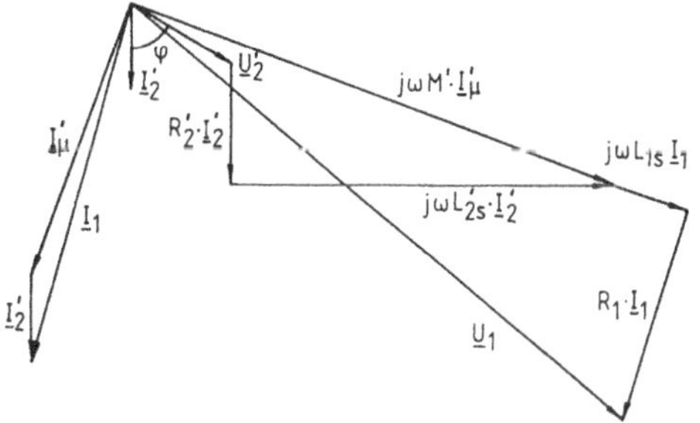

Bild A-120 Übungsaufgabe 6.4

Zu 2.   Reihenfolge der Zeigerbilddarstellung und Berechnung der Effektivwerte:

$\underline{U}'_2$ $U'_2 = 48\,V$

$\underline{I}'_2 = \dfrac{\underline{U}'_2}{\underline{Z}}$ $I'_2 = \dfrac{U'_2}{Z'}$

$\underline{I}'_2 = \dfrac{U'_2}{Z' \cdot e^{j\varphi}}$ mit $Z' = \sqrt{R_r'^2 + (\omega L_r')^2}$

$$Z' = \sqrt{(72\,\Omega)^2 + (10000\,s^{-1} \cdot 12{,}5\,mH)^2} = 144\,\Omega$$

und $\varphi = \text{arc tan}\ (\omega L_r' / R_r') = \text{arc tan}\ (125\,\Omega/72\ \Omega) = 60°$

$$I'_2 = \frac{48\,V}{144\,\Omega} = 0{,}33\,A$$

$R_2' \cdot \underline{I}'_2$ $R_2' \cdot I'_2 = 144\,\Omega \cdot 0{,}33\,A = 48\,V$

$j\omega L'_{2s} \cdot \underline{I}'_2$ $\omega L'_{2s} \cdot I'_2 = 10000\ s^{-1} \cdot 46{,}8\,mH \cdot 0{,}33\,A = 156\,V$

$j\omega M' \cdot \underline{I}'_\mu = j\omega M' \cdot (\underline{I}_1 - \underline{I}'_2)$ $\omega M' \cdot I'_\mu = 206\,V$

$\underline{I}'_\mu = \dfrac{j\omega M' \cdot \underline{I}'_\mu}{j\omega M'} = \underline{I}_1 - \underline{I}'_2$ $I'_\mu = \dfrac{\omega M' \cdot I'_\mu}{\omega M'} = \dfrac{206\,V}{10000\,s^{-1} \cdot 18\,mH} = 1{,}14\,A$

$\underline{I}_1 = \underline{I}'_\mu + \underline{I}'_2$ $I_1 = 1{,}46\,A$

$j\omega L_{1s} \cdot \underline{I}_1$ $\omega L_{1s} \cdot I_1 = 10000\,s^{-1} \cdot 2\,mH \cdot 1{,}46\,A = 29{,}2\,V$

$R_1 \cdot \underline{I}_1$ $R_1 \cdot I_1 = 60\,\Omega \cdot 1{,}46\,A = 87{,}6\,V$

$\underline{U}_1$ $U_1 = 256\,V$

Zu 3.   Maßstabsänderung des Zeigerbildes: $\dfrac{U_1^*}{U_1} = \dfrac{500\,V}{256\,V} = 1{,}953$

Damit ändern sich:

$I_1^* = 1{,}953 \cdot 1{,}46\,A = 2{,}85\,A$

$I_2^* = 1{,}953 \cdot 1{,}2 \cdot 0{,}33\,A = 0{,}761\,A$

$U_2^* = 1{,}953 \cdot 40\,V = 78{,}1\,V$

6.5

Zu 1. Ersatzschaltbildgrößen mit $ü = w_1/w_2 = 2500/500 = 5$

$R_1 = 400\,\Omega$

$L_{1s} = 0,8\,H$

$R_e = 5\,k\Omega$

$R'_2 = ü^2 \cdot R_2 = 5^2 \cdot 40\,\Omega = 1\,k\Omega$

$L'_{2s} = ü^2 \cdot L_{2s} = 5^2 \cdot 0,12\,H = 3\,H$

$M' = ü \cdot M = 5 \cdot 1,2\,H = 6\,H$

$U'_2 = ü \cdot U_2 = 5 \cdot 600\,V = 3\,kV$

$R'_r = ü^2 \cdot R_r = 5^2 \cdot 20\,\Omega = 500\,\Omega$

$L'_r = ü^2 \cdot L_r = 5^2 \cdot 95,5\,mH = 2,39\,H$

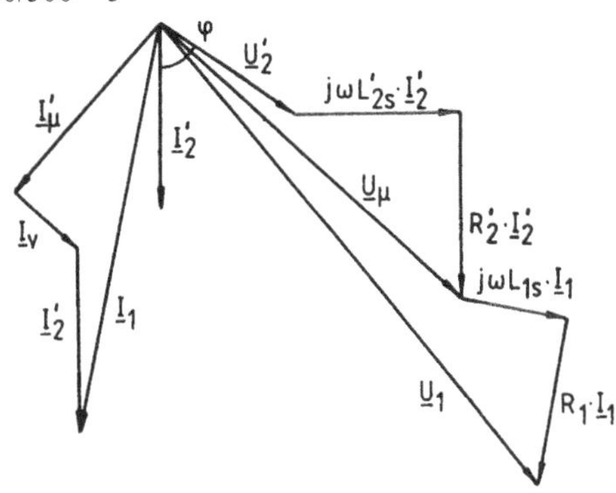

Bild A-121 Übungsaufgabe 6.5

Zu 2. Reihenfolge der Zeigerdarstellung und Berechnung der Effektivwerte:

$\underline{U}'_2$ $\qquad\qquad\qquad U'_2 = 3\,kV$

$\underline{I}'_2 = \dfrac{\underline{U}'_2}{\underline{Z}'}$ $\qquad\qquad I'_2 = \dfrac{U'_2}{Z'}$

$\underline{I}'_2 = \dfrac{\underline{U}'_2}{Z' \cdot e^{j\varphi}}$ $\qquad$ mit $Z' = \sqrt{R'^2_r + (ωL'_r)^2}$

$$Z' = \sqrt{(500\,\Omega)^2 + (2\pi \cdot 50\,s^{-1} \cdot 2,39\,H)^2} = 901,4\,\Omega$$

und $\varphi = \arctan\,(ωL'_r / R'_r) = \arctan\,(750\,\Omega/500\,\Omega)$

$\qquad\qquad \varphi = 56,3°$

$$I'_2 = \frac{3\,kV}{901,4\,\Omega} = 3,33\,A$$

$jωL'_{2s} \cdot \underline{I}'_2$ $\qquad ωL'_{2s} \cdot I'_2 = 2\pi \cdot 50\,s^{-1} \cdot 3\,H \cdot 3,33\,A = 3,14\,kV$

$R'_2 \cdot \underline{I}'_2$ $\qquad R'_2 \cdot I'_2 = 1\,k\Omega \cdot 3,33\,A = 3,33\,kV$

$\underline{U}_\mu = \underline{U}'_2 + jωL'_{2s} \cdot \underline{I}'_2 + R'_2 \cdot \underline{I}'_2$ $\quad U_\mu = 7,5\,kV$

$\underline{I}'_\mu = \dfrac{\underline{U}_\mu}{jωM'}$ $\qquad I'_\mu = \dfrac{U_\mu}{ωM'} = \dfrac{7,5\,kV}{2\pi \cdot 50\,s^{-1} \cdot 6\,H} = 3,98\,A$

$\underline{I}_v = \dfrac{\underline{U}_\mu}{R_e}$ $\qquad I_v = \dfrac{U_\mu}{R_e} = \dfrac{7,5\,kV}{5\,k\Omega} = 1,5\,A$

$\underline{I}_1 = \underline{I}'_\mu + \underline{I}_v + \underline{I}'_2$ $\qquad I_1 = 7,5\,A$

weil $\underline{I}'_\mu + \underline{I}_v = \underline{I}_1 - \underline{I}'_2$

$jωL_{1s} \cdot \underline{I}_1$ $\qquad ωL_{1s} \cdot I_1 = 2\pi \cdot 50\,s^{-1} \cdot 0,8\,H \cdot 7,5\,A = 1,88\,kV$

$R_1 \cdot \underline{I}_1$ $\qquad R_1 \cdot I_1 = 400\,\Omega \cdot 7,5\,A = 3\,kV$

$\underline{U}_1 = \underline{U}_\mu + R_1 \cdot \underline{I}_1 + jωL_{1s} \cdot \underline{I}_1$ $\quad U_1 = 10,8\,kV$ und $\varphi_1 = 52°$

6.6

Zu 1. $\underline{Z}_{1l} = R_1 + j\omega L_1 = 6\Omega + j\,80\Omega$

$$R_1 = 6\ \Omega \quad L_1 = \frac{X_{1l}}{\omega} = \frac{\omega L_1}{\omega} = \frac{80\Omega}{10\,000\text{s}^{-1}} = 8\text{mH}$$

$$\underline{Z}_{r1} = R + j\cdot X_{r1} = R_1 + R_2 + j\omega\,(L_1 + L_2 + 2\,M) = 42\Omega + j\cdot 830\Omega$$

$$R = R_1 + R_2 = 42\Omega \qquad\qquad R_2 = R - R_1 = 42\Omega - 6\Omega = 36\Omega$$

$$L_1 + L_2 + 2M = \frac{X_{r1}}{\omega} = \frac{830\Omega}{10000\text{s}^{-1}} = 83\text{mH}$$

$$\underline{Z}_{r2} = R + j\cdot X_{r2} = R_1 + R_2 + j\omega\,(L_1 + L_2 - 2\,M) = 42\Omega + j\cdot 230\Omega$$

$$L_1 + L_2 - 2\,M = \frac{X_{r2}}{\omega} = \frac{230\Omega}{10000\text{s}^{-1}} = 23\text{mH}$$

Durch Addition und Subtraktion von X_{r1}/ω und X_{r2}/ω

$$(L_1 + L_2 + 2M) + (L_1 + L_2 - 2M) = 83\text{mH} + 23\text{mH} = 106\text{mH} = 2\,(L_1 + L_2)$$

$$(L_1 + L_2 + 2\,M) - (L_1 + L_2 - 2\,M) = 83\text{mH} - 23\text{mH} = 60\text{mH} = 4\,M$$

ergeben sich L_2 und M:

$$L_2 = \frac{2(L_1 + L_2)}{2} - L_1$$

$$L_2 = \frac{106\text{mH}}{2} - 8\text{mH} = 45\text{mH}$$

$$M = \frac{60\text{mH}}{4} = 15\text{mH}$$

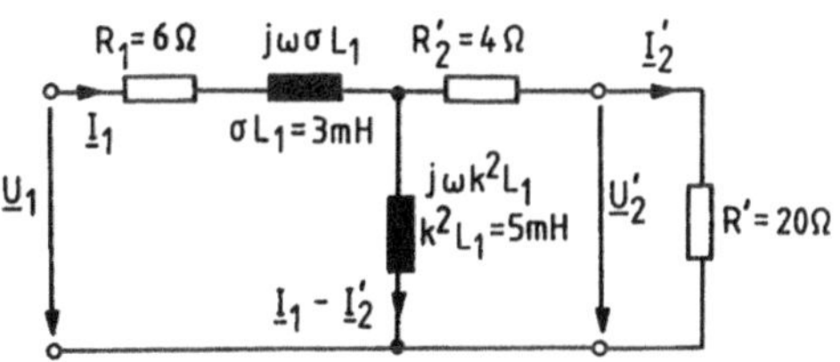

Bild A-122 Übungsaufgabe 6.6

Zu 2. Mit

$$\ddot{u} = \frac{M}{L_2} = \frac{15\text{mH}}{45\text{mH}} = \frac{1}{3}$$

ergeben sich die Ersatzschaltbildgrößen nach Bild 6.19:

$$R_1 = 6\Omega$$

$$M' = \ddot{u}\cdot M = \frac{1}{3}\cdot 15\text{mH} = 5\text{mH} \qquad \text{oder} \quad M' = k^2\cdot L_1 = 0{,}79^2\cdot 8\text{mH} = 5\text{mH}$$

mit

$$k = \frac{M}{\sqrt{L_1 L_2}} = \frac{15\text{mH}}{\sqrt{8\cdot 45}\ \text{mH}} = 0{,}79 \quad \text{und} \quad k^2 = 0{,}625$$

$$L_1 - M' = 8\text{mH} - 5\text{mH} = 3\text{mH} \quad \text{oder} \quad L_1 - M' = \sigma\cdot L_1 = 0{,}375\cdot 8\text{mH} = 3\text{mH}$$

mit

$$\sigma = 1 - k^2 = 1 - 0{,}79^2 = 0{,}375$$

$$R'_2 = \ddot{u}^2\cdot R_2 = \frac{1}{9}\cdot 36\Omega = 4\Omega$$

$$R' = \ddot{u}^2\cdot R = \frac{1}{9}\cdot 180\Omega = 20\Omega$$

Zu 3.   Reihenfolge der Zeigerbilddarstellung und Berechnung der Effektivwerte:

$$\underline{I}_2'$$

$$I_2' = \frac{I_2}{\ddot{u}} = 0{,}1A \cdot 3 = 0{,}3A$$

$$\underline{U}_2' = R' \cdot \underline{I}_2'$$

$$U_2' = R' \cdot I_2' = 20\Omega \cdot 0{,}3A = 6V$$

$$\underline{U}_{R2}' = R_2' \cdot \underline{I}_2'$$

$$R_2' \cdot I_2' = 4\Omega \cdot 0{,}3A = 1{,}2V$$

$$\underline{U}_2' + \underline{U}_{R2}'$$

$$U_2' + U_{R2}' = 6V + 1{,}2V = 7{,}2V$$

$$\underline{I}_\mu' = \frac{\underline{U}_2' + \underline{U}_{R2}'}{j\omega M'}$$

$$I_\mu' = \frac{U_2' + U_{R2}'}{\omega M'}$$

$$\underline{I}_\mu' = \underline{I}_1 - \underline{I}_2'$$

$$I_\mu' = \frac{7{,}2V}{10\,000s^{-1} \cdot 5mH} = 0{,}144A$$

$$\underline{I}_1 = \underline{I}_2' + \underline{I}_\mu'$$

$$I_1 = 0{,}33A$$

$$\underline{U}_{R1} = R_1 \cdot \underline{I}_1$$

$$R_1 \cdot I_1 = 6\Omega \cdot 0{,}33A = 2V$$

$$\underline{U}_{L1s} = j\omega \cdot \sigma L_1 \cdot \underline{I}_1$$

$$\omega L_{1s} \cdot I_1 = 10000s^{-1} \cdot 3mH \cdot 0{,}33A = 10V$$

$$\underline{U}_1 = \underline{U}_2' + \underline{U}_{R2}' + \underline{U}_{R1} + \underline{U}_{L1s}$$

$$U_1 = 15{,}4V \qquad \text{und} \qquad \varphi_1 = 57°$$

Zu 4. $$\underline{Z}_{in} = \frac{\underline{U}_1}{\underline{I}_1} = \frac{U_1}{I_1} \cdot e^{j\varphi_1}$$

$$\underline{Z}_{in} = \frac{15{,}4V}{0{,}33A} \cdot e^{j \cdot 57°}$$

$$\underline{Z}_{in} = 46{,}7\Omega \cdot e^{j \cdot 57°}$$

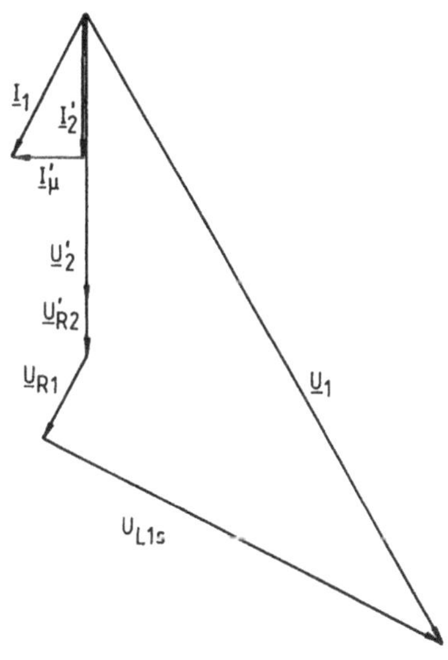

Kontrolle mit Hilfe des Schaltbildes:

$$\underline{Z}_{in} = R_1 + j\omega \cdot \sigma L_1 + \frac{\left(R_2' + R'\right) \cdot j\omega k^2 L_1}{R_2' + R' + j\omega k^2 L_1}$$

Bild A-123 Übungsaufgabe 6.6

$$\underline{Z}_{in} = 6\Omega + j \cdot 10\,000s^{-1} \cdot 3 \cdot 10^{-3}H + \frac{24\Omega \cdot j \cdot 10000s^{-1} \cdot 5 \cdot 10^{-3}H}{24\Omega + j \cdot 10000s^{-1} \cdot 5 \cdot 10^{-3}H}$$

$$\underline{Z}_{in} = 6\Omega + j \cdot 30\Omega + \frac{24\Omega \cdot j \cdot 50\,\Omega}{24\Omega + j \cdot 50\,\Omega} \cdot \frac{24\Omega - j \cdot 50\,\Omega}{24\Omega - j \cdot 50\,\Omega}$$

$$\underline{Z}_{in} = 6\Omega + j \cdot 30\Omega + 19{,}51\Omega + j \cdot 9{,}36\Omega = 25{,}51\Omega + j \cdot 39{,}36\Omega = 46{,}9\Omega \, e^{j \cdot 57°}$$

6.7

Zu 1.   Ersatzschaltbild siehe Bild 6.30

$R_1 = 50\Omega$

$\sigma \cdot L_1 = (1 - k^2) \cdot L_1 = (1 - 0{,}995^2) \cdot 0{,}8\text{mH} = 0{,}01 \cdot 0{,}8\text{mH} = 8\mu\text{H}$

mit $k^2 = 0{,}995^2 = 0{,}990$ und $\sigma = 1 - k^2 = 1 - 0{,}995^2 = 0{,}01$

$(1 - \sigma) \cdot L_1 = k^2 \cdot L_1 = 0{,}995^2 \cdot 0{,}8\text{mH} = 0{,}990 \cdot 0{,}8\text{mH} = 792\mu\text{H} \approx 800\mu\text{H}$

$$R' = \left(\frac{M}{L_2}\right)^2 \cdot R = \left(\frac{3{,}56\text{mH}}{16\text{mH}}\right)^2 \cdot 1\text{k}\Omega = 49{,}5\Omega$$

mit $M = k \cdot \sqrt{L_1 L_2} = 0{,}995 \cdot \sqrt{0{,}8 \cdot 16}\ \text{mH} = 3{,}56\text{mH}$

Zu 2.   Ortskurvengleichung nach Gl. (6.70) mit Gl. (6.71):

$$\frac{\underline{U}'_2}{\underline{U}_1} = \frac{1}{\left(1 + \dfrac{R_1}{R'} + \dfrac{\sigma L_1}{k^2 L_1}\right) + j \cdot Q_T \cdot \left(p - \dfrac{1}{p}\right)} = \frac{1}{2{,}02 + j \cdot 0{,}1 \cdot \left(p - \dfrac{1}{p}\right)}$$

mit

$$Q_T = \omega_0 \frac{\sigma L_1}{R'} = \frac{R_1}{\omega_0 k^2 L_1}$$

und

$$\omega_0 = \sqrt{\frac{R' \cdot R_1}{\sigma L_1 \cdot k^2 L_1}} = \sqrt{\frac{49{,}5\Omega \cdot 50\Omega}{8\mu\text{H} \cdot 792\mu\text{H}}} = 625 \cdot 10^3 \text{s}^{-1}$$

und

$$f_0 = \frac{\omega_0}{2\pi} = \frac{625 \cdot 10^3 \text{s}^{-1}}{2\pi} = 99{,}47\text{kHz} \approx 100\text{kHz}$$

d. h.

$$Q_T = 625 \cdot 10^3 \text{s}^{-1} \cdot \frac{8\mu\text{H}}{49{,}5\Omega} = \frac{50\Omega}{625 \cdot 10^3 \text{s}^{-1} \cdot 800\mu\text{H}} = 0{,}1$$

und

$$1 + \frac{R_1}{R'} + \frac{\sigma L_1}{k^2 L_1} = 1 + \frac{50\Omega}{49{,}5\Omega} + \frac{8\mu\text{H}}{800\mu\text{H}} = 2{,}02 = A$$

und

$1/(2\,A) = 1/(2 \cdot 2{,}02) = 0{,}2475 \approx 0{,}25.$

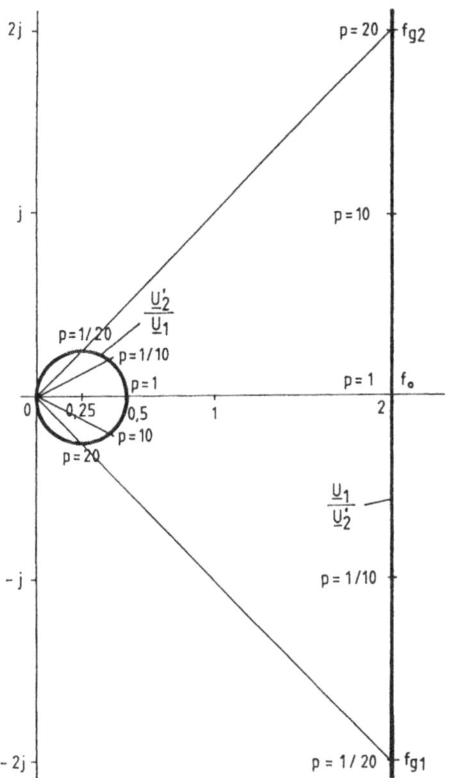

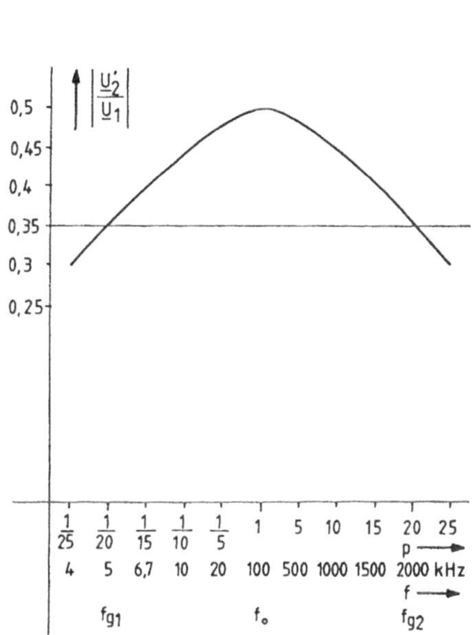

Bild A-124 Ortskurven der
Übungsaufgabe 6.7

Bild A-125 Durchlasskurve der
Übungsaufgabe 6.7

Zu 3. Obere Grenzfrequenz:
aus der Ortskurve abgelesen: $p = 20$

Untere Grenzfrequenz:

aus der Ortskurve abgelesen: $p = \dfrac{1}{20} = 0,05$

berechnet:

berechnet:

$$Q_T \left(p - \frac{1}{p} \right) = 1 + \frac{R_1}{R'} + \frac{\sigma L_1}{k^2 L_1}$$

$$- Q_T \left(p - \frac{1}{p} \right) = 1 + \frac{R_1}{R'} + \frac{\sigma L_1}{k^2 L_1}$$

$$0,1 \left(p - \frac{1}{p} \right) = 2,02$$

$$-0,1 \left(p - \frac{1}{p} \right) = 2,02$$

$$0,1\,p - \frac{0,1}{p} - 2,02 = 0$$

$$-0,1\,p + \frac{0,1}{p} - 2,02 = 0$$

$$p^2 - 20,2\,p - 1 = 0$$

$$p^2 + 20,2\,p - 1 = 0$$

$$p_{1,2} = 10,1 \pm \sqrt{10,1^2 + 1}$$

$$p_{1,2} = -10,1 \pm \sqrt{10,1^2 + 1}$$

$p = p_1 = 20,25 \qquad p_2 = -0,05$ entfällt

$p = p_1 = 0,05 \qquad p_2 = -20,25$ entfällt

$f_{g2} = p \cdot f_0 = 20,25 \cdot 99,47$ kHz

$f_{g1} = p \cdot f_0 = 0,05 \cdot 99,47$ kHz

$f_{g2} = 2014$ kHz ≈ 2 MHz

$f_{g1} = 4,97$ kHz ≈ 5 kHz

nach (Gl. 4.120) ist die Bandbreite: $\Delta f = f_{g2} - f_{g1} = 2$ MHz $- 5$ kHz

Zu 4. Nach (Gl. 6.76) errechnet sich die obere Grenzfrequenz

$$f_{g2} = \frac{1}{2\pi} \cdot \frac{R' + R_1}{\sigma L_1} = \frac{1}{2\pi} \cdot \frac{49{,}5\Omega + 50\Omega}{8\mu H} = 1{,}98\,\text{MHz} \approx 2\,\text{MHz}$$

und nach Gl. (6.74) beträgt die untere Grenzfrequenz

$$f_{g1} = \frac{1}{2\pi k^2 L_1} \cdot \frac{1}{\dfrac{1}{R'} + \dfrac{1}{R_1}} = \frac{1}{2\pi \cdot 800\mu H} \cdot \frac{1}{\dfrac{1}{50\Omega} + \dfrac{1}{49{,}5\Omega}} = 4{,}95\,\text{kHz} \approx 5\,\text{kHz}$$

Zu 5. Nach Gl. (6.78) ist

$$\frac{\omega_{g2}}{\omega_{g1}} = \frac{1}{\sigma} \cdot \frac{(k^2 L_1 \cdot R + R_1 \cdot L_2)^2}{L_1 L_2 R_1 R} = \frac{1}{0{,}01} \cdot \frac{(800\mu H \cdot 1k\Omega + 50\Omega \cdot 16mH)^2}{0{,}8mH \cdot 16mH \cdot 50\Omega \cdot 1k\Omega} = 400$$

Zu 6.
$$\left|\frac{\underline{U}_2'}{\underline{U}_1}\right| = \frac{1}{\sqrt{2{,}02^2 + 0{,}1^2 \cdot \left(p - \dfrac{1}{p}\right)^2}} \qquad \text{(siehe Bild A-125)}$$

p	1	$\dfrac{2}{\frac{1}{2}}$	$\dfrac{5}{\frac{1}{5}}$	$\dfrac{8}{\frac{1}{8}}$	$\dfrac{10}{\frac{1}{10}}$	$\dfrac{12}{\frac{1}{12}}$	$\dfrac{15}{\frac{1}{15}}$	$\dfrac{18}{\frac{1}{18}}$	$\dfrac{20}{\frac{1}{20}}$	$\dfrac{22}{\frac{1}{22}}$	$\dfrac{25}{\frac{1}{25}}$
$\left\|\dfrac{\underline{U}_2'}{\underline{U}_1}\right\|$	0,495	0,494	0,482	0,461	0,445	0,426	0,398	0,370	0,352	0,335	0,311

Für die Bestimmung der Grenzfrequenzen ist der Maximalwert durch $\sqrt{2}$ zu dividieren:

$$\frac{0{,}495}{\sqrt{2}} = 0{,}35 \quad \text{(vgl. Bild 4.98)}$$

7 Mehrphasensysteme

7.1

Zu 1. Nach Gl. (7.23) ist

$$P = 3 \cdot U_{St} \cdot I_{St} \cdot \cos \varphi$$

$$P = \sqrt{3} \cdot U_{Lt} \cdot I_{Lt} \cdot \cos \varphi$$

und mit $\cos \varphi = 1$

$$P = \sqrt{3} \cdot U_{Lt} \cdot I_{Lt}$$

bei Sternschaltung ist

$$I_{Lt} = \frac{U_{St}}{R} = \frac{U_{Lt}}{\sqrt{3}} \cdot \frac{1}{R}$$

und damit

$$P = \sqrt{3} \cdot U_{Lt} \cdot \frac{U_{Lt}}{\sqrt{3}} \cdot \frac{1}{R} = \frac{U_{Lt}^2}{R}$$

bei Dreieckschaltung ist

$$I_{Lt} = \sqrt{3} \cdot I_{St} = \sqrt{3} \cdot \frac{U_{Lt}}{R}$$

und damit

$$P = \sqrt{3} \cdot U_{Lt} \cdot \sqrt{3} \cdot \frac{U_{Lt}}{R} = 3 \cdot \frac{U_{Lt}^2}{R}$$

Zu 2. Sternschaltung:

$$I_{Lt} = I_{St} = \frac{U_{St}}{R} = \frac{220V}{40\Omega} = 5{,}5A$$

$$P = \sqrt{3} \cdot U_{Lt} \cdot I_{Lt} \cdot \cos\varphi = \sqrt{3} \cdot 380V \cdot 5{,}5A \cdot 1 = 3{,}6kW$$

oder $\quad P = \dfrac{U_{Lt}^2}{R} = \dfrac{(380V)^2}{40\Omega} = 3{,}6kW$

Dreieckschaltung:

$$I_{Lt} = \sqrt{3} \cdot I_{St} = \sqrt{3} \cdot \frac{U_{Lt}}{R} = \sqrt{3} \cdot \frac{380V}{40\Omega} = 16{,}5A$$

$$P = \sqrt{3} \cdot U_{Lt} \cdot I_{Lt} \cdot \cos \varphi = \sqrt{3} \cdot 380V \cdot 16{,}5A \cdot 1 = 10{,}8kW$$

oder $\quad P = 3 \cdot \dfrac{U_{Lt}^2}{R} = 3 \cdot \dfrac{(380V)^2}{40\Omega} = 10{,}8kW$

7.2

Zu 1. Wicklungsnennspannung: 220V

Sternschaltung des Motors an ein 380/220V-Drehstrom-Netz

Dreieckschaltung des Motors an ein 220/127V-Drehstrom-Netz

Zu 2. $\eta = \dfrac{P_{mech}}{P_{el}} = \dfrac{1,2kW}{1,5kW} = 0{,}8 \quad$ das sind 80 %

mit $P_{el} = \sqrt{3} \cdot U_{Lt} \cdot I_{Lt} \cdot \cos \varphi$

Sternschaltung des Motors:

$$P_{el} = \sqrt{3} \cdot 380V \cdot 2{,}8A \cdot 0{,}81 = 1{,}493kW \approx 1{,}5kW$$

Dreieckschaltung des Motors:

$$P_{el} = \sqrt{3} \cdot 220V \cdot 4{,}8A \cdot 0{,}81 = 1{,}482kW \approx 1{,}5kW$$

Zu 3. $S = \dfrac{P_{el}}{\cos\varphi} = \dfrac{1,5\,kVA}{0,81} = 1{,}85\,kVA$

$$Q = P_{el} \cdot \tan \varphi = 1{,}5kVA \cdot \tan 35{,}9° = 1{,}08kVar$$

Zu 4.   Sternschaltung des Motors mit Sternschaltung der Kondensatoren:

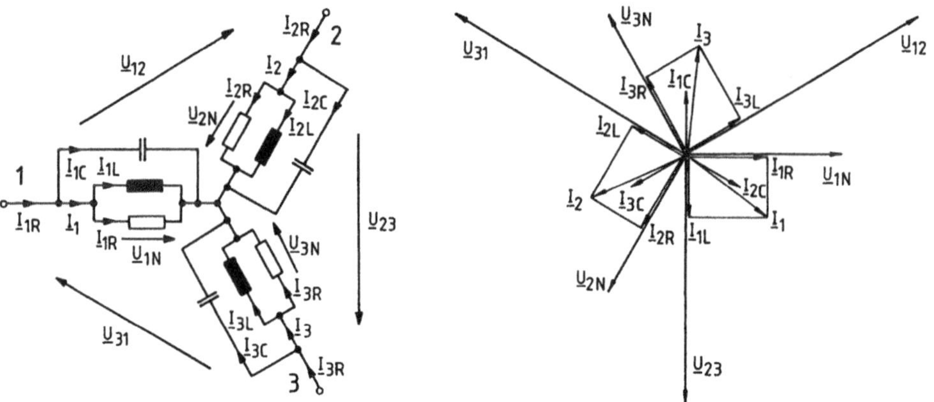

Bild A-126 Schaltbild (Stern/Stern)   **Bild A-127** Zeigerbild (Stern/Stern)

$$U_{Lt} = 380V \text{ und } U_{St} = 220V$$

vor der Kompensation:

$$I_1 = I_2 = I_3 = 2,8A \qquad\qquad I_{1R} = I_{2R} = I_{3R} = 2,8A \cdot 0,81 = 2,27A$$

$$I_{1L} = I_{2L} = I_{3L} = 2,8A \cdot \sin\varphi = 2,8A \cdot \sin 35,9° = 2,8 \cdot 0,59 = 1,64A$$

nach der Kompensation:

$$I_{1k} = I_{1R}, \quad I_{2k} = I_{2R}, \quad I_{3k} = I_{3R} \quad \text{mit} \quad I_{1C} = -I_{1L}, \quad I_{2C} = -I_{2L} \quad I_{3C} = -I_{3L}$$

Sternwiderstände:

$$R_1 = R_2 = R_3 = \frac{220V}{2,27A} = 97\Omega \qquad\qquad X_{1L} = X_{2L} = X_{3L} = \frac{220V}{1,64A} = 134\Omega$$

$$X_{1C} = X_{2C} = X_{3C} = X_C = -134\Omega \quad \text{d. h.} \quad C = -\frac{1}{\omega \cdot X_C} = \frac{1}{2\pi \cdot 50s^{-1} \cdot 134\Omega} = 23,7\mu F.$$

Die kapazitiven Ströme I_C und die Parallelkapazitäten C_p sollten mit Hilfe von Formeln berechnet werden können, in die die angegebenen Daten des Leistungsschildes eingesetzt werden:
Nach Gl. (7.24) $Q = 3 \cdot U_{St} \cdot I_{St} \cdot \sin\varphi = 3 \cdot U_{St} \cdot I_C$ mit $I_C = I_{St} \cdot \sin\varphi$ ist

$$I_C = \frac{Q}{3 \cdot U_{St}} = \frac{P_{el} \cdot \tan\varphi}{3 \cdot U_{St}} = \frac{1,5kVA \cdot \tan 35,9°}{3 \cdot 220V} = \frac{1,08kVA}{3 \cdot 220V} = 1,64A \; .$$

Mit $I_C = \omega C_p \cdot U_{St}$ ist

$$C_p = \frac{I_C}{\omega \cdot U_{St}} = \frac{1,64A}{2\pi \cdot 50s^{-1} \cdot 220V} = 23,7\mu F$$

oder I_C eingesetzt ist

$$C_p = \frac{P_{el} \cdot \tan\varphi}{3 \cdot \omega \cdot U_{St}^2} = \frac{1,5\,kVA \cdot \tan 35,9°}{3 \cdot 2\pi \cdot 50s^{-1} \cdot (220V)^2} = 23,7\mu F$$

(vgl. Gl. 4.265 mit $P = P_{el}/3$).

Zu 5.   Dreieckschaltung des Motors mit Sternschaltung der Kondensatoren:

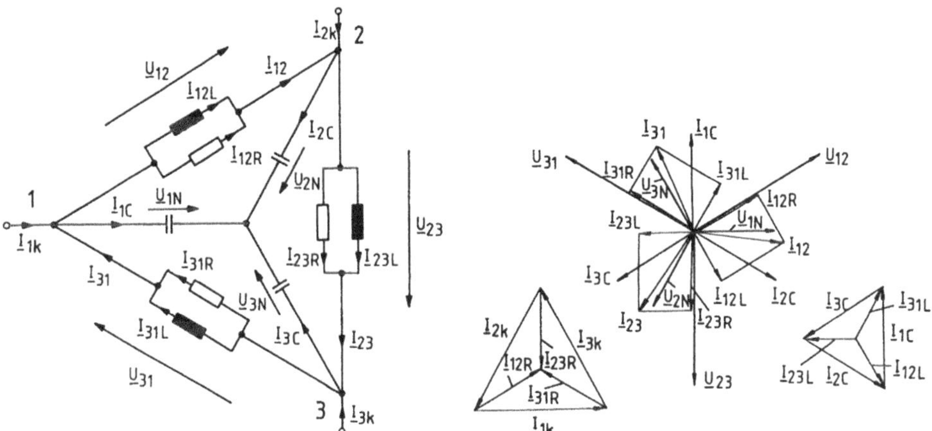

Bild A-128 Schaltbild Dreieck/Stern   **Bild A-129** Zeigerbild Dreieck/Stern

$U_{Lt} = 220V$ und $U_{St} = 127V$

vor der Kompensation:

$$I_1 = I_2 = I_3 = 4{,}8A \qquad\qquad I_{12R} = I_{23R} = I_{31R} = 2{,}8A \cdot 0{,}81 = 2{,}27A$$

$$I_{12} = I_{23} = I_{31} = \frac{4{,}8A}{\sqrt{3}} = 2{,}8A \qquad I_{12L} = I_{23L} = I_{31L} = 2{,}8A \cdot \sin 35{,}9° = 1{,}64A$$

nach der Kompensation:

$$\underline{I}_{1C} = \underline{I}_{31L} - \underline{I}_{12L} \qquad\qquad \underline{I}_{2C} = \underline{I}_{12L} - \underline{I}_{23L} \qquad\qquad \underline{I}_{3C} = \underline{I}_{23L} - \underline{I}_{31L}$$

mit $I_{1C} = I_{2C} = I_{3C} = \sqrt{3} \cdot 1{,}64A = 2{,}8A$

$$\underline{I}_{1k} = \underline{I}_{12R} - \underline{I}_{31R} \qquad\qquad \underline{I}_{2k} = \underline{I}_{23R} - \underline{I}_{12R} \qquad\qquad \underline{I}_{3k} = \underline{I}_{31R} - \underline{I}_{23R}$$

mit $I_{1k} = I_{2k} = I_{3k} = \sqrt{3} \cdot 2{,}27A = 3{,}9A = 4{,}8A \cdot 0{,}81$

Dreieckwiderstände: Sternkapazitäten:

$$R_{12} = R_{23} = R_{31} = \frac{220V}{2{,}27A} = 97\Omega \qquad X_{1C} = X_{2C} = X_{3C} = X_C = \frac{127V}{2{,}8A} = 45\Omega$$

$$X_{12L} = X_{23L} = X_{31L} = \frac{220V}{1{,}64A} = 134\Omega \qquad C_p = \frac{1}{\omega \cdot X_C} = \frac{1}{2\pi \cdot 50s^{-1} \cdot 45\Omega} = 71\mu F$$

Die Formeln für die kapazitiven Ströme I_C und die Parallelkapazitäten C_p sind die gleichen wie unter 4.:

$$I_C = \frac{Q}{3 \cdot U_{St}} = \frac{P_{el} \cdot \tan\varphi}{3 \cdot U_{St}} = \frac{1{,}5kVA \cdot \tan 35{,}9°}{3 \cdot 127V} = 2{,}8A$$

$$C_p = \frac{I_C}{\omega \cdot U_{St}} = \frac{2{,}8A}{2\pi \cdot 50s^{-1} \cdot 127V} = 71\mu F$$

oder

$$C_p = \frac{P_{el} \cdot \tan\varphi}{3 \cdot \omega \cdot U_{St}{}^2} = \frac{1{,}5kVA \cdot \tan 35{,}9°}{3 \cdot 2\pi \cdot 50s^{-1} \cdot (127V)^2} = 71\mu F$$

Zu 6.   Sternschaltung des Motors mit Dreieckschaltung der Kondensatoren

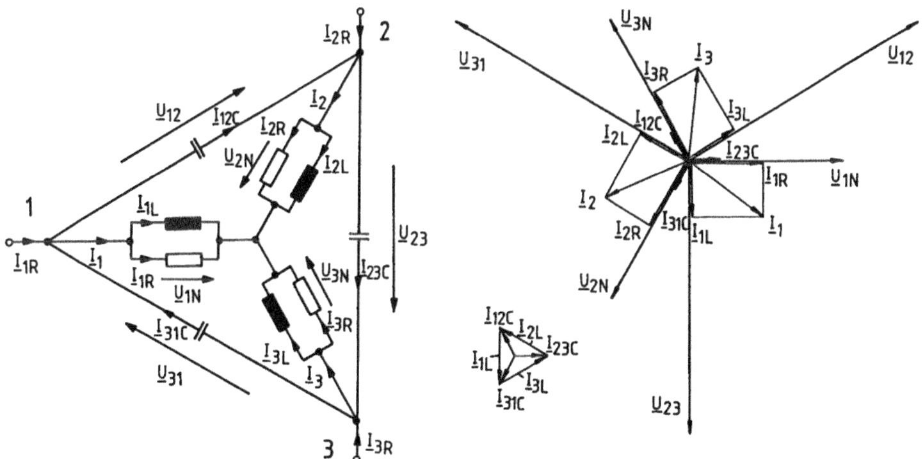

Bild A-130 Schaltbild Stern/Dreieck   **Bild A-131** Zeigerbild Stern/Dreieck

$$U_{Lt} = 380V \quad \text{und} \quad U_{St} = 220V$$

vor der Kompensation:

$$I_1 = I_2 = I_3 = 2,8A \qquad I_{1R} = I_{2R} = I_{3R} = 2,8A \cdot 0,81 = 2,27A$$

$$I_{1L} = I_{2L} = I_{3L} = 2,8A \cdot \sin\varphi = 2,8A \cdot \sin 35,9° = 2,8A \cdot 0,59 = 1,64A$$

nach der Kompensation:

$$\underline{I}_{1k} = \underline{I}_{1R}, \qquad \underline{I}_{2k} = \underline{I}_{2R}, \qquad \underline{I}_{3k} = \underline{I}_{3R}$$

$$\underline{I}_{1L} = \underline{I}_{31C} - \underline{I}_{12C}, \qquad \underline{I}_{2L} = \underline{I}_{12C} - \underline{I}_{23C}, \qquad \underline{I}_{3L} = \underline{I}_{23C} - \underline{I}_{31C}$$

$$\text{mit } I_{12C} = I_{23C} = I_{31C} = \frac{1,64A}{\sqrt{3}} = 0,95$$

Sternwiderstände: Dreieckkapazitäten:

$$R_1 = R_2 = R_3 = \frac{220V}{2,27A} = 97\Omega \qquad\qquad X_{12C} = X_{23C} = X_{31C} = X_C = \frac{380V}{0,95A} = 401\Omega$$

$$X_{1L} = X_{2L} = X_{3L} = \frac{220V}{1,64A} = 134\Omega \qquad\qquad C_p = \frac{1}{\omega \cdot X_C} = \frac{1}{2\pi \cdot 50s^{-1} \cdot 401\Omega} = 7,9\mu F$$

Die kapazitiven Ströme der Dreieckkompensation sind um das $1/\sqrt{3}$ -fache kleiner als die kapazitiven Ströme der Sternkompensation unter 4.:

$$I_C = \frac{1}{\sqrt{3}} \cdot \frac{Q}{3 \cdot U_{St}} = \frac{P_{el} \cdot \tan\varphi}{3 \cdot \sqrt{3} \cdot U_{St}} = \frac{P_{el} \cdot \tan\varphi}{3 \cdot U_{Lt}} = \frac{1,5kVA \cdot \tan 35,9°}{3 \cdot 380V} = 0,95A$$

Mit $I_C = \omega C_p \cdot U_{Lt}$ ist $C_p = \dfrac{I_C}{2\pi \cdot 50s^{-1} \cdot 380V} = 7,9 \ \mu F$ oder I_C eingesetzt ist

$$C_p = \frac{P_{el} \cdot \tan\varphi}{3 \cdot \omega \cdot U_{Lt}^2} = \frac{1,5kVA \cdot \tan 35,9°}{3 \cdot 2\pi \cdot 50s^{-1} \cdot (380V)^2} = 7,9\mu F$$

Zu 7.   Dreieckschaltung des Motors mit Dreieckschaltung der Kondensatoren

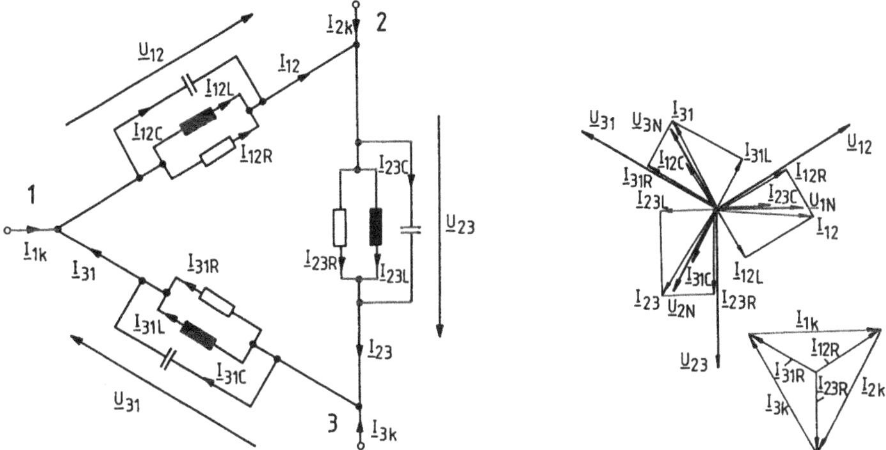

Bild A-132 Schaltbild Dreieck/Dreieck   **Bild A-133** Zeigerbild Dreieck/Dreieck

$$U_{Lt} = 220V \quad \text{und} \quad U_{St} = 127V$$

vor der Kompensation:

$$I_1 = I_2 = I_3 = 4,8A \qquad\qquad I_{12R} = I_{23R} = I_{31R} = 2,8A \cdot 0,81 = 2,27A$$

$$I_{12} = I_{23} = I_{31} = \frac{4,8A}{\sqrt{3}} = 2,8A \qquad I_{12L} = I_{23L} = I_{31L} = 2,8A \cdot \sin 35,9° = 1,64A$$

nach der Kompensation:

$$\underline{I}_{12C} = -\underline{I}_{12L}, \qquad \underline{I}_{23C} = -\underline{I}_{23L}, \qquad \underline{I}_{31C} = -\underline{I}_{31L}$$

mit $I_{12C} = I_{23C} = I_{31C} = 1,64A$

$$\underline{I}_{1k} = \underline{I}_{12R} - \underline{I}_{31R}, \qquad \underline{I}_{2k} = \underline{I}_{23R} - \underline{I}_{12R}, \qquad \underline{I}_{3k} = \underline{I}_{31R} - \underline{I}_{23R},$$

mit $I_{1k} = I_{2k} = I_{3k} = \sqrt{3} \cdot 2,27A = 3,9A = 4,8A \cdot 0,81$

Dreieckwiderstände:

$$R_{12} = R_{23} = R_{31} = \frac{220V}{2,27A} = 97\Omega \qquad\qquad X_{1L} = X_{2L} = X_{3L} = \frac{220V}{1,64A} = 134\Omega$$

$$X_{12C} = X_{23C} = X_{31C} = X_C = 134\Omega \quad \text{d. h.} \quad C_p = \frac{1}{\omega \cdot X_C} = \frac{1}{2\pi \cdot 50\,s^{-1} \cdot 134\Omega} = 23,7\mu F.$$

Die kapazitiven Ströme der Dreieckkompensation sind um das $1/\sqrt{3}$-fache kleiner als die kapaziti-ven Ströme der Sternkompensation unter 5.:

$$I_C = \frac{1}{\sqrt{3}} \cdot \frac{Q}{3 \cdot U_{St}} = \frac{P_{el} \cdot \tan\varphi}{3 \cdot \sqrt{3} \cdot U_{St}} = \frac{P_{el} \cdot \tan\varphi}{3 \cdot U_{Lt}} = \frac{1,5kVA \cdot \tan 35,9°}{3 \cdot 220V} = 1,64A$$

Mit $\quad I_C = \omega C_p \cdot U_{Lt} \quad$ ist $\quad C_p = \dfrac{I_C}{2\pi \cdot 50\,s^{-1} \cdot 220V} = 23,7\mu F \quad$ oder $\quad I_C$ eingesetzt ist

$$C_p = \frac{P_{el} \cdot \tan\varphi}{3 \cdot \omega \cdot U_{Lt}^2} = \frac{1,5kVA \cdot \tan 35,9°}{3 \cdot 2\pi \cdot 50s^{-1} \cdot (220V)^2} = 23,7\mu F$$

Zu 8. Mit Hilfe der Umrechnungsformeln für die Umwandlung einer Sternschaltung in eine äquivalente Dreieckschaltung lassen sich die Ergebnisse für die Kompensationskondensatoren kontrollieren:

$$\underline{Y}_1 = \frac{\underline{Y}_2' \cdot \underline{Y}_3'}{\underline{Y}_1' + \underline{Y}_2' + \underline{Y}_3'} = \frac{-\omega \cdot C_p'^{\,2}}{3 \cdot j\omega C_p'}$$

$$j\omega C_p = j\omega \frac{C_p'}{3} \quad \text{oder} \quad C_p = \frac{C_p'}{3}$$

$$\text{d. h.} \quad 7{,}9\mu F = \frac{23{,}7\mu F}{3} \quad \text{bzw.} \quad 23{,}7\mu F = \frac{71\mu F}{3}$$

(analog zu den Gln. (4.100) bis (4.102) oder Gln. (2.157) bis (2.159) im Abschnitt (2.2.10) im Band 1).

		Kompensationskondensatoren in	
		Sternschaltung	Dreieckschaltung
Motor	Sternschaltung 380/220V	23,7µF/220V	7,9µF/380V
in	Dreieckschaltung 220/127V	71µF/127V	23,7µF/220V

Die Kondensatoren müssen für den Maximalwert der anliegenden Spannung $\sqrt{2} \cdot U$ ausgelegt sein, d. h. für $\sqrt{2} \cdot 380V = 538V$, $\sqrt{2} \cdot 220V = 311V$ und $\sqrt{2} \cdot 127V = 180V$. Bei der Kompensation in Sternschaltung sind hohe Kapazitäten bei niedrigen Spannungen und bei der Kompensation in Dreieckschaltung niedrige Kapazitäten bei hohen Spannungen erforderlich.

7.3

Zu 1. $\underline{Z}_N = R_N = 50\Omega$

$R_1 = 100\Omega$ $R_2 = 71\Omega$ $R_3 = 220\Omega$ $R_N = 50\Omega$

$G_1 = 1/R_1 = 10mS$ $G_2 = 1/R_2 = 14{,}1mS$ $G_3 = 1/R_3 = 4{,}546mS$ $G_N = 1/R_N = 20mS$

nach Gl. (7.36) ist

$$\underline{U}_N = \frac{\dfrac{\underline{U}_{1N}}{R_1} + \dfrac{\underline{U}_{2N}}{R_2} + \dfrac{\underline{U}_{3N}}{R_3}}{\dfrac{1}{R_N} + \dfrac{1}{R_1} + \dfrac{1}{R_2} + \dfrac{1}{R_3}} = \frac{G_1 \cdot \underline{U}_{1N} + G_2 \cdot \underline{U}_{2N} + G_3 \cdot \underline{U}_{3N}}{G_N + G_1 + G_2 + G_3}$$

$$\underline{U}_N = \frac{10mS \cdot 220V + 14{,}1mS \cdot (-110 - j \cdot 190{,}5)V + 4{,}546mS \cdot (-110 + j \cdot 190{,}5)V}{20mS + 10mS + 14{,}1mS + 4{,}546mS}$$

$$\underline{U}_N = \frac{2200 - 1549 - j \cdot 2683 - 500 + j \cdot 866}{48{,}63}V = \frac{151 - j \cdot 1817}{48{,}63}V$$

$$\underline{U}_N = (3{,}11 - j \cdot 37{,}4)V = 37{,}5\,V \cdot e^{-j \cdot 85{,}24°}$$

$$\underline{U}_{1N}' = \underline{U}_{1N} - \underline{U}_N = 220V - (3{,}11 - j \cdot 37{,}4)V$$

$$\underline{U}_{1N}' = (217 + j \cdot 37)V = 220V \cdot e^{j \cdot 9{,}7°}$$

$$\underline{U}_{2N}' = \underline{U}_{2N} - \underline{U}_N = (-110 - j \cdot 190{,}5)V - (3{,}11 - j \cdot 37{,}4)V$$

$$\underline{U}'_{2N} = (-113 - j \cdot 153)V = 190V \cdot e^{j \cdot 233,5°}$$

$$\underline{U}'_{3N} = \underline{U}_{3N} - \underline{U}_N = (-110 + j \cdot 190,5)V - (3,11 - j \cdot 37,4)V$$

$$\underline{U}'_{3N} = (-113 + j \cdot 228)V = 254V \cdot e^{j \cdot 116,4°}$$

$$\underline{I}_1 = \frac{\underline{U}'_{1N}}{R_1} = \frac{220V \cdot e^{j \cdot 9,7°}}{100\Omega}$$

$$\underline{I}_1 = 2,2A \cdot e^{j \cdot 9,7°} = (2,17 + j \cdot 0,37)A$$

$$\underline{I}_2 = \frac{\underline{U}'_{2N}}{R_2} = \frac{190V \cdot e^{j \cdot 233,5°}}{71\Omega}$$

$$\underline{I}_2 = 2,7A \cdot e^{j \cdot 233,5°} = (-1,6 - j \cdot 2,15)A$$

$$\underline{I}_3 = \frac{\underline{U}'_{3N}}{R_3} = \frac{254V \cdot e^{j \cdot 116,4°}}{220\Omega}$$

$$\underline{I}_3 = 1,15A \cdot e^{j \cdot 116,4°} = (-0,5 + j \cdot 1,04)A$$

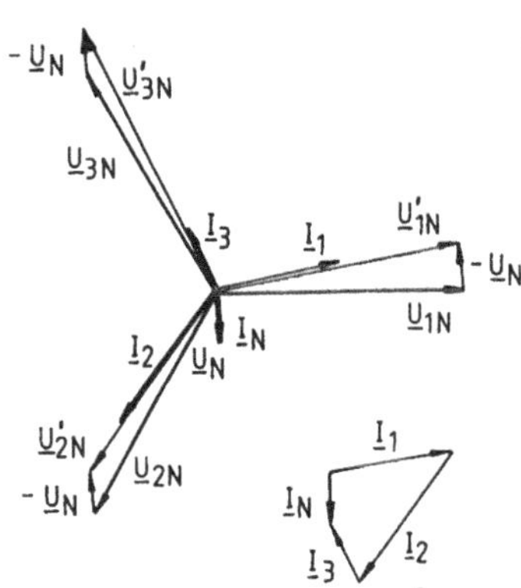

Bild A-134 Zeigerbild
Übungsaufgabe 7.3/1

$$\underline{I}_N = \frac{\underline{U}_N}{R_N} = \frac{37,5V \cdot e^{-j \cdot 85,24°}}{50\Omega} = 0,75A \cdot e^{-j \cdot 85,24°} = (0,06 - j \cdot 0,75)A$$

Kontrolle:

$$\underline{I}_1 + \underline{I}_2 + \underline{I}_3 = \underline{I}_N$$

$$[(2,17 - 1,6 - 0,5) + j \cdot (0,37 - 2,15 + 1,04)] = (0,06 - j \cdot 0,75)A$$

Zu 2. $Z_N = R_N = 0, \quad$ d. h. $\underline{U}_N = 0$

$$\underline{U}'_{1N} = \underline{U}_{1N} = 220V$$

$$\underline{U}'_{2N} = \underline{U}_{2N} = 220V \cdot e^{-j \cdot 120°}$$

$$\underline{U}'_{3N} = \underline{U}_{3N} = 220V \cdot e^{j \cdot 120°}$$

$$\underline{I}_1 = \frac{\underline{U}_{1N}}{R_1} = \frac{220V}{100\Omega} = 2,2A$$

$$\underline{I}_2 = \frac{\underline{U}_{2N}}{R_2} = \frac{220V \cdot e^{-j \cdot 120°}}{71\Omega}$$

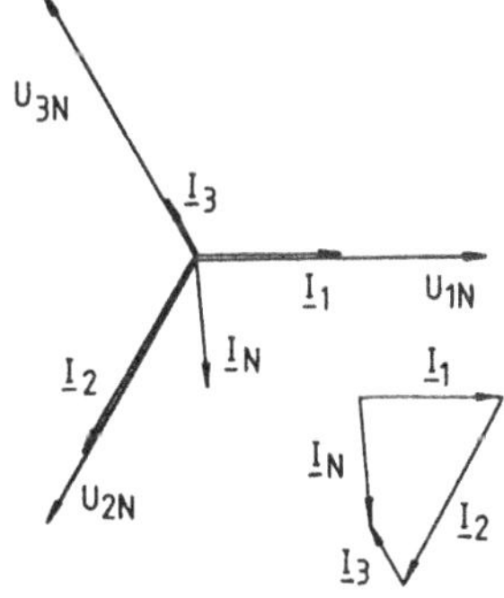

Bild A-135 Zeigerbild
Übungsaufgabe 7.3/2

$$\underline{I}_2 = 3,1A \cdot e^{-j \cdot 120°} = (-1,55 - j \cdot 2,68)A$$

$$\underline{I}_3 = \frac{\underline{U}_{3N}}{R_3} = \frac{220V \cdot e^{j \cdot 120°}}{220\Omega} = 1,0A \cdot e^{j \cdot 120°} = (-0,5 + j \cdot 0,87)A$$

$$\underline{I}_N = \underline{I}_1 + \underline{I}_2 + \underline{I}_3 = [(2,2 - 1,55 - 0,5) + j \cdot (-2,68 + 0,87)]A$$

$$\underline{I}_N = (0,15 - j \cdot 1,81)A = 1,8A \cdot e^{-j \cdot 85°}$$

Zu 3. $\underline{Z}_N = \infty$ nach Gl. (7.37) ist

$$\underline{U}_N = \frac{\dfrac{\underline{U}_{1N}}{R_1} + \dfrac{\underline{U}_{2N}}{R_2} + \dfrac{\underline{U}_{3N}}{R_3}}{\dfrac{1}{R_1} + \dfrac{1}{R_2} + \dfrac{1}{R_3}} = \frac{151 - j \cdot 1817}{28,63}V$$

$$\underline{U}_N = (5,27 - j \cdot 63,5)V = 63,7V \cdot e^{-j \cdot 85,24°}$$

$$\underline{U}'_{1N} = \underline{U}_{1N} - \underline{U}_N = 220V - (5,27 - j \cdot 63,5)V$$

$$\underline{U}'_{1N} = (214,7 + j \cdot 63,5)V = 224V \cdot e^{j \cdot 16,5°}$$

$$\underline{U}'_{2N} = \underline{U}_{2N} - \underline{U}_N = (-110 - j \cdot 190,5)V - (5,27 - j \cdot 63,5)V$$

$$\underline{U}'_{2N} = (-115,3 - j \cdot 127)V = 171,5V \cdot e^{j \cdot 227,8°}$$

$$\underline{U}'_{3N} = \underline{U}_{3N} - \underline{U}_N = (-110 + j \cdot 190,5)V - (5,27 - j \cdot 63,5)V$$

$$\underline{U}'_{3N} = (-115,27 + j \cdot 254)V = 279V \cdot e^{j \cdot 114,4°}$$

$$\underline{I}_1 = \frac{\underline{U}'_{1N}}{R_2} = \frac{224V \cdot e^{j \cdot 16,5°}}{100\Omega} = 2,24A \cdot e^{j \cdot 16,5°}$$

$$\underline{I}_2 = \frac{\underline{U}'_{2N}}{R_2} = \frac{171,5V \cdot e^{j \cdot 227,8°}}{71\Omega} = 2,42A \cdot e^{j \cdot 227,8°}$$

$$\underline{I}_3 = \frac{\underline{U}'_{3N}}{R_3} = \frac{279V \cdot e^{j \cdot 114,4°}}{220\Omega} = 1,27A \cdot e^{j \cdot 114,4°}$$

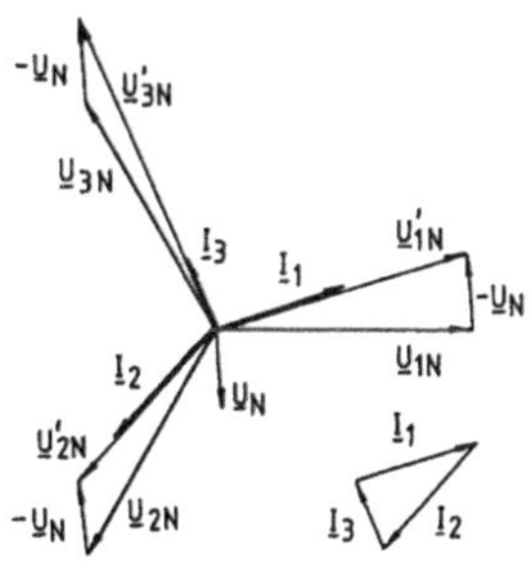

Bild A-136 Zeigerbild
Übungsaufgabe 7.3/3

7.4

Zu 1. $\underline{Z}_1 = R_1 = 1k\Omega$, $\underline{Z}_2 = R_2 = 1k\Omega$, $\underline{Z}_3 = R_3 = 1k\Omega$, da symmetrische Belastung sind $\underline{I}_N = 0$
und $\underline{U}_N = 0$

$$\underline{U}'_{1N} = \underline{U}_{1N} = 220V$$

$$\underline{U}'_{2N} = \underline{U}_{2N} = 220V \cdot e^{-j \cdot 120°}$$

$$\underline{U}'_{3N} = \underline{U}_{3N} = 220V \cdot e^{j \cdot 120°}$$

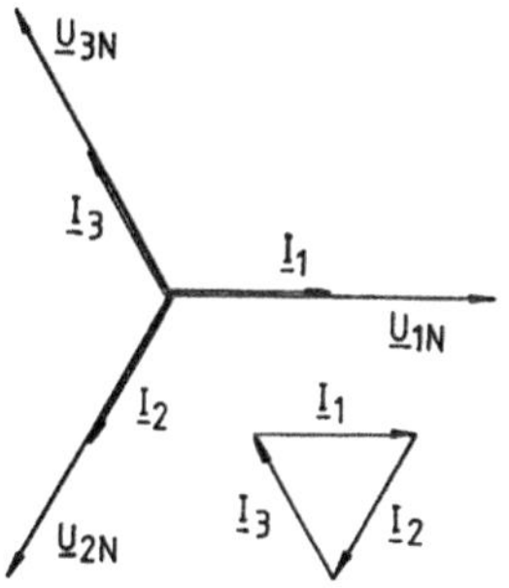

$$\underline{I}_1 = \frac{\underline{U}'_{1N}}{R_1} = \frac{220V}{1k\Omega} = 220mA$$

$$\underline{I}_2 = \frac{\underline{U}'_{2N}}{R_2} = \frac{220V \cdot e^{-j \cdot 120°}}{1k\Omega} = 220mA \cdot e^{-j \cdot 120°}$$

$$\underline{I}_3 = \frac{\underline{U}'_{3N}}{R_3} = \frac{220V \cdot e^{j \cdot 120°}}{1k\Omega} = 220mA \cdot e^{j \cdot 120°}$$

Bild A-137 Zeigerbild
Übungsaufgabe 7.4/1

Zu 2. $\underline{Z}_1 = R_1 = 1\text{k}\Omega,$ $\qquad\qquad\qquad\qquad$ $G_1 = 1/R_1 = 1\text{mS}$

$$\underline{Z}_2 = \frac{1}{j\omega C_2} = \frac{1}{j \cdot 2\pi \cdot 50\text{s}^{-1} \cdot 3{,}18\mu\text{F}} = -j \cdot 1\text{k}\Omega \qquad\qquad \underline{Y}_2 = 1/\underline{Z}_2 = j \cdot 1\text{mS}$$

$\underline{Z}_3 = R_3 = 1\text{k}\Omega,$ $\qquad\qquad\qquad\qquad$ $G_3 = 1/R_3 = 1\text{mS}$

$\underline{Z}_N = R_N = 100\Omega,$ $\qquad\qquad\qquad\quad$ $G_N = 1/R_N = 10\text{mS}$

nach Gl. (7.36) ist

$$\underline{U}_N = \frac{\dfrac{\underline{U}_{1N}}{\underline{Z}_1} + \dfrac{\underline{U}_{2N}}{\underline{Z}_2} + \dfrac{\underline{U}_{3N}}{\underline{Z}_3}}{\dfrac{1}{\underline{Z}_N} + \dfrac{1}{\underline{Z}_1} + \dfrac{1}{\underline{Z}_2} + \dfrac{1}{\underline{Z}_3}} = \frac{G_1 \cdot \underline{U}_{1N} + j\omega C_2 \cdot \underline{U}_{2N} + G_3 \cdot \underline{U}_{3N}}{G_N + G_1 + j\omega C_2 + G_3}$$

$$\underline{U}_N = \frac{1\text{mS} \cdot 220\text{V} + j \cdot 1\text{mS} \cdot (-110 - j \cdot 190{,}5)\text{V} + 1\text{mS} \cdot (-110 + j \cdot 190{,}5)\text{V}}{10\text{mS} + 1\text{mS} + j \cdot 1\text{mS} + 1\text{mS}}$$

$$\underline{U}_N = \frac{220 - j \cdot 110 + 190{,}5 - 110 + j \cdot 190{,}5}{12 + j}\text{V} = \frac{300{,}5 + j \cdot 80{,}5}{12 + j} \cdot \frac{12 - j}{12 - j}\text{V}$$

$$\underline{U}_N = \frac{3686{,}5 + j \cdot 665{,}5}{145}\text{V} = (25{,}4 + j \cdot 4{,}6)\text{V} = 25{,}8\text{V} \cdot e^{j \cdot 10{,}2°}$$

$$\underline{U}'_{1N} = \underline{U}_{1N} - \underline{U}_N = 220\text{V} - (25{,}4 + j \cdot 4{,}6)\text{V}$$

$$\underline{U}'_{1N} = (194{,}6 - j \cdot 4{,}6)\text{V} = 194{,}7\text{V} \cdot e^{-j \cdot 1{,}4°}$$

$$\underline{U}'_{2N} = \underline{U}_{2N} - U_N = (-110 - j \cdot 190{,}5)\text{V} - (25{,}4 + j \cdot 4{,}6)\text{V}$$

$$\underline{U}'_{2N} = (-135{,}4 - j \cdot 195{,}1)\text{V} = 237{,}5\text{V} \cdot e^{j \cdot 235{,}2°}$$

$$\underline{U}'_{3N} = \underline{U}_{3N} - U_N = (-110 + j \cdot 190{,}5)\text{V} - (25{,}4 + j \cdot 4{,}6)\text{V}$$

$$\underline{U}'_{3N} = (-135{,}4 + j \cdot 185{,}9)\text{V} = 230\text{V} \cdot e^{j \cdot 126°}$$

$$\underline{I}_1 = \frac{\underline{U}'_{1N}}{R_1} = \frac{194{,}7\text{V} \cdot e^{-j \cdot 1{,}4°}}{1\text{k}\Omega} = 195\text{mA} \cdot e^{-j \cdot 1{,}4°}$$

$$\underline{I}_2 = j\omega C_2 \cdot \underline{U}'_{2N} = \frac{237{,}5\text{V} \cdot e^{j \cdot 235{,}2°}}{1\text{k}\Omega \cdot e^{-j \cdot 90°}}$$

$$\underline{I}_2 = 238\text{mA} \cdot e^{-j \cdot 34{,}8°}$$

$$\underline{I}_3 = \frac{\underline{U}'_{3N}}{R_3} = \frac{230\text{V} \cdot e^{j \cdot 126°}}{1\text{k}\Omega}$$

$$\underline{I}_3 = 230\text{mA} \cdot e^{j \cdot 126°}$$

$$\underline{I}_N = \frac{\underline{U}_N}{R_N} = \frac{25{,}8\text{V} \cdot e^{j \cdot 10{,}2°}}{100\Omega} = 258\text{mA} \cdot e^{j \cdot 10{,}2°}$$

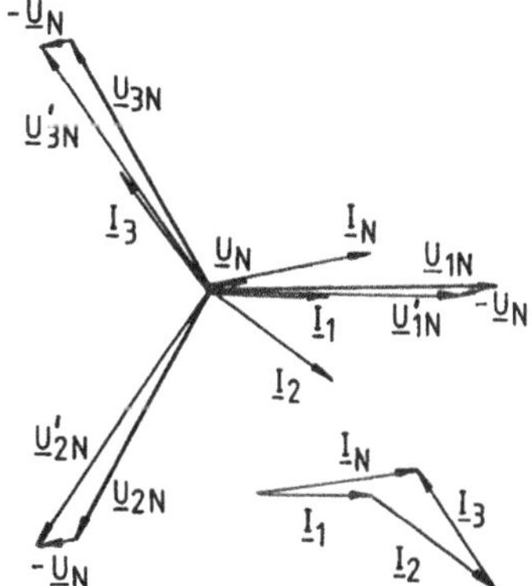

Bild A-138 Zeigerbild
Übungsaufgabe 7.4/2

7.5

Zu 1.   Nach Gl. (7.37) ist

$$\underline{U}_N = \frac{\dfrac{\underline{U}_{1N}}{\underline{Z}_1} + \dfrac{\underline{U}_{2N}}{\underline{Z}_2} + \dfrac{\underline{U}_{3N}}{\underline{Z}_3}}{\dfrac{1}{\underline{Z}_1} + \dfrac{1}{\underline{Z}_2} + \dfrac{1}{\underline{Z}_3}} = \frac{G_1 \cdot \underline{U}_{1N} + j\omega C_2 \cdot \underline{U}_{2N} + G_3 \cdot \underline{U}_{3N}}{G_1 + j\omega C_2 + G_3}$$

mit den Ergebnissen von Aufgabe 7.4 ist

$$\underline{U}_N = \frac{300,5 + j \cdot 80,5}{2 + j} \cdot \frac{2 - j}{2 - j}\,V = \frac{681,5 - j \cdot 139,5}{5}\,V$$

$$\underline{U}_N = (136,3 - j \cdot 27,9)V = 139,1V \cdot e^{-j \cdot 11,6°}$$

$$\underline{U}'_{1N} = \underline{U}_{1N} - \underline{U}_N = 220V - (136,3 - j \cdot 27,9)V$$

$$\underline{U}'_{1N} = (83,7 + j \cdot 27,9)\,V = 88,2V \cdot e^{j \cdot 18,4°}$$

$$\underline{U}'_{2N} = \underline{U}_{2N} - \underline{U}_N = (-110 - j \cdot 190,5)V - (136,3 - j \cdot 27,9)V$$

$$\underline{U}'_{2N} = (-246,3 - j \cdot 162,6)V = 295,1V \cdot e^{j \cdot 213,4°}$$

$$\underline{U}'_{3N} = \underline{U}_{3N} - \underline{U}_N = (-110 + j \cdot 190,5)V - (136,3 - j \cdot 27,9)V$$

$$\underline{U}'_{3N} = (-246,3 + j \cdot 218,4)V = 329,2V \cdot e^{j \cdot 138,4°}$$

Zu 2.   Wird die Strangspannung $\underline{U}_{1N}$ in die reelle Achse der Gaußschen Zahlenebene gelegt, dann hat die Außenleiterspannung $\underline{U}_{12}$ den Anfangsphasenwinkel von 30° (siehe Bild 7.10). Die Außenleiterspannungen betragen dann

$$\underline{U}_{12} = 380V \cdot e^{j \cdot 30°} = (329 + j \cdot 190)V$$

$$\underline{U}_{23} = 380V \cdot e^{-j \cdot 90°} = (0 - j \cdot 380)V$$

$$\underline{U}_{31} = 380V \cdot e^{j \cdot 150°} = (-329 + j \cdot 190)V.$$

Nach Gl. (7.43) bis (7.45) ergeben sich dann die Strangspannungen

$$\underline{U}'_{1N} = \frac{\dfrac{\underline{U}_{12}}{\underline{Z}_2} - \dfrac{\underline{U}_{31}}{\underline{Z}_3}}{\dfrac{1}{\underline{Z}_1} + \dfrac{1}{\underline{Z}_2} + \dfrac{1}{\underline{Z}_3}} = \frac{j\omega C_2 \cdot \underline{U}_{12} - G_3 \cdot \underline{U}_{31}}{G_1 + j\omega C_2 + G_3}$$

$$\underline{U}'_{1N} = \frac{j \cdot 1mS \cdot (329 + j \cdot 190)V - 1mS \cdot (-329 + j \cdot 190)V}{1mS + j \cdot 1mS + 1mS}$$

$$\underline{U}'_{1N} = \frac{(329 - 190) + j \cdot (329 - 190)}{2 + j}\,V = \frac{139 + j \cdot 139}{2 + j} \cdot \frac{2 - j}{2 - j}\,V = (83,4 + j \cdot 27,8)V$$

$$\underline{U}'_{2N} = \frac{\dfrac{\underline{U}_{23}}{\underline{Z}_3} - \dfrac{\underline{U}_{12}}{\underline{Z}_1}}{\dfrac{1}{\underline{Z}_1} + \dfrac{1}{\underline{Z}_2} + \dfrac{1}{\underline{Z}_3}} = \frac{G_3 \cdot \underline{U}_{23} - G_1 \cdot \underline{U}_{12}}{G_1 + j\omega C_2 + G_3}$$

$$\underline{U}'_{2N} = \frac{1mS \cdot (-j \cdot 380V) - 1mS \cdot (329 + j \cdot 190)V}{1mS + j \cdot 1mS + 1mS}$$

$$\underline{U}'_{2N} = \frac{-329 + j \cdot (-380 - 190)}{2 + j} V = \frac{-329 - j \cdot 570}{2 + j} \cdot \frac{2 - j}{2 - j} V = (-245,6 - j \cdot 162,2)V$$

$$\underline{U}'_{3N} = \frac{\dfrac{\underline{U}_{31}}{\underline{Z}_1} - \dfrac{\underline{U}_{23}}{\underline{Z}_2}}{\dfrac{1}{\underline{Z}_1} + \dfrac{1}{\underline{Z}_2} + \dfrac{1}{\underline{Z}_3}} = \frac{G_1 \cdot \underline{U}_{31} - j\omega C_2 \cdot \underline{U}_{23}}{G_1 + j\omega C_2 + G_3}$$

$$\underline{U}'_{3N} = \frac{1mS \cdot (-329 + j \cdot 190)V - j \cdot 1mS \cdot (-j \cdot 380)V}{1mS + j \cdot 1mS + 1mS}$$

$$\underline{U}'_{3N} = \frac{(-329 - 380) + j \cdot 190}{2 + j} V = \frac{-709 + j \cdot 190}{2 + j} \cdot \frac{2 - j}{2 - j} V = (-245,6 + j \cdot 217,8)V$$

Zu 3. $\displaystyle \underline{I}_1 = \frac{\underline{U}'_{1N}}{\underline{Z}_1} = \frac{(83,5 + j \cdot 27,9)V}{1k\Omega} = (83,5 + j \cdot 27,8)mA = 88mA \cdot e^{j \cdot 18,4°}$

$$\underline{I}_2 = \frac{\underline{U}'_{2N}}{\underline{Z}_2} = \frac{(-246,0 - j \cdot 162,4)V}{-j \cdot 1k\Omega} = (162,4 - j \cdot 246,0)mA = 295mA \cdot e^{-j \cdot 56,6°}$$

$$\underline{I}_3 = \frac{\underline{U}'_{3N}}{\underline{Z}_3} = \frac{(-246,0 - j \cdot 218,1)V}{1k\Omega} = (-246,0 + j \cdot 218,1)mA = 329mA \cdot e^{j \cdot 138,4°}$$

7.6

Zu 1. Nach Gl. (7.47) sind

$$\underline{I}_{12} = \frac{\underline{U}_{12}}{\underline{Z}_{12}} \qquad\qquad \underline{I}_{23} = \frac{\underline{U}_{23}}{\underline{Z}_{23}} \qquad\qquad \underline{I}_{31} = \frac{\underline{U}_{31}}{\underline{Z}_{31}} .$$

Mit

$$\underline{U}_{12} = 380V \cdot e^{j \cdot 30°} \qquad \underline{U}_{23} = 380V \cdot e^{-j \cdot 90°} \qquad \underline{U}_{31} = 380V \cdot e^{j \cdot 150°}$$

$$\underline{U}_{12} = (329 + j \cdot 190)V \qquad \underline{U}_{23} = (0 - j \cdot 380)V \qquad \underline{U}_{31} = (-329 + j \cdot 190)V$$

ergibt sich

$$\underline{I}_{12} = \frac{(329 + j \cdot 190)V}{40\Omega} = (8,225 + j \cdot 4,75)A$$

$$\underline{I}_{23} = \frac{-j \cdot 380V}{100\Omega} = -j \cdot 3,8A$$

$$\underline{I}_{31} = \frac{(-329 + j \cdot 190)V}{80\Omega} = (-4,11 + j \cdot 2,375)A$$

Zu 2. Nach Gl. (7.48) bis (7.50) betragen die Außenleiterströme:

$$\underline{I}_1 = \underline{I}_{12} - \underline{I}_{31}$$

$$\underline{I}_1 = (8{,}225 + j \cdot 4{,}75)\text{A} - (-4{,}11 + j \cdot 2{,}375)\text{A}$$

$$\underline{I}_1 = (12{,}335 + j \cdot 2{,}375)\text{A} = 12{,}6\text{A} \cdot e^{j \cdot 11°}$$

$$\underline{I}_2 = \underline{I}_{23} - \underline{I}_{12} = -j \cdot 3{,}8\text{A} - (8{,}225 + j \cdot 4{,}75)\text{A}$$

$$\underline{I}_2 = (-8{,}225 - j \cdot 8{,}55)\text{A} = 11{,}9\text{A} \cdot e^{j \cdot 226°}$$

$$\underline{I}_3 = \underline{I}_{31} - \underline{I}_{23} = (-4{,}11 + j \cdot 2{,}375)\text{A} + j \cdot 3{,}8\text{A}$$

$$\underline{I}_3 = (-4{,}11 + j \cdot 6{,}175)\text{A} = 7{,}4\text{A} \cdot e^{j \cdot 124°}$$

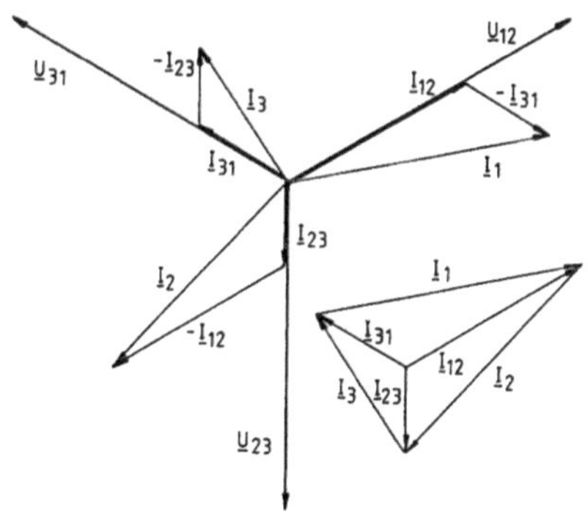

Bild A-139 Zeigerbilder
Übungsaufgabe 7.6/3

Verwendete Literatur

[1] Lunze, K.: Theorie der Wechselstromschaltungen, VEB Verlag Technik, Berlin 1981

[2] Lunze, K.: Berechnung elektrischer Stromkreise, Arbeitsbuch VEB Verlag Technik, Berlin 1970

[3] Philippow, E.: Grundlagen der Elektrotechnik, Akademische Verlagsgesellschaft, Geest & Portig K.G., Leipzig 1967

[4] Philippow, E.: Nichtlineare Elektrotechnik, Akademische Verlagsgesellschaft, Geest & Portig K.G., Leipzig, 1963

[5] Führer, Heidemann, Nerreter: Grundgebiete der Elektrotechnik, 2 Bände, Hanser Verlag, München, Wien 1984

[6] Frohne, H.: Einführung in die Elektrotechnik, 3 Bände, Teubner Verlag, Stuttgart 1971 bis 1974, Neuauflage 1987

[7] Ameling, Walter: Grundlagen der Elektrotechnik, 2 Bände, Vieweg-Verlag, Braunschweig 1985

[8] von Weiss, A., Krause, M.: Allgemeine Elektrotechnik, Vieweg Verlag, Braunschweig 1984

[9] Parnemann, W.: Aufgaben aus der Elektrotechnik, 5 Bände, Schroedel-Verlag, Hannover 1962

[10] Krutzsch, J.: Elektrotechnik für Ingenieure, 2 Bände, Schroedel Verlag Hannover 1966

[11] Janning, W.: Elektrotechnik-Aufgaben, Schroedel Verlag, Hannover 1965

[12] Lindner, H.: Elektro-Aufgaben, VEB Fachbuchverlag Leipzig, 3 Bände, 1968 bis 1977, Neuauflage im Vieweg-Verlag, Braunschweig, Wiesbaden 1989

[13] Nicolai, K.: Das Kreis-(Smith-)Diagramm und seine Anwendungen, Funktechnik 1970, Nr. 5

Weiterführende Literatur

Weißgerber, W.: Elektrotechnik für Ingenieure 1, Springer Vieweg, Wiesbaden 2015, 10. Auflage

Weißgerber, W.: Elektrotechnik für Ingenieure 3, Springer Vieweg, Wiesbaden 2015, 9. Auflage

Weißgerber, W.: Elektrotechnik für Ingenieure – Formelsammlung, Springer Vieweg, Wiesbaden 2015, 5. Auflage

Weißgerber, W.: Elektrotechnik für Ingenieure – Klausurenrechnen, Springer Vieweg, Wiesbaden 2015, 6. Auflage

Vömel, M., Zastrow, D.: Aufgabensammlung Elektrotechnik 1 und 2, Springer Vieweg, Wiesbaden 2012, 6. Auflage

Harriehausen, T., Schwarzenau, D.: Moeller Grundlagen der Elektrotechnik, Springer Vieweg, Wiesbaden 2013, 23. Auflage

Küpfmüller, K., Mathis, W., Reibiger, A.: Theoretische Elektrotechnik, Springer Vieweg, Wiesbaden 2013, 19. Auflage

© Springer Fachmedien Wiesbaden GmbH, ein Teil von Springer Nature 2018
W. Weißgerber, *Elektrotechnik für Ingenieure 2*,
https://doi.org/10.1007/978-3-658-21823-2

Sachwortverzeichnis

© Springer Fachmedien Wiesbaden GmbH, ein Teil von Springer Nature 2018
W. Weißgerber, *Elektrotechnik für Ingenieure 2*,
https://doi.org/10.1007/978-3-658-21823-2